U0220772

含能材料前沿科学技术丛书

含能材料的本征结构与性能

Intrinsic Structures and Properties of Energetic Materials

张朝阳　黄　静　布汝朋　著

科学出版社

北　京

内 容 简 介

本书系统介绍了含能材料的本征结构与性能，包括以下内容：含能材料本征结构的定义与内涵，含能晶体分类，分子模拟方法在含能材料本征结构中的应用，含能分子和含能单组分分子晶体，含能分子晶体的多晶型与晶型转变，含能离子晶体，含能共晶，含能原子晶体、含能金属晶体和含能混合型晶体，氢键、氢转移与卤键，含能晶体中的 π 堆积以及低感高能材料的晶体工程。

本书可作为含能材料、分子材料与计算材料领域科研工作者和学生的参考用书。

图书在版编目（CIP）数据

含能材料的本征结构与性能 / 张朝阳，黄静，布汝朋著. —北京：科学出版社，2023.7

（含能材料前沿科学技术丛书）

ISBN 978-7-03-076085-2

Ⅰ. ①含⋯ Ⅱ. ①张⋯ ②黄⋯ ③布⋯ Ⅲ. ①功能材料－研究
Ⅳ. ①TB34

中国国家版本馆 CIP 数据核字（2023）第 137510 号

责任编辑：李涪汁 曾佳佳 / 责任校对：杨 赛
责任印制：师艳茹 / 封面设计：许 瑞

科 学 出 版 社 出版

北京东黄城根北街 16 号
邮政编码：100717
http://www.sciencep.com

三河市春园印刷有限公司 印刷

科学出版社发行 各地新华书店经销

*

2023 年 7 月第 一 版   开本：720 × 1000 1/16
2023 年 7 月第一次印刷   印张：30
字数：600 000

定价：289.00 元

（如有印装质量问题，我社负责调换）

作者简介

张朝阳，湖北京山人，中国工程物理研究院化工材料研究所研究员，博士生导师。复旦大学物理化学专业博士毕业。主要从事计算含能材料研究。中国化学会燃烧化学专业委员会成员，中国材料研究学会极端条件材料与器件分会成员，火炸药燃烧国防科技重点实验室学术委员会委员，北京计算科学研究中心客座研究员，中国科学技术大学、重庆大学、西南科技大学、西南石油大学兼职研究生导师。《含能材料》、*Energetic Materials Frontiers*、*FirePhysChem*、*Journal of Atomic and Molecular Sciences* 期刊编委。发起全国性的学术会议"计算含能材料学论坛"和"中物院计算材料学与计算化学论坛"。发表期刊论文 200 余篇。入选爱思唯尔 2020 年"中国高被引学者"榜单(材料学科)和斯坦福大学编制的 2020 年全球前 2%顶尖科学家榜单。获中物院"于敏数理科学奖"、中物院"邓稼先青年科技奖"、"中物院科技创新奖"和"军队科学技术进步奖"。邮箱地址：chaoyangzhang@caep.cn。

黄静，四川绵阳人，中国工程物理研究院化工材料研究所助理研究员。2021 年南京大学理论与计算化学专业博士毕业。主要从事含能材料机器学习、精确势能面构建和分子光谱研究。已发表论文 10 余篇。2022 年获国家自然科学基金青年基金项目资助。邮箱地址：huangj93@caep.cn。

布汝朋，山东聊城人，聊城大学生物制药研究院讲师。2022 年中国工程物理研究院材料科学与工程专业博士毕业。师从张朝阳研究员，主要从事含能材料晶体工程研究，发表论文 10 篇。获"中物院科技创新奖"二等奖 2 项。邮箱地址：rupengbu@163.com。

"含能材料前沿科学技术丛书"编委会

主　　编：王泽山

执行主编：陆　明

成　　员(按姓氏笔画排序)：

王伯良　　王鹏程　　叶迎华　　吕　龙

李斌栋　　汪营磊　　张文超　　张朝阳

庞思平　　庞爱民　　姜　炜　　钱　华

徐　森　　徐　滨　　郭　锐　　郭　翔

谈玲华　　曹端林　　葛忠学　　焦清介

丛书序

含能材料是一类含有爆炸性基团或含有氧化剂和可燃剂、能独立进行化学反应的化合物或混合物。一般含能材料包括含能化合物、混合炸药、发射药、推进剂、烟火剂、火工药剂等。含能材料主要应用于陆、海、空及火箭军各类武器系统，是完成发射、推进和毁伤的化学能源材料，是武器装备实现"远程打击"和"高效毁伤"的关键材料之一，是国家战略资源和国防安全的关键与核心技术的重要组成，也被形象化地称为"武器装备的粮食"。

含能化合物，也称高能化合物，或高能量密度材料，是含能材料(火炸药)配方的主体成分。随着现代战争对武器装备要求的不断提升，发展高能量密度材料一直受到各国的高度重视。新型高能物质的出现，将产生新一代具有更远射程、更高毁伤威力的火炸药配方产品和武器装备。

武器与含能材料相互依存与促进。武器的需求牵引与技术进步为含能材料发展和创新提供条件和机遇；含能材料性能的进一步提高，促进武器发射能力、精确打击能力、机动性和毁伤威力的增强，可促进和引领新一代武器及新概念武器的发展和创新。含能材料通过与武器的合理优化组合，可以使武器获得更优的战术技术性能，同时也可使含能材料的能量获得高效发挥。

鉴于含能化合物和含能材料的重要性，世界各国对含能材料进行了长期持续的投入研究，以期获得性能更优、安全性更好、工艺可靠、成本合理的新型含能化合物及其含能材料配方。CHON类三代高能含能材料的发展及应用，可将武器的作战效能提升许多，催生一大批新的原理和前沿理论。能量比常规含能材料高出至少一个数量级的超高能含能材料，因能量惊人而受到美、俄等越来越多国家的重视并被采取积极措施大力发展。超高能含能材料存在常态不稳定、制备过程复杂、工程化规模放大困难等缺陷，导致研究进展缓慢，前进道路曲折，更需我们含能材料研究人员的一辈子、一代一代的不懈努力。

进入21世纪以来，我国在含能材料的基础理论、基本原理和应用技术方面，取得了许多令人鼓舞的研究成果，研究重点主要在含能材料的高能量、低感度、安全性、环境友好性、高效毁伤性等方面。含能材料理论与技术正在不断进步革新，随着专业人员队伍的年轻化，含能材料先进科学技术知识的需求不断增加，"含能材料前沿科学技术丛书"的出版，将缓解和完善我国这方面高水平系列著作的空缺，对含能材料行业的健康、持续、快速发展具有重要意义。

  "含能材料前沿科学技术丛书"分别从含能化合物分子设计、合成方法、制备工艺、改性技术、配方设计应用技术、性能测试与评估、安全技术、战斗部毁伤技术等方面，全面系统地总结了我国近年在含能材料科学领域的研究进展。丛书依托南京理工大学、北京理工大学、中北大学、中国兵器工业集团 204 所、中国工程物理研究院 903 所、中国航天科技集团 42 所等单位的专家学者共同撰写完成。丛书编辑委员会由各分册编著专家学者组成，特别邀请了庞爱民、葛忠学、吕龙等知名学者加入，对丛书提出建设性建议。

  本套丛书具有原始创新性、科学系统性、学术前瞻性与工程实践性，可作为高等院校兵器科学与技术、特种能源材料、含能材料、爆炸力学、航天推进等专业本科生、研究生的学习资料，也可作为相关专业研究机构、企业人员的参考用书。

王泽山

2023 年 1 月于南京

序 言

含能材料是一类当受到充分外界刺激时，通过自身氧化还原反应而快速释放大量热量和气体的物质。含能材料通常包括推进剂、炸药和烟火剂等。作为一类特殊的材料，含能材料在推动科学、技术和社会进步中发挥着不可替代的作用。当前，许多新型含能材料被合成出来，如含能高张力键能材料、含能离子盐、含能金属有机框架、含能共晶和含能钙钛矿等。真是有点眼花缭乱！但同时也有个问题——我们如何理解这些新型的含能材料，包括一些过去有的含能材料？通过定义含能材料的本征结构，即含能材料的晶体堆积结构及其最近的亚结构，结合实验测定和分子模拟，我们将易于明晰含能材料的微观结构，并同宏观性能关联起来。此书介绍的正是我们对此的一些拙见。我们希望，读者通过此书能够获得一条简单而崭新的认知含能材料之路。

时值此书出版之际，我非常真挚感谢众多老师、同事和同学的帮助！感谢焦方宝博士、博士生左春洁、硕士生薛凯瑞和张琪女士对本书进行了校对！感谢西南科技大学的杨海君教授对化学物质名称进行了翻译！感谢李仕洁同学、郭世泰同学、刘海涛同学、陈鹏同学、刘广瑞同学、钟凯同学和钱文同学对资料的收集！感谢黄辉研究员、汪小琳研究员、刘渝研究员、李洪珍研究员和李海波研究员的合作与支持！感谢科学出版社李涪汁编辑对本书出版付出的心血！感谢国防基础科研核科学挑战专题项目 (TZ-2018004) 和国家自然科学基金 (21673210、21875227、21875231 和 22173086) 对本书出版的支持！最后，感谢家人在我编写此书时给予的理解和支持！

张朝阳

2023 年 6 月 30 日

目 录

08　含能原子晶体、含能金属晶体和含能混合型晶体

11　低感高能材料的晶体工程

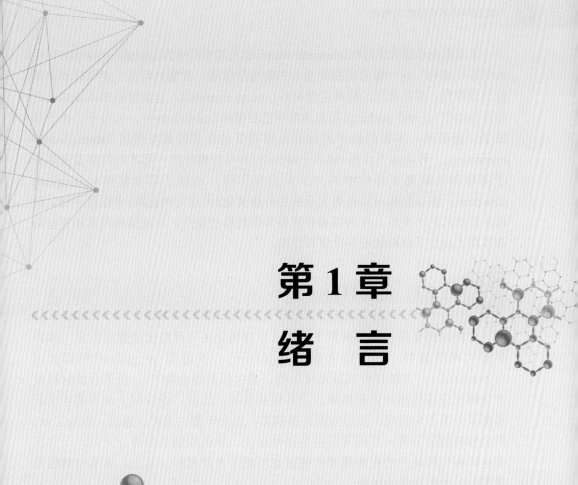

第 1 章
绪　言

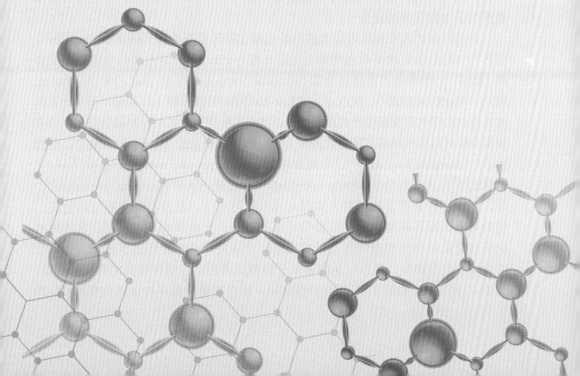

本章简要介绍含能材料(energetic material)及其本征结构(intrinsic structure)，引入"本征结构"这一概念的益处及本书的写作意图。含能材料是一类气体和热量释放效率高、军民两用的特殊能源材料(energy material)。含能材料的本征结构是指晶体堆积(crystal packing)和晶体堆积的亚结构(substructure)，如分子、原子和离子。相应地，本征结构中的相互作用可以是分子间相互作用(intermolecular interaction)、静电相互作用(或离子键作用)和共价键作用，而本书仅涉及含能分子晶体和含能离子晶体中的分子间相互作用。相较于非本征结构(extrinsic structure)，本征结构可以在更大范围的外场变化(如压力和温度)中保持不变，此即本征结构的不变性。作为探索和理解含能材料的起点，本征结构及其相互作用在本质上决定了材料的宏观性质和性能。

 ## 1.1　含能材料

含能材料是指在外部刺激下，通过自身氧化还原反应快速释放大量气体和热量的能源材料，通常指火炸药(explosive)、推进剂(propellant)和烟火剂(pyrotechnic)。含能材料可以是化合物，也可以是混合物[1-3]。由于含能材料发生分解反应释放出气体和热量，具备做功能力，因此广泛应用于从日常生活到国防军备的各个领域。民用方面包括烟花、安全气囊、采矿、建筑、石油工业、冶金和机械加工等，军用方面则包括推进剂、炸药和烟火剂等。此外，一些具有破坏或自毁能力的智能微爆炸装置也用到了含能材料。总之，含能材料的发展推动了人类社会的进步。

含能材料的历史最早可以追溯到公元前220年发明的黑火药(black powder)，而后在1885年首次用做起爆药引的苦味酸(picric acid)则是现代含能炸药的鼻祖。随后，一些著名的含能化合物(energetic compound)，如TNT、PETN、TATB、RDX、HMX、CL-20[4]、FOX-7[5]、LLM-105[6]和NTO[7](图1.1)相继出现，并都经性能评估后投入了实际生产应用。如今，结合多种理论模拟的材料设计技术，许多新型含能材料争相涌现，如含能高张力键能材料(energetic extended solid)[8]、含能离子盐(energetic ionic salt)[9]、含能金属有机框架(energetic metallic organic frame，EMOF)[10]、含能共晶(energetic cocrystal)[11]和含能钙钛矿(energetic perovskite)[12]等。尽管这些新型含能材料大多尚未投入实际应用，甚至没有实际应用价值，但却可以为发展新型含能材料提供更多的思路。更重要的是，它们使含能材料的研究更加科学化和理性化。纵观历史，含能材料总体显现出从被动发现到主动创造的演变趋势。然而，从能量水平的角度来看，含能材料演化得极为缓慢。例如，1863年发明的TNT至今仍在使用，而目前能量最高的含能化合物CL-20

于 1987 年合成，通过两者的对比发现，在这约一个世纪的时间里，人类合成的含能化合物能量水平仅仅提升了 40%。相比之下，电子材料与器件却发展迅猛，如集成电路的发展速度遵循着摩尔定律（Moore's law），处理器性能每两年可以翻一番。

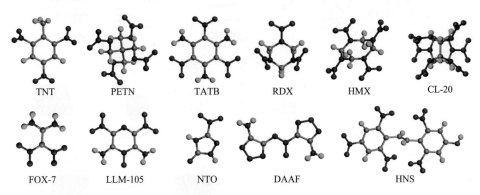

图 1.1　一些代表性传统含能化合物的分子结构

灰色、绿色、红色和蓝色分别代表 C、H、O 和 N 原子

为了满足含能材料分解产物应包含气体这一基本特征要求，含能材料中必需包括一些轻元素，如 C、H、N 和 O。当然，出于特殊目的也会引入一些其他元素，例如在含能配方（energy formulation）中添加活性金属颗粒可以增加放热效益。在本书中，除非特殊说明，含能材料通常指 CHNO 化合物。图 1.2 以典型的聚合物黏结炸药（polymer bonded explosive，PBX）为例展示了含能材料的基本结构，涵盖了微观、介观和宏观尺度，涉及分子、晶体和复合粒子[13]。含能材料的性能通常指能量（energy）、安全性（safety）、力学性能（mechanical property）、相容性（compatibility）和环境适应性（environmental adaptability），以及机械加工性能（machining property）和储存性能（storage property）。含能材料的整个生命周期（lifetime）包含了分子设计合成（molecular design & synthesis）、结晶（crystallization）、包覆造粒成型（coating & molding）、压制与机械加工（compression & machining）及应用。应用过程中涉及含能材料从分解（decomposition）到燃烧（combustion）、燃爆（deflagration）或爆轰（detonation）的过程。在含能材料研发中，这些结构和性质以及它们随外界环境变化而发生的变化都备受关注。

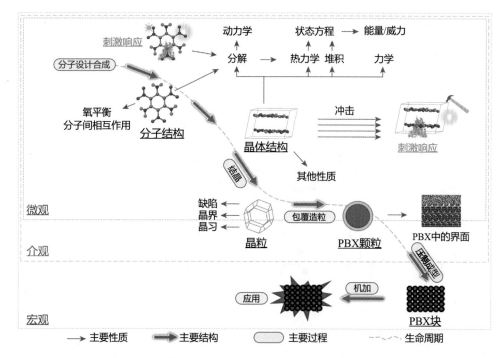

图 1.2 含能材料生命周期中涉及的主要结构、性质和过程（以 PBX 为例）

一般来说，相比于含能材料分解的最终稳定产物（如 N_2、H_2O、CO_2、CO 和富碳团簇）[14]，含能材料自身在热力学上通常处于亚稳态，危险性很高，其分解、燃烧与爆炸甚至可能会导致无法挽回的灾难。含能材料的分解通常可以在 0.01 s 内完成，这是造成其详细的释能机制研究存在巨大困难的主要原因。此外，含能材料研发通常需要耗费大量人力、物力、时间和财力，研发周期漫长、过程复杂且十分严苛，包括分子设计合成、结晶、造粒、压制成型以及机械加工等，在此期间还需要通过稳定性、安全性、力学性能、环境适应性和相容性等方面的严格检验和评估（图 1.3），其中任何一个环节的失败都将限制其应用，甚至被舍弃。实际得到最广泛应用的一些含能化合物通常合成于早期，甚至 140 年前（图 1.4），并不是最近几十年新研发的化合物。这表明，可用含能材料的更新十分缓慢，这种情形与其他材料大不相同，例如，新的电子半导体材料在短时间内就可实现计算能力或存储能力提升一个数量级并得到应用。创制一种新型含能材料并投入到使用需要耗费大量的时间和金钱，并充满了风险。

含能材料的内涵可以概括为三个要素：自身氧化还原反应、快速释放出气体和热量以及一定的稳定性。同时，在外部刺激足够大时，含能材料在没有外部物质参与的条件下也会发生反应。

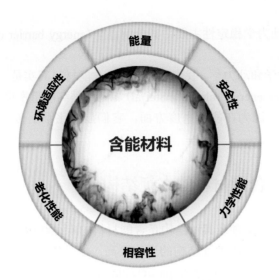

图 1.3　含能材料主要的性质性能

典型含能化合物					
	TNT	TATB	RDX	HMX	CL-20
合成年份	1863	1888	1899	1941	1987
应用时间	一战至二战期间	二战至今	二战至今	二战至今	评估阶段
TNT当量	1.00	1.10	1.17	1.31	1.40

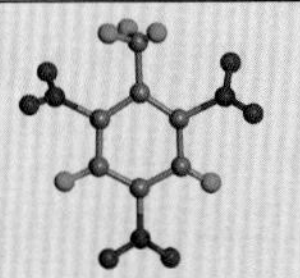

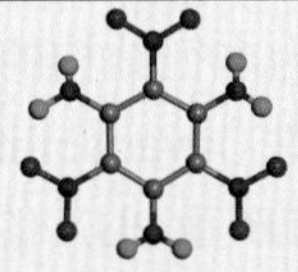

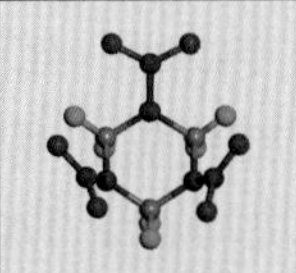

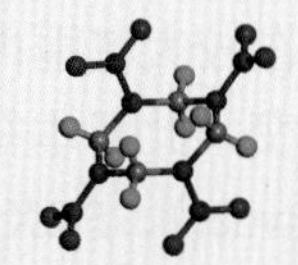

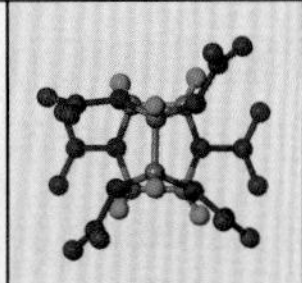

图 1.4　典型含能化合物的合成年份、应用时间与能量特性

(1) 组成上，含能材料可以是化合物或混合物。传统含能分子通常包含 C、H、N、O 原子，而在含能配方中添加其他一些元素(如 Al 和 B)则可满足某些特定需求。对于一个传统的 CHNO 含能分子，可以很容易地划分出其氧化剂部分和还原剂部分；而对于金属氢(metallic hydrogen)和聚合氮(polymeric nitrogen)等新型含能材料，则很难区分其氧化剂部分和还原剂部分。

(2) 热力学上，含能材料通常处于势能面(potential energy surface)的局部最小值上，是一种亚稳态物质(metastable substance)，即相比于稳定的分解产物，含能材料在热力学上是不稳定的。

(3) 含能材料的能量释放源于价电子在原子间的重排，即这种能量释放是一种化学储能的释放，通常只有几个 kJ/g。因此，尽管还没有严格推演，我们还是可以大概确定含能材料的能量释放是有一定限度的。

(4) 从动力学上看，含能材料的分解速度非常快，在 0.01 s 内即可完成。原则上，含能材料的动力学稳定性主要由其分解能垒(energy barrier of decomposition)决定。

(5)结合热力学和动力学，我们可以知道，含能材料其实是一类高功率能量释放材料(high-power energy release material)，而不是高能量密度材料(high energy density material)，因为在能量密度方面，它们显然比不上传统的燃料，如煤和石油。

 ## 1.2　含能材料的本征结构

含能材料的晶体堆积及其亚结构是含能材料的本征结构，而非本征结构是指本征结构之外的结构，比本征结构的层次要高，如晶体形貌(crystal morphology/crystal shape)、晶粒大小及其分布(particle size and distribution)、晶体表面、含能晶体与聚合物黏合剂之间的界面、晶体内部或晶体表面的各种缺陷等。以 TATB 基 PBX 为例(图 1.5)，无论是哪一种配方(formula)，其含能组分总是 TATB；外界温度和压力在较大范围内变动时，作为本征结构的 TATB 分子和晶体堆积结构却几乎保持不变，此即本征结构的不变性(invariability)；相比之下，晶粒、造型粉(molding powder)、PBX 块均属于 TATB 基 PBX 的非本征结构，它们将因配方的不同而产生一定的差异，这表明非本征结构具有一个明显特征——可变性(variability)。因此，对于两个同为 TATB 基 PBX，即使它们具有相同的 TATB 本

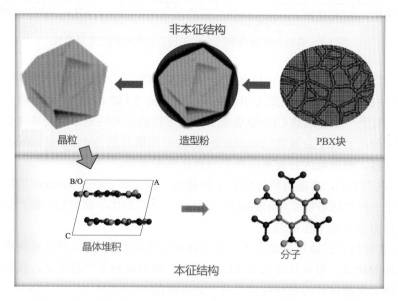

图 1.5　含能材料的本征结构和非本征结构(以 TATB 基 PBX 为例)

征结构，也难以保证它们具有完全相同的非本征结构。形象地说，本征结构是揭开形形色色含能配方神秘面纱后的真容。

含能材料的性质性能由本征结构和非本征结构共同决定，而性质性能的变化主要源于非本征结构的变化。由于很难完全确定非本征结构的具体细节，我们将很难明晰其对含能材料性质性能的影响及相关机制。这可以通过图 1.6 展示的多种 LLM-105 晶体形貌来说明。图中不同形态的晶体具有相同的本征结构，即相同的 LLM-105 分子和晶体堆积结构；然而，它们的非本征结构却相差甚远，即晶体颗粒在形态上各不相同。实验表明，这些具有不同形貌的 LLM-105 表现出了不同的安全性和力学性能[14]。这表明，非本征结构在决定含能材料的性质性能方面起到重要作用。图 1.7 中的数据表明，任意一种传统含能化合物的撞击感度(impact sensitivity，通常以特性落高 H_{50} 来表示)可以在很大范围内变化，同一化合物 TNT 的 H_{50} 最大值与最小值之比(R)甚至高达 3.39。原则上，新的化合物一经合成，其本征结构，即分子和晶体堆积，在较大外场变化范围内就保持不变；而非本征结构则具有极大的可变性，这导致相同化合物性质性能上的巨大差异。鉴于此，人们可以通过优化非本征结构来优化含能材料的性能。

图 1.6 以 LLM-105 的晶体形貌为例说明的含能材料非本征结构的可变性

事实上，仅有本征结构的材料是理想的，实际材料都包含了本征结构与非本征结构。一方面，本征结构通常是研究含能材料组成-结构-性能间关系的起始点，并为进一步研究包含了非本征结构的真实材料奠定了基础；另一方面，尽管考虑非本征结构会增加研究的难度，我们在新型含能材料的研发中也应予以考虑，因为它总是存在于实际。虽然探索含能材料本征结构与非本征结构充满了风险和挑战，但我们认知它们及其对含能材料性质性能影响规律的步伐不能停止，否则，何以理解同本征结构与非本征结构都紧密相关的研究结果呢？

(a) PETN	(b) RDX	(c) TNT	(d) TATB
		$H_{50} = 59$ cm	
	$H_{50} = 15$ cm	$H_{50} = 65$ cm	
	$H_{50} = 19$ cm	$H_{50} = 80$ cm	
$H_{50} = 13$ cm	$H_{50} = 20$ cm	$H_{50} = 98$ cm	
$H_{50} = 14.5$ cm	$H_{50} = 24$ cm	$H_{50} = 100$ cm	$H_{50} > 200$ cm
$H_{50} = 15$ cm	$H_{50} = 25$ cm	$H_{50} = 112$ cm	$H_{50} = 320$ cm
$H_{50} = 16$ cm	$H_{50} = 27$ cm	$H_{50} = 158.5$ cm	$H_{50} > 320$ cm
$H_{50} = 23$ cm	$H_{50} = 28$ cm	$H_{50} = 160$ cm	$H_{50} = 337$ cm
$H_{50} = 25$ cm	$H_{50} = 31$ cm	$H_{50} = 200$ cm	$H_{50} = 490$ cm
$R = \dfrac{\text{最大值}}{\text{最小值}}$ 1.92	2.07	3.39	2.45

图 1.7　实验测量的四种含能化合物撞击感度(以特性落高 H_{50} 表征)的变化范围

如上所述，目前已经出现了多种新型含能化合物，如含能高张力键能材料、含能离子盐、含能 MOF 和含能分子共晶。结构上，这些含能化合物与传统上由同种中性分子组成的化合物大不相同。图 1.8 展示了几种已报道的含能化合物。传统的含能化合物应用最为广泛，通常由含 C、H、N 和 O 原子的中性分子组成，分子间相互作用保证了其晶体堆积结构的稳定性。由于传统含能化合物数量最多，本书也将主要针对这类化合物展开介绍和讨论。区别于传统含能化合物，含能离

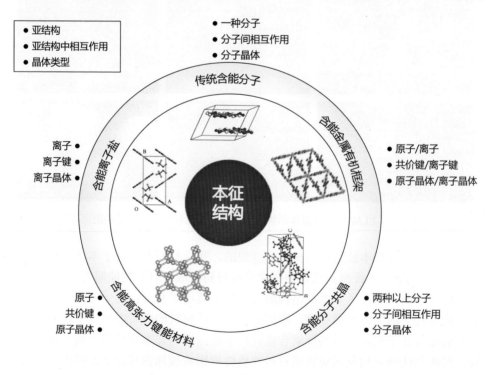

图 1.8　典型含能化合物的本征结构和保持晶体稳定的相互作用

子盐的历史也较为悠久。当前，其发展呈现出欣欣向荣之势，许许多多的含能离子盐正不断地被合成出来。离子键在维持含能离子盐的晶体堆积结构的稳定性方面发挥着重要作用，同时分子间相互作用的稳定化作用也不容忽视。对于含能MOF，其本征结构通常比传统含能化合物更复杂，其亚结构可以是原子或离子，因而其中的相互作用可以是共价键或离子键，甚至也有以分子和离子同时作为亚结构的混合型含能MOF。对于含能分子共晶，它的本征结构本质上与常见的单组分含能化合物相同，只是分子种类的数量有所不同。还有一种是含能高张力键能材料，它们通常只在高压下稳定。聚合氮是一种典型的含能高张力键能材料，其本征结构是N原子和由N原子通过共价键形成的原子晶体。聚合氮具有非常高的能量密度，源于产物N_2中N≡N三键和聚合氮N—N单键间巨大的能量差异，即1个N≡N键和3个N—N间的键差。需要说明的是，图1.8并未列出所有类型的含能晶体及其亚结构，这些还会在后续章节中继续讨论。

　　含能晶体是含能材料的核心，结构上介于分子与配方（如图1.2所示的PBX）之间。如图1.9所示，含能晶体的基本特征包括组成、纯度（purity）、密度、堆积结构、形貌、尺寸与分布及缺陷；其主要的科学问题包括晶型（polymorph prediction）、形貌预测（morphology prediction）、晶体设计（crystal design）、结晶动力学、结构-性能关系以及影响宏观性质的本质因素等。通过分析含能晶体的结构和组成，我们可以推断其宏观性能，如能量、稳定性、安全性能、力学性能等。事实上，

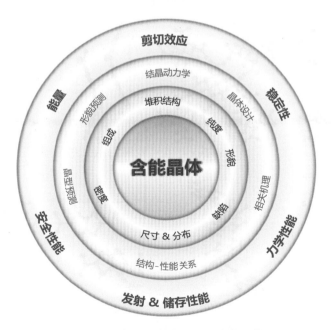

图1.9　含能材料的核心——含能晶体

对含能材料性质性能的本质上的认知都源自于晶体，例如，含能晶体模型常用于模拟评估其力学性能、机械感度和热稳定性。

相较于含能分子，含能晶体更接近于含能材料的实际应用状态，因而研究含能晶体更具实际意义。然而，由于分子间相互作用的存在，晶体中的问题往往比分子中的问题复杂得多。图 1.10 展示了一些含能化合物在常温常压条件下最稳定的晶型(polymorph)的堆积结构；由于含能分子外围部分通常由 H 和 O 原子构成，晶体堆积中容易形成分子间氢键(hydrogen bonding，HB)；且不同的分子间氢键和分子形状可导致不同的分子堆积模式(molecular stacking mode)。例如，TATB和 DAAF 为面-面 π-π 堆积(face-to-face π-π stacking)或平面层状堆积(planar layered stacking)模式，而 FOX-7、LLM-105 和 NTO 为波浪型 π-π 堆积(wavelike π-π stacking)或波浪型层状堆积(wavelike layered stacking)模式。对于相同的含能分子，

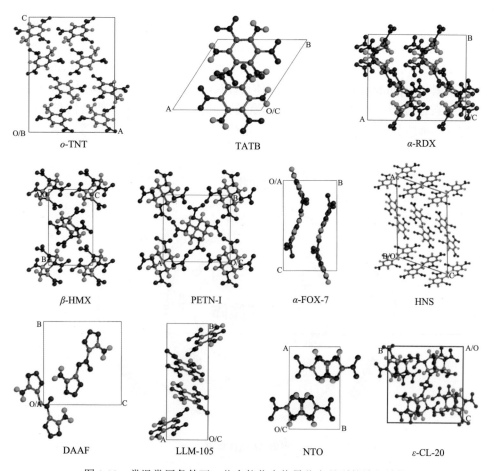

图 1.10　常温常压条件下一些含能化合物最稳定晶型的堆积结构

它们可以形成不同的堆积结构，从而表现为多晶型。由于含能分子存在一定的柔性，多晶型现象(polymorphism)在含能化合物中非常普遍，而热力条件的变化可导致相变(polymorphic transition)的发生，并伴随着性质性能的变化。例如，CL-20在热诱导下可从 ε 相转变为 γ 相，同时密度降低，撞击感度升高；另外，FOX-7的晶型可由 α 相变为 β 相，再变为 γ 相，此过程中分子层间滑移(interlayered sliding)变得越来越容易，这有助于降低撞击感度[15]。

1.3　引入本征结构的益处

正如上文所述，本征结构具有高度的不变性，而非本征结构在现实中通常是可变的，因此引入本征结构来研究含能材料的益处颇多。这可以通过基于本征结构的感度研究为例加以说明。我们定义，本征感度(intrinsic sensitivity)是含能化合物的理想结构模型对某种外部刺激(如加热和冲击)的响应程度。基于本征结构来研究含能材料的感度，优势之一是可以充分发挥计算模拟的优势，为解决复杂的感度问题提供了一种新途径。对于给定的含能化合物，根据本征感度的定义，"相似但不相同状态下的样品＋相似但不完全相同的测试条件→多种感度测量值"的情形将转变为"相同的本征结构＋相同的模拟负载条件→单一感度值"的情形。这实际上是一种从"复杂现实"到"简单理想"的转变，包括图 1.11 所示的三个部分：从各种实际状态(如含能晶体的各种缺陷和形态的差异)到完美的晶体堆积结构，从不一致的测试条件(例如，难以确保测试设备、测试温度和湿度的完全一

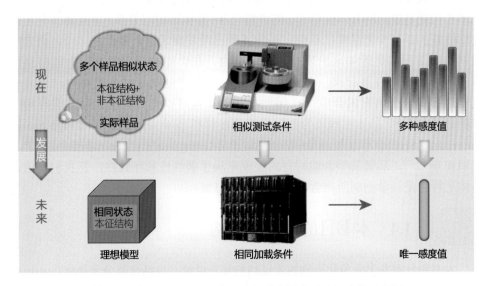

图 1.11　通过定义本征结构和本征感度简化感度研究的示意图

致性)到完全一致的加载条件,以及从多种感度测量结果到单一感度值。本征结构也是通过简化模拟解决实际复杂感度问题的一个重要环节。

基于本征结构开展研究,优势之二是有助于提高含能材料的感度预测精度,推动含能材料设计进入大数据时代(era of big data)。如图 1.7 所示,感度测量的不确定性正是感度可预测性差的根本原因之一。如果能参考基于本征结构的本征感度预测结果,实现图 1.11 中的转变,该问题就能迎刃而解。随着对感度机理认识的深化以及本征结构和本征感度数据的增加,以本征感度为自变量的感度预测模型的适宜性将不断扩大,精度也将不断提高。同针对特定感度测试制定相应的实验标准相类似,感度的模拟计算也可以制定相应的建模、模拟和分析方法,并最终实现整个过程的标准化。这样将产生标准化的感度数据,以便纳入含能材料大数据,为未来含能材料智能设计奠定基础。

引入本征结构,优势之三就是有利于加深对感度机理的认知,促进含能材料的发展。感度代表含能材料对外界刺激的反应程度,涉及从外部刺激到最终点火(ignition)的一系列复杂过程,与含能材料的多层次结构、刺激方式及试验条件等诸多因素相关。这些因素也在很大程度上导致了感度的不确定性,限制了对感度机理的理解。基于确定的本征结构、模拟的加载条件和分析方法以及本征感度值,更易建立起清晰的组成-结构-感度间关系,有利于深化对含能材料感度机理的科学认知、丰富含能材料的理论基础,促进含能材料的发展。

除了上述感度问题外,本征结构的引入也有助于促进晶体工程(crystal engineering)在含能材料中的应用。晶体工程是认知理解分子-晶体结构间关系,并将这些认知应用于定制具有所需性质性能的材料的过程[16,17]。因此,含能材料晶体工程就是要理解其本征结构,即含能分子-晶体结构间关系,并构建具有所需性质性能的新型含能晶体。目前,晶体工程已经发展了半个多世纪[18-20],而含能材料晶体工程却是近年来出现的一个新事物。在含能共晶出现后,含能材料晶体工程开始蓬勃发展起来,人们可以基于已有分子创制新型含能材料,而非一定要进行新分子的有机合成[21]。因此,晶体工程可以充分利用大量被遗弃和遗忘的分子。此外,晶体工程还为创制低感高能材料(low sensitivity and high energy material,LSHEM)和缓解能量-安全性间矛盾(energy-safety contradiction)提供了光明前景[22-26]。尽管新型含能材料的发现充满了偶然性和经验性,但我们坚信,晶体工程将是科学创制所需含能材料的主流方案。

1.4　本书目的及组织结构

本书将针对各类含能化合物的本征结构展开讨论,包括含能分子晶体(energetic molecular crystal)、含能离子晶体(energetic ionic crystal)、含能原子晶体(energetic atomic crystal)、含能金属晶体 (energetic metallic crystal) 和含能混合型晶体 (energetic mixed-type crystal) 五类含能晶体的堆积结构、晶体堆积的亚结构以及亚结构间的相互作用等，并简要介绍认知本征结构相关的理论和模拟方法。作为本征结构层次之一的多晶型现象，也将在本书作简要讨论。在本书的最后，我们将介绍基于含能材料的本征结构和性能的含能晶体工程。

本书主要在结构决定性能的理念上对含能材料的性质性能进行解释，旨在提高新型含能材料设计的理性化水平，而非仅仅为了丰富含能材料的相关经验。本书希望为读者提供一条崭新而简单的认知含能材料的思路。

参 考 文 献

[1] 董海山, 周芬芬. 高能炸药及相关物性能. 北京: 科学出版社, 1989.

[2] Teipel U. Energetic Materials: Particle Processing and Characterization. Weinheim: Wiley-vch, 2005.

[3] Klapötke T M. New nitrogen-rich high explosives. Struct. Bond., 2007, 125: 85-121.

[4] Nielsen A T, Chafin A P, Christian S L, et al. Synthesis of polyazapolycyclic caged polynitramines. Tetrahedron, 1998, 54: 11793-11812.

[5] Bolotina N, Kirschbaum K, Pinkerton A A. Energetic materials: α-NTO crystallizes as a four-component triclinic twin. Acta Cryst., 2005, B61: 577-584.

[6] Latypov N V, Bergman J, Langlet A, et al. Synthesis and reactions of 1,1-diamino-2,2-dinitroethylene. Tetrahedron, 1998, 54: 11525-11536.

[7] Pagoria P F, Mitchell A R, Schmidt R D, et al. Synthesis, scale-up and experimental testing of LLM-105 (2,6-diamino-3,5-dinitropyrazine-1-oxide). Proceedings of the Insensitive Munitions and Energetic Materials Technology Symposium, San Diego, CA, 1998.

[8] Eremets M I, Gavriliuk A G, Trojan I A, et al. Single-bonded cubic form of nitrogen. Nat. Mater., 2004, 3: 558-563.

[9] Gao H, Shreeve J M. Azole-based energetic salts. Chem. Rev., 2011, 111: 7377-7436.

[10] Li S, Wang Y, Qi C, et al. 3D energetic metal-organic frameworks: Synthesis and properties of high energy materials. Angew. Chem. Int. Ed., 2013, 52: 14031-14035.

[11] Landenberger K B, Bolton O, Matzger A J. Energetic-energetic cocrystals of diacetone diperoxide (dadp): Dramatic and divergent sensitivity modifications via cocrystallization. J. Am. Chem. Soc., 2015, 137: 5074-5079.

[12] Chen S, Yang Z, Wang B, et al. Molecular perovskite high-energetic materials. Sci. China Mater., 2018, 61: 1123-1128.

[13] Li G, Zhang C. Review of the molecular and crystal correlations on sensitivities of energetic materials. J. Hazard. Mater., 2020, 398: 122910.

[14] Zhou X, Zhang Q, Xu R, et al. A novel spherulitic self-assembly strategy for organic explosives: Modifying the hydrogen bonds by polymeric additives in emulsion crystallization. cryst. Growth Des., 2018, 18: 2417-2423.

[15] Bu R, Xie W, Zhang C. Heat-induced polymorphic transformation facilitating the low impact sensitivity of 2,2-dinitroethylene-1,1-diamine(FOX-7). J. Phys. Chem. C, 2019, 123: 16014-16022.

[16] Desiraju G R. Crystal Engineering. The Design of Organic Solids. Amsterdam: Elsevier, 1989.

[17] Desiraju G R. Crystal engineering: From molecule to crystal. J. Am. Chem. Soc., 2013. 135: 9952-9967.

[18] Schmidt G M J. Solid State Photochemistry. Weinheim: Verlag Chemie, 1976.

[19] Addadi L, Lahav M. Photopolymerization of chiral crystals. 1. The planning and execution of a topochemical solid-state asymmetric synthesis with quantitative asymmetric induction. J. Am. Chem. Soc., 1978, 100: 2838-2844.

[20] Thomas J M. Diffusionless reactions and crystal engineering. Nature, 1981, 289: 633-634.

[21] Bolton O, Matzger A J. Improved stability and smart-material functionality realized in an energetic cocrystal. Angew. Chem. Int. Ed., 2011, 50: 8960-8963.

[22] Jiao F, Xiong Y, Li H, et al. Alleviating the energy & safety contradiction to construct new low sensitivity and highly energetic materials through crystal engineering. CrystEngComm, 2018, 20: 1757-1768.

[23] 张朝阳. 含能材料能量-安全性间矛盾及低感高能材料发展策略. 含能材料, 2018, 26(1): 2-10.

[24] Zhang C. Origins of the energy and safety of energetic materials and of the energy & safety contradiction. Prop. Explos. Pyrotech., 2018, 43: 855-856

[25] Zhang C, Wang X, Huang H. π-stacked interactions in explosive crystals: Buffers against external mechanical stimuli. J. Am. Chem. Soc., 2008, 130: 8359-8365.

[26] Zhang C, Jiao F, Li H. Crystal engineering for creating low sensitivity and highly energetic materials. Cryst. Growth Des., 2018, 18: 5713-5726.

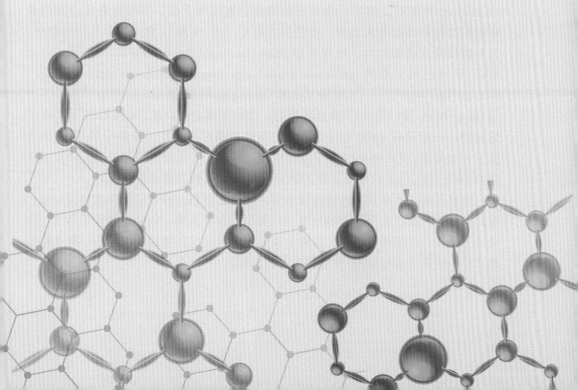

第 2 章

含能晶体分类

2.1 引言

根据含能材料的本征结构,我们可以对含能晶体(energetic crystal)进行分类研究;反过来,分类研究也有助于我们更好地理解本征结构的内涵。本章将针对含能晶体的种类展开介绍。通常,含能晶体通常由 C、H、N 和 O 原子组成,大部分属于分子晶体。随着多种理论和分子模拟辅助材料设计技术的发展,人们不断创制出了许多的新型含能材料,如含能高张力键能材料(如聚合氮、聚合 CO 和聚合 CO_2)[1]、含能离子化合物(大部分为有机离子构成)[2]、含能金属有机框架[3]、含能共晶(特别是含能–含能共晶,即两种组分都是含能的共晶)[4]和含能钙钛矿[5]等。先前理论预测的具有超高爆轰性能的金属氢,也通过实验高压技术被合成出来[6]。总之,含能晶体可以是分子晶体、离子晶体、金属晶体或原子晶体,也可以是同时包含分子和离子的混合型晶体。含能材料几乎涵盖了所有的晶体类型。

含能晶体分类的依据是基本结构单元(primary constituent part,PCP)的特征以及 PCP 间相互作用的特征。PCP 不仅是晶体的亚结构,也是含能材料的本征结构。因此,对含能晶体正确分类,将有助于我们理解含能材料的结构和性能,并理性地使用它们。

事实上,对含能晶体的正确分类也是正确开展含能晶体分子模拟(molecular simulation)的基础。例如,选择正确的理论方法对于我们模拟含能化合物的晶体堆积结构和性能非常重要。在模拟含有 C、H、N 和 O 原子的中性化合物时,大多数模拟方法如密度泛函理论(density functional theory,DFT)方法[7-9]、自洽电荷–密度泛函紧束缚(self-consistent-charge density-functional tight-binding,SCC-DFTB)方法[10-12]、半经验从头算(semi-empirical *ab initio*)方法[13]和分子力场(force field,FF)方法[14]都是可行的。而对于具有 C、H、N 和 O 原子的离子化合物,一般只有 DFT 方法最可靠,但也未必总是如此。含能金属晶体(如金属氢和金属氮)仅在极高压力下才保持相对稳定,而且实验数据缺乏,故验证通用的 DFT 方法对含能金属晶体的适宜性就是一项极具挑战性的工作。

除引言外,本章其余内容安排如下。第 2.2 节将介绍含能晶体的分类标准;在此基础上,第 2.3 节将介绍所有五种类型的含能晶体,包括含能分子晶体、含能离子晶体、含能原子晶体、含能金属晶体和含能混合型晶体;最后,第 2.4 节将介绍一些关于本征结构–性能间关系的认知。

2.2　含能晶体分类标准

2.2.1　基本结构单元

　　一般来说，根据组成粒子在空间中排列的有序程度，可将固体分为晶体、液晶和非晶固体。其中，液晶和非晶固体在晶体堆积层次上不存在本征结构，它们只存在分子层次上的本征结构，即分子、原子或离子。对于晶体，若根据组分或本征结构对其进行进一步的分类，则有必要明晰组分的概念。在许多教科书中，组分被定义为原子、分子或离子，这与《美国传统词典》(*The American Heritage Dictionary*)对晶体的定义一致，即晶体是由原子、离子或分子形成的，具有三维重复结构，且组成单元间的距离保持固定的同质固体。有研究者认同此定义[15]。但笔者以为，若组分只指原子、离子或分子，并基于此观念进行晶体分类仍然存在不妥之处。基于此，笔者提出晶体分类应当基于晶体的基本结构单元(primary constituent part，PCP)展开，以下将对此观点进行详细论述和解释。

　　笔者指出，在晶体水平上，PCP 可以是原子、离子、分子，甚至是电子(与阳离子一起)，因为它们是最接近晶体的亚结构[16]。图 2.1 展示了教科书中已标准化的五种晶体类型，它们具有不同的 PCP 类型。对于原子晶体(如钻石)、分子

图 2.1　基于基本结构单元(PCP)类型及其相互作用的晶体分类

从外层到内层分别为晶体类型、PCP 之间的相互作用类型和 PCP 类型

晶体(如冰)、离子晶体(如 NaCl)和金属晶体(如金属 Na),它们的 PCP 类型分别为原子(C)、分子(H_2O)、阳离子/阴离子(Na^+ 和 Cl^-)和金属离子/自由电子(Na^+ 和电子)。注意,晶体的类型由 PCP 类型而不是 PCP 本身来区分。例如,冰和 TNT 的 PCP 类型都是分子,因此它们都属于分子晶体。

与上述四种晶体不同,混合型晶体中至少有两种 PCP。例如,在结晶水化合物中,离子和分子可以共存于同一晶格(crystal lattice)里,即存在两种类型的 PCP。此处需说明的是,由于表示固溶体(solid solution)的"混合晶体(mixed crystal)"这一术语已被大家广泛接受,因此,笔者使用了另一种术语——"混合型晶体(mixed-type crystal)"来与之区分。笔者指出,"混合晶体"应该拥有"混合型晶体"的内涵,并最终替代"混合型晶体"这一术语,而后仅使用"混合晶体"一词[16]。这是因为,固溶体可以用图 2.1 所示的某种晶体类型来描述,例如,"混合晶体"AuCu 和 $AuCu_3$[17]实际上属于金属晶体,在组成类型上并非具有"混合"之意。"混合晶体"最终替代"混合型晶体",以回归"混合"之原意。

近年来,N_5^- 环的成功合成极大地增加了五唑化合物的数量并促进了五唑化学的发展。这里将以 $(N_5)_6(H_3O)_3(NH_4)_4Cl$(**1**)[18]、$[Mg(H_2O)_6(N_5)_2]\cdot 4H_2O$(**2**)[19]和 $[Mn(H_2O)_4(N_5)_2]\cdot 4H_2O$(**3**)[19]为例来进一步认识理解 PCP。如图 2.2 所示,**1** 中最接近晶体的亚结构是 N_5^-、H_3O^+、NH_4^+ 和 Cl^-;**2** 中最接近晶体的亚结构是 $Mg(H_2O)_6^{2+}$、N_5^- 和 H_2O;**3** 中最接近晶体的亚结构是 $Mn(H_2O)_4(N_5)_2$ 和 H_2O。这些最接近晶体的亚结构即为它们的 PCP。读者可能已经发现,**2** 中的配位水和 **3** 中的配位水与 N_5^- 阴离子分别是最接近 $Mg(H_2O)_6^{2+}$ 的亚结构和最接近 $Mn(H_2O)_4(N_5)_2$ 的亚结构,而不是最接近于晶体的亚结构,因此它们不能被看作 PCP。虽然在三个晶体中都出现了 N_5^-,但它只在 **1** 和 **2** 中充当了 PCP;同样,结晶水只在 **2** 和 **3** 中充当了 PCP。由上述分析可知,明晰什么是最接近晶体的亚结构最为重要,其次才是 PCP 类型及晶体类型。

明矾的组分具有高度的复杂性,下面将以明矾为研究对象分析它的 PCP 类型和晶体类型。如图 2.3 所示,明矾晶体中存在四种 PCP,即 $Al(H_2O)_6^{3+}$、K^+、SO_4^{2-} 和结晶水。应注意,配位阳离子 $Al(H_2O)_6^{3+}$ 是 PCP 之一,$Al(H_2O)_6^{3+}$ 的亚结构 Al^{3+} 和配位 H_2O 并不是 PCP,因为 Al^{3+} 和 H_2O 比 $Al(H_2O)_6^{3+}$ 低一个层级。在四种 PCP 中,$Al(H_2O)_6^{3+}$、K^+ 和 SO_4^{2-} 是离子,结晶水是分子,故存在两种 PCP 类型。就此我们可以判定明矾属于混合型晶体。同样,根据 PCP 相互作用类型也可以进行晶体类型的判别。除了在四个 PCP 周围都出现了分子间相互作用外,在 $Al(H_2O)_6^{3+}$ 和 SO_4^{2-} 周围还存在离子间相互作用,因此,PCP 间的相互作用有两种类型——分子间相互作用和离子键,由此也可知明矾属混合型晶体。

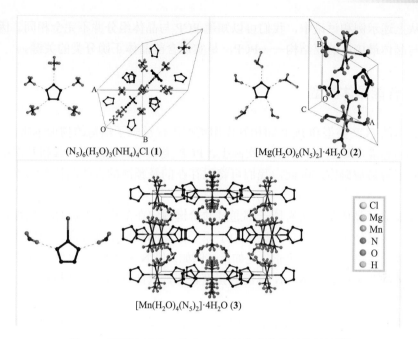

$(N_5)_6(H_3O)_3(NH_4)_4Cl$ **(1)**　　　　$[Mg(H_2O)_6(N_5)_2]\cdot4H_2O$ **(2)**

	Cl
	Mg
	Mn
	N
	O
	H

$[Mn(H_2O)_4(N_5)_2]\cdot4H_2O$ **(3)**

图 2.2　近期合成的三种含 N_5^- 环的化合物的晶体结构[16]

每个图的左侧表示 N_5^- 阴离子与其周围组分的相互作用，右侧表示晶体堆积结构。N_5^- 阴离子在 **1** 和 **2** 中通过氢键与周围离子/分子发生相互作用，在 **3** 中通过共价键以及分子间氢键与周围离子/分子发生相互作用

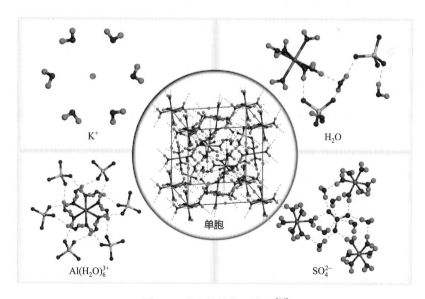

K^+　　　　H_2O

$Al(H_2O)_6^{3+}$　单胞　SO_4^{2-}

图 2.3　明矾的结构示意图[16]

图中央为明矾的晶体结构，其余为 PCP，包括 K^+、结晶水、SO_4^{2-} 和 $Al(H_2O)_6^{3+}$ 及其与周围组分间的相互作用。O、H、S、Al 和 K 原子分别用红色、绿色、黄色、紫色和蓝色表示

从上述示例和讨论中，我们可以知道 PCP 与晶体组分并不完全相同。因此，明晰与晶体最接近的亚结构——PCP，是实现含能晶体正确分类的关键。

2.2.2　含能晶体类型

晶体的 PCP 类型和 PCP 间相互作用类型不仅反映了结构的物理本质，还是晶体分类的标准，如图 2.1 所示。实际上，PCP 类型一旦被确定，其相互作用的类型也就很容易被确定。因此，我们可将已存在的及预测的含能晶体分为以下五种类型。

含能原子晶体是指所有原子都通过共价键固定在晶格中的晶体，也被称为共价晶体。与其他类型的晶体相比，由于原子晶体的共价键强度高，所以通常表现出极高的稳定性。但情况并非总是如此，例如，以 N 原子作为 PCP 的聚合氮属于原子晶体，但是由于其 N—N 单键的强度较弱，只能在高压下保持稳定，因而稳定性较低[1]。

含能分子晶体是由弱的分子间相互作用将各自孤立的分子固定于晶格中而形成的晶体。传统的含能晶体通常由含 C、H、N 和 O 原子的有机小分子构成。显然，其中的弱分子间相互作用是导致其高脆性的根源。因此，在含能材料配方中一般需要添加黏合剂(binder)来降低脆性，以提高其加工性能。

含能离子晶体是通过静电吸引作用(electrostatic attraction)将阴、阳离子固定于晶格而形成的晶体。近期合成的大量的含能离子化合物主要由有机离子(organic ion)构成，由于这些有机离子的极性强度通常介于中性分子和无机离子之间，因此含能离子晶体中 PCP 间相互作用的强度也介于分子晶体和无机盐之间。

含能金属晶体由金属离子和自由电子构成，其相互作用为金属键。金属晶体中，原子的外层电子为整个晶体所共享。到目前为止，含能金属晶体并未完全在实验上得到证实。尽管有报道称已在极高压力下合成了金属氢，但仍缺乏其实验堆积结构，在堆积结构上仅有一些理论预测的结果[6]。

含能混合型晶体是通过至少两种类型的 PCP 间相互作用将 PCP 固定于晶格而形成的晶体。如上所述，在图 2.2 中的 **2** 和图 2.3 中的明矾中都同时出现了 PCP 间的分子间相互作用和离子键，因此它们属于分子-离子混合型晶体。同时，图 2.2 中的 **3** 应属于分子晶体。**3** 在原始文献[19]中被粗略地视为盐，这种说法是不够准确的。

具体的五种含能晶体及相关例子将在下一节和后续章节中详细介绍。此外，我们将基于 PCP 类型和 PCP 间相互作用类型在第 7 章对共晶的类型进行定义和分类。

2.3　含能晶体类别

含能晶体的分类是依据 PCP 的类型而不是根据 PCP 的数量来实现的；也就是说，若含能晶体包含两个或多个 PCP 时，划分晶体类型的依据仍是 PCP 的类型。例如，CL-20/TNT 共晶体包含 CL-20 和 TNT 两种 PCP，但它们都是分子，为同一 PCP 类型，所以，此共晶体属于含能分子晶体。在接下来的章节中，将介绍更多关于不同类别含能晶体的结构和性质。

2.3.1　含能分子晶体

作为一种含能化合物，苦味酸开创了人工合成含能化合物的时代。目前，传统单组分含能分子晶体数量最多、应用研究最广、分布最为普遍，如 TNT、RDX 和 HMX 等。近年来，新型含能化合物和含能复合材料的种类和数量都在迅速增加，但由于在实践中难以通过能量、安全性、力学性能、环境适应性、相容性等各方面的严格考核评估，所以目前实际应用的主体仍然是传统单组分含能分子晶体。单组分含能分子晶体的组分分子就是其 PCP。这些分子由于极性低，缺乏强的氢键供受体，所以分子间相互作用一般都较弱[20,21]。

硝基化合物(nitro compound)在传统含能材料中数量最多，占据含能分子晶体半壁江山。特别是在得到实际应用的含能化合物中，几乎都是硝基化合物，如前面提到的 TNT、RDX 和 HMX。如图 2.4[22]所示，硝基化合物的 NO_2 基团可通过共价键与 C、N 或 O 原子相结合，形成 C—NO_2、N—NO_2 或 O—NO_2 键。这三种化学键的强度依次下降，对应化合物的分子稳定性也依次降低。当 NO_2 与苯环上的 C 原子相连时，则可形成具有高稳定性的大共轭结构，如 TNB、TNA、DATB、TNT 和 TATB[23-27]皆为低感或高耐热(highly heat-resistant)化合物。偕二硝基(geminal-dinitro compound)或硝仿化合物(nitroform compound)，如 TNAB、NF、TETB 和 ONDO[28-31]其分子稳定性有所下降，这是因为同一个 C 原子上连接的 NO_2 数目增加，每个 NO_2 分享的电子数减少。分子稳定性的差异会导致感度的差异，并影响其用途。一般地，较稳定的化合物可以用作主炸药(secondary explosive)，而较不稳定的化合物则用作起爆药(primary explosive)。当然，与上述高耐热分子相比，含 N—NO_2 或 O—NO_2 的含能分子更加不稳定[32-37]。

除硝基外，叠氮基(—N_3)和过氧基(—O—O—)有时也作为爆炸性基团(explosive group)或氧化性基团，存在于含能分子晶体中，如图 2.5 和图 2.6 所示。与硝基化合物相比，叠氮化物和过氧化物的分子稳定性更低，这是因为—N_3 和—O—O—更容易解离。例如，CH_3—N_3 和 CH_3O—OCH_3 的键离解能(bond dissociation energie，BDE)

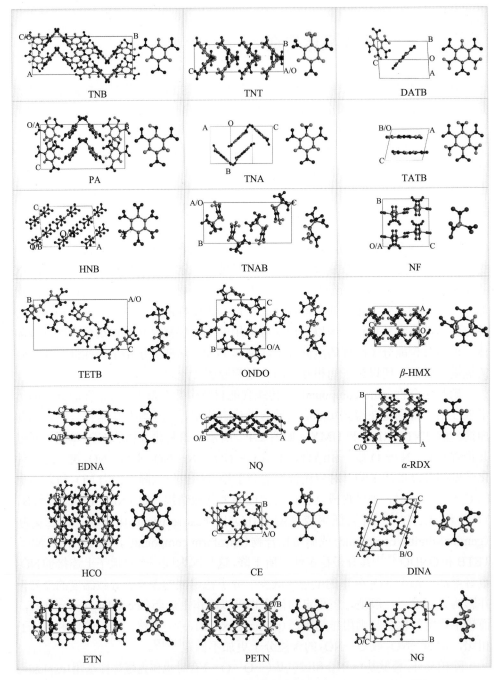

图 2.4   一些典型硝基化合物的晶体堆积结构(左)和分子结构(右)[22]

根据官能团 Ar—NO$_2$、C—NO$_2$、N—NO$_2$ 和 O—NO$_2$ 的不同,可将硝基化合物分为四类。官能团的不同在很大程度上导致了分子稳定性的差异及感度的差异分别为 174 kJ/mol 和 163 kJ/mol，远低于 CH_3—NO_2 的 260 kJ/mol[38]，因此，叠氮化物(azide)在工业上通常用作起爆药；而过氧化物(peroxide)安全性和能量皆低，较少使用。另外，有机叠氮化物是弱极性的，分子间相互作用通常较弱，分子堆积系数(packing coefficient, PC)较低。在图 2.5 中，TAHA、NADAT 和 ANTHA[39-41]相比其他叠氮化物安全性更高。这是因为它们具有平面分子结构并呈现出单原子层厚度的面-面 π-π 堆积模式，弥补了叠氮化物分子稳定性低的不足。此案例也进一步证实了"改善分子堆积模式可缓解含能化合物能量-安全性间矛盾"这一策略的正确性。图 2.6 所示的两种爆炸性过氧化物 DADP 和 TATP，虽然它们的能量水平较低，但若采用丙酮作为过氧化物的前体，则能被轻易地合成出来[42,43]，常为恐怖分子的首选。这也是为何要限制丙酮使用的主要原因之一。

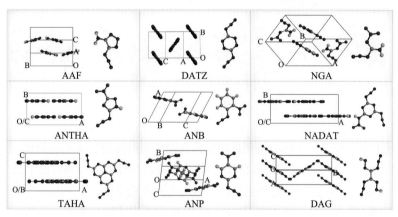

图 2.5　一些有机叠氮化合物的晶体堆积结构(左)和分子结构(右)[22]

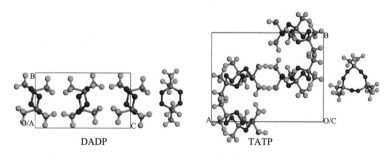

图 2.6　两种过氧化物的晶体堆积结构(左)和分子结构(右)[22]

含能氮杂环化合物(energetic N-heterocyclic compound)是含能分子晶体中的另一个重要类别，如最著名的 RDX、HMX 和 CL-20 等。氮杂环化合物具有高度的结构多样性，和上述硝基化合物一样数量众多。在含能氮杂环化合物中，除少数如 CL-20、HMX、RDX 和 TNAZ 等分子具有非平面的氮杂环骨架结构外，更多分子的骨架为平面共轭的氮杂环结构，如嗪类(azine)、唑类(azole)和呋咱类(furazan)，以及它们的并环(fused ring)和桥环(bridged ring)衍生物等。在这些分子中，共轭结构可提高它们的稳定性。与 TATB 类似，ANTA、2-硝胺基咪唑啉和 LLM-116[44,45]也具有平面分子结构(图 2.7)，为形成 π-π 堆积结构奠定了基础，有望具有低撞击感度特性。此外，大多数含能离子的中性前驱体也是氮杂环化合物。因此，具有氮杂环结构的中性分子或离子极大丰富了含能化合物。

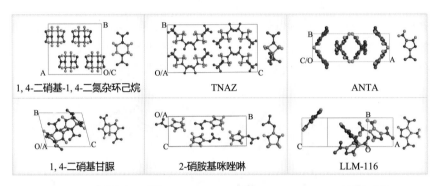

图 2.7　一些氮杂环化合物的晶体堆积结构(左)和分子结构(右)[22]

　　传统的单组分分子晶体，特别是硝基化合物作为最常用的含能化合物，更是目前应用含能化合物中的主流，因为只有这类化合物在各种性能方面都通过了充分而严格的考核和评估。所有对这些硝基化合物的研究也为含能化合物研究的系统化和科学化奠定了基础。然而，对于这种由 C、H、O 和 N 原子组成的含能分子晶体，要提高其能量水平是极为困难的。这在很大程度上是由分子水平上的能量-安全性间的本质矛盾导致的[46]，即含能分子储存的化学能越高，分子中的化学键就越弱，分子稳定性就越差。因此，创制出能量水平大幅提高且在常态下稳定的含能化合物十分困难。

　　全氮化合物(full nitrogen compound)似乎给我们带来了惊喜。N—N 和 N═N 键离解能分别比 N≡N 键离解能的 1/3 和 2/3 低得多，因此 N—N 或 N═N 转换为 N≡N 时会释放大量能量。例如，一个具有 T_d 对称性且含有六个单 N—N 键的 N_4 分子，其分解可以释放大量热量，并产生对环境友好的产物 N_2。因此，许多富氮化合物(N-rich compound)，特别是如图 2.8 所示的全氮化合物引起了广泛的关注。不过令人遗憾的是，除氮气分子外，目前还未通过实验合成得到其他的全氮分子晶体。理论研究方面，人们利用量化计算拟合的 Lennard-Jones 势预测得到了笼形 N_4、N_6、N_8、N_{10} 和 N_{12} 结构的晶体堆积密度(d_c)，分别为 1.81 g/cm^3、2.08 g/cm^3、2.47 g/cm^3、2.46 g/cm^3 和 2.57 g/cm^3，但缺乏堆积结构的具体信息[47]；而链式 N_6 和 N_8 结构的 d_c 预测值分别为 1.95 g/cm^3 和 1.561 g/cm^3，同时也报道了它们堆积结构的预测结果[48,49]。与传统含能分子晶体相比，全氮分子晶体中分子间相互作用为更弱的范德华力，这是不同分子 N 原子上的孤对电子间相互排斥导致的结果。由于普遍使用的密度泛函方法并不善于处理孤对电子间排斥作用问题，所以，从理论上预测全氮分子的晶体堆积密度仍然存在困难。与上述传统含能分子相比，尽管全氮分子在组成和结构上具有新颖性，但它们在分子水平上仍然很难摆脱能量与安全性间的本质矛盾。毕竟，这些分子的做功能力仍取决于化学能的释放。事实上，也正是这一矛盾，导致这些全氮分子至今未能成功合成出来。

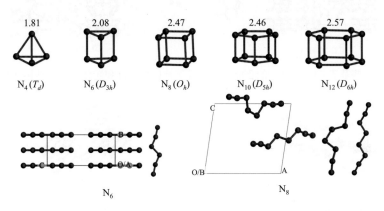

图 2.8　从理论上预测的一些全氮化合物的分子结构和晶体堆积结构

分子结构上方为密度的理论预测值(单位为 g/cm³) [22]

　　含能共晶也有可能为研究如何缓解分子水平上的能量-安全性间的本质矛盾提供思路。含能共晶并非一个新鲜事物，根据笔者对共晶这一术语的重新定义[16]，早期报道的含能溶剂化物(energetic solvate)实际上就属于含能共晶。现今，含能共晶发展迅猛、数量激增，人们已经成功合成了大量基于 CL-20 的共晶(图 2.9)[50-53]和基于 TNT 的共晶(图 2.10)[54-56]，其中不乏一些性能优异的含能晶体。与单组分含能分子晶体相比，这些含能分子共晶具有相似的组分，因而含能共晶与单组分含能分子晶体具有相似的分子间相互作用[57]。这亦表明，共晶的分子间相互作用并未显著增强；因此，Wei 等认为共晶的热力学驱动力主要是熵的增加[58]。当前，含能-含能共晶(energetic-energetic cocrystal，两种组分都是含能的分子)是含能共晶发展的主流，其优势是避免了能量水平的大幅下降。

2.3.2　含能离子晶体

　　含能离子晶体是含能化合物的另一种晶体形式。容易理解的是，作为其组成的离子的分解必然释放热量。构成含能晶体的阴阳离子丰富多样，包括无机离子、有机离子或金属离子等。图 2.11 展示了一些常见的含能无机离子晶体的堆积结构[59-61]。

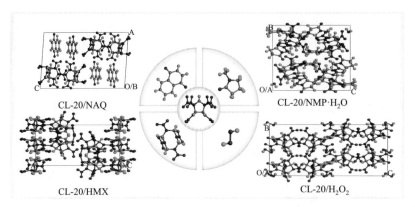

图 2.9　一些基于 CL-20 分子的含能共晶的堆积结构(周围)和配体的分子结构(中心)[22]

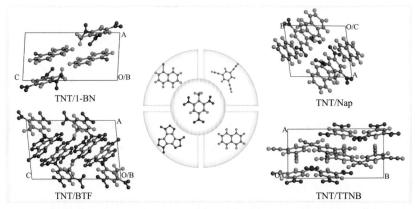

图 2.10　一些基于 TNT 分子的共晶的堆积结构(周围)和配体的分子结构(中心)[22]

对于不同的含能离子晶体，其释能机制可能存在差异，这可以用如图 2.11 所示的 NaN$_3$、Pb(N$_3$)$_2$ 和 AP 来说明。AP 通过阴、阳离子之间的反应来释放热量，同时由于 AP 中 Cl 原子为 +7 化合价，氧化性强，可对 NH$_4^+$ 进行氧化，许多配方也常将 AP 用作氧化剂。而 Pb(N$_3$)$_2$ 和 NaN$_3$ 的释热则主要来自于 N$_3^-$ 自身的分解。其实金属叠氮化物常常是通过晶体内相邻 N$_3^-$ 间的反应而最终分解成金属和 N$_2$。这期间，由于 N$_3^-$ 还原金属是吸热反应，且 N$_3^-$ 中已经存在双键和三键，因此金属叠氮化物放热量水平并不高。

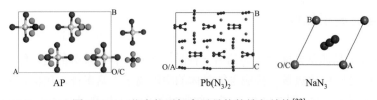

图 2.11　一些含能无机离子晶体的堆积结构[22]

与常见含能分子晶体相比，含能离子晶体中 PCP 的极性显著增强，即阴、阳离子间的相互作用增强。应当注意的是，大量的含能离子晶体不属于典型的无机离子化合物。例如，在典型的无机离子化合物 NaCl 中，每个 Na 原子上的一个电子转移到了一个 Cl 原子上而变成了 Na$^+$，每个 Na$^+$ 确确实实地带上了一个正电荷，与表观电荷的数量是一致的。而在含能离子中，尤其是在含能有机离子中，离子化作用大打折扣。例如，TKX-50 中的阳离子 NH$_3$OH$^+$ 所带正电荷数就少于表观电荷数 +1。总之，含能离子晶体中 PCP 间的相互作用主要为静电作用，然而，这些静电作用或离子键的强度远远不及 NaCl 等典型离子化合物。

　　通常，含能离子化合物在某些方面比分子化合物更具优势。例如，一旦成功合成出一种新型含能离子，就可以获得一系列具有相同阴离子或相同阳离子的化合物。这样，可显著降低获得系列化合物的成本，并可以基于这些化合物快速寻求到新的科学规律。此外，离子化有利于提高分子稳定性，这种作用对富氮化合物尤为有效。通常，富氮分子含有酸性氢原子，它容易发生离去，一旦条件成熟，一对阴阳离子就可以形成。离子化 (去质子化) 后，分子稳定性增加。所以，许多的含能离子化合物可视为含能分子共晶的氢转移产物 (hydrogen transferred product)。

　　近十年来，含能离子化合物高速发展，其中不乏性能佼佼者。与普通的含能无机离子化合物不同，这些新型含能离子化合物中引入了有机阳离子或有机阴离子。如图 2.12 所示，NH$_3$OH$^+$ 基离子化合物中所有的阴离子都是有机含能的[62-66]，而图 2.13 中含能离子化合物中的阴阳离子也都是有机的[62,67-71]。对于图 2.13 中的离子化合物，当受到刺激时，胍离子 (G$^+$) 及其阴离子将分别作为还原剂和氧化剂发生反应而释放热量。通过引入有机离子，极大地增加了含能离子化合物的数

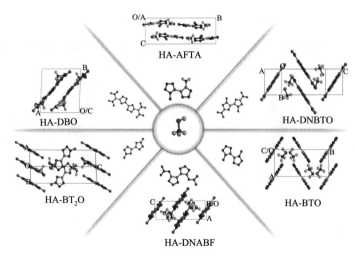

图 2.12　一些含有 NH$_3$OH$^+$ 的含能离子晶体的堆积结构[22]

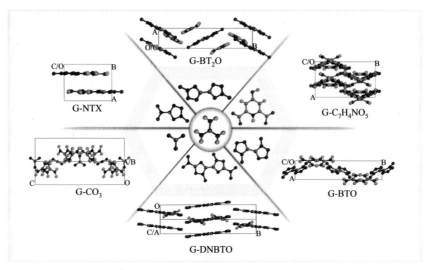

图 2.13 一些含 G$^+$的含能有机晶体的堆积结构[22]

量。与此同时，我们也面临着诸如反应复杂、相容性差、耐热性低等问题，这也是含能离子化合物实际应用中具有挑战性的问题。

此外，在成功合成五唑阴离子 N$_5^-$ (cyclo- N$_5^-$)之后，出现了越来越多的 N$_5^-$ 基含能离子化合物(图 2.14)[72]。五唑环阴离子化后变得更为稳定，而离子键作用又使得整个晶体更加稳定，这就是这些含能离子化合物能够稳定存在的根本原因[73]。但应强调的是，稳定性高意味着能量低。实际也是如此，这些基于 N$_5^-$ 的含能离子化合物的能量水平几乎无法超越传统的含能分子化合物[74]。

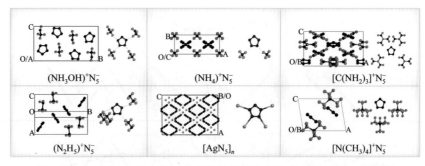

图 2.14 一些含 N$_5^-$ 的含能无机晶体的晶体堆积和离子间的相互作用[22]

2.3.3 含能原子晶体

含能原子晶体的数量十分有限，且大部分停留在理论预测阶段，有实验观测结果的非常少。目前最常见的含能原子晶体包括聚合氮(图 2.15)、聚合 CO 及聚

合 CO_2。与不饱和 C—C 键的聚合过程放热相反，聚合氮、聚合 CO 和聚合 CO_2 的聚合过程吸热，即是一种储存能量的化学过程。含能原子晶体通常是在高压下合成的。例如，利用激光加热，在大于 2000 K 和高于 110 GPa 的条件下，可将金刚石砧 (diamond anvil) 中 N_2 合成为具有立方偏转结构的聚合氮 (cubic gauche poly-N，cg-N)[1]。不过这些 cg-N 在卸压时会逐步减少并最终变成 N_2。cg-N 中相邻的 N 原子都是通过单键连接的，属于原子晶体，整个晶体就是一个分子。此外，其他类型的晶体中也出现了聚合氮结构[75-81]，如图 2.15 中的 MgN_4、BeN_4、K_2N_{16} 和 $ReN_8 \cdot xN_2$ 都含有聚合氮结构。但是，由于 MgN_4、BeN_4、K_2N_{16} 的 PCP 是阳离子和阴离子(聚合氮阴离子)，故它们属于离子晶体；而 $ReN_8 \cdot xN_2$ 则含有聚合 ReN_8 和 N_2 两种分子组分，属于分子晶体。由此可见，聚合结构是构成含能原子晶体的必要但非充分条件。

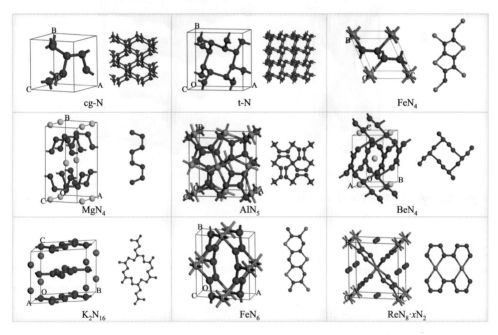

图 2.15 一些实验观测或理论预测化合物的晶体堆积结构和其中的聚合氮结构[22]

此外，据报道，聚合 CO 即使在卸压之后也能稳定存在。然而，聚合 CO 能量水平的理论预测值与常见 CHNO 含能化合物相当。

2.3.4 含能金属晶体

研究表明，在 495 GPa 的极高压力下可发生从氢气分子到金属氢的转变。

这种转变是通过测量反射率(0.91)和等离子体频率(5.5 K 下 32.5±2.1 eV 或 7.7 ±1.1×10²³ cm⁻³ 的电子载流子密度[6])确定的，这也与早期的理论预测结果 (图 2.16)[82]一致。不过，这项工作并没有报道相关的衍射结果或堆积系数。此外，有实验观测到氮气在大于 125 GPa 和 2500 K 的温度加热的条件下可转变为金属氮[83]，此条件下的金属氮是一种金属流体，不是固体，因此也不是晶体。与氢气分子或氮气分子相比，金属氢和金属氮中原子的价电子不再局限于某个原子核周围，而是游弋于整个凝聚相中。这些含能金属晶体或金属流体在泄压时将会产生大量的能量，期间将经历从金属凝聚态到分子凝聚态和气态分子的转变。

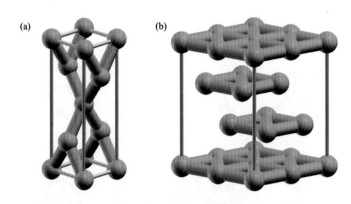

图 2.16　金属氢的基态相结构图[82]

对称性为 I4₁/amd 的单胞结构(a)和对称性为 R-3 m 的 2×2×1 超胞结构(b)。为清晰可见，氢原子之间用虚拟键相连

2.3.5　含能混合型晶体

混合型晶体实际上就是混合型共晶，包含两种或更多种的 PCP 类型和 PCP 间相互作用类型。混合型晶体正处于蓬勃发展中，它们通常是一些原本为非含能结构的拓展。例如，图 2.17 所示的含能 MOF 结构[3,84,85]就是在 MOF 研究热潮中出现的。含能 MOF 与其他 MOF 结构一样，框架上的阴离子(或带负电的部分)与中心金属阳离子仍然是通过较强的配位键连接在一块的，不同之处在于阴离子是含能的。应当注意的是，在一些含能 MOF 中，只有骨架是周期性的，而通道中的溶剂或其他填料常是无定形的。类似地，含能钙钛矿[5,86]也源于原有钙钛矿结构研究的拓展(图 2.18)。不过，当前含能钙钛矿数量很少。含能 MOF 和含能钙钛矿的能量释放机制与含能离子化合物类似，都是通过阴离子和阳离子之间的反应来实现的。

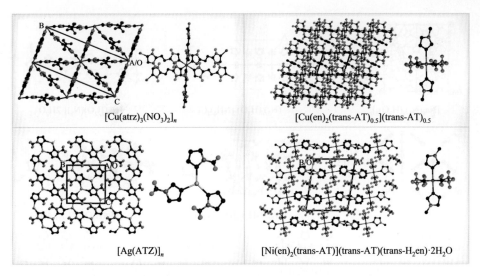

图 2.17 一些具有 MOF 结构的混合型晶体的堆积结构及配位结构[22]

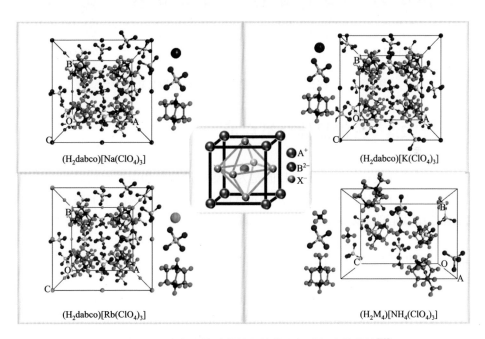

图 2.18 一些含能钙钛矿的堆积结构和组成部分的结构[22]

dabco：1,4-二氮杂双环[2.2.2]辛烷；H_2M_4：1-甲基-1,4-二氮杂双环-[2.2.2]辛烷-1,4-二鎓

N_5^- 环的成功合成促进了混合型晶体的发展，此类晶体中存在两个或更多的 PCP[87-90]。如图 2.19 所示，N_5^- 环通过氢键、配位键和/或 π-π 堆积稳定地存在于晶格中[73]。

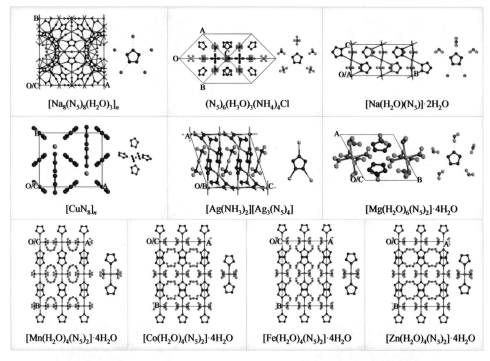

图 2.19　一些含 N_5^- 的混合型晶体的堆积结构及其 PCP[22]

 ## 2.4　含能晶体分类启示

对含能晶体进行分类的主要目的是为了更好地理解和应用它们。如上所述，PCP 类型和 PCP 间相互作用类型是确定含能晶体类型的基础。下面将论述五类含能晶体带给我们的启示。

2.4.1　PCP 间相互作用与晶体稳定性的关系

含能分子晶体的 PCP 是分子。这些分子可以是相同的，也可以是不同的，分别对应于单组分晶体和多组分晶体。PCP 间的相互作用包括范德瓦耳斯作用和静电作用。注意，多组分晶体中各个 PCP 的类型相同，都是分子。含能分子晶体的分子极性弱且缺乏强氢键供体或氢键受体，因此，含能分子晶体中分子间相互作用通常都比较弱[20,21,57]。

由于化学储存能量的多少与化学键的强弱之间存在矛盾，即含能分子储存的能量越多，化学键就更弱，所以，为保持含能分子一定的稳定性，含能分子晶体的释热量也只能是在几个 kJ/g 的水平上。理论预测结果表明，全氮分子晶体具有比普通 CHON 分子晶体高得多的能量水平，但高能的全氮分子很难被合成出来，因为它们的高能量预示着低分子稳定性。这表明，高能的全氮分子也不能游离于含能材料的能量-安全性间矛盾之外。

与常见的含能分子晶体相比，含能离子晶体的晶格能更大。因为含能离子晶体中的氢键通常是离子型的，强于分子晶体中的弱氢键。显而易见，过多增加晶格能将降低释能水平。与此同时，人们发现一些含能离子化合物，如 TKX-50，在加热和冷却循环中可发生可逆的氢转移(hydrogen transfer)反应，成就了 TKX-50 的低撞击感度特性[91]；另一方面，容易发生的氢转移有可能降低含能离子化合物的热稳定性并恶化其与诸多物质间的相容性，从而限制了它们的实际应用。因此，即使拥有十分诱人的爆轰性能，应用含能离子化合物仍然需要解决一些挑战性问题。对于另一种能量可能较高的含能离子化合物，如 K_2N_{12}(图 2.15)，需要在严苛的高压环境中才能保持稳定，所以也很难获得应用。

研究表明，无论是含能分子晶体还是含能离子晶体，利用晶体工程手段改进分子堆积模式来缓解含能化合物的能量-安全性间矛盾是可行的。在各种晶体堆积模式中，平面层状(面-面)π-π 堆积对降低含能分子晶体和含能离子晶体的撞击感度最为有效，实际上构建面-面 π-π 堆积结构也是目前开发低感高能化合物的重要策略之一[92]。TATB 就是一个典型例子，它具有分子内氢键辅助的平面分子结构和平面层状堆积模式，这种极高的分子稳定性和易剪切滑移的力学特性有助于其低感，甚至是钝感。此外，含能分子晶体中的分子分解通常始于比共价键弱得多的分子间氢键的解离；而低感含能化合物拥有比敏感化合物更强的分子间氢键，故解离过程需要更多的能量，这也是它们之所以低感的原因之一。综上所述，可总结出以下三点有利于低感的因素：高的分子稳定性(平面共轭分子结构)、强的分子间相互作用(强分子间氢键)和平面层状(面-面)π-π 堆积模式。同时，为提高堆积密度和能量水平，还需考虑分子组成和拓扑结构等因素[93]。以上这些都是缓解含能化合物能量-安全性间矛盾和设计新型低感高能分子化合物与离子化合物的基础。

含能原子晶体主要存在于高压条件下，如聚合氮单质和金属杂化聚合氮化合物。通常认为，含能原子晶体的分解将产生比普通含能分子晶体和含能离子晶体更多的能量。然而，苛刻的高压稳定条件仍然限制了含能原子晶体的实际应用。对于另一组可以在通常条件下保持稳定的含能原子晶体，如聚合 CO 和聚合 CO_2，它们能量较低，甚至低于普通含能分子晶体，再加上异常高的合成成本，故也难以投入使用。

至于另一类前面提到的含能金属晶体，如金属氢和金属氮(它们可能以流体形式存在)，同样也需要极高的压力条件才能保持稳定。例如，金属氢的稳定条件高达 495 GPa。事实上，任何物质在压力增加时都会有金属化的趋势。同样，这种非常苛刻的稳定化条件也限制了它们在普通环境下的应用。推测起来，含能金属晶体作为含能材料使用时，将经历如下的过程：金属晶体→分子晶体→气体。因此，含能原子晶体和金属晶体离实际应用仍很遥远，且很大程度上只停留在概念上。不过这两类物质的确是目前凝聚态物理和能量学领域中两个有趣的热点问题。

最后，对于含能混合型晶体，如含能 MOF 以及含能钙钛矿，它们不仅具有特定的结构，而且还具有含能材料的特性。不过与普通含能分子晶体相比，金属离子的存在意味着气体产物占比会减少，进而降低爆压与爆速。因此，这些晶体的能量水平难有很大的提高。

2.4.2　晶体类型与其能量的关系

我们可用图 2.20 粗略比较五种含能晶体的能量水平。其中分子晶体、离子晶体以及混合型晶体通常能量水平最低，而原子晶体和金属晶体则能量较高。当然，这些较高的能量水平也意味着其稳定化条件更严格，实际应用更困难。

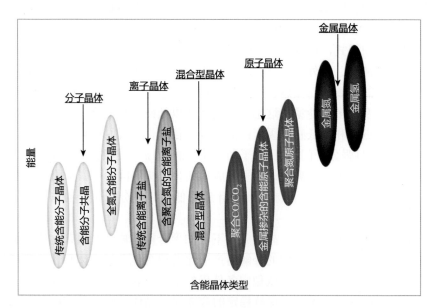

图 2.20　各种含能晶体能量的粗略比较[22]

 ## 2.5　结论与展望

总而言之，尽管含能晶体发展迅猛，种类多样，但仍可根据其含有的 PCP 类型及 PCP 间相互作用类型科学而快速地对它们进行分类，无论它们是实验确定的，还是理论预测的。在能量排序上，金属晶体能量最高，其次为原子晶体、分子晶体、离子晶体和混合型晶体。通常，能量高的含能晶体须在高压下才能保持稳定，反之亦然。我们相信，通过晶体分类，会更好地预测并理解这些纷繁芜杂含能晶体的形成与释能机制。此外，由于晶体类型可以粗略地决定其能量存储和释放机制，我们有望在未来实现一个蓝图，那就是依据晶体类别按需制备含能晶体。

参 考 文 献

[1] Eremets M I, Gavriliuk A G, Trojan I A, et al. Single-bonded cubic form of nitrogen. Nat. Mater., 2004, 3: 558-563.

[2] Gao H, Shreeve J M. Azole-based energetic salts. Chem. Rev., 2011, 111: 7377-7436.

[3] Li S, Wang Y, Qi C, et al. 3D energetic metal-organic frameworks: Synthesis and properties of high energy materials. Angew. Chem. Int. Ed., 2013, 52: 14031-14035.

[4] Landenberger K B, Bolton O, Matzger A J. Energetic-energetic cocrystals of diacetone diperoxide(DADP): Dramatic and divergent sensitivity modifications via cocrystallization. J. Am. Chem. Soc., 2015, 137: 5074-5079.

[5] Chen S, Yang Z, Wang B, et al. Molecular perovskite high-energetic materials. Sci. China Mater., 2018, 61: 1123-1128.

[6] Dias R P, Silvera I F. Observation of the Wigner-Huntington transition to metallic hydrogen. Science, 2017, 355: 715-718.

[7] Blöchl P E. Projector augmented-wave method. Phys. Rev. B, 1995, 50: 17953-17979.

[8] Kresse G, Joubert D. From ultrasoft pseudopotentials to the projector augmented-wave method. Phys. Rev. B, 1990, 59: 1758-1775.

[9] Perdew J P, Burke K, Ernzerhof M. Generalized gradient approximation made simple. Phys. Rev. Lett., 1996, 77: 3865-3868.

[10] Elstner M. The SCC-DFTB method and its application to biological systems. Theor. Chem. Acc., 2005, 116: 316-325.

[11] Elstner M, Porezag D, Jungnickel G, et al. Self-consistent-charge density-functional tight-binding method for simulations of complex materials properties. Phy. Rev. B, 1998, 58: 7260-7268.

[12] Foulkes W M C, Haydock R. Tight-binding models and density-functional theory. Phy. Rev. B, 1989, 39: 12520-12536.

[13] Gong C Z, Zeng X L, Ju X H. Comparative PM6 and PM3 study on heats of formation for high energetic materials. Comput. Appl. Chem., 2014, 04: 445-450.

[14] Liu L C, Liu Y, Zybin S V, et al. ReaxFF-lg: Correction of the reaxff reactive force field for London dispersion, with applications to the equations of state for energetic materials. J. Phys. Chem. A, 2011, 115: 11016-11022.

[15] Stahly G P. Diversity in single-and multiple-component crystals. The search for and prevalence of polymorphs and cocrystals. Cryst. Growth Des., 2007, 7: 1007-1026.

[16] Zhang C, Xiong Y, Jiao F, et al. Redefining the term of cocrystal and broadening its intension. Cryst. Growth Des., 2019, 19: 1471-1478.

[17] Kitaigorodsky A I. Mixed Crystals. New York: Springer, 2012.

[18] Zhang C, Sun C, Hu B, et al. Synthesis and characterization of the pentazolate anion cyclo-N_5^- in $(N_5)_6(H_3O)_3(NH_4)_4Cl$. Science, 2017, 355: 374-376.

[19] Xu Y, Wang Q, Shen C, et al. A series of energetic metal pentazolate hydrates. Nature, 2017, 549: 78-81.

[20] Bu R, Xiong Y, Wei X, et al. Hydrogen bonding in CHON-containing energetic crystals: A review. Cryst. Growth Des., 2019, 19: 5981-5997.

[21] Bu R, Xiong Y, Zhang C. π-π stacking contributing to the low or reduced impact sensitivity of energetic materials. Cryst. Growth Des., 2020, 20: 2824-2841.

[22] Bu R, Jiao F, Liu G, et al. Categorizing and understanding energetic crystals. Cryst. Growth Des., 2021, 21: 3-15.

[23] Choi C S, Abel J E. The crystal structure of 1,3,5-trinitrobenzene by neutron diffraction. Acta Cryst., 1972, B28: 193-201.

[24] Cady H H, Larson A C. The crystal structure of 1,3,5-triamino-2,4,6-trinitrobenzene. Acta Cryst., 1965, 18: 485-496.

[25] Carper W R, Davis L P, Extine M W. Molecular structure of 2,4,6-trinitrotoluene. J. Phys. Chem., 1982, 86: 459-462.

[26] Holden J R. The structure of 1,3-diamino-2,4,6-trinitrobenzene, form I. Acta Cryst., 1967, 22: 545-550.

[27] Holden J R, Dickinson C, Bock C M. Crystal structure of 2,4, 6-trinitroaniline. J. Phys. Chem., 1972, 76: 3597-3602.

[28] Klapötke T M, Krumm B, Scherr M, et al. Facile synthesis and crystal structure of 1,1,1,3-tetranitro-3-azabutane. Z. Anorg. Chem., 2008, 634: 1244-1246.

[29] Oyumi Y, Brill T B, Rheingold A L, et al. Thermal decomposition of energetic materials. 7. high-rate ftir studies and the structure of 1,1,1,3,6,8,8,8-octanitro-3,6-diazaoctane. J. Phys. Chem., 1985, 89: 4824-4828.

[30] Axthammer Q J, Klapötke T M, Krumm B, et al. Convenient synthesis of energetic polynitro materials including $(NO_2)_3CCH_2CH_2NH_3$-salts via Michael addition of trinitromethane. Dalton Trans., 2016, 45, 18909-18920.

[31] Schödel H, Dienelt R, Bock H. Trinitromethane. Acta Cryst. C, 1994, 50: 1790-1792.

[32] Turley J W. A refinement of the crystal structure of N,N′-dinitroethylenediamine. Acta Cryst., 1968, 24: 942-946.

[33] Choi C S, Prince E. The crystal structure of cyclotrimethylenetrinitramine. Acta Cryst. B, 1972, 28: 2857-2862.

[34] Ammon H L, Gilardi R D, Bhattacharjee S K. Crystallographic studies of the HMX analogs 3,3,7,7-tetranitro-1,5-dinitroso-1,5-diazacyclooctane, $C_6H_8N_8O_{10}$, 1,3,3,7,7-pentanitro-5-nitroso-1, 5-diazacyclooctane, $C_6H_8N_8O_{11}$, and 1,3,3,5,7,7-hexanitro-1,5-diazacyclooctane, $C_6H_8N_8O_{12}$. Acta Cryst. C, 1983, 39: 1680-1684.

[35] Espenbetov A A, Antipin Y M, Struchkov Y T, et al. Structure of 1,2,3-propanetriol trinitrate (β-modification), $C_3H_5N_3O_9$. Acta Cryst. C, 1984, 40: 2096-2098.

[36] Cady H H, Larson A C. Pentaerythritol tetranitrate II: Its crystal structure and transformation to PETN I; An algorithm for refinement of crystal structures with poor data. Acta Cryst. B, 1975, 31: 1864-1869.

[37] Halfpenny J, Small R W H. The structure of 2,2′-dinitroxydiethylnitramine (DINA). Acta Cryst. B, 1978, 34: 3452-3454.

[38] Garcia E, Lee K Y. Structure of 3-amino-5-nitro-1,2,4-triazole. Acta Cryst. C, 1992, 48: 1682-1683.

[39] Miller D R, Swenson D C, Gillan E G. Synthesis and structure of 2,5,8-triazido-s-heptazine: An energetic and luminescent precursor to nitrogen-rich carbon nitrides. J. Am. Chem. Soc., 2004, 126: 5372-5373.

[40] 罗渝然. 化学键能数据手册. 北京: 科学出版社, 2005.

[41] Huang Y, Zhang Y, Shreeve J M. Nitrogen-rich salts based on energetic nitroaminodiazido [1,3,5] triazine and guanazine. Chem. Eur. J., 2011, 17: 1538-1546.

[42] Gelalcha F G, Schulze B, Lönnecke P. 3,3,6,6-tetra-methyl-1,2,4,5-tetroxane: A twinned crystal structure. Acta Cryst. C, 2004, 60: o180-o182.

[43] Groth P. Crystal structure of 3,3,6,6,9,9-hexamethyl-1,2,4,5,7,8-hexa-oxacyclononane ("trimeric acetone peroxide"). Acta Chem. Scand., 1969, 23: 1311-1329.

[44] Nordenson S. Structure of 2-nitriminoimidazolidine. Acta Cryst. B, 1981, 37: 1774-1776.

[45] Schmidt R D, Lee G S, Pagoria P F, et al. Synthesis of 4-amino-3,5-dinitro-1h-pyrazole using vicarious nucleophilic substitution of hydrogen. J. Heterocyclic Chem., 2009, 38: 1227-1230.

[46] Zhang C. On the energy & safety contradiction of energetic materials and the strategy for developing low-sensitive high-energetic materials. Chin. J. Energ. Mater., 2018, 26: 2-10.

[47] Li Y, Lai W, Wei T, et al. Theoretical investigations on fundamental properties of all-nitrogen materials: I. Prediction of crystal densities. Chin. J. Energy Mater., 2017, 25: 100-105.

[48] Greschner M J, Zhang M, Majumdar A, et al. A new allotrope of nitrogen as high-energy density material. J. Phy. Chem. A, 2016, 120: 2920-2925.

[49] Hirshberg B, Gerber R B, Krylov A I. Calculations predict a stable molecular crystal of N_8. Nat. Chem., 2014, 6: 52-56.

[50] Zhang C, Yang Z, Zhou X, et al. Evident hydrogen bonded chains building CL-20-based cocrystals. Cryst. Growth Des., 2014, 14: 3923-3928.

[51] Bennion J C, Chowdhury N, Kampf J W, et al. Hydrogen peroxide solvates of 2,4,6,8, 10,12-hexanitro-2,4,6,8,10, 12-hexaazaisowurtzitane. Angew. Chem. Int. Ed., 2016, 55: 13118-13121.

[52] Yang Z, Zeng Q, Zhou X, et al. Cocrystal explosive hydrate of a powerful explosive, HNIW, with enhanced safety. RSC Adv., 2014, 4: 65121-65126.

[53] Bolton O, Simke L R, Pagoria P F, et al. High power explosive with good sensitivity: A 2:1 cocrystal of CL-20: HMX. Cryst. Growth Des., 2012, 12: 4311-4314.

[54] Landenberger K B, Matzger A J. Cocrystal engineering of a prototype energetic material: Supramolecular chemistry of 2,4,6-trinitrotoluene. Cryst. Growth Des., 2010, 10: 5341-5347.

[55] Robinson J M A, Philp D, Harris K D M, et al. Weak interactions in crystal engineering-understanding the recognition properties of the nitro group. New J. Chem., 2000, 24: 799-806.

[56] Zhang H, Gou C, Wang X, et al. Five energetic cocrystals of BTF by intermolecular hydrogen bond and π-stacking interactions. Cryst. Growth Des., 2013, 13: 679-687.

[57] Liu G, Wei S, Zhang C. Review of the intermolecular interactions in energetic molecular cocrystals. Cryst. Growth Des., 2020, 20: 7065-7079.

[58] Wei X, Zhang A, Ma Y, et al. Toward low-sensitive and high-energetic cocrystal III: Thermodynamics of energetic-energetic cocrystal formation. CrystEngComm, 2015, 17: 9037-9047.

[59] Kumar D, Kapoor I P S, Singh G, et al. X-ray crystallography and thermolysis of ammonium perchlorate and protonated hexamethylenetetramine perchlorate prepared by newer methods. Part 69. Int. J. Energetic Materials Chem. Prop., 2010, 9: 549-560.

[60] Hendricks S B, Pauling L. The crystal structures of sodium and potassium trinitrides and potassium cyanate and the nature of the trinitride group. J. Am. Chem. Soc., 1925, 47: 2904-2920.

[61] Saha P. The crystal structure of α-lead azide, α-Pb$(N_3)_2$. Indian J. Phys. Proc. Indian Assoc. Cultiv. Sci., 1965, 39: 494-497.

[62] Fischer N, Gao L, Klapötke T M, et al. Energetic salts of 5,5′-bis(tetrazole-2-oxide) in a comparison to 5,5′-bis(tetrazole-1-oxide) derivatives. Polyhedron., 2013, 51: 201-210.

[63] Klapötke T M, Mayr N, Stierstorfer J, et al. Maximum compaction of ionic organic explosives: Bis(hydroxylammonium)5,5′-dinitromethyl-3,3′-bis(1,2,4-oxadiazolate) and its derivatives. Chem.-Eur. J., 2014, 20: 1410-1417.

[64] Fischer N, Klapötke T M, Reymann M, et al. Dense energetic nitraminofurazanes. Chemistry A European Journal, 2014, 20: 6401-6411.

[65] Zhang J, Mitchell L A, Parrish D A, et al. Enforced layer-by-layer stacking of energetic salts towards high-performance insensitive energetic materials. J. Am. Chem. Soc., 2015, 137: 10532-10535.

[66] Fischer N, Fischer D, Klapötke T M, et al. Pushing the limits of energetic materials-the synthesis and characterization of dihydroxylammonium 5,5′-bistetrazole-1,1′-diolate. J. Mater. Chem., 2012, 22: 20418-20422.

[67] Göbel M, Karaghiosoff K, Klapötke T M, et al. Nitrotetrazolate-2N-oxides and the strategy of N-oxide introduction. J. Am. Chem. Soc., 2010, 132: 17216-17226.

[68] Dippold A, Klapötke T M, A study of dinitro-bis-1,2,4-triazole-1,1′-diol and derivatives: Design of high-performance insensitive energetic materials by the introduction of N-oxides. J. Am. Chem. Soc., 2013, 135: 9931-9938.

[69] Moghimi A, Aghabozorg H, Soleimannejad J, et al. Guanidinium 4-hydroxy-pyridinium-2,6-dicarboxylate. Acta Cryst. E, 2005, 61: o442-o444.

[70] Fischer N, Klapötke T M, Reymann M, et al. Nitrogen-rich salts of 1h, 1′h-5,5′-bitetrazole-1,1′-diol: Energetic materials with high thermal stability. Eur. J. Inorg. Chem., 2013, 2013, 2167-2180.

[71] Adams J M, Small R W H. The crystal structure of guanidinium carbonate. Acta Cryst. B, 1974, 30: 2191-2193.

[72] Yang C, Zhang C, Zheng Z, et al. Synthesis and characterization of cyclo-pentazolate salts of NH_4^+, NH_3OH^+, $N_5H_5^+$, $C(NH_2)_3^+$, and $N(CN_3)_4^+$. J. Am. Chem. Soc., 2018, 140: 16488-16494.

[73] Jiao F, Zhang C. Origin of the considerably high thermal stability of cyclo- N_5^- containing salts at ambient conditions. CrystEngComm, 2019, 21: 3592-3604.

[74] Xu Y, Li D, Tian L, et al. Prediction of the energetic performance of pentazolate salts. Chin. J. Energ. Mater., 2020, 28: 718-723.

[75] Li Y, Feng X, Liu H, et al. Route to high-energy density polymeric nitrogen t-N via He-N compounds. Nat. Commun., 2018, 9: 1-7.

[76] Liu Z, Li D, Liu Y, et al. Metallic and anti-metallic properties of strongly covalently bonded energetic AlN_5 nitrides. Phys. Chem. Chem. Phys., 2019, 21: 12029-12035.

[77] Wei S, Li D, Liu Z, et al. A novel polymerization of nitrogen in beryllium tetranitride at high pressure. J. Phys. Chem. C, 2017, 121: 9766-9772.

[78] Steele B A, Oleynik I I. Novel potassium polynitrides at high pressures. J. Phys. Chem. A, 2017, 121: 8955-8961.

[79] Wei S, Li D, Liu Z, et al. Alkaline-earth metal (Mg) polynitrides at high pressure as possible high-energy materials. Phys. Chem. Chem. Phys., 2017, 19: 9246-9252.

[80] Bykov M, Bykova E, Koemets E, et al. High-pressure synthesis of a nitrogen-rich inclusion compound $Ren_8 \cdot xN_2$ with conjugated polymeric nitrogen chains. Angew. Chem., 2018, 57: 9048-9053.

[81] Bykov M, Bykova E, Aprilis G, et al. Fe-N system at high pressure reveals a compound featuring polymeric nitrogen chains. Nat. Commun., 2018, 9: 2756-2764.

[82] McMahon J M, Ceperley D M. Ground-state structures of atomic metallic hydrogen. Phys. Rev. Lett., 2011, 106: 165302.

[83] Jiang S, Holtgrewe N, Lobanov S S, et al. Metallization and molecular dissociation of dense fluid nitrogen. Nat. Commun., 2018, 9: 2624.

[84] Lin J, Qiu Y, Chen W, et al. Unusual π-π stacking interactions between 5,50-azotetrazolate (AT) anions in six AT based 3D metal photochromic complexes. CrystEngComm, 2012, 14: 2779-2786.

[85] Zhang Q, Chen D, He X, et al. Structures, photoluminescence and photocatalytic properties of two novel metal-organic frameworks based on tetrazole derivatives. CrystEngComm, 2014, 16: 10485-10491.

[86] Shang Y, Huang R, Chen S, et al. Metal-free molecular perovskite high-energetic materials. Cryst. Growth Des., 2020, 20: 1891-1897.

[87] Xu Y, Wang P, Lin Q, et al. A carbon-free inorganic-metal complex consisting of an all-nitrogen pentazole anion, a Zn (II) cation and H_2O. Dalton Trans., 2017, 46: 14088-14093.

[88] Xu Y, Wang P, Lin Q, et al. Self-assembled energetic 3D metal-organic framework $[Na_8(N_5)_8(H_2O)_3]_n$ based on cyclo- N_5^-. Dalton Trans., 2018, 47: 1398-1401.

[89] Xu Y, Lin Q, Wang P, et al. Syntheses, crystal structures and properties of a series of 3D

metal-inorganic frameworks containing pentazolate anion. Chem. Asian J., 2018, 13: 1669-1673.

[90] Sun C, Zhang C, Jiang C, et al. Synthesis of AgN$_5$ and its extended 3D energetic framework. Nat. Commun., 2018, 9: 1269.

[91] Lu Z, Xiong Y, Xue X, et al. Unusual protonation of the hydroxylammonium cation leading to the low thermal stability of hydroxylammonium-based salts. J. Phys. Chem. C, 2017, 121: 27874-27885.

[92] Zhang C, Jiao F, Li H. Crystal engineering for creating low sensitivity and highly energetic materials. Cryst. Growth Des., 2018, 18: 5713-5726.

[93] Bao F, Xiong Y, Peng R, et al. Molecular density-packing coefficient contradiction of high-density energetic compounds and strategy to achieve high packing density. Cryst. Growth Des., 2022, 22: 3252-3263.

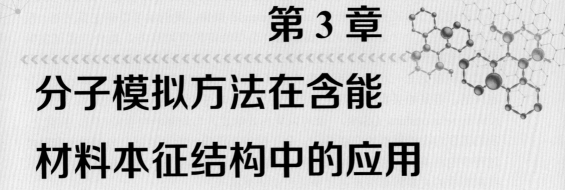

第 3 章

分子模拟方法在含能
材料本征结构中的应用

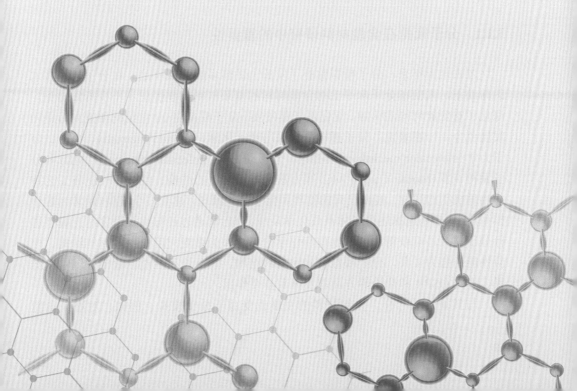

3.1 引言

本章介绍分子模拟(molecular simulation)及相关理论方法在研究含能材料本征结构相关问题中的应用情况。关于这些理论方法的基本原理，已有大量教材或工具书可供查阅，在此便不再赘述。由于本征结构，如分子和晶体(分子堆积)结构，属于微观尺度上的结构，而分子模拟方法又非常适合于处理微观结构层次上的问题，因此，分子模拟自然成了研究含能材料本征结构的首选方法。一种含能材料，只有在其所有性能都能满足严苛使用要求后方可投入实际应用，所以我们应当全面科学地理解、思考和正确对待含能材料，以促进其发展与应用。例如，通过获得某一含能材料的释能(energy release)规律，我们就可以确定其用途；反过来，针对某一个应用需求，我们也会选择特定的含能配方。此外，通过实验可以对含能材料的另一个重要性能——安全性，进行评估和测定，即进行感度测试。目前为止，因为感度研究充满了挑战，我们对感度机制的理解还是十分有限的。但是如果我们获得了一些更加准确的定量构效关系(quantitative structure activity relationship，QSPR)，就可以更高效地设计与创制新型含能材料。换言之，我们需要对含能材料的合成反应、分子间相互作用、力学性质、分解过程和释能过程中的相关机制进行更深入、更广泛的探索，为加速其发展奠定基础，哪怕这些机制中的大多数都很难通过普通的实验来揭示。

3.1.1 分子模拟在含能材料研究中的重要性

过去几十年来，分子模拟弥补了实验上的诸多缺点或不足。在分子模拟技术的帮助下，人们在分子水平上对含能材料的复杂机制问题提出了不少真知灼见，深化了对含能材料的认知，更促进了其发展。分子模拟自20世纪初期建立后蓬勃发展至今，一般来说，分子模拟是指采用量子化学(quantum chemistry，QC)、分子力学(molecular mechanics，MM)、分子动力学(molecular dynamics，MD)和分子蒙特卡罗(Monte Carlo，MC)等方法来揭示材料的结构、性质、性能和工艺背后物理机制的过程。根据已有的物理和化学基本原理，建立一个模型(通常为数学模型)以理想化地描述分子体系或化学反应；随后再通过计算机及程序对此模型进行分子模拟，以获得相关的物理和化学信息。作为微观尺度上探索材料结构、性质性能的强力工具，分子模拟在确定材料结构、预测性质性能、验证解释实验结果、建立QSPR和理论等方面都发挥着重要作用。

与其他领域一样，含能材料的发展也受益于分子模拟。例如，对潜在含能材料的结构和性质进行事先预测目前在含能有机合成中非常常见，而且这种模式已持续多时了。许多著名的含能化合物，如 FOX-7、LLM-105、NTO、CL-20 和 ONC，早在实验合成之前就已被成功预测出来。早期，人们主要基于半经验量子化学方法(semi-empirical quantum chemical method)开展分子预测研究，以确认分子几何结构、振动频率和分子轨道(molecular orbital，MO)。随着密度泛函理论(density functional theory，DFT)方法的建立与发展，大批量含能分子的高效处理已成现实。现今，随着计算机能力的进一步增强，一些昂贵的从头算方法，如耦合簇方法(coupled-cluster，CC)、高斯方法(Gaussian，G_n)和全活性空间自洽场方法(complete active space self-consistent field，CASSCF)等已用于含能分子结构和性质的精确预测。同时，人们也建立分子力学方法和分子动力学方法，这些方法在含能材料领域中的应用也取得了很大进步。目前，人们趋向于针对给定的目标含能分子建立高精度的专用力场(force field，FF)。高精度分子力场与蒙特卡罗方法的结合使用，是准确预测晶体堆积结构的基础。基于密度泛函理论的分子动力学方法或基于反应分子力场(如 ReaxFF)的分子动力学方法已广泛用于模拟含能材料的热力响应过程。此外，耗散粒子动力学(dissipate particle dynamics，DPD)方法主要通过分子模拟实现其参数化，因此，DPD 也属于分子模拟。这种方法可用于介观尺度上含能流体的相态结构和性质预测。

　　我们检索了有关含能材料的已发表论文，包括计算含能材料、含能材料分子模拟及其他方面，以了解过去 21 年(1998 年—2018 年)里含能材料的研究趋势。之所以选择 1998 年作为起始年，是因为正是在这年诺贝尔化学奖授予了 John A. Pople 和 Walter Kohn，以表彰他们对分子模拟的巨大贡献。如图 3.1 所示，2011 年来与含能材料相关的论文数量快速增长，过去 21 年的总发文量增长了约 6 倍；此外，在所有含能材料论文中，我们发现有关计算和分子模拟的论文分别占到了总数的 1/2 和 1/4 以上。如图 3.2 所示，2007 年后分子模拟的论文占比保持在 28%以上，这也说明了分子模拟已经是研究含能材料的主要手段之一。

3.1.2　分子模拟的应用

　　从图 3.3 中可以看出分子模拟在含能材料研究中的重要性。将理论、模拟方法、基于实验确定的结构建模、程序和计算机结合起来，即可产生含能材料的结构、性质性能、过程及定量构效关系等一系列的结果，无论这些结果是否已在实验上观测到。

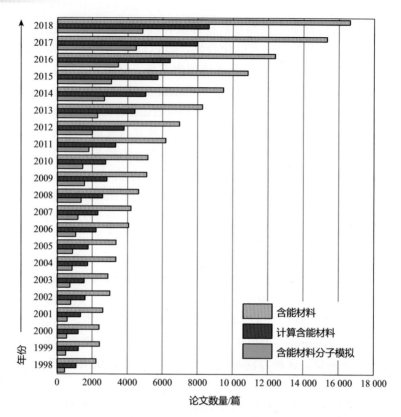

图 3.1　1998 年至 2018 年间发表的有关含能材料、计算含能材料和含能材料分子模拟论文数量的对比

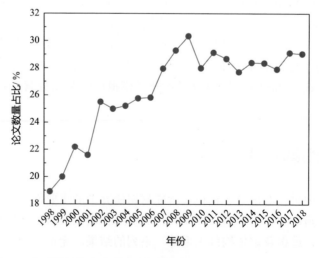

图 3.2　分子模拟论文在所有含能材料论文中所占权重的变化趋势图

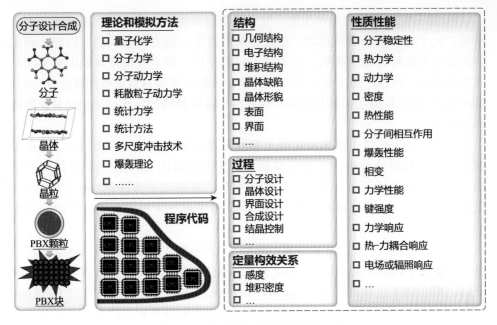

图 3.3　含能材料分子模拟涵盖的内容

(1)结构确认。通过分子模拟,不仅可以确定分子几何结构、电子结构、晶体堆积、晶体缺陷、晶体形貌、晶体表面及界面等信息,还可确定外部刺激下的结构演变过程,这些结构可以是静态的,也可以是动态的。此外,借助分子模拟,还可归属实验上获得的红外光谱、拉曼光谱和核磁共振光谱。因此,分子模拟被认为是确认结构的"眼睛"。

(2)性质性能预测。如前所述,对含能材料整体性质性能的严格要求是其实际应用的基本保证。这些性质性能包括分子稳定性,分子间相互作用,密度,热力学,合成、结晶和分解动力学,热性能,力学性能,热-力耦合响应,电和辐照等其他特殊物理场的响应等。准确预测含能材料的性质性能,将促进新型含能材料的创制与应用进程。

(3)过程控制。分子模拟不仅可以确定含能材料的结构,还有助于实现含能材料的过程控制。不同于早期试错型的研究模式,现今研究的特色在于可进行事先的预测与评估。这些事先的预测与评估可为过程控制方案的制定提供指导。这些过程包括有机合成(反应物、溶剂、温度、搅拌等的选择)、结晶(溶剂、溶剂与溶剂的比率、搅拌、容器尺寸、温度、改性剂、添加速率等的选择)和配方制备(添加剂、温度、作用力等的选择)及分子设计、晶体设计和混合物设计。总之,事先的分子模拟与数值模拟可大大节省研发时间、材料与经费,促进优质产品的高效研发。

(4)建立定量构效关系和理论。分子模拟对定量构效关系和理论的建立十分重要。分子模拟的显著特点之一就是模型理想化，这意味着我们可以轻松研究单因素的变化对体系的影响，而实验上只改变单一因素并保持其他因素不变是非常困难的。所以，基于分子模拟可构建众多有关含能材料重要性质性能(如能量和感度)的定量构效关系和理论，有效指导含能材料的设计，并加深对含能材料的理解。

总之，含能材料在军事和民用上都发挥着重要的作用而备受关注。而在发表了的含能材料论文中，分子模拟相关论文占比高达 28%，这不仅是分子模拟自身发展迅速的结果，更是分子模拟更加广泛应用于含能材料研究的体现。大数据时代下，分子模拟迎来了新的机遇，也将进一步推动含能材料的应用和发展。

继引言之后，本章其余部分的安排如下。第 3.2 节简要介绍量子化学方法在处理含能分子问题上的应用。第 3.3 至 3.5 节介绍分子模拟方法在含能晶体中的应用，包括 DFT 色散校正(dispersion correction)方法、分子力场方法和 Hirshfeld 表面分析方法。最后，第 3.6 节将简要介绍用于含能分子和晶体分子模拟的相关程序。

3.2 量子化学方法及其应用

作为分子模拟的重要分支，量子化学方法适用于大多数体系，且预测精度较高[1]。量子化学方法在含能材料中的应用涉及许多方面，包括分子结构、晶体结构、分子间相互作用、热力学性质、分解机制、感度、相容性，以及高温高压条件下性能的理解和预测。此外，量子化学方法还应用于计算或预测含能材料的生成热(heat of formation，HOF)、爆速(v_d)、爆压(P_d)和撞击感度等关键参数[2]。含能分子作为构成含能晶体的"砖"，基于量子化学方法可以轻松地计算出分子性质，其中最常见就是研究分子反应性和分子稳定性，即反应的热力学和动力学稳定性问题。含能分子的热力学稳定性是指反应物转变为产物后的能量变化，减少的能量越多，则意味热力学不稳定性越高；而动力学稳定性则由反应物到产物所经历的能垒(energy barrier)来体现，能垒越高，动力学稳定性越高。本节重点介绍一些量子化学方法在含能分子研究中的应用。

3.2.1 量子化学方法概述

含能分子通常由 C、H、O 和 N 原子组成，有时也包括卤素原子。图 3.4 展示了分子尺度上采用量子化学方法计算的研究对象，包括孤立的中性分子、离子、二聚体和聚合物。计算方法包括 Hartree-Fock（HF）方法、半经验、密度泛函理论和高精度从头算多种。在处理不同大小体系的含能分子时，原则上需要考虑精度-成本间的平衡问题。如图 3.5 所示，基于量子化学方法可以预测含能分子的众多微观性质，包括电子密度、分子轨道（molecular orbital，MO）、静电势（electrostatic potential，ESP）、生成焓和键解离能（bond dissociation energy，BDE）等。从微观性质中又能进一步推导爆轰性能与感度等宏观性能。含能材料的分子设计通常就是这样进行的。其中 EM Studio 1.0[3]就是针对含能材料高通量计算问题开发的第一款交互式应用系统，它以流程式运行相关计算软件，显著提高了计算和分析效率。

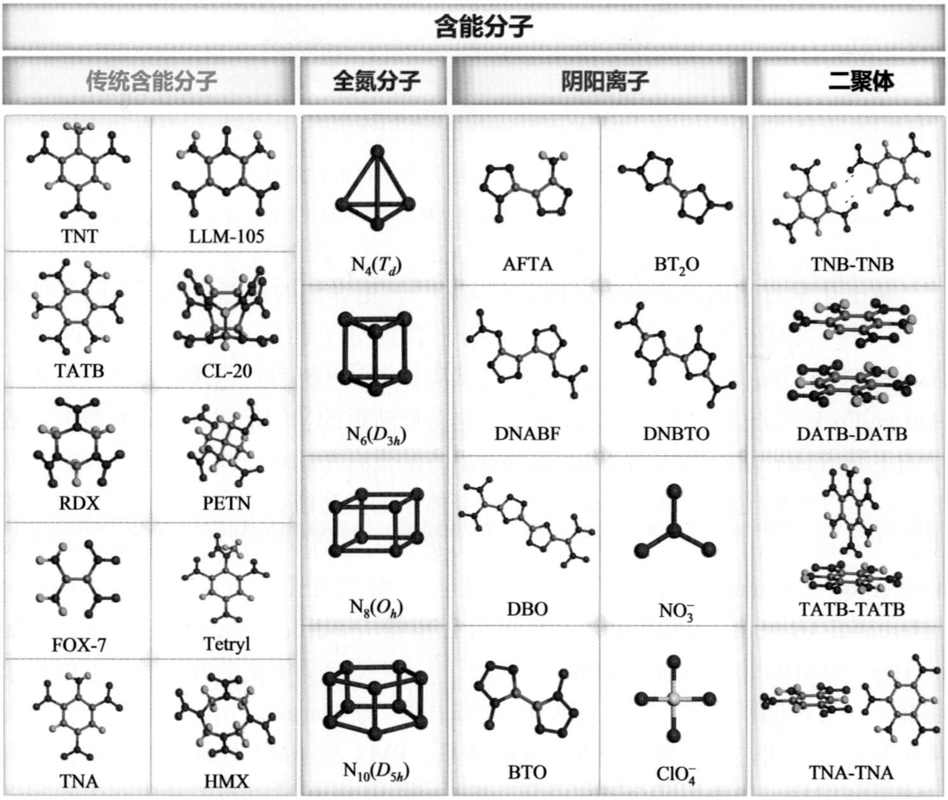

含能分子			
传统含能分子	全氮分子	阴阳离子	二聚体
TNT　LLM-105	N₄(T_d)	AFTA　BT₂O	TNB-TNB
TATB　CL-20	N₆(D₃ₕ)	DNABF　DNBTO	DATB-DATB
RDX　PETN	N₈(Oₕ)	DBO　NO₃⁻	TATB-TATB
FOX-7　Tetryl	N₁₀(D₅ₕ)	BTO　ClO₄⁻	TNA-TNA
TNA　HMX			

图 3.4　含能材料分子计算中 4 种类型的目标体系

灰色、绿色、红色和蓝色的球分别代表 C、H、O 和 N 原子

含能材料的本征结构与性能

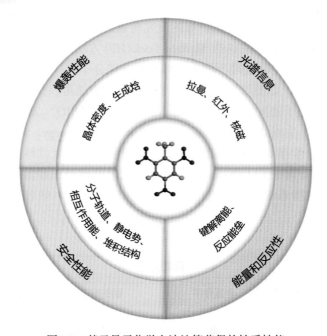

图 3.5　基于量子化学方法计算获得的性质性能

内圈表示从分子结构计算而得的微观性质，外圈是从微观性质和相关理论结合推导出的宏观性能

　　量子化学方法的核心是求解薛定谔方程[4]，更详细的原理介绍可参阅其他教材与书籍。如图 3.6(a) 所示，广泛应用于含能分子的量子化学方法有四类：Hartree-Fock 方法、半经验方法、高精度从头算方法和密度泛函理论方法。首先，Hartree-Fock 方法采用平均场法，通过优化自旋轨道的空间形式，搜索系统波函数中的主导 Slater 行列式[5]。但 Hartree-Fock 方法没有考虑电子相关效应，预测精度较低，所以很少使用 Hartree-Fock 方法计算体系的能垒或键解离能，特别是共轭体系或含有孤对电子的体系。半经验量子化学方法包括间略微分重叠(intermediate neglect of differential overlap，INDO)法、全略微分重叠(complete neglect of differential overlap，CNDO)法、修正微分重叠(modified neglect of differential overlap，MNDO)法、AM1 和 PM 系列等[6-12]。半经验量子化学方法使用近似化求解薛定谔方程的积分而大幅度减少了计算时间，与 Hartree-Fock、DFT 和高精度从头算方法相比，可以快速处理更大的体系。PM3 与 AM1 性能类似，通常用来预测几何结构，但并不适合计算能量。PM6 和 PM7 相比以前的版本有了长足进步，可看作半经验的标准方法[11,12]。高精度从头算方法通常指 MP$_n$、G$_n$、CI、CC、CBS 和 CASSCF[13-16]，它们都考虑了电子相关性，被广泛用于预测分子几何结构、能量大小、振动频率等，为理论和实验研究提供参考。其中 G$_4$ 方法对热力学的预测结果既准确又经济[17,18]，CBS-QB3 则更适合预测活化能(E_a)[19]。DFT

48

方法是一种高效而可靠的量子化学方法，在材料、物理和化学模拟中都不可或缺。DFT 的核心是 Hohenberg-Kohn 定理，假定分子基态的所有性质都由电子密度决定[20]。DFT 方法很好地平衡了计算精度与成本之间的矛盾，是迄今为止最流行与最成功的量子化学方法。现今，DFT 方法中整体性能更好的 M06 系列方法正在逐渐取代广为流行的 B3LYP 方法[21]。

　　计算精度越高、耗时越长，因此高精度方法只适用于较小的体系[22]。如图 3.6 所示，从半经验方法到 Hartree-Fock 方法、再到 DFT 方法和高精度从头算方法，精度逐步提高但时间成本显著增加，适用体系规模逐渐减小。一般而言，半经验方法适用于含能低聚物；Hartree-Fock 方法适合分析分子轨道的组成和能级，不过其应用已越来越少；高精度从头算方法则适用于小体系的能量计算；DFT 方法的应用最为广泛，甚至适用于原子数大于 1000 的体系。

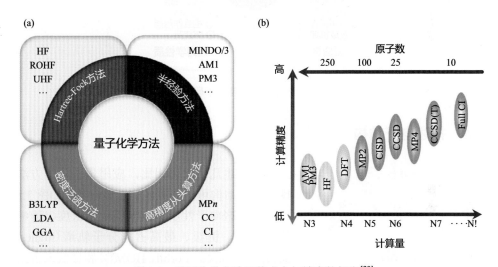

图 3.6　量子化学方法及其成本与精度的权衡[23]

应用于含能分子的量子化学方法(a)与量子化学方法对体系大小、计算量和计算精度的依赖性(b)

3.2.2　描述几何结构

　　3.2.2～3.2.5 节我们举例说明量子化学方法在含能分子研究中的应用情况，涉及分子的几何结构、电子结构、热力学性质和反应性(图 3.7)等方面。含能分子的结构需要优化至局部或全局能量最小的构象，方可进行后续的分析。不过，若想实现对性质的准确预测，通常需要通过构象搜索获得全局能量最小的构象，而不是局部能量的极小值对应的构象。分子几何结构通常用键长、键角和二面角来描述。所以，常通过扫描键长、键角和二面角及总能量，以获得能量最低的构象。对于常见的 CHNO 含能分子，在 B3LYP/6-311G**水平上的 DFT 优化即可获得满意的几何结构[24]。分子几何结构可初步反映分子的稳定性，与正常结构偏差越大，则稳定性越差。综合几何结构、电子结构和能量的结果分析，可实现对分子稳定性的更准确的判定。

图 3.7　量子化学方法在含能分子研究中的应用

3.2.3　描述电子结构

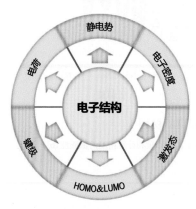

图 3.8　含能分子的电子结构和性质

　　与上述几何优化相比，应用量子化学方法探索电子结构可获得更多的性质参数。如图 3.8 所示，这些电子性质参数包括电子密度、静电势、电荷、键级、最高占据分子轨道(highest occupied molecular orbit，HOMO) 和最低未占据分子轨道(lowest unoccupied molecular orbit，LUMO)、激发态等。电子密度是一个包含大量电子信息的可测变量[25]。通过 Bader 提出的分子中原子理论(atoms in molecule，AIM)[26]这一工具，可以从波函数中直观地理解化学键特性与反应性。一般来说，电子密度越高，则电子出现的概率越大，键越牢固，分子稳定性越高。因此，含能分子引发键(trigger bond) 的高电子密度意味着更高的分子稳定性和更低的撞击感度。所以说，分子稳定性是感度的重要指标[27]。计算电子密度的常用理论水平为 B3LYP/6-31G**，它比 MP2 和 CCSD(T) 更为经济[28,29]。Rice 等基于 0.001 a.u.电子密度的等值面封闭体积法，在 B3LYP/6-31G**水平下预测了 180 个由 C、H、N 和 O 原子组成的含能化合物的晶体堆积密度(d_c)，预测结果与实验值吻合良好[30]。

　　静电势能提供有关电子密度分布的电子结构信息，进而反映分子反应性，是理解分子间相互作用和撞击感度的常用参数[31,32]。静电势越负，电子密度越大，键越强，分子稳定性越高，感度越低，这是 Murray 等提出的静电势-撞击感度间相关性的理论基础[33]。六种含能硝基苯分子的静电势表明(图 3.9)，正静电势主要位于分子的中心(对应于苯环的区域)，部分位于分子的边缘(对应于 H、NH_2 和 CH_3 的区域)；而所有的负静电势都出现在分子边缘的 NO_2 区域。Klapötke 等提出，正静电势和负静电势的交替排列有助于增强分子稳定性[34]。此外，静电势所展示的电荷分布可反映分子的化学反应性和静电相互作用的相关情况。通过计算引发键中特定原子或基团所带的电荷，如硝基电荷(nitro group charge，Q_{nitro})和叠氮基团电荷(azide group charge，Q_{N_3})，不仅能实现对相关化合物的分子稳定性的评估，还可进一步对化合物的撞击感度高低进行排序[35,36]。

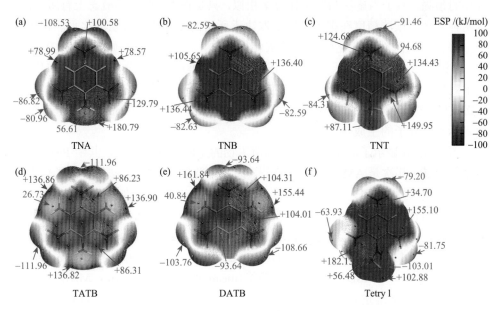

图 3.9　六种硝基苯分子的静电势(ESP)(电子密度设为 0.001 a.u)示意图

橙色和蓝色数值分别表示每个表面上最大和最小的静电势点[23]

　　在分子轨道中，HOMO 和 LUMO 分别反映了供电子和得电子的能力，它们之间的差异($\Delta E_{LUMO\text{-}HOMO}$)即为能隙。能隙是一个关于化学反应性和抗光刺激动力学稳定性的重要参数。例如，RDX 和 HMX 分别有高达 5.634 eV 和 5.304 eV 的能隙，所以它们都对光刺激非常钝感[37,38]。

　　含能材料分解产生的高温会引起电子激发态的反应，而电子激发又反过来会影响整个分解过程。有人结合含时 DFT 与分子动力学模拟方法研究了 TATB、RDX 和 NM 分子的光激发解离过程，发现初始温度的升高导致能隙变宽；随着时间的推移，LUMO 能量持续下降，而 HOMO 能量上升，并伴有多重频率的振荡[39]。不过，虽然高温可以引起电子激发，但目前含能材料领域中广为认可的起爆机制还是"热点"(hot spot)起爆机制。

3.2.4 描述热力学性质

生成热是表征含能分子热力学的基本指标，实现其准确预测十分重要。到目前为止计算生成热的方案有三种：原子化方案(atomization scheme)、原子当量法(atomic equivalent method)和等键反应法(isodesmic reaction method) [图 3.10(a)]。在原子化方案中，基于已知孤立原子的生成热，通过原子化反应即可实现对目标分子生成热的预测。原子当量法与原子化方案相似，只是在"当量"的概念上有所不同。这两种方案的预测精度在很大程度上取决于所用的量子化学方法的水平。相比之下，等键反应法对量子化学方法的依赖性更小，对生成热的预测最为准确。因此，等键反应法特别适用于大分子。在设计好的等键反应中，分子骨架、小取代基、化学键和电子对的数量保持不变，即任何原子的电子环境都保持不变。这样，基于等键反应中分子准确的生成热参考文献值和预测值，即可根据 Hess 定律[40]计算获得目标含能分子的生成热。

图 3.10(b)显示了对甲烷及其硝基衍生物的生成热计算结果，其中 PM3 的计算精度最高，其次是 AM1 和 MNDO[41]。因此，当常见 DFT 方法处理不了较大体系时，可考虑用 PM3 来进行计算。如图 3.10(c)所示，在 MP2/6-311G**、B3LYP/6-311G**和 B3P86/6-311G**水平上对 1,2,4,5-四嗪化合物的生成热预测准确性最高，而 Hartree-Fock 方法表现不佳[42]。如图 3.10(d)[43]所示，Gu 等考查了相同基组 6-311+G**条件下的多种 DFT 方法计算生成热的均方根偏差(root-mean square deviation，RMSD)和平均绝对偏差(mean absolute deviation，MAD)，并以 G4 计算结果为基准进行对比，最终确认了含动能密度广义梯度近似(meta-GGA)的杂化泛函的精度最高。此外，图 3.10(e)以活性热化学表(active thermochemical tables，ATcT)中的值[44-46]为基准，分析了一些组合方法及其组合对 38 个分子的生成热预测精度。对比了平均无符号误差(mean unsigned errors，MUE)、平均有符号误差(mean signed errors，MSE)和平均绝对误差(mean absolute deviation，MAD)，结果表明，从 G4、G3、W1BD、CBS-APNO 到 CBS-QB3，生成热的预测精度依次降低。

含能材料的分子设计从仅研究单个分子逐步扩展到研究两个或多个分子，是为了更好地获得并描述分子堆积的信息。很明显，后者更接近实际情况。而分子

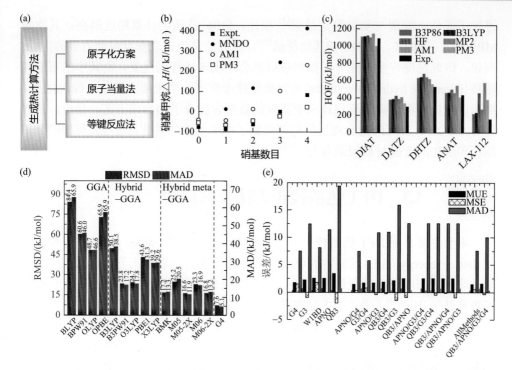

图 3.10　通过各种量子化学方法预测生成热(HOF)，生成热的计算方法(a)。用半经验量子化学方法计算甲烷及其硝基衍生物的生成热，并与实验结果进行比较[41](b)。用多种量子化学方法计算 1,2,4,5-四嗪衍生物的生成热(c)。在多种水平上计算生成热的均方根偏差(RMSD)和平均绝对偏差(MAD)(d)。多种组合方法及与活性热化学表(ATcT)对比所得的平均无符号误差(MUE)、平均有符号误差(MSE)和平均绝对误差(MAD)[46](e)

间相互作用作为晶体堆积的决定性因素，精确计算并描述分子间相互作用能是问题的核心，其中，计算比较两个分子的二聚化能，就是理解分子堆积模式以及构建分子力场的常用方法[47]。此外，振动作为能量的另一主要特征，红外和拉曼光谱都可通过量子化学计算得到。

3.2.5　描述反应性

在含能材料的全生命周期中，可接受的感度是保证其安全可靠的关键。键解离能是表征分子稳定性的基本指标之一。键解离能越小，引发键越弱，分子稳定性越低，反应性越高[48]。含能硝基分子分解通常始于 NO_2 离去，因此可用 NO_2 的解离能来初步评估分子稳定性和感度大小。在 6-31+G*基组下使用不同泛函，对一组 R—N_3/NH_2/NO_2 键分子(R = 甲基、苯基和三硝基甲基)的平均无符号误差进行了评估，发现与实验测定结果[49]相比，M06 泛函的计算精度最高，其次是 MPWB1K、BB1K、B3P86 和其他泛函[50]。反应能垒也是表征反应动力学的指标。例如，研究发现许多含能分子在加热后都会出现氢转移的现象，而其中的可逆氢转移(reversible hydrogen transfer)是导致低撞击感度一个重要因素[51]。除此之外，揭示合成反应机理有助于设计出更高效的新型含能分子的合成工艺。最近，五唑环(cyclo-N_5^-，N_5^- 环)的合成反应机理受到了越来越多的关注，这与其有趣的分子结构和潜在的含能材料用途有关[52,53]。

 ## 3.3　DFT 色散校正方法及其应用

本节主要介绍 DFT 色散校正方法在密度、晶格参数(lattice parameter)和晶格能(lattice energy，LE)预测中的可靠性及计算成本。色散校正方法包括三类，即基于非局域密度泛函的色散校正(I)、半经典处理的色散相互作用(II)、有效单电子势及其他(III)[54]。第 I 类方法在传统的交换关联泛函上添加了非局域能量项以描述中长程相互作用。这是一种色散能仅由电子密度决定的非经验方法，包括各种 vdW 密度泛函(vdW-DFs)的色散校正方法[55-60]，其中，原 vdW-DF 方法配合 revPBE 泛函使用，vdW-DF2 则配合 PW86 泛函使用。后来人们又提出了其他优化方法，比如 optB86b-vdW、optB88-vdW 和 optBPE-vdW[56-58,60]。第 II 类方法直接在传统的 DFT 上添加了原子间相互作用势，DFT-D[61-63]、DFT-TS[64]等都属于这一类别。其中，广泛使用的 DFT-D2 仅通过纯经验修正对两体色散能进行描述[61]，而 DFT-D3[62]中则包含了对三体色散能的描述，可进一步分为 DFT-D3(0)[62]和 DFT-D3(BJ)[63]。DFT-TS 是一种依赖于电子密度的原子对方法，其对色散的描述类似于 DFT-D2[64-70]。至于第 III 类[71-74]方法，因通常情况下表现不佳，所以应用较少。

最近，Liu 等计算了 ε-CL-20 和 53 个含能共晶(energetic cocrystal，ECC)，即 54 个含能晶体的晶格参数和晶格能，以验证上述方法的准确性和效率[75]。根据组分及分子间相互作用特征，这些含能共晶可分为三组，如表 3.1 所示，第一组为 18 个 CL-20 基的含能共晶(记为 C-ECC)，这组含能共晶的分子间相互作用中没有 π-π 堆积作用和较强的氢键，而由常见的弱相互作用占主导；第二组是 21 个 TNT 基的含能共晶(记为 T-ECC)；最后 15 个含能共晶是第三组(记为 H-ECC)。第二组和第三组共晶中的分子间相互作用分别是 π-π 堆积作用和一定强度的氢键。要强调的是，由于含能共晶中的分子间相互作用与具有相同组分的单组分分子晶体相似，因此，这些对含能共晶确认有效的 DFT 色散校正方法同样也适用于单组分晶体。

表 3.1　ε-CL-20 和 53 个含能共晶的晶体信息[75]

含能晶体	组分化学计量比	化学式	空间群	测量温度/K	单胞内原子数	代号
ε-CL-20	\	$C_{24}H_{24}N_{48}O_{48}$	P21/N	293	144	C-1
CL-20/1,4-DNI	1:1	$C_{36}H_{32}N_{64}O_{64}$	P212121	296	196	C-2
CL-20/2,4-MDNI	1:1	$C_{40}H_{40}N_{64}O_{64}$	P21/N	130	208	C-3
CL-20/4,5-MDNI	1:1	$C_{80}H_{80}N_{128}O_{128}$	PBCA	130	416	C-4
CL-20/4,5-MDNI	1:3	$C_{72}H_{72}N_{96}O_{96}$	P-1	130	336	C-5
CL-20/AZ1	1:1	$C_{24}H_{14}N_{38}O_{30}$	P21	100	106	C-6
CL-20/AZ2	1:1	$C_{24}H_{16}N_{40}O_{30}$	P21	150	110	C-7
CL-20/BTF	1:1	$C_{48}H_{24}N_{72}O_{72}$	P212121	293	216	C-8
CL-20/DNB	1:1	$C_{96}H_{80}N_{112}O_{128}$	PBCA	293	416	C-9
CL-20/DNG	1:1	$C_{22}H_{36}N_{32}O_{32}$	P21	200	122	C-10
CL-20/DNDAP	2:1	$C_{60}H_{80}N_{112}O_{112}$	P21/C	296	364	C-11
CL-20/DNT	1:2	$C_{40}H_{36}N_{32}O_{40}$	P-1	296	148	C-12
CL-20/HMX	2:1	$C_{32}H_{40}N_{64}O_{64}$	P21/C	95	200	C-13
CL-20/MAM	1:2	$C_{80}H_{144}N_{128}O_{128}$	PBCN	200	480	C-14
CL-20/MDNT	1:1	$C_{36}H_{36}N_{68}O_{64}$	P212121	95	204	C-15
CL-20/MNO	2:1	$C_{32}H_{36}N_{56}O_{60}$	P21	150	184	C-16
CL-20/MTNP	1:1	$C_{20}H_{18}N_{34}O_{36}$	P21	293	108	C-17
CL-20/TNT	1:1	$C_{104}H_{88}N_{120}O_{144}$	PBCA	95	456	C-18
TNT/1-BN	1:1	$C_{34}H_{24}N_6O_{12}Br_2$	P-1	95	78	T-1
TNT/9-BN	1:1	$C_{42}H_{28}N_6O_{12}Br_2$	P-1	95	90	T-2
TNT/AA-1	1:1	$C_{28}H_{24}N_8O_{16}$	P-1	95	76	T-3
TNT/AA-2	1:2	$C_{84}H_{76}N_{20}O_{40}$	P-1	95	220	T-4
TNT/ABA-1	1:1	$C_{56}H_{48}N_{16}O_{22}$	P21	95	152	T-5
TNT/ABA-2	1:2	$C_{84}H_{76}N_{20}O_{40}$	P21/C	95	220	T-6
TNT/Ant	1:1	$C_{84}H_{60}N_{12}O_{24}$	P21/C	95	180	T-7
TNT/BTF	1:1	$C_{52}H_{20}N_{36}O_{48}$	P-1	145	156	T-8
TNT/DBZ	1:1	$C_{152}H_{104}N_{24}O_{48}S_8$	P21/N	95	336	T-9
TNT/DMB	1:1	$C_{60}H_{60}N_{12}O_{32}$	P21/N	95	164	T-10
TNT/DMDBT	1:1	$C_{42}H_{34}N_6O_{12}S_2$	P-1	95	96	T-11
TNT/Nap	1:1	$C_{34}H_{26}N_6O_{12}$	P-1	95	78	T-12
TNT/NN	1:1	$C_{34}H_{24}N_8O_{16}$	P-1	296	82	T-13
TNT/PTA	1:1	$C_{76}H_{56}N_{16}O_{24}S_4$	P212121	95	176	T-14
TNT/PDA	1:1	$C_{52}H_{52}N_{20}O_{24}$	PNA21	95	148	T-15

含能材料的本征结构与性能

续表

含能晶体	组分化学计量比	化学式	空间群	测量温度/K	单胞内原子数	代号
TNT/Per	1:1	$C_{108}H_{68}N_{12}O_{24}$	P212121	95	212	T-16
TNT/Phe	1:1	$C_{84}H_{60}N_{12}O_{24}$	P212121	95	180	T-17
TNT/Pyr	1:1	$C_{92}H_{60}N_{12}O_{24}$	P-1	293	188	T-18
TNT/T2	1:1	$C_{26}H_{18}N_6O_{12}S_4$	P-1	95	66	T-19
TNT/TNB	1:1	$C_{52}H_{32}N_{24}O_{48}$	P21/C	293	156	T-20
TNT/TT	1:1	$C_{26}H_{18}N_6O_{12}S_8$	P-1	95	70	T-21
aTRz/DNBT	1:1	$C_{16}H_{12}N_{32}O_8$	P21/C	153	68	H-1
aTRz/DNM	1:2	$C_{20}H_{16}N_{32}O_{16}$	P21/C	153	84	H-2
aTRz/3,5-DNP	1:1	$C_{28}H_{24}N_{48}O_{16}$	P21/N	153	116	H-3
BTATz/2-pyridone	1:4	$C_{24}H_{24}N_{18}O_4$	P-1	85	70	H-4
BTATz/DMF	1:2	$C_{20}H_{36}N_{32}O_4$	P-1	85	92	H-5
BTATz/pyrazine	1:1	$C_8H_8N_{16}$	P-1	85	32	H-6
BTATz/pyridine	1:4	$C_{47.20}H_{47.20}N_{33.20}$	P21/C	85	132	H-7
BTNMBT/MATZ	1:1	$C_{32}H_{28}N_{56.48}O_{24.96}$	P21/C	298	176	H-8
BTNMBT/TZ	1:2	$C_{40}H_{32}N_{72}O_{48}$	P1	298	192	H-9
EDNA/A3	1:1	$C_{96}H_{112}N_{48}O_{32}$	C2/C	120	288	H-10
EDNA/A4	1:1	$C_{28}H_{36}N_{12}O_8$	P-1	120	84	H-11
EDNA/A5	1:1	$C_{14}H_{16}N_6O_4$	P-1	120	40	H-12
EDNA/A7	1:1	$C_{12}H_{14}N_8O_4$	P-1	120	38	H-13
EDNA/A8	1:1	$C_6H_{10}N_6O_6$	P-1	120	28	H-14
EDNA/A12	1:2	$C_{96}H_{96}N_{40}O_{16}$	C2/C	120	248	H-15

在 GGA-PBE 的基础上,共采用 14 种色散校正方法对 54 个含能晶体(1 个单组分晶体和 53 个共晶)进行了计算精度和计算效率评估,包括未加校正的 PBE、vdW-DF、vdW-DF2、optPBE-vdW、optB88-vdW、optB86b-vdW、D2、D3(0)、D3(BJ)、TS、TS(HI)、TS(SCS)(自洽屏蔽,self-consistent screening)、MBD(多体色散,many-body dispersion)和 dDsC(密度相关能量校正,density dependent energy correction)[75,76]。计算中部分参数的设置采用了默认值,而其他参数的设置为 ENCUT = 800 eV、EDIFF = 1×10^{-4} eV、KSPACING = 0.5[75]。同时,采用相对偏差(relative deviation,RD)、均方根偏差(root-mean square deviation,RMSD)、相对平均偏差(relative average deviation,RAD)和最大相对偏差(maximal relative deviation,RD$_{max}$)来评估精度。

3.3.1　预测晶体密度

如图 3.11 所示，未加校正的 PBE 因没有考虑到色散校正，所以会大大低估含能共晶的密度，这种情况在以往工作中也发现过[77,78]。不光是未加校正的 PBE，vdW-DF 也会低估密度，先前的研究同样证实了这点[57]。相比而言，dDsC、optB88-vdW 和 optB86b-vdW 都会或多或少地高估密度。对于 C-ECC，D2 的 RD 较小，但对 T-ECC 和 H-ECC 的 RD 较大。总之，在这些方法中，表现更佳的方法分别是 D3(0)、D3(BJ)、TS、TS(HI)、optBPE-vdW 和 vdW-DF2[75]。

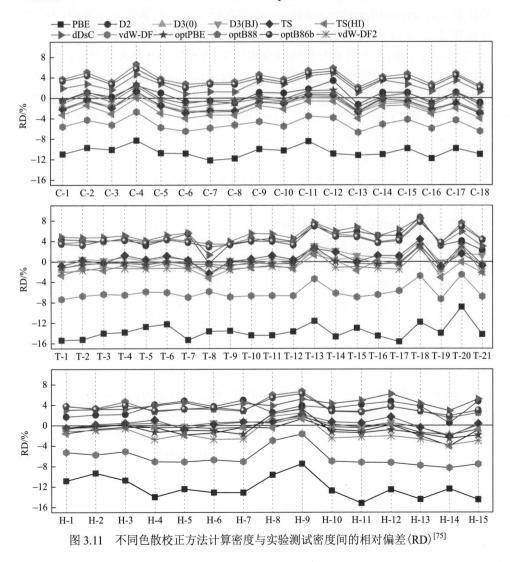

图 3.11　不同色散校正方法计算密度与实验测试密度间的相对偏差 (RD)[75]

随后，采用 RAD、RMSD 和 RD_{max} 对这些方法的计算精度进行了进一步的评估。如图 3.12(a)所示，第一组含能晶体(C-ECC)中 optPBE-vdW 的 RAD 最小(0.9%)，精度最高；其次是 vdW-DF2(1.06%)、D2(1.18%)、D3(0)(1.44%)、TS(1.58%)和 D3(BJ)(1.61%)。计算精度排名前三的方法之间的差异不大，RAD 最大差值仅有 0.28%。另有研究表明，optPBE-vdW 和 vdW-DF2 方法对新体系和无序体系更为适用[57,58,79,80]。D3(0)不是描述 C-ECC 的首选方法，D3(0)和 optPBE-vdW 的 RAD 相差 0.54%，约为 0.28%的两倍。C-ECC 的 RMSD 评估结果表明，这六种高精度方法的 RMSD 均小于 0.04 g/cm^3。此外，这些方法的 RD_{max} 变化范围为 2.5%~4.0% [图 3.13(a)]。对于 C-4、C-12、C-13 和 C-18，它们的晶体学信息(crystalligraphic information)是在低于室温的条件下采集的，而色散能量矫正却是对应室温条件的结构进行的，所以它们的 RD_{max} 偏大。optPBE-vdW 在常见的弱相互作用凝聚态体系(如 C-ECC)中表现最好，其次是 vdW-DF2 和 D2。对于第二组含能晶体(T-ECC)，optPBE-vdW 的 RAD 最小(0.85%)，计算精度最高，如图 3.12(b)所示；同时，D3(0)(0.86%)、D3(BJ)(1.01%)、TS(1.10%)、TS(HI)(1.41%)以及 vdW-DF2(1.67%)的表现也不错。图 3.12(b)中的 RMSD 评估结果也说明了这一点。之前也有研究证实了 D3 对描述芳香体系中非共价相互作用有出色的表现[81]。如图 3.13(b)所示，T-18 的 RD_{max} 最大，其次是 T-8 和 T-20。其实，在不同色散校正方法获得 RD_{max} 中，T-18 总是最大，这可能与其复杂的芘共轭结构有关。总之，对基于 π-π 作用形成的共晶(T-ECC)而言，optPBE-vdW 的计算精度最高，其次是 D3(0)、D3(BJ)和 TS。对于第三组含能晶体(H-ECC)，D3(0)、D3(BJ)和 TS 三种方法计算的结构最为准确，其 RAD<1%，RMSD<0.03 g/cm^3 [图 3.12(c)]。先前有人对 42 个小分子的氢键(HB)二聚体开展了计算研究，也证实了 D3(BJ)方法的高准确性[82]。从图 3.13(c)中可发现，大多数计算方法获得的最大 RD_{max} 都属于 H-14，这可能与其特殊的氢键强度相关。事实上，H-14 中的氢键显著不同于其他含能共晶，其中 A8 配体分子是带有氧原子的氢键受体，可以与酸性质子形成更强的氢键，所以其 RD_{max} 最大[83]。

通过以上分析可知，一些方法的适宜性与晶体中分子间相互作用类型相关，例如，D2 方法在 C-ECC 计算中的 RAD 为 1.18%，但对 H-ECC 和 T-ECC 却大于 3%。大体而言，D3(0)方法表现最好，其次是 optPBE-vdW(1.02%)、D3(BJ)(1.09%)、TS(1.18%)、vdW-DF2(1.58%)和 TS(HI)(1.67%)，这与以前针对其他体系的研究结果一致[54,76,79,84]。

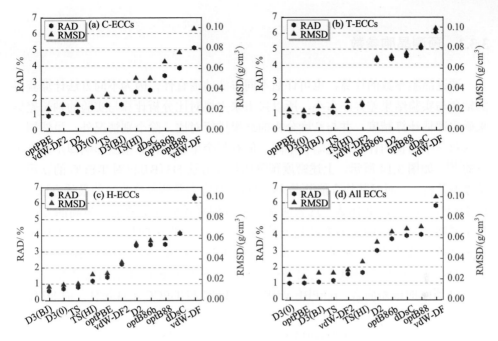

图 3.12　与实验测试结果相比，不同色散校正方法计算密度的 RAD 和 RMSD[75]

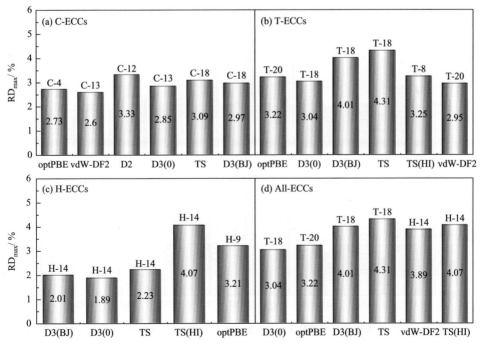

图 3.13　与实验测试结果相比，不同色散校正方法计算密度的 RD_{max}[75]

3.3.2 预测晶胞参数

通过晶胞参数的计算，也可评估不同方法的适宜性。因为不同方法计算获得的轴角与实验结果差异非常小，所以接下来主要对比分析计算与实验的轴长差异来确定评估计算精度，并与密度分析的结果进行对比。除个别情况外，虽然同一方法对三个轴长的计算偏差略有不同，但对整个单胞的计算精度影响却是微不足道的[85]。如图 3.14 所示，上述密度预测的最佳方法 D3(BJ) 仅对 T-ECC 的 a 预测结果偏差较大，而对其他含能共晶来说 D3(BJ) 皆为预测晶格常数的最佳方法，其 RAD<1%，RMSD<0.16 Å。这表明基于密度预测评估确定的精度最高的方法与基于晶格参数评估确定的方法是一致的。不过，要强调的是，部分含能共晶的轴长会被高估或低估，如 C-4、C-8、C-13、T-14、T-18、T-21、H-2、H-7 和 H-9，其 RD<2%，这与在远低于室温条件下采集这些体系的晶体结构信息有关。就图 3.14 所示的偏差而言，optPBE-vdW 对 C-ECC 和 T-ECC 表现最佳，而 D3(BJ) 对 H-ECC 表现最佳。总体而言，若不考虑含能共晶的类型，最合适的预测晶胞参数的方法是 D3(0)，其次为 optPBE-vdW、D3(BJ) 和 TS。

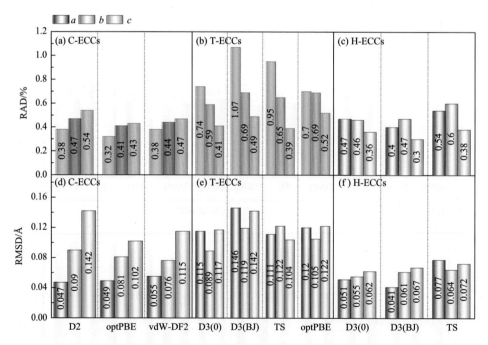

图 3.14　三组含能共晶晶胞轴长 a、b 和 c 的计算值与实验值的 RAD 和 RMSD[75]

3.3.3　预测晶格能

晶体晶格能的大小表示分子间相互作用的强度，可用于评估计算方法的适宜性[75]。迄今为止，尚无关于含能共晶的晶格能的报道，因此，其准确预测将具有重要的意义。然而，我们必须面对的一个困难是，当需要用同一种方法同时准确预测晶格能和晶体堆积密度时，难以获得能够平衡二者精度的色散校正方法[86]。Liu 等选取了 21 个具有实验升华焓数据的分子晶体作为基准集，结合上述描述晶胞参数和密度的最佳方法，对此基准集的晶格能进行了计算，并分析了这些方法在晶格能预测中的适宜性[75]。不同方法对预测精度的影响很大，不同方法相对于实验测量结果的 RAD 均大于 10%[75]，以前的计算结果也是如此[77,87]。这也再次表明同一方法对于结构和能量的预测精度是存在差异的[86-88]。通过比较，Liu 等确定 PBE-D3（BJ）和 PBE-D3（0）是最适合预测 T-ECC 和 H-ECC 的晶格能的方法，而 vdW-DF2 和 PBE-D2 则最适合预测 C-ECC 的晶格能[75]。

表 3.2 中 C-2 到 C-18 的晶格能皆大于 ε-CL-20 的晶格能，这是因为其非对称单元中增加了配体分子。其中 C-5（573.7 kJ/mol）、C-12（424.9 kJ/mol）和 C-14（373.3 kJ/mol）的非对称单元中分别含有 3 个、2 个和 2 个配体分子，使得它们的晶格能大幅度增加。同理，可以理解为何 T-4 和 T-6 的晶格能皆大于其他的 T-ECC。对于 H-ECC，其晶格能由于晶体中存在较强的分子间氢键而有较大的值。除此之外，还可使用内聚能密度（coherent energy density，CED）评估分子间相互作用的强度，以避免非对称单元中分子数量存在差异而难以在同一基准上比较相互作用强度的问题。表 3.3 中的 C-ECC、T-ECC 和 H-ECC 的内聚能密度，分别在 0.80～1.10 kJ/cm³、0.66～1.12 kJ/cm³ 和 0.92～1.72 kJ/cm³ 范围内，表明分子间相互作用的强度从氢键到 π-π 堆积再到通常的弱分子间相互作用依次降低。ε-CL-20（C1）在 CL-20 多晶型中的内聚能密度最高[89]，但 CL-20 基含能共晶的内聚能密度不一定会比 C1 大，如 C-8、C-10 和 C-16 就比 C1 小。这说明了共晶的形成不一定要通过分子间相互作用的增强来实现。不过，对 BTF 等无氢分子而言，形成分子间氢键则有助于共晶的形成[90]。

表 3.2　通过 vdW-DF2 计算 C-ECC 以及通过 PBE-D3（BJ）计算 T-ECC 和 H-ECC 所得的晶格能值（LE，kJ/mol）[75]

ECC	LE	ECC	LE	ECC	LE	ECC	LE	ECC	LE	ECC	LE
C-1	195.9	C-4	300.1	C-7	332.2	C-10	318.1	C-13	284.3	C-16	242.1
C-2	301.4	C-5	573.7	C-8	290.3	C-11	257.9	C-14	373.3	C-17	337.7
C-3	328.3	C-6	327.7	C-9	299.4	C-12	424.9	C-15	311.3	C-18	318.4

续表

ECC	LE	ECC	LE	ECC	LE	ECC	LE	ECC	LE	ECC	LE
T-1	193.3	T-7	209.4	T-13	195.8	T-19	189.1	H-4	666.2	H-10	259.5
T-2	215.5	T-8	179.1	T-14	230.6	T-20	193.2	H-5	376.8	H-11	274.2
T-3	219.8	T-9	206.3	T-15	207.8	T-21	225.9	H-6	328.1	H-12	287.3
T-4	333.9	T-10	185.5	T-16	237.9	H-1	316.6	H-7	519.1	H-13	266.4
T-5	232.8	T-11	218.2	T-17	203.8	H-2	390.7	H-8	373.5	H-14	249.2
T-6	368.7	T-12	186.1	T-18	215.1	H-3	245.9	H-9	371.0	H-15	373.7

注：LE 的大小按非对称单元中所有分子数计。

表 3.3　使用 vdW-DF2 计算 C-ECC 以及使用 PBE-D3（BJ）计算 T-ECC 和 H-ECC 所得的内聚能密度（CED，kJ/cm³）[75]

ECC	CED	ECC	CED	ECC	CED	ECC	CED	ECC	CED	ECC	CED
C-1	0.91	C-10	0.89	T-1	0.77	T-10	0.76	T-19	0.86	H-7	1.33
C-2	0.98	C-11	0.94	T-2	0.75	T-11	0.75	T-20	0.73	H-8	0.92
C-3	1.01	C-12	0.96	T-3	0.96	T-12	0.78	T-21	0.90	H-9	1.08
C-4	0.92	C-13	0.96	T-4	1.04	T-13	0.78	H-1	1.34	H-10	1.26
C-5	1.10	C-14	1.05	T-5	1.01	T-14	0.86	H-2	1.39	H-11	1.15
C-6	0.98	C-15	0.97	T-6	1.12	T-15	0.99	H-3	1.27	H-12	1.27
C-7	0.95	C-16	0.86	T-7	0.79	T-16	0.77	H-4	1.62	H-13	1.21
C-8	0.80	C-17	1.01	T-8	0.66	T-17	0.75	H-5	1.42	H-14	1.56
C-9	0.94	C-18	0.91	T-9	0.78	T-18	0.75	H-6	1.72	H-15	1.04

3.3.4　计算效率的比较

　　如图 3.15 至图 3.17 所示，Liu 等通过比较优化晶胞几何结构的耗时量（elapsed time，time consumption），获得了上述精度最高的几种方法的计算效率[75]。首先，计算体系越大，耗时越长。在总原子数相近的 T-ECC 中，含有较重元素 S 的 T-14 的计算耗时量明显大于其他含有 C、H、O 和 N 的 T-ECC。其次，D3（BJ）和 D3（0）两种方法的耗时量皆少且相互差异不大。不过对于 C-4、C-18、T-8 和 T-14 这些含能共晶，最快的计算方法分别为 D2、vdW-DF2、TS 和 vdW-DF1。大多数情况下，optPBE-vdW 和 vdW-DF2 比 D3（BJ）和 D3（0）所耗费的时间更长，TS（HI）的耗时最长。这是因为 TS（HI）作为 TS 的改进版，它为提高计算精度而采用的迭代 Hirshfeld 分区法会消耗更多的机时[66]。根据预测精度及计算效率的综合评估结果，

Liu 等不推荐使用 TS(SCS)和 MBD 计算含能共晶，因为这两种高精度方法不仅花费时间长，且计算精度的优势也不明显[67,68,91]。

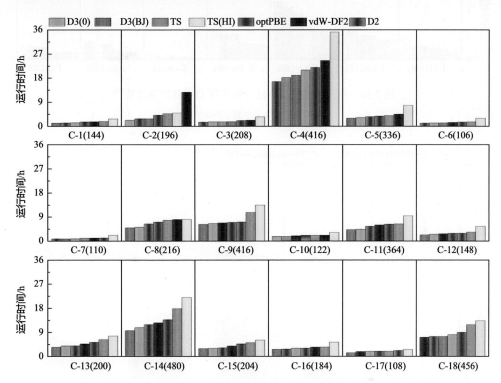

图 3.15　不同色散校正方法计算 C-ECC 的耗时量比较[75]

括号中的数字是单胞中的原子数

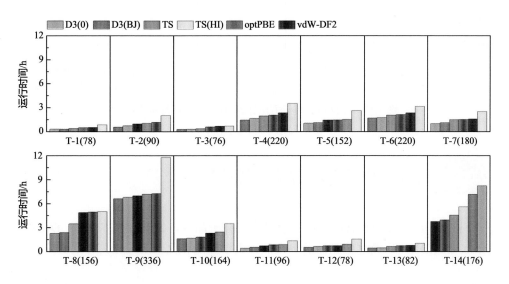

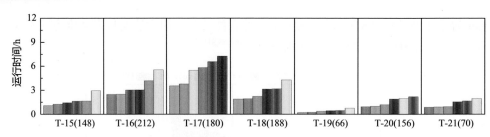

图 3.16　不同色散校正方法计算 T-ECC 的耗时量比较[75]

括号中的数字是单胞中的原子数

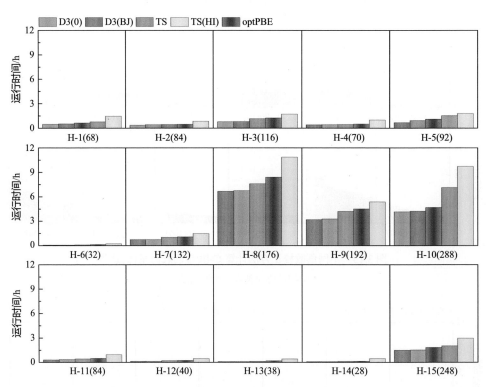

图 3.17　不同色散校正方法计算 H-ECC 的耗时量比较[75]

括号中的数字是单胞中的原子数

3.4　分子力场方法及其应用

目前，广泛使用的含能晶体大多是有机分子晶体，如 PETN、TNT、TATB、HMX 和 RDX。研究这些晶体的热性能、力学性能和化学反应性具有重要的科学意义和实际意义。随着理论、计算机技术和算法的发展与进步，理论方法在探索含能晶体方面发挥着越来越重要的作用。基于这些理论方法，分子模拟能够很好地描述分子间相互作用，为结构和性质的预测以及定量构效关系的建立铺平了道路[92,93]。

作为分子模拟的重要组成部分，分子动力学方法基于牛顿第二定律描述指定体系中的粒子运动[94]，在对分子材料进行分子动力学模拟时，通常需要构造或选择合适的分子力场，包括经典力场、一致性力场和反应性力场。图 3.18 展示了几种已应用于含能晶体的分子力场及其相关应用。

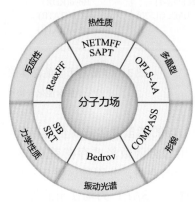

图 3.18　适宜于含能晶体的代表性分子力场及其主要应用

3.4.1　经典力场及其应用

为准确研究含能分子晶体的结构和性质，人们重新拟合了经典分子力场，具体发展历程如图 3.19 所示[95]。20 世纪 90 年代，Sorescu 等开发了 Sorescu-Rice Thompson（SRT）力场，该力场改进了对势的描述，可用于预测脂肪族含能化合物（RDX、HMX、CL-20、PETN 和 FOX-7 等）的晶格参数和一些力学模量[96-102]。同时期建立的另一种多粒子势——Smith Bharadwaj（SB）势，可用于研究 HMX、CL-20 和 RDX 对冲击和压缩的响应机制[103-107]。21 世纪头十年里，人们开发了更多经典力场。SRT-AMBER 力场结合了 AMBER 力场和 SRT 力场的优势，可处理分子柔性问题，如 RDX 的晶格参数，熔点和力学等[108,109]。Boyd 等开发了另一种多粒子势，以预测 RDX 的振动光谱、热力学和热行为[110]。同时，Gee 等构建的多粒子力场（GRBF）可以对 TATB 的晶胞参数、密度、热膨胀和压力-体积等温线进行预测[111]；Bedrov 和 Kroonblawd 等采用另一种势研究 TATB 的振动谱、弹性刚度系数和各向同性模量及导热系数[112,113]。21 世纪的第二个十年里，分子力场的数量进一步增加，一系列特殊力场被陆续开发出来，并应用于一些含能晶体的结构和性能研究，如 FOX-7[114]、TNT 和 DNT[115]、RDX[116]、TATB[117,118] 及 CL-20[119,120]。

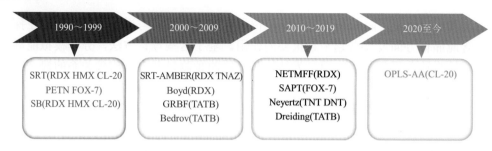

图 3.19 适用于含能晶体的经典分子力场的发展历程[95]

括号中的含能化合物代表相应力场的适宜对象

经典力场的能量表达式中包含共价作用项、vdW 作用项和静电作用项。不同力场中使用的势函数形式存在差别(表 3.4)。如 SRT 力场采用了 Buckingham (exp-6)势和库仑势,分别描述排斥与色散作用和静电相互作用,用于处理脂肪族含能化合物[96]。SAPT 力场使用的势函数与 SRT 力场类似[114]。对于多粒子势,SB 力场的成键作用项包括了键伸缩、键角弯曲、二面角扭转和面外振动;非键作用项包含 Buckingham 势和库仑势[103]。SRT-AMBER 力场结合了 SRT 力场和AMBER 力场势函数形式,其非键作用项采用了 SRT 力场中的 Buckingham(exp-6)势和库仑势[108]。NETMFF 则包含了更多共价作用项[116]。

表 3.4 经典力场势函数的构成及应用范围[94]

力场名称	共价相互作用项	vdW 相互作用项	静电相互作用项	应用
SRT[96]	\	Buckingham(exp-6) 势函数	库仑函数	RDX、HMX、CL-20、PETN 和 FOX-7(晶胞参数、密度、力学、热膨胀)
SAPT[114]	\	Buckingham(exp-6) 势函数	简化的库仑函数	FOX-7(热性能、压力响应、等温线)
SB[113]	键伸缩、键角弯曲、二面角扭转、面外振动	Buckingham 势函数	库仑函数	RDX、HMX、CL-20(冲击压缩、剪切带、弹性常数和模量)
SRT-AMBER[108]	键伸缩、键角弯曲、二面角扭转、面外振动	Buckingham(exp-6) 势函数	库仑函数	RDX(晶胞参数、密度、熔点、力学)
Boyd's FF[110]	键伸缩(Morse 势),键角弯曲(简谐势)	Buckingham LJ 12-6 势函数	库仑函数	RDX(晶胞参数、密度、热力学、振动光谱、热膨胀、力学)
NETMFF[116]	键伸缩、键角弯曲、二面角扭转、面外振动、键-键交叉耦合、键-角耦合	Damped Buckingham 势函数	库仑函数	RDX(晶胞参数、密度、热膨胀)
GRBF[111]	键伸缩、键角弯曲、二面角扭转	LJ 12-6 势函数	库仑函数	TATB(晶胞参数、密度、热膨胀、等温线)

续表

力场名称	共价相互作用项	vdW 相互作用项	静电相互作用项	应用
Bedrov's FF[112]	共价键作用、键角弯曲、面外振动	Buckingham (exp-6) 势函数	库仑函数	TATB（晶胞参数、热膨胀、力学、振动光谱、热导率）
Neyertz's FF[115]	键角弯曲，二面角扭转	LJ 12-6 势函数	库仑函数	TNT、DNT（晶胞参数、密度、拉伸、体积和剪切模量）
Dreiding[117]	键伸缩、键角弯曲、二面角扭转	LJ 12-6 势函数	库仑函数	TATB（几何形状、晶体填充、热膨胀）
OPLS-AA[119]	键伸缩、键角弯曲、二面角扭转	LJ 12-6 势函数	库仑函数	CL-20（晶胞参数、密度、晶型预测）

　　GRBF 力场、Neyertz 开发的力场和 Bedrov 开发的力场可用于模拟 TATB、TNT 和 DNT 等芳香族硝基化合物的相关性能。GRBF 力场包含共价项，以及由库仑势和 L-J 12-6 势组成的非键作用项[111]。要说明的是，在 Neyertz 开发的力场中，包含了键角弯曲和二面角扭转，以简谐函数描述含 sp^2 杂化的环结构和 NO_2 结构[115]。总体而言，针对含能分子化合物改进后力场的应用包含以下几个方面。

　　(1) 晶胞参数预测。改进后的力场可很好地预测晶胞参数。例如，SRT 力场、SRT-AMBER 力场、NETMFF 力场、SB 力场和 Boyd 开发的力场都能对 RDX 的晶胞参数进行较好地预测[96,103,108,110,116]，其中 NETMFF 预测结果与实验最为接近[121]，而 SRT 力场和 SRT-AMBER 力场因为不含共价项的势函数，精度较差。毕竟，共价项对晶胞参数的准确描述是至关重要的。GRBF 力场、Dreiding 力场和 Bedrov 开发的力场对 TATB[110,111,118]晶胞参数预测精度较高。Neyertz 开发的力场[115]在用于描述 TNT 和 DNT 的晶胞参数时表现良好，而 OPLS-AA 力场[120]则对 CL-20 适用性较好。

　　(2) 晶型预测。例如，Neyertz 开发的力场被用于预测单斜和正交 TNT 的密度和力学模量，预测结果与实验测试结果一致[115]。

　　(3) 振动光谱归属。例如，通过修正的 Bedrov 势计算而得的 TATB 振动光谱，解决了之前模拟与实验结果差异大的问题，并对振动模式进行了很准确的归属[113]。同样，Boyd 力场[110]可用于 RDX 的振动光谱归属，并将 200～700 cm^{-1} 范围内的振动归属为从晶格声子振动到分子振动的能量转换的"门槛模式"区间，其间发生了键断裂过程[122,123]。

　　(4) 热性能预测。针对 FOX-7 开发的 SRT 力场可用于预测线性热膨胀系数和体积热膨胀系数 (coefficients of linear and volume thermal expansion，CTE)。由于 FOX-7 的分子堆积模式是波浪型的，故其 CTE 显示出相当高的各向异性，这与实验测定的结果一致[102]。利用拟合的 SAPT 力场进行的分子动力学模拟也证实了这种高各向异性[104]。不过相比于 SAPT 力场，SRT 力场对 FOX-7 的热膨胀描述得更好[114]，对于其他晶体也是如此[124]，因为 SRT 力场不仅有与 SAPT 相同 vdW 项，还有更复杂的库仑项，这也说明了描述静电相互作用的重要性。此外针对 RDX 热行为问题，人们对一些力场进行了改进[114]，其中 SRT 力场和 Boyd 力场的计算结果更好[96,103,110,116]。对于 TATB，GRBF 力场[111]计算获得的 CTE 结果十分接近实验测定值[125]。Dreiding 力场[117,118]也成功再现了 TATB 的各向异性热行为；而基于 Bedrov 力场[112]的非平衡动力学模拟结果表明，TATB 高导热系数是由热流密度和温度梯度的高各向异性导致的[113]。

(5)力学性能预测。实现力学性能准确预测是改进力场的目标之一。例如，改进后的 SRT 力场可用于预测 RDX 的体积模量和体积压缩率等力学性质，模拟结果与实验结果吻合良好[96]。SB 力场可用于预测 CL-20、HMX 和 RDX 的弹性常数和体积模量[103]。Neyertz 开发的力场也被用于 TNT 和 DNT 的力学性能预测[115]。

(6)冲击响应机理研究。含能材料的冲击响应反映了其在冲击下点火及演化能力。Cawkwell 等基于 SB 力场开展了分子动力学模拟研究，观察到了 RDX 中冲击诱导形成的剪切带，以及晶态区和剪切区间的温差[104]，Bedrov 等揭示了冲击压缩引起的应力演变和温度演变的内在机理[105]。

3.4.2　一致性力场及其应用

与通用力场[126-132]相比，一致性力场具有更复杂的能量项。一致性力场的势函数是基于大量实验和/或计算数据实现参数化的，精度更高。经典的 CFF 系列[133-137]，以及常用的 PCFF 力场[138-140]和 COMPASS 力场[141-144]都属于一致性力场。其中，PCFF 力场和 COMPASS 力场精度高于 CFF 力场。PCFF 力场与 COMPASS 力场的大部分函数形式相同，只是在参数化函数组和非键项的组合规则上有所不同。COMPASS 力场是基于 CFF 系列和 PCFF 而开发的力场，它采用了更多的交叉作用项来提高计算精度。这类力场可以在不修正的情况下直接使用，具体应用范围如下：

(1)晶形预测。晶形(crystal morphology)是影响含能晶体性能的重要因素，准确的含能晶体形貌预测具有重要的意义。通常，附着能(attachment energy，AE)模型[145,146]和 BFDH (Bravais-Friedel-Donnay-Harker)模型[147-150]等可用于晶形的预测，并可考虑溶剂、温度、压力、添加剂等结晶条件的影响[151-154]；COMPASS 力场曾用于预测 β-HMX、α-RDX 和 ε-CL-20 在不同溶剂中的生长形态，揭示了溶剂对晶形的影响机制[155,156]；此外，人们还对不同溶剂中生长的 3,5-DNP[157]和 MTNP/CL-20 共晶[158]的晶形进行了预测。

(2)晶型预测。已有研究采用 COMPASS 力场预测了 CL-20[159]和一系列多硝基六氮杂金刚烷[160]的晶型(polymorph),模拟中考虑了多种空间群,模拟结果与实验结果吻合。

(3)性质预测。COMPASS 力场可广泛用于含能晶体的性质预测。例如,基于 COMPASS 力场的分子动力学模拟,可以确认 CL-20 能量最低的分子构象为 β-CL-20 分子,并发现 β-CL-20 晶型易于转化为 ε-CL-20 晶型[161]。COMPASS 力场还被用于计算共晶的晶格能[162]和相互作用能[151-154],以及预测一些炸药化合物的热膨胀性能[118,163-165]和力学性能[166-172]。

3.4.3 反应性力场及其应用

反应性是含能材料的关键特性,很大程度上决定了感度的大小。基于反应性力场的分子动力学[173-176]、从头算分子动力学(*ab initio* molecular dynamics,AIMD)[177-183]和密度泛函紧束缚分子动力学(density functional tight binding-molecular dynamics,DFTB-MD)[184-190]等理论方法,均可用于揭示含能材料对热、冲击或电场作用的响应机制。其中,基于 ReaxFF 的分子动力学方法计算效率最高。反应性力场起源于早期的 REBO(reactive emprical bond order)力场[173],自从具有许多组合参数的 ReaxFF 力场成功开发后[174-176],此类型的力场便流行起来了。ReaxFF 的新版 ReaxFF-lg[191]中加入了色散作用项,能够给出与实验值更为接近的晶胞参数。总之,基于 ReaxFF 的分子动力学模拟可以提供更加详细的含能化合物在多种刺激下发生的化学反应信息。具体应用如下:

(1)振动光谱归属。例如,通过添加振荡电场,采用 ReaxFF-MD 模拟可获得 RDX 和 TATP 的太赫兹吸收光谱和 2D 光谱,结果与实验结果相当[192]。

(2)揭示冲击响应的化学机制。ReaxFF 广泛应用于揭示各种含能晶体冲击响应的化学机制[173,193-196]。例如,压缩剪切反应动力学(compress-shear reactive dynamics,CS-RD)程序就可用于研究冲击波感度的各向异性,其中,冲击波感度的高低是基于化学反应动力学参数来评估的,冲击波感度的各向异性源于内部分子剪切滑移时产生的空间位阻的差异[197-202]。例如,相比于其他炸药化合物,TATB 的冲击诱导反应具有较低的剪切滑移能垒和较长的放热延迟时间,这与其实验钝感特性一致[203]。Strachan 等详细地描述了 RDX 的冲击诱导化学反应机理,包括单分子分解机制、冲击速度与气体产物演化间的关系等[193],模拟中观察到的气体产物与质谱测量结果接近。此外,结合多尺度冲击波技术(multiscale shock technique,MSST),ReaxFF-MD 模拟结果还揭示了孪晶和位错导致的 RDX 和 HMX 冲击波感度升高的根源[194,204,205],冲击波、热和缺陷的耦合效应对 RDX 分解的影响机制[206],以及分子无序提升冲击波感度的机制[207]。

(3) 揭示热响应的化学机制。反应性力场的另一个重要作用是揭示热致分解机理[208-212]。例如,人们发现,相比于完美晶体中的分子,缺陷周围分子的内能更高,导致其自加热能力增强[208]。相比于相对敏感的 β-HMX 和非常敏感的 PETN,TATB 热解过程中形成的大量团簇也是其钝感的原因之一[209,210]。此外,通过分子动力学模拟,人们还揭示了 CL-20/HMX 共晶的热稳定性介于其单组分 HMX 和 CL-20 之间的相关机制[211],及体积填充度对 RDX 热解的影响机理[212]。

尽管 ReaxFF-MD 模拟方法已广泛应用于含能化合物,但是对部分含能体系(如杂环类化合物和含能离子化合物)的适宜性尚未得到充分验证。在更精确的量子化学计算结果[213,214]以及各种机器学习模型[215-217]的基础上,当前人们又陆续开发了更精确的适用于不同分子晶体的反应性力场[218],比如神经网络反应性力场(NNRF)[219]。

3.5 Hirshfeld 表面分析法及其应用

笔者[220]首次引入的 Hirshfeld 表面分析法[221-224],现已广泛应用于含能晶体研究。Hirshfeld 表面分析法是一种可以快速描述分子间相互作用的直观工具,能够区分不同类型的分子间相互作用,包括氢键、vdW 近接触与远接触和 π-π 堆积作用[225]。此方法可用于识别分子堆积模式,进而预测含能晶体的剪切滑动特性和撞击感度,这是因为撞击感度与剪切滑动特性紧密相关。

3.5.1 基本原理

Hirshfeld 表面分析法的基础原理可查阅文献[221-226],其核心是计算分子间原子间的近接触(close contact),再经由 Hirshfeld 表面来反映一个分子周围的相互作用信息。Spackman 一共定义了 5 个函数用于绘制 Hirshfeld 表面,包括 d_i、d_e、d_{norm}、形状指数(shape index)和曲度(curvedness)指数。其中,d_i 表示从表面到表面内部最近原子的距离,d_e 表示从表面到表面外部最近原子的距离。d_{norm} 函数在实际中最为常用,它考虑了原子的相对大小,特别是考虑了大原子之间的近接触[225],即 d_{norm} 同时考虑了与表面近接触原子的 d_e 和 d_i。基于 vdW 半径,每个原子的接触距离都进行了归一化,如式(3.1)所示。式中的 r_i^{vdW} 和 r_e^{vdW} 分别表示距表面内和表面外最近原子的 vdW 半径。后面两个函数在实际中应用较少。

$$d_{\text{norm}} = \frac{d_i - r_i^{\text{vdW}}}{r_i^{\text{vdW}}} + \frac{d_e - r_e^{\text{vdW}}}{r_e^{\text{vdW}}} \tag{3.1}$$

TATB 是典型的钝感含能化合物，具有独特的平面层状 π-π 堆积晶体结构[227]，其 Hirshfeld 表面明显不同于其他化合物，在此以 TATB 为例说明 Hirshfeld 表面分析法的原理。图 3.20 展示了六个 TATB 分子的 Hirshfeld 表面，包括空白背景面（None）以及基于上述 5 种函数绘制的表面，表面的颜色反映了这些面与空白背景面的差异。其中，曲度和形状指数表面的颜色反映了曲度的大小，并用红色和蓝色表示互补的凹凸表面。用 d_i、d_e 和 d_{norm} 函数画出的三个表面都是通过原子间距来定义的。对于 d_{norm}，$d_i + d_e$ 越小，则近接触距离越小，意味着分子间相互作用越强。2D 指纹图是通过将 Hirshfeld 表面上的点映射到以 d_i 和 d_e 为坐标的平面后得到的，为直观地区分分子间相互作用类型和强度奠定了基础。要强调的是，晶体中每个分子的 Hirshfeld 表面和 2D 指纹图都是独一无二的[224]，这是识别特定晶体环境中特定分子的基础。

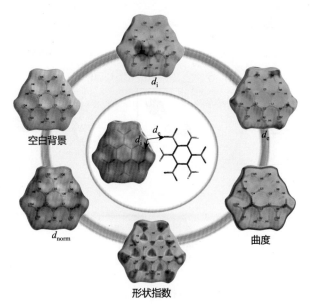

图 3.20　基于不同函数绘制的 TATB 的 Hirshfeld 表面图[228]

通过 Hirshfeld 表面和 2D 指纹图可以明晰特定原子间近接触的类型和权重。此方法能够定量地表示不同原子间近接触所占的权重，但至多只有半定量的意味。该方法仍较为粗略，但胜在直观。图 3.21 中，TATB 的 Hirshfeld 表面侧边上的红点代表强的分子间氢键作用，蓝色平坦区域则代表平面 π-π 堆积。Hirshfeld 表面侧边的红点主要代表 H···O 近接触，这与 2D 指纹图中向坐标原点延伸的两个尖峰相对应，上下两个尖峰分别表示氢键供体和氢键受体。统计表明，O···O 近接触在所有含能晶体中所有原子间近接触中的权重排名第二[229]。而图 3.21 中指纹图上的亮绿色羽翼状区域代表 TATB 晶体中 TATB 分子间 O···O 近接触，它可以归属于 π-π 堆积[230]。因为 TATB 分子的 C 原子远离临近分子中的原子，所以它几乎不会出现在一些权重高的近接触中，因此，所有与 C 原子有关的近接触的距离都比较长，如 C···O、C···C、C···H 和 C···N，归属于平面层状 π-π 堆积作用，对应于 Hirshfeld 表面上的蓝色区域。总之，2D 指纹图中的双羽翼状区域对应的是 π-π 堆积作用。此外，TATB 的 Hirshfeld 表面侧边稠密的红点所表示的稠密近接触意味着分子间相互作用的取向，即沿着分子平面方向的分子间相互作用较强，而垂直于分子平面方向的分子间相互作用较弱[231]。

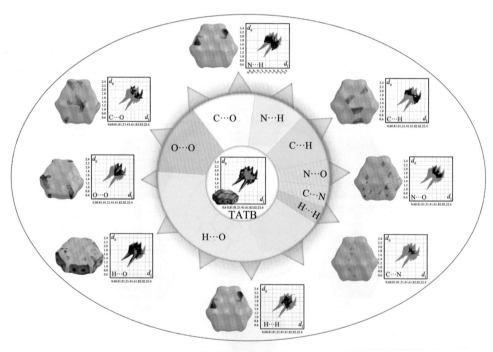

图 3.21　特定分子间原子间近接触的 d_{norm} 表面和相关 2D 指纹图[228]

中间为所有近接触的总和，饼图中扇形大小表示了近接触的权重

　　总之，Hirshfeld 表面分析法能够实现对堆积模式，甚至对力学性能和感度的预测。如图 3.22 所示，基于含能晶体的晶体学信息文件 (CIF) 运行 CrystalExplorer 代码后，可得到 Hirshfeld 表面和 2D 指纹图；接下来，通过分析 2D 指纹图（图 3.21）和 Hirshfeld 表面形状，及其红点与蓝色区域的分布特征（图 3.21），即可大致确定含能晶体中分子间相互作用的强度和方向，初步预测撞击感度。

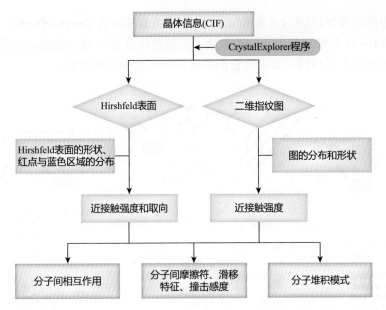

图 3.22　绘制 Hirshfeld 表面和 2D 指纹图,并应用其理解和预测含能晶体堆积结构和性质的流程[228]

3.5.2　描述分子间相互作用

通常情况下,π 堆积、氢键和卤键是分子间相互作用的主要类型,也是讨论含能化合物的堆积结构和性质的关键点[232]。Hirshfeld 表面分析法就是一种直观的描述这些相互作用的方法。

(1)π 堆积。π 堆积必然出现于含有 π 键的分子或离子体系中,是最常见的分子间相互作用形式之一。π 堆积有两种形式:π-π 堆积和 n-π 堆积(孤对电子与 π 间的堆积)。π 共轭结构虽有助于提高分子稳定性,但却不是形成低感高能材料(LSHEM)的充分条件。比如,在典型的钝感化合物 TATB 中,所有分子通过 π-π 堆积的形式形成了无数个平面层,其中的分子内和分子间的氢键都很密集[233];相反,BTF 分子虽然也是平面大 π 键分子,但因没有分子间氢键且堆积模式为混合型,而不是同 TATB 一样的平面层状型,故对撞击十分敏感[234]。

图 3.23 显示了 6 种含 π 共轭结构的含能化合物的分子结构和晶体堆积结构,包括 ICM-101[235]、NTO[236]、DAAF[237]、DAAzF[238]、TNA[239]和 TNB[240]。这些分子是唑、呋咱和苯的衍生物。与苯环不同,唑环和呋咱环由 C、O 和 N 原子组成,因此,它们的 π-π 近接触以 NO_2、NH_2 和酰基 O 等取代基之间的 N···O 和 C···N 作用为主,而另两种硝基苯化合物的近接触主要表现为 C···O 和 N···O 作用。这些块状 Hirshfeld 表面的平整度不同,块体侧面存在的红点以及 2D 指纹图上左下侧的两个尖峰都表明了分子间氢键的存在,并支撑了 π-π 堆积作用。2D 指纹图羽

翼区域中的明亮部分(d_i>1.4 Å 和 d_e<2.0 Å)意味着稠密的 C···O、C···N、C···C、N···O 和 C···N 的分子间原子间近接触。但这些化合物的 Hirshfeld 表面的形状和近接触的权重不尽相同，暗示着它们的堆积模式也会有所差别。

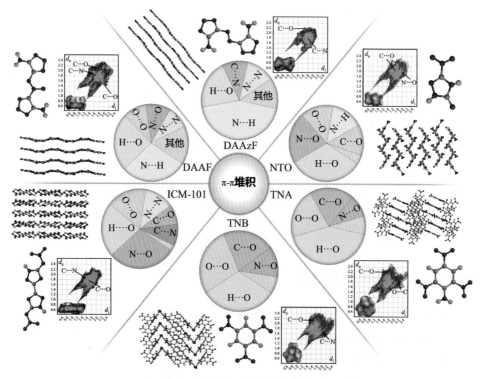

图 3.23　6 种代表性化合物的分子结构和堆积结构[228]

表示的 π-π 堆积作用的 Hirshfeld 表面上蓝色平面区域和 2D 指纹图中的羽翼状区域，饼图中扇形大小表示了近接触的权重

平面层状 π-π 堆积结构易于发生剪切滑移，有助于低的撞击感度，因此广受关注[233]。现以 RAVSOW[241]、CYURAC03[242]、FITXIP[243]和 TATNBZ(TATB)[227]四种平面层状堆积的分子晶体为例，讨论 Hirshfeld 表面特点对层间距的依赖性，层间距是决定滑移势垒高低的一个主要因素[244]。图 3.24 表明，与 FITXIP［3.129 Å，图 3.24(c)］和 TATB［3.193 Å，图 3.24(d)］相比，RAVSOW［2.723 Å，图 3.24(a)］和 CYURAC03［2.906 Å，图 3.14(b)］的层间距更小，Hirshfeld 表面的形状及其上面的红点与蓝色区域的分布都更不规则。这些结果是容易理解的，因为 Hirshfeld 表面的形状及红蓝区域的分布原则上取决于层间距。例如，RAVSOW 凹凸不平的 Hirshfeld 表面上分散着的红点，代表的是层间而不是层内的 N···O 近接触，这说明 RAVSOW 的层间分子间相互作用强于层内分子间相互作用，同时表明，平面层状 π-π 堆积不一定会产生如 TATB 一样的块状 Hirshfeld 表面。由此可知，对于

层间距较大的平面层状 π-π 堆积结构，其块状 Hirshfeld 表面更平整，红点和蓝区的分布也更规则。Hirshfeld 表面的这些特征也意味着更低的剪切滑移能垒和撞击感度——这便是采用 Hirshfeld 表面分析法预测撞击感度的基础。

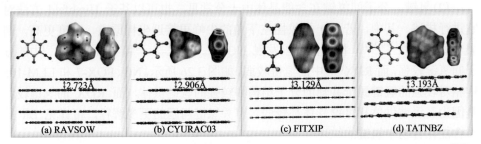

图 3.24　Hirshfeld 表面形状图，及红蓝区域分布同平面层状 π-π 堆积的层间距间的关系[228]

　　n-π 堆积是一种 T 形堆积，本质上属于一种弱静电吸引作用。图 3.25 展示了四种 n-π 堆积的含能化合物，包括 TFTNB[245]、NADF[246]、FDNM2-BOD[247] 和

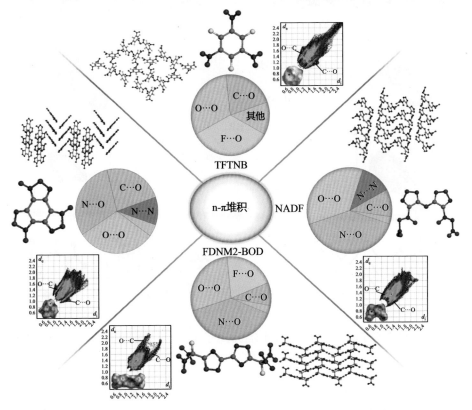

图 3.25　四种 n-π 堆积含能化合物的分子和晶体堆积结构，以及用来描述 n-π 堆积作用的
Hirshfeld 表面和 2D 指纹图[228]

BTF[248]。这些分子的n-π堆积出现在NO$_2$···苯环(TFTNB)、NO$_2$···呋咱环(NADF)、NO$_2$···二唑环(FDNM2-BOD)和N=O···苯环(BTF)之间，属于O···C的分子间原子间近接触。

(2)氢键。分子间氢键在含能晶体中十分常见，也可以基于Hirshfeld方法对它进行描述。其中，若2D指纹图左下角的尖峰更接近坐标原点，亮度更高，则表示氢键更强[249,250]。据此，可以发现NQ[251]、FOX-7[252]和LLM-105[253]中的分子间氢键较强，而RDX[121]中的氢键较弱，如图3.26所示。NQ、FOX-7和LLM-105中相对较强的氢键源于共轭的分子结构和较强的氢键供体，而RDX的氢键较弱是因为其氢键供体和氢键受体都较弱。有关氢键问题的更多解释，可详见Bu等对含能化合物中氢键的综述[254]。

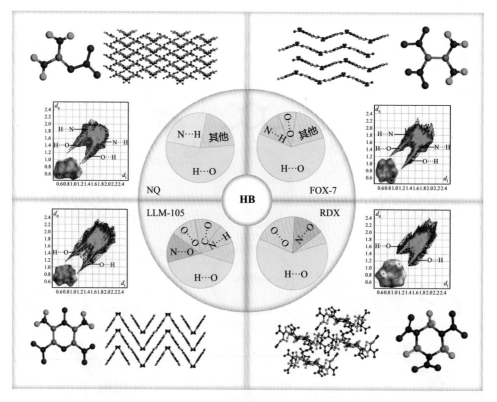

图3.26　四种含有分子间氢键(HB)含能化合物的分子和晶体堆积结构，以及用来描述氢键作用的Hirshfeld表面和2D指纹图[228]

(3)卤键。在含能材料中引入卤素的一个特殊的目的，就是用作化学和生物制剂的除剂。图3.27展示了一些含卤键的含能晶体，如TITNB、TBTNB、TCTNB和DCTNB[255,256]，并通过Hirshfeld表面和2D指纹图对其进行描述。TBTNB和TITNB

的块状 Hirshfeld 表面看起来都较为平整，红点主要都集中在面的侧面，这意味着它们是具有较强层内 X⋯O 分子间相互作用的平面层状堆积。此前也发现了 X⋯O 的近接触距离小于 X 和 O 原子的 vdW 半径之和，表明分子间相互作用的强度较高[255]。这种卤键支撑平面层状堆积与先前氢键的支撑作用相类似。相比之下，TCTNB 和 DCTNB 的 Hirshfeld 表面的形状具有高度的不规则性，表明存在一些其他的近接触。尽管 TCTNB 也是平面层状堆积，但 TCTNB 的 O⋯O 近接触距离太近，难以进行层间滑移，这种情形类似于 HNB[257]。这也是 TCTNB 和 HNB 感度高的根本原因之一。

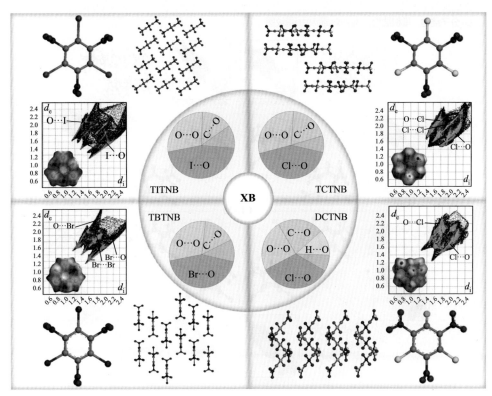

图 3.27　一些含有卤键(XB)的典型含能化合物的分子和晶体堆积结构，以及用来描述卤键作用的 Hirshfeld 表面和 2D 指纹图[228]

3.5.3　描述同一分子在不同晶体环境中的相互作用

现用具有多种晶型[258,259]和共晶[260,261]结构的 CL-20 来例证说明同一分子在不同晶体环境中有着不同的分子间相互作用，会导致密度、反应性、爆轰性能和安全性上的差异[89,189,261,262]。这种分子间相互作用的差异可用 Hirshfeld 表面分析法直观地描述[263]。图 3.28 中包含了八种不同晶体环境中的 CL-20 分子，即 4 种晶型（β、ε、γ 和 ζ 型）[258,264]和 3 种共晶（TNT/CL-20[265]、HMX/CL-20[266]和 BTF/CL-20[267]），其中 HMX/CL-20 中的 CL-20 呈现出两种构象，即 β 和 γ 两形式。尽管 CL-20 在 8 种晶体环境中的 Hirshfeld 表面和 2D 指纹图都是独一无二的，但由于分子的外部都是由 CH 和 NO_2 基团构成的[268]，所以每种晶体中 CL-20 分子的近接触几乎都是由 H···O、O···O 和 N···O 所主导的，差异很小。因此，有人认为熵增是形成 CL-20 含能共晶的驱动力[269]。与纯组分相比，这种微小差异也是造成共晶具有折中的密度、撞击感度和爆轰性能的主要原因之一[270]。

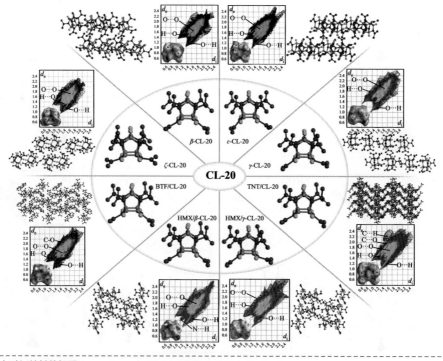

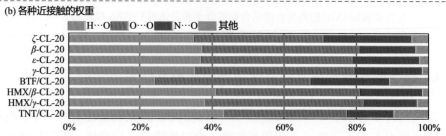

图 3.28　CL-20 分子在不同共晶中的分子结构、Hirshfeld 面、2D 指纹图和分子间原子间近接触的权重及共晶的堆积结构[228]

3.5.4　描述同一离子在不同晶体环境中的相互作用

与含能分子晶体相比，含能离子晶体由阴、阳离子之间更强的静电吸引作用而形成[271]。离子化有利于增强分子稳定性和分子间相互作用，是设计低感高能材料的策略之一[272]。羟胺阳离子（NH$_3$OH$^+$，HA）基含能离子化合物广受关注，这是因为它们通常有比其他离子化合物具有更高的密度，应用范围也更宽[273]。现以数量丰富的 NH$_3$OH$^+$基含能离子晶体例证如何采用 Hirshfeld 表面分析方法区分相同离子在不同晶体环境中表现出的分子间相互作用的差异[274-279]。图 3.29（a）

(a) 离子结构、晶体堆积结构、Hirshfeld面和2D指纹图

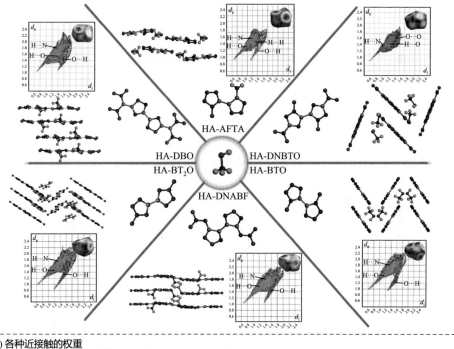

(b) 各种近接触的权重

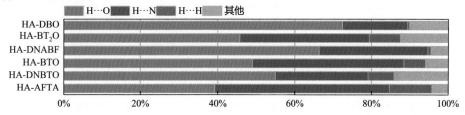

图 3.29　羟胺阳离子（NH$_3$OH$^+$，HA）在离子晶体中的 Hirshfeld 表面、2D 指纹图和分子间原子间近接触的权重以及含能离子的几何结构和堆积结构[228]

中，除 HA-DNBTO 外，其他离子晶体的每一个 NH_3OH^+ 指纹图的左下角都有两个尖峰，其中，上方长而尖锐的峰对应于晶体中充当强氢键供体的 NH_3OH^+，而下方尖峰的情况则各有不同，分为长的尖峰 (HA-BT$_2$O)、中等长度的尖峰 (HA-DNABF、HA-AFTA 和 HA-BTO)、短的尖峰 (HA-DBO) 和无尖峰 (HA-DNBTO) 几种情形。这表明 NH_3OH^+ 一定可作为氢键供体出现在晶体中，但不一定是氢键受体。图 3.29 (b) 展示了 NH_3OH^+ 基含能离子晶体中较高权重的氢键，意味着它们在很大程度上亦有较高的强度[280]。

3.5.5　预测剪切滑移特性和撞击感度

(1) 分子间摩擦符 (intermolecular friction symbol，IFS) 的构造。为简单描述晶体中分子间相互作用的取向和强度，以及发生剪切滑移的可能性，笔者提出通过构造分子间摩擦符来初步预测撞击感度的方法[220]。图 3.30 展示了基于 Hirshfeld 表面分析法的分子间摩擦符绘制和排序流程，更详细的介绍可参考文献[220]。根据分子间相互作用的取向和强度，可将分子间原子间近接触分为分散的弱接触 (I 型) 与集中的强接触 (II 型)。假设晶格内相邻分子或原子之间通过近接触 (a、b、c、d、e 和 n) 而产生相互作用。I 型中近接触皆成对地存在于不同的平面内，II 型中至少有三个近接触处于同一平面上。如图 3.30 (a) (i-iii) 所示，I 型中 a 与其他近接触确定了 p_1 至 p_n 五个独立的平面，画出这些平面在与 a 垂直的平面上的投影，则得到了 I 型 IFS。II 型分子间摩擦符的绘制如图 3.30 (a) (iv-vi) 所示，首先确定一个包含尽可能多的近接触的平面，此例中 a、b、c 和 e 构成的 p_1 面包含的近接触最多。假设 a 是最强的近接触，其他平面则为 a 与其余近接触 (d 和 n) 形成的平面。然后，将这些平面投影到与 a 垂直的平面上，即可得到 II 型分子间摩擦符。基于此步骤，可以对不同含能分子的分子间摩擦符进行排序，以反映分子间摩擦力的差异。如图 3.30 (b) 所示，分子间摩擦力从左到右逐渐增强，即发生层间滑移的难度变大。但应注意，分子间摩擦符只能大致反映分子间相互作用的取向和强度[220]。

(2) 撞击感度的预测。基于对 Hirshfeld 表面红点和蓝区的形状与分布的分析，可以得到晶体堆积、剪切滑移、甚至是撞击感度的特征，即 Hirshfeld 表面的形状越扁平，上面蓝色区域的面积分布越大，撞击感度就越低[230]。在四种堆积模式中 [图 3.31 (a)]，平面层状堆积 (面-面堆积) 的滑移能垒最低，最容易发生剪切滑移，有助于低撞击感度。如图 3.31 (b) 所示，钝感 TATB 块状的 Hirshfeld 表面正好非常平坦，侧面具有密集红点，正面全为蓝色区域。相比之下，PETN 和 HNB 的 Hirshfeld 表面就不具有这种特征，这与它们的高撞击感度是一致的。

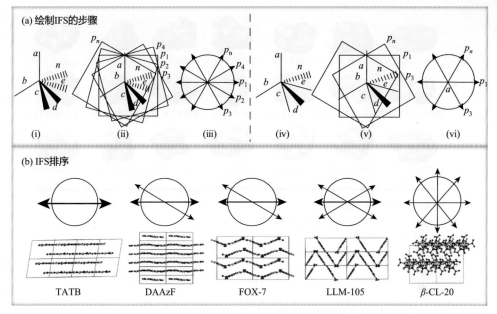

图 3.30　绘制分子间摩擦符(IFS)的步骤与分子间摩擦符排序[228]

3.5.6　Hirshfeld 法优缺点小结

　　自从笔者将 Hirshfeld 表面分析法引入到含能材料中领域中来[280]，此法已被广泛地应用于描述含能晶体中的相互作用[281-290]。笔者最近总结了使用 Hirshfeld 表面分析法来理解含能晶体的优缺点[228]。优点是 Hirshfeld 法可以直观地表示分子间相互作用及分子堆积模式，进而初步预测剪切滑移特性和撞击感度，也有利于对分子间相互作用的信息进行编码。缺点也很明显，Hirshfeld 表面分析法较为粗糙，对分子间相互作用描述的准确度还不够。因此，建议将该方法用作一个初筛工具，再结合其他的高精度方法一起呈现更加准确的预测结果。

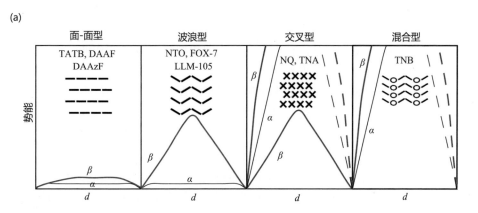

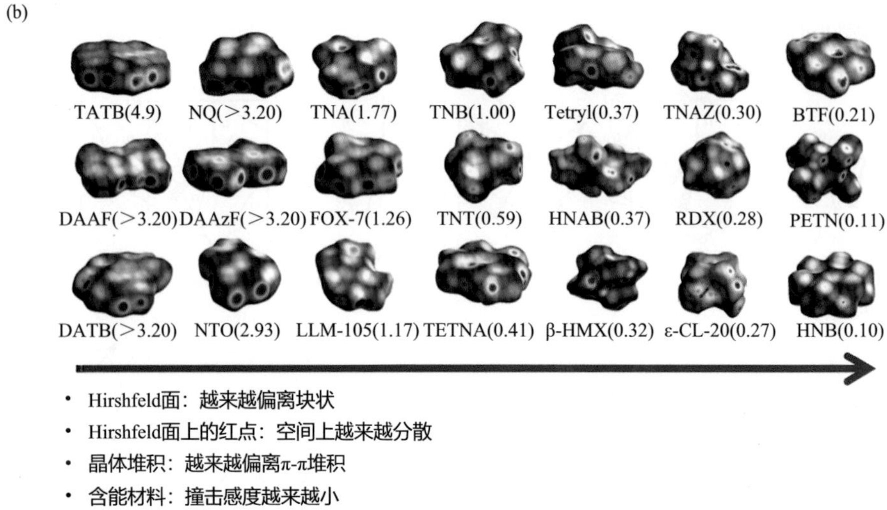

(b)

TATB(4.9) NQ(>3.20) TNA(1.77) TNB(1.00) Tetryl(0.37) TNAZ(0.30) BTF(0.21)

DAAF(>3.20) DAAzF(>3.20) FOX-7(1.26) TNT(0.59) HNAB(0.37) RDX(0.28) PETN(0.11)

DATB(>3.20) NTO(2.93) LLM-105(1.17) TETNA(0.41) β-HMX(0.32) ε-CL-20(0.27) HNB(0.10)

- Hirshfeld面：越来越偏离块状
- Hirshfeld面上的红点：空间上越来越分散
- 晶体堆积：越来越偏离π-π堆积
- 含能材料：撞击感度越来越小

图 3.31　撞击感度同堆积模式和 Hirshfeld 面的关系[228]

堆积模式与滑移势能–滑动距离(d)间的关系(a)。α(黑色曲线)和 β(红色曲线)分别表示沿前/后和左/右发生剪切滑动的情况。通过 Hirshfeld 面的表面形状和红点分布，得到的 Hirshfeld 面与晶体堆积模式和撞击感度的关系(b)。括号中的数值是以 m 为单位的 H_{50}，即 2.5 kg 落锤下导致 50%的样品爆炸的阈值高度。

3.6　用于计算含能分子和晶体的软件及数据库

3.6.1　Gaussian

　　Gaussian 是最常用的量子化学软件包，有着悠久的开发历史，由卡内基梅隆大学和 Gaussian 股份有限公司共同开发。1998 年其主要贡献者 J. A. Pople 教授因设计 Gaussian 而获得诺贝尔化学奖。高斯程序始于 1970 年(G70)[291]，之后经历了一系列的版本更新[292-303]。现在最新版本为 G16[304]。GaussView[305]是与 Gaussian 软件一起使用的可视化工具，它不仅可以启动和控制 Gaussian 作业，还可查看计算结果，并将预测属性以图形形式展示。

　　Gaussian 的计算原理为量子化学和分子模拟理论，详细内容可参考其他资料。Gaussian 软件中包含多种 DFT 方法和高级从头算方法，利用 Gaussian 软件可对含能分子完成第 3.2 节中所介绍的任何计算任务，例如：

　　(1)几何结构优化。使用 Gaussian 优化含能分子几何结构。

　　(2)电子结构计算。通过 Gaussian 计算可得到多种电子结构(如电子密度、静电势、电荷、键序、HOMO/LUMO 和激发态)。结合 Gaussian 与分子中的原子理论(AIM)能计算含能分子的电子密度[26]。一般来说，电子密度越高，表明电子出现的概率越大，键越强，分子稳定性越高。电子密度同时也可用于确定分子的形状和体积。其次，通过 Gaussian 能够轻松获得原子电荷和分子轨道信息，特别是得到反映电子结构的指标——静电势。

(3)能量和振动光谱计算。通过 Gaussian 程序运行量子化学计算，可以获得含能分子的热力学性质、相互作用能以及振动光谱。

(4)反应性计算。含能分子中涉及化学反应的性质，如键离解能、能垒、反应路径、激发态和溶剂对反应的影响，都可通过 Gaussian 进行预测计算。

3.6.2　Multiwfn

Multiwfn 是由 Lu 等[306]开发，适用于 Windows、Linux 和 MacOS 全平台，是功能极其强大的波函数分析程序。它支持几乎所有重要的波函数分析方法，免费、开源(Multiwfn 官方网站 http://sobereva.com/multiwfn)、高效、用户友好、灵活性强。Multiwfn 有许多功能，不仅可以显示分子结构和各种轨道，输出所有支持的实空间函数，将许多计算结果分解为各种轨道贡献。还可以处理其他问题，例如任何实空间函数的拓扑、波函数、轨道组成、键级/强度、态密度、光谱、分子表面、电子结构和电子激发分析等。

Multiwfn 已广泛用于计算含能分子。例如，Ping Yin 等使用等化学屏蔽表面法评估新的 N-杂稠环骨架和双吡唑-1,3,5-三嗪烷的空间磁性[307]。Multiwfn 还能用来分析 RDX 和 HMX 中 N—N 键的 Mayer、Wiberg 和 Laplacian 键级[308]。此外，也能用于计算分子体积 V_m、静电势和电荷平衡[309]。

3.6.3　VASP

维也纳从头算模拟软件包(VASP)是基于麻省理工学院 Mike Payne 最初编写的程序包[310]。它由维也纳大学 Hafner 小组正式提出，通常用于电子结构计算、

量子力学和分子动力学模拟，是材料仿真中最流行的商业软件之一。VASP 是基于赝势平面波基组的 DFT 计算程序，可用于研究多种体系，如金属及其氧化物、半导体、晶体、掺杂体系、纳米材料、分子、团簇、表面体系和界面体系等，还可用于预测平衡结构、电子信息、能量大小和反应性。VASP 能够实现小内存的大规模高效并行计算，计算效率非常高。

VASP 的原理是通过近似求解 DFT 框架中的薛定谔方程来获得能量和电子态。VASP 可以在周期性边界条件下优化原子、分子、表面和团簇等各种体系的几何形状，以获得具有各种结构参数（晶格常数、原子位置、键长和原子间角度）的稳定构型。通过求解 Kohn-Sham 方程，VASP 可以得到体系的波函数和状态方程，同时采用共轭梯度法或结合阻尼的最速下降法来计算体系中每个原子沿不同方向的力。它还可以描述电子结构和性质，包括波函数，每个 k 点的能级分布，每个轨道中原子的状态密度、能带结构、电子定位函数、电荷密度和自旋密度等。此外，通过在离子位置和静电场中加入线性响应，它还可用于计算弹性常数矩阵、Born 有效电荷张量、介电函数的实部和虚部以及体系的总磁矩，以及基于超晶胞近似计算 γ 点的原子间力常数，弹性常数和声子。

VASP 被广泛应用于预测和理解含能晶体的结构和性质，此处不再例证。

3.6.4 Materials Studio

Materials Studio 是 Accelrys 公司开发的全尺度材料模拟平台[311]。它不仅拥有优异的操作界面，快捷实现模型搭建、参数设定以及结果的可视化分析，而且融合多种模拟方法，整合多达 23 个功能模块，实现从电子结构解析到宏观性能预测的全尺度科学研究。下面简要介绍一些已应用于含能材料的模块。

1）Materials Visualizer

Materials Visualizer 是 Materials Studio 的图形化界面，也是整个平台的核心。它的功能包括搭建、调整各类三维可视的结构模型（晶体、小分子、聚合物、纳米材料、团簇、表界面、各种缺陷结构以及电极模型）。还可提供模块参数设置、结果分析的视窗界面，提供结构文件、参数文件以及结果文件的管理界面，提供计算进程的监控界面。也能对模拟结果进行多样化分析，比如结合结构模型以二维或三维的方式展示数据，给出数据图表，或对特定结果进行动画演示以及给出矢量图。同时，Visualizer 支持各种结构、图形和文本文件格式的输入和输出，支持不同功能模块之间的结构数据共享，还提供了 Perl 语言环境，以及脚本编写等功能。

2)模块介绍

Materials Studio 融合多种方法，包括量子力学、经典分子力学、分子动力学、介观分子动力学和蒙特卡罗等，创建了一系列全面的材料建模工具。具体模块如表 3.5 所示。

表 3.5　Materials Studio 所含模块及其方法原理

方法	原理	模块
量子力学方法	量子力学	CASTEP(平面波赝势方法)； DMol^3(原子轨道线性组合方法)； QMERA(量子力学/分子力学杂化方法)； ONETEP(线性标度方法)
	半经验量子力学	DFTB$^+$(紧束缚近似方法)； VAMP(原子轨道线性组合方法)
经典模拟方法	分子力学、分子动力学	COMPASS II(高精度力场)； Forcite Plus(包含各种通用力场)； GULP(包含各种针对无机体系的专用力场)
	蒙特卡罗	Amorphous Cell(无定形模型搭建)； Adsorption Locator(吸附位、吸附构象)； Blends(混合体系相容性)； Conformers(聚合物构象)； Sorption(吸附位、吸附等温线)
	定量构效关系	Synthia(基团贡献法预测聚合物性能)
介观模拟方法	介观模拟	Mesocite(耗散粒子分子动力学、粗粒化分子动力学) MesoDyn(平均场密度泛函方法) MesoProp(基于位移法的固定网格有限元分析)
晶体、结晶与仪器分析方法	晶体结构解析	Polymorph Predictor(基于力场找到分子的稳定堆积) 射线、中子、电子衍射图谱解析工具包
	晶粒形貌预测	Morphology(包含多种通用力场，预测晶粒形貌)
QSAR 方法	QSAR	Quantitative Structure Activity Relationship

下面简单介绍上述部分模块在含能材料中的应用。

(1) CASTEP。CASTEP 是由剑桥凝聚态理论研究组开发的一款基于密度泛函理论的先进量子力学程序[312]。程序采用平面波函数描述价电子，利用赝势替代内层电子，因此也被称为平面波赝势方法。CASTEP 的主要功能包括结构优化、过渡态搜索、电子结构分析、介电、力学、热力学、光学性能计算和动力学计算。Zhu 等使用 CASTEP 程序研究了 α-RDX 和 γ-RDX 的结构参数、拉曼/红外光谱、振动和热力学性质[313]。此外还有研究使用 CASTEP 进行了从头算分子动力学 (AIMD) 模拟，以研究 TATB 晶体在初始分解温度和不同压力下的初始分解和后续分解机理[314]。

(2) DMol^3。DMol^3 是由 Bernard Delley 教授发布的一款基于密度泛函理论的先进量子力学程序，它采用原子轨道线性组合的方法描述体系的电子状态，因此也被称为原子轨道线性组合方法。DMol^3 有别于其他方法的最重要特点是采用数值函数描述原子轨道，这一做法兼顾了计算精度和效率，使得 DMol^3 成为一款高效实用的量子力学程序。DMol^3 模块可模拟有机和无机分子、分子晶体、共价固体、金属固体和无限表面的电子结构和能量学，包括预测结构、计算反应能量、反应势垒、热力学性质以及光学和振动光谱等。例如，通过 DMol^3 程序[315]研究了 TATB 分子和晶体的结构以及振动特性。

(3) COMPASS II。COMPASS 是一个功能强大的、基于量子力学方法，能够对凝聚态体系进行原子尺度模拟研究的力场。COMPASS 对其参数有效性的考察，不仅包括了单分子(气态)的量子力学计算结果以及实验结果，还充分考虑了其凝聚态性能。因此，COMPASS 可在较大的温度、压力范围内，精确地预测多种单分子及其凝聚态的结构、构象、振动及热物理性质。COMPASS II 还添加了对离子液体的计算支持，以强化对聚合物和杂环体系的计算精度。Forcite、Polymorph、Morphology、Sorption、Adsorption Locator 模块中，都能调用 COMPASS 经典力场进行模拟。

(4) Forcite Plus。Forcite 是用于研究各种体系的分子力学工具的集合体。核心在于使用经典力场来近似表示原子核运动的势能面。Forcite 力场的开发是通过参数化实验数据和高精度量子化学计算而来。通常，在分子动力学模拟或量子化学计算之前，使用 Forcite 对体系进行几何优化。Forcite Plus 是 Forcite 模块的增强版本。在含能材料领域，Forcite Plus 主要用于对 CASTEP 和 DMol^3 的分子动力学结果进行分析。

(5) Amorphous Cell。Amorphous Cell 模块是一个采用蒙特卡罗方法搭建无定形模型的工具。功能包括按照设定的组分、摩尔比构建无定形模型，以及在已有结构的空隙中按照设定的比例填充指定的分子、原子。

(6) Sorption。Sorption 是一款基于巨正则蒙特卡罗(GCMC，Grand Canonical

Monte Carlo)方法预测单一或混合组分在微孔材料和介孔材料中吸附的程序。可以模拟固定压强、固定载荷情况下的吸附情况，寻找最稳定的吸附位点，计算亨利常数和吸附等温线，表征更多的相关吸附情况。

　　(7) Morphology。Morphology 是一个通过材料晶体堆积结构预测其晶体形貌的工具。它提供了面间距、表面附着能以及表面自由能三种不同的判据辅助判断特定晶体材料可能的晶粒形貌，也可结合经典模拟方法引入对环境因素的考量。Morphology 有助于研究特定添加剂、溶剂以及杂质存在下的晶体形貌。实际研究中，Hou 结合了计算与实验，利用 Morphology 模块的附着能模型以及 COMPASS 力场，计算了 β-HMX 晶体的五个主要生长平面[316]。

3.6.5　DFTB$^+$

　　DFTB$^+$包含基础紧束缚密度泛函(density functional tight binding，DFTB)方法及其扩展，是基于量子力学模拟的有效方法之一。与从头算方法相比，DFTB$^+$通过各种近似密度泛函(DFT)方法，能以更加合理的精度对更大的体系和更长的时间尺度进行模拟，最高可模拟数千个原子的体系，为电子、催化、化工等领域中各种复杂体系和过程的相关问题的解决提供了新方法。DFTB$^+$涉及的研究对象包括各种非周期性和周期性体系，如有机分子、团簇、绝缘体、半导体、金属甚至是生物大分子。DFTB$^+$是由几个来自世界各地的贡献者开发的一款免费软件，可从 https://dftbplus.org[317,318]下载使用。DFTB$^+$可用于几何优化、色散校正、声子输运计算，还可用于对含能晶体抗热冲击的化学反应进行力学探索[186,189]。

3.6.6　CP2K

　　CP2K 是凝聚态物理领域适用于原子模拟的量子化学软件包，为各种模拟方法提供了通用的计算工具。特别是在大规模并行和线性缩放的电子结构方法，以及目前最为流行的从头算分子动力学(AIMD)模拟中都有十分不错的表现。CP2K 使用了为高性能计算机设计的新颖算法,可实现出色的电子结构性能计算。软件开源免费,可从 https://www.cp2k.org[319]下载使用。CP2K 支持包括 DFTB、MP2、半经验方法、经典力场在内的多种理论。与其他电子结构计算的程序不同,CP2K 采用 Gaussian 轨道方案中的平面波(PW)辅助基集,为高效准确的原子模拟提供了最先进的方法。CP2K 还可进行分子动力学、元动力学、蒙特卡罗、Ehrenfest 动力学、振动分析、核心能级光谱、能量最小化和过渡态优化的模拟。例如,含能材料领域中 Xue 等使用 CP2K 计算并揭示了冲击下 CL-20 早期分解机制[184]。

3.6.7 LAMMPS

LAMMPS(Large-scale Atomic/Molecular Massively Parallel Simulator),代表大型原子或分子的大规模并行模拟器,由圣地亚国家实验室于 20 世纪 90 年代中期开发,是一种经典的分子动力学模拟代码。它可以采用不同的力场来模拟原子、聚合物、生物、金属、颗粒和粗粒化体系。LAMMPS 的计算规模覆盖 2D 和 3D 体系,计算体系小至几个粒子,大至数百万或数十亿粒子。程序易于修改或扩展,含有多种新力场、原子类型、边界条件和诊断信息,具有良好的灵活性。LAMMPS 代码是免费开源的,可以从 https://www.lammps.org 下载,以用于学术研究[320,321]。

LAMMPS 对相互作用粒子的牛顿运动方程进行积分。单个粒子可以是原子、分子或电子,也可以是粗颗粒原子簇,或者是介观以及宏观材料簇。LAMMPS 中包含的相互作用模型多为短程作用,也包括一些长程作用。LAMMS 采用近邻列表来跟踪附近的粒子,以提高计算效率。在并行机器上,LAMMPS 使用空间分解技术将仿真域划分为小的 3D 子域,一个子域分配给所有处理器。处理器交换并存储子域边界原子的"幽灵"原子信息。此外,LAMMPS 还制定了各种分子动力学算法,以通过 MPI 实现 CPU 之间的并行性。

LAMMPS 可用于对含能材料进行非平衡分子动力学(non-equilibrium molecular dynamics,NEMD)、粗粒化分子动力学(coarse-grained molecular dynamics,CGMD)和反应性分子动力学(reactive molecular dynamics,RMD)模拟。例如研究受应力颗粒材料中的流动和停滞[322]、非均质 PBX 的冲击加载[323]、纳米铝颗粒的开裂[324]和 RDX 晶体的纳米压痕[325]。

3.6.8　COSMOlogic

COSMOlogic 系列软件将量子化学和热力学结合在一起，适用于任何混合物体系。是用于预测热力学性质的通用工具。COSMO(类导体屏蔽模型)是一种基于极化电荷密度的统计热力学理论，它克服了介电连续介质模型的局限性和理论缺陷。由于 COSMOlogic 能够在变温下处理混合物，因此在化学工程、物理化学和药物化学领域都得到了广泛的应用。目前在 COSMOlogic 中，COSMO-RS 是预测溶剂化能最准确的理论模型。

COSMOlogic 可以预测计算混合溶液的多种热力学性质，包括活度系数、气液平衡(vapour liquid equilibrium，VLE)、液液平衡(liquid-liquid equilibrium，LLE)、固液平衡(solid-liquid equilibrium，SLE)、共沸点、混溶隙、蒸馏分离性、气体溶解度、液体溶解度、固体溶解度、蒸汽压、汽化热、亨利常数、溶质在两种任意溶剂中的分配系数、混合热(混合物的过量焓和自由焓)、溶液的反应热力学、化学势、化学势梯度、纯化合物的密度和黏度。在含能材料中，可用 COSMO-RS 方法计算焓和吉布斯自由能的变化，以筛选含能-含能共晶。

3.6.9　CrystalExplorer

作为 Windows、Linux 和 MacOS 都支持的本地跨平台程序，CrystalExplorer 是一款基于 Hirshfeld 表面分析法和 2D 指纹图，研究分子间相互作用和分子堆积的可视化工具。程序开源免费，可在 https://crystalexplorer.net.中免费获取。该程序基本原理以及在含能晶体中应用实例等更多信息请阅第 3.5 节。

3.6.10　CSD

剑桥结晶数据中心(CCDC)位于英国剑桥大学，它源于 Olga　Kennard　OBE

FRS 博士领导的晶体学组织活动。该小组从 1965 年起，开始收集 X 光或中子衍射研究的所有小分子已出版书目、化学和晶体结构数据。随后，该集合以电子形式编码，并被称为剑桥结构数据库(CSD)。CSD 是一个关于小分子和有机金属分子晶体结构的丰富数据库，由 CCDC 汇编和出版，是世界上最早开始运行的数字科学数据库之一。CSD 仅收集并提供具有 C—H 键的晶体结构数据，包括有机化合物、金属有机化合物和配位化合物，目前包含近 100 万条条目。该数据库已经运行了 50 多年，仍然是跨学科共享结构化学数据和知识的主要手段。除了公开支持科学文章的结构外，它还包括许多直接作为 CSD 通信发布的结构。ConQuest 是从 CSD 中搜索和提取结构信息的基本软件。该软件在 CSD 中提供了全方位的文字、数字查询及高级搜索功能，包括化学子结构搜索、几何结构搜索、分子间搜索和分子内相互作用搜索。

数据库中的每条信息包括：(1)三维结构数据：原子坐标、晶胞参数、空间群、结构精密度指标、温度与压力条件、无序分布细节；(2)2D 结构图：原子和键的性质与关联；(3)化学式和化合物名称、多肽化合物的氨基酸序列；(4)完整文献资料，其中部分直接与电子版文献连接；(5)交叉引用立体异构体及有关重新解释和确认的详情；(6)其他已发表的与该分子有关的信息：化合物来源、结晶条件、结对构型的确定实验、多晶型现象及生物活性。

用户可以根据化合物的名称、分子式、元素、空间群、单胞、Z 值、原始文献、作者、实验条件及其他内容进行分析。

3.7 结论与展望

本章总结了各类分子模拟方法在含能材料分子和晶体本征结构中的应用。先强调了分子模拟方法的重要性；接着详细介绍了量子化学方法在含能分子中的应用，特别是如何根据特定目的选择量子化学方法，权衡精度和成本间的关系；此外验证了 D3(0) 和 D3(BJ) 是含能分子晶体色散校正方法里最有效的两种方法；其次简要介绍了预测模拟含能分子晶体的常用力场及应用；并总结了 Hirshfeld 表面分析法的优缺点，应用前景及发展展望。最后，逐一介绍了可用于含能材料分子模拟的软件及数据库。

这些分子模拟方法、软件和数据库对于揭示和理解含能材料本征结构都是必不可少的。随着科技的进步与发展，联合使用机器学习技术与密度泛函方法，以及通过机器学习构造力场等已逐渐应用于本征结构的计算，引领了今后分子预测的主要发展方向。

参 考 文 献

[1] Ruipérez F. Application of quantum chemical methods in polymer chemistry. Inter. Rev. Phys. Chem., 2019, 38: 343-403.

[2] 居学海, 叶财超, 徐司雨. 含能材料的量子化学计算与分子动力学模拟综述. 火炸药学报, 2012, 35 (2): 1-9.

[3] 中国工程物理研究院化工材料研究所, 中国工程物理研究院计算机应用研究所. 含能材料高通量计算交互式应用系统 (简称: EM-studio) V1.0: 2021SR 0611735. 2021.

[4] Bauer B, Bravyi S, Motta M, et al. Quantum algorithms for quantum chemistry and quantum materials science. Chem. Rev., 2020, 120: 12685-12717.

[5] Becke A D. A new mixing of Hartree-Fock and local density functional theories. J. Chem. Phys., 1993, 98: 1372-1377.

[6] Pople J A, Segal G A. Approximate self-consistent molecular orbital theory. III. CNDO results for AB_2 and AB_3 systems. J. Chem. Phys., 1966, 44: 3289-3296.

[7] Pople J A, Beveridge D L, Dobosh P A. Approximate self-consistent molecular-orbital theory. V. Intermediate neglect of differential overlap. J. Chem. Phys., 1967, 47: 2026-2033.

[8] Dewar M J S, Thiel W. Ground states of molecules. 38. The MNDO method. Approximations and parameters. J. Am. Chem. Soc., 1977, 99: 4899-4907.

[9] Dewar M J S, Zoebisch E G, Healy E F, et al. AM1: A new general purpose quantum mechanical molecular model. J. Am. Chem. Soc., 1985, 107: 3902-3909.

[10] Stewart J J P. Optimization of parameters for semiempirical methods I. Method. J. Comput. Chem., 1989, 10: 209-220.

[11] Stewart J J P. Optimization of parameters for semiempirical methods V: Modification of NDDO approximations and application to 70 elements. J. Mol. Model., 2007, 13: 1173-1213.

[12] Stewart J J P. Optimization of parameters for semiempirical methods VI: More modifications to the NDDO approximations and re-optimization of parameters. J. Mol. Model., 2013, 19: 1-32.

[13] Møller C, Plesset M S. Note on an approximation treatment for many-electron systems. Phys. Rev., 1934, 46: 618-622.

[14] Bartlett R J, Musiał M. Coupled-cluster theory in quantum chemistry. Rev. Mod. Phys., 2007, 79: 291-352.

[15] Bartlett R J, Purvis G D. Many-body perturbation theory, coupled-pair many-electron theory, and the importance of quadruple excitations for the correlation problem. Int. J. Quantum. Chem., 1978, 14: 561-581.

[16] Purvis G D, Bartlett R J. A full coupled-cluster singles and doubles model: The inclusion of disconnected triples. J. Chem. Phys., 1982, 76: 1910-1918.

[17] Curtiss L A, Redfern P C, Raghavachari K. Gaussian-4 theory using reduced order perturbation theory. J. Chem. Phys., 2007, 127: 124105.

[18] Nirwan A, Ghule V D. Estimation of heats of formation for nitrogen-rich cations using G3, G4, and G4 (MP2) theoretical methods. Theor. Chem. Acc., 2018, 137: 1-9.

[19] Montgomery J A, Frisch M J, Ochterski J W. A complete basis set model chemistry. VI. Use of density functional geometries and frequencies. J. Chem. Phys., 1999, 110: 2822-2827.

[20] Hohenberg P, Kohn W. Inhomogenous electron gas. Phys. Rev., 1964, 136: 864-865.

[21] Zhao Y, Truhlar D G. Density functionals with broad applicability in chemistry. Acc. Chem. Res., 2008, 41: 157-167.

[22] Louie S G, Chan Y, Jornada F H, et al. Discovering and understanding materials through computation. Nat. Mater., 2021, 20: 728-735.

[23] Guo S, Liu J, Qian W, et al. Quantum chemical methods for treating energetic molecules: A review. Energ. Mater. Front., 2021, 2: 292-305.

[24] Shao J, Cheng X, Yang X, et al. Calculations of bond dissociation energies and bond lengths of C-H, C-N, C-O, N-N. J. At. Mol. Phys., 2006, 23: 80-84.

[25] Coppens P, Volkov A. The interplay between experiment and theory in charge-density analysis. Acta Cryst., 2004, 60: 357-364.

[26] Bader R F W. Atoms in Molecules: A Quantum Theory. New York: Oxford University Press, 1990.

[27] Stephen A D, Pawar R B, Kumaradhas P. Exploring the bond topological properties and the charge depletion-impact sensitivity relationship of high energetic TNT molecule via theoretical charge density analysis. J. Mol. Struct., 2010, 959: 55-61.

[28] Beran G J, Hartman J D, Heit Y N. Predicting molecular crystal properties from first principles: Finite-temperature thermochemistry to NMR crystallography. Acc. Chem. Res., 2016, 49: 2501-2508.

[29] Qiu L, Xiao H, Gong X, et al. Crystal density predictions for nitramines based on quantum chemistry. J. Hazard. Mater., 2007, 141: 280-288.

[30] Rice B M, Hare J J, Byrd E F C. Accurate predictions of crystal densities using quantum mechanical molecular volumes. J. Phys. Chem. A, 2007, 111: 10874-10879.

[31] Rice B M, Hare J J. A quantum mechanical investigation of the relation between impact sensitivity and the charge distribution in energetic molecules. J. Phys. Chem. A, 2002, 106: 1770-1783.

[32] Zeman S. Sensitivities of high energy compounds. Struct. Bond., 2007, 125: 195-271.

[33] Murray J S, Lane P, Politzer P. Relationships between impact sensitivities and molecular surface electrostatic potentials of nitroaromatic and nitroheterocyclic molecules. Mol. Phys., 1995, 85: 1-8.

[34] Hammerl A, Klapötke T M, Nöth H, et al. Synthesis, structure, molecular orbital and valence bond calculations for tetrazole azide, CHN_7. Propellants, Explosives, Pyrotechnics, 2003, 28: 165-173.

[35] Zhang C, Shu Y, Huang Y, et al. Investigation of correlation between impact sensitivities and nitro group charges in nitro compounds. J. Phys. Chem. B, 2005, 109: 8978-8982.

[36] Zhang C. Investigation of the correlations between nitro group charges and some properties of nitro organic compounds. Propellants, Explosives, Pyrotechnics, 2008, 33: 139-145.

[37] Turker L. Contemplation on spark sensitivity of certain nitramine type explosives. J. Hazard.

Mater., 2009, 169: 454-459.

[38] Zhi C, Cheng X, Zhao F. The correlation between electric spark sensitivity of polynitroaromatic compounds and their molecular electronic properties. Propellants, Explosives, Pyrotechnics, 2010, 35: 555-560.

[39] Zhao J, Cheng K, Yu X, et al. Theoretical research of time-dependent density functional on the initiated photo-dissociation of some typical energetic materials at excited state. Acta Physica Sinica, 2021, 70: 1-15.

[40] Hehre W J, Radom L, Schleyer P V R. Ab Initio Molecular Orbital Theory. New York: Wiley, 1986: 271-298.

[41] Bumpus J A, Lewis A, Stotts C, et al. Characterization of high explosives and other energetic compounds by computational chemistry and molecular modeling. J. Chem. Educ., 2007, 84: 329-332.

[42] Wei T, Zhu W, Zhang X, et al. Molecular design of 1,2,5,5-tetrazine-based high-energy density materials. J. Phys. Chem. A, 2009, 113: 9404-9412.

[43] Gu L, Wang X. The comparative study for the heat of formation of organic molecules calculated by different methods. J. Mol. Sci., 2012, 28: 353-358.

[44] Ruscic B, Pinzon R E, Morton M L, et al. Introduction to active thermochemical tables: Several "key" enthalpies of formation revisited. J. Phys. Chem. A, 2004, 108: 9979-9997.

[45] Ruscic B, Pinzon R E, Laszewski G, et al. Active thermochemical tables: Thermochemistry for the 21st century. J. Phys. Conf. Ser., 2005, 16: 561-570.

[46] Somers K P, Simmie J M. Benchmarking compound methods (CBS-QB3, CBS-APNO, G3, G4, W1BD) against the active thermochemical tables: Formation enthalpies of radicals. J. Phys. Chem. A, 2015, 119: 8922-8933.

[47] Cao Y, Yu T, Lai W, et al. Analysis of intermolecular interactions in homologous molecular crystals of energetic materials. Energ. Mater. Front., 2020, 1: 95-102.

[48] Hrovat D A, Borden W T, Eaton P E, et al. A computational study of the interactions among the nitro groups in octanitrocubane. J. Am. Chem. Soc., 2001, 123: 1289-1293.

[49] Luo Y. Handbook of Bond Dissociation Energies in Organic Compounds. New York: CRC Press, 2003.

[50] Qi C, Lin Q, Li Y, et al. C-N bond dissociation energies: An assessment of contemporary DFT methodologies. J. Mol. Struct., 2010, 961: 97-100.

[51] Xiong Y, Ma Y, He X, et al. Reversible intramolecular hydrogen transfer: A completely new mechanism for low impact sensitivity of energetic materials. Phys. Chem. Chem. Phys., 2019, 21: 2397-2409.

[52] Ren G, Liu R, Zhou P, et al. Theoretical perspective on the reaction mechanism from arylpentazenes to arylpentazoles: New insights into the enhancement of cyclo-N_5 production. Chem. Comm., 2019, 55: 2628-2631.

[53] Shang F, Liu R, Liu J, et al. Unraveling the mechanism of cyclo-N_5^- production through selective C-N bond cleavage of arylpentazole with ferrous bisglycinate and m-chloroperbenzoic acid: A theoretical perspective. J. Phys. Chem. Lett., 2020, 11: 1030-1037.

[54] Grimme S, Hansen A, Brandenburg J G, et al. Dispersion-corrected mean-field electronic structure methods. Chem. Rev., 2016, 116: 5105-5154.

[55] Dion M, Rydberg H, Schröder E, et al. Van der Waals density functional for general geometries. Phys. Rev. Lett., 2004, 92: 246401.

[56] Román-Pérez G, Soler J M. Efficient implementation of a van der Waals density functional: Application to double-wall carbon nanotubes. Phys. Rev. Lett., 2009, 103: 096102.

[57] Klimeš J, Bowler D R, Michaelides A. Chemical accuracy for the van der Waals density functional. J. Phys.: Cond. Matt., 2010, 22: 022201.

[58] Thonhauser T, Cooper V R, Li S, et al. Van der Waals density functional: Self-consistent potential and the nature of the van der Waals bond. Phys. Rev. B, 2007, 76: 125112.

[59] Lee K, Murray ÉD, Kong L, et al. Higher-accuracy van der Waals density functional. Phys. Rev. B, 2010, 82: 081101.

[60] Klimeš J, Bowler D R, Michaelides A. Van der Waals density functionals applied to solids. Phys. Rev. B, 2011, 83: 195131.

[61] Grimme S. Semiempirical GGA-type density functional constructed with a long-range dispersion correction. J. Comput. Chem., 2006, 27: 1787-1799.

[62] Grimme S, Antony J, Ehrlich S, et al. A consistent and accurate ab initio parametrization of density functional dispersion correction (DFT-D) for the 94 elements H-Pu. J. Chem. Phys., 2010, 132: 154104.

[63] Grimme S, Ehrlich S, Goerigk L. Effect of the damping function in dispersion corrected density functional theory. J. Comput. Chem., 2011, 32: 1456-1465.

[64] Tkatchenko A, Scheffler M. Accurate molecular van der Waals interactions from ground-state electron density and free-atom reference data. Phys. Rev. Lett., 2009, 102: 073005.

[65] Bučko T, Lebègue S, Hafner J, et al. Improved density dependent correction for the description of London dispersion forces. J. Chem. Theory Comput., 2013, 9: 4293-4299.

[66] Bučko T, Lebègue S, Ángyán J G, et al. Extending the applicability of the Tkatchenko-Scheffler dispersion correction via iterative Hirshfeld partitioning. J. Chem. Phys., 2014, 141: 034114.

[67] Bučko T, Lebègue S, Hafner J, et al. Tkatchenko-Scheffler van der Waals correction method with and without self-consistent screening applied to solids. Phys. Rev. B, 2013, 87: 064110.

[68] Tkatchenko A, DiStasio J R A, Car R, et al. Accurate and efficient method for many-body van der Waals interactions. Phys. Rev. Lett., 2012, 108: 236402.

[69] Steinmann S N, Corminboeuf C. Comprehensive benchmarking of a density-dependent dispersion correction. J. Chem. Theory Comput., 2011, 7: 3567-3577.

[70] Steinmann S N, Corminboeuf C. A generalized-gradient approximation exchange hole model for dispersion coefficients. J. Chem. Phys., 2011, 134: 044117.

[71] von Lilienfeld O A, Tavernelli I, Röthlisberger U, et al. Optimization of effective atom centered potentials for London dispersion forces in density functional theory. Phys. Rev. Lett., 2004, 93: 153004.

[72] von Lilienfeld O A, Tavernelli I, Röthlisberger U, et al. Performance of optimized atom-centered potentials for weakly bonded systems using density functional theory. Phys. Rev.

B, 2005, 71: 195119.

[73] Almbladh C O, Barth U. Exact results for the charge and spin densities, exchange-correlation potentials, and density-functional eigenvalues. Phys. Rev. B, 1985, 31: 3231-3244.

[74] Katriel, J, Davidson E R. Asymptotic behavior of atomic and molecular wave functions. Proc. Natl. Acad. Sci. U. S. A., 1980, 77: 4403-4406.

[75] Liu G, Wei S, Zhang C. Verification of the accuracy and efficiency of dispersion-corrected density functional theory methods to describe lattice structure and energy of energetic cocrystals. Cryst. Growth Des., 2022, 22: 5307-5321

[76] Perdew J P, Burke K, Ernzerhof M. Generalized gradient approximation made simple. Phys. Rev. Lett., 1996, 77: 3865-3868.

[77] Kerber T, Sierka M, Sauer J. Application of semiempirical long-range dispersion corrections to periodic systems in density functional theory. J. Comp. Chem., 2008, 29: 2088-2097.

[78] Gautier S, Steinmann S N, Michel C, et al. Molecular adsorption at Pt(111). How accurate are DFT functionals? Phys. Chem. Chem. Phys., 2015, 17: 28921-28931.

[79] Berland K, Cooper V R, Lee K, et al. Van der Waals forces in density functional theory: A review of the vdW-DF method. Rep. Prog. Phys., 2015, 78: 066501.

[80] Hermann J J, DiStasio R A, Tkatchenko A. First-principles models for van der Waals interactions in molecules and materials: Concepts, theory, and applications. Chem. Rev., 2017, 117: 4714-4758.

[81] Ehrlich S, Moellmann J, Grimme S. Dispersion-corrected density functional theory for aromatic interactions in complex systems. Acc. Chem. Res., 2013, 46: 916-926.

[82] Emamian S, Lu T, Kruse H, et al. Exploring nature and predicting strength of hydrogen bonds: A correlation analysis between atoms-in-molecules descriptors, binding energies, and energy components of symmetry-adapted perturbation theory. J. Comput. Chem., 2019, 40: 1-14.

[83] Aakeröy C B, Wijethunga T K, Desper J. Crystal engineering of energetic materials: CO-crystals of ethylenedinitramine(EDNA)with modified performance and improved chemical stability. Chem. Eur. J., 2015, 21: 11029-11037.

[84] Risthaus T, Grimme S. Benchmarking of London dispersion-accounting density functional theory methods on very large molecular complexes. J. Chem. Theory. Comput., 2013, 9: 1580-1591.

[85] Hunter S, Sutinen T, Parker S F, et al. Experimental and DFT-D studies of the molecular organic energetic material RDX. J. Phys. Chem. C, 2013, 117: 8062-8071.

[86] Medvedev M G, Bushmarinov I S, Sun J, et al. Density functional theory is straying from the path toward the exact functional. Science, 2017, 355: 49-52.

[87] Reilly A M, Tkatchenko A. Understanding the role of vibrations, exact exchange, and many-body van der Waals interactions in the cohesive properties of molecular crystals. J. Chem. Phys., 2013, 139: 024705.

[88] Moellmann J, Grimme S. DFT-D3 study of some molecular crystals. J. Phys. Chem. C, 2014, 118: 7615-7621.

[89] Liu G, Gou R, Li H, et al. Polymorphism of energetic materials: A comprehensive study of

molecular conformers, crystal packing, and the dominance of their energetics in governing the most stable polymorph. Cryst. Growth Des., 2018, 18: 4174-4186.

[90] Wei X, Ma Y, Long X, et al. A strategy developed from the observed energetic-energetic cocrystals of BTF: Cocrystallizing and stabilizing energetic hydrogen-free molecules with hydrogenous energetic coformer molecules. CrystEngComm, 2015, 17: 7150-7159.

[91] Ambrosetti A, Reilly A M, DiStasio J R A, et al. Long-range correlation energy calculated from coupled atomic response functions. J. Chem. Phys., 2014, 140: 18A508.

[92] Li G, Zhang C. Review of the molecular and crystal correlations on sensitivities of energetic materials. J. Hazard. Mater., 2020, 398: 122910.

[93] Xiong X, He D, Xiong Y, et al. Correlation between the self-sustaining ignition ability and the impact sensitivity of energetic materials. Energ. Mater. Front., 2020, 1: 40-49.

[94] Allen M P, Tildesley D J. Computer simulation of liquids. Oxford: Clarendon Press, 1987.

[95] Qian W, Xue X, Liu J, et al. Molecular forcefield methods for describing energetic molecular crystals: A review. Molecules, 2022, 24: 1611

[96] Sorescu D C, Rice B M, Thompson D L. Intermolecular potential for the hexahydro-1,3, 5-trinitro-1,3,5-s-triazine crystal (RDX): A crystal packing, monte carlo and molecular dynamics study. J. Phys. Chem. B, 1997, 101: 798-808.

[97] Sorescu D C, Rice B M, Thompson D L. Molecular packing and NPT-molecular dynamics investigation of the transferability of the RDX intermolecular potential to 2,4,6,8,10, 12-hexanitrohexaazaisowurtzitane. J. Phys. Chem. B, 1998, 102: 948-952.

[98] Sorescu D C, Rice B M, Thompson D L. Isothermal-isobaric molecular dynamics simulations of 1,3,5,7-tetranitro-1,3,5,7-tetraazacyclooctane (HMX) crystals. J. Phys. Chem. B, 1998, 102: 6692-6695.

[99] Sorescu D C, Rice B M, Thompson D L. A transferable intermolecular potential for nitramine crystals. J. Phys. Chem. A, 1998, 102: 8386-8392.

[100] Sorescu D C, Rice B M, Thompson D L. Molecular packing and molecular dynamics study of the transferability of a generalized nitramine intermolecular potential to non-nitramine crystals. J. Phys. Chem. A, 1999, 103: 989-998.

[101] Sorescu D C, Rice B M, Thompson D L. Theoretical studies of the hydrostatic compression of RDX, HMX, HNIW, and PETN crystals. J. Phys. Chem. B, 1999, 103: 6783-6790.

[102] Sorescu D C, Boatz J A, Thompson D L. Classical and quantum-mechanical studies of crystalline FOX-7 (1,1-diamino-2,2-dinitroethylene). J. Phys. Chem. A, 2001, 105: 5010-5021.

[103] Smith G D, Bharadwaj R K. Quantum chemistry based force field for simulations of HMX. J. Phys. Chem. B, 1999, 103: 3570.

[104] Cawkwell M J, Sewell T D, Zheng L, et al. Shock-induced shear bands in an energetic molecular crystal: Application of shock-front absorbing boundary conditions to molecular dynamics simulations. Phys. Rev. B, 2008, 78: 014107.

[105] Bedrov D, Hooper J B, Smith G D, et al. Shock-induced transformations in crystalline RDX: A uniaxial constant-stress Hugoniostat molecular dynamics simulation study. J. Chem. Phys., 2009, 131: 034712.

[106] Cawkwell M J, Ramos K J, Hooks D E, et al. Homogeneous dislocation nucleation in cyclotrimethylene trinitramine under shock loading. J. Appl. Phys., 2010, 107: 063512.

[107] Bidault X, Chaudhuri S. A flexible-molecule force field to model and study hexanitrohexaazaisowurtzitane (CL-20)-polymorphism under extreme conditions. RSC Adv., 2019, 9: 39649.

[108] Agrawal P M, Rice B M, Zheng L, et al. Molecular dynamics simulations of hexahydro-1,3,5-trinitro-1,3,5-*s*-triazine (RDX) using a combined Sorescu-Rice-Thompson AMBER force field. J. Phys. Chem. B, 2006, 110: 26185-26188.

[109] Agrawal P M, Rice B M, Zheng L, et al. Molecular dynamics simulations of the melting of 1,3,3-trinitroazetidine. J. Phys. Chem. B, 2006, 110: 5721-5726.

[110] Boyd S, Gravelle M, Politzer P. Nonreactive molecular dynamics force field for crystalline hexahydro-1,3,5-trinitro-1,3,5-triazine. J. Chem. Phys., 2006, 124: 104508.

[111] Gee R H, Roszak S, Balasubramanian K, et al. Ab initio based force field and molecular dynamics simulations of crystalline TATB. J. Chem. Phys., 2004, 120: 7059-7066.

[112] Bedrov D, Borodin O, Smith G D, et al. A molecular dynamics simulation study of crystalline 1,3,5-triamino-2,4,6-trinitrobenzene as a function of pressure and temperature. J. Chem. Phys., 2009, 131: 224703.

[113] Kroonblawd M P, Sewell T D. Theoretical determination of anisotropic thermal conductivity for crystalline 1,3,5-triamino-2,4,6-trinitrobenzene (TATB). J. Chem. Phys., 2013, 139: 074503.

[114] Taylor D E, Rob F, Rice B M, et al. A molecular dynamics study of 1,1-diamino-2,2-dinitroethylene (FOX-7) crystal using a symmetry adapted perturbation theory-based intermolecular force field. Phys. Chem. Chem. Phys., 2011, 13: 16629-16636.

[115] Neyertz S, Mathieu D, Khanniche S, et al. An empirically optimized classical force-field for molecular simulations of 2,4,6-trinitrotoluene (TNT) and 2,4-dinitrotoluene (DNT). J. Phys. Chem. A, 2012, 116: 8374-8381.

[116] Song H, Zhang Y, Li H, et al. All-atom, non-empirical, and tailor-made force field for *α*-RDX from first principles. RSC Adv., 2014, 4: 40518-40533.

[117] Mayo S L, Olafson B D, Goddard W A. DREIDING: A generic force field for molecular simulations. J. Phys. Chem., 1990, 94: 8897-8909.

[118] Qian W, Zhang C, Xiong Y, et al. Thermal expansion of explosive molecular crystal: Anisotropy and molecular stacking. Cent. Eur. J. Energ. Mater., 2014, 11: 569-580.

[119] Jorgensen W L, Maxwell D S, Tirado-Rives J. Development and testing of the OPLS all-atom force field on conformational energetics and properties of organic liquids. J. Am. Chem. Soc., 1996, 118: 11225-11236.

[120] Wang C, Ni Y, Zhang C, et al. Crystal structure prediction of 2,4,6,8,10,12-hexanitro-2,4,6,8,10,12-hexaazaisowurtzitane (CL-20) by a tailor-made OPLS-AA force field. Cryst. Growth Des., 2021, 21: 3037-3046.

[121] Choi S, Prince E. The crystal structure of cyclotrimethylenetrinitramine. Acta Cryst. B, 1972, 28: 2857-2862.

[122] Dlott D D, Fayer M D. Shocked molecular solids: Vibrational up pumping, defect hot spot

formation, and the onset of chemistry. J. Chem. Phys., 1990, 92: 3798.

[123] Qian W, Zhang C. Review of the phonon spectrum modelings for energetic crystals and their applications. Energ. Mater. Front., 2021, 2: 154-164.

[124] Dobratz M. Properties of chemical explosive and explosive simulants. Lawrence Livermore National Laboratory, Livermore, CA, 1981: 19-131.

[125] Kolb J R, Rizzo H F. Growth of 1,3,5-triamino-2,4,6-trinitrobenzene (TATB) I. Anisotropic thermal expansion. Propell. Explos. Pyrot, 1979, 4: 10-16.

[126] Allinger N L, Yuh Y H, Lii J H. Molecular mechanics: The MM3 force field for hydrocarbons. J. Am. Chem. Soc., 1989, 111: 8551-8566.

[127] Weiner S J, Kollman P A, Case D A, et al. A new force field for molecular mechanical simulation of nucleic acids and proteins. J. Am. Chem. Soc., 1984, 106: 765-784.

[128] Weiner S J, Kollman P A, Nguyen D T, et al. An all-atom force field for simulations of proteins and nucleic acids. J. Comp. Chem., 1986, 7: 230-252.

[129] Brooks B R, Bruccoleri R E, Olafson B D, et al. CHARMM: A program for macromolecular energy, minimization, and dynamics calculations. J. Comp. Chem., 1983, 4: 187-217.

[130] Dauber-Osguthorpe P, Roberts V A, Osguthorpe D J, et al. Structure and energetics of ligand binding to proteins: Escherichia colidihydrofolate reductase-trimethoprim, a drug-receptor system. Proteins: Structure, Function and Bioinformatics, 1988, 4: 31-47.

[131] Rappé A K, Casewit C J, Colwell K S, et al. UFF, a full periodic table force field for molecular mechanics and molecular dynamics simulations. J. Am. Chem. Soc., 1992, 114: 10024-10035.

[132] Martin M G, Siepmann J I. Transferable potentials for phase equilibria. 1. United-atom description of n-alkanes. J. Phys. Chem. B, 1998, 102: 2569-2577.

[133] Maple J R, Dinur U, Hagler A T. Derivation of force fields for molecular mechanics and dynamics from ab initio energy surfaces. Proc. Natl. Acad. Sci. U.S.A., 1988, 85: 5350-5354.

[134] Hagler A T, Ewig C S. On the use of quantum energy surfaces in the derivation of molecular force fields. Comp. Phys. Comm., 1994, 84: 131-155.

[135] Maple J R, Thacher T S, Dinur U, et al. Biosym force field research results in new techniques for the extraction of inter-and intramolecular forces. Chem. Des. Autom. News, 1990, 5: 5-10.

[136] Maple J R, Hwang M J, Stockfisch T P, et al. Derivation of Class II force fields. 1. Methodology and quantum force field for the alkyl functional group and alkane molecules. J. Comput. Chem., 1994, 15: 162-182.

[137] Maple J R, Hwang M J, Stockfisch T P, et al. Derivation of Class II force fields. III. Characterization of a quantum force field for the alkanes. Isr. J. Chem., 1994, 34: 195-231.

[138] Sun H, Mumby S J, Maple J R, et al. An ab initio CFF93 all-atom force field for polycarbonates. J. Am. Chem. Soc., 1994, 116: 2978-2987.

[139] Sun H. Ab initio calculations and force field development for computer simulation of polysilanes. Macromolecules, 1995, 28: 701.

[140] Hill J R, Sauer J. Molecular mechanics potential for silica and zeolite catalysts based on ab initio calculations. 1. Dense and microporous silica. J. Phys. Chem., 1994, 98: 1238-1244.

[141] Sun H. COMPASS: An ab initio FF optimized for condensed-phase applications-overview with

details on alkane and benzene compounds. J. Phys. Chem. B, 1998, 102: 7338-7364.

[142] Sun H, Ren P, Fried J R. The COMPASS force field: Parameterization and validation for polyphosphazenes. Comput. Theor. Polym. Sci., 1998, 8: 229-246.

[143] Rigby D, Sun H, Eichinger B E. Computer simulations of poly(ethylene oxides): force field, PVT diagram and cyclization behavior. Polym. Int., 1998, 44: 311-330.

[144] Peng Z, Ewig C S, Hwang M J, et al. Derivation of Class II force fields, 4. van der Waals parameters of alkali metal cations and halide anions. J. Phys. Chem. A, 1997, 101: 7243-7252.

[145] Berkovitch-Yellin Z. Toward an ab initio derivation of crystal morphology. J. Am. Chem. Soc., 1985, 107: 8239.

[146] Hartman P, Bennema P. The attachment energy as a habit controlling factor: I. Theoretical considerations. J. Cryst. Growth., 1980, 49: 145-156.

[147] Docherty R, Clydesdale G, Roberts K J, et al. Application of Bravais-Friedel-Donnay-Harker, attachment energy and Ising models to predicting and understanding the morphology of molecular crystals. J. Phys. D: Appl. Phys., 1991, 24: 89-99.

[148] Bravais A. Etudes Crystallographiques. Paris: Academie des Sciences, 1913.

[149] Donnay J D H, Harker D A. New law of crystal morphology extending the law of Bravais. Am. Mineral., 1937, 22: 446-467.

[150] Friedel G. Studies on the law of Bravais. Bull. Soc. Fr. Mineral., 1907, 30: 326-455.

[151] Gong F, Yang Z, Qian W, et al. Kinetics for the inhibited polymorphic transition of HMX crystal after strong surface confinement. J. Phys. Chem. C, 2019, 123: 11011-11019.

[152] Zhang M, Qian W, Zhao X, et al. Constructing novel RDX with hierarchical structure via dye-assisted solvent induction and interfacial self-assembly. Cryst. Growth Des., 2020, 20: 4919-4927.

[153] Zhao X, Zhang M, Qian W, et al. Interfacial engineering endowing energetic co-particles with high density and reduced sensitivity. Chem. Eng. J., 2020, 387: 124209.

[154] Lin C, Liu S, Qian W, et al. Controllable tuning of energetic crystals by bioinspired polydopamine. Energ. Mater. Front., 2020, 1: 59-66.

[155] Duan X, Wei C, Liu Y, et al. A molecular dynamics simulation of solvent effects on the crystal morphology of HMX. J. Hazard. Mater., 2010, 174: 175-180.

[156] Zhang C, Ji C, Li H, et al. Occupancy model for predicting the crystal morphologies influenced by solvents and temperature, and its application to nitroamine explosives. Cryst. Growth Des., 2013, 13: 282-290.

[157] Song L, Chen L, Wang J, et al. Prediction of crystal morphology of 3,4-dinitro-1H-pyrazole(DNP) in different solvent. J. Mol. Graphics. Model., 2017, 75: 62-70.

[158] Zhu S, Zhang S, Gou R, et al. Understanding the effect of solvent on the growth and crystal morphology of MTNP/CL-20 cocrystal explosive: Experimental and theoretical studies. Cryst. Res. Technol, 2018, 53: 1700299.

[159] Xu X, Xiao H, Ju X, et al. Computational studies on polynitrohexaazaadmantanes as potential high energy density materials(HEDMs). J. Phys. Chem. A, 2006, 110: 5929-5933.

[160] Xu X, Xiao H, Gong X, et al. Theoretical studies on the vibrational spectra, thermodynamic

properties, detonation properties and pyrolysis mechanisms for polynitroadamantanes. J. Phys. Chem. A, 2005, 109: 11268-11274.

[161] Wei X, Xu J, Li H, et al. Comparative study of experiments and calculations on the polymorphisms of 2,4,6,8,10,12-hexanitro-2,4,6,8,10,12- hexaazaisowurtzitane (CL-20) precipitated by solvent/antisolvent method. J. Phys. Chem. C, 2016, 120: 5042-5051.

[162] Zhang C, Cao Y, Li H, et al. Toward low-sensitive and high-energetic cocrystal I: Evaluation of the power and the safety of observed energetic cocrystals. CrystEngComm, 2013, 15: 4003.

[163] Qiu L, Xiao H, Zhu W, et al. Ab initio and molecular dynamics studies of crystalline TNAD (trans-1,4,5,8-tetranitro-1,4,5,8-tetraazadecalin). J. Phys. Chem. B, 2006, 110: 10651-10661.

[164] Qiu L, Zhu W, Xiao J, et al. Molecular dynamics simulations of TNAD (trans-1,4,5,8-tetranitro-1,4,5,8-tetraazadecalin)-based PBXs. J. Phys. Chem. B, 2007, 111: 1559-1566.

[165] Qiu L, Zhu W, Xiao J, et al. Theoretical studies of solid bicyclo-HMX: Effects of hydrostatic pressure and temperature. J. Phys. Chem. B, 2008, 112: 3882-3893.

[166] Weiner J H. Statistical Mechanics of Elasticity. New York: Wiley, 1983.

[167] Swenson R J. Comments for viral systems for bounded systems. Am. J. Phys., 1983, 51: 940-942.

[168] Zhu W, Xiao J, Zhu W, et al. Molecular dynamics simulations of RDX and RDX-based plastic-bonded explosives. J. Hazard. Mater., 2009, 164: 1082-1088.

[169] Qiu L, Xiao H. Molecular dynamics study of binding energies, mechanical properties and detonation performances of bicyclo-HMX-based PBXs. J. Hazard. Mater., 2009, 164: 329-336.

[170] Xiao J, Wang W, Chen J, et al. Study on structures, sensitivity and mechanical properties of HMX and HMX-based PBXs with molecular dynamics simulation. Comput. Theor. Chem., 2012, 999: 21-27.

[171] Xu X, Xiao H, Xiao J, et al. Molecular dynamics simulations for pure ε-CL-20 and ε-CL-20-based PBXs. J. Phys. Chem. B, 2006, 110: 7203-7207.

[172] Zhang Z, Qian W, Lu H, et al. Polymorphism in a non-sensitive-high-energy material: Discovery of a new polymorph and crystal structure of 4,4′,5,5′-tetranitro-1H, 1′H-[2,2′-bi-imidazole]-1, 1′-diamine. Cryst. Growth Des., 2020, 20: 8005-8014.

[173] Brenner D W, Shendarova O A, Harrison J A, et al. A second-generation reactive emprical bond order (REBO) potential energy expression for hydrocarbons. J. Phys. Condens. Matter., 2002, 14: 783-802.

[174] van Duin A C T, Dasgupta S, Lorant F, et al. ReaxFF: A reactive force field for hydrocarbons. J. Phys. Chem. A, 2001, 105: 9396-9409.

[175] van Duin A C T, Merinov B V, Han S S, et al. ReaxFF reactive force field for the Y-doped BaZrO$_3$ proton conductor with applications to diffusion rates for multigranular systems. J. Phys. Chem. A, 2008, 112: 11414-11422.

[176] van Duin A C T, Bryantsev V S, Diallo M S, et al. Development and validation of a ReaxFF reactive force field for Cu cation/water interactions and copper metal/metal oxide/metal hydroxide condensed phases. J. Phys. Chem. A, 2010, 114: 9507-9514.

[177] Ye C, An Q, Goddard W A, et al. Initial decomposition reaction of di-tetrazine-tetroxide

(DTTO) from quantum molecular dynamics: Implications for a promising energetic material. J. Mater. Chem. A, 2015, 3: 1972-1978.

[178] Ye C, An Q, Cheng T, et al. Reaction mechanism from quantum molecular dynamics for the initial thermal decomposition of 2,4,6-triamino-1,3,5-triazine-1,3,5-trioxide (MTO) and 2,4, 6-trinitro-1, 3,5-triazine-1,3,5-trioxide (MTO3N), promising green energetic materials. J. Mater. Chem. A, 2015, 3: 12044-12050.

[179] Zhu W, Huang H, Huang H, et al. Initial chemical events in shocked octahydro-1,3,5, 7-tetranitro-1,3,5,7-tetrazocine: A new initiation decomposition mechanism. J. Chem. Phys., 2012, 136: 044516.

[180] Zhou T, Cheng T, Zybin S V, et al. Reaction mechanisms and sensitivity of silicon nitrocarbamate and related systems from quantum mechanics reaction dynamics. J. Mater. Chem. A, 2018, 6: 5082-5097.

[181] Zhou T, Zybin S V, Goddard W A, et al. Predicted detonation properties at the Chapman-Jouguet state for proposed energetic materials (MTO and MTO3N) from combined ReaxFF and quantum mechanics reactive dynamics. Phys. Chem. Chem. Phys., 2018, 20: 3953-3969.

[182] Naserifar S, Zybin S V, Ye C, et al. Prediction of structures and properties of 2,4,6-triamino-1,3,5-triazine-1,3,5-trioxide (MTO) and 2,4,6-trinitro-1,3,5-triazine-1,3,5-trioxide (MTO3N) green energetic materials from DFT and ReaxFF molecular modeling. J. Mater. Chem. A, 2016, 4: 1264.

[183] Guo D, Zybin S V, An Q, et al. Prediction of the Chapman-Jouguet chemical equilibrium state in a detonation wave from first principles based reactive molecular dynamics. Phys. Chem. Chem. Phys., 2016, 18: 2015-2022.

[184] Xue X, Wen Y, Zhang C. Early decay mechanism of shocked ε-CL-20: A molecular dynamics simulation study. J. Phys. Chem. C, 2016, 120: 21169-21177.

[185] He Z, Chen J, Ji G, et al. Dynamic responses and initial decomposition under shock loading: A DFTB calculation combined with MSST method for β-HMX with molecular vacancy. J. Phys. Chem. B, 2015, 119: 10673-10681.

[186] Jiang H, Jiao Q, Zhang C. Early events when heating 1,1-diamino-2,2-dinitroethylene: Self-consistent charge density-functional tight-binding molecular dynamics simulations. J. Phys. Chem. C, 2018, 122: 15125-15132.

[187] Wang J, Xiong Y, Li H, et al. Reversible hydrogen transfer as new sensitivity mechanism for energetic materials against external stimuli: A case of the insensitive 2,6-diamino-3,5-dinitropyrazine-1-oxide. J. Phys. Chem. C, 2018, 122: 1109-1118.

[188] Wu X, Liu Z, Zhu W. Coupling effect of high temperature and pressure on the decomposition mechanism of crystalline HMX. Energ. Mater. Front., 2020, 1: 90-94.

[189] Liu G, Xiong Y, Gou R, et al. Difference in the thermal stability of polymorphic organic crystals: A comparative study of the early events of the thermal decay of 2,4,6,8,10, 12-hexanitro-2,4, 6,8,10, 12-hexaazaisowurtzitane (CL-20) polymorphs under the volume constraint condition. J. Phys. Chem. C, 2019, 123: 16565-16576.

[190] Manner V W, Cawkwell M J, Kober E M, et al. Examining the chemical and structural

properties that influence the sensitivity of energetic nitrate esters. Chem. Sci., 2018, 9: 3649-3663.

[191] Liu L, Liu Y, Zybin S V, et al. ReaxFF-lg: Correction of the ReaxFF reactive force field for London dispersion, with applications to the equations of state for energetic materials. J. Phys. Chem. A, 2011, 115: 11016-11022.

[192] Katz G, Zybin S, Goddard W A, et al. Direct MD simulations of terahertz absorption and 2D spectroscopy applied to explosive crystals. J. Phys. Chem. Lett., 2015, 5: 772-776.

[193] Strachan A, van Duin A C T, Chakraborty D, et al. Shock waves in high-energy materials: The initial chemical events in nitramine RDX. Phys. Rev. Lett., 2003, 91: 098301.

[194] Zhang L, Zybin S V, van Duin A C T, et al. Carbon cluster formation during thermal decomposition of octahydro-1,3,5,7-tetranitro-1,3,5,7-tetrazocine and 1,3,5-Triamino-2,4,6-trin-itrobenzene high explosives from ReaxFF reactive molecular dynamics simulations. J. Phys. Chem. A, 2009, 113: 10619-10640.

[195] Zhou T, Liu L, Goddard W A, et al. ReaxFF reactive molecular dynamics on silicon pentaerythritol tetranitrate crystal validates the mechanism for the colossal sensitivity. Phys. Chem. Chem. Phys., 2014, 16: 23779-23791.

[196] Guo D, An Q, Zybin S, et al. The co-crystal of TNT/CL-20 leads to decreased sensitivity toward thermal decomposition from first principles based reactive molecular dynamics. J. Mater. Chem. A, 2015, 3: 5409.

[197] Zybin S V, Goddard W A, Xu P, et al. Physical mechanism of anisotropic sensitivity in pentaerythritol tetranitrate from compressive-shear reaction dynamics simulations. Appl. Phys. Lett., 2010, 96: 081918.

[198] An Q, Liu Y, Zybin S V, et al. Anisotropic shock sensitivity of cyclotrimethylene trinitramine (RDX) from compress-and-shear reactive dynamics. J. Phys. Chem. C, 2012, 116: 10198-10206.

[199] Zhou T, Zybin S V, Liu Y, et al. Anisotropic shock sensitivity for β-octahydro-1,3, 5,7-tetranitro-1,3,5,7-tetrazocine energetic material under compressive-shear loading from ReaxFF-lg reactive dynamics simulations. J. Appl. Phys., 2012, 111: 124904.

[200] Song H J, Zhou T, Huang F, et al. Microscopic physical and chemical responses of slip systems in the β-HMX single crystal under low pressure and long pulse loading. Acta Phys. Chim. Sin., 2014, 30: 2024-2034.

[201] Zhou T, Lou J, Song H, et al. Anisotropic shock sensitivity in a single crystal δ-cyclote-tramethylene tetranitramine: A reactive molecular dynamics study. Phys. Chem. Chem. Phys., 2015, 17: 7924-7935.

[202] Zhou T, Zhang Y, Lou J, et al. A reactive molecular dynamics study on the anisotropic sensitivity in single crystal α-cyclotetramethylene tetranitramine. RSC Adv., 2015, 5: 8609-8621.

[203] Zhou T, Song H, Huang F. The slip and anisotropy of TATB crystal under shock loading via molecular dynamics simulation. Acta Phys. Chim. Sin., 2017, 33: 949-959.

[204] Wen Y, Xue X, Zhou X, et al. Twin induced sensitivity enhancement of HMX versus shock: A

molecular reactive force field simulation. J. Phys. Chem. C, 2013, 117: 24368-24374.

[205] Xue X, Wen Y, Long X, et al. Influence of dislocations on the shock sensitivity of RDX: Molecular dynamics simulations by reactive force field. J. Phys. Chem. C, 2015, 119: 13735-13742.

[206] Deng C, Liu J, Xue X, et al. Coupling effect of shock, heat, and defect on the decay of energetic materials: A case of reactive molecular dynamics simulations on 1,3,5-trinitro-1,3, 5-triazinane. J. Phys. Chem. C, 2018, 122: 27875-27884.

[207] Zhong K, Xiong Y, Liu J, et al. Enhanced shockwave-absorption ability of the molecular disorder rooting for the reactivity elevation of energetic materials. Energ. Mater. Front., 2020, 1: 103-116.

[208] Deng C, Xue X, Chi Y, et al. Nature of the enhanced self-heating ability of imperfect energetic crystals relative to perfect ones. J. Phys. Chem. C, 2017, 121: 12101-12109.

[209] Wen Y, Zhang C, Xue X, et al. Cluster evolution during the early stages of heating explosives and its relationship to sensitivity: A comparative study of TATB, β-HMX and PETN by molecular reactive force field simulations. Phys. Chem. Chem. Phys., 2015, 17: 12013-12022.

[210] Zhang C, Wen Y, Xue X, et al. Sequential molecular dynamics simulations: A strategy for complex chemical reactions and a case study on the graphitization of cooked 1,3,5-triamino-2,4, 6-trinitrobenzene. J. Phys. Chem. C, 2016, 120: 25237-25245.

[211] Xue X, Ma Y, Zeng Q, et al. Initial decay mechanism of the heated CL-20/HMX cocrystal: A case of the cocrystal mediating the thermal stability of the two pure components. J. Phys. Chem. C, 2017, 121: 4899-4908.

[212] Zhong K, Xiong Y, Zhang C. Reactive molecular dynamics insight into the influence of volume filling degree on the thermal explosion of energetic materials and its origin. Energ. Mater. Front., 2020, 1: 201-215.

[213] Bartók A P, Payne M C, Kondor, R, et al. Gaussian approximation potentials: The accuracy of quantum mechanics, without the electrons. Phys. Rev. Lett., 2010, 104: 136403.

[214] Thompson A P, Swiler L P, Trott C R, et al. Spectral neighbor analysis method for automated generation of quantum-accurate interatomic potentials. J. Comput. Phys., 2015, 285: 316-330.

[215] Butler K T, Davies D W, Cartwright H, et al. Machine learning for molecular and materials science. Nature, 2018, 559: 547-555.

[216] Musil F, De S, Yang J, et al. Machine learning for the structure-energy-property landscapes of molecular crystals. Chem. Sci., 2018, 9: 1289-1300.

[217] Wang P, Fan J, Su Y, et al. Energetic potential of hexogen constructed by machine learning. Acta Phys. Sin., 2020, 69: 238702.

[218] Senftle T, Hong S, Islam M, et al. The ReaxFF reactive force-field: Development, applications and future directions. NPJ Comp. Mater., 2016, 2: 15011.

[219] Yoo P, Sakano M, Desai S, et al. Neural network reactive force field for C, H, N, and O systems. NPJ Comp. Mater., 2021, 7: 1-10.

[220] Zhang C, Xue X, Cao Y, et al. Intermolecular friction symbol derived from crystal information. CrystEngComm, 2013, 15: 6837-6844.

[221] Spackman M A, Byrom P A. Novel definition of a molecule in a crystal. Chem. Phys. Lett., 1997, 267: 215-220.

[222] Spackman M A, McKinnon J J. Fingerprinting intermolecular interactions in molecular crystals. CrystEngComm, 2002, 4: 378-392.

[223] McKinnon J J, Spackman M A, Mitchell A S. Novel tools for visualizing and exploring intermolecular interactions in molecular crystals. Acta Cryst. B, 2004, 60: 627-668.

[224] McKinnon J J, Jayatilaka D, Spackman M A. Towards quantitative analysis of intermolecular interactions with Hirshfeld surfaces. Chem. Commun., 2007, 37: 3814-3816.

[225] Spackman P R, Turner M J, McKinnon J J, et al. A program for Hirshfeld surface analysis, visualization and quantitative analysis of molecular crystals. J. Appl. Cryst., 54: 1006-1011

[226] Hirshfeld F L. Bonded-atom fragments for describing molecular charge densities. Theor. Chim. Acta., 1977, 44: 129-138.

[227] Cady H, Larson A. The crystal structure of 1,3,5-triamino-2,4,6-trinitrobenzene. Acta Cryst., 1965, 18: 485-496.

[228] Li S, Bu R, Gou R, et al. Hirshfeld surface method and its application in energetic crystals. Cryst. Growth Des., 2021, 21: 6619-6634.

[229] Eckhardt C, Gavezzotti A. Computer simulations and analysis of structural and energetic features of some crystalline energetic materials. J. Phys. Chem. B, 2007, 111: 3430-3437.

[230] Ma Y, Zhang A, Xue X, et al. Crystal packing of low-sensitivity and high-energy explosives. Cryst. Growth Des., 2014, 14: 4703-4713.

[231] Tian B, Xiong Y, Chen L, et al. Relationship between the crystal packing and impact sensitivity of energetic materials. CrystEngComm, 2018, 20: 837-848.

[232] Zhang C. Characteristics and enlightenment from the intermolecular interactions in energetic crystals. Chin. J. Energ. Mater., 2020, 28: 889-901.

[233] Zhang C, Wang X, Huang H. π-stacked interactions in explosive crystals: Buffers against external mechanical stimuli. J. Am. Chem. Soc., 2008, 130: 8359-8365.

[234] Ma Y, Zhang A, Xue X, et al. Crystal packing of impact sensitive high energetic explosives. Cryst. Growth Des., 2014, 14: 6101-6114.

[235] Zhang W, Zhang J, Deng M, et al. A promising high-energy-density material. Nat. Commun., 2017, 8: 181-187.

[236] Bolotina N, Kirschbaum K, Pinkerton A A. Energetic materials: α-NTO crystallizes as a fourcomponent Triclinic Twin. Acta Crystallogr., Sect. B: Struct. Sci., 2005, 61: 577-584.

[237] Gilardi R. Private Communication. 1999.

[238] Beal R W, Incarvito C D, Rhatigan B J, et al. X-Ray crystal structures of five nitrogen-bridged bifurazan compounds. Propellants, Explosives, Pyrotechnics, 2000, 25: 277-283.

[239] Holden J R, Dickinson C, Bock C M. Crystal structure of 2,4,6-trinitroaniline. J. Phys. Chem., 1972, 76: 3597-3602.

[240] Choi C S, Abel J E. The crystal structure of 1,3,5-trinitrobenzene by neutron diffraction. Acta Cryst. B, 1972, 28: 193-201.

[241] Guo F, Cheung E Y, Harris K D M, et al. Contrasting solid-state structures of trithiocyanuric

Acid and Cyanuric Acid. Cryst. Growth Des., 2006, 6: 846-848.

[242] Verschoor G C, Keulen E. Electron density distribution in cyanuric acid. I. An X-ray diffraction study at low temperature. Acta Cryst B., 1971, 27: 134-145.

[243] Krieger C, Fischer H, Neugebauer F A. 3,6-Diamino-1,2,4,5-Tetrazine: An example of strong intermolecular hydrogen bonding. Acta Cryst C., 1987, 43: 1320-1322.

[244] He X, Xing Y, Wei X, et al. High throughput scanning of dimer interactions facilitating to confirm molecular stacking mode: A case of 1,3,5-trinitrobenzene and its amino-derivatives. Phys. Chem. Chem. Phys., 2019, 21: 17868-17879.

[245] Jeffrey R D, Damon A P. Stabilization of nitro-aromatics. Propellants, Explosives, Pyrotechnics, 2015, 40: 506-513.

[246] Aleksei B S, Sergei E S, Vladimir S K, et al. Synthesis and X-Ray crystal structure of bis-3,3′(nitro-NNO-azoxy)-difurazanyl ether. Chem. Eur. J., 1998, 4: 1023-1026.

[247] Marcos A K, Konstantin K, Thomas M K, et al. 3,3′-bi(1,2,4-oxadiazoles) featuring the fluorodinitromethyl and trinitromethyl groups. Chem. Eur. J., 2014, 20: 7622-7631.

[248] Cady H H, Larson A C, Cromer D T. The crystal structure of benzotrifuroxan (hexanitrosobenzene). Acta Cryst., 1966, 20: 336-341.

[249] Desiraju G R, Steiner T. The Weak Hydrogen Bond in Structural Chemistry and Biology. New York: Oxford University Press, 1999.

[250] Jeffrey G A. An Introduction to Hydrogen Bonding. New York: Oxford University Press, 1997.

[251] Choi C S. Refinement of 2-nitroguanidine by neutron powder diffraction. Acta Cryst. B, 1981, 37: 1955-1957.

[252] Evers J, Klapötke T M, Mayer P, et al. α-and β-FOX-7, Polymorphs of a high energy density material, studied by X-ray single crystal and powder investigations in the temperature range from 200 to 423 K. Inorg. Chem., 2006, 45: 4996-5007

[253] Gilardi R D, Butcher R J. 2,6-diamino-3,5-dinitro-1,4-pyrazine 1-oxide. Acta Cryst. E, 2001, 57: 657-658.

[254] Bu R, Xiong Y, Wei X, et al. Hydrogen bonding in CHON-containing energetic crystals: A review. Cryst. Growth Des., 2019, 19: 5981-5997.

[255] Landenberger K B, Bolton O, Matzger A J. Energetic-energetic cocrystals of diacetone dieroxide(DADP): Dramatic and divergent sensitivity modification via cocrystallization. J. Am. Chem. Soc., 2015, 137: 5074-5079.

[256] James R H, Charles D. The crystal structure of 1,3-dichloro-2,4,6-trinitrobenzene. J. Phys. Chem., 1967, 71: 1129-1131.

[257] Akopyan Z A, Struchkov Y T, Dashevii V G. Crystal and molecule structure of hexanitrobezene. J. Struct. Chem., 1966, 7: 385-392.

[258] Nielsen A T, Chafin A P, Christian S L, et al. Synthesis of polyazapolycyclic caged polynitramines. Tetrahedron, 1998, 54: 11793-11812.

[259] Bu R, Li H, Zhang C. Polymorphic transition in traditional energetic materials: Influencing factors and effects on structure, property and performance. Cryst. Growth Des., 2020, 20: 3561-3576.

[260] Liu G, Li H, Gou R, et al. Packing structures of CL-20-based cocrystals. Cryst. Growth Des., 2018, 18: 7065-7078.

[261] Zhang C, Jiao F, Li H. Crystal engineering for creating low sensitivity and highly energetic materials. Cryst. Growth Des., 2018, 18: 5713-5726.

[262] Liu G, Tian B, Wei S, et al. Polymorph-dependent initial thermal decay mechanism of energetic materials: A case of 1,3,5,7-tetranitro-1,3,5,7-tetrazocane (HMX). J. Phys. Chem. C, 2021, 125: 10057-10067.

[263] Mckinnon J, Fabbiani F, Spackman M. Comparison of polymorphic molecular crystal structures through Hirshfeld surface analysis. Cryst. Growth Des., 2007, 7: 755-769.

[264] Millar D, Maynard-Casely H, Kleppe A, et al. Putting the squeeze on energetic materials-structural characterisation of a high-pressure phase of CL-20. CrystEngComm, 2010, 12: 2524-2427.

[265] Bolton O, Matzger A J. Improved stability and smart-material functionality realized in an energetic cocrystal. Angew. Chem. Int. Ed., 2011, 50: 8960-8963.

[266] Bolton O, Simke L, Pagoria P, et al. High power explosive with good sensitivity: A 2:1 cocrystal of CL-20: HMX. Cryst. Growth Des., 2012, 12: 4311-4314.

[267] Yang Z, Li H, Zhou X, et al. Characterization and properties of a novel energetic-energetic cocrystal explosive composed of HNIW and BTF. Cryst. Growth Des., 2012, 12: 5155-5158.

[268] Zhang C, Xue X, Cao Y, et al. Toward low-sensitive and high-energetic co-crystal II: Structural, electronic and energetic features of CL-20 polymorphs and the observed CL-20-based energetic-energetic co-crystals. CrystEngComm, 2014, 16: 5905-5916.

[269] Wei X, Zhang A, Ma Y, et al. Toward low-sensitive and high-energetic cocrystal III: Thermodynamics of energetic-energetic cocrystal formation. CrystEngComm, 2015, 17: 9034-9047.

[270] Liu G, Wei S, Zhang C. Review of the intermolecular interactions in energetic molecular cocrystals. Cryst. Growth Des., 2020, 20: 7065-7079.

[271] Bu R, Jiao F, Liu G, et al. Categorizing and understanding energetic crystals. Cryst. Growth Des., 2020, 21: 3-15.

[272] Ma Y, He X, Meng L, et al. Ionization and separation as a strategy for significantly enhancing the thermal stability of an instable system: A case for hydroxylamine-based salts relative to that pure hydroxylamine. Phys. Chem. Chem. Phys., 2017, 19: 30933-30944.

[273] Lu Z, Xiong Y, Xue X, et al. Unusual protonation of the hydroxylammonium cation leading to the low thermal stability of hydroxylammonium-based salts. J. Phys. Chem. C, 2017, 121: 27874-27885.

[274] Klapötke T, Mayr N, Stierstorfer J, et al. Maximum compaction of ionic organic explosives: Bis (Hydroxylammonium) 5,5′-dinitromethyl-3,3′-bis (1,2,4-oxadiazolate) and its derivatives. Chem. Eur. J., 2014, 20: 1410-1417.

[275] Fischer N, Gao L, Klapötke T, et al. Energetic salts of 5,5′-bis (tetrazole-2-oxide) in a comparison to 5,5′-bis (tetrazole-1-oxide) derivatives. Polyhedron, 2013, 51: 201-210.

[276] Dippold A, Klapötke T. A study of dinitro-bis-1,2,4-triazole-1,1′-diol and derivatives: Design of

high-performance insensitive energetic materials by the introduction of N-oxides. J. Am. Chem. Soc., 2013, 135: 9931-9938.

[277] Fischer N, Fischer D, Klapötke T, et al. Pushing the limits of energetic materials-the synthesis and characterization of dihydroxylammonium 5,5′-bistetrazole-1,1′-diolate. J. Mater. Chem., 2012, 22: 20418-20422.

[278] Zhang J, Mitchell L, Parrish D, et al. Enforced layer-by-layer stacking of energetic salts towards high-performance insensitive energetic materials. J. Am. Chem. Soc., 2015, 137: 10532-10535.

[279] Fischer D, Klapötke T, Reymann M, et al. Dense energetic nitraminofurazanes. Chem. Eur. J., 2014, 20: 6401-6411.

[280] Meng L, Lu Z, Ma Y, et al. Enhanced intermolecular hydrogen bonds facilitating the highly dense packing of energetic hydroxylammonium salts. Cryst. Growth Des., 2016, 16: 7231-7239.

[281] Huang W, Tang Y, Imler G H, et al. Nitrogen-rich tetrazolo[1,5-*b*] pyridazine: Promising building block for advanced energetic materials. J. Am. Chem. Soc., 2020, 142: 3652-3657.

[282] Hu L, Gao H, Shreeve J M. Challenging the limits of nitrogen and oxygen content of fused rings. J. Mater. Chem. A, 2020, 8: 17411-17414.

[283] Li X, Sun Q, Lin Q, et al. [N—N═N—N]-linked fused triazoles with π-stacking and hydrogen bonds: Towards thermally stable, insensitive, and highly energetic materials. Chem. Eng. J., 2021, 406: 126817.

[284] Lai Q, Fei T, Yin P, et al. 1,2,3-triazole with linear and branched catenated nitrogen chains-the role of regiochemistry in energetic materials. Chem. Eng. J., 2021, 410: 128148.

[285] Yin Z, Huang W, Chinnam A K, et al. Bilateral modification of FOX-7 towards an enhanced energetic compound with promising performances. Chem. Eng. J., 2021, 415: 128990.

[286] Hu L, Staples R J, Shreeve J M. Energetic compounds based on a new fused triazolo[4,5-d] pyridazine ring: Bitroimino lights up energetic performance. Chem. Eng. J., 2021, 420: 129839.

[287] Zhao G, Yin P, Staples R, et al. One-step synthesis to an insensitive explosive: N, N′-bis（（1H-tetrazol-5-yl）methyl）nitramide（BTMNA）. Chem. Eng. J., 2021, 412: 128697.

[288] Sun Q, Ding N, Zhao C, et al. Positional isomerism for strengthening intermolecular interactions: Toward monocyclic nitramino oxadiazoles with enhanced densities and energies. Chem. Eng. J., 2022, 427: 130912.

[289] Zhang J, Hooper J P, Zhang J, et al. Well-balanced energetic cocrystals of H_5IO_6/HIO_3 achieved by a small acid-base gap. Chem. Eng. J., 2021, 405: 126623.

[290] Feng S, Yin P, He C, et al. Tunable dimroth rearrangement of versatile 1,2,3-triazoles towards high-performance energetic materials. J. Mater. Chem. A, 2021, 9: 12291-12298.

[291] Hehre W J, Lathan W A, Ditchfield R, et al. Gaussian 70. Quantum chemistry program exchange, Program No. 237: 1970.

[292] Binkley J S, Whiteside R A, Hariharan P C, et al. Gaussian 76. Carnegie-Mellon University, Pittsburgh, PA, 1976.

[293] Binkley J S, Whiteside R.A, Krishnan R, et al. Gaussian 80. Carnegie-Mellon Quantum Chemistry Publishing Unit, Pittsburgh, PA, 1980.

[294] Binkley J S, Frisch M J, Defrees D J, et al. Gaussian 82. Carnegie-Mellon Quantum Chemistry

Publishing Unit, Pittsburgh, PA, 1982.

[295] Frisch M J, Binkley J S, Schlegel H B, et al. Gaussian 86. Gaussian Inc, Pittsburgh PA, 1986.

[296] Frisch M J, Head-Gordon M, Schlegel H B, et al. Gaussian 88. Gaussian Inc, Pittsburgh PA, 1988.

[297] Frisch M J, Head-Gordon M, Trucks G W, et al. Gaussian 90. Gaussian Inc, Pittsburgh PA, 1990.

[298] Frisch M J, Trucks G W, Head-Gordon M, et al. Gaussian 92. Gaussian Inc, Pittsburgh PA, 1992.

[299] Frisch M J, Trucks G W, Schlegel H B, et al. Gaussian 92/DFT. Gaussian Inc, Pittsburgh PA, 1993.

[300] Frisch M J, Trucks G W, Schlegel H B, et al. Gaussian 94. Gaussian Inc, Pittsburgh PA, 1995.

[301] Frisch M J, Trucks G W, Schlegel H B, et al. Gaussian 98. Gaussian Inc, Pittsburgh PA, 1998.

[302] Frisch M J, Trucks G W, Schlegel H B, et al. Gaussian 03. Gaussian Inc, Wallingford CT, 2003.

[303] Frisch M J, Trucks G W, Schlegel H B, et al. Gaussian 09. Gaussian Inc, Wallingford CT, 2009.

[304] Frisch M J, Trucks G W, Schlegel H B, et al. Gaussian 16. Gaussian Inc, Wallingford CT, 2016.

[305] Dennington II R D, Keith T A, Millam J M. GaussView, Version 6.1. Semichem Inc, Shawnee Mission, KS, 2016.

[306] Lu T, Chen F. Multiwfn: A multifunctional wavefunction analyzer. J. Comput. Chem., 2012, 33: 580-592.

[307] Yin P, Zhang J, Imler G H, et al. Polynitro-functionalized dipyrazolo-1,3,5-triazinanes: Energetic polycyclization toward high density and excellent molecular stability. Angew. Chem. Int. Ed., 2017, 56: 8834-8838.

[308] Liu L, Liu P, Hu S, et al. Ab initio calculations of the N—N bond dissociation for the gas-phase RDX and HMX. Sci. Rep., 2017, 7: 40630.

[309] Jeong K. New theoretically predicted RDX-and-β-HMX-based high-energy-density molecules. Int. J. Quantum Chem., 2018, 118: 22528.

[310] Kresse G, Furthmüller J. Efficiency of ab-initio total energy calculations for metals and semiconductors using a plane-wave basis set. Comput. Mater. Sci., 1996, 6: 15-50.

[311] Accelrys. Materials Studio. Dassault Systèmes，San Diego, 2020.

[312] Clark S J, Segall M D, Pickard C J, et al. First principles methods using CASTEP. Zeitschrift für Kristallographie-Crystalline Materials. 2005, 220: 567-570.

[313] Zhu S, Qin H, Zeng W, et al. A comparative study of the vibrational and thermodynamic properties of α-RDX and γ-RDX under ambient conditions. Journal of Molecular Modeling, 2019, 25: 182.

[314] Wu Q, Chen H, Xiong G, et al. Decomposition of a 1,3,5-triamino-2,4,6-trinitrobenzene crystal at decomposition temperature coupled with different pressures: An ab initio molecular dynamics study. The Journal of Physical Chemistry C, 2015, 119: 16500-16506.

[315] Liu H, Zhao J, Ji G, et al. Vibrational properties of molecule and crystal of TATB: A comparative density functional study. Physics Letters A, 2006, 358: 63-69.

[316] Hou C, Zhang Y, Chen Y, et al. Fabrication of ultra-fine TATB/HMX cocrystal using a

compound solvent. Propellants, Explosives, Pyrotechnics, 2018, 43: 916-922.

[317] Aradi B, Hourahine B, Frauenheim T. DFTB$^+$, a sparse matrix-based implementation of the DFTB method. J. Phys. Chem. A, 2007, 111: 5678-5684.

[318] Hourahine B, Aradi B, Blum V, et al. DFTB$^+$, a software package for efficient approximate density functional theory based atomistic simulations. J. Chem. Phys., 2020, 152: 124101.

[319] Kühne T D, Iannuzzi M, Del Ben M, et al. CP2K: An electronic structure and molecular dynamics software package-quickstep: efficient and accurate electronic structure calculations. J. Chem. Phys., 2020, 152: 194103.

[320] Plimpton S. Fast parallel algorithms for short-range molecular dynamics. J. Comput. Phys., 1995, 117: 1-19.

[321] Thompson A P, Aktulga H M, Berger R, et al. LAMMPS-a flexible simulation tool for particle-based materials modeling at the atomic, meso, and continuum scales. Comput. Phys. Commun., 2022, 271: 108171.

[322] Srivastava I, Silvert L E, Lechman J B, et al. Flow and arrest in stressed granular materials. Soft Matter., 2022, 18: 735-743.

[323] An Q, Zybin S V, Goddard III W A, et al. Elucidation of the dynamics for hot-spot initiation at nonuniform interfaces of highly shocked materials. Phys. Rev. B, 2011, 84: 220101.

[324] Zhong K, Niu L, Li G, et al. Crack mechanism of Al@Al$_2$O$_3$ nanoparticles in hot energetic materials. J. Phys. Chem. C, 2021, 125: 2770-2778.

[325] Liu J, Zeng Q, Zhang Y, et al. Limited-sample coarse-grained strategy and its applications to molecular crystals: Elastic property prediction and nanoindentation simulations of 1,3, 5-trinitro-1,3,5-triazinane. J. Phys. Chem. C, 2016, 120: 15198-15208.

第 4 章

含能分子和

含能单组分分子晶体

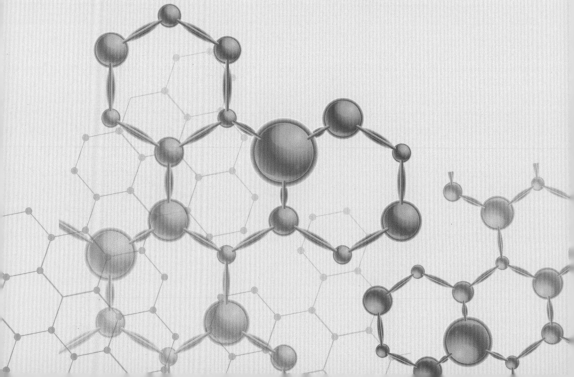

4.1　引言

本章介绍含能单组分分子晶体的本征结构，包括分子结构和晶体堆积结构。绝大多数获得实际应用的含能化合物都属于分子晶体，如苦味酸、TNT、PETN、TATB、RDX 和 HMX，这些化合物几乎都含有硝基。同时，大量氮杂环化合物的成功合成，极大地丰富了含能化合物家族成员；当然，它们大多也含有硝基。与苦味酸和 TNT 类似，这些氮杂环化合物也是由 C、H、N 和 O 原子组成的，因此也被视作传统含能化合物(traditional energetic compound)。对于含能全氮体系(full nitrogen system)，它们有一部分属于分子晶体，且绝大多数含能全氮分子仍然停留在理论研究阶段，实验上已成功合成了 N_3^-、N_5^+ 和 N_5^- 这些含能全氮离子，不过，它们不属于通常意义上的全氮体系，因为会与其他离子一起存在于化合物中形成含能离子晶体。聚合氮是另一类全氮体系，属于原子晶体，可看作是一个特别巨大的分子。因此，获取全氮分子晶体还有很长的路要走。此外，相当一部分的含能共晶(energetic cocrystal)也是分子晶体，相对于单组分分子晶体而言，它们拥有两个及两个以上的组分，由于含能分子共晶的数据较多，将在第 7 章单独介绍。含能分子晶体由分子组成，它们间的相互作用为弱分子间相互作用，包括范德瓦耳斯作用和静电力，大大弱于原子晶体中原子间的共价键作用。根据所处化学环境的不同，这些弱相互作用还可细分为氢键(HB)、卤键(XB)和 π-堆积作用。总之，含能分子晶体在已应用含能化合物中数量最多，也是研发可用含能化合物关注的焦点。

4.2　传统含能分子晶体

对于传统含能化合物，目前并无明确定义。一般来说，它被认为是一种由 C、H、N 和 O 原子组成的，具有与有机分子一样结构的含能中性化合物。而新型含能化合物，在元素组成上，除了 C、H、N 和 O 之外还可含有其他元素，或在晶体类别上，不属于分子晶体。本节中，我们讨论含能硝基化合物、含能共轭氮杂环化合物和含能有机叠氮化合物(energetic organic azide)这三类传统含能化合物的本征结构。注意，这种分类方式在科学上并不严格，会出现部分重叠的情况，比如部分氮杂环化合物和有机叠氮化合物也含有硝基。除此之外，本节还将从热稳定性和撞击感度的角度对化合物进行讨论。

4.2.1 含能硝基化合物

传统上，含能硝基化合物常根据其硝基所在官能团分为 C—NO$_2$、N—NO$_2$ 和 O—NO$_2$ 三类，下面将介绍一些典型的含能硝基化合物。

硝基苯化合物在含能材料领域具有关键性地位。事实上，从现代炸药的始祖到目前使用的含能化合物，硝基苯化合物一直扮演着至关重要的角色。图 4.1 展示了一些典型硝基苯化合物的本征结构，即它们的分子和晶体结构[1-8]。其中，苦味酸是现代炸药的始祖，TATB 和 TNT 则早在 19 世纪就被成功合成(图 1.4)。由于苯环是一个共轭结构，具有强的供电子能力，可将足够的电子转移到硝基基团上，所以 C—NO$_2$ 化合物具有很好的稳定性。这里的 C—NO$_2$ 键也可以表示为 Ar—NO$_2$ 键，其中 Ar 表示芳香环。HNB 在硝基苯化合物中能量最高，尽管 HNB 苯环上提供的电子为六个硝基所共享，其分子稳定性也非常好，DSC 分解峰值温度甚至超过 473 K，但是，HNB 易于水解(hydrois)，因而环境适应性差，实际应用受到了限制。

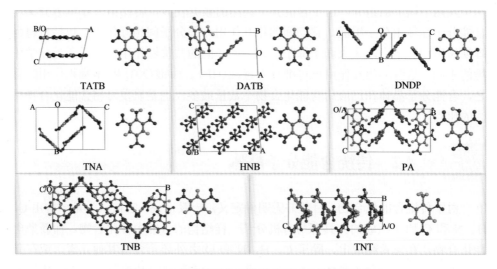

图 4.1   一些硝基苯化合物的分子和晶体堆积结构

TATB 具有非常高的耐热性，对撞击、冲击波、摩擦、电火花等刺激也都十分钝感，它是目前唯一一个得到美国能源部认可的钝感高能炸药，在钝感炸药中极具代表性。从分子结构上看，TATB 的所有非氢原子都位于同一平面上，并形成共轭结构，其中还有强分子内氢键；从晶体堆积结构上看，TATB 分子平行堆积，即所谓的面对面 π-π 堆积或平面层状堆积。这是一种最容易发生剪切滑移的堆积模式,有助于低感甚至钝感[9-15]。此外,分子间氢键分布密集,使得 TATB 分子在晶体中的堆积非常紧密,因此,其堆积系数和晶体堆积密度高于一些同其结构类似的化合物,如 DATB、TNA 和 TNB。由于晶体堆积密度与爆轰特性密切相关,所以这也是导致 TATB 在这几种化合物中能量最高的部分原因。换而言之,在这几种结构类似的化合物中,TATB 不仅感度最低,能量还最高,是一个能量-安全性矛盾得到缓解的典型例子[11]。此外,在最早的 TATB 热致反应中,相比于常见的硝基离去反应,分子内氢转移(intramolecular hydrogen transfer)更容易发生。此氢转移过程具有可逆性,此时,一部分外部刺激可转化为化学能而临时储存在分子中,在刺激卸载时能量便随之释放,因此,可逆氢转移可通过可逆化学反应的方式缓冲外部刺激,有利于低感[16]。总之,与大多数传统含能化合物相比,TATB 对多种刺激表现出更加不敏感的特性。的确,TATB 是一个非常有趣的含能化合物,也是钝感含能化合物中最受欢迎的代表。

硝基苯化合物是探索含能化合物组成-结构-性能间关系的典例。在图 4.1 所示的八种硝基苯化合物中,HNB 具有最高的堆积密度和最高的能量,因为它不含对增加密度不利的 CH 基团,HNB 还具有优异的零氧平衡组成(假设 C 的平衡产物是 CO_2)。由于相邻硝基的排斥效应,HNB 所有硝基都偏离其苯环平面,整个分子结构如同一个滚轮。相比之下,其他硝基苯分子如 TATB、DATB、TNA 和 TNB 都是平面的,它们的苯环上没有出现这种硝基相邻的情况,无分子内排斥效应,因此,它们的分子稳定性都比 HNB 高。

为进一步探索滑移特性,对 TATB 和 HNB 进行了滑移势垒(sliding barrier)计算,结果分别为 125 kJ/mol 和 1380 kJ/mol(当然,这样高的值是不可能的,只是表明滑移受限而已)[17]。这两种化合物在滑移势垒上的巨大差异导致了明显不同的结果:TATB 的滑移势垒(121 kJ/mol)远低于其键解离能(320 kJ/mol),表明 TATB 可发生滑移,且不会破坏分子的完整性;而 HNB 的滑移势垒(1380 kJ/mol)显著高于其键解离能(230 kJ/mol),所以 HNB 滑移明显受到抑制。除图 4.1 已讨论的六种物质外,还有许多感度介于 HNB 和 TATB 之间的硝基苯化合物。这些化合物数量较多,实验结构性质数据丰富,为我们探索含能材料本征结构-性能间的关系奠定了坚实基础,有利于进一步加快新型含能分子的设计。

另一种 C—NO_2 化合物是链烃的硝基取代物[18-23]。硝基甲烷(CH_3NO_2)就是其中一种,也是最简单的原型含能化合物。因此,人们已经对硝基甲烷开展了大量理论与实验研究,为研究更复杂化合物的性质和机理提供了参考。在这些链烃的硝基取代物中,硝仿(nitroform)具有高的正氧平衡和高感特性,因而用作氧化剂或起爆药。然而,同属这一类化合物的 FOX-7(图 4.2)却具有较低的感度。这是因为 FOX-7 的硝基与电子供体(乙烯基)相连,增强了分子稳定性,这种情况与硝基苯化合物更为类似,反而不像链烃。FOX-7 是最近合成的一种罕见的低感高能化合物,其低感特性不仅同较高的分子稳定性有关外，还与其在热或压力所致的晶型转变有关，其晶型转变的结果是形成了易于剪切滑移的平面层状堆积结构[9,24]。

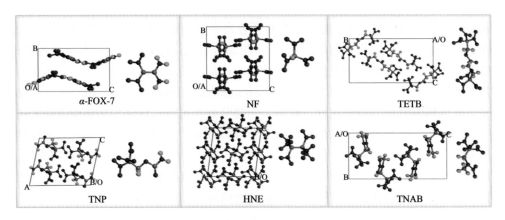

图4.2 一些链烃硝基衍生物的分子和晶体堆积结构

图4.3所示的硝胺化合物(nitramine)也是一组重要的含能化合物[25-30]。例如，HMX和RDX是自第二次世界大战以来应用最广泛的两种硝胺化合物，CL-20则是迄今为止威力最大且已商业化的炸药。这三种硝胺化合物的N—NO$_2$键的强度较弱，易发生断裂，因此它们分子的稳定性通常不如TATB和DATB等硝基苯化合物。此外，HMX、RDX和CL-20是非平面氮杂环化合物，与具有平面结构的共轭氮杂环状化合物有很大的不同。NQ分子十分有趣，它具有平面的分子结构，整个分子中的非氢原子形成了一个共轭结构，与TATB一样对撞击钝感。然而，NQ的低感机制至今仍然还不清晰。毕竟其热稳定性一般，π-π堆积模式为交叉型，并不是常见的有利于低感的平面层状堆积模式，从这两点出发都难以解释其低感的原因。

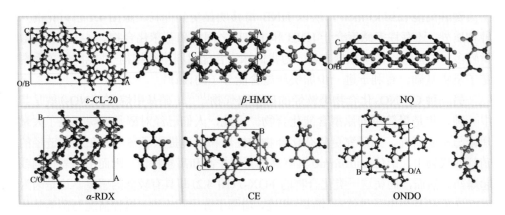

图4.3 一些硝胺化合物的分子和晶体堆积结构

还有一组硝酸酯化合物[31-34]，如图 4.4 所示，这些化合物皆有 O—NO$_2$ 官能团。由于氧原子和硝基都具有强电负性或接受电子的能力，故 O—NO$_2$ 键很弱，硝酸酯化合物的稳定性很低。这也是硝酸酯化合物(如 PETN)常被用作起爆药的原因之一。与此同时，O—NO$_2$ 官能团还有利于增加氧平衡，所以这些化合物(如 NG)也常在推进剂和烟火剂配方中用作氧化剂。硝酸酯化合物在组成和性能等许多方面都与硝仿类化合物十分类似。

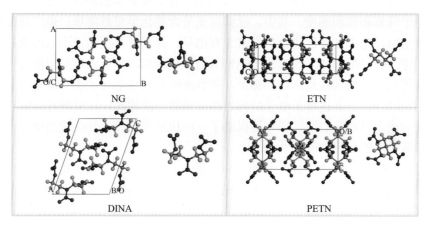

图 4.4　一些硝酸酯化合物的分子和晶体堆积结构

　　对于常见的硝基化合物，C—NO$_2$、N—NO$_2$ 和 O—NO$_2$ 的分子稳定性依次降低，感度依次增高。在分子水平上，分子稳定性是感度的决定性因素，即化学反应性决定其感度。最近，我们总结了许多有关分子稳定性与感度间关系的研究结果[35]，其中，触发机制是一种广为认可的便于理解感度的机制。电子结构-分子稳定性间关系较为容易建立，这是因为量化计算擅长于提供详细的电子结构信息，所以量化计算在理解感度机制方面发挥了重要作用，并为建立不同硝基化合物的分子结构与感度间关系奠定了基础。一般来说，分子的电子结构包括电子密度、电荷、静电势、键级、电负性和分子轨道，这些参数在原理上相互关联，即从电子密度就可推断出其他电子结构参数。对于硝基化合物，其引发键上的电子密度越高，键就越强，分子稳定性越高，感度越低[36-40]。C—NO$_2$、N—NO$_2$ 和 O—NO$_2$ 键的电子密度依次降低，所以键的稳定性依次下降。此外，引发键关联的原子或基团上的电荷也可以作为关联感度大小的指标。以引发键 R—NO$_2$ 为例，硝基的基团电荷(Q_{NO_2})与撞击感度相关，Q_{NO_2} 越负，撞击感度越低[41-47]。事实上，C—NO$_2$、N—NO$_2$ 和 O—NO$_2$ 化合物所带的负 Q_{NO_2} 通常依次减小，甚至从负变为正，意味着分子稳定性在逐步下降。

Politzer 和 Rice 等构建了许多静电势–感度间关系的模型[48-56]，应用静电势判据的方法时，需要先把含能分子按照引发键的类型分组，如 C—NO₂、N—NO₂ 和 O—NO₂，然后进行感度预测。此外，电负性表征分子吸引电子能力的大小，同样可作为分子稳定性的指标并与感度相关联[57]。因 C—NO₂、N—NO₂ 和 O—NO₂ 官能团的电负性依次增加，对应化合物的撞击感度依次升高。

含能分子的反应性很大程度上决定了含能材料的点火能力，这是建立分子反应性–感度间关系模型的基础。例如，反应活化能、键解离能和分子分解速率常数都常用于理解和预测感度，其中，键解离能是含能化学里最简单、最广泛使用的反应性指标。考虑到含能化合物通常含有硝基，其键解离能通常表示解离硝基所需的能量。C—NO₂、N—NO₂ 和 O—NO₂ 键解离能依次降低，对应含能分子稳定性依次降低，感度依次增加。实际上，键解离能和反应活化能也与静电火花感度高低相关[58,59]。与上述基于电子结构的感度预测方法相比，计算键解离能和反应活化能的成本更高。目前，已相继报道了一些快速预测反应活化能的模型，有效缩短了活化能的计算时间[60-62]。

总之，C—NO₂、N—NO₂ 和 O—NO₂ 键强度依次降低，相关化合物的分子稳定性降低，感度升高。我们可基于此规律，根据不同的感度要求设计相应的硝基化合物。

4.2.2 含能共轭氮杂环化合物

本节介绍一些含能氮杂环共轭化合物的分子结构和晶体堆积结构。由于 N 原子与 CH 基团是等电子的，所以当用 N 原子取代 CH 基团后，不仅能显著增加分子密度和氧平衡(OB)，也有利于爆轰性能的提升。因此，这种取代在设计新的含能分子时很受欢迎。

(1)呋咱和氧化呋咱类化合物。图 4.5 展示了一些呋咱和氧化呋咱化合物的本征结构[63-68]。据笔者所知，俄罗斯科学院泽林斯基有机化学研究所在过去几十年可能合成了数量最多的呋咱和氧化呋咱化合物。这些化合物大多都是通过直接连接或桥接呋咱环和氧化呋咱环而得到的。这也是设计呋咱与氧化呋咱类分子的一种重要方法。如图 4.6～图 4.8，笔者设计了一系列的呋咱和氧化呋咱分子，并预测了它们作为含能化合物的主要性质[69]。基于计算结果，笔者发现呋咱以及氧化呋咱的晶体堆积密度(d_c)、爆热(Q_d)、爆速(v_d)和爆压(P_d)、比冲(SI)以及感度普遍都比较高[69]。因此，它们是设计和合成高能量材料中应当重点考虑的对象。此外，还发现没有必要通过增加分子尺寸的方式来提高爆轰性能。

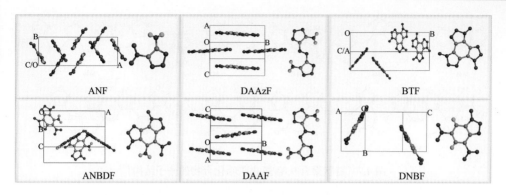

图 4.5　一些呋咱和氧化呋咱化合物的分子和晶体堆积结构

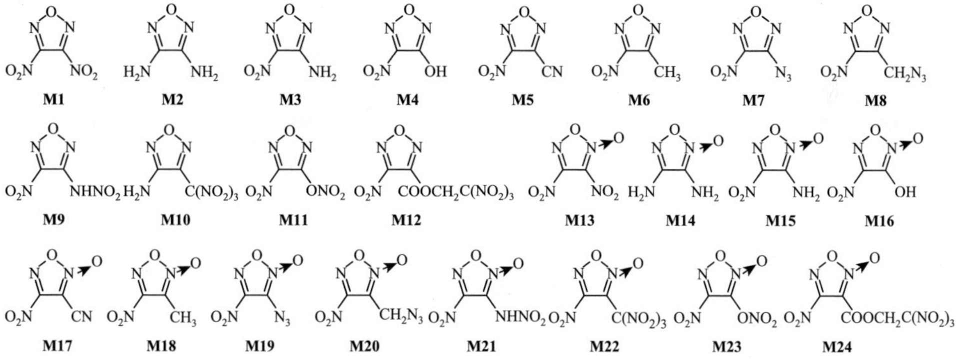

图 4.6　硝基单呋咱和硝基单氧化呋咱化合物的分子结构[69]

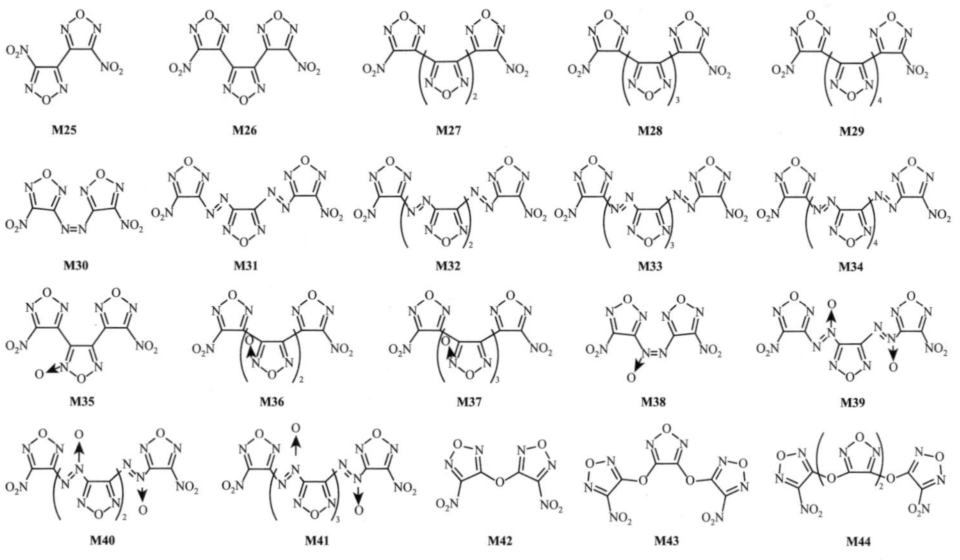

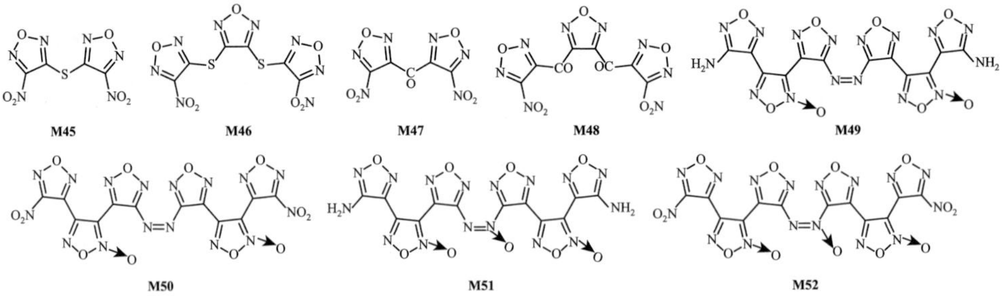

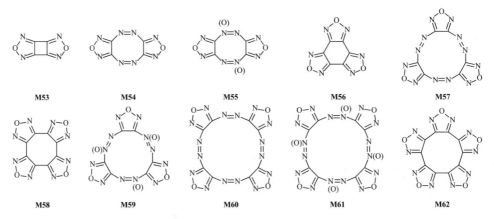

图 4.7　链状聚合呋咱/氧化呋咱化合物的分子结构[69]

图 4.8　环状聚合呋咱/氧化呋咱化合物的分子结构[69]

　　虽然呋咱和氧化呋咱基团的能量高于硝基，呋咱环的能量也比其他五元环异构体更高，但这两类化合物都对冲击和撞击高度敏感，所以难以投入实际使用，不过，这种高感特性反而使它们可用作起爆药，BTF 便是其中一个著名的例子。其次，大多数呋咱和氧化呋咱化合物都不含氢原子，晶体中无分子间氢键，分子间相互作用较弱，这也是它们中的一些化合物熔点低的原因，一般可用作熔融炸药。此外，研究还表明一些呋咱和氧化呋咱化合物具有极高的能量，如 3,4-二硝基氧化呋咱的预测爆速高达 10000 m/s 以上，但可惜的是，该化合物与上述提到的 HNB[5] 相同，非常敏感以至于无法投入实际应用。大多数呋咱和氧化呋咱化合物的稳定性都很低，难以作为主炸药应用。看起来，含能材料能量与安全性间的矛盾[11,12]几乎无处不在。

　　因为氨基是强供电子基团，所以在呋咱环上引入氨基可显著提高分子的稳定性，DAAF 和 DAAzF 就是例证。尽管 DAAF 和 DAAzF 的密度较低（1.747 g/cm^3 和 1.728 g/cm^3），爆轰特性不高[64,67]，但这两种含能化合物对撞击非常不敏感，撞击感度接近于 TATB，这与它们的高分子稳定性和面对面 π-π 分子堆积模式有关。

此外，经实验测定发现，DAAzF 可对短脉冲做出快速响应，再加上其对热和机械刺激不敏感的特性，DAAzF 是一种极具潜力的高安全性的传爆药。

（2）唑类化合物。唑类化合物也广泛分布于含能化合物中，目前含有一至五个 N 原子的唑环化合物都已被成功合成。其中，五唑环作为一种在常温常压下能够稳定存在的单独全氮片段，合成的历史最为久远[70-72]。唑环的氮含量越高，生成热就越高，但分子稳定性会降低。图 4.9[73-78]显示了一些简单唑类化合物的分子和晶体堆积结构，它们普遍拥有平面分子结构故而稳定性良好。然而这些化合物中的 H 原子若与环中的 N 原子连接时会表现出一定的酸性，从而降低分子稳定性，限制其应用。例如 NTO 具有一定的酸性，这有助于其与一些强碱发生成盐反应，用作起爆药。除此之外，酸度也会降低这些化合物与其他物质的相容性，限制其应用。

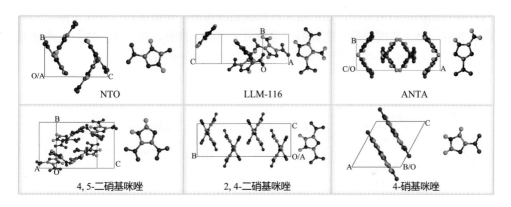

图 4.9　一些唑类化合物的分子和晶体堆积结构

大部分含能离子盐都是基于唑环合成的。Gao 等对基于唑类结构的含能离子化合物进行了综述，其骨架结构如图 4.10 所示[79]。此综述发表于五唑阴离子成功合成之前，所以五唑阴离子没有包括在图 4.10 中。研究表明，中性的五唑分子非常不稳定，在通常条件下几乎不可能稳定存在。而不少基于唑类的含能离子盐性能表现优异，爆速预计可大于 8500 m/s，跌落能测量值大于 7 J，综合性能优于 RDX 这一基准化合物。这表明，可通过设计合成结构性能明确的中性分子及其阳离子或阴离子来提高含能离子化合物的性能，甚至取代传统的含能化合物[79]。然而，对于中性唑类化合物，特别是中性富氮唑类化合物，它们通常热稳定性较低，感度较高。此外，由于堆积系数低，它们的密度并没有预期的那么高，所以爆轰性能也不佳。因此，含能唑类化合物在实际应用中明显要少于硝基苯化合物和硝胺化合物。

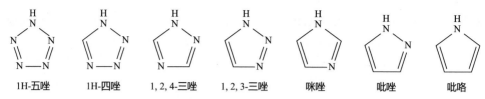

1H-五唑　　　　1H-四唑　　　1, 2, 4-三唑　　1, 2, 3-三唑　　　咪唑　　　　　吡唑　　　　　吡咯

图 4.10　未取代的中性唑类化合物的结构式

（3）嗪类化合物。嗪类化合物也是一类重要的、具有较高生成热的含能化合物。最近，含有超高能量的嗪类化合物 TTTO 被成功合成[80]，但作为一种苯的溶剂化物，TTTO 易发生水解。图 4.11 展示了 6 种代表性的嗪类化合物[81-86]。其中，LLM-105 能量高于 RDX，热稳定性、撞击感度和冲击感度都优于 RDX，是一种少见且具有较好前景的低感高能分子，目前已应用于一些炸药配方。LLM-105 的优异性能归因于其高分子稳定性和波浪型堆积模式，这些都支撑了其低撞击感度特性[13-15]。对于另外四种具有叠氮基的化合物，它们通常对机械刺激敏感，是潜在的气体发生器或起爆药。当前，由于感度极高，它们仍然是被束之高阁。此外，嗪类化合物与上述唑类化合物相似，随着环中氮原子的增加，能量和感度也会相应递增。

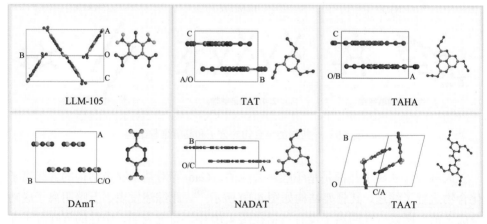

图 4.11　一些嗪类化合物的分子和晶体堆积结构

（4）N-氧化物。除上述共轭氮杂环化合物外，通过 N-氧化手段可帮助提高含能化合物的密度、能量以及安全性。根据 IUPAC 标准，N-氧化后的 N—O 键实际上是一个配位双键，用 N^+—O^- 表示。例如将叔胺转化为 N-氧化物，就是创制高能量密度化合物的重要策略之一[87]。通过 N-氧化，氧平衡可以得到改善且堆积密度得到提高，因此能量释放和爆轰性能都得到提升。通过 N-氧化合成的含能离子化合物 TKX-50（图 4.12），其几个性能上都优于几种常见的含能化合物[88]，特别是与它的无氧类似物二肼-5,5′-双四唑酸盐相比，TKX-50 氧平衡更高，晶体堆

积密度 d_c 从 1.742 g/cm³ 增加到 1.877 g/cm³，爆速 v_d 计算值从 8854 m/s 升高到 9698 m/s[88,89]；LLM-105 的晶体堆积密度和爆轰性能也都优于其无氧化合物 ANPZ；另一种新的富氮化合物，6-氨基四唑-[1,5-β]-1,2,4,5-四嗪-7-N-氧化物也遵循这一规则，并且晶体堆积密度相对于其无氧类似物也有所升高[90]。

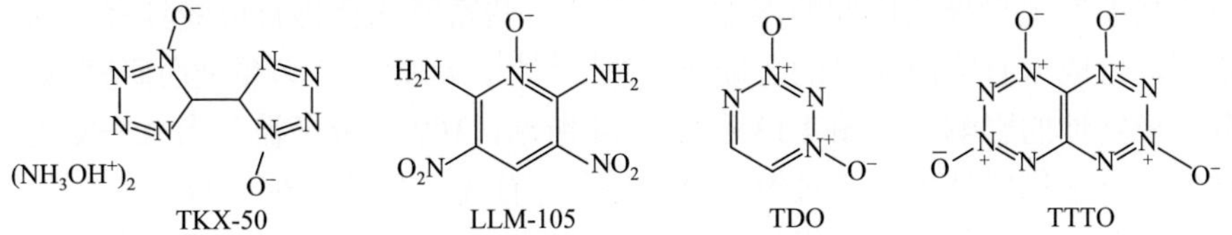

图 4.12　一些富氮杂芳香族 N-氧化物的分子结构

（化学结构图：TKX-50、LLM-105、TDO、TTTO）

（图下标注）
(NH₃OH⁺)₂　TKX-50　LLM-105　TDO　TTTO

N-氧化物的引入不仅可对密度和能量产生影响，还能对其安全性产生影响[91]。例如，相比于 ANPZ，LLM-105 中 N⁺—O⁻键的形成（图 4.12）可同时增强分子内和分子间氢键，提高分子稳定性，降低撞击感度[81]。所以在氨基附近引入氧原子也可作为设计低感高能分子的策略之一。此外，图 4.12 所示的 TDO 衍生物表现出相当高的稳定性，而其对应的无氧分子 1,2,3,4-四嗪的分子稳定性则很低，难以合成[92-94]。同时，TTTO（图 4.12）作为一种含有 N⁺—O⁻键的化合物，分解温度相对较高（456 K～459 K），具有一定的稳定性[80]。该化合物分子稳定性的增强实际上源于 N⁺—O⁻键促进了 σ-π 轨道分离，消除了孤对电子间排斥[95]。

关于 N-氧化对分子稳定性影响的认知可以总结为如下几点：①N⁺—O⁻键的形成增加了分子稳定性，是因为它有助于消除孤对电子间的排斥，促进 σ-π 轨道分离[95,96]。在氢键供体邻位引入氧原子也有助于形成分子内氢键，从而增加分子稳定性。②连氮链增长削弱了 N-氧化嗪类化合物的热力学稳定性。最近量化计算表明，连氮链分子的单、二、三和四氧化物的热力学稳定性低于相应的异构体[97]。③含有两个或多个 N⁺—O⁻键的分子热力学稳定性取决于 N⁺—O⁻键之间的相对位置，相距越远，分子稳定性越高[97,98]。④唑类化合物的臭氧化是区域选择性反应，有利于产生热力学最稳定的一氧化物异构体[99]。有些情况下，引入 N⁺—O⁻也会降低分子稳定性。例如，呋咱若被氧化为氧化呋咱，分子稳定性将显著降低[100]。这也是 BTF 用作起爆药的主要原因，此外，氧化偶氮基团也会降低稳定性，如 DAAzF 的热稳定性显著与其氧化偶氮产物 DAAF 相比有显著升高。这表明 N⁺—O⁻引入对分子稳定性可产生正面和负面的影响。因此，如何正确地将 N⁺—O⁻引入作为稳定高能分子的策略是一个应当关注的问题。

由于高 N 含量意味着更高的能量和密度[86,101]，Yuan 等最近通过量化计算[102]研究了引入 N⁺—O⁻对一系列含有 C—N 芳香杂环分子的影响，包括咪唑、吡唑、三唑、四唑、五唑、呋咱、吡啶、哒嗪、嘧啶、吡嗪、三嗪、四嗪、五嗪和全氮分子六嗪[91]。由于 N 原子是 CH 基团的等电子体，这些富 N 分子可以认为是富 C 分子中 CH 被取代的产物。事实上，基于 N 原子取代 CH 基团是设计含能化合物分子骨架的一个常用的策略。此外，与碳氢化合物类似物相比，引入了 N$^+$—O$^-$ 的化合物燃烧时耗氧量低，反应产物的毒性低，气体分子质量轻，大量的小分子气体产物的产生也导致比冲的增加。另外，一些富氮化合物有可能具有较高的热稳定性，可成为有应用前景的含能化合物[102-107]。因此，有必要全面研究 N-氧化对分子稳定性的影响。如图 4.13 和图 4.14 所示，102 个分子被分为 A—K 组。这些样例的分子稳定性主要通过键长进行评估。首先，在引入 N$^+$—O$^-$ 部分后，这些芳香杂环分子的优化结构仍保持平面，这表明 N-氧化对环上的 π-共轭影响很小。

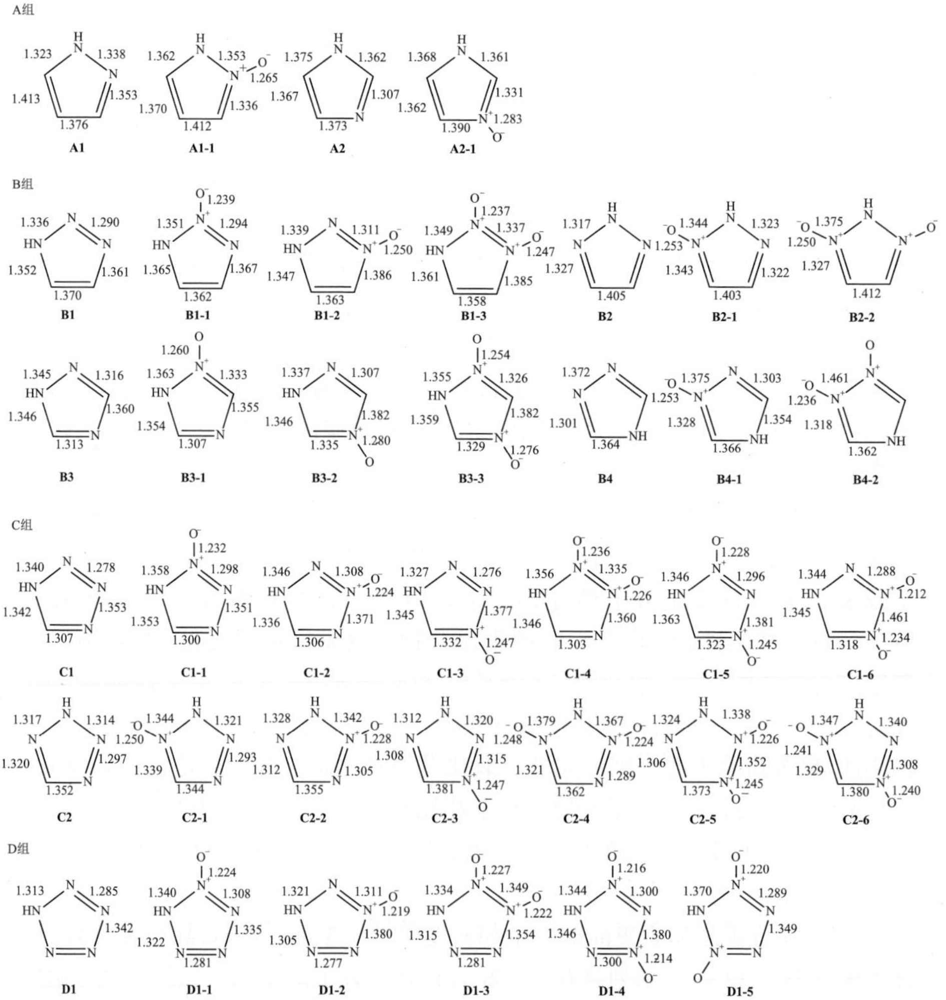

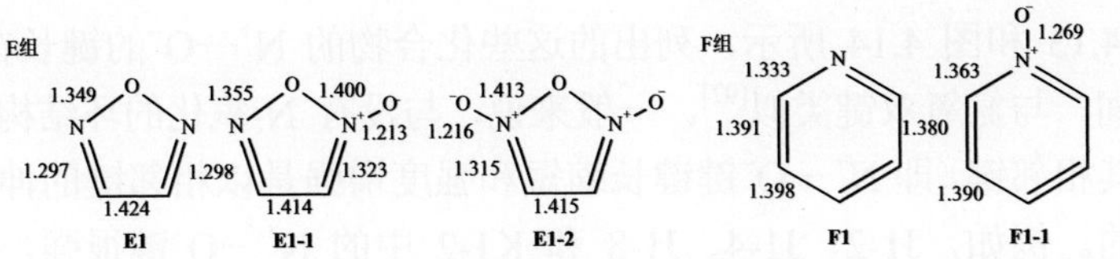

图 4.13　吡唑、三唑、四唑、五唑、呋咱、吡啶及其 N-氧化物的分子结构

键长以 Å 为单位

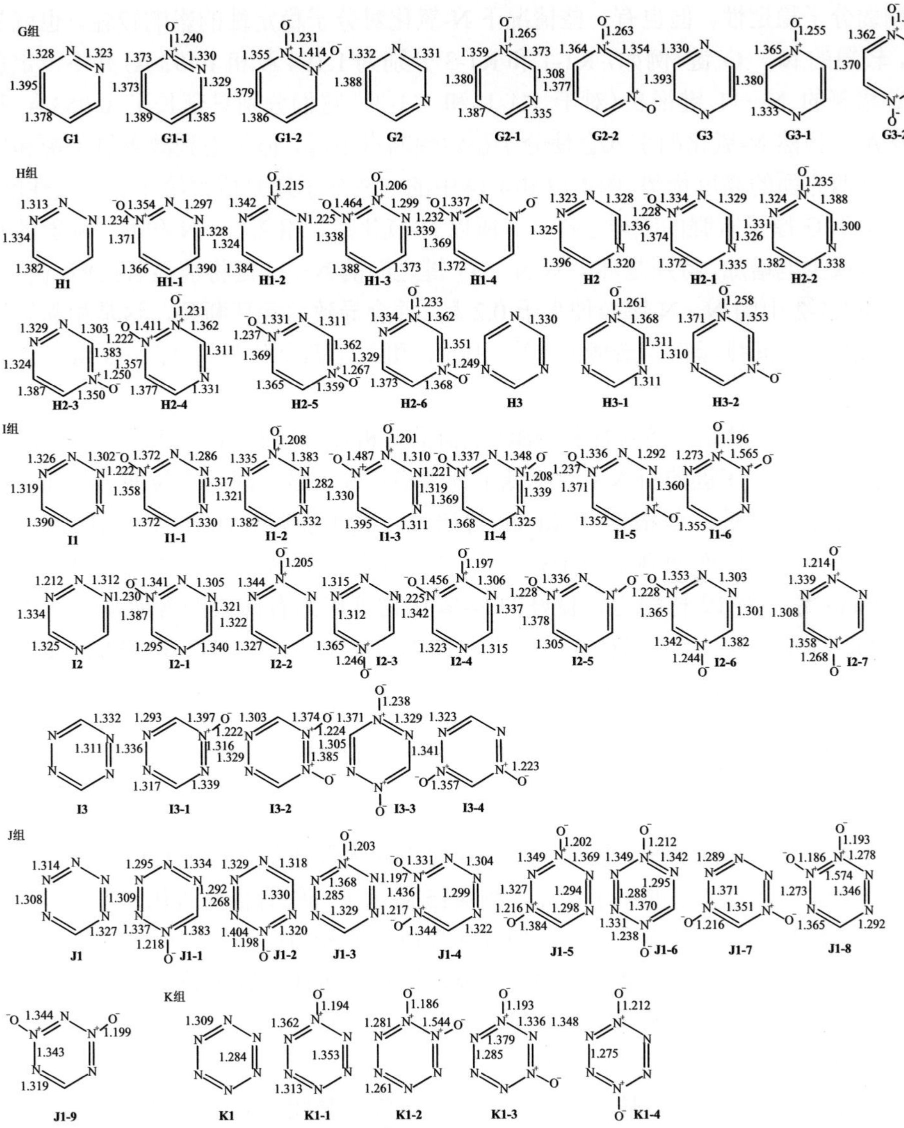

图 4.14　哒嗪、嘧啶和吡嗪、三嗪、四嗪、五嗪、六嗪及其 N-氧化物的分子结构

键长以 Å 为单位

如图 4.13 和图 4.14 所示，列出的这些化合物的 $N^+—O^-$ 的键长在 1.19 Å 至 1.29 Å 之间，与氮氧双键类似[97]。一般来说，与没有 N-氧化的环结构相比，N-氧化拉长了其相邻键，即 $N^+—O^-$ 键键长缩短和强度增强是以相邻键的伸长和弱化为代价换来的。例如，J1-2、J1-4、J1-8 和 K1-2 中的 $N^+—O^-$ 键很强，长度分别为 1.198 Å、1.197 Å、1.186 Å 和 1.186 Å，而它们相邻的 N—N 键较弱，长度分别为 1.404 Å、1.436 Å、1.574 Å 和 1.544 Å，键长远高于正常值。这也表明了 N-氧化会削弱分子稳定性。但也有一些情况下 N-氧化对分子稳定性的影响较轻。也就是说，较短的 $N^+—O^-$ 键（例如，K1-1 和 K1-3 分别为 1.194 Å 和 1.193 Å）并不一定意味着相邻的 N—N 键很长（对于 K1-1 和 K1-3，它们分别只延长了 0.053 Å 和 0.07 Å）。虽然 N-氧化的引入会使分子稳定性略有下降，但考虑到改善氧平衡和增强密度两方面的高度优势，图 4.13 和 4.14 中的一些分子还是值得给予更多关注的。

由于 O 原子有强的吸电子能力，所以 N-氧化后，相邻 C—N 和 N—N 键的长度或多或少地增加，特别是环上双 $N^+—O^-$ 键之间的 N—N 键将被显著拉伸。例如，I1-6 和 K1-2 中的 N—N 键拉伸大于 0.2 Å，并会导致六元环断裂，这是相邻氧原子的孤对电子间排斥作用造成的[108]。因此，引入了两个相邻的 $N^+—O^-$ 键的芳香环易发生损坏。

结合对前沿轨道、芳香性和 NBO 电荷的分析以及现有的理解[109-117]，得出了以下结论：$N^+—O^-$ 键的引入主要降低了分子稳定性，这是因为它拉伸了相邻键并减少了分子芳香性；但根据 Politzer 等研究，它也能减少孤对电子间的排斥并促进 σ-π 分离作用而增强了分子稳定性[118]。综合评估这些化合物能量和稳定性后，Yuan 等认为 19 种稳定性良好的 N-氧化物可作为有前景的含能基本结构，包括 G2-2、G3-1、G3-2、H1-4、H2-1，H2-2，H2-3、H2-5、H2-6、H3-1、H3-2、I2-2、I1-6、I2-7、I3-1，I3-4 和 J1-9[91]。

4.2.3 含能有机叠氮化合物

作为一种爆炸性基团，叠氮基团不仅可以作为取代基存在于有机化合物中，还可作为离子化合物中的离子存在。图 4.15 展示了一些有机叠氮化物[83,85,119-125]。本质上，叠氮基是一种电子受体，但其接受电子的能力较弱，因此叠氮化物没有氟化物稳定。此外，由于离子盐中的叠氮基团比有机化合物中叠氮基团获得了更多的电子，所以叠氮化盐通常比有机叠氮化物更为稳定。例如，有机叠氮化合物 DATZ 就非常敏感，难以应用于实际。

除此之外，尽管叠氮基团与 NO_2 一样是爆炸性基团，但这两种基团的起爆机理完全不同。对于硝基化合物，NO_2 首先从反应物中分离，形成中间体，然后发生一系列复杂的后续反应，最后才生成如 H_2O 和 N_2 等稳定的产物。而对于 N_3 化

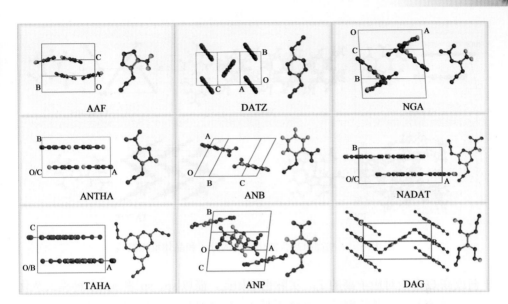

图 4.15　一些有机叠氮化合物的分子和晶体堆积结构

合物，N_3 基团首先分解，之后两个 N_3 基团会相结合而转化为稳定产物 N_2。另外，由于有机叠氮化合物感度高，堆积密度低，所以其爆炸性能并不如硝基化合物，通常用作起爆药。

4.2.4　耐热性不同的含能化合物

在本节中，我们基于耐热性介绍了相关含能分子化合物的本征结构。高耐热含能化合物一般用于耐热含能材料配方中。实际上，如在开采深埋的煤炭、石油和天然气化石燃料，及进行深空作业等高温环境下也会应用到这些配方[126,127]。因此，寻求新型耐热含能化合物十分重要。

如图 4.16 所示，目前已合成并应用了不少具有优异耐热性的含能化合物，如 TATB、HNS、LLM-105、PYX 和 TACOT。它们 DSC 热解峰温(T_d)可以达到 573 K 以上[1,81,128-130]。理论上，高耐热性源于高分子稳定性，即它们通常具有稳定的分子框架(如六元或五元共轭环)和稳定的取代基，这也是有机化学中常见的稳定结构；相反，这些结构很少出现在耐热性差的化合物中，如 PETN 及硝仿。另有，有研究证实桥接结构也有助于提高耐热性[131]。

最近，Huo 等研究了 TATB、HNS 和 PYX 三种耐热含能化合物的热解过程，发现它们具有高热稳定性的原因之一是团簇的产生[132]。在这三种化合物分解生成的团簇组成中，都是 C 原子数量最多，其次才是 O、H 和 N 原子。这说明 C 含量高有助于高耐热性。图 4.17 也展示了 T_d 对氧平衡或 C 含量的依赖性，即负的氧

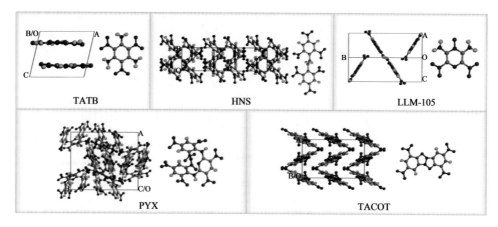

图 4.16　一些高耐热含能化合物的分子和晶体堆积结构

平衡或高 C 含量对应于高的 T_d。实际也是如此，能以 sp、sp^2 和 sp^3 多种模式杂化的 C 是最容易形成共价键的，当 O 不足时，C 极易形成团簇。除高 C 含量外，稳定的分子框架也为这些化合物的高热稳定性奠定了基础。如图 4.17 中所示，所有 28 种高耐热含能分子都无一例外地拥有高稳定性的环结构。

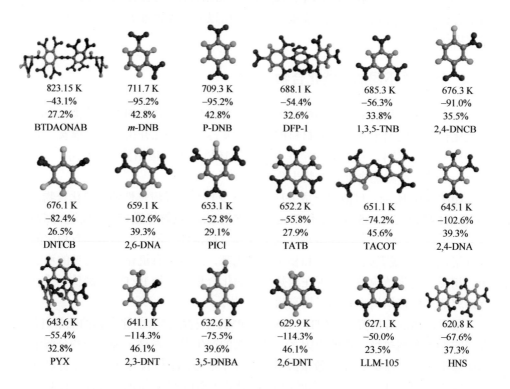

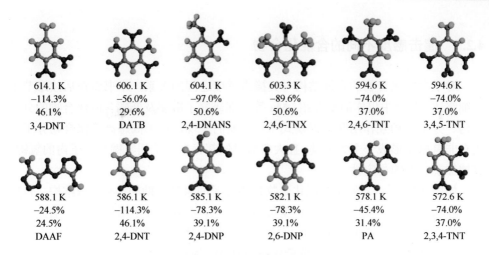

图 4.17　具有不同耐热性的含能化合物

分子结构下方自上而下分别为 DSC 热解温度（T_d，加热速率 10 K/min）、氧平衡（假定 C 元素的产物为 CO_2）、分子中 C 元素的重量分数和化合物的缩写名称

相比而言，图 4.18 所示的硝仿化合物和硝酸脂化合物的耐热性不高，包括 TNMA[23]、BTNEDA[30]、BTNNA[133]、BTNF[134]、TNETB[135]、PETN[34] 和 NG[31]。这些化合物在加热时发生快速的单分子分解或分子间分解反应，具有高反应性。最近的 B3LYP/6-311＋＋G(d,p) 水平上的计算结果显示，TNMA、BTNEDA、BTNNA、BTNF 和 TNETB 的键解离能分别为 29.7 kcal/mol、29.2 kcal/mol、28.8 kcal/mol、31.9 kcal/mol 和 30.7 kcal/mol[136]，远低于耐热化合物（通常大于 60 kcal/mol）[132]。分子间分解反应也会导致低的热稳定性，如研究发现，许多羟胺离子化合物的低耐热性就源于分子间的氢转移反应[137]。

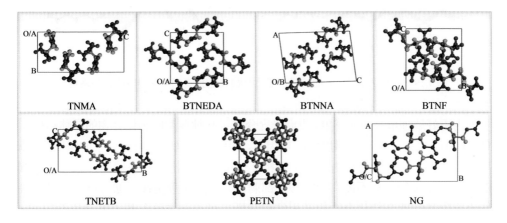

图 4.18　一些耐热性低的含能化合物的堆积结构

4.2.5　撞击感度不同的含能化合物

对于含能化合物的本征结构与其撞击感度之间的关系，本书将在后续章节中详细阐述，此节中仅作简要介绍。Ma 等详细研究了敏感及低感含能化合物的分子结构、分子间相互作用和堆积模式[15,17]。他们发现，对于低感高能化合物分子，所有非氢原子形成一个大 π 键，且大多数时候都存在分子间氢键和分子内的氢键，这增加了它们的稳定性。

如图 4.19 所示，低感高能化合物是由分子间氢键辅助的 π-π 堆积结构，包括面-面型、波浪型、交叉型和混合型等多种模式，不同的分子堆积模式影响撞击感度程度不同。如 TATB 这样的面-面型 π-π 堆积晶体，在受到撞击时，非常容易发生层间滑动，分子间或分子内释能仅略有增加。所以，低感或钝感化合物多为面-面型堆积。相较而言，TNB 这样混合型 π-π 堆积模式，任何方向滑动都是被牢牢抑制着的，感度明显更高。这就是晶体堆积模式与撞击感度间的关系[15]。事实上，分子间氢键辅助的面对面 π-π 堆积结构是基于晶体工程理念创制低感高能化合物一个重要的前提[14]。

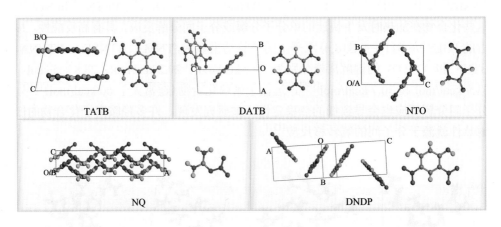

图 4.19　一些 H_{50}>2.9 m 的低感含能化合物(H_{50} 指 2.5 kg 落锤时的特性落高)

为更好地理解高撞击感度，我们研究分析了 9 种典型敏感化合物的晶体结构[17]（图 4.20），确定了两个高感度的结构因素，即低分子稳定性和无分子间氢键的 π-π 堆积。此外，这类化合物由于分子间相互作用较弱，滑动势垒较高，如 HNB 和 BTF 的 π-π 堆积结构不能有效缓冲外部刺激，所以感度更高。通过以上对低感高能化合物和敏感高能化合物的堆积结构分析，可得出结论：基于氢键协助的 π-π 堆积结构构筑策略对低感高能化合物的晶体工程十分必要。

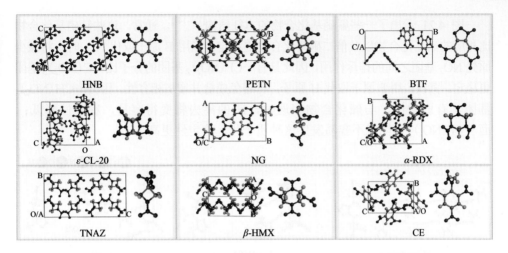

图 4.20　一些 H_{50}<0.4 m 的敏感含能化合物(H_{50} 指 2.5 kg 落锤时的特性落高)

4.3　含能卤素化合物

本节简要介绍一些含能卤素化合物。卤素元素的引入对含能化合物有益。首先，它在增强分子稳定性的同时保持了高能量，例如，基团—CF(NO$_2$)$_2$ 通常比 C(NO$_2$)$_3$ 和—CH(NO$_2$)$_2$ 更稳定。而且由于卤素是化学和生物战剂的天然除剂，含能卤素化合物可兼具毁伤与除剂的综合作用。此外，Al—F 配方比 Al—O 配方可释放更多的能量，如 AlF$_3$(1910 K)具有比 Al$_2$O$_3$(4000 K)低得多的沸点，所以向含 Al 配方中引入 F 可明显增强其做功能力。

4.3.1　含能氟化合物

在传统 CHON 含能体系中引入 F 有两个优点。一是增加体系的密度，因为 F 原子的质量密度高于任何 CHNO 原子，用 F 代替 O 可以显著增加炸药密度。例如，F$_2$N—C(NO$_2$)$_2$—CH$_2$—N(NO$_2$)—CH$_2$—C(NO$_2$)$_2$NF$_2$ 与 O$_2$N—C(NO$_2$)$_2$—CH$_2$—N(NO$_2$)—CH$_2$—C(NO$_2$)$_3$ 相比，密度从 1.96 g/cm^3 增加到 2.05 g/cm^3。二是增加体系的反应热，对于 CHNOF 高能体系，F 原子在爆轰后将转化为生成热低至–769.9 kJ/mol 的 HF，远低于 H$_2$O 的–485.3 kJ/mol。根据爆轰理论，爆轰特性由密度、反应热和气体产量决定，因此，当气体产量不变时，F 的引入将有效提高爆轰性能。

在含能 CHONF 化合物中，F 原子有两种形式，—NF$_2$ 和—CF(NO$_2$)$_2$。含 NF$_2$ 的分子通常比相应的 NO$_2$ 化合物更不稳定。因为 F 的氧化数(–1)小于 O 的氧化数(–2)，所以 NF$_2$ 在减小氧平衡以使反应完全这方面的贡献相比于 NO$_2$ 更小。考虑到这两个原因，含 NF$_2$ 的化合物很少应用于含能材料。

图 4.21 示出了一些氟硝基化合物的本征结构[138-147]。通常，这些氟硝基化合物比相应的硝基化合物以及偕二硝基化合物更稳定。当用 F 原子取代 NO_2 时，将减少原先 NO_2 基团之间的排斥作用，因此具有—$CF(NO_2)_2$ 基团的分子比—$C(NO_2)_3$ 基团更稳定。其次，用 F 原子取代 H 原子，可避免成盐并增加相容性。因为—$CH(NO_2)_2$ 基团具有弱酸性，与碱化合物相遇时，H^+ 的离去将变得容易，稳定性降低；而—$CF(NO_2)_2$ 基团就不容易发生这种质子化，稳定性更高。

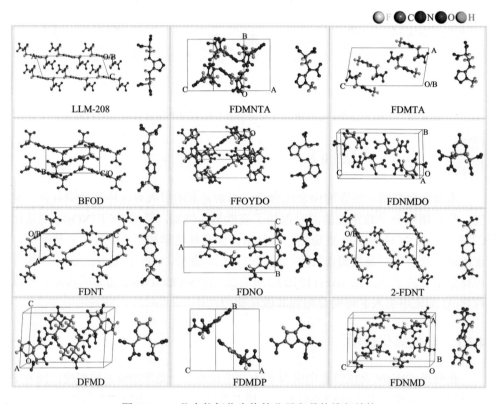

图 4.21　一些含能氟化合物的分子和晶体堆积结构

2013 年，DeHope 等首次报道了 LLM-208[148]。它具有较低的撞击感度 (H_{50} = 1.19 m)，中等的热稳定性 (T_d = 470 K，加热速率 10 K/min) 和爆轰性能 (爆速 v_d = 8320 m/s，爆压 P_d = 32.9 GPa，由 Cheetah 预测)。130 K 下的堆积密度为 1.895 g/cm³，而通常条件下计算密度为 1.848 g/cm³[138]。LLM-208 具有较低的熔点 (约 425 K)，这可能是 LLM-208 呈现低撞击感度的原因之一。FDMNTA 和 FDMTA 彼此类似，其中 FDMTA 具有 340 K 的低熔点，低于 TNT，有用作铸造炸药的潜力[139]。BFOD 在通常条件下具有 1.960 g/cm³ 的高晶体堆积密度，但当加热到 444 K 时易分解，限制了其应用[140]。FFOYDO 是一种无氢化合物[141]，热稳定性和熔点都相对较低。FDNMDO 只有晶体和分子吸附光谱信息，没有其他性质的报道[142]。FDNT 情况与 FDNMDO 类似；从组成上看，FDNO 具有正氧平衡的氧化剂[143]；化合物 2-FDNT 的熔点为 389 K，在 481 K 开始分解，撞击感度低于 RDX，其预测爆压和爆速分别为 33.2 GPa 和 8400 m/s[144]。DFMD[145]和 FDMDP[146]中有—$CF(NO_2)_2$ 取代基，热稳定性较好；FDNMD 的密度在 300 K 时为 1.886 g/cm^3，撞击感度低于 TNT，摩擦感度与 RDX 相当，显著低于 HMX，具有较高的应用潜力[147]。

总之，由于弱分子间相互作用，大多数合成的含能氟化合物的熔点相对较低，且 F 元素不利于产生气体产物，导致爆轰性能不如预期。因此，仅从单质炸药的角度来看含能氟化合物很难在高爆轰性能材料领域拥有良好的发展前景。

4.3.2　含能氯、溴或碘化合物

与含能氟化合物相比，其他含能卤素化合物的数量更有限。我们在图 4.22 中列出了一些含有氯、溴或碘原子的化合物[149-155]。这些卤素化合物除了具有毁伤和化学/生物除剂的复合作用之外，还是合成含能 CHNO 化合物的中间体，例如，TCTNB 是基于氨化法合成 TATB 的中间体；含能卤素化合物中 Cl、Br 或 I 原子都是合成含能分子反应中容易被置换的活性基团。

如图 4.22 所示，在苯环上的 NO_2 基团邻接位置引入 Cl、Br 或 I 时，会削弱 C—NO_2 键。这是因为苯环与 NO_2 基团之间的共轭效应遭受了破坏。所以 TCTNB 远比 TATB 敏感，特别是 TCTNB 作为 TATB 合成产物中的杂质时，将显著降低 TATB

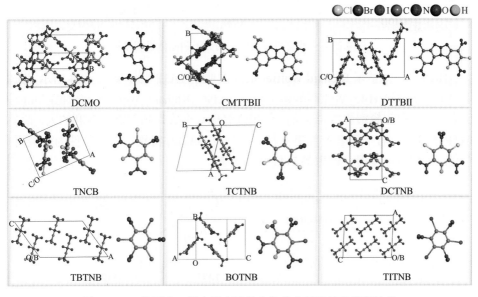

图 4.22　一些不含 F 的含能卤素化合物的分子和晶体堆积结构

基配方的安全性。由于卤素取代 1,3,5-三硝基苯后，共轭结构会被破坏，所以卤素取代物的分子平面度会远低于—NH₂ 取代物或 1,3,5-三硝基苯本身。但从另一方面讲，分子间的卤键作用也能起到巩固晶体堆积的作用。

 4.4   含能过氧化物

含能过氧化物中含有过氧基团，这是一种氧化性基团，在含能过氧化物中引入 N 原子通常有助于提升能量水平。如图 4.23[156-161]所示，含能过氧化物通常具有负的氧平衡，表明分子中氧化剂不足，将导致分解反应的氧化不完全。含能过氧化物的分解通常始于 O—O 键断裂，O—O 键非常弱，以至于其分子稳定性低于大多数已实际应用的含能分子，对外界刺激十分敏感。

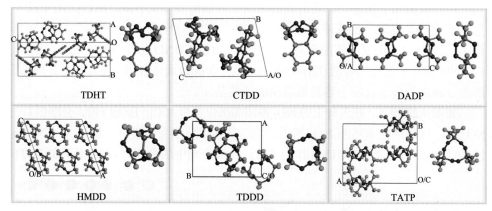

图 4.23   一些有机过氧化物的分子和晶体堆积结构

1895 年，化学家 Richard Wolffenstein 发明了 TATP[162]。如图 4.24 所示，在催化剂作用下通过 H_2O_2 氧化丙酮即可合成 TATP。Richard Wolffenstein 也因此成为了第一个使用无机酸作为催化剂、使用过氧化氢合成炸药并获得专利的人。此外，TATP 的合成过程中还会产生更不稳定的物质 DADP；特别当反应条件为微酸或中性时，丙酮氧化变慢，产生的 DADP 会更多。

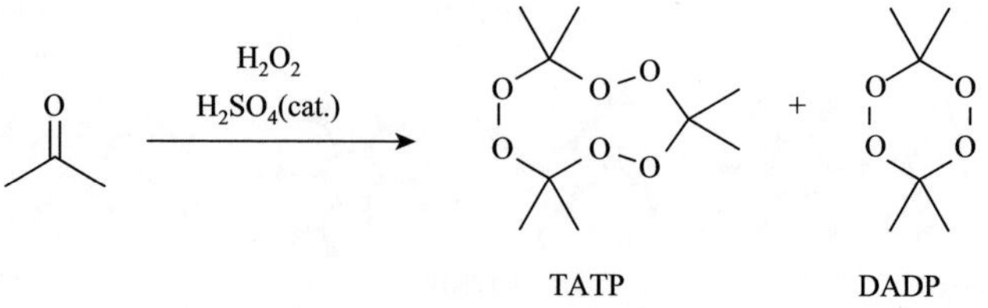

图 4.24   TATP 和 DATP 的合成

含能过氧化物非常敏感。以 2005 年 7 月 7 日英国爆炸案的主角 TATP 为例，轻微的摩擦或加热都会使 O—O 键裂解，进而发生爆炸。TATP 的分解以释放丙酮、O_2 和 O_3 等气体产物为主。一个 TATP 分子可产生四个气体分子，几百克的 TATP 不用一秒就能释放数百甚至上千升的气体，这也是 TATP 爆炸的主要原因。但有趣的是，TATP 分解时并不释放大量热量，它的爆炸过程不产生任何火焰。因此，像 TATP 这样的含能过氧化物与 TNT 等传统炸药相比会有很大不同。TNT 的分解伴随着大量热量和气体的释放，而 TATP 分解只有大量气体释放，热量释放几乎可被忽略，故也称为熵炸药。当然 TATP 不是唯一具有这种性质的化合物，许多叠氮化合物在分解时也会以产生 N_2 为主，释放的热量很有限。由于这种特性，叠氮化合物也可用作汽车安全气囊的气体发生器。

　　值得注意的是，通过计算研究 TATP 分解生成的产物是 O_3 和 O_2，并不是凭我们直觉想象生成的产物。TATP 分解过程不是倾向于大量能量释放，而是产生大量气体的熵爆炸，这也是每个 TATP 固体分子产生四个气体分子的结果。如 Dubnikova 等所述，与普通爆炸性化合物不同，TATP 中的三个亚异丙基不仅不能被氧化释放热量，它的三个过氧基团还紧密相邻，为链式分解提供了条件（图 4.25）。总之，过氧化物的爆炸过程是一种熵爆炸过程[163]。

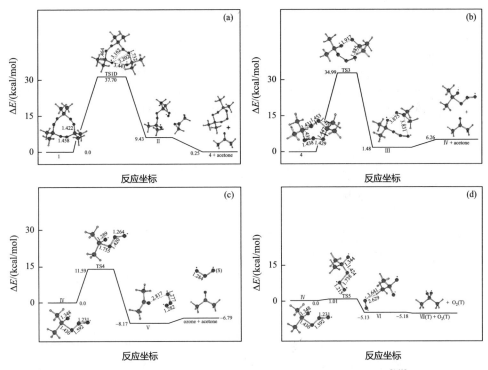

图 4.25　TATP 分解生成 O_3 (a→b→c) 和 O_2 (a→c→d) 的路径[163]

4.5　全氮分子

　　除氮气（N_2）外，迄今为止还没有成功制备出其他全氮分子。不过研究者基于化学理论知识提出了许多可能的全氮分子构型。本节将重点介绍全氮分子以及可能稳定的离子。用简便的计算方法（通常是 DFT）进行几何优化和计算各种异构体在 0 K 下的相对焓值，来区分相同组成分子的不同异构体的热力学稳定性。正如一篇计算类综述所述[164]，理论研究应追求如下目标：①确认特定结构式下不同构象和异构体的势能面（potential energy surface，PES）极小值；②确认气体分子的稳定性；③确定稳定化合物的性质。事实上，预估异构体的稳定性并为实验提供参考是目前理论研究的一大挑战。一般而言，在通常条件下，当分解势垒达到 77 kJ/mol，才能保证其有足够长的寿命来支撑实验检测，分解势垒达到 120 kJ/mol 才能开展实际应用。应当注意的是，聚合氮属于原子晶体而不是分子晶体，故相关介绍将在后面章节中进行。

　　（1）N_3。HN_3 在 1890 年首次成功制备。与此同时，N_3^- 也成为了 N_2 外第一个稳定的全氮物质。N_3 自由基包括两种稳定结构，链状结构和环状结构。链状 N_3 自由基的吸收光谱数据首次在 1956 年由 Thrush 获取[165]。2003 年，Wodtke 通过光解 ClN_3 获得了环 N_3 自由基[166]。他还使用 CASSCF、CAST2 和 MRCISD（Q）方法构建了 N_3 自由基的势能面，发现结构转化后的势能面非常复杂。不仅有几何结构的变化，不同自旋的势能面也存在重叠。环状结构的能量（134.7 kJ/mol）相比链状结构（102.5 kJ/mol）更高，即链状 N_3 自由基更稳定[166,167]。Prasad 通过高水平的理论计算和实验验证，也证明了线形 N_3^- 作为阴离子时最为稳定[168]，其中的 $N\!=\!N$ 键能较大。所以 N_3^- 与金属阳离子形成的所有盐都具有爆炸性，如雷管中常用的叠氮化铅，就是最具代表性的起爆药之一。

　　（2）N_4。N_4 结构的理论研究始于 20 世纪 90 年代初。研究表明可能保持稳定的 N_4 结构有三种：对称开链的 C_{2h} 结构，正方形的 D_{2h} 结构和四面体的 T_d 结构 [图 4.26（a）]。根据势能面 [图 4.26（b）] 可看出，D_{2h} N_4 和 T_d N_4 都有非常高的能量，但前者的分解势垒相比后者要低得多，高能垒的 T_d N_4 似乎寿命周期也更长。然而，找到合适的化学合成路径来合成这种结构是十分困难的。同时，由于计算精度以及具体分解路径选择的不同，生成 N_2 的分解势垒的高低及生成热的大小仍有争议[169-174]。

　　从实验上检测 N_4 中性分子更具挑战性。最初，在 N_2 放电产生 N_4^+ 阳离子的过程中检测到了 N_4[174,175]。然而尝试从沉积在液氦冷却玻璃上的 N_2 放电产物中检测 N_4 的实验却失败了[176]。直到 2002 年研究才取得了突破，Cacace 等采用了一种先进的中和再电离质谱技术（neutralization-reionization mass spectrometry，NRMS），

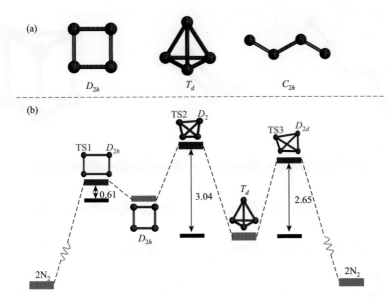

图 4.26　N_4 分子结构图(a)，$T_d\ N_4$ 和 $D_{2h}\ N_4$ 结构沿着最低能量路径解离及相互转化的势垒(b)

能量单位为 eV

使记录到 N_4 分子信号成为可能[177,178]。通过观察 $^{15}N_2$ 和 $^{14}N_2$ 峰，发现这两个物种是在弱相互作用下形成的 N_4 开链复合物[177]。随后，一项综合研究通过分子质谱测量以及详细的量子化学计算对 N_4 开展了进一步验证[179]。数据显示，NRMS 质谱技术可以检测到寿命约为 1 μs 的 N_4 中性分子。但由于 N_4 可能存在多种结构，所以实验和理论结果尚未完全达成一致。

(3) N_5。由实验确定的 N_5 离子将在 8.4.2 节中介绍。

(4) N_6。早期，有实验合成 N_6 的报道[180,181]，在当时没有进一步证实。1995 年，Workentin 等通过 N_3 自由基合成了 N_6^- 阴离子[182,183]，N_6^- 在乙腈中有一个约 700 nm 宽吸收，红外峰位于 1842 cm^{-1} 处。该结构实际上是一个 N_3—N_3^- 弱结合复合物。聚合氮结构的理论计算研究表明，中性分子 N_6 有许多异构体存在，例如，通过预测得到了一种苯类似物的异构体（六氮杂苯），但其振动光谱中有虚频[184]，预示着这个结构并不稳定。通过对其他几种结构的 N_6 分子研究[184,185]，发现稳定性最高的构型是 C_{2h} 对称的链状构象［图 4.27(a)］和 D_2 对称的扭曲舟状［图 4.27(b)］。此外，D_{3h} 对称的棱柱构象［图 4.27(c)］[186]不仅有高分解势垒，还具有高能量，是极具潜力的高能量密度材料。

影响晶体稳定性的因素众多。正如一篇关于 N_8 分子晶体研究[187]中所指出，在宏观尺度上保持分子晶体的稳定，需满足三点：①构建的分子应在气相状态下稳定；②稳定的分子或离子在晶体中也要保持稳定；③晶体中的分子间相互作用应为范

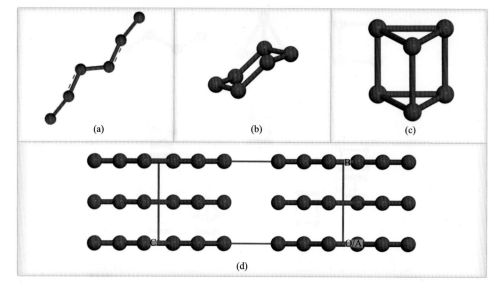

图 4.27　N_6 的分子和晶体结构

C_{2h} 对称的链状构象(a)，D_2 对称的扭舟形构象(b)，D_{3h} 对称的棱柱形构象(c)和链状分子的晶体结构(d)

德耳尔斯作用和静电相互作用。2016 年一篇预测 N_6 分子晶体结构的研究结果表明，开链 N_6 的晶体结构最为稳定［图 4.27(d)］[188]。

(5) N_7。对于 N 原子数目为奇数的 N_3 和 N_5，它们的离子构型相较中性分子更稳定，N_7 的情况也与之类似。在所有 N_7 离子的环状及链状等构型中，开链 N_7^- (C_2) 和 N_7^+ (C_{2v}) 在势能面上能量最低[189]。但 G3(MP2)水平上的计算结果显示，N_7^- 分解成一个 N_3^- 和两个 N_2 的能垒仅为 5.0 kJ/mol，而 N_7^+ 分解为一个 N_5^+ 阳离子和一个 N_2 的能垒也只有 13.0 kJ/mol，这两条分解路径都表明 N_7^+ 是不稳定的。

(6) N_8。由于 N 原子之间复杂的连接方式，N_8 构型十分丰富。通过势能面计算，预测了四种可能稳定的 N_8 分子构象[190]。在没有双键的 N_8 异构体中，Tian 等的研究表明笼型 N_8 ［图 4.28(a)］比立方结构更稳定［图 4-28(b)］，并且能量更

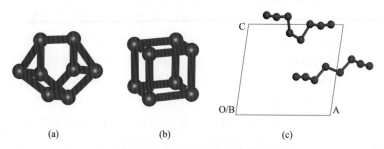

图 4.28　N_8 的分子和晶体结构

C_{2v} 对称性构象(a)，O_h 对称性构象(b)和链状 N_8 的分子晶体(c)

高[191]。而 1990 年以来的理论计算结果皆表明[185,190,192-194]，实验上检测到 N_8 是十分困难的，这是因为几乎所有 N_8 异构体的分解势垒都非常低。

尽管 N_8 分子的稳定性较低，但 N_8 的晶体可以保持稳定。最近预测确认了一种由 N_8 (C_{2h}) 分子组成的稳定全氮分子晶体 [图 4.28(c)][187]。N_8 链包含三个单键、一个双键和位于两端的两个三键。尽管有三键存在，但该分子的能量仍然非常高。焓的计算也表明，这种晶体结构在 20 GPa 以下压力下比 cg-N 更加稳定。结合以上 N_6 晶体，似乎链状的全氮分子晶体的结构稳定性最好。

表 4.1 中总结了不超过 8 个 N 原子的全氮分子分解势垒和生成热，所有分子的能量都很高。其中，正四面体型的 N_4 和三棱柱型的 N_6 的分解势垒最高，都比较稳定。不过遗憾的是，它们都还没有被合成出来。

表 4.1　几种典型全氮分子的几何结构、分解势垒和生成热

组成	几何结构	点群	分解势垒/eV	生成热/eV
N_4	正四面体	T_d	2.650[169]	7.950[173]
N_4	链状	C_{2h}	0.571[171]	6.843[172]
N_4	正方形	D_{2h}	0.608[169]	8.285[170]
N_6	扭船型	D_2	1.147[186]	9.202[185]
N_6	链状	C_{2h}	0.774[183]	8.804[185]
N_6	三棱柱型	D_{3h}	1.494[186]	14.684[186]
N_8	链状	C_{2h}	0.774[190]	11.180[187]
N_8	笼型	C_{2v}	—	15.449[191]

(7) N_9、N_{10}、N_{20} 和 N_{60}。理论预测表明，N_9 的中性分子和离子构型均为开链 C_{2v} 结构[195]。根据 DFT 计算，N_9 分解为 N_6 和 N_3 的势垒为 133.8 kJ/mol。而 N_9^+ 分解为 N_7^+ 和 N_2 的势垒却仅有 8.8 kJ/mol。这说明 N_9 与其他含奇数个 N 原子的全氮结构不同，其中性分子反而比离子更稳定。

在搜索 N_{10} 的势能面上的极小值时，Ren 等研究了 9 种不含双键的结构，在相对准确的 MP2 水平下确认了其中 7 种具有势能面极小值的结构[196]。Wang 则在 B3LYP 和 MP2 水平上确认了 11 个极小值，但由于分解或异构化的能垒低，这些结构在动力学上很可能是不稳定的[197]。Manaa 研究了由两个相互平行或垂直的 N_5 环组成的 N_{10} 结构，发现 N_{10} 中 N_5—N_5 键作用很强，这种 N_{10} 是构建 N_{60} 的良好基本单元。但由于 N_5 环的不稳定性，两个 N_5 自由基容易发生解离[198]。Zhou 等在 G3 和 G3MP2 水平下研究了 N_{10} 的 9 种异构体的稳定性，发现有 3 个五元环的碗状结构最为稳定，表明双键在分子稳定性中起着重要作用[199]。

对于含有 10 个以上氮原子的全氮化合物，其几何结构复杂度和自由度都大大增加，因此很难获得这些化合物可靠的研究数据。不过对 N_{20} 和 N_{60} 仍进行了一些理论研究。比如 Bliznyuk、Shen 和 Schaefer 发现了具有十二面体几何结构 N_{20} [图 4.29(a)]，其能量比十个 N_2 分子还要高 209.2 kJ/mol[200]。Ha 等[201]还采用 MP2 和 B3LYP 方法研究了 N_{20} 异构体，发现了十二面体笼型 [图 4.29(a)]、D_{5v} 碗状 [图 4.29(b)] 和 D_5 环状 [图 4.29(c)] 三种势能面极小值的结构。计算证实 D_5 环状能量最低而最稳定。十二面体笼型的能量比 D_{5v} 碗状和 D_5 环状都约高 840 kJ/mol。Strout 的团队[202]通过 MP4 和 DFT 计算还找到了更稳定的、能量比十二面体笼更低的圆柱笼型 N_{20} [图 4.29(d)]。据此，他们推测 N_{20} 还存在着更多更稳定的框架结构。

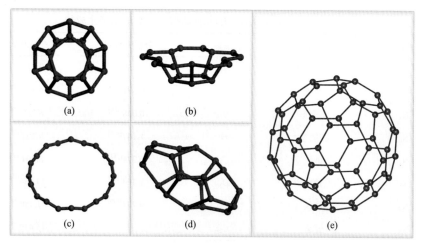

图 4.29　N_{20} 和 N_{60} 结构

正十二面体笼型 N_{20}(a)，D_{5v} 碗状 N_{20}(b)，D_5 环状 N_{20}(c)，圆柱笼型 N_{20}(d)，N_{60} 结构(e)

1997 年，Song 等首次发表了 N_{60} 分子的计算研究结果[203]，他们发现由 12 个氮五环组成的 S_6 结构具有最大的稳定性 [图 4.29(e)]。劳伦斯利弗莫尔国家实验室[198]的计算表明，还有可能形成六个环组成的 N_{60} 分子，其中每个环包含 10 个 N 原子。这种 N_{60} 被称为"氮富勒烯"（构型类似 C_{60}，对称性为 I_h），且推测可在极高压力下通过实验合成。但是随后对 N_{60} 分子详细研究后发现 S_6 结构是亚稳的，对称性为 I_h 的结构也不稳定[204]。

 ## 4.6　结论与展望

单组分含能分子晶体是应用最为广泛，研究最为丰富的一类含能晶体。本章主要从分子骨架及取代基的角度对这类化合物进行了阐述，后续章节中也将基于此来继续进行讨论。虽然目前已合成了很多新型含能化合物，但因它们中的绝大多数还难以应用，所以，单组分含能分子晶体仍是应用的主流。作为理解其他类含能材料的基础，单组分含能分子晶体仍需进行更多的研究，毕竟，还有很多未知的事情有待我们去探索。

参 考 文 献

[1] Cady H H, Larson A C. The crystalstructure of 1,3,5-triamino-2,4,6-trinitrobenzene. Acta Cryst., 1965, 18: 485-496.

[2] Holden J R. The structure of 1,3-diamino-2,4,6-trinitrobenzene, form I. Acta Cryst., 1967, 22: 545-550.

[3] Holden J R, Dickinson C, Bock C M. Crystal structure of 2,4,6-trinitroaniline. J. Phys. Chem., 1972, 76: 3597-3602.

[4] Kolev T, Berkei M, Hirsch C, et al. Crystal structure of 4,6-dinitroresorcinol, $C_6H_4N_2O_6$. Z. Krist-New. Cryst. St., 2000, 215: 483-484.

[5] Akopyan Z A, Struchkov Y T, Dashevii V G. Crystal and molecular structure of hexanitrobenzene. J. Struct. Chem., 1966, 7: 408-416.

[6] Duesler E N, Engelmann J H, Curtin D Y, et al. Picric acid: $C_6H_3N_3O_7$. Cryst. Struct. Commun., 1978, 7: 449.

[7] Choi C S, Abel J E. The crystal structure of 1,3,5-trinitrobenzene by neutron diffraction. Acta Cryst. B, 1972, 28: 193-201.

[8] Carper W R, Davis L P, Extine M W. Molecular structure of 2,4,6-trinitrotoluene. J. Phys. Chem., 1982, 86: 459-462.

[9] Bu R, Xiong Y, Zhang C. π-π stacking contributing to the low or reduced impact sensitivity of energetic materials. Cryst. Growth Des., 2020, 20: 2824-2841.

[10] Jiao F, Xiong Y, Li H, et al. Alleviating the energy & safety contradiction to construct new low sensitivity and highly energetic materials through crystal engineering. CrystEngComm, 2018, 20: 1757-1768.

[11] Zhang C. On the energy & safety contradiction of energetic materials and the strategy for developing low-sensitive high-energetic materials. Chin. J. Energ. Mater., 2018, 26: 2-10.

[12] Zhang C. Origins of the energy and safety of energetic materials and of the energy & safety contradiction. Propell. Explos. Pyrot., 2018, 43: 855-856.

[13] Zhang C, Wang X, Huang H. π-stacked interactions in explosive crystals: Buffers against external mechanical stimuli. J. Am. Chem. Soc., 2008, 130: 8359-8365.

[14] Zhang C, Jiao F, Li H. Crystal engineering for creating low sensitivity and highly energetic materials. Cryst. Growth Des., 2018, 18: 5713-5726.

[15] Ma Y, Zhang A, Xue X, et al. Crystal packing of low-sensitivity and high-energy explosives. Cryst. Growth Des., 2014, 14: 4703-4713.

[16] Xiong Y, Ma Y, He X, et al. Reversible intramolecular hydrogen transfer: A completely new

mechanism for low impact sensitivity of energetic materials. Phys. Chem. Chem. Phys., 2019, 21: 2397-2409.

[17] Ma Y, Zhang A, Xue X, et al. Crystal packing of impact sensitive high energetic explosives. Cryst. Growth Des., 2014, 14: 6101-6114.

[18] Evers J, Klapötke T M, Mayer P, et al. α-and β-FOX-7, polymorphs of a high energy density material, studied by X-ray single crystal and powder investigations in the temperature range from 200 to 423 K. Inorg. Chem., 2006, 45: 4996-5007.

[19] Schödel H, Dienelt R, Bock H. Trinitromethane. Acta Cryst. C, 1994, 50: 1790-1792.

[20] Axthammer Q J, Klapötke T M, Krumm B, et al. Convenient synthesis of energetic polynitro materials including $(NO_2)_3CCH_2CH_2NH_3$-salts via michael addition of trinitromethane. Dalton Trans., 2016, 45: 18909-18920.

[21] Axthammer Q J, Klapötke T M, Krumm B, et al. The energetic nitrocarbamate $O_2NN(H)$ $CO[OCH_2C(NO_2)_3]$ derived from phosgene. Z. Anorg. Allg. Chem., 2014, 640: 76-83.

[22] Bougeard D, Boese R, Polk M, et al. Crystallographic and vibrational study of hexanitroethane. J. Phys. Chem. Solids, 1986, 47: 1129-1137.

[23] Klapötke T M, Krumm B, Scherr M, et al. Facile synthesis and crystal structure of 1,1,1, 3-tetranitro-3-azabutane. Z. Anorg. Allg. Chem., 2008, 634: 1244-1246.

[24] Bu R, Xie W, Zhang C. Heat-induced polymorphic transformation facilitating the low impact sensitivity of 2,2-dinitroethylene-1,1-diamine(FOX-7). J. Phys. Chem. C, 2019, 123: 16014-16022.

[25] Nielsen A T, Chafin A P, Christian S L, et al. Synthesis of polyazapolycyclic caged polynitramines. Tetrahedron, 1998, 54: 11793-11812.

[26] Choi C S, Boutin H P. A study of the crystal strueture of β-cyelotetramethylene tetranitramine by neutron diffraetion. Acta Cryst. B, 1970, 26: 1235-1240.

[27] Choi C S. Refinement of 2-nitroguanidine by neutron powder diffraction. Acta Cryst. B, 1981, 37: 1955-1957.

[28] Choi C S, Prince E. The crystal structure of cyclotrimethylenetrinitramine. Acta Cryst. B, 1972, 28: 2857-2862.

[29] Cady H H. The crystal structure of N-methyl-N-2,4,6-tetranitroaniline(tetryl). Acta Cryst., 1967, 23: 601-609.

[30] Oyumi Y, Brill T B, Rheingold A L. Thermal decomposition of energetic materials. 7. High-rate FTIR studies and the structure of 1,1,1,3,6,8,8,8-octanitro-3,6-diazaoctane. J. Phys. Chem., 1985, 89: 4824-4828.

[31] Espenbetov A A, Antipin Y M, Struchkov Y T. Structure of 1,2,3-propanetriol trinitrate(β modification), $C_3H_5N_3O_9$. Acta Cryst. C, 1984, 40: 2096-2098.

[32] Manner V W, Tappan B C, Scott B L, et al. Crystal structure, packing analysis, and structural-sensitivity correlations of erythritol tetranitrate. Cryst. Growth Des., 2014, 14: 6154-6160.

[33] Halfpenny J, Small R W H. The structure of 2,2'-dinitroxydiethylnitramine(DINA). Acta Cryst. B, 1978, 34: 3452-3454.

[34] Cady H H, Larson A C. Pentaerythritol tetranitrate II: Its crystal structure and transformation to PETN I; An algorithm for refinement of crystal structures with poor data. Acta Cryst. B, 1975, 31: 1864-1869.

[35] Li G, Zhang C. Review of the molecular and crystal correlations on sensitivities of energetic materials. J. Hazard. Mater., 2020, 398: 122910.

[36] Stephen A D, Srinivasan P, Kumaradhas P. Bond charge depletion, bond strength and the impact sensitivity of high energetic 1,3,5-triamino 2,4,6-trinitrobenzene (TATB) molecule: A theoretical charge density analysis, Comput. Theor. Chem., 2011, 967: 250-256.

[37] Stephen A D, Pawar R B, Kumaradhas P. Exploring the bond topological properties and the charge depletion-impact sensitivity relationship of high energetic TNT molecule via theoretical charge density analysis. J. Mol. Struct., 2010, 959: 55-61.

[38] Yau A D, Byrd E F C, Rice B M. An investigation of KS-DFT electron densities used in atoms-in-molecules studies of energetic molecules. J. Phys. Chem. A, 2009, 113: 6166-6171.

[39] Anders G, Borges I. Topological analysis of the molecular charge density and impact sensitivy models of energetic molecules. J. Phys. Chem. A, 2011, 115: 9055-9068.

[40] Stephen A D, Kumaradhas P, Pawar R B. Charge density distribution, electrostatic properties, and impact sensitivity of the high energetic molecule TNB: A theoretical charge density study. Propell. Explos. Pyrot., 2011, 36: 168-174.

[41] Owens F J. Relationship between impact induced reactivity of trinitroaromatic molecules and their molecular structure. J. Mol. Struct., 1985, 22: 213-220.

[42] Zhang C. Investigations of correlation between nitro group charges and C-nitro bond strength, and amino group effects on C-nitro bonds in planar conjugated molecules. Chem. Phys., 2006, 324: 547-555.

[43] Zhang C, Shu Y, Huang Y, et al. Theoretical investigation of the relationship between impact sensitivity and the charges of the nitro group in nitro compounds. J. Energ. Mater., 2005, 23: 107-119.

[44] Zhang C, Shu Y, Huang Y, et al. Investigation of correlation between impact sensitivities and nitro group charges in nitro compounds. J. Phys. Chem. B, 2005, 109: 8978-8982.

[45] Zhang C, Shu Y, Wang X, et al. A new method to evaluate the stability of the covalent compound: By the charges on the common atom or group. J. Phys. Chem. A, 2005, 109: 6592-6596.

[46] Zhang C. Investigation of the correlations between nitro group charges and some properties of nitro organic compounds. Propell. Explos. Pyrot., 2008, 33: 139-145.

[47] Zhang C. Review of the establishment of nitro group charge method and its applications. J. Hazard. Mater., 2009, 161: 21-28.

[48] Rice B M, Hare J J. A quantum mechanical investigation of the relation between impact sensitivity and the charge distribution in energetic molecules. J. Phys. Chem. A, 2002, 106: 1770-1783.

[49] Politzer P, Abrahmsen L, Sjoberg P. Effects of amino and nitro substituents upon the electrostatic potential of an aromatic ring. J. Am. Chem. Soc., 1984, 106: 855-860.

[50] Politzer P, Murray J S. C-NO$_2$ dissociation energies and surface electrostatic potential maxima in relation to the impact sensitivities of some nitroheterocyclic molecules. Mol. Phys., 1995, 86: 251-255.

[51] Murray J S, Politzer P. Structure-sensitivity relationships in energetic compounds//Bulusu S N. Chemistry and physics of energetic materials. Dordrecht: Kluwer Academic Publ, 1990, 309: 157-173.

[52] Murray J S, Lane P, Politzer P, et al. A relationship between impact sensitivity and the electrostatic potentials at the midpoints of C-NO$_2$ bonds in nitroaromatics. Chem. Phys. Lett., 1990, 168: 135-139.

[53] Murray J S, Lane P, Politzer P. Relationships between impact sensitivities and molecular surface electrostatic potentials of nitroaromatic and nitroheterocyclic molecules. Mol. Phys., 1995, 85: 1-8.

[54] Politzer P, Murray J S. Relationships between dissociation energies and electrostatic potentials of C-NO$_2$ bonds: Applications to impact sensitivities. J. Mol. Struct., 1996, 376: 419-424.

[55] Murray J S, Lane P, Politzer P. Effects of strongly electron-attracting components on molecular surface electrostatic potentials: Application to predicting impact sensitivities of energetic molecules. Mol. Phys., 2010, 93: 187-194.

[56] Murray J S, Concha M C, Politzer P. Links between surface electrostatic potentials of energetic molecules, impact sensitivities and C-NO$_2$/N-NO$_2$ bond dissociation energies. Mol. Phys., 2009, 107: 89-97.

[57] Mullay J. A relationship between impact sensitivity and molecular electronegativity. Propell. Explos. Pyrot., 1987, 12: 60-63.

[58] Zeman S, Pelikan V, Majzlik J, et al. Electric spark sensitivity of nitramines. Part I. Aspects of molecular structure. Cent. Eur. J. Energ. Mater., 2006, 3: 27-44.

[59] Keshavarz M H, Zohari N, Seyedsadjadi S A. Relationship between electric spark sensitivity and activation energy of the thermal decomposition of nitramines for safety measures in industrial processes. J. Loss Prev. Process Ind., 2013, 26: 1452-1456.

[60] Keshavarz M H. A new method to predict activation energies of nitroparaffins. Indian J. Eng. Mat. Sci., 2009, 16: 429-432.

[61] Keshavarz M H, Pouretedal H R, Shokrolahi A, et al. Predicting activation energy of thermolysis of polynitro arenes through molecular structure. J. Hazard. Mater., 2008, 160: 142-147.

[62] Keshavarz M H. Simple method for prediction of activation energies of the thermal decomposition of nitramines. J. Hazard. Mater., 2009, 162: 1557-1562.

[63] Batsanov A S, Struchkov Y T. Crystal structure of 3,4-diaminofurazan and 3-amino-4-nitrofurazan. J. Struct. Chem., 1985, 26: 52-56.

[64] Beal R W, Incarvito C D, Rhatigan B J, et al. X-Ray Crystal structures of five nitrogen-bridged bifurazan compounds. Propell. Explos. Pyrot., 2000, 25: 277-283.

[65] Cady H H, Larson A C, Cromer D T. The crystal structure of benzotrifuroxan (hexanitrosobenzene). Acta Cryst., 1966, 20: 336-341.

[66] Ammon H L, Bhattacharjee S K. Crystallographic studies of high-density organic compounds: 4-Amino-5-nitrobenzo[1,2-c:3,4-c′]bis[1,2,5]oxadiazole 3,8-dioxide. Acta Cryst. B, 1982, 38: 2498-2502.

[67] Gilardi R. CSD Communication. 1999.

[68] Prout C K, Hodder O J, Viterbo D. The crystal and molecular structure of 4, 6-di-nitrobenzfuroxan. Acta Cryst. B, 1972, 28: 1523-1526.

[69] Zhang C. Computational investigation of the detonation properties of furazans and furoxans. J. Mol. Struct., 2006, 765: 77-83.

[70] Zhang C, Sun C, Hu B, et al. Synthesis and characterization of the pentazolate anion cyclo-N5⁻ in $(N_5)_6(H_3O)_3(NH_4)4Cl$. Science, 2017, 355: 374-376.

[71] Zhang C, Yang C, Hu B, et al. A symmetric $Co(N_5)_2(H_2O)_4 \cdot 4H_2O$ high-nitrogen compound formed by cobalt (II) cation trapping of a cyclo-N5⁻ anion. Angew. Chem. Int. Ed., 2017, 56: 4512-4514.

[72] Xu Y, Wang Q, Shen C, et al. A series of energetic metal pentazolate hydrates. Nature, 2017, 549: 78-81.

[73] Zhurova E A, Pinkerton A A. Chemical bonding in energetic materials: β-NTO. Acta Cryst. B, 2001, 57: 359-365.

[74] Pagoria P F, Mitchell A R, Schmidt R D. Vicarious amination of nitroarenees with tri-methylhydrazinium iodide. Spring national meeting of the American Chemical Society, New Orleans, LA, United States, 1995.

[75] Garcia E, Lee K Y. Structure of 3-amino-5-nitro-1,2,4-triazole. Acta Cryst. C, 1992, 48: 1682-1683.

[76] Bracuti A J. Crystal structure of 4,5-dinitroimidazole (45DNI). J. Chem. Crystallogr., 1998, 28: 367-371.

[77] Bracuti A J. Crystal structure of 2,4-dinitroimidazole (24DNI). J. Chem. Crystallogr., 1995, 25: 625-627.

[78] Ségalas I, Poitras J, Beauchamp A L. Structure of 4-nitroimidazole. Acta Cryst. C, 1992, 48: 295-298.

[79] Gao H, Shreeve J M. Azole-based energetic salts. Chem. Rev., 2011, 111: 7377-7436.

[80] Klenov M S, Guskov A A, Anikin O V, et al. Synthesis of tetrazino-tetrazine 1,3,6,8-tetraoxide (TTTO). Angew. Chem. Int. Ed., 2016, 55: 11472-11475

[81] Gilardi R D, Butcher R J. 2,6-Diamino-3,5-di-nitro-1,4-pyrazine 1-oxide. Acta Cryst. E, 2001, 57: o657-o658.

[82] Keßenich E, Klapötke T M, Knizek J, et al. Characterization, crystal structure of 2,4-bis (triphenylphosphanimino) tetrazolo[5,1-a]-[1,3,5]triazine, and improved crystal structure of 2,4,6-triazido-1,3,5-triazine. Eur. J. Inorg. Chem., 1998, 12: 2013-2016.

[83] Miller D R, Swenson D C, Gillan E G. Synthesis and structure of 2,5,8-triazido-s-heptazine: An energetic and luminescent precursor to nitrogen-rich carbon nitrides. J. Am. Chem. Soc., 2004, 126: 5372-5373.

[84] Krieger C, Fischer H, Neugebauer F A. 3,6-diamino-1,2,4,5-tetrazine: An example of strong

intermolecular hydrogen bonding. Acta Cryst. C, 1987, 43: 1320-1322.

[85] Huang Y, Zhang Y, Shreeve J M. Nitrogen-rich salts based on energetic nitroaminodiazido [1,3,5] triazine and guanazine. Chem. Eur. J., 2011, 17: 1538-1546.

[86] Huynh M H V, Hiskey M A, Hartline E L, et al. Polyazido high-nitrogen compounds: Hydrazo-and azo-1,3,5-triazine. Angew. Chem. Int. Ed., 2004, 43: 4924-4928.

[87] Pagoria P F, Lee G S, Mitchell A R, et al. A review of energetic materials synthesis. Thermochim. Acta, 2002, 384: 187-204.

[88] Fischer N, Fischer D, Klapötke T M, et al. Pushing the limits of energetic materials-the synthesis and characterization of dihydroxylammonium 5,5′-bistetrazole-1,1′-diolate. J. Mater. Chem., 2012, 22: 20418-20422.

[89] Fischer N, Izsák D, Klapötke T M, et al. Nitrogen-rich 5,5′-bistetrazolates and their potential use in propellant systems: A comprehensive study. Chem. Eur. J., 2012, 18: 4051-4062.

[90] Wei H, Zhang J, Shreeve J M. Synthesis, characterization, and energetic properties of 6-amino-tetrazolo[1,5-b]-1,2,4,5-tetrazine-7-N-oxide: A Nitrogen-rich material with high density. Chem. Asian J., 2015, 10: 1130-1132.

[91] Yuan J, Long X, Zhang C. Influence of N-oxide introduction on the stability of nitrogen-rich heteroaromatic rings: A quantum chemical study. J. Phys. Chem. A, 2016, 120: 9446-9457.

[92] Churakov A M, Tartakovsky V A. Progress in 1,2,3,4-tetrazine chemistry. Chem. Rev., 2004, 104: 2601-2616.

[93] Klapötke T M, Piercey D G, Stierstorfer J, et al. The synthesis and energetic properties of 5,7-dinitrobenzo-1,2,3,4-tetrazine-1,3-dioxide (DNBTDO). Propell. Explos. Pyrot., 2012, 37: 527-535.

[94] Jorgensen K R, Oyedepo G A, Wilson A K. Highly energetic nitrogen species: Reliable energetics via the correlation consistent composite approach (ccCA). J. Hazard. Mater., 2011, 186: 583-589.

[95] Noyman M, Zilberg S, Haas Y. Stability of polynitrogen compounds: The importance of separating the σ and π electron systems. J. Phys. Chem. A, 2009, 113: 7376-7382.

[96] Wilson K J, Perera S A, Bartlett R J, et al. Stabilization of the pseudo-benzene N_6 ring with oxygen. J. Phys. Chem. A, 2001, 105: 7693-7699.

[97] Politzer P, Lane P, Murray J S. Computational analysis of relative stabilities of rolyazine N-oxides. Struct. Chem., 2013, 24: 1965-1974.

[98] Politzer P, Lane P, Murray J S. Some interesting aspects of N-Oxides, Mol. Phys., 2014, 112: 719-725.

[99] Frison G, Jacob G, Ohanessian G. Guiding the synthesis of pentazole derivatives and their mono- and di-oxides with quantum modeling. New J. Chem., 2013, 37: 611-618.

[100] 雷晴, 何金选, 郭滢媛, 等. 二氨基偶氮二氧化呋咱的合成及表征. 含能材料, 2008, 1: 53-55.

[101] Chavez D E, Hiskey M A, Gilardi R D. 3,3′-azobis (6-amino-1,2,4,5-tetrazine): A novel high-nitrogen energetic material. Angew. Chem. Int. Ed., 2000, 39: 1791-1793.

[102] Churakov A M, Smirnov O Y, Ioffe S L, et al. Benzo-1,2,3,4-tetrazine 1,3-dioxides: Synthesis

and NMR study. Eur. J. Org. Chem., 2002, 14: 2342-2349.

[103] Chavez D E, Hiskey M A, Naud D L. Tetrazine explosives. Propell. Explos. Pyrot., 2004, 29: 209-215.

[104] Li S H, Pang S P, Li X T, et al. Synthesis of new tetrazene(N—N=N—N)-linked bi(1,2,4-triazole). Chin. Chem. Lett., 2007, 18: 1176-1178.

[105] Li Y C, Qi C, Li S H, et al. 1,1′-azobis-1,2,3-triazole: A high-nitrogen compound with stable N_8 structure and photochromism. J. Am. Chem. Soc., 2010, 132: 12172-12173.

[106] Klapötke T M, Sabaté C M, Stierstorfer J. Neutral 5-nitrotetrazoles: Easy initiation with low pollution. New J. Chem., 2009, 33: 136-147.

[107] Frisch M J, Trucks G W, Schlegel H B, et al. Gaussian 09, revision A.1. Gaussian Inc, Wallingford CT, 2009.

[108] Inagaki S, Goto N. Nature of conjugation in hydronitrogens and fluoronitrogens. Excessive flow of unshared electron pairs into σ-bonds. J. Am. Chem. Soc., 1987, 109: 3234-3240.

[109] Lipilin D L, Smirnov O Y, Churakov A M, et al. A new cyclization involving the diazonium and ortho-(tert-Butyl)-NNO-azoxy groups-synthesis of 1,2,3,4-benzotetrazine 1-Oxides. Eur. J. Org. Chem., 2002, 20: 3435-3446.

[110] Lai W P, Lian P Z, Ge X, et al. Theoretical study of the effect of N-oxides on the performances of energetic compounds. J. Mol. Model, 2016, 22: 83-93.

[111] Lukomska M, Rybarczyk-Pirek A J, Jablonski M, et al. The nature of NO-bonding in N-oxide group. Phys. Chem. Chem. Phys., 2015, 17: 16375-16387.

[112] Reaxys, version 2.20770.1. RRN 105799. Amsterdam: Elsevier, 2016.

[113] Reaxys, version 2.20770.1. RRN 109437. Amsterdam: Elsevier, 2016.

[114] Klapötke T M, Piercey D G, Stierstorfer J. The taming of CN_7^-: The azidotetrazolate 2-oxide anion. Chem. Eur. J., 2011, 17: 13068-13077.

[115] Göbel M, Karaghiosoff K, Klapötke T M, et al. Nitrotetrazolate-2N-oxides and the strategy of N-oxide Introduction. J. Am. Chem. Soc., 2010, 132: 17216-17226.

[116] Klapötke T M, Mayer P, Miro S C, et al. Simple, nitrogen-rich, energetic salts of 5-nitrotetrazole. Inorg. Chem., 2008, 47: 6014-6027.

[117] Scrocco E, Tomasi J. The electrostatic molecular potential as a tool for the interpretation of molecular properties. Top. Curr. Chem., 1973: 42, 95-170.

[118] Politzer P, Lane P, Murray J S. Computational characterization of two di-1,2,3,4-tetrazine tetraoxides, dtto and iso-dtto, as potential energetic compounds. Central Eur J. Energ. Mater., 2013, 10: 37-52.

[119] 李洪珍, 黄明, 李金山, 等. 3-叠氮-4-氨基呋咱的合成及其晶体结构. 合成化学, 2007, 06: 710-713.

[120] Huynh M H V, Hiskey M A, Archuleta J G, et al. 3,6-di(azido)-1,2,4,5-tetrazine: A precursor for the preparation of carbon nanospheres and nitrogen-rich carbon nitrides. Angew. Chem. Int. Ed., 2004, 43: 5658-5661.

[121] Murmann R K, Glaser R, Barnes C L. Structures of nitroso-and nitroguanidine X-ray crystallography and computational analysis. J. Chem. Crystallogr., 2005, 35: 317-325.

[122] Izsák D, Klapötke T M. Preparation and crystal structure of 5-azido-3-nitro-1H-1,2,4-triazole, its methyl derivative and potassium salt. Crystals, 2012, 2: 294-305.

[123] Takayama T, Kawano M, Uekusa H, et al. Crystalline-state photoreaction of 1-azido-2-nitrobenzene-direct observation of heterocycle formation by X-ray crystallography. Helv. Chim. Acta, 2003, 86: 1352-1358.

[124] Gorbunov1 E B, Novikova1 R K, Plekhanov1 P V, et al. 2-azido-5-nitropyrimidine: Synthesis, molecular structure, and reactions with n-, o-, and s-nucleophiles. Chem. Heterocycl. Compd., 2013, 49: 768-775.

[125] Fischer D, Klapötke T M, Stierstorfer J. Synthesis and characterization of guanidinium difluoroiodate, $[C(NH_2)_3]^+[IF_2O_2]^-$ and its evaluation as an ingredient in agent defeat weapons. Z. Anorg. Allg. Chem., 2011, 637: 660-665.

[126] Galante E, Haddad A, Marques N. Application of explosives in the oil industry. Int. J. Oil. Gas. Coal. Technol., 2013, 1: 16-22.

[127] Barker J M. Thermally stable explosive system for ultra-high-temperature perforating. the SPE annual technical conference and exhibition, New Orleans, Louisiana, USA, 2013, 166179.

[128] Bellamy A J, Mahon M F, Drake R, et al. Crystal structure of the 1:1 adduct of hexanitrostilbene and dioxan. J. Energy Mater., 2005, 23: 33-41.

[129] Klapötke T M, Stierstorfer J, Weyrauther M, et al. Synthesis and investigation of 2,6-bis(picrylamino)-3,5-dinitropyridine(PYX)and its salts. Chem. Eur. J., 2016, 22: 8619-8626.

[130] Altmann K L, Chafin A P, Merwin L H, et al. Chemistry of tetraazapentalenes. J. Org. Chem., 1998, 63: 3352-3356.

[131] Li H, Zhang L, Petrutik N, et al. Molecular and crystal features of thermostable energetic materials: Guidelines for architecture of "bridged" compounds, ACS Cent. Sci., 2020, 6: 54-75.

[132] Huo X, Wang F, Niu L, et al. Clustering rooting for the high heat resistance of some CHNO energetic materials. FirePhysChem., 2021, 1: 8-20.

[133] Bhattacharjee S K, Ammon H L. Crystallographic studies of high-density organic compounds: N,N'-bis(2,2,2-trinitroethyl)oxamide. Acta Cryst., 2010, 38: 2503-2505.

[134] Klapötke T M, Krumm B, Moll R, et al. CHNO based molecules containing 2,2,2-trinitroethoxy moieties as possible high energy dense oxidizers. Z. Anorg. Allg. Chem., 2011, 637: 2103-2110.

[135] 胡荣祖, 赵凤起, 高红旭, 等. 2,2,2-三硝基乙基-N-硝基甲胺的热安全性. 物理化学学报, 2013, 29(10): 2071-2078.

[136] Wang F, Huo X, Niu L, et al. Rapid fragmentation contributing to the low heat resistance of energetic materials. FirePhysChem., 2021, 1: 156-165.

[137] Lu Z, Xiong Y, Xue X, et al. Unusual protonation of the hydroxylammonium cation leading to the low thermal stability of hydroxylammonium-based salts. J. Phys. Chem. C, 2017, 121: 27874-27885.

[138] 李杰, 马卿, 唐水花, 等. N,N'-二(氟偕二硝基乙基)-3,4-二硝胺呋咱(LLM-209)的晶体结构及热分解性质. 含能材料, 2019, 27(1): 41-46.

[139] Li J, Zhang Z, Ma Q, et al. Synthesis and characterization of N^5-(2-fluoro-2,2-dinitroethyl)-N^1-methyl-1H-tetrazole-5-am-ine and its nitramide based on functionalized amino group in 5-amino-1H-tetrazole. ChemistrySelect., 2018, 3: 6902-6906.

[140] Kettner M A, Karaghiosoff K, Klapötke T M, et al. 3,3′-bi(1,2,4-oxadiazoles) featuring the fluorodinitromethyl and trinitromethyl groups. Chem. Eur. J., 2014, 20: 7622-7631.

[141] Tang Y, Gao H, Imler G H, et al. Energetic dinitromethyl group functionalized azofurazan and its azofurazanates. RSC Adv., 2016, 6: 91477-91482.

[142] Ammon H L, Bhattacharjee S K. Structures of 1,4-difluoro-1,1,4,4-tetranitro-2,3-butanediol esters: 1,2-bis(fluorodinitromethyl) ethylene diformate, $C_6H_4F_2N_4O_{12}$, (I), and 4,5-bis(fluorod-initromethyl)-1,3-dioxolan-2-one, $C_5H_2F_2N_4O_{11}$, (II). Acta Cryst. C, 1984, 40: 487-490.

[143] Batsanov A S, Struchkov Y T, Gakh A A, et al. Crystal and molecular structure of 2,5-bis(fluorodinitromethyl)-1,3,4-oxadiazole. Russ. Chem. Bull., 1994, 43: 588-590.

[144] Chavez D E, Parrish D A, Lauren M L. Energetic trinitro- and dinitro-fluoroethyl ethers of 1,2,4,5-tetrazines. Angew. Chem. Int. Ed., 2016, 55: 1-5.

[145] Fedorov B S, Golovina N I, Smirnov S P, et al. Synthesis and crystal structure of 2,3-bis(dinitrofluoromethyl)-1,4-dioxane. Chem. Heterocycl. Compd., 2002, 38: 385-389.

[146] Dalinger I L, Shakhnes A K, Monogarov K A, et al. Novel highly energetic pyrazoles: N-fluorodinitromethyl and N-[(difluoroamino) dinitromethyl] derivatives. Mendeleev, Commun., 2015, 25: 429-431.

[147] Aliev Z G, Korepin A G, Goncharov T K, et al. 1,7-difluoro-1,1,3,5,7,7-hexanitro-3, 5-diazaheptane: Crystal structure and sensitivity to mechanical actions. J. Struct. Chem., 2015, 56: 1367-1372.

[148] DeHope A, Pagoria P F, Parrish D. New polynitro alkylamino furazans. 16th New Trends in Research of Energetic Materials, Czech Republic, 2013.

[149] Zhang Z, Geng W, Yang W, et al. Heat-resistant energetic materials deriving from benzopyridotetraazapentalene: Halogen bonding effects on the outcome of crystal structure, thermal stability and sensitivity. Propell. Explos. Pyrot., 2021, 46: 593-599.

[150] Willis J S, Stewart J M, Ammon H L, et al. The crystal structure of picryl chloride. Acta Cryst. B, 1971, 27: 786-793.

[151] Gerard F, Hardy A, Becuwe A. Structure of 1,3,5-Tri-chloro-2,4,6-tri-nitro-benzene. Acta Cryst. C, 1993, 49: 1215-1218.

[152] Holden J R, Dickinson C. The crystal structure of 1,3-dichloro-2,4,6- trinitrobenzene. J. Phys. Chem., 1967, 71: 1129-1131.

[153] Deschamps J R, Parrish D A. Stabilization of nitro-aromatics. Propell. Explos. Pyrot., 2015, 40: 506-513.

[154] Butcher R J, Gilardi R, Flippen-Anderson J L, et al. Distortions from regular geometry in substituted paranitroanilines: crystal and molecular structures of (I) N, N-dimethyl-2,4,6-trinit-roaniline, (II) N-methyl-2,4,6-trinitroaniline, (III) 3-trifluoromethyl-2,4,6-trinitroaniline, (IV) 3, 5-dihydroxy-2,4,6-trinoaniline, (V) 3-methoxy-2,4,6-trinitroaniline, (VI) N-ethyl-2,4,6-trinitroani-line. 0.5 octane, and (VII) 3-bromo-2,4,6-trinitroaniline. New J. Chem., 1992, 16: 679-692.

[155] Landenberger K B, Bolton O, Matzger A J. Energetic-energetic cocrystals of diacetone diperoxide(DADP): Dramatic and divergent sensitivity modifications via cocrystallization. J. Am. Chem. Soc., 2015, 137: 5074-5079.

[156] Fourkas J T, Schaefer W P. The structure of a tricyclic peroxide. Acta Cryst. C, 1986, 42: 1395-1397.

[157] Fourkas J T, Schaefer W P, Marsh R E. Structure of cyclohexane tetramethylene diperoxide diamine. Acta Cryst. C, 1987, 43: 278-280.

[158] Gelalcha F G, Schulze B, Lönnecke P. 3,3,6,6-tetra-methyl-1,2,4,5-tetroxane: A twinned crystal structure. Acta Cryst. C, 2004, 60: o180-o182.

[159] Fourkas J T, Schaefer W P, Marsh R E. The structure of hexamethylene diperoxide diamine. Acta Cryst. C, 1987, 43: 2160-2162.

[160] Wierzbicki A, Salter E A, Cioffi E A, et al. Density functional theory and X-ray investigations of P- and M-hexamethylene triperoxide diamine and its dialdehyde derivative. J. Phys. Chem. A, 2001, 105: 8763-8768.

[161] Groth P. Crystal structure of 3,3,6,6,9,9-hexamethyl-1,2,4,5,7,8-hexa-oxacyclononane（"trimeric acetone peroxide"）. Acta Chem. Scand., 1969, 23: 1311-1329.

[162] Wolffenstein R. Ueber die einwirkung von wasserstoffsuperoxyd auf aceton und mesityloxyd. Chem. Ber., 1895, 28: 2265-2269.

[163] Dubnikova F, Ronnie K R, Almog J, et al. Decomposition of triacetone triperoxide is an entropic explosion. J. Am. Chem. Soc., 2005, 127: 1146-1159.

[164] Rice B M, Byrd E F C, Mattson W D. Computational aspects of nitrogen-rich HEDMs. Struct. Bond., 2007, 125: 153-194.

[165] Thrush A B. The detection of free radicals in the high intensity photolysis of hydrogen azide. Proc. R. Soc. A, 1956, 235: 143-147.

[166] Hansen N, Wodtke A M. Velocity map ion imaging of chlorine azide photolysis: Evidence for photolytic production of cyclic-N_3. J. Phys. Chem. A, 2003, 107: 10608-10614.

[167] Zhang P, Morokuma K, Wodtke A M. High-level ab initio studies of unimolecular dissociation of the ground-state N_3 radical. J. Chem. Phys., 2005, 122: 14106.

[168] Prasad R. Theoretical study of fine and hyperfine interactions in N_3^+, N_3^-, and N_3^-. J. Chem. Phys., 2003, 119: 9549-9558.

[169] Korkin A, Balkova A, Schleyer P, et al. The 28-Electron Tetraatomic Molecules: N_4, CN_2O, BFN_2, C_2O_2, B_2F_2, CBFO, C_2FN, and BNO_2. Challenges for Computational and Experimental Chemistry. The Journal of Physical Chemistry, 1996, 100: 5702-5714.

[170] Bittererová M, Östmark H, Brinck T. Ab initio study of the ground state and the first excited state of the rectangular (D_{2h}) N_4 molecule. Chem. Phys. Lett., 2001, 347: 220-228.

[171] Nguyen M T, Nguyen T L, Mebel M, et al. Azido-nitrene is probably the N_4 molecule observed in mass spectrometric experiments. J. Phys. Chem. A, 2003, 107: 5452-5460.

[172] Glukhovtsev M N, Schleyer P V R. The N_4 molecule has an open-chain triplet C_{2h} structure. Int. J. Quantum Chem., 1993, 46: 119-125.

[173] Bittererová M, Brinck T, Östmark H. Theoretical study of the triplet N_4 potential energy surface.

J. Phys. Chem. A, 2000, 104: 11999-12005.

[174] Whitaker M, Biondi M A, Johnsen R. Electron-temperature dependence of dissociative recombination of electrons with $N_2^+ \cdot N_2$ dimer ions. Phys. Rev. A, 1981, 24: 743-745.

[175] Knight L B, Johannessen K D, Cobranchi D C, et al. ESR andabinitiotheoretical studies of the cation radicals $^{14}N_4^+$ and $^{15}N_4^+$: The trapping of ion-neutral reaction products in neon matrices at 4 K. J. Chem. Phys., 1987, 87: 885-897.

[176] Zheng J P, Waluk J, Spanget-Larsen J, et al. Tetrazete (N_4). Can it be prepared and observed? Chem. Phys. Lett., 2000, 328: 227-233.

[177] Cacace F, Petris G D, Troiani A. Experimental detection of tetranitrogen. Science, 2002, 295: 480-481.

[178] Cacace F. From N_2 and O_2 to N_4 and O_4: Pneumatic chemistry in the 21st century. Cheminform., 2002, 8: 3838-3847.

[179] Rennie E E, Mayer P M. Confirmation of the "long-lived" tetra-nitrogen (N_4) molecule using neutralization-reionization mass spectrometry and ab initio calculations. J. Chem. Phys., 2004, 120: 10561-10578.

[180] Vogler A, Wright R E, Kunkely H. Photochemische reduktive cis-Eliminierung bei cis-Diazidobis (triphenylphosphan) platin (II); Hinweise auf die Bildung von Bis (triphenylphosphan) platin (0) und Hexaazabenzol. Angewandte Chemie., 1980, 92: 745-746.

[181] Hayon E, Simic M. Absorption spectra and kinetics of the intermediate produced from the decay of azide radicals. J. Am. Chem. Soc., 1970, 92: 7486-7487.

[182] Workentin M S, Wagner B D, Negri F, et al. $N_6^{\cdot-}$. Spectroscopic and theoretical studies of an unusual pseudohalogen radical anion. J. Phys. Chem., 1995, 99: 94-101.

[183] Workentin M S, Wagner B D, Lusztyk J, et al. Azidyl radical reactivity. $N_6^{\cdot-}$ as a kinetic probe for the addition reactions of azidyl radicals with olefins. J. Am. Chem. Soc., 1995, 117: 119-126.

[184] Nguyen M T, Ha T. Decomposition mechanism of the polynitrogen N_5 and N_6 clusters and their ions. Chem. Phys. Lett., 2001, 335: 311-320.

[185] Glukhovtsev M N, Jiao H, Schleyer P R. Besides N_2, what is the most stable molecule composed only of nitrogen atoms? Inorg. Chem., 1996, 35: 7124-7133.

[186] Li Q S, Liu Y D, Theoretical studies of the N_6 potential energy surface. J. Phys. Chem. A, 2002, 106: 9538-9542.

[187] Hirshberg B, Gerber R B, Krylov A I. Calculations predict a stable molecular crystal of N_8. Nat. Chem., 2014, 6: 52-56.

[188] Greschner M J, Zhang M, Majumdar A, et al. A new allotrope of nitrogen as high-energy density material. J. Phys. Chem. A, 2016, 120: 2920-2925.

[189] Liu Y D, Zhao J F, Li Q S. Structures and stability of N_7^+ and N_7^- clusters. Theor. Chem. Acc., 2002, 107: 140-146.

[190] Fau S, Bartlett R J. Possible products of the end-on addition of N_3^- to N_5^+ and their stability. J. Phys. Chem. A, 2001, 105: 4096-4106.

[191] Tian A, Ding F, Zhang L, et al. New isomers of N_8 without double bonds. J. Phys. Chem. A, 1997, 101: 1946-1950.

[192] Engelke R, Stine J R. Is N_8 cubane stable? J. Phys. Chem., 1990, 94: 5689-5694.

[193] Leininger M L, Sherrill C D, Schaefer H F. N_8: A structure analogous to pentalene, and other high-energy density minima. J. Phys. Chem., 1995, 99: 2324-2328.

[194] Gagliardi L, Evangelisti S, Bernhardsson A, et al. Dissociation reaction of N_8 azapentalene to $4N_2$: A theoretical study. Int. J. Quantum Chem., 2000, 77: 311-315.

[195] Li Q S, Wang L J. A quantum chemical theoretical study of decomposition pathways of N_9 (C_{2v}) and N_9^+ (C2v) clusters. J. Phys. Chem. A, 2001, 105: 1203-1207.

[196] Ren Y, Wang X, Wong N, et al. Theoretical study of the N_{10} clusters without double bonds. Int. J. Quantum Chem., 2001, 82: 34-43.

[197] Wang L J, Mezey P G, Zgierski M Z. Stability and the structures of nitrogen clusters N_{10}. Chem. Phys. Lett., 2004, 391: 338-343.

[198] Manaa M R. Toward new energy-rich molecular systems: From N_{10} to N_{60}. Chem. Phys. Lett., 2000, 331: 262-268.

[199] Zhou H, Zheng W, Wang X, et al. A Gaussian-3 investigation on the stabilities and bonding of the nine N_{10} clusters. J. Mol. Struct., 2005, 732: 139-148.

[200] Bliznyuk A A, Shen M, Schaefer H F. The dodecahedral N_{20} molecule. Some theoretical predictions. Chem. Phys. Lett., 1992, 198: 249-252.

[201] Ha T K, Suleimenov O, Nguyen M T. A quantum chemical study of three isomers of N_{20}. Chem. Phys. Lett., 1999, 315: 327-334.

[202] Strout D L. Why isn't the N_{20} dodecahedron ideal for three-coordinate nitrogen? J. Phys. Chem. A, 2005, 109: 1478-1480.

[203] Song L, Hong Q, Qian L. Quantum chemical study on N_{60}. Chem. Res. Chin. Univ., 1997, 68: 59-69.

[204] Wang L J, Zgierski M Z. Super-high energy-rich nitrogen cluster N_{60}. Chem. Phys. Lett., 2003, 376: 698-703.

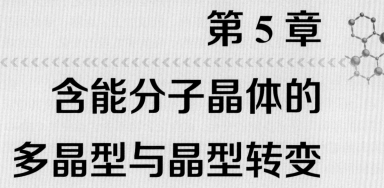

第 5 章
含能分子晶体的
多晶型与晶型转变

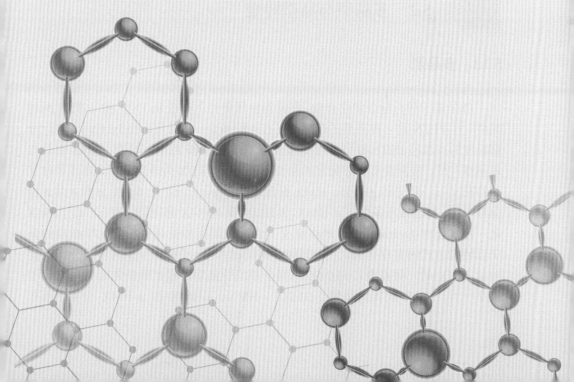

5.1　引言

多晶型(polymorphism)是天然物质和人工合成物质中的一种普遍现象,指一种物质可以以多种不同的晶型存在。对应的,从一种晶型转变为另一种晶型的过程则称之为晶型转变(polymorphic transition),当一种晶型在热力学上不稳定且动力学条件允许时,晶型转变则随即发生,晶型转变前后分子和晶体结构、性质及性能都或多或少会发生变化,但一般不会发生化学反应。含能化合物通常是由C、H、N和O元素组成的有机分子,其分子构象和分子堆积结构多种多样,因而含能化合物本质上具有多晶型特性。含能材料的晶型转变会在适当的升温或加压条件下发生,贯穿于其设计合成、结晶、造粒、机械加工、运输、储存到投入使用的整个生命周期。晶型转变常常伴随着结构、性质和性能的变化,是含能材料中的常见现象。

本节针对已投入应用的6种传统含能化合物,TNT[1,2]、PETN[3,4]、RDX[5-7]、HMX[8,9]、CL-20[10-12]和FOX-7[13,14],介绍它们的晶型、晶型转变及其前后分子构象和堆积结构的差异与性质性能的变化。这些化合物都由含能中性CHNO分子构成。本节虽未涵盖所有含能化合物的晶型和晶型转变,但仍希望能为研究其他含能化合物提供帮助。

5.2　多晶型与晶型转变

5.2.1　多晶型

TNT是一种标杆含能化合物,在常温常压条件下存在m-TNT和o-TNT两种晶型[1,2]。PETN是一种重要的起爆药,有4种晶型:常温常压相PETN-I,接近分解温度的高温相PETN-II[15],以及高压相PETN-III和PETN-IV[16]。RDX也具有多晶型[17-19],常温常压下最稳定的晶型α-RDX,β-RDX为热致晶型,高压条件下还存在γ、ε、δ、ζ和η晶型。HMX据报道共有α、β、ε、γ、ϕ、ζ、η和δ共8种晶型[20-23]。常温常压条件下α-HMX、β-HMX和δ-HMX都能稳定存在,而γ-HMX是一种水合物(hydrate)[20]。严格意义上讲,晶型指的是具有相同化学结构的分子以特定方式的有序排列,而γ-HMX含有HMX分子和水分子两种组分,因此并非HMX的一种晶型。γ-HMX不同于单组分晶型,根据最新的定义,它属于共晶[21,22]。HMX的其他晶型ζ-HMX、ε-HMX、η-HMX和ϕ-HMX分别出现在

5 GPa≤*P*<12.6 GPa、12.6 GPa<*P*<16 GPa、16 GPa<*P*<27 GPa 和 *P*>27 GPa 等不同的压强区间[23]。在常温常压下 CL-20 有 4 种确定的晶型，即 *α*、*β*、*γ* 和 *ε* 晶型[10]，其中 *α*-CL-20 和 *γ*-HMX 一样为水合物，严格来说并不属于一种晶型。*ζ*-CL-20 则存在于高压条件下[24,25]。FOX-7 也有多个晶型，包括常温常压下的 *α* 晶型，高温条件下的 *β*、*γ* 和 *δ* 晶型，高压条件下的 *α'* 和 *ε* 晶型[14,26-28]。表 5.1 列出了这六种含能化合物的晶型、晶格参数和对应的测量条件。有一点需要明确的是，在极端情况下，特别是在化合物即将分解时，含能化合物的晶体学信息（crystallographic information）通常是难以确定的。

表 5.1　六种常见含能化合物各晶型的晶格参数和测量条件

晶型	晶系	空间群	*a*/Å	*b*/Å	*c*/Å	*α*/(°)	*β*/(°)	*γ*/(°)	测试条件
m-TNT	单斜	P2₁/a	14.9113(1)	6.0340(1)	20.8815(3)	90	110.365(1)	90	−173℃，1 atm
o-TNT	正交	Pca21	14.910(2)	6.0341(18)	19.680(4)	90	90	90	−150℃，1 atm
PETN-I	四方	P$\overline{4}$2₁c	9.380	9.380	6.700	90	90	90	10~30℃，1 atm
PETN-II	正交	Pcnb	13.290	13.490	6.830	90	90	90	136℃，1 atm
α-RDX	正交	Pbca	13.182(2)	11.574(2)	10.709(2)	90	90	90	10~30℃，1 atm
β-RDX	正交	Pca21	15.0972(7)	7.5463(4)	14.4316(6)	90	90	90	0℃，1 atm
ε-RDX	正交	Pca21	7.0324(11)	10.530(3)	8.7909(11)	90	90	90	20℃，5.7 GPa
γ-RDX	正交	Pca21	12.5650(19)	9.4769(6)	10.9297(7)	90	90	90	20℃，5.2 GPa
α-HMX	正交	Fdd2	15.1400	23.8900	5.9130	90	90	90	10~30℃，1 atm
β-HMX	单斜	P2₁/c	6.5400	11.0500	8.7000	90	124.30	90	10~30℃，1 atm
δ-HMX	六方	P6₁	7.711(2)	7.711(2)	32.553(6)	90	90	120	10~30℃，1 atm
ε-HMX	单斜	P2₁/c	21.799(3)	10.913(2)	10.819(2)	90	97.43(2)	90	−73℃，1 atm
ζ-HMX	单斜	P2₁/c	6.233	10.474	8.369	90	124.49	90	10~30℃，6.2 GPa
β-CL-20	正交	Pb21a	9.676(2)	13.006(4)	11.649(3)	90	90	90	10~30℃，1 atm
ε-CL-20	单斜	P2₁/n	8.852(2)	12.556(3)	13.386(3)	90	106.82(2)	90	10~30℃，1 atm
γ-CL-20	单斜	P2₁/n	13.231(3)	8.170(3)	14.876(3)	90	109.17(2)	90	10~30℃，1 atm
ζ-CL-20	单斜	P2₁/n	12.579(2)	7.7219(19)	14.1260(15)	90	111.218(10)	90	20℃，3.3 GPa
α-FOX-7	单斜	P2₁/n	6.934(7)	6.6228(8)	11.3119(13)	90	90.065(13)	90	25℃，1 atm
β-FOX-7	正交	P2₁2₁2₁	6.9738(7)	6.635(1)	11.6475(16)	90	90	90	120℃，1 atm
α'-FOX-7	单斜	P2₁/n	6.7118(7)	6.0361(4)	10.9581(12)	90	90.077(4)	90	20℃，4.27 GPa
ε-FOX-7	三斜	P1	6.0745(11)	6.6924(7)	6.6972(7)	119.505(3)	93.913(7)	110.042(7)	20℃，5.9 GPa
γ-FOX-7	单斜	P2₁/n	13.354(3)	6.895(1)	12.050(2)	90	111.102(8)	90	−73℃，1 atm

5.2.2 晶型转变

图 5.1 总结了上述六种相关含能化合物的相图(phase diagram),箭头线 a 和 b 分别表示在压强小幅度增加和压强显著增高而温度不断升高的热力条件变化的情况,这样,a 和 b 可大致代表含能化合物分别在无约束和受约束环境下受到冲击或加热的演化,我们也可以推测出实际的压力和温度影响下含能化合物所发生的晶型转变。

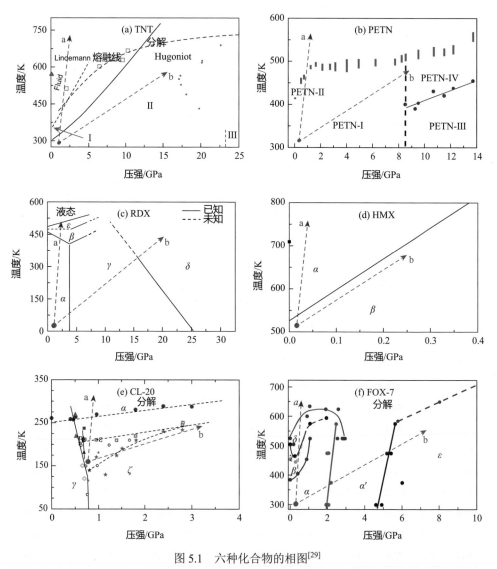

图 5.1 六种化合物的相图[29]

红色和蓝色带箭头的虚线 a 和 b 分别表示压力稍微增加一点与压力显著升高及温度升高的热力条件的变化情况

TNT 相图的相关报道极少。m-TNT 在常温常压条件下可以通过溶解结晶转化为 o-TNT[2]。此外，Dattelbaum 等对 TNT 的高压熔融线和熔融物化学稳定性进行了详细研究，从常压到 2 GPa 时熔融线很陡峭，变化率为 61 K/GPa［图 5.1 (a)］。高压条件下，TNT 的熔解温度和分解温度间的差异相比于常压下会减小，当压力达到 6 GPa 时 TNT 将不再熔化，而是直接分解[30]。

PETN 的相图涵盖了从常温常压至 14 GPa 和 550 K 的范围[31]。如图 5.1 (b) 所示，PETN-I 在常温常压下稳定存在，升温到它的熔解温度(约 414 K)时会转变为 PETN-II[32]。当环境条件沿 a 或 b 方向变化时，可分别发生从 PETN-I 到 PETN-II 和从 PETN-I 到 PETN-III 的晶型转变。PETN-IV 为高温高压相。有趣的是，PETN 的分解温度会随压强的增加而升高。PETN 分解时，O—NO$_2$ 键断裂，硝基基团离去，同时伴有大量气体产生。从热力学角度看，增加压强会抑制 PETN 中硝基离去和气体的产生。

如图 5.1 (c) 所示，RDX 的晶型非常丰富[17,33-36]。ε-RDX 仅存在于压力和温度变化很小的区域中；对于 η-RDX 和 ζ-RDX，文献报道仅指出它们为高压相，无任何其他相关具体数据[17-19]，因此 RDX 相图仍需进一步完善；α-RDX 作为 RDX 常态条件下最稳定的晶相，沿 a 方向会演变为 β 和 ε 晶型，沿 b 方向会晶型转变为 γ 和 δ 晶型。

如图 5.1 (d) 所示，对于 HMX，β-HMX 是其常温常压下最稳定的晶型。若 β-HMX 沿 a 方向演化，会转变为 α-HMX，并在沿 a 或 b 方向演化时都将一直保持为 α 晶型直到分解[37]。还有研究发现，当温度升高到 375~377 K 时，β-HMX 会转变为 α-HMX，当温度进一步上升至 433~437 K 时，β-HMX 会晶型转变为 δ-HMX[38]。除 α、β 和 δ 晶型外，也报道了一些 HMX 的高压相，如 ζ-HMX(5 GPa)、ε-HMX(12 GPa)、η-HMX(16 GPa) 和 ϕ-HMX(27 GPa)[23]。和 RDX 一样，HMX 的相图也需进行进一步研究。

图 5.1 (e)[39,40] 展示了 CL-20 的相图，由于 CL-20 的晶型转变会影响其安全性，其相图受到了广泛关注。α、β 和 ε 晶型在常温常压下都是稳定的，在 155~198 K 条件下晶型转变产生 γ 晶型[41]。注意，晶型转变的温度压力条件和晶相稳定存在的条件可能不一致。Ciezak 等证明在 4.1~6.4 GPa 时 ε 晶型会转变为 γ 晶型，当压力达到 18.7 GPa 时，可进一步晶型转变为 ζ-CL-20[42]。Russell 等也报道了得到 ζ 晶型时的压力条件可以低至 0.7 GPa[24]，这种差异可能源自晶型转变路径的不同。

Bishop 等对热致和压力致 FOX-7 的晶型转变做了系统性研究，并得到了涵盖 FOX-7 共 6 种晶型的相图［图 5.1 (f)］。α-FOX-7 稳定存在于常温常压下，β-FOX-7、γ-FOX-7 和 δ-FOX-7 是高温晶型，α'-FOX-7 和 ε-FOX-7 属于高压晶型[26,39]。γ-FOX-7 的晶体学信息采集主要是通过升温至接近其分解温度 393 K 左右，再退火到 203 K 得到。从 β-FOX 到 γ-FOX 的晶型转变不可逆。根据相图可推断出，FOX-7 有两个潜在三相点，即 $\beta+\gamma+\delta$ 和 $\alpha+\beta+\delta$。沿 a 演化，FOX-7 会自 α 晶型转变至 β 再到 γ 晶型；沿 b 演化，就会发生从 α' 到 ε 晶型的转变。

含能化合物的相图是理解晶型转变、指导含能化合物实际应用的重要工具，然而含能化合物对温度、压力和辐照的高感度在一定程度上导致了晶体相图不完整性，需要更多深入的研究加以完善。

 ## 5.3　晶型转变的影响因素

在给定条件下，如特定温度和压力，晶型转变的发生与否本质上由热力学和动力学性质决定，而晶型转变的动力学测定十分复杂多变，仍然面临诸多挑战。考虑到含能化合物结晶过程始终涉及晶体品质和添加剂，本节将重点讨论这两个决定因素对晶型转变的影响。

5.3.1　晶体品质

含能化合物的晶体品质包括形貌(morphology)、完美性(perfection)、化学纯度(chemical purity)和尺寸及尺寸分布(size and size distribution)，因此所谓高品质晶体则指球状晶体、高完美度、高纯度以及粒径大小相对接近[43]。很多实验证明了晶体品质是晶型转变的关键因素之一。例如，CL-20 从 ε 到 γ 晶型的转变与其晶体纯度和粒径密切相关[44]。如图 5.2 所示，初始晶型转变温度随化学纯度增加

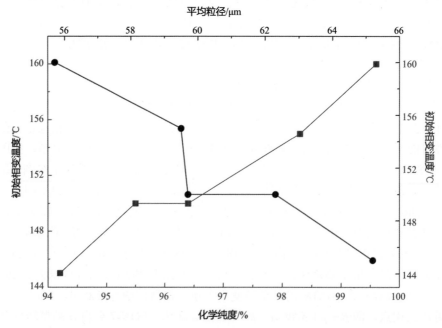

图 5.2　不同化学纯度和粒径的 CL-20 样品从 ε 到 γ 晶型的初始晶型转变温度的比较[29]

而升高、随平均粒径减小而升高。理论上，比表面能更高、粒径更小的晶体更易于发生晶型转变，然而实际情况却是较大粒径的晶体更容易发生晶型转变，这是因为较大粒径的 CL-20 含有更多缺陷，可促进晶型转变的发生[44]。一般来说，比表面积较高的晶体更容易发生晶型转变。

5.3.2　添加剂

大量实验研究表明，添加剂对晶型转变具有决定性作用，这可能是因为添加剂的存在损害了含能晶体的表面完整性，使得晶界和缺陷增加，造成晶型转变的能垒降低。Leiserowitz 等提出了一个添加剂参与促进晶型转变的基本模型，在模型中，如果一种添加剂在结构上和含能分子类似，就会选择性吸附在这类含能化合物晶面上，因此，该吸附位点充当了晶型转变的起点[45,46]。但事实上，添加剂具有两面性，在一些情况下也会对晶型转变起到限制作用，例如，实验证明使用聚合物添加剂的晶体表面会形成致密涂层，能有效防止晶型转变的发生[47]。

惰性添加剂种类的不同也会对 CL-20 从 ε 到 γ 的晶型转变过程产生影响[44]。图 5.3 表明，石墨和石蜡含量越高，该 CL-20 晶型转变的初始晶型转变温度越低，而 TATB 含量不影响 CL-20 初始晶型转变温度。有报道指出，添加三茚满(TI)可以促进 TNB 的晶型转变，并从其 CCl₄ 溶液中经 TI 诱导获得了 TNB 的一种新晶型[48]。Zhang 等也研究了添加剂对 CL-20 晶型转变温度的影响，包括惰性、活性和抑制效应[49]。

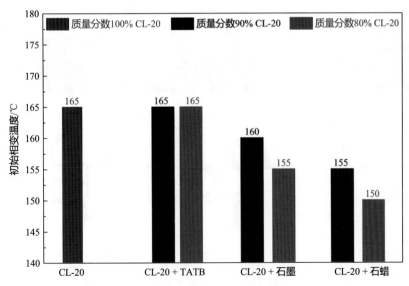

图 5.3　纯 CL-20 样品及 CL-20 与几种惰性添加剂混合样品的初始晶型转变温度的比较[29]

5.4 晶型的结构和能量差异

5.4.1 分子结构

对于同一种含能化合物，不同晶型也有分子构象上的差异，这意味着晶型转变会对分子构象产生影响。如图 5.4 所示，除 HMX 外，大多数情况下，含能化合物的分子构象骨架的几何结构相近，而只是取代基取向上存在微小差异。这表明，大多数情况下，取代基连接的单键的扭转在晶型转变中起到了主导作用。

首先，我们对 TNT、PETN 和 FOX-7 进行了研究，发现这些含能化合物的分子构象差异来自于单键扭转，特别是硝基的扭转。图 5.5（a）展示了 TNT 的两种晶型及其各包含的两种分子构象。对于 PETN，没有观察到明显的分子构象差异。图 5.5（b）展示了 FOX-7 的 γ 晶型和 ε 晶型各有两种分子构象，而其余的 α、β 和 α' 晶型都只有一种分子构象。TNT 各种晶型的分子构象中，硝基始终和苯环不共面。相比之下，FOX-7 的分子平面性会随压力和温度的升高而增加。在温度升高的过程中，α-FOX-7、β-FOX-7、γ-FOX-7-1 和 γ-FOX-7-2 分子构象的最大扭转角 $\varphi_{O-N-C-C}$ 分别从 35.6°、25.6°、20.2° 和 17.4° 逐渐降低。另一方面，随着压力升高，α-FOX-7 会先晶型转变为 α'-FOX-7，最大扭转角 $\varphi_{O-N-C-C}$ 从 35.6° 增加到 37.7°，而后晶型转变为 ε 相，分子构象为 ε-FOX-7-1 和 ε-FOX-7-2[49]，最大扭转角分别下降至 7.2° 和 6.6°。

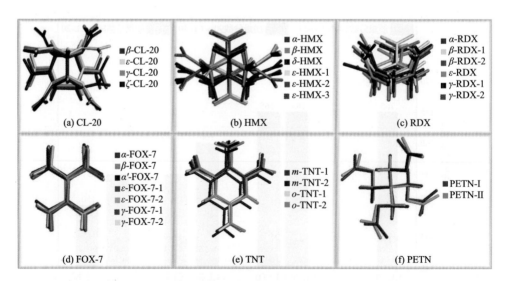

图 5.4 六种含能化合物的多个分子构象的叠加图

不同颜色代表不同构象

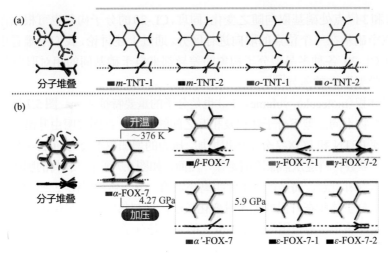

图 5.5　TNT(a) 和 FOX-7(b) 不同晶型的分子结构对比[29]

不同分子构象以不同颜色区分，并叠加在一起方便对比

图 5.6 展示了 RDX、HMX 和 CL-20 各个晶型的分子构象。RDX 有两种主要的分子构象，AAA 和 AAE，其中 A 和 E 分别表示硝基取向垂直(axial)和平行(equatorial)于分子骨架上相邻 CNC 原子确定的平面。在 β-RDX 和 ε-RDX 中三个硝基的方向为 AAA、α-RDX 为 AAE，而 γ-RDX 兼具 AAA 和 AAE。这表明，如果 RDX 分别沿 a 方向演化，分子构象将从 AAE 型演化为 AAA 型，沿着 b 演化，分子构象会转变为 AAA 型和 AAE 型 [图 5.6(a)]。HMX 多种晶型中分子构象可根据硝基取向分为船-船式和椅式 [图 5.6(b)]，α 和 δ-HMX 为船-船式，β、ε 和 ζ-HMX 则为椅式[23]。HMX 若沿 a 演化，将从 β 相转变为 α 相，分子构象从椅式变为船-船式；如果沿 b 演化，从 β 晶型转化为 ε 晶型的过程中将使得图 5.6(b)

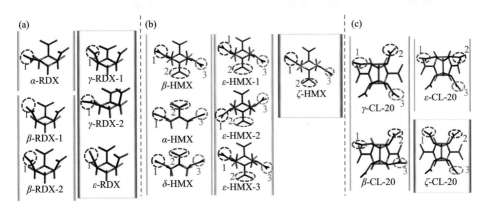

图 5.6　RDX(a)、HMX(b) 和 CL-20(c) 多晶型的分子构象[29]

所示的 1 和 3 位点处硝基取向随之变化。同理，CL-20 的分子构象也可根据图 5.6 (c) 所示的三个硝基在三个位点的取向进行区分。通过上述讨论，我们不难看出 RDX、HMX 和 CL-20 各种多晶型分子构象的差异都来自于硝基间的相对取向及硝基相对于分子骨架取向的差异[29]。

分子体积 (molecular volume，V_m) 也是分子的重要特征之一。图 5.7 展示了这六种含能化合物不同晶型下分子体积及相互之间的差异。该图表明由升温引起的晶型转变不会使 PETN 和 FOX-7 分子体积增加，压力的增加也不会对 FOX-7 分子体积产生影响。大多数材料遵从热胀冷缩定律，然而，如图 5.7 所示，材料的膨胀和收缩并非由分子本身所引起，而是由分子间距离决定的。分子体积仅在 -2.2% 至 1.12% 范围内变化，即分子体积在升温或加压时变化较小，这与热胀冷缩定律相对[50]，这就表明，在一定的热和压力范围内，发生变化的主要是分子间距离而非分子体积。

5.4.2　分子堆积

在讨论过分子结构后，这一节将对另一本征结构分子堆积结构进行探讨。分子堆积结构涉及分子堆积模式 (molecular stacking mode)、晶体堆积系数 (packing coefficient，PC)、晶体堆积密度 (packing density)，d_c 和分子间相互作用。含能化合物晶型转变后晶体结构也会发生变化，即分子在晶格中的排列方式和晶格参数随之改变。

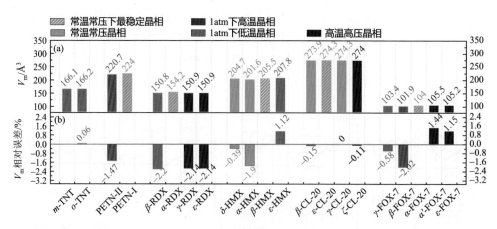

图 5.7　多晶型的分子体积 (V_m) 与其能量最占优晶型 V_m 的相对偏差 (RD)[29]

图 5.8～图 5.9 展示了六种化合物不同晶型的晶体结构、堆积系数及相对偏差。从图中可以看出，RDX、CL-20 和 FOX-7 的高压晶型相比它们的常压晶型，堆积系数显著增加，显示出良好的可压缩性。晶体堆积密度由分子密度和堆积系数决定，

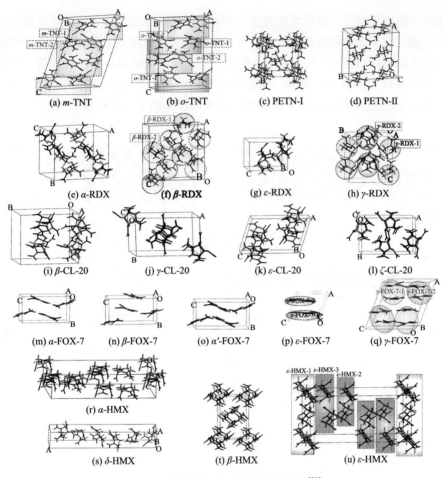

(a) *m*-TNT　(b) *o*-TNT　(c) PETN-I　(d) PETN-II

(e) *α*-RDX　(f) *β*-RDX　(g) *ε*-RDX　(h) *γ*-RDX

(i) *β*-CL-20　(j) *γ*-CL-20　(k) *ε*-CL-20　(l) *ζ*-CL-20

(m) *α*-FOX-7　(n) *β*-FOX-7　(o) *α'*-FOX-7　(p) *ε*-FOX-7　(q) *γ*-FOX-7

(r) *α*-HMX

(s) *δ*-HMX　(t) *β*-HMX　(u) *ε*-HMX

图 5.8　六种含能化合物的晶体结构[29]

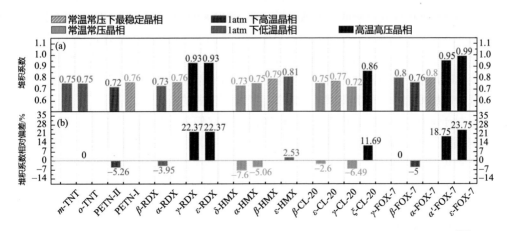

图 5.9　六种含能化合物各晶型的堆积系数及其与能量最占优势的晶型的相对偏差[29]

因此分子的可压缩性与晶体堆积密度密切相关。对于给定的分子，分子质量唯一，因此可通过堆积系数相对偏差的微小变化推测出分子密度或分子体积的微小变化。这与第 5.4.1 节所提及的不考虑压力条件下分子体积变化很小的结论相符。此外，堆积系数随压力的升高而增加，随温度的升高而减小，这表示堆积系数是升压时晶体堆积密度的升高和升温下晶体堆积密度的降低的主导性因素。

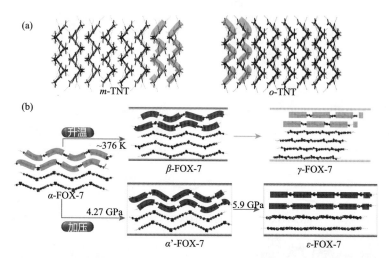

图 5.10　TNT 两种晶型(a)和 FOX-7 五种晶型(b)的分子堆积模式图[29]

虚线表示堆积结构中的分子层

　　分子堆积模式在影响含能化合物安全性能方面起着重要作用，是设计新型低感高能材料的重要基础[51]。分子堆积模式包括面-面(平面层状)堆积、波浪型堆积、阶梯型堆积、人字型堆积、交叉型堆积和混合型堆积[52,53]。对于平面 π 共轭分子，形成面对面 π-π 堆积模式对降低撞击感度最有利。举例来说，如图 5.10 的 TNT 和 FOX-7，它们的苯环和乙烯间的共轭框架为各自的分子平面性结构奠定了基础。TNT 的两种晶型中分子均呈波浪型堆积 [图 5.10(a)]；而 FOX-7 的五种晶型，当温度和压力发生变化时，分子堆积模式可从波浪型堆积转变为平面层状堆积 [图 5.10(b)]。FOX-7的低撞击感度部分源于其晶型转变时伴随的堆积模式的变化[54]。

　　对于 RDX、HMX、PETN 和 CL-20，尽管它们并不是 π 共轭分子，但它们的堆积模式可用层状堆积来描述。如图 5.11(a)～(d)所示，RDX 四个晶型形成了两种堆积模式：ε-RDX 为平行堆积，其余 3 种晶型是波浪型堆积。图 5.11(e)～(i)展示了 HMX 五种晶型更为多样的堆积模式，β-HMX、ε-HMX 和 ζ-HMX 为波浪型堆积，α-HMX 和 δ-HMX 分别为阶梯型堆积和平行管式堆积。如图 5.11(j)～(k)所示，PETN 的两种晶型 PETN-I 和 PETN-II 分别为波浪型堆积和层状堆积。CL-20

的四种晶型中都为层状堆积［图 5.11(l)～(o)］。堆积模式的不同造就了不同的力学特性，对撞击感度也有不同程度的影响。

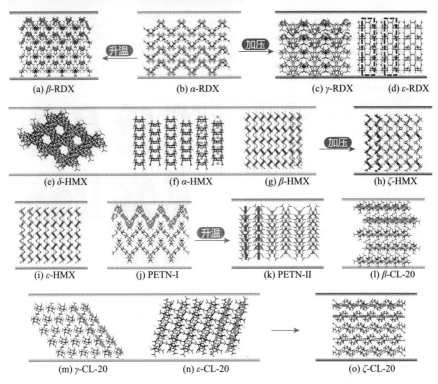

图 5.11 四种含能化合物 RDX(a~d)、HMX(e~i)、PETN(j~k)和 CL-20(l~o)多晶型的分子堆积结构[29]

虚线表示堆积结构中的分子层

大量实验研究和理论模拟证明了氢键(hydrogen bond，HB)对含能材料能量和安全性有着重要影响[55]。为探究氢键在晶型转变过程中的变化，Bu 等对 FOX-7 的 $\alpha \to \beta \to \gamma$ 晶型转变过程进行了研究[54]。图 5.12(a)展现了 FOX-7 三种晶型的分子层内氢键，其中 α-FOX-7 的氢键网络最为密集，其次是 γ-FOX-7，β-FOX-7 最弱，即上述 $\alpha \to \beta \to \gamma$ 的晶型转变过程中，氢键先减弱后增强。分子间氢键变化趋势类似，在 α-FOX-7 到 β-FOX-7 的晶型转变过程中减弱，在 β-FOX-7 到 γ-FOX-7 的晶型转变过程中增强。晶型转变过程中，H···A(氢键中氢原子与氢键受体近接触)平均距离从 2.293 Å 增加到 2.558 Å 再降低到 2.391 Å，∠D—H···A(氢键键角)平均值从 138.9°减小到 127.9°再增加到 135.5°［图 5.12(b)］，说明在三个晶型中，β-FOX-7 的分子间氢键最弱。Bu 等[54]还用 Hirshfeld 面方法对氢键进行研究[56,57]，FOX-7 的所有晶型的 Hirshfeld 表面均呈块体状，所有红点均分布在块体边缘［图 5.12(c)］，表明分子间氢键在层内的分子间相互作用中占主导地位[58]。

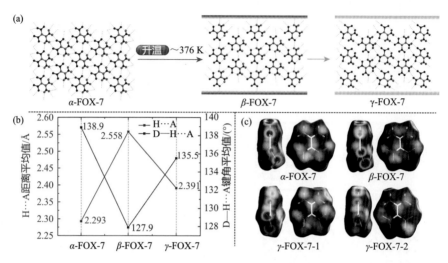

图 5.12　FOX-7 三种晶型的特性比较：层内氢键(a)，分子间氢键(b)和 Hirshfeld 面(c)[29]

　　Bu 等对六种含能化合物各晶型的分子间原子间近接触(intermolecular interatomic close contact)分布也进行了分析研究，发现 H⋯O、O⋯O 和 N⋯O 近接触在所有情况中都占据着主导地位(图 5.13)[29]。对于同种含能化合物的不同晶型，它们的近接触分布差异不大，这可能源于不同晶型间分子结构的差异不大。另外，六个含能化合物中，每种化合物各晶型间的晶格能差异小[50]，也表明它们分子间相互作用接近。

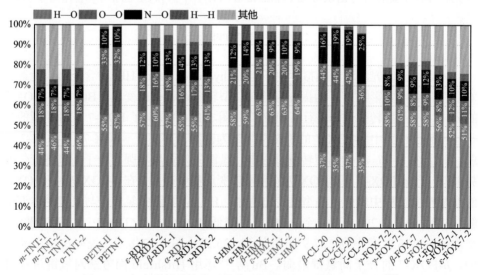

图 5.13　六个含能晶体分子的分子间原子间近接触分布比较[29]

5.4.3 晶体形貌

晶型转变能改变含能晶体的形貌。近期，有研究通过附着能 (attachment energy，AE) 模型预测了 HMX 和 CL-20 在真空中长成的各种晶型的晶体形貌，从图 5.14 可以看出同一化合物不同晶型的形貌差异很大[59]。α、β、γ 和 δ-HMX 的晶体形貌分别呈现出针状、菱状、片状和鼓状。α-CL-20 和 β-CL-20 具有薄饼状的晶体形貌，γ-CL-20 是钉型，ε-CL-20 则为菱形[59]。这表明多晶型可根据形貌差异加以区分。另外，晶体形貌也受溶剂、温度和搅拌等结晶条件的影响。即使结晶条件接近甚至相同，晶体多晶型的晶体形貌也会有所差别。

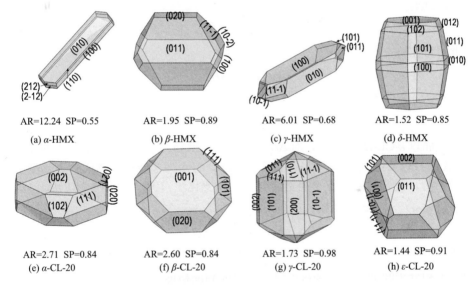

图 5.14　根据附着能 (AE) 模型预测的 HMX 和 CL-20 各晶型在真空中的晶体形貌
AR 和 SP 分别表示纵横比和球形度[59]

5.4.4 能量特性

多晶型的形成通常与分子构象和晶体堆积有关，在热力学上可分别用分子构象能 (molecular conformer energy，MCE) 和晶格能 (lattice energy，LE) 表示。由此则引出一个问题，在常温常压下最稳定晶型到底是由这两个因素中哪一个来主导的呢？最稳定晶型原则上具有最低的总能量 (total energy，TE)，而总能量是由分子构象能和晶格能共同决定。进一步思考，在总能量中分子构象能和晶格能谁的权重更大？回答了这个问题后，结合制备技术[60]、结构分析[61]和外部刺激响应[62,63]

165

方面的研究，可形成对含能多晶型的深入认知。

含能晶体应用场景大多数是在常温常压条件下，因此对常温常压下多晶型的研究也更受关注。晶型转变的发生通常需要给定温度和压力，涉及热力学量吉布斯自由能 G。晶型转变前后吉布斯自由能变化 (ΔG) 近似等于内能变化 (ΔU)，ΔG 通常很难计算，但确定 ΔU 相对容易。故在常温常压下验证最稳定晶型时，可近似认为 $\Delta G \approx \Delta U$，详细推导步骤如下：

若晶型 1 转变成晶型 2，则有

$$\Delta G = G_2 - G_1 < 0 \tag{5.1}$$

$$\Delta G = \Delta H - \Delta(TS) \tag{5.2}$$

常温常压下由有机小分子组成的晶体发生晶型转变时，ΔS 通常很小可忽略不计，因此有

$$\Delta(TS) \approx 0 \tag{5.3}$$

由此可推出：

$$\Delta G \approx \Delta H \tag{5.4}$$

焓变 (ΔH) 公式为

$$\Delta H = \Delta U + \Delta(pV) \tag{5.5}$$

下面以 ε-CL-20[64]为例，对 $\Delta H \approx \Delta U$ 进行推导。一个 ε-CL-20 分子的体积为 356 Å³ ($2.143 \times 10^{-4} \mathrm{m}^3/\mathrm{mol}$)，是本章中所讨论的六种含能化合物所有多晶型中体积最大的。假设常温常压下晶型转变后体积变化了 10%，则体积功 ($p\Delta V$) 仅为 0.02 kJ/mol，小到可以忽略，代入上式可得

$$\Delta G \approx \Delta H \approx \Delta U \tag{5.6}$$

常温常压下能否晶型转变可用 ΔU 进行确认。内能 U 即总能量，包含了分子内能量和分子间能量，分别对应分子构象能和晶格能。

$$U = \mathrm{TE} = \mathrm{MCE} + \mathrm{LE} \tag{5.7}$$

为方便研究各种能量，Liu 等定义一种化合物所有晶型中某一晶型的分子构象能与最小分子构象能的差值为其相对分子构象能(relative molecular conformer energy，RMCE)，类似的，也定义了相对晶格能(relative lattice energy，RLE)和相对总能量(relative total energy，RTE)[50]，便于各晶型的热力学研究。

$$\mathrm{RMCE}_i = \Delta \mathrm{MCE} = \mathrm{MCE}_i - \mathrm{MCE}_{\min} \tag{5.8}$$

$$\mathrm{RLE}_i = \Delta \mathrm{LE} = \mathrm{LE}_i - \mathrm{LE}_{\min} \tag{5.9}$$

$$\mathrm{RTE}_i = \Delta U = U_i - U_{\min} = (\mathrm{MCE} + \mathrm{LE})_i - (\mathrm{MCE} + \mathrm{LE})_{\min} - \mathrm{RMCE} + \mathrm{RLE}$$

$$\tag{5.10}$$

同样，RTE_i 与 $\mathrm{RTE}_{\min}$ 间的差值，即 $\Delta \mathrm{RTE}_i$ 可用来比较各晶型的相对总能量。

$$\Delta RTE_i = RTE_i - RTE_{min} \tag{5.11}$$

分子构象能、晶格能和总能量值越小，晶体热力学稳定性越高，分子间相互作用越强。Liu 等[50]用 PBE-D2 法[65]对上述热力学量展开量化计算，这种方法在含能分子和离子晶体中的可靠性已经得到了验证[66,67]。该方法中，OPT1 和 OPT2 分别表示在固定和不固定晶体空间群的情况下进行的原子位置的弛豫。表 5.2 列出的相关计算结果表明，保持晶格的对称性对晶胞参数优化的影响几乎可以忽略；同时，也验证了 PBE-D2 处理多晶型的可靠性。

表 5.2　常温常压下或零度以下时，多晶型实验值（EXP）和优化值（OPT1 和 OPT2）晶格参数对比

晶型		a/Å	b/Å	c/Å	α/(°)	β/(°)	γ/(°)	V_c/Å³
	EXP	9.676(2)	13.006(4)	11.649(3)	90	90	90	1465.98
β-CL-20	OPT1	9.6364	13.1360	11.5418	90	90	90	1461.00(−0.3%)
	OPT2	9.6470	13.1201	11.5399	89.78	89.85	89.92	1460.64(−0.4%)
	EXP	8.852(2)	12.556(3)	13.386(3)	90	106.82(2)	90	1424.15
ε-CL-20	OPT1	8.8790	12.5455	13.3608	90	105.84	90	1431.75(0.5%)
	OPT2	8.8767	12.5398	13.3400	89.97	105.74	89.95	1429.21(0.4%)
	EXP	13.231(3)	8.170(2)	14.876(3)	90	109.17(2)	90	1518.89
γ-CL-20	OPT1	13.1417	8.2458	14.8201	90	108.54	90	1522.66(0.2%)
	OPT2	13.1646	8.2509	14.8957	89.03	109.59	89.78	1524.00(0.3%)
	EXP	15.1400	23.8900	5.9130	90	90	90	2138.70
α-HMX	OPT1	15.0887	23.3328	5.9168	90	90	90	2083.08(−2.6%)
	OPT2	15.1652	23.3650	5.9325	90.09	89.89	91.63	2101.23(−1.8%)
	EXP	6.5400	11.0500	8.7000	90	124.30	90	519.39
β-HMX	OPT1	6.5117	10.8034	8.7199	90	124.61	90	504.90(−2.8%)
	OPT2	6.5126	10.7954	8.7309	89.99	124.65	89.95	504.98(−2.8%)
	EXP	7.711(2)	7.711(2)	32.553(6)	90	90	120	1676.27
δ-HMX	OPT1	7.5671	7.5671	32.8001	90	90	120	1626.54(−3.0%)
	OPT2	7.5678	7.5589	32.8305	90	90	119.92	1627.79(−2.9%)
	EXP	13.182(2)	11.574(2)	10.709(2)	90	90	90	1633.86
α-RDX	OPT1	13.2362	11.3943	10.6423	90	90	90	1605.04(−1.8%)
	OPT2	13.2411	11.3942	10.6482	89.99	89.94	89.95	1606.51(−1.7%)
	EXP	15.0972(7)	7.5463(4)	14.4316(6)	90	90	90	1644.16
β-RDX	OPT1	15.0740	7.5021	14.3886	90	90	90	1627.16(−1.0%)
	OPT2	15.0743	7.5034	14.3810	89.99	90	89.99	1626.61(−1.1%)

续表

晶型		a/Å	b/Å	c/Å	α/(°)	β/(°)	γ/(°)	V_c/Å³
α-FOX-7	EXP	6.934(7)	6.6228(8)	11.3119(13)	90	90.065(13)	90	519.47
	OPT1	6.9701	6.3257	11.1935	90	92.34	90	493.12(−5.0%)
	OPT2	6.9556	6.3753	11.2811	90.92	90.32	83.57	497.03(−4.3%)
γ-FOX-7	EXP	13.354(3)	6.895(1)	12.050(2)	90	111.102(8)	90	1035.11
	OPT1	12.9185	6.9070	12.1447	90	113.483	90	993.896(−4.0%)
	OPT2	12.8191	6.8915	12.1458	90.0632	111.681	91.5305	996.658(−3.7%)
m-TNT	EXP	14.9113(1)	6.0340(1)	20.8815(3)	90	110.365(1)	90	1761.37
	OPT1	14.8008	5.8823	21.2839	90	112.26	90	1725.96(−2.0%)
	OPT2	14.9977	5.9698	20.6147	89.91	110.76	89.79	1725.85(−2.0%)
o-TNT	EXP	14.910(2)	6.0341(18)	19.680(4)	90	90	90	1770.58
	OPT1	14.9634	5.9545	19.4049	90	90	90	1728.97(−2.4%)
	OPT2	14.8498	5.9180	19.5500	88.77	86.13	93.50	1725.39(−2.7%)
PETN-I	EXP	9.380	9.380	6.700	90	90	90	589.495
	OPT1	9.3246	9.3246	6.6105	90	90	90	574.771(−2.5%)
	OPT2	9.6614	9.3800	6.7030	90	88.2816	90	607.179(3.0%)

注：括号中的百分比表示晶胞参数优化值与实验值的相对偏差。

分子构象和晶体堆积作为含能化合物的本征结构，在同种含能化合物的不同晶型中或多或少存在差异，即相对分子构象能、相对晶格能和相对总能量与晶型有关。本章讨论的六种含能化合物的三种能量如图 5.15 所示。图中数值越小，热力学稳定性越高，表明了分子构象能和晶格能在常温常压下最稳定晶型中的主导性存在差别。由晶格能主导的晶体有 CL-20、RDX、PETN 和 FOX-7，由分子构象能主导的晶体有 HMX，而 TNT 中分子构象能和晶格能贡献相当[50]。我们认为，分子构象能和晶格能对总能量主导性的可变性是当前晶体结构预测困难的原因之一。

5.4.5　爆轰特性

一般来说，一组多晶型中晶体堆积模式不同会导致晶体堆积密度 d_c 存在差异。对于含有 CHON 的含能化合物，根据 Kamlet-Jacobs 公式，它们的爆速(detonation velocity, v_d)和爆压(detonation pressure, P_d)分别与 $1 + 1.30 d_c$ 和 d_c^2 成比例，因而晶体堆积密度(d_c)的微小浮动都会引起爆速和爆压的较大变化。CL-20 常温常压下的 γ、β 和 ε 晶型的 d_c 分别为 1.916 g/cm³、1.958 g/cm³ 和 2.044 g/cm³，表明 ε-CL-20

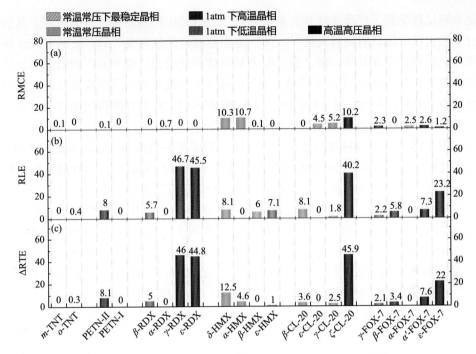

图 5.15 六种含能化合物的能量对比(单位：kJ/mol)[29]

拥有最佳的爆轰性能[10]。同理，晶体堆积密度 d_c 最高的 β-HMX 相比其他 HMX 晶型爆轰性能最好[68,69]。一般条件下含能材料堆积最紧凑的晶型通常是所有晶型中爆轰性能最好且撞击感度最低的，因此控制晶型是缓解含能材料的能量-安全性间矛盾的重要手段。

5.5 晶型对热解机制的影响

除了上文所介绍的结构和能量特性，多晶型之间还存在热反应性的差异。热稳定性作为含能材料最重要的性能之一，始终备受关注，特别是多晶型间热稳定性/反应性间的差异。这些都是评估含能材料适用性的基础。下文以 CL-20 和 HMX 为例说明体积受限下多晶型热反应性的差异。

5.5.1 CL-20 各晶型的热解机制

CL-20 在目前商用含能化合物中能量水平最高[70-75]，但其高感度和高成本使 CL-20 的实际应用仍然受限。当受到一定外界刺激时，CL-20 通常会发生热分解，此分解过程受到了广泛关注和大量研究[76-84]。CL-20 的高感度一方面来源于其低分子稳定性,如低的键解离能[85];另一方面则源自晶型转变[86-89]。虽然 CL-20 热致晶型转变发生在其热分解之前,但是如果体积受限或快速升温,初始晶型就能保留直到分解。最近,Liu 等[90]选定基于 3ob-3-1 参数集的自洽电荷密度泛函紧束缚(SCC-DFTB)方法,对 β-CL-20、ε-CL-20 和 γ-CL-20 的分解机制进行分子动力学模拟,该方法在此前已得到可靠性验证[69,91-103]。

图 5.16 展现了四种加热条件下 CL-20 三种晶型的势能(potential energy,PE)演化过程。在 300 K 到 2000 K 程序升温条件下 [图 5.16(a)],三种晶型的势能缓慢增加,在 17 ps 时曲线发生重叠,随后势能值发生波动,其曲线清晰可辨,之后势能开始下降。根据势能的演化趋势可知 γ-CL-20 热稳定性最差,其次是 β-CL-20,ε-CL-20 热稳定性最好。同理,可观察图 5.16(b)~(d)中 1000 K、1500 K 和 2000 K 恒温加热下的势能变化。恒温加热时,势能通常先缓慢增加,然后减少[104]。在 1000 K 时,β-CL-20 和 γ-CL-20 的势能分别在 10 ps 和 16 ps 后降低,而 ε-CL-20 在模拟的时间范围内势能没有降低,表明 ε-CL-20 热稳定性最好,其次是 β-CL-20 和 γ-CL-20。1500 K 和 2000 K 时,ε-CL-20 最晚出现势能降低的情况,γ-CL-20 和 β-CL-20 的热稳定性排名取决于温度条件。

Liu 等对 CL-20 各种晶型的初始分解反应进行了分析,模拟观察到了五种分解类型,如图 5.17 所示:(**A**)五元环中硝基基团离去、(**B**)六元环中硝基基团离去、(**C**)六元环中 C—N 断裂、(**D**)五元环中 C—N 键断裂和(**E**)C—C 键断裂[90]。五种分解类型在过往研究中都曾得到验证[81-105]。

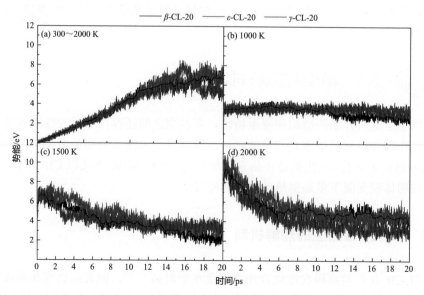

图 5.16　CL-20 三种晶型加热时的势能演变[90]

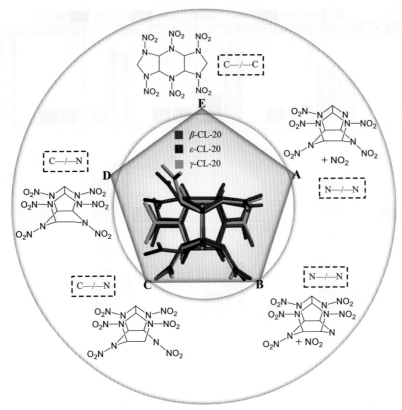

图 5.17　CL-20 的五种初始热分解类型(从 A 到 E)[90]

　　图 5.18 统计了四种加热条件下 CL-20 五种初始热分解反应类型的占比。可以发现，β-CL-20 初始热分解反应类型比例中，类型 A 随温度的升高而增加，B 随温度的升高而减少，C 未出现，D 出现在 1000 K、1500 K 和 2000 K，而 E 出现在 1500 K 和 2000 K。硝基基团离去(类型 A 和 B)在 β-CL-20 热分解中的占比远大于 C—N 键断裂(C 和 D)和 C—C 键断裂(E)的占比，即 β-CL-20 热分解由硝基基团主导。这和 ε-CL-20 受到冲击时情况有所不同，ε-CL-20 受冲击时开环反应的占比反而最大[84]。ε-CL-20 和 γ-CL-20 中，硝基基团离去对热分解的贡献最大，其他初始热分解反应类型占比通常和 β-CL-20 相似。最大的区别如上文势能演化分析时所指出的，1000 K 时 ε-CL-20 不发生反应，这在一定程度上能解释 ε-CL-20 具有最低的撞击感度。

　　不同晶型的热稳定性也能通过一些关键中间体和产物进行评估，如图 5.19 所示，在 300 K 至 2000 K 的程序升温过程中，CL-20 三种晶型在化学物种演化上没有明显差异。根据图 5.19(a) 中 CL-20 的消失时间，不难发现 ε-CL-20 分解最慢，其次是 β-CL-20，最后是 γ-CL-20。观察对比图 5.19(a) 和图 5.19(b)，CL-20 分

含能材料的本征结构与性能

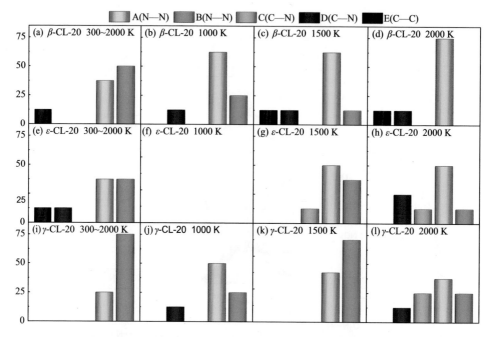

图 5.18　四种加热条件下 CL-20 涉及的五种初始热分解反应类型的占比(单位：%)[90]

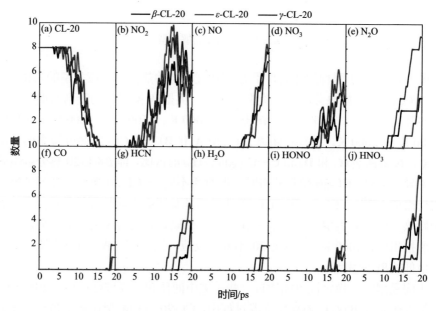

图 5.19　在 300 K 至 2000 K 程序升温条件下 CL-20 三种晶型热分解过程中，重要小分子和
CL-20 的演化[90]

子消失时 NO_2 的含量达到峰值,此后,NO_2 被还原,NO、NO_3 和 N_2O 含量增加 [图 5.19(c)~(e)],HCN、HONO 和 HNO_3 生成量则很小 [图 5.19(g)~(j)]。模拟结束后能观察到各晶型中一些中间体和产物数量上的差异,γ-CL-20 产生更多 N_2O、CO 和 H_2O,ε-CL-20 产物更多为 NO_3、HCN 和 HNO_3。在恒温加热条件下也存在这种差异[90]。

5.5.2　HMX 各晶型的热解机制

Liu 等同样对含能化合物 HMX 的初始热分解机制进行了研究分析[105]。常温常压下 HMX 存在三种稳定晶型:α-HMX、β-HMX 和 δ-HMX,其中 β-HMX 的晶体堆积密度最大,其次是 α-HMX,δ-HMX 的晶体堆积密度最小[8,9,106]。与 CL-20 各晶型相似,HMX 各晶型在分子构象和分子堆积结构也上有所不同,由此可对 HMX 初始热分解机制同样进行模拟和研究讨论,对 HMX 的三种晶型采用了与 CL-20 相同的自洽电荷密度泛函紧束缚分子动力学模拟,其分子构象和晶体堆积结构如图 5.20 所示。

HMX 的三种晶型中,α 和 δ 晶型的分子构象为船-船式 [图 5.20(a)],β 晶型为椅式 [图 5.20(b)],这两类构象的区别在于分子骨架(八元环)的构型差异以及硝基基团与分子骨架的相对取向上的差异。α-HMX 和 β-HMX 为层状堆积 [图 5.20(c),图 5.20(e)],δ-HMX 为含空腔的交错堆积 [图 5.20(d)]。

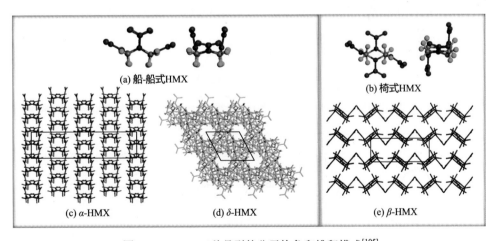

(a) 船-船式HMX

(b) 椅式HMX

(c) α-HMX　　　　(d) δ-HMX　　　　(e) β-HMX

图 5.20　HMX 三种晶型的分子构象和堆积模式[105]

相比于 δ-HMX,α-HMX 和 β-HMX 所具有的层状堆积更易发生剪切滑移,有利于降低撞击感度[53,58]。事实上,已有研究表明 β-HMX 和低撞击感度化合物 TKX-50 具有相近的剪切滑移能垒[101]。不同于 α-HMX 和 β-HMX,δ-HMX 具有无限延伸的框架和通道的分子堆积特性［图 5.20(d)］，不利于进行剪切滑移。同时，通道就像晶体中的空位，通常在加热或撞击刺激下更易点火，这些因素都可能导致 δ-HMX 感度较高。

第 5.4.4 节中图 5.15 表明，β-HMX 具有最小的相对总能量(RTE)，其 RTE 由相对晶格能(RLE)主导，同时三种晶型中 β-HMX 也具有最大的堆积系数和晶体堆积密度，因此 β-HMX 是实际应用中最理想的晶型。对于含能分子的分解，通常涉及硝基基团离去、氢转移与 HONO 基团解离、C—N 键断裂，NO₂ 到 ONO 的重排和协同开环[101,107-113]。Liu 等总结了这些反应在 B3LYP/6-311+(d,p)水平上的能垒[105]，如图 5.21 所示，硝基基团离去反应的能垒仅受到分子构象的轻微影响，两种分子构象间的能垒差值小于 3.4 kJ/mol。分子构象对反应能垒的轻微影响也表现在 NO₂ 到 ONO 的重排及协同开环反应上。C—N 键断裂反应则不同，分子构象对其反应能垒有显著影响，即由于环应力小，椅型所需能量大于船型所需能量。同样，氢转移和 HONO 解离的协同反应也与分子构象显著相关，能垒差可达 32.2 kJ/mol。

在 HMX 的三种晶型[105]的分子动力学加热模拟中，如图 5.22 所示，热分解初始反应包含 C—N 键断裂及开环(反应 I)、N—NO₂ 键断裂(反应 II)和随后发生的中间体与 HMX 间的次级反应，以及中间体引发的分解反应(反应 III)。反应 I 和反应 II 在所有晶型中都有发生，表明硝基基团离去和 C—N 键断裂不涉及取向问题，断裂的键可以是平伏键，也可以是直立键。频繁的分子间氢转移导致反应 III 仅发生在 β-HMX 中。这些最终都可能要归因于椅型分子构象具有更大的分子体积和更高的堆积系数，提高了相邻分子间接触和分子间反应的概率。

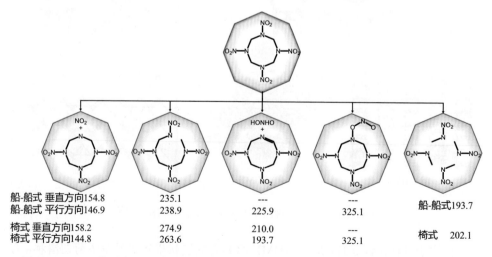

图 5.21　HMX 分子在 B3LYP/6-311+ (d,p)水平上五个可能的初始分解反应能垒的比较[105]（单位：kJ/mol）

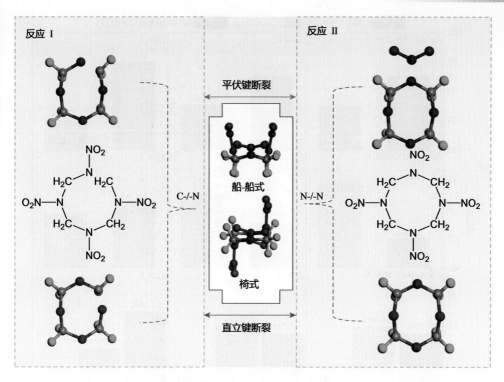

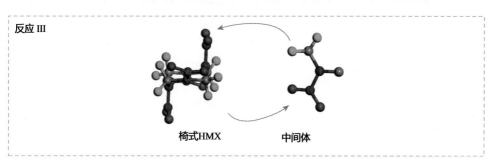

图 5.22　分子动力学模拟中观察到的 HMX 热分解初始反应[105]

在反应 I 和 II 中，为了清楚起见，仅保留一个 NO₂

通过对恒温加热 HMX 不同晶型的三种反应路径占比进行分析，可以发现，α-HMX 初始分解主要为反应 I，且其占比随温度增加而升高 [图 5.23(a)]，而反应 II 占比较少且则随温度升高而降低。δ-HMX 中反应 I 与反应 II 的分布占比跟α-HMX 不相同，在 2000 K 和 2200 K 较低温度下，反应 II 占主导地位[图 5.23(b)]。β-HMX 反应路径权重与 α 和 δ 晶型的区别在于反应 III 的发生，反应 III 权重始终为 6.25% [图 5.23(c)]。由此可推断出，温度升高，C—N 断裂反应增多，硝基

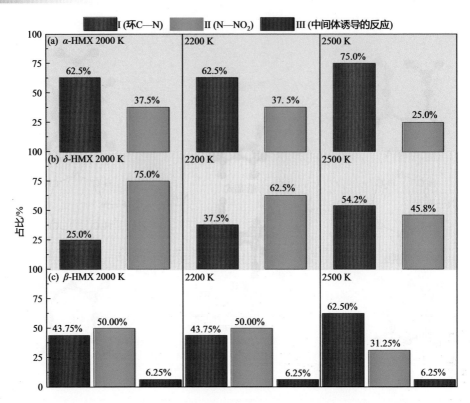

图 5.23　2000 K、2200 K 和 2500 K 恒温加热条件下 HMX 多晶型热分解起始反应
占比(%)[105]

基团离去减少，这与之前研究结论一致，即同样由升温引起的 C—N 键断裂速度
快于 N—NO$_2$ 键断裂速度[114]。这些固相中的反应与气相反应大不相同，固相反
应由于缺乏足够的空间释放 NO$_2$，C—N 键断裂成为主要影响因素。以 δ-HMX
为例，由于 δ-HMX 具有更低的体积填充度(volume filling degree，VFD)，δ-HMX
中的 N—NO$_2$ 键断裂占比始终比 α-HMX 更高。有学者研究了体积填充度对 RDX
热爆炸的影响，结果表明较小的体积填充度促进了硝基基团离去，同时降低了 NO$_2$
与 RDX 分子或其他中间体反应的可能性[115]。上述内容都体现了 HMX 的初始分
解机制中晶型和温度的重要影响。

　　Liu 等对固体 HMX 热分解过程中的第二步和第三步反应也进行了研究[114]。
如图 5.24，他们证实了相邻 C—N 键的断裂发生在 N—N 键断裂之后，或者在
C—N 键断裂之后相邻 N—N 键断裂，这与 Sharia 等的结论一致[116]，同时，这
也明确了 C—N 键断裂是主导 β-HMX 热分解的起始反应类型，随后是相邻的硝
基基团离去。

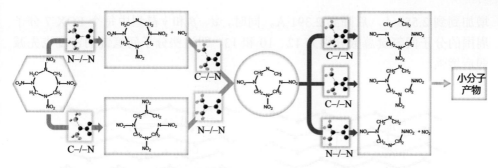

图 5.24　HMX 各晶型分解的第一步(绿色)、第二步(橙色)和第三步(蓝色)[105]

5.6　晶型转变导致的 FOX–7 低撞击感度

含能材料对外界刺激响应的感度内在机制非常复杂,与分子稳定性、分子堆积模式、晶体完美程度、晶体形貌、晶体尺寸、界面特征、刺激方式和测试条件等众多因素有关[117,118]。含能材料在升温加压等外部刺激下可能会发生晶型转变,这也将对感度产生影响。这一节,我们将以 Bu 等对热致 FOX-7 剪切滑动特性变化研究工作为例,说明热致下晶型转变对于撞击感度的影响[54]。FOX-7 是一种相对较新的低撞击感度含能化合物,其跌落能(drop hammer energy,E_{dr})为 30.9 J,接近 LLM-105 的 E_{dr} 值 28.7 J[119-121]。

5.6.1　FOX-7 各晶型的堆积结构

α-FOX-7 在常温常压下稳定,在升温至 113℃时,α-FOX-7 会转变为 β-FOX-7,继续升温至 173℃时,就会转变为 γ-FOX-7[13,14,122]。与此同时,分子堆积模式发生改变。FOX-7 从 α 到 β 再到 γ 晶型的转变,导致堆积结构越来越容易发生剪切滑移。从图 5.25 不难看出,分子堆积模式逐步接近于平面层状堆积,即越来越接近 TATB。由于氢键辅助的面对面 π-π 堆积通常有助于降低撞击感度[51,52,58],晶型转变后分子堆积更接近于平面层状堆积更有助于降低 FOX-7 的撞击感度。温度升高导致了 FOX-7 从 α 晶型到 β 晶型及 γ 晶型转变,分子中的最大扭转角从 35.6°分别减小到 25.6°和 20.2°,FOX-7 分子平面性增加,有利于堆积模式转变为面对面 π-π 堆积模式。FOX-7 三种晶型的 π-π 堆积都由分子间氢键来支撑,这些氢键通常存在于低感含能化合物中。如图 5.26 所示,类似于 TATB,FOX-7 晶体中的每一层堆积实际上都是致密的氢键网络。根据 Jeffrey 对氢键强度的分级标准[123],这些分子间氢键强度弱甚至较弱。热致 FOX-7 从 α 到 β 再到 γ 晶型的转变过程中,氢键的长度先增加后减少,H…A 的平均距离从 2.293 Å

增加到到 2.558 Å，后降到 2.391 Å。同时，α、β 和 γ 晶型中每个 FOX-7 分子周围的分子间氢键总数分别为 12、10 和 13，即这些分子间氢键的密度也先减弱后增强。

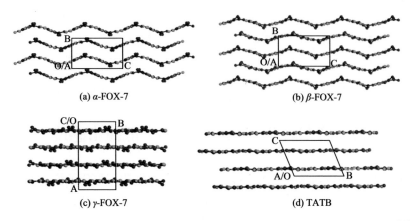

(a) α-FOX-7   (b) β-FOX-7

(c) γ-FOX-7   (d) TATB

图 5.25 α-FOX-7(a)、β-FOX-7(b)、γ-FOX-7(c) 和 TATB(d) 的晶体堆积结构[54]

C、H、N 和 O 元素分别用灰色、绿色、蓝色和红色表示，且图 5.26 中同理

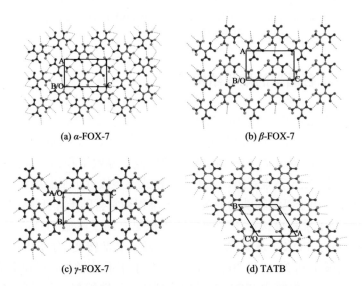

(a) α-FOX-7   (b) β-FOX-7

(c) γ-FOX-7   (d) TATB

图 5.26   FOX-7 三种晶型和 TATB 晶体中的分子间氢键(以绿色虚线表示)[54]

5.6.2   FOX-7 各晶型剪切滑移特性

在探索热致 FOX-7 分子堆积方式变化过程中，我们注意到剪切滑动特性也随

之发生变化，演化过程中的中间堆积结构也会影响感度，这一点是不容忽视的。结构决定性质性能，如果只考虑常温常压条件下的结构，在理解感度机制方面就会存在不足，因此需认真关注中间结构，以便合理预测、评估和理解如撞击感度这类的性质性能。

在含能化合物从机械刺激加载至最终燃烧和/或爆轰的演化过程中，剪切滑移已被证实是含能化合物分解的关键因素，容易发生剪切滑移有利于其低撞击感度的特性[51,52,58,124-129]。如图 5.27 所示，剪切滑移中存在两种体积不变的极端情况：体剪切和界面剪切[58,130,131]。通常用剪切滑移能垒表示剪切滑移难度，剪切过程中能量升高越少，则能垒越低，越易发生剪切滑移。另一方面，能垒若高于化合物化学分解的活化能(activation energy，E_a)或键解离能(bond dissociation energy，BDE)，将不会发生剪切滑移[129-131]。

Bu 等[54]使用 DFT-PBE 方法[132]和 Grimme 的 D2 校正方法[133]进行计算，获得了 FOX-7 三种晶型剪切滑移前后的能量变化(ΔE)。图 5.25 显示了各晶型显著的分层堆积结构，这意味着 α-FOX-7 或 β-FOX-7 在能量上最易发生剪切滑移的分子面平行于 AOC 平面/c 轴方向，而 γ-FOX-7 则平行于 BOC 平面/c 轴方向。界面剪切滑移的步长设定为 0.1 个晶轴长度，扫描模型如图 5.28 所示。通过此计算获得了 FOX-7 三种晶型的 ΔE 等高线，以区分其不同晶型的剪切滑移特性。为便于对比讨论，他们还采用相同的计算方法获得了平行于 AOB 平面/a 轴方向滑动的 TATB 的 ΔE 等高线[54]。

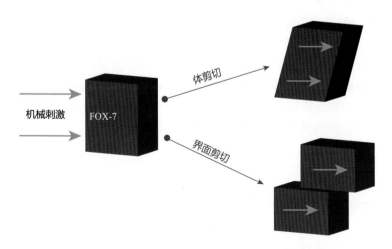

图 5.27　含能材料的体剪切和界面剪切滑移模型[54]

从橙色箭头到绿色箭头，橙色箭头尺寸的减小表示由于剪切滑移而分散的机械能

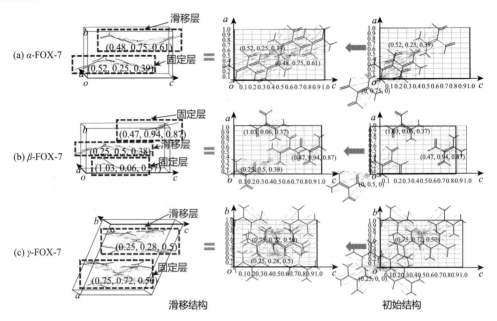

图 5.28　扫描计算 FOX-7 的 α 晶型 (a)、β 晶型 (b) 和 γ 晶型 (c) 界面剪切滑移时能量变化的模型图[54]

在每个晶胞中，参与的分子按图 5.25 所示的能量最有利的滑移方式分成两层：蓝色固定层，红色滑移层。图中标注的分数坐标是两层分子层的中心坐标

对于体剪切滑移，如图 5.29 所示，Bu 等沿这三种晶型能量最优的滑移方向设置了一系列滑动体系，用相同的 DFT 方法计算 ΔE。α-FOX-7 和 β-FOX-7 采用 (010)/[001]、(010)/[10-1]、(010)/[100] 和 (010)/[101]，γ-FOX-7 采用 (100)/[011]、(100)/[010]、(100)/[01-1] 和 (100)/[001]。随后，他们基于以上设置对各晶型的体剪切滑移进行了一系列逐步计算模拟[51,134]。这种逐步递进的静态过程在某种意义上接近于动态过程，因此也更贴近于实际情况。在一系列连续的计算中，后一步加载剪切刺激的弛豫模拟是基于前一步应变加载并弛豫后的晶胞结构进行的。与剪切滑移的等高线结果不同的是，体剪切模拟得到的是 ΔE 剖面图。

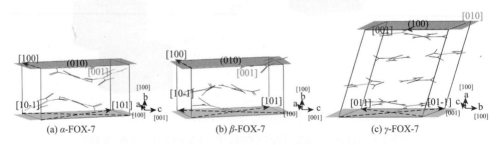

图 5.29　FOX-7 三种晶型的体剪切滑移计算模型[54]

滑移平面和方向分别用阴影平面和虚线表示

图 5.30 显示了 FOX-7 三种晶型及 TATB 的 ΔE 等高线。上文曾提及，如 ΔE>BDE，含能化合物将分解，滑移将不能进行。对于 FOX-7 分子，其触发键 C—NO_2 的键解离能 BDE 为 271.7 kJ/mol。因此，采用接近 250.8 kJ/mol 的能量作为参考，定义可行的剪切滑动区，即 ΔE<250.8 kJ/mol，ΔE<125.4 kJ/mol 和 ΔE<41.8 kJ/mol 分别表示为可滑移、较易滑移和容易滑移(图 5.31)[54]。从图中我们能得出结论，从 α-FOX-7 到 β-FOX-7 再到 γ-FOX-7，较易滑移和容易滑移区域变得越来越宽，可剪切滑移区域从 0.48 c 增加到 0.62 c 再到 1.0 c，γ-FOX-7 甚至出现自由界面剪切滑移，ΔE 几乎总是低于 41.8 kJ/mol，只有两个小区域为 41.8 kJ/mol<ΔE<83.6 kJ/mol［图 5.30(c)］。滑移特性的变化与第 5.6.1 节中分子堆积的分析一致。γ-FOX-7 近似可看做面对面 π-π 堆积，即相比于其他两种晶型，γ-FOX-7 堆积模式最接近 TATB。

与图 5.30 所示的界面剪切滑移相比，图 5.32 中体剪切滑移的 ΔE 显著降低，表明 FOX-7 更容易发生体剪切滑移。对比图 5.32 中的能量数据，我们发现 α-FOX-7 的 ΔE 与 β-FOX-7 和 γ-FOX-7 有很大不同。对于 α-FOX-7，除 (010)/[100] 外，大多数剪切应变对应的 ΔE 都在 16.7 kJ/mol 以上。β-FOX-7 和 γ-FOX-7 的 ΔE 都低于 16.7 kJ/mol，这表明 β-FOX-7 和 γ-FOX-7 比 α-FOX-7 更容易发生体剪切。TATB 的 ΔE 几乎为零［图 5.32(d)］，因此最易发生体剪切，也是其撞击感度非常低的原因之一。ΔE 最大值可近似视为滑移能垒，图 5.33 画出了各晶型各个滑移方向的能

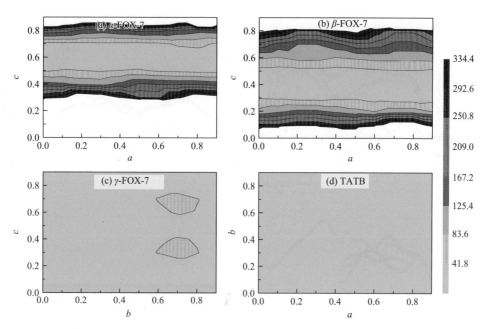

图 5.30　FOX-7 三种晶型和 TATB 界面剪切滑移的等高线(ΔE 单位：kJ/mol)[54]

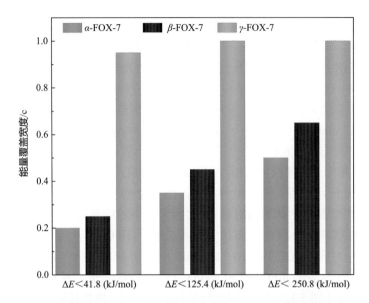

图 5.31 FOX-7 三种晶型（图 5.30）的可滑移（$\Delta E < 250.8$ kJ/mol）、较易滑移（$\Delta E < 125.4$ kJ/mol）和容易滑移（$\Delta E < 41.8$ kJ/mol）沿 c 方向界面剪切滑移区域的宽度比较[54]

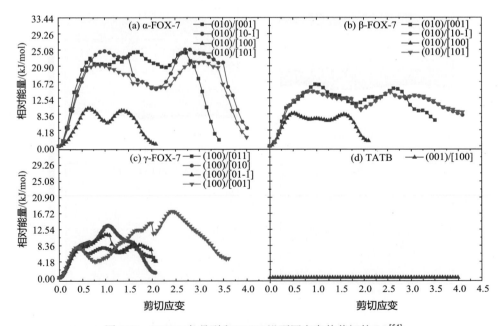

图 5.32 FOX-7 各晶型和 TATB 沿不同方向体剪切的 ΔE[54]

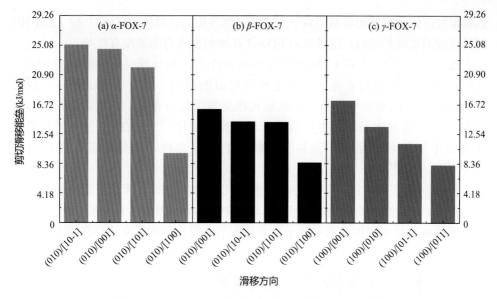

图 5.33　FOX-7 三种晶型的体剪切滑移能垒预测值[54]

垒值。从图中可以看出，α-FOX-7 沿 (010)/[10-1]，(010)/[001]，(010)/[101]，(010)/[100] 方向的滑移能垒分别为 25.1 kJ/mol、24.7 kJ/mol、21.7 kJ/mol 和 9.6 kJ/mol，β-FOX-7 沿 (010)/[001]，(010)/[10-1]，(010)/[101] 和 (010)/[100] 方向的滑移能垒分别为 15.9 kJ/mol、14.2 kJ/mol、14.2 kJ/mol 和 8.4 kJ/mol，γ-FOX-7 沿 (100)/[001]，(100)/[010]，(100)/[01-1] 和 (100)/[011] 的滑移能垒分别为 17.1 kJ/mol、13.4 kJ/mol、11.3 kJ/mol 和 7.9 kJ/mol。结果表明，FOX-7 的最低滑移能垒以 9.6 kJ/mol(α-FOX-7 沿 (010)/[100]) 至 8.4 kJ/mol(β-FOX-7 沿 (010)/[100])，再到 7.9 kJ/mol(γ-FOX-7 沿 (100)/[011]) 的顺序下降，即 γ-FOX-7 具有最低的滑移能垒。结合上述对界面滑移的分析，我们可以得出结论，热致晶型转变后更易发生滑移，这也是 FOX-7 的低撞击感度的原因之一。

5.6.3　FOX-7 的低撞击感度与其热致晶型转变间的相关性

FOX-7 具有和 LLM-105 相近撞击感度，因为它们具有相近的跌落能。然而，从现有的分子稳定性和分子堆积模式等理论出发很难理解为什么它们的撞感如此接近[52]。在 B3LYP/6-311++G(d,p) 理论水平上的量化计算结果表明，FOX-7 和 LLM-105 的键解离能(以 C—NO$_2$ 为触发键)分别为 261.3 kJ/mol 和 251.6 kJ/mol，差异很小[135,136]。此外，根据 10℃/min 加热速率下的 DSC 实验测量结果，FOX-7 的分解温度为 250℃，比 LLM-105 的 342℃低了 92℃，显示出 FOX-7 具有更低的热稳定性，因此可能更容易形成热点，撞击感度更高。另外，FOX-7 和 LLM-105都具有波浪型堆积结构，这意味着 FOX-7 在堆积模式方面并没有优势。

通过分析 FOX-7 和 LLM-105 在加热条件下、热分解反应前的演变过程，我们就可以理解这两者撞击感度之所以相似的原因。前文曾验证过，升温后FOX-7 将发生晶型转变，分子堆积模式也会发生显著变化，相比之下，升温后LLM-105 不会发生晶型转变以及分子堆积模式变化[136]。FOX-7 分子堆积模式从波浪型变化到平面型，弥补了其较低的热稳定性，并导致其撞击感度与LLM-105 相似[54]。

我们例证了刺激加载下含能材料的中间结构和性质对理解表观性能的重要性。由于反应中间体难以确定，因而很难将中间体用于理解含能材料的感度机理，而感度预测在很大程度上仍取决于演变的细节，因此预测感度还存在困难。

5.7　控制晶型转变的策略

原则上，含能化合物晶型转变的发生伴随着其结构和性质性能的变化，包括分子结构、分子堆积结构和可能存在缺陷的晶体形貌的变化。实际应用过程中，含能晶体须具备高能量和高安全性，因此研究如何控制晶型转变仍然十分重要。

5.7.1　重结晶

对粗制样品重结晶是提高晶体品质和减少晶型转变概率的简单策略，重结晶也是得到所需特定晶型的有效手段，无论初级产品的晶型是否一样。以 CL-20 为例，α 晶型和 γ 晶型或是这两者混合物都是结晶的初级产品，而实际应用时需要的是重结晶后具有最高的晶体堆积密度和最低感度的 ε 晶型[10]。因此，为获得预期的含能晶体，先对结晶条件进行优化非常必要。

5.7.2　晶体包覆

控制晶型转变的另一方法就是晶体包覆。例如，通过简单的浸渍法，将聚合多巴胺包覆在 HMX 晶体表面，能有效延缓 HMX 的晶型转变[47]。RDX 晶体包覆后，从 β 晶型到 δ 晶型的晶型转变温度将增加 27.5 K。迄今为止已研发了多种含能晶体包覆工艺，如结晶包覆、喷射干燥包覆和原位聚合包覆等[43,137-139]。

5.7.3　添加添加剂

添加添加剂也能抑制含能化合物的晶型转变[48,49]。熔铸炸药 DNAN 也许可替代 TNT 进行广泛应用。DNAN 在常压下有三种晶型,温度变化可致其晶型转变。在熔融 DNAN 中添加一定量的 TNT,可在低于 150 K 时抑制 DNAN 的晶型转变[140]。这是由于添加 TNT 可以改变 DNAN 的晶体结构,加强 TNT 和 DNAN 的分子间相互作用,防止分子构象发生变化,从而延缓 DNAN 的晶型转变。然而,还有许多含能晶体的晶型转变抑制机制目前仍不清晰,有待进一步探究。

5.8　结论与展望

本节介绍了广泛应用的 TNT、PETM、RDX、HMX、CL-20 和 FOX-7 六种含能化合物的晶型及其晶型转变,并对各晶型的分子构象、分子堆积模式、分子体积、晶体堆积密度、晶体形貌、感度和能量威力进行了简要介绍。这些因素在晶型转变前后或多或少都发生了变化。一定温度压力下,晶型转变对分子间距离和堆积系数影响较大,对分子体积的影响较小。有趣的是,HMX 和 CL-20 能量水平最高的晶型恰好也是热力学上势能最稳定的晶型。因此,在实际应用中如何抑制晶型转变变得尤为重要,为此也提出了一些策略。另外,晶型转变通常会导致晶体缺陷的产生,从而降低晶体品质及安全性。

尽管含能化合物晶型转变的相关研究目前已取得了许多进展,但仍存在如下一些问题,需要进一步尝试解决。

(1)一些新型晶型,特别是在高温和/或高压条件下,尚未被完全测定,如 PETN-III、PETN-IV、δ-RDX 和 δ-FOX-7。因为确定状态方程(equation of state,EOS)需要明确的晶型结构,所以针对未测定晶型的晶体信息获取还需要付出进一步的努力。目前仅仅简单确定了晶型转变的阈值,导致相图中边界的相关描述仍然十分粗糙。

(2)含能化合物的晶型转变机制是一个复杂的多相问题,至今仍未明晰。样品的不确定性导致相关动力学信息的缺失。目前,只有分子动力学模拟成功详细地描述了特定条件下的晶型转变机制。

(3)人们对含能晶体的理解大多还是常温常压条件下的晶型,却很少思考更接近最终燃烧或爆炸的高压高温下的晶型。

参 考 文 献

[1] Vrcelj R M, Sherwood J N, Kennedy A R, et al. Polymorphism in 2,4,6-trinitrotoluene. Cryst. Growth Des., 2003, 3: 1027-1032.

[2] Vrcelj R M, Gallagher H G, Sherwood J N. Polymorphism in 2,4,6-trinitrotoluene crystallized from solution. J. Am. Chem. Soc., 2001,123: 2291-2295.

[3] Trotter J. Bond lengths and angles in pentaerythritol tetranitrate. Acta Cryst., 1963, 16: 698-699.

[4] Ciezak J A, Jenkins T A. New outlook on the high-pressure behavior of pentaerythritol tetranitrate. Army Research Lab Aberdeen Proving Ground MD Weapons and Materials Research Directorate, 2008.

[5] Choi C S, Prince E. The crystal structure of cyclotrimethylenetrinitramine. Acta Cryst. B, 1972, 28: 2857-2862.

[6] Owens F J, Lqbal Z. Effect of temperature and hydrostatic pressure on the Raman active internal and external modes of 1,3,5-trinitro-1,3,5-triazocyclohexane. J. Chem. Phys., 1981, 74: 4242-4245.

[7] Ciezak J A, Jenkins T A, Liu L, et al. High-pressure vibrational spectroscopy of energetic materials: Hexahydro-1,3,5-trinitro-1,3,5-triazine. J. Phys. Chem. A, 2007, 111: 59-63.

[8] Choi C S, Boutin H P. A study of the crystal structure of β-cyclotetramethylene tetranitramine by neutron diffraction. Acta Cryst. B, 1970, 26: 1235-1240.

[9] Cady H H, Larson A C, Cromer D T. The crystal structure of α-HMX and a refinement of the structure of β-HMX. Acta Cryst., 1963, 16: 617-623.

[10] Nielsen A T, Chafin A P, Christian S L, et al. Synthesis of polyazapolycyclic caged polynitramines. Tetrahedron., 1998, 54: 11793-11812.

[11] Ghosh M, Banerjee S, Khan M A S, et al. Understanding metastable phase transformation during crystallization of RDX, HMX and CL-20: Experimental and DFT studies. Phys. Chem. Chem. Phys., 2016, 18: 23554-23571.

[12] Wei X, Xu J, Li H, et al. Comparative study of experiments and calculations on the polymorphisms of 2,4,6,8,10,12-hexanitro-2,4,6,8,10,12-hexaazaisowurtzitane (CL-20) precipitated by solvent/antisolvent method. J. Phys. Chem. C, 2016, 120: 5042-5051.

[13] Evers J, Klapötke T M, Mayer P, et al. α- and β-FOX-7, polymorphs of a high energy density material, studied by X-ray single crystal and powder investigations in the temperature range from 200 to 423 K. Inorg. Chem., 2006, 45: 4996-5007.

[14] Kempa P B, Herrmann M. Temperature resolved X-ray diffraction for the investigation of the phase transitions of FOX-7. Part. Part. Syst. Char., 2005, 22: 418-422.

[15] Tan J, Hu C, Li Y, et al. Theoretical predictions of lattice parameters and mechanical properties of pentaerythritol tetranitrate under the temperature and pressure by molecular dynamics simulations. Acta Phys. Pol. A, 2017, 131: 318-323.

[16] Gruzdkov Y A, Dreger Z A, Gupta Y M. Experimental and theoretical study of pentaerythritol

tetranitrate conformers. J. Phys. Chem. A, 2004, 108: 6216-6221.

[17] Ciezak J A, Jenkins T A. The low-temperature high-pressure phase diagram of energetic materials: I. hexahydro-1,3,5-trinitro-s-triazine. Propell. Explos. Pyrot., 2008, 33: 390-395.

[18] Gao C, Zhang C, Sui Z, et al. Phase transition of RDX under high pressure up to 50 GPa. 26th ICDERS, Boston, MA, USA, 2017.

[19] Gao C, Zhang X, Zhang C, et al. Effect of pressure gradient and new phases for 1,3,5-trinitrohexahydro-s-triazine (RDX) under high pressures. Phys. Chem. Chem. Phys., 2018, 20: 14374-14382.

[20] Main P, Cobbledic R E, Small R W H. Structure of the fourth form of 1,3,5, 7-tetranitro-1, 3,5,7-tetraazacyclooctane. Acta Cryst. C, 1985, 41: 1351-1354.

[21] Aakeröy C B, Sinha A S. Co-crystals: preparation, characterization and applications. Cambridge: Royal Society of Chemistry, 2018.

[22] Zhang C, Xiong Y, Jiao F, et al. Redefining the term of cocrystal and broadening its intension. Cryst. Growth Des., 2019, 19: 1471-1478.

[23] Gao D, Huang J, Lin X, et al. Phase transitions and chemical reactions of octahydro-1,3,5, 7-tetranitro-1,3,5,7-tetrazocine under high pressure and high temperature. RSC Adv., 2019, 9: 5825-5833.

[24] Russell T P, Miller P J. High-pressure phase transition in ξ-hexanitrohexaazaisowurtzitane. J. Phys. Chem., 1992, 96: 5509-5512.

[25] Millar D I A, Maynard-casely H E, Kleppe A K, et al. Putting the squeeze on energetic materials-structural characterisation of a high-pressure phase of CL-20. CrystEngComm, 2010, 12: 2524-2527.

[26] Bishop M, Velisavljevic M N, Chellappa R, et al. High pressure-temperature phase diagram of 1,1-diamino-2,2-dinitroethylene (FOX-7). J. Phys. Chem. A, 2015, 119: 9739-9747.

[27] Zakharov V V, Chukanov N V, Dremova N N, et al. High-temperature structural transformations of 1,1-diamino-2,2-dinitroethene (FOX-7). Propell. Explos. Pyrot., 2016, 41: 1006-1012.

[28] Chemagina I V, Filin V P, Loboiko B G, et al. Investigation of diaminodinitroethylene (DADNE) thermal decomposition. AIP Conf. Proc., 2006, 849: 174-178.

[29] Bu R, Li H, Zhang C. Polymorphic transition in traditional energetic materials: Influencing factors and effects on structure, property and performance. Cryst. Growth Des., 2020, 20: 3561-3576.

[30] Dattelbaum D M, Chellappa R S, Bowden P R, et al. Chemical stability of molten 2,4, 6-trinitrotoluene at high pressure. Appl. Phys. Lett., 2014, 104: 021911.

[31] Dreger Z A, Gupta Y M. High pressure-high temperature polymorphism and decomposition of pentaerythritol tetranitrate (PETN). J. Phys. Chem. A, 2013, 117: 5306-5313.

[32] Cady H H, Larson A C. Pentaerythritol tetranitrate II: Its crystal structure and transformation to PETN I; An algorithm for refinement of crystal structures with poor data. Acta Cryst. B, 1975, 31: 1864-1869.

[33] Miller P J, Block S, Piermarini G J. Effects of pressure on the thermal decomposition kinetics,

chemical reactivity and phase behavior of RDX. Combust. Flame., 1991, 83: 174-184.

[34] Baer B J, Oxley J, Nicol M. The phase diagram of RDX (hexahydro-1,3,5-trinitro-s-triazine) under hydrostatic pressure. High Pressure Research, 2006, 2: 99-108.

[35] Dreger Z A, Gupta Y M. Phase diagram of hexahydro-1,3,5-trinitro-1,3,5-triazine crystals at high pressures and temperatures. J. Phys. Chem. A, 2010, 114: 8099-8105.

[36] Dreger Z A, Gupta Y M. Decomposition of γ-cyclotrimethylene trinitramine (γ-RDX): Relevance for shock wave initiation. J. Phys. Chem. A, 2012, 116: 8713-8717.

[37] Long Y, Chen J. Theoretical study of phonon density of states, thermodynamic properties and phase transitions for HMX. Philos. Mag., 2014, 94: 2656-2677.

[38] Brill T B, Karpowicz R J. Solid phase transition kinetics. The role of intermolecular forces in the condensed-phase decomposition of octahydro-1,3,5,7-tetranitro-1,3,5,7-tetrazocine. J. Phys. Chem., 1982, 86: 4260-4265.

[39] Bishop M M. 1,1-Diamino-2,2-dinitroethylene (FOX-7) under high pressure-temperature. Birmingham: The University of Alabama, 2016.

[40] Gump J C. High-pressure and temperature investigations of energetic materials. J. Phys. Conf. Ser., 2015,500: 052014.

[41] Nedelko V V, Chukanov N V, Raevskii A V, et al. Comparative investigation of thermal decomposition of various modifications of hexanitrohexaazaisowurtzitane (CL-20). Propell. Explos. Pyrot., 2000, 25: 255-259.

[42] Ciezak J A, Jenkins T A, Liu Z. Evidence for a high-pressure phase transition of ε-2,4,6,8,10,12-hexanitrohexaazaisowurtzitane (CL-20) using vibrational spectroscopy. Propell. Explos. Pyrot., 2007, 32: 472-477.

[43] Teipel U. Energetic Materials: Particle Processing and Characterization. Weinheim: Wiley-VCH, 2005.

[44] Liu Y, Li S, Wang Z, et al. Thermally induced polymorphic transformation of hexanitrohexaazaisowurtzitane (HNIW) investigated by in-situ X-ray powder diffraction. Cent. Eur. J. Energ. Mater., 2016, 13: 1023-1037.

[45] Staab E, Addadi L, Leiserowitz L, et al. Control of polymorphism by 'Tailo-Made' polymeric crystallization auxiliaries. Preferential precipitation of a metastable polar form for second harmonic generation. Adv. Mater., 1990, 2: 40-43.

[46] Weissbuch I, Leiserowitz L, Lahav M. "Tailor-Made" and charge-transfer auxiliaries for the control of the crystal polymorphism of Glycine. Adv. Mater., 1994, 6: 952-956.

[47] Gong F, Zhang H, Ding L, et al. Mussel-inspired coating of energetic crystals: A compact core-shell structure with highly enhanced thermal stability. Chem. Eng. J., 2017, 309: 140-150.

[48] Thallapally P K, Jetti R K R, Katz A K, et al. Polymorphism of 1,3,5-trinitrobenzene induced by a trisindane additive. Angew. Chem. Int. Ed., 2004,43: 1149-1155.

[49] Zhang J, Guo X, Jiao Q, et al. Phase transitions of ε-HNIW in compound systems. AIP Adv., 2016, 6: 055016.

[50] Liu G, Gou R, Li H, et al. Polymorphism of energetic materials: A comprehensive study of molecular conformers, crystal packing and the dominance of their energetics in governing the

most stable polymorph. Cryst. Growth Des., 2018, 18: 4174-4186.

[51] Zhang C, Wang X, Huang H. π-stacked Interactions in explosive crystals: Buffers against external mechanical stimuli. J. Am. Chem. Soc., 2008, 130: 8359-8365.

[52] Ma Y, Zhang A, Xue X, et al. Crystal packing of low-sensitivity and high-energy explosives. Cryst. Growth Des., 2014, 14: 4703-4713.

[53] Bu R, Liu G, Zhong K, et al. Relationship between molecular structure and stacking mode: Characteristics of the D_{2h} and D_{3h} molecules in planar layer-stacked crystals. Cryst. Growth Des., 2021,21: 6847-6861.

[54] Bu R, Xie W, Zhang C. Heat-induced polymorphic transformation facilitating the low impact-sensitivity of 2,2-dinitroethylene-1,1-diamine (FOX-7). J. Phys. Chem. C, 2019, 123: 16014-16022.

[55] Bu R, Xiong Y, Wei X, et al. Hydrogen bonding in CHON contained energetic crystals: A review. Cryst. Growth Des., 2019, 19: 5981-5997.

[56] Spackman M A, McKinnon J J. Fingerprinting intermolecular interactions in molecular crystals. CrystEngComm, 2002, 4: 378-392.

[57] Spackman M A, Jayatilaka D. Hirshfeld Surface analysis. CrystEngComm, 2009, 11: 19-32.

[58] Tian B, Xiong Y, Chen L, et al. Relationship between the crystal packing and impact sensitivity of energetic materials. CrystEngComm, 2018, 20: 837-844.

[59] Zhang C, Ji C, Li H, et al. Occupancy model for predicting the crystal morphologies influenced by solvents and temperature, and its application to nitroamine explosives. Cryst. Growth Des., 2013, 13: 282-290.

[60] Callister W D. Fundamentals of Materials Science and Engineering. 5th ed. Weinheim: Wiley, 2001.

[61] Li J. A multivariate relationship for the impact sensitivities of energetic N-Nitro compounds based on bond dissociation energy. J. Hazard. Mater., 2010, 174: 728-733.

[62] March N H. Electron density theory of atoms and molecules. J. Phys. Chem., 1982, 86: 2262-2267.

[63] Politzer P, Murray J S. Relationships between dissociation energies and electrostatic potentials of $C-NO_2$ bonds: Applications to impact sensitivities. J. Mol. Struct., 1996, 376: 419-424.

[64] Akhavan J, Burke T C. Polymer binder for high performance explosives. Propell. Explos. Pyrot., 1992, 17: 271-274.

[65] Steele B A, Clarke S M, Kroonblawd M P, et al. Pressure-induced phase transition in 1,3,5-triamino-2,4,6-trinitrobenzene (TATB). Appl. Phys. Lett., 2019, 114: 191901.

[66] Cromer D T, Ryan R R, Schiferl D. The structure of nitromethane at pressure of 0.3 to 6.0 GPa. J. Chem. Phys., 1985, 89: 2315-2318.

[67] Reed E J, Joannopoulos J D, Fried L E. Electronic excitations in shocked nitromethane. Phys. Rev. B, 2000, 62: 16500-16509.

[68] Cady H H, Smith L C. Los Alamos Scientific Laboratory Report LAMS-2652 TID-4500. Los Alamos National Laboratory, Los Alamos, NM, 1961.

[69] Baytos J F. LASL explosive property data. Berkeley, CA: University of California Press, 1980.

[70] Naie U R, Sivabalan R, Gore G M, et al. Hexanitrohexaazaisowurtzitane (CL-20) and CL-20-based formulations (review). Combust. Explos. Shock Waves, 2005, 41: 121-132.

[71] Bumpus J A. A theoretical investigation of the ring strain energy, destabilization energy, and heat of formation of HNIW. Adv. Phys. Chem., 2012: 175146.

[72] Braithwaite P C, Hatch R L, Lee K, et al. Development of high performance HNIW explosive formulations. Proceedings of the 29th International Annual Conference on ICT, Karlsruhe, 1998.

[73] Bellamy A J. Reductive debenzylation of hexabenzylhexaazaisowurtzitane. Tetrahedron, 1995,51: 4711-4722.

[74] Krause H H，New energetic materials//Teipel U. Energetic Materials：Particle Processing and Characterization. Weinheim: Wiley-VCH，2005.

[75] Mandal A K, Pant C S, Kasar S M, et al. Process optimization for synthesis of HNIW. J Energ Mater., 2009, 27: 231-246.

[76] Patil D G, Brill T B. Thermal decomposition of energetic materials 53. Kinetics and mechanism of thermolysis of hexanitrohexazaisowurtzitane. Combust. Flame., 1991, 87: 145-151.

[77] Patil D G, Brill T B. Thermal decomposition of energetic materials 59. Characterization of the residue of hexanitrohexazaisowurtzitane. Combust. Flame., 1993, 98: 456-458.

[78] Dong L M, Li X D, Yang R J. Thermal decomposition study of HNIW by synchrotron photoionization mass spectrometry. Propell. Explos. Pyrot., 2011, 36: 493-498.

[79] Turcotte R, Vachon M, Kwok Q S M, et al. Thermal study of HNIW (CL-20). Thermochim. Acta, 2005, 433: 105-115.

[80] Korsounskii B L, Nedel'Ko V V, Chukanov N V, et al. Kinetics of thermal decomposition of hexanitrohexazaisowurtzitane. Russ. Chem. Bull. Inter. Ed., 2000, 49: 812-818.

[81] Okovytyy S, Kholod Y, Qasim M, et al. The mechanism of unimolecular decomposition of 2,4,6,8,10,12-hexanitro-2,4,6,8,10,12-hexaazaisowurtzitane. A computational DFT study. J. Phys. Chem. A, 2005, 109: 2964-2970.

[82] Isayev O, Gorb L, Qasim M, et al. Ab initio molecular dynamics study on the initial chemical events in nitramines: Thermal decomposition of CL-20. J. Phys. Chem. B, 2008, 112: 11005-11013.

[83] Wang F, Chen L, Geng D, et al. Thermal decomposition mechanism of CL-20 at different temperatures by ReaxFF reactive molecular dynamics simulations. J. Phys. Chem. A, 2018, 122: 3971-3979.

[84] Xue X, Wen Y, Zhang C. Early decay mechanism of shocked ε-CL-20: A molecular dynamics simulation study. J. Phys. Chem. C, 2016, 120: 21169-21177.

[85] 王新锋. 气相 RDX 热分解及溶剂影响的理论研究. 绵阳: 中国工程物理研究院, 2005.

[86] Liu G, Li H, Gou R, et al. Packing structures of CL-20-based cocrystal. Cryst. Growth Des., 2018, 18: 7065-7078.

[87] 张朝阳. 含能材料能量-安全性间矛盾及低感高能材料发展策略. 含能材料, 2018, 26 (1): 2-10.

[88] Jiao F, Xiong Y, Li H, et al. Alleviating the energy & safety contradiction to construct new low

sensitive and high energetic materials through crystal engineering. CrystEngComm, 2018, 20: 1757-1768.

[89] Zhang C, Jiao F, Li H. Crystal engineering for creating low sensitivity and highly energetic materials. Cryst. Growth Des., 2018, 18: 5713-5726.

[90] Liu G, Xiong Y, Gou R, et al. Difference in thermal stability of polymorphic organic crystals: A comparative study of the early events of thermal decay of 2,4,6,8,10,12-hexanitro-2,4,6, 8,10,12-hexaazaisowurtzitane (CL-20) polymorphs under the volume constraint condition. J. Phys. Chem. C, 2019, 123: 16565-16576.

[91] Elstner M, Hobza P, Frauenheim T, et al. Hydrogen bonding and stacking interaction of nucleic acid base pairs: A density-functional-theory based tre atment. J. Chem. Phys., 2001,114: 5149-5155.

[92] Manaa M R, Fried L E, Melius C F, et al. Decomposition of HMX at extreme conditions: A molecular dynamics simulation. J. Phys. Chem. A, 2002, 106: 9024-9029.

[93] Margetis D, Kaxiras E, Elstner M, et al. Electronic structure of solid nitromethane: Effects of high pressure and molecular vacancies. J. Chem. Phys., 2002, 117: 788-799.

[94] Rappé A K, Casewit C J, Colwell K S, et al. UFF, a full periodic table force field for molecular mechanics and molecular dynamics simulations. J. Am. Chem. Soc., 1992, 114: 10024-10035.

[95] Zhechkov L, Heine T, Patchkovskii S, et al. An efficient a posteriori tre atment for dispersion interaction in density-functional-based tight binding. J. Chem. Theory Comput., 2005, 1: 841-847.

[96] Manaa M R, Reed E J, Fried L E, et al. Nitrogen-rich heterocycles as reactivity retardants in shocked insensitive explosives. J. Am. Chem. Soc., 2009, 131: 5483-5487.

[97] An Q, Liu W, Goddard W A, et al. Initial steps of thermal decomposition of dihydroxylammonium 5,5'-bistetrazole-1,1'-diolate crystals from quantum mechanics. J. Phys. Chem. C, 2014, 118: 27175-27181.

[98] Liu Z, Zhu W, Ji G, et al. Decomposition mechanisms of α-octahydro-1,3,5, 7-tetranitro-1,3, 5,7-tetrazocine nanoparticles at high temperatures. J. Phys. Chem. C, 2017, 121: 7728-7740.

[99] Ge N, Wei Y, Ji G, et al. Initial decomposition of the condensed-phase β-HMX under shock waves: Molecular dynamics simulations. J. Phys. Chem. B, 2012, 116: 13696-13704.

[100] Reed E J, Rodriguez A W, Manaa M R, et al. Ultrafast detonation of hydrazoic acid (HN$_3$). Phys. Rev. Lett., 2012, 109: 038301.

[101] Meng L, Lu Z, Wei X, et al. Two-sided effects of strong hydrogen bonding on the stability of dihydroxylammonium 5,5'-bistetrazole-1,1'-diolate (TKX-50). CrystEngComm, 2016, 18: 2258-2267.

[102] Wang J, Xiong Y, Li H, et al. Reversible hydrogen transfer as new sensitivity mechanism for energetic materials against external stimuli: A case of the insensitive 2,6-diamino-3,5-dinitropyrazine-1-oxide. J. Phys. Chem. C, 2018, 122: 1109-1118.

[103] Jiang H, Jiao Q, Zhang C. Early events when heating 1,1-diamino-2,2-dinitroethylene: Self-consistent charge density-functional tight-binding molecular dynamics simulations. J. Phys. Chem. C, 2018, 122: 15125-15132.

[104] Wang F, Chen L, Geng D, et al. Effect of density on the thermal decomposition mechanism of

ε-CL-20: A reaxFF reactive molecular dynamics simulation study. Phys. Chem. Chem. Phys., 2018, 20: 22600-22609.

[105] Liu G, Tian B, Wei S, et al. Polymorph-dependent initial thermal decay mechanism of energetic materials: A case of 1,3,5,7-tetranitro-1,3,5,7-tetrazocane (HMX). J. Phys. Chem. C, 2021,125: 10057-10067.

[106] Cobbledick R E, Small R W H. The crystal structure of the δ-form of 1,3,5,7-tetranitro-1,3, 5,7-tetraazacyclooctane (δ-HMX). Acta Cryst. B, 1974, 30: 1918-1922.

[107] Lewis J P, Glaesemann K R, VanOpdorp K, et al. Ab initio calculations of reactive pathways for α-octahydro-1,3,5,7-tetranitro-1,3,5,7-tetrazocine (α-HMX). J. Phys. Chem. A, 2000, 104: 11384-11389.

[108] Chakraborty D, Muller R P, Dasgupta S, et al. Mechanism for unimolecular decomposition of HMX (1,3,5,7-tetranitro-1,3,5,7-tetrazocine), an ab initio study. J. Phys. Chem. A, 2001,105: 1302-1314.

[109] Sharia O, Kuklja M M. Ab initio kinetics of gas phase decomposition reactions. J. Phys. Chem. A, 2010, 114: 12656-12661.

[110] Sharia O, Kuklja M M. Rapid materials degradation induced by surfaces and voids: Ab initio modeling of β-octatetramethylene tetranitramine. J. Am. Chem. Soc., 2012, 134: 11815-11820.

[111] Kuklja M M, Tsyshevsky R V, Sharia O. Effect of polar surfaces on decomposition of molecular materials. J. Am. Chem. Soc., 2014, 136: 13289-13302.

[112] Zhang S, Truong T N. Branching ratio and pressure dependent rate constants of multichannel unimolecular decomposition of gas-phase α-HMX: An ab initio dynamics study. J. Phys. Chem. A, 2001,105: 2427-2434.

[113] Zhang S, Nguyen H N, Truong T N. Theoretical study of mechanisms, thermodynamics, and kinetics of the decomposition of gas-phase α-HMX (octahydro-1,3,5,7-tetranitro-1,3,5, 7-tetrazocine). J. Phys. Chem. A, 2003, 107: 2981-2989.

[114] Liu X, Wang X, Huang Y, et al. Study on thermal decomposition of HMX energetic materials by in-situ FTIR spectroscopy. Spectroscopy and spectral Analysis, 2006, 26: 251-254.

[115] Zhong K, Xiong Y, Zhang C. Reactive molecular dynamics insight into the influence of volume filling degree on the thermal explosion of energetic materials and its origin. Energetic Materials Frontiers, 2020, 1: 201-215.

[116] Sharia O, Kuklja M M. Modeling thermal decomposition mechanisms in gaseous and crystalline molecular materials: Application to β-HMX. J. Phys. Chem. B, 2011,115: 12677-12686.

[117] Sharia O, Kuklja M M. Surface-enhanced decomposition kinetics of molecular materials illustrated with cyclotetramethylene-tetranitramine. J. Phys. Chem. C, 2012, 116: 11077-11081.

[118] Sharia O, Tsyshevsky R, Kuklja M M. Surface-accelerated decomposition of δ-HMX. J. Phys. Chem. Lett., 2013, 4: 730.

[119] Latypov N V, Bergman J. Synthesis and reactions of 1,1-diamino-2,2-dinitroethylene. Tetrahedron, 1998, 54: 11525-11536.

[120] Östmark H, Langlet A, Bergman H, et al. FOX-7-a new explosive with low sensitivity and high performance. In proceedings of the eleventh international detonation symposium, Snowmass,

Colorado, 2001.

[121] Sorescu D C, Boatz J A, Thompson D L. Classical and quantum-mechanical studies of crystalline FOX-7 (1,1-diamino-2,2-dinitroethylene). J. Phys. Chem. A, 2001,105: 5010-5021.

[122] Crawford M J, Evers J, Goebel M. γ-FOX-7: Structure of a high energy density material immediately prior to decomposition. Propell. Explos. Pyrot., 2007, 32: 478-495.

[123] Jeffrey G A. An Introduction to Hydrogen Bonding. Oxford: Oxford University Press, 1997.

[124] Dick J J. Effect of crystal orientation on shock initiation sensitivity of pentaerythritol tetranitrate explosive. Appl. Phys. Lett., 1984,44: 859-861.

[125] Dick J J, Mulford R N, Spencer W J, et al. Shock response of pentaerythritol tetranitrate single crystals. J. Appl. Phys., 1991, 70: 3572-3587.

[126] Dick J J, Ritchie J P. Molecular mechanics modeling of shear and the crystal orientation dependence of the elastic precursor shock strength in pentaerythritol tetranitrate. J. Appl. Phys., 1994, 76: 2726-2737.

[127] Kuklja M M, Rashkeev S N, Zerilli F J. Shear-strain induced decomposition of 1,1-diamino-2, 2-dinitroethylene. Appl. Phys. Lett., 2006, 89: 071904.

[128] Kuklja M M, Rashkeev S N. Shear-strain-induced chemical reactivity of layered molecular crystals. Appl. Phys. Lett., 2007, 90: 151913.

[129] Kuklja M M, Rashkeev S N. Interplay of decomposition mechanisms at shear-strain interface. J. Phys. Chem. C, 2009, 113: 17-20.

[130] Zhang C, Cao X, Xiang B. Understanding the desensitizing mechanism of olefin in explosives: Shear slide of mixed HMX-olefin systems. J. Mol. Model., 2012, 18: 1503-1512.

[131] Zhang C, Cao X, Xiang B. Sandwich complex of TATB/Graphene: An approach to molecular monolayers of explosives. J. Phys. Chem. C, 2010, 114: 22684-22687.

[132] Perdew J P, Burke K, Ernzerhof M. Generalized gradient approximation made simple. Phys. Rev. Lett., 1996, 77: 3865-3868.

[133] Grimme S. Semiempirical GGA-type density functional constructed with a long-range dispersion correction. J. Comp. Chem., 2006, 27: 1787-1799.

[134] Zhang C. Understanding the desensitizing mechanism of olefin in explosives versus external mechanical stimuli. J. Phys. Chem. C, 2010, 114: 5068-5072.

[135] Xiong Y, Ma Y, He X, et al. Reversible intramolecular hydrogen transfer: A completely new mechanism for low impact sensitivity of energetic materials. Phys. Chem. Chem. Phys., 2019, 21: 2397-2409.

[136] Pagoria P F, Mitchell A R, Schmidt R D, et al. Synthesis, scale-up, and characterization of 2,6-diamino-3,5-dinitropyrazine-1-oxide (LLM-105). Joint Working Group 9, Aldermaston, United Kingdom, 1998.

[137] Jung J W, Kim K J. Effect of supersaturation on the morphology of coated surface in coating by solution crystallization. Ind. Eng. Chem. Res., 2011, 50: 3475-3482.

[138] Ma Z, Gao B, Wu P, et al. Facile, continuous and large-scale production of core-shell HMX@TATB composites with superior mechanical properties by a spray-drying process. RSC Adv., 2015,5: 21042-21049.

含能材料的本征结构与性能

[139] Yang Z, Ding L, Wu P, et al. Fabrication of RDX, HMX and CL-20 based microcapsules via in situ polymerization of melamine-formaldehyde resins with reduced sensitivity. Chem. Eng. J., 2015, 268: 60-66.

[140] Ward D W, Coster P L, Pulham C R. Preventing irreversible growth of DNAN by controlling its polymorphism. New Trends in Research of Energetic Materials, Pardubice, Czech Republic, 2017, 407-416.

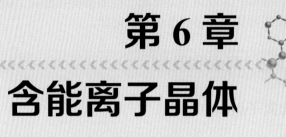

第 6 章
含能离子晶体

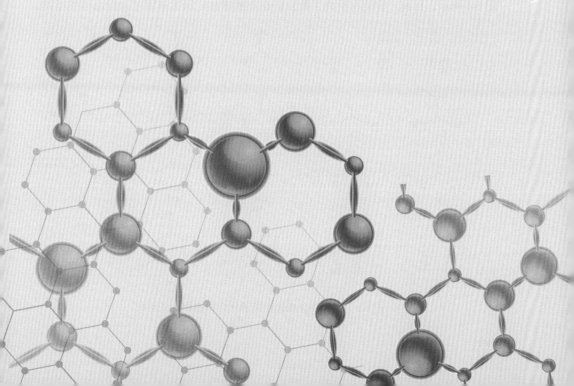

含能材料的本征结构与性能

6.1 引言

含能离子晶体由阴、阳离子组成，通过单独的阴离子或阳离子的分解或通过阴、阳离子间的反应释放能量。根据第 2.2 节中介绍的含能晶体分类标准，含能离子晶体的基本结构单元(primary constituent part，PCP)是阴离子和阳离子。与典型的金属离子或无机离子相比，含能离子通常尺寸更大、极性更弱。许多尺寸较大的含能有机离子也能表现出一些类似于中性有机分子的特征。当然，它们也有自己的特性，例如含能特性和氧化还原特性，这些特性是它们能够快速释放大量气体和热量的根本。本章将主要介绍一些典型的含能离子晶体，包括传统含能无机晶体和目前正在蓬勃发展的含能有机晶体。

6.2 组成和类别

6.2.1 含能离子晶体的组成

含能离子晶体的 PCP 为离子，具体可以是金属离子、无机离子或有机离子。金属离子如 Pb^{2+}、Cu^{2+}、Cu^+、K^+、Hg^{2+}、Na^+等，无机离子如 NH_3OH^+、NH_4^+、ClO_4^-、NO_3^-、$N(NO_2)_2^-$、SO_4^{2-}、N_3^-、N_5^-、ONC^-等，有机离子的数量则相对要多得多，如图 6.1~图 6.4 所示。目前，含能有机离子数目仍在不断增加，极大丰富了含能晶体的结构。

图 6.1 一些新合成含能离子化合物的阳离子结构

196

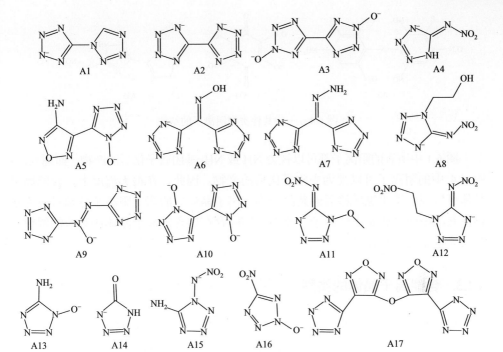

图 6.2 一些含四唑环的阴离子的结构

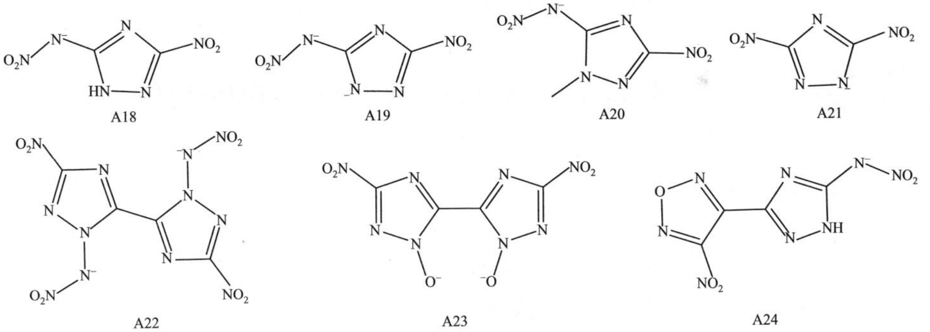

图 6.3 一些含三唑环的阴离子的结构

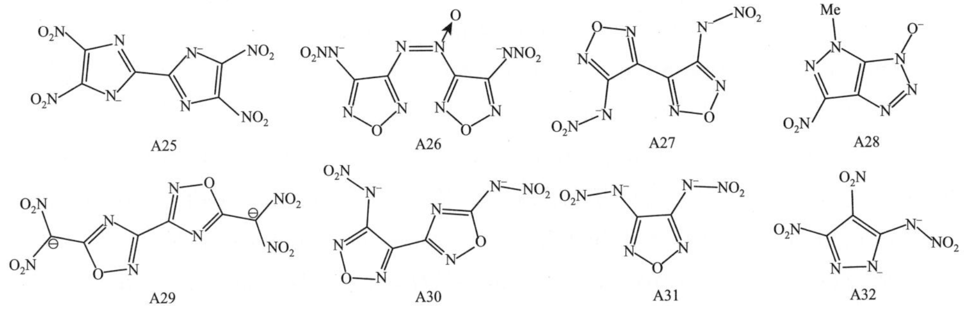

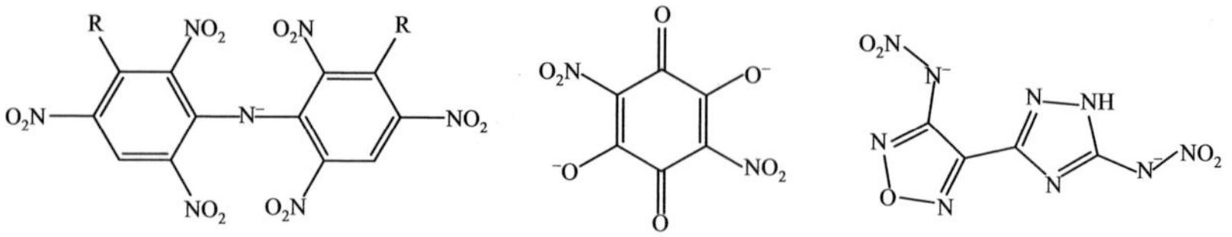

图 6.4　一些其他类型阴离子的结构

图 6.1 中所有的阳离子都可以视为 NH 或 NH_2 基团质子化后的产物，而图 6.2～图 6.4 中的阴离子可以视为去质子化后的产物。因此，在很大程度上，含能离子晶体可以视作发生氢转移后的共晶产物，离子晶体中的阴、阳离子分别对应氢转移前共晶中两种初始中性分子。显然，实际存在的含能离子晶体比对应的假想共晶在能量学上更有优势。

6.2.2　含能离子晶体的类别

基于 PCP 组成，含能离子晶体可以根据是否含有有机 PCP 简单地分为含能有机离子晶体和含能无机离子晶体。该分类主要依据是晶体的组成，与含能材料主要基于应用或性能的分类大不相同。一般来说，含能无机晶体具有更高的晶格能，且含有金属离子，使其相比于有机晶体能量威力更低。

6.3　组成离子的体积及电子特性的可变性

6.3.1　体积可变性

近期，我们通过研究在 25 种不同晶体环境中的 NH_3OH^+，来评估由晶体场效应引起的离子体积和电子特性的变化[1]。这些 NH_3OH^+ 属于 22 种离子化合物，包括 1-甲基-5-(硝基亚氨基)-1H-四唑羟胺 (methyl-5-(nitroimino)-1H-tetrazolate hydroxylamine)（所涉及的 NH_3OH^+ 编号为 **1**，下同）[2]、乙基-5-氧代-2,5-二氢-4-异噁唑羧酸羟胺 (ethyl-5-oxo-2,5-dihydro-4-isoxazolecarboxylate hydroxylamine) (**2**)[3]、5,5′-联四唑二羟胺盐 (bis(hydroxylammonium) 5,5′-bitetrazol-1-ide) (**3**)[4]、2,2′-羟基-5,5′-联四唑二羟胺盐 (bis(hhydroxylammonium) 5,5′-bi-(tetrazole-2-oxide)) (**4**)[5]、5-(硝基亚氨基)-4H-四唑羟胺盐 (hydroxylammonium 5-(nitroimino)-4H-tetrazolate) (**5**)[2]、5,5′-双(二硝基亚甲基)-3,3′-联(1,2,4-噁二唑)二羟胺盐 (bis(hydroxyammonium) 5,5′-bis(dinitromethylene)-3,3′-bi-1,2,4-oxadiazol-4-ide) (Z′ = 2,**6** and **8**)[6]、5-(1H-四唑-1-基)四唑羟胺盐 (hydrox-yammonium 5-(1H-tetrazol-1-yl)tetrazol-2-ide) (**7**)[7]、

5-叠氮四唑羟胺盐(hydroxylammonium 5-azidotetrazolate) (**9**)[8]、2-羟基-5-硝基四唑羟胺盐(hydroxyammonium 5-nitro-2*H*-tetrazol-2-olate) (**10**)[9]、1-羟基-5-氨基四唑羟胺盐(hydroxylammonium 5-amino-1-oxido-tetrazolate) (Z′ = 2，**11** 和 **13**)[10]、4-(2-羟乙基)-5-(硝基亚氨基)-4,5-二氢四唑羟胺盐(hydroxylammonium 4-(2-hydroxyethyl)-5-(nitroimino)-4,5-dihydrotetrazol-1-ide) (**12**)[11]、1-羟基-5-氨基四唑羟胺盐(hydroxyammonium 5-amino-1*H*-tetrazol-1-olate) (**14**)[10]、3-硝基-1,2,4-三唑-5-酮羟胺盐(hydroxylammonium 3-nitro-1,2,4-triazol-5-one) (**15**)[12]、5,5′-碳酰肼双四唑二羟胺盐(bis(hydroxyammonium) 5,5′-carbonohydrazonoylbis (tetrazol-1-ide)) (Z′ = 2，**16** 和 **21**)[13]、1-羟基-5-(4-氨基-1,2,5-噁二唑-3-基)四唑羟胺盐(hydroxyammonium 5-(4-amino-1,2,5-oxadiazol-3-yl)-1*H*-tetrazol-1-olate) (**17**)[14]、2-羟基-3-(2-羟基-5-硝基-1,2,4-三唑-3(2*H*)-亚乙基)-5-硝基-2,3-二氢-1,2,4-三唑二羟胺盐(bis(hydroxyammonium) 2-hydroxy-3-(2-hydroxy-5-nitro-1,2,4-triazol-1-id-3(2*H*)-ylidene)-5-nitro-2,3-dihydro-1,2,4-triazol-1-ide) (**18**)[15]、4,3-二硝酰氨基偶氮(1,2,5-噁二唑)二羟胺盐(bis(hydroxyammonium)(diazene-1,2-diyldi-1,2,5-oxadiazole-4,3-diyl)bis(nitroazanide)) (**19**)[16]、1,1′-羟基-5,5′-联四唑二羟胺盐(bis(hydroxyammonium)1*H*,1′*H*-5,5′-bitetrazole-1,1′-diolate) (**20**)[17]、4,4′-二硝酰氨基-3,3′-联(1,2,5-噁二唑)二羟胺盐(bis(hydroxylammonium)3,3′-bi-1,2,5-oxadiazole-4,4′-diylbis(nitroazanide)) (**22**)[16]、环己烷-3*cis*,5*cis*-二羧酸-1-羧酸羟胺盐(hydroxylammonium cyclohexane-3*cis*,5*cis*-dicarboxylic acid-1-carboxylate) (**23**)[18]、2,2′-二硝酰氨基-5,5′-二硝基-2*H*,2′*H*-3,3′-联(1,2,4-三唑)二羟胺盐(bis(hydroxyammonium) (5,5′-dinitro-2*H*,2′*H*-3,3′-bi(1,2,4-triazole)-2,2′-diyl)bis(nitroazanide)) (**24**)[19]和 5,5′-偶氮联(1-羟基四唑)二羟胺盐(bis(hydroxylammonium) 5,5′-diazene-1,2-diylbis(1*H*-tetrazol-1-olate)) (**25**)[10]。这 22 种化合物中有 3 种各自具有不对称单元 Z′ = 2，所以共有 25 种 NH_3OH^+。注意，所有相关化合物都根据其 NH_3OH^+ 的编号依次进行编号。

根据 NH_3OH^+ 中各原子的范德瓦耳斯半径以及实验确定 NH_3OH^+ 结构，我们计算了晶体中的 NH_3OH^+ 的分子体积，$V(NH_3OH^+)$。其中，C、H、N 和 O 原子的范德瓦耳斯半径分别为 1.7 Å、1.2 Å、1.52 Å 和 1.55 Å。同时，在 B3LYP/6-311 g(d,p) 的理论水平上，对气态的 $V(NH_3OH^+)$ 进行预测，该体积为电子密度等高线在 0.001 a.u.时所围成的空间[20]。

不同晶体环境中的 NH_3OH^+ 可根据 $V(NH_3OH^+)$ 进行编号，气态 NH_3OH^+ 编号为 0。可首先在一些 Z′>1 的化合物中确定，$V(NH_3OH^+)$ 具有可变性，如 5,5′-双(二硝基亚甲基)-3,3′-联(1,2,4-噁二唑)二羟胺盐 (Z′ = 2)[6]，5,5′-碳酰肼双四唑二羟胺盐 (Z′ = 2)[13] 和 1-羟基-5-氨基四唑羟胺盐 (Z′ = 2)[10]。1-羟基-5-氨基四唑羟胺盐[10]中存在编号 **11** 和 **13** 两种 NH_3OH^+，即使包含在同一晶格中，其体积也并不相同。接下来，我们研究了 22 种 NH_3OH^+ 基化合物的 $V(NH_3OH^+)$，确定了 $V(NH_3OH^+)$

存在一定的可变性。首先，如图 6.5(a) 所示，气相 $V(NH_3OH^+)$ (编号为 **0**) 的计算值为 34.6 Å^3，该体积大于所有固相 $V(NH_3OH^+)$ (编号为 **1** 至 **25**)，表明上文提及的晶体场效应引起离子体积收缩[21,22]。此外，不同离子化合物的 $V(NH_3OH^+)$ 也互不相同。如图 6.5(a) 所示，$V(NH_3OH^+)$ 按 1 至 25 的顺序减少，变化范围约为 2.8 Å^3；图 6.5(b) 中 25 个 $V(NH_3OH^+)$ 最大差异约为 9%，即 $V(NH_3OH^+)$ 的最大值 (**1**) 比最小值 (**25**) 大约 9%。这表明，相同或不同的晶体化合物的晶体环境对 $V(NH_3OH^+)$ 都有很大的影响。

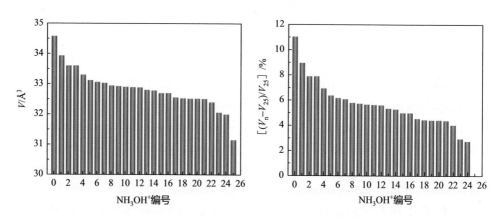

图 6.5　NH$_3$OH$^+$的体积 $V(NH_3OH^+)$ 及其与第 25 号 NH$_3$OH$^+$的体积 V_{25} 的相对偏差

比较起来，先前的研究表明，一些含能中性分子，如 CL-20、TNT、PETN、RDX、HMX 和 FOX-7，在其不同晶型和共晶中，甚至是高压晶型中，所表现出来的分子体积 (molecular volume，V_m) 变化很小[23,24]。通常情况下，温度和压力主要影响并改变分子间的取向和距离，而非分子体积。$V(NH_3OH^+)$ 的这种相当大的可变性表明，不同的含 NH$_3$OH$^+$ 的化合物其分子间相互作用方面存在相当大的差异。事实上，含能分子晶体和离子晶体在分子相互作用方面存在着本质差异。含能分子晶体主要依靠色散力来保持，而含能离子晶体由色散力和更强的静电力共同支撑[25,26]。在含能离子晶体中，随着晶体场的变化会发生明显的电荷转移，因此色散力会发生变化，从而导致离子体积发生变化。

离子晶体的 $V(NH_3OH^+)$ 原则上是由 NH$_3$OH$^+$ 周围的环境或 NH$_3$OH$^+$ 的分子间相互作用控制，图 6.6 显示出一种趋势，即氢键越强 (氢键越短和强度越高)、$V(NH_3OH^+)$ 越大。这可能是因为分子间氢键越强、拖拽分子的能力越强，从而产生更大的 $V(NH_3OH^+)$。如上所述，更强的分子间相互作用有助于分子堆积更紧密，堆积系数更高，这将弥补由分子体积增加而导致的堆积密度降低。

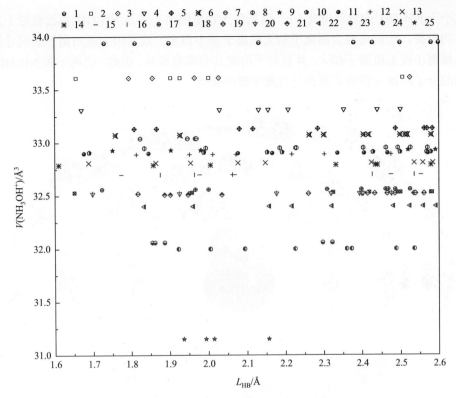

图 6.6　不同含能离子化合物中 NH_3OH^+ 的体积 $[V(NH_3OH^+)]$ 和其周围氢键长度 (L_{HB}) 的相关性

6.3.2　电子特性可变性

使用静电势(ESP)和 NH_3OH^+ 的总原子电荷 $Q(NH_3OH^+)$ 两个指数对离子化合物的电子特性进行描述。所有离子的静电势表面在 B3LYP/6-311 G (d,p)[20] 水平上理论计算，并通过 Multiwfn[27,28] 处理获得，而 $Q(NH_3OH^+)$ 是在 PBE/DNP(双数值极化函数)水平上计算并对 NH_3OH^+ 所有原子的 Mulliken 电荷求和得到的[29]。计算过程中，晶胞结构为实验确定的结构，晶胞结构没有弛豫。DFT 计算采用 DMol³ 软件完成。

22 种含能离子化合物的阴离子的静电势和 $Q(NH_3OH^+)$ 如图 6.7 所示。从图中可以发现 $Q(NH_3OH^+)$ 变化很大，从 0.164 e (**18**) 到 0.438 e (**9**) 不等，最大值是最小值的 2.67 倍。这表明，$Q(NH_3OH^+)$ 比 $V(NH_3OH^+)$ 的可变性更明显，可见晶体场效应对离子化合物的电子特性的影响更大。如上所述，编号为 **1** 至 **25** 的 $V(NH_3OH^+)$ 依次降低，然而却没有观察到 $Q(NH_3OH^+)$ 以相同顺序的规律变化。这也表明 $Q(NH_3OH^+)$ 与 $V(NH_3OH^+)$ 无明显相关性。另一方面，所有离子化合物的 $Q(NH_3OH^+)$

远小于 NH_3OH^+ 的表观电荷 $1e$，这表明无论是阴离子还是 NH_3OH^+ 都没有带上足够的电荷，比起典型金属离子和无机离子要小得多。这是因为阴阳离子的尺寸比金属离子或无机离子都大，并且分子构象具有高度柔性。因此，阴离子和 NH_3OH^+ 间的分子间相互作用不那么具有离子键的特性。

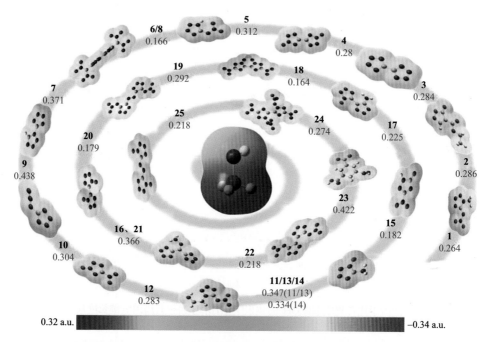

图 6.7　22 种含能离子化合物中的阴离子静电势表面和总原子电荷 $Q(NH_3OH^+)$（红色数字，单位为 e）

NH_3OH^+ 的编号 1 至 25，用黑色加粗数字表示。为方便和单电荷阴离子对比，双电荷阴离子的比表面静电势值颜色取值范围进行了减半处理

 ## 6.4　堆积结构和分子间氢键

在本节中，我们将介绍含能离子化合物的堆积结构及其中的分子间氢键，这些含能离子化合物中至少含有一种有机离子。由于 NH_3OH^+ 基离子化合物的分布最为广泛，因此我们将以 8 种 NH_3OH^+ 基离子化合物展开讨论。有趣的是，除 $AFTA^-$ 外，其余 7 种阴离子均不含氢。这些阴离子都可以被看作是相应的中性分子的去质子化产物，所以它们在结构上与相应的原始中性分子相似，不同之处只源自于质子。因此，从堆积模式来看，含能分子晶体和含能离子晶体没有区别。

6.4.1 堆积结构

图 6.8 中展示了一些 NH_3OH^+ 基离子化合物的阴离子结构，可以看出这些阴离子均具有 π 共轭结构。与之相比，NH_3OH^+ 的尺寸较小，因此很容易推断出这些阴离子在晶体中呈现出 π-π 堆积模式，而 NH_3OH^+ 分布在其周围。图 6.9 中展示了这 8 种离子化合物的晶体堆积结构，均为 π-π 堆积，其中尺寸大的阴离子可被视为构成晶体的框架。这与对 TKX-50 的研究结果一致，加热时 TKX-50 的 XRD 谱不受 NH_3OH^+ 旋转的影响[30]。当然，通过强静电吸引作用和分子间氢键作用，NH_3OH^+ 在连接离子化合物中的阴离子时发挥着重要作用。若忽略 NH_3OH^+，则离子化合物 HA-BT(此处 HA 即 NH_3OH^+，下同)［图 6.9(a)］、HA-DBO［图 6.9(c)］、HA-DNABF ［图 6.9(d)］ 和 HA-AFTA ［图 6.9(g)］ 的晶体堆积结构可看作是平面层状的 π-π 堆积，这与 TATB 相似，因而也可能表现出类似的剪切滑移特性，然而 NH_3OH^+ 的存在或多或少也会阻碍滑移。另一方面，与 TATB 相比，这些离子化合物通常热稳定性和分子稳定性较低。因此，从堆积结构和分子稳定性的角度来看，它们的撞击感度会高于 TATB。事实上，与预期结果一致，这些离子化合物的跌落能(drop hammer energy，E_{dr})分布在 4 J 至 50 J 范围内，低于 TATB[4,6,16,31]。此外，对于 HA-BTO［TKX-50，图 6.9(f)］和 HA-NTX［图 6.9(h)］，其中的阴离子堆积结构为波浪型，而对于 HA-BT_2O［图 6.9(b)］和 HA-DNBTO ［图 6.9(e)］，则为混合型。基于以上 NH_3OH^+ 基离子化合物的堆积模式分析，我们可以推断含能分子晶体和含能离子晶体之间的堆积模式没有差异，都会涉及各种堆积模式。

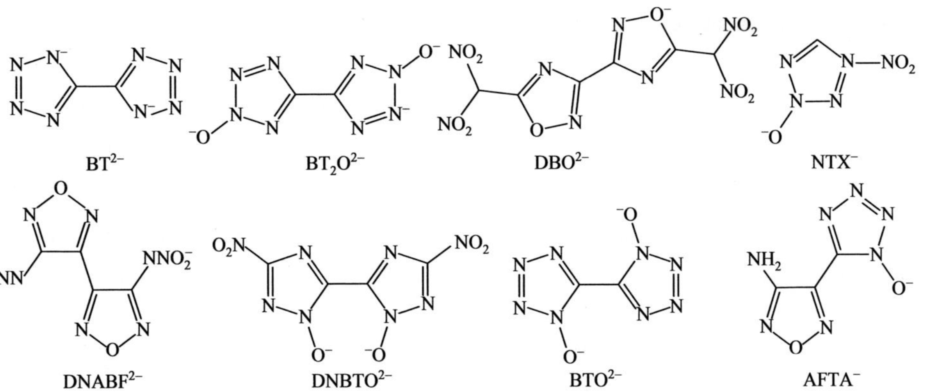

图 6.8 8 个 NH_3OH^+ 基离子化合物中阴离子的结构

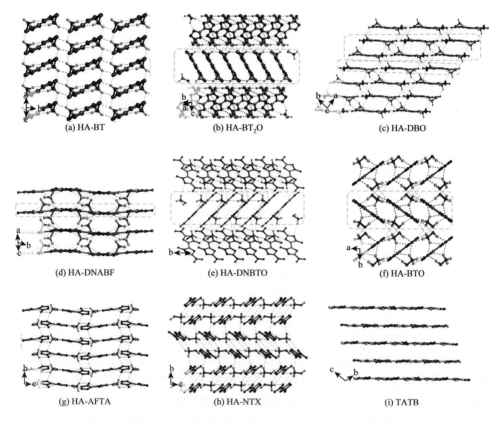

图 6.9　8 个 NH_3OH^+ 基含能离子化合物和 TATB 的晶体堆积结构[32]

图中 HA 代表 NH_3OH^+。紫色和绿色的虚线分别表示层内氢键和层间氢键。天蓝色矩形表示最强分子间氢键的滑移层

6.4.2　分子间氢键

Meng 等通过研究确认,多数情况下,在一组具有相同阴离子的离子化合物中,阳离子为 NH_3OH^+ 的离子化合物总是具有最高的晶体堆积密度,其重要原因是强分子间氢键的存在[32]。由于强的分子间氢键会导致高的堆积系数,所以含能离子晶体的堆积系数通常会高于普通含能分子晶体,如 TATB、LLM-105、FOX-7、β-HMX 和 α-CL-20,这将在第 9 章中进行详细讨论。如图 6.10 所示,沿滑移层分布的层内氢键相对较强(以紫色虚线表示),而层间氢键较弱(图 6.9 中,以绿色虚线表示)。如图 6.10 所示,层内氢键大多在 NH_3OH^+ 和阴离子之间形成,而且,两个 NH_3OH^+ 阳离子之间也能形成部分氢键。

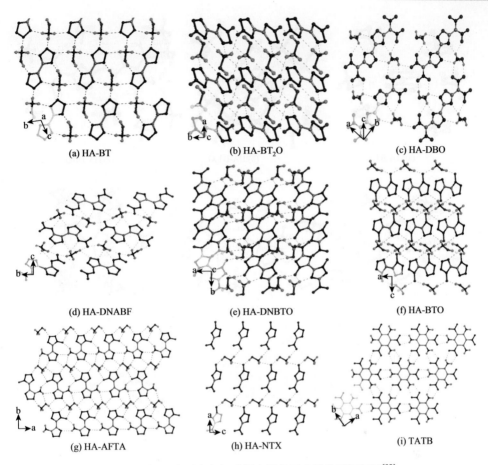

(a) HA-BT (b) HA-BT₂O (c) HA-DBO

(d) HA-DNABF (e) HA-DNBTO (f) HA-BTO

(g) HA-AFTA (h) HA-NTX (i) TATB

图 6.10 图 6.9 中天青色矩形框内滑移层内的分子间氢键[32]

对于 8 种 NH_3OH^+ 基离子化合物，图 6.11 和图 6.12 显示了阴离子和 NH_3OH^+ 周围的氢键及其键长。除 HA-AFTA 外，其他 7 种 NH_3OH^+ 基离子化合物中最强的氢键均为 O—H···A 类型，其中的氧原子来自于 NH_3OH^+，氢键受体 A 可以是阴离子上的氮原子或氧原子。原则上，对于氢键，供受体的电负性越高，氢键强度就越高。由此可以解释上述情况，HA-AFTA 的最强氢键中，氢键供体为氮原子。由于 NH_3OH^+ 具有很高的提供 H 的能力，且大多数阴离子不含 H。在这 8 个离子化合物中，NH_3OH^+ 总是作为氢键供体提供 O—H 或 N—H。此外，在 NH_3OH^+ 和 NH_3OH^+ 之间也能形成氢键，如图 6.12 所示，在 HA-BT、HA-BT₂O、HA-DBO、HA-DNABF 和 HA-BTO 中均存在这种氢键，NH_3OH^+ 既可以充当氢键供体，也可以充当氢键受体。两个 NH_3OH^+ 之间形成的氢键也是两个 NH_3OH^+ 之间发生氢转移并导致热稳定性低的主要根源。较低的热稳定性限制了某些离子化合物，特别是 NH_3OH^+ 基离子化合物的实际应用[33]。这将在第 9 章中详细解释。

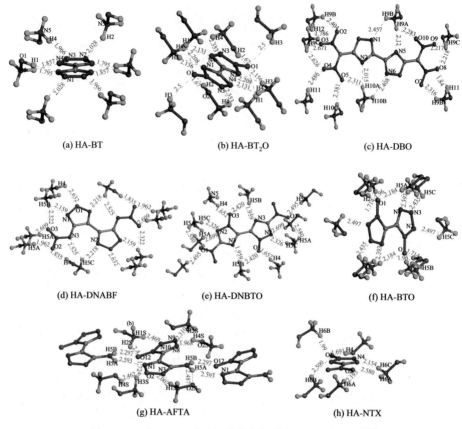

(a) HA-BT

(b) HA-BT₂O

(c) HA-DBO

(d) HA-DNABF

(e) HA-DNBTO

(f) HA-BTO

(g) HA-AFTA

(h) HA-NTX

图 6.11　8 个 NH₃OH⁺基离子化合物阴离子周围的氢键[32]

氢键长度用红色表示，单位为 Å

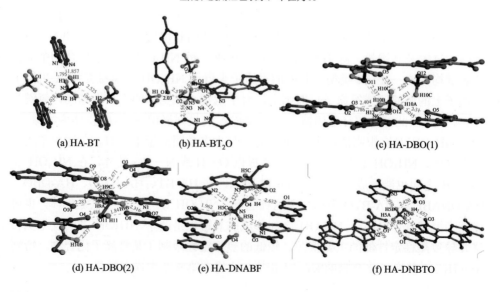

(a) HA-BT

(b) HA-BT₂O

(c) HA-DBO(1)

(d) HA-DBO(2)

(e) HA-DNABF

(f) HA-DNBTO

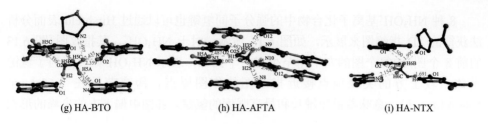

(g) HA-BTO　　　　　　　(h) HA-AFTA　　　　　　　(i) HA-NTX

图 6.12　8 个 NH₃OH⁺ 基离子化合物中 NH₃OH⁺ 周围的氢键[32]

氢键的长度用红字表示，单位为 Å

此外，我们也利用分子中原子的量子理论(QTAIM)分析了 8 个 NH₃OH⁺ 基离子晶体以及 5 个分子晶体 TATB、LLM-105、FOX-7、β-HMX、TATB 和 ε-CL-20 中最强的分子间氢键。表 6.1 列出了 8 种 NH₃OH⁺ 基离子化合物中最强氢键的几何参数，其中，H···A 距离、∠D—H···A 和氢键解离能(E_{HB})的范围分别为 1.652 Å 至 1.835 Å、168.9° 至 178.4° 和 39.6 kJ/mol 至 70.2 kJ/mol。所有数值都接近强氢键的标准范围：H···A 距离、∠D—H···A 和氢键解离能(E_{HB})分别为 1.2 Å 至 1.5 Å、175° 至 180° 和 59 kJ/mol 至 168 kJ/mol[34]。对比之下，5 种含能分子晶体中的氢键较弱，远未达到强氢键的标准。含能离子化合物中的强氢键主要源自静电吸引作用的增强[32]。

表 6.1　8 种 NH₃OH⁺ 基离子化合物和其他常见炸药的最强分子间氢键的几何参数、键临界点(BCP)位置、电子密度(ρ^{BCP}，单位为 e/bohr³)及键临界点的电子密度拉普拉斯值($\nabla^2\rho^{BCP}$，单位为 e/bohr⁵)，氢键解离能(E_{HB}，单位为 kJ/mol)

晶体	D—H···A	D—H/Å	H···A/Å	∠D—H···A/(°)	SM	ρ^{BCP}	$\nabla^2\rho^{BCP}$	E_{HB}	$\Sigma E_{HB}/2$
HA-BT	O1—H1···N1	0.940	1.795	171.868	2	0.0444	0.0930	52.1	158.4
HA-BT₂O	O2—H2···O1	0.960	1.670	176.544	4	0.0531	0.1063	68.3	317.5
HA-DBO	O12—H12···O3	0.920	1.786	173.645	2	0.0385	0.1100	45.1	236.5
HA-DNABF	O4—H4···O2	0.860	1.835	178.422	4	0.0345	0.1099	39.6	264.9
HA-DNBTO	O4—H4···O3	0.920	1.652	175.949	4	0.0533	0.1206	70.2	279.5
HA-BTO	O2—H2···O1	0.907	1.714	168.900	4	0.047	0.123	59.1	273.7
HA-AFTA	N1S—H3S···O12	1.000	1.724	173.770	4	0.0466	0.1155	58.1	352.6
HA-NTX	O4—H4···O1	0.940	1.691	174.599	4	0.0501	0.1208	64.5	262.5
TATB	N4—H4···O1	1.054	2.239	121.3	2	0.0143	0.0548	12.3	57.1
FOX-7	N4—H3···O4	0.904	2.143	143.7	4	0.0149	0.0645	13.9	60.5
LLM-105	N2—H1···O1	0.904	2.046	149.4	4	0.0170	0.0786	17.1	50.4
β-HMX	C2—H4···O2	1.094	2.360	152.6	4	0.0111	0.0389	8.4	67.1
ε-CL-20	C1—H1···O6	0.937	2.439	135.7	4	0.0084	0.0366	6.6	31.5

BCP 的位置由图 6.11 和图 6.12 中的原子符号和数字描述。$\Sigma E_{HB}/2$ 是晶体中每个离子对或分子的分子间氢键的总解离能。SM 是对称性多重度的缩写。

8 种 NH$_3$OH$^+$基离子化合物中的强分子间氢键也可以通过 Hirshfeld 表面分析法获得的 2D 指纹图来展示，如图 6.13 所示。对于 NH$_3$OH$^+$，其指纹图(图 6.13 的前 8 个图)的每个图的左下角至少有一个尖峰，表示 NH$_3$OH$^+$始终充当了氢键供体。较上方的尖峰顶点接近指纹图的作图原点，距离范围在 1.65 Å 至 1.84 Å($d_i + d_e$)，意味着最短键长和最高强度的氢键。各图中偏下方的尖峰的形态

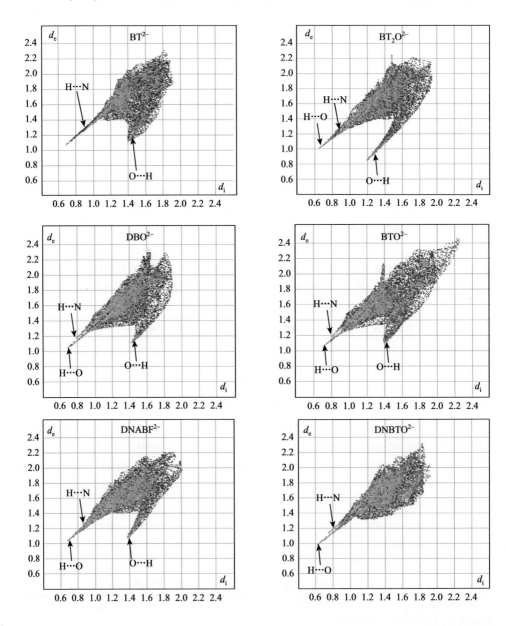

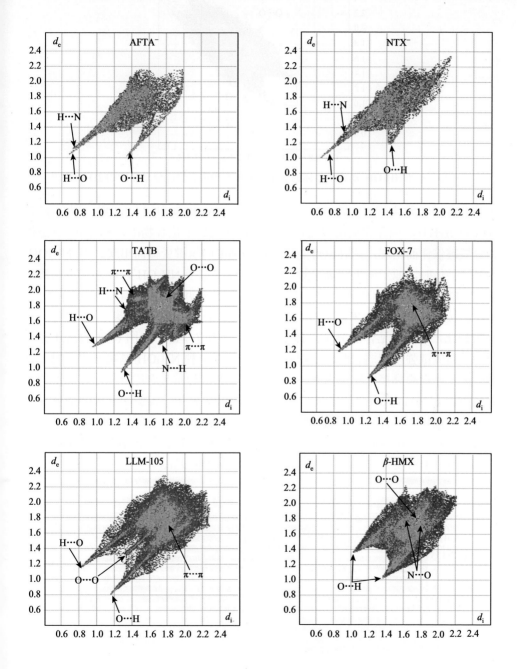

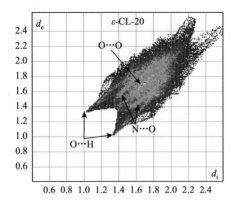

图 6.13　8 种 NH₃OH⁺基离子晶体的 NH₃OH⁺和 5 种常见含能分子晶体的 2D 指纹图

各异，有的非常尖锐(HA-BT₂O)，有的很钝(HA-DBO 和 HA-NTX)，甚至没有(HA-DNBTO)。因此我们可以得出结论，在这些离子化合物中，NH₃OH⁺总是作为强氢键供体而出现，同时也可能作为不同强度的氢键受体而出现。当 NH₃OH⁺为氢键供体时，原子间近距离接触有 H⋯O(H 来自于 NH₃OH⁺，O 来自于阴离子或 NH₃OH⁺)和 H⋯N(H 来自于 NH₃OH⁺，N 来自于阴离子)；而作为氢键受体时，近距离接触有 O⋯H(O 来自于 NH₃OH⁺，H 来自于 NH₃OH⁺或阴离子)。与离子化合物相比，5 种常见含能分子晶体表现出较大的 $d_i + d_e$，如图 6.13 的后 4 张图所示，其氢键强度较弱。此外，图 6.14 还展示了 8 种 NH₃OH⁺基离子化合物中氢键的原子间近距离接触比重为 81%～90%，高于 5 种常见含能分子晶体氢键的比重(38%～67%)，大致验证了离子化合物中的氢键更强。较弱的氢键供受体导致含能分子晶体中氢键普遍较弱。此外，表 6.1 中的 QTAIM 分析结果也表明了 8 种 NH₃OH⁺基离子化合物中的氢键更强，具有更大的电子密度(ρ^{BCP})和键临界点(BCP)的电子密度拉普拉斯值($\nabla^2\rho^{BCP}$)及氢键解离能(E_{HB})。

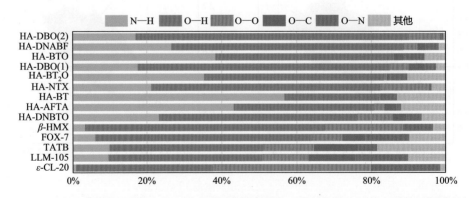

图 6.14　NH₃OH⁺基离子晶体中的 NH₃OH⁺和中性含能分子晶体中的分子的各种分子间原子间近距离接触比重[32]

通常，相比于普通含能分子晶体，8 种 NH_3OH^+ 基离子化合物中氢键更强，这源于其中的静电吸引作用更强。静电势是衡量分子表面电荷密度分布的直接指标，Meng 等查验了 8 种阴离子和 NH_3OH^+ 的静电势，结果如图 6.15 所示[32]。除了 $AFTA^-$ 中 NH_2 基团带正电荷外，其他离子化合物阴离子通常会带负电荷，而 NH_3OH^+ 带正电荷。一种离子的整个表面上带同一种符号的电荷有助于提高离子间的静电吸引作用。事实上，由于晶体场效应，晶体中离子的电荷会被打折扣，即实际电荷少于表观电荷。这也是在部分情况下两个 NH_3OH^+ 之间能形成氢键的原因。

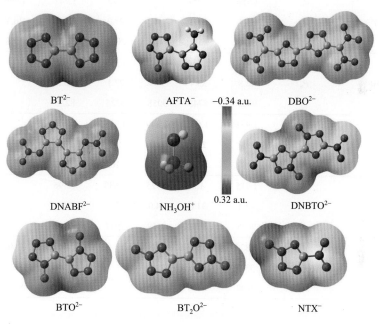

图 6.15　电子密度为 0.001a.u.的离子表面上的静电势[32]

灰色、白色、蓝色和红色分别代表 C、H、N 和 O 原子

6.4.3　氢键增强的影响

　　Meng 等比较了多种离子化合物中氢键的强度，并确认了在一组阴离子相同而阳离子不同的离子化合物中，NH_3OH^+ 基化合物中分子间氢键最强是其堆积系数最高的原因[32]。此外，如表 6.2 所示，强分子间氢键也会造就更高的晶体堆积密度和爆轰性能，如爆速和爆压。正是由于其优异的爆轰特性，NH_3OH^+ 成了离子化合物制备时的首选阳离子。

表 6.2 一些含能离子化合物的晶体堆积密度[$d_c/(g/cm^3)$]、爆压($P_d/$ GPa)和爆速[$v_d/(m/s)$]的比较

	性质	NH$_3$OH$^+$	NH$_4^+$	N$_2$H$_5^+$	G$^+$	AG$^+$	DAG$^+$	TAG$^+$
	d_c	1.742	1.590	1.531	1.586	1.568	1.520	1.535
BT^{2-}	P_d	31.7	18.9	23.6	17.6	19.3	20.5	23.8
	v_d	8854	7417	8265	7199	7504	7711	8181
	d_c	1.822	1.664		1.633	1.637		1.600
BT$_2$O^{2-}	P_d	37.2	25.8		22.1	24.7		25.1
	v_d	9264	8212		7752	8137		8256
	d_c	1.986	1.951		1.75	1.742	1.696	1.769
DBO^{2-}	P_d	39.4	35.0		27.0	26.6	26.3	29.8
	v_d	8935	8618		8038	8078	8108	8513
	d_c	1.963	1.834	1.812	1.769	1.680		1.811
DNABF^{2-}	P_d	42.5	33.4	35.4	27.1	26.5		33.5
	v_d	9363	8748	9058	8225	8228		8836
	d_c	1.952	1.696	1.840	1.788	1.764		1.730
DNBTO^{2-}	P_d	39.0	29.7	34.2	26.3	27.2		32.8
	v_d	9087	8388	8915	8102	8268		8919
	d_c	1.915	1.8	1.725	1.639	1.596		1.749
BTO^{2-}	P_d	42.4	31.6	34.0	23.3	24.3		24.6
	v_d	9698	8817	9159	7917	8111		8028
	d_c	1.822	1.688	1.706		1.642	1.608	1.710
AFTA$^-$	P_d	33.4	26.6	29.0		23.6	26.7	29.0
	v_d	9100	8436	8759		8173	8580	8859
	d_c	1.85	1.73		1.698	1.697	1.687	1.639
NTX$^-$	P_d	41	32.8		27.4	29	29.9	29.2
	v_d	9381	8767		8270	8503	8639	8617
	d_c	1.90	1.83	1.84	1.74		1.84	1.76
DNAAF^{2-}	P_d	42.2	39.6	39.3	29.2		36.5	33.6
	v_d	9511	9474	9459	8585		9453	9227
	d_c	1.86	1.83	1.86	1.72	1.79		
DPNA$^-$	P_d	38.5	35.6	38.7	28.3	32.2		
	v_d	9195	8880	9176	8319	8745		
	d_c	1.78	1.83	1.63	1.70	1.71	1.68	1.64
BNT^{2-}	P_d	32.4	34.9	26.2	26.6	26.3	27	27
	v_d	8856	9407	8455	8634	8603	8701	8705

6.5 含能无机离子晶体

表 6.3 列出了一些已得到应用的典型含能无机离子晶体及其相关性质[35-57]，它们的堆积结构如图 6.16 和图 6.17。这些晶体中，阳离子一般为 Na^+、Cu^{2+}、Cu^+、Pb^{2+} 和 Ag^+ 等金属阳离子及 NH_4^+，阴离子则是 N_3^-、ClO_4^-、NO_3^-、$N(NO_2)_2^-$ 和 SO_4^{2-} 等无机阴离子。图 6.16 中的含能金属离子晶体表现出更强的离子间相互作用，具有很强的极性。另一方面，这种更强的离子间相互作用会使其能量水平降低。因此，比起由 C、H、N 和 O 原子组成的普通含能分子晶体，如 CL-20、HMX、RDX 和 TNT，含能金属离子晶体通常能量较低。曾有研究表明，金属叠氮化物的撞击感度与叠氮基电荷间存在相关性，即叠氮基电荷越负，金属叠氮化物撞击感度越低[58]。这很容易理解，叠氮基本质上是一个吸电子基团，吸电子越多意味着化学势降低越多，叠氮化合物越稳定。例如，NaN_3 中的 Na 原子能为叠氮基提供足足一个电子，使 NaN_3 变得很稳定。因此，如表 6.3 所示，NaN_3 不会爆炸，跌落能 E_{dr} 甚至达到了撞击感度测量的最大阈值 49 J。相比之下，其他叠氮化合物上的叠氮基的负电荷较少，晶体稳定性低，撞击感度更高，常被用作起爆药。同样，$Hg(ONC)_2$ 通常也用作起爆药。

表 6.3 一些含能无机离子化合物的主要性质

化合物	d_c	$-\Delta_r^\theta H$	v_d	P_d	IS	FS	T_d
$Pb(N_3)_2$[36]	4.71	1.66[37]	(4726±8)[38]	(17.12±0.22)[38]	2.5～4	100%[39] (90°翼角)	326.9[39](5 ℃/min)
NaN_3[40]	1.85	0.33			49 无爆炸		458.5[41](5 ℃/min)
$[AgN_5]_n$[42]	3.02[42]	1.29[43]	7782[42]	34.67[42]			
AgN_3[43]	4.96[43]	2.07[44]	2170[45]		15.4[46]	70%[46] (70°翼角)	356[46](100 ℃/min)
$Cu(N_3)_2$[47]	2.60	3.98[45]	5317[48]				207[49](10 ℃/min)
CuN_3[50]	3.35	6.57[45]	2720[45]				
NH_4ClO_4[51]	1.95	2.5	3800		13.7	28% (66°翼角); 353 N	310.3[52](10 ℃/min)
NH_4NO_3[53]	1.73	4.57	2700	3.6[54]	49 无爆炸	353 N	284.8[55](10 ℃/min)
$NH_4N(NO_2)_2$[56]	1.84	1.21			4.4	72% (66°翼角); 353 N	127
$(NH_4)_2SO_4$[57]	1.77	8.92					513

注：晶体堆积密度 d_c、标准反应热 ($-\Delta_r^\theta H$)、爆速 v_d、爆压 P_d、撞击感度(IS)和热解温度 T_d 分别以 g/cm³、kJ/g、m/s、GPa、J 和℃为单位。下面的一些表也采用了这些单位。除另有说明，所有数据均引用自参考文献[35]。IS 和 FS 代表撞击感度和摩擦感度。IS 用跌落能 E_{dr} 表示，FS 用摩擦系数测定仪或 BAM 试验测量，测量结果分别以%和 N 表示。

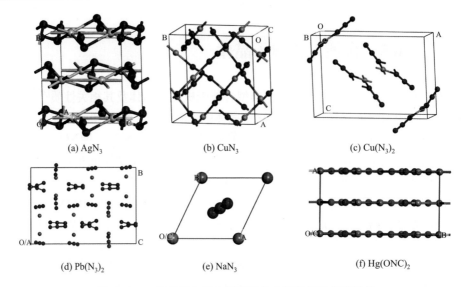

(a) AgN₃   (b) CuN₃   (c) Cu(N₃)₂

(d) Pb(N₃)₂   (e) NaN₃   (f) Hg(ONC)₂

图 6.16　一些典型含能金属离子化合物的晶体堆积结构

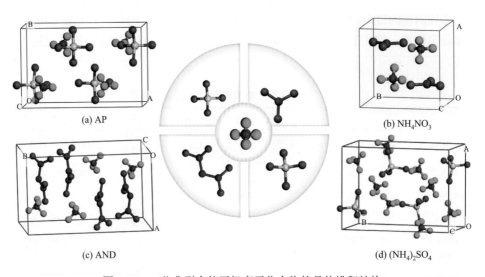

(a) AP   (b) NH₄NO₃

(c) AND   (d) (NH₄)₂SO₄

图 6.17　一些典型含能无机离子化合物的晶体堆积结构

NH_4ClO_4、NH_4NO_3、$NH_4N(NO_2)_2$ 和 $(NH_4)_2SO_4$[51,53,56,57]是含能无机离子化合物的代表。这 4 种化合物的热释放都源于阴、阳离子间的氧化还原反应，与前面介绍的金属化合物热释放来自于阴离子解离有所不同。ClO_4^-、NO_3^-、$N(NO_2)_2^-$ 和 SO_4^{2-} 的高氧化性来自于与氧原子配位的中心原子的高的正价，即 Cl、N 和 S 的化合价分别为 +7、+5 和 +6。由于自身的强离子性，这些化合物的威力比不上常见的 CL-20、HMX、RDX 和 TNT，因而民用居多。

N_5^- 环的出现显著丰富了含能离子晶体的数量和种类。例如，图 6.18 所示的 NH_3OH^+、NH_4^+、$C(NH_2)_3^+$ 和 $N_2H_5^+$ 通常出现在含能有机离子化合物中，N_5^- 环也能与它们形成新的离子化合物[59]。这些化合物的分子间氢键巩固了晶体堆积结构。其中，阳离子总是充当氢键供体，而 N_5^- 环充当氢键受体。表 6.4 列出了这些离子化合物的一些主要特性。可以看出，所有化合物的晶体堆积密度 d_c 和生成热 $\Delta_f^\theta H$ 都很低，因此预计其爆轰性能不太理想，但这与表 6.4 中列出的爆轰性能数据不太一致，让人难以理解。此外，它们的力学安全性和热稳定性都较低，这主要要归因于 N_5^- 环的低稳定性。以上这些都限制了含 N_5^- 离子晶体的实际应用。

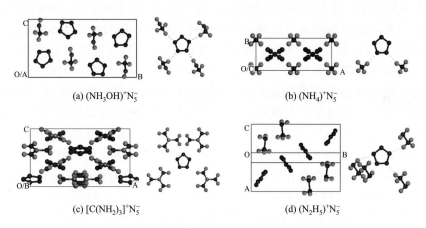

(a) $(NH_3OH)^+N_5^-$

(b) $(NH_4)^+N_5^-$

(c) $[C(NH_2)_3]^+N_5^-$

(d) $(N_2H_5)^+N_5^-$

图 6.18　一些含 N_5^- 环的典型含能化合物的晶体堆积结构

表 6.4　一些含有 N_5^- 环的含能离子化合物的主要性质[59]

阳离子	$d_c/(g/cm^3)$	$v_d/(m/s)$	P_d/GPa	IS/J	FS/N	$\Delta_f^\theta H/(kJ/g)$	$T_d/℃$
NH_3OH^+	1.636	9930	35.8	6	60	2.4	104.3
NH_4^+	1.520	9280	27.29	13	140	4.1	102
$N_2H_5^+$	1.620	10 400	37	6	100	4.8	85.3

注：$\Delta_f^\theta H$ 表示标准生成热。

 6.6　含能有机离子晶体

目前已经合成了许多含能有机离子晶体，其中含四唑或三唑结构的离子晶体分布最为广泛。因此，在本节中我们主要关注这类离子晶体以及一些相关的晶体，它们的阴阳离子结构如图 6.1～图 6.4 所示。

6.6.1　含四唑结构的离子晶体

1 个四唑环含有 4 个氮原子，在作为分子骨架时具有比其他大多数普通环状结构更高的氮含量，有助于提高其能量水平。四唑环的氮含量比 N_5^- 环低，尽管如此，四唑化合物应该更具实用价值，因为它们能兼具优异的能量性能和一定的稳定性。例如，TKX-50 是一个优秀的四唑化合物，在爆轰性能和撞击感度方面都优于许多常见的传统含能化合物[17]。

表 6.5 列出了 47 种含四唑结构的含能离子化合物的主要性质，图 6.1 和图 6.2 中分别为其阳离子和阴离子组成。在这些化合物中，EIS26 的晶体堆积密度最大（1.85 g/cm³），如表 6.2 所示，印证了第 6.4.3 节所提及的在更强的分子间氢键和更高的堆积系数的作用下，NH_3OH^+（C1）基化合物在相同阴离子而阳离子不同的一组化合物中几乎总是具有最大的晶体堆积密度。换句话说，NH_3OH^+ 通常不同于其他阳离子，它既可以作为强氢键供体，也可以作为强氢键受体，因而可以形成更强的分子间氢键。从爆轰性能角度来说，爆速 v_d 和爆压 P_d 都是基于 EXPLO5 软件所预测，但由于程序中缺少含能离子化合物的相关参数，因此预测值或多或少会存在偏差。如表 6.5 所示，预测的爆速值 v_d 应该是被严重高估了。例如，EIS1 和 EIS2 的预测爆速接近甚至高于 8500 m/s，而它们的晶体堆积密度尚未超过 1.7 g/cm³，与 TNT 接近，这无疑是不合理的。因此，亟需开发一种针对含能离子化合物爆轰特性准确预测的代码。一些含能离子化合物在撞击感度(IS)和摩擦感度(FS)方面表现出优异的性能，IS(E_{dr})>40 J，FS>360 N，甚至超过了测量的最大极限。从热稳定性看，大多数含能离子化合物的热解温度小于 280℃，低于 HMX 的 279℃。与含能分子晶体类似，含能离子晶体的热分解机制也比较复杂。例如，离子化合物的初始步骤可以是阳离子或阴离子的分子内反应，也可以是阴离子间的反应、阳离子间的反应或阴、阳离子间的分子间反应，其中关于氢转移的部分将在第 9 章中详细介绍。另外，这些含能离子化合物的标准生成热（$\Delta_f^\varrho H$）大多都超过了 RDX(1.81 kJ/g) 和 HMX(1.90 kJ/g)，这表明它们的热释放潜力很大。若为筛选出可应用的含能离子晶体而指定一个综合性标准，即 d_c>1.80 g/cm³（接近 RDX）、v_d>8500 m/s（接近 RDX）、IS>15 J（接近的 TNT 粗制品）以及 T_d>220℃（接近 RDX），则符合该标准的仅有 EIS28。这也表明了可应用含能离子化合物的数量极为有限。

表 6.5 一些含四唑结构的含能离子化合物的主要性质

化合物	阳离子	阴离子	$d_c/(g/cm^3)$	$v_d/(m/s)$	P_d/GPa	IS/J	FS/N	$\Delta_f^{\theta}H/(kJ/g)$	$T_d/℃$
EIS1[14]	C2	A5	1.688	8436	26.6	>50	>360	2.19	
EIS2[14]	C3	A5	1.695	8759	29.0	46	>360	2.79	
EIS3[14]	C1	A5	1.803	9100	33.4	>50	>360	2.25	
EIS4[4]	C2	A2	1.590	7417	18.9	35	>360		
EIS5[4]	C3	A2	1.531	8265	23.6	40	360		
EIS6[4]	C1	A2	1.742	8854	31.7	10	240		
EIS7[4]	C4	A2	1.586	7199	17.6	40	>360		
EIS8[5]	C2	A3	1.664	8212	25.8	10	360	1.26	265
EIS9[5]	C1	A3	1.822	9264	37.2	3	60	1.65	172
EIS10[5]	C4	A3	1.633	7752	22.1	>40	>360	1.12	331
EIS11[5]	C5	A3	1.637	8137	24.7	30	>360	1.79	255
EIS12[2]	C1	A4	1.785	9236	371	2	40	1.78	172
EIS13[7]	C2	A1	1.567	7900	22.9	10	300	3.69	220
EIS14[7]	C1	A1	1.561	8227	25.7	3	40	3.67	136
EIS15[13]	C2	A6	1.56	7182	16.4	35		0.7	262.9
EIS16[13]	C3	A6	1.62	8222	23.0	40		2.0	211.5
EIS17[13]	C1	A6	1.60	7756	17.8	40		1.2	260.4
EIS18[13]	C2	A7	1.45	7381	17.2	>40		2.6	239.9
EIS19[13]	C3	A7	1.68	9050	28.7	35		3.4	212.1
EIS20[13]	C1	A7	1.68	8839	28.8	20		2.6	237.8
EIS21[11]	C2	A8	1.617	8074	24.6	10	144	0.44	205
EIS22[11]	C1	A8	1.614	8298	26.8	15	160	0.71	178
EIS23[11]	C4	A8	1.624	7775	22.3	>40	240	0.20	225
EIS24[10]	C2	A13	1.530	8225	24.5	10	>360	1.92	195
EIS25[10]	C1	A13	1.664	9056	32.7	>40	>360	2.12	155
EIS26[9]	C1	A16	1.850	9499	39	4	60	1.33	157
EIS27[9]	C4	A16	1.698	8201	26.6	>40	252	0.72	211
EIS28[60]	C2	A10	1.800	8817	31.6	35	360	1.47	290
EIS29[60]	C3	A10	1.725	9159	34.0	9	252	2.89	220
EIS30[60]	C4	A10	1.639	7917	23.3	>40	>360	1.42	274
EIS31[61]	C4	A11	1.596	8141	24.9	13	>360	0.60	179
EIS32[62]	C2	A12	1.693	8557	30.3	5	120	0.87	147
EIS33[62]	C1	A12	1.796	9034	36.4	3	60	1.02	148
EIS34[62]	C4	A12	1.697	8306	27.4	7	120	0.58	160

续表

化合物	阳离子	阴离子	d_c/(g/cm³)	v_d/(m/s)	P_d/GPa	IS/J	FS/N	$\Delta_f^\theta H$/(kJ/g)	T_d/℃
EIS35[63]	C2	A9	1.592	8054	24.0	1	40	2.42	222
EIS36[63]	C1	A9	1.596	8224	25.8	30	160	0.28	175
EIS37[64]	C2	A17	1.69	7953	23.4	5			212
EIS38[64]	C3	A17	1.74	8517	29.4	18			242
EIS39[64]	C1	A17	1.77	8548	30.8	26			243
EIS40[64]	C4	A17	1.64	7840	23.3	10			287
EIS41[65]	C2	A14	1.553	7749	21.7	>40	>360	0.16	205
EIS42[65]	C3	A14	1.594	8284	25.3	>40	>252	1.46	196
EIS43[65]	C1	A14	1.634	9034	32.4	>40	>360	1.10	138
EIS44[65]	C4	A14	1.612	7401	20.7	>40	>360	0.06	239
EIS45[66]	C2	A15	1.757	9111	34.4	3	52	2.20	
EIS46[66]	C3	A15	1.678	9102	33.4	<1	48	2.91	
EIS47[66]	C4	A15	1.619	8168	25.5	40	240	1.68	

为了讨论含四唑的含能离子晶体的堆积特性，我们分别选用了 A2 基和 A3 基的两组含能离子化合物来加以说明，其堆积结构如图 6.19 和图 6.20。A2 和 A3 这两种阴离子在结构上是平面的，它们所有原子分别形成了一个大共轭结构，并且尺寸比 NH_3OH^+(C1) 和 NH_4^+(C2) 分子大。A2 和 A3 可作为强氢键受体，与充当氢键供体的阳离子形成非共价作用。因此，在一定程度上，由于如 6.3.2 节所述的有机阳离子的离子性较弱，保持晶体堆积的更可能是致密的强分子间氢键，而非离子键。如果忽略阳离子，可以确定 EIS5 和 EIS6 的平面层状堆积结构，EIS10 的波浪型堆积结构，EIS4 和 EIS11 的阶梯型堆积结构，EIS9 的交叉型堆积结构，EIS7

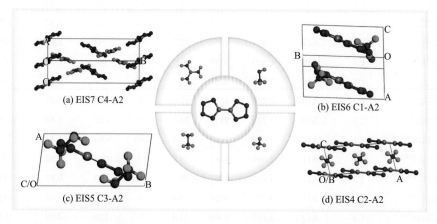

(a) EIS7 C4-A2

(b) EIS6 C1-A2

(c) EIS5 C3-A2

(d) EIS4 C2-A2

图 6.19 一些含有 A2(5,5′-bistetrazolates) 的离子化合物的晶体堆积结构

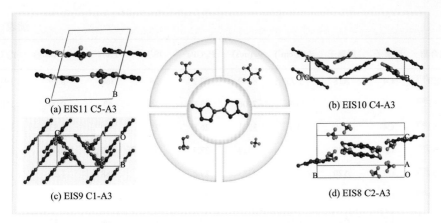

图 6.20 一些含有 A3(5,5′-bis(2-hydroxytetrazole))的离子化合物的晶体堆积结构

的人字型堆积结构和 EIS8 的混合型堆积结构。但当阳离子恢复后，堆积结构变得有点不规则，还可能会转变为另一种类型。这种不规则性源于大多数阳离子的非平面性，堆积模式的变化则源于较大尺寸的阳离子参与了堆积。例如，通过 C4 的参与，A2 的人字形堆积结构与实际的 EIS7 的交叉型堆积结构不同。对于含有 NH_3OH^+(C1)和 NH_4^+(C2)的小尺寸化合物，它们的堆积结构主要由阴离子框架结构决定。

6.6.2 含三唑结构的离子晶体

与上述含四唑结构的离子化合物相比，含三唑结构的含能离子化合物总体上表现出相似的性质，组成它们的阳离子和阴离子分别如图 6.1 和图 6.3 所示。由于高堆积系数 PC 和高分子密度 d_m，EIS62 的晶体堆积密度高达 1.9 g/cm³。事实上，由 C、H、N 和 O 原子组成的含能离子化合物，晶体堆积密度很少能达到 1.9 g/cm³。因为 NH_3OH^+(C1)形成氢键的能力很强，且 A23 具有优秀的形成高分子密度的能力，所以导致这两者形成的离子盐 EIS62 的晶体堆积密度非常高。总体而言，含三唑结构的含能离子化合物的生成热要低于含四唑结构的离子化合物，即 $\Delta_f^\theta H$ 较低，部分原因是三唑环的能量含量较低。通过比较表 6.5 和表 6.6，可以发现三唑离子化合物通常具有更低的撞击感度和更高的热稳定性，即具有较高的跌落能 E_{dr} 和热解温度 T_d，这在一定程度上归因于三唑环分子稳定性比四唑环更高。

表 6.6 一些含三唑结构的含能离子化合物的主要性质

化合物	阳离子	阴离子	d_c/(g/cm³)	v_d/(m/s)	P_d/GPa	IS/J	FS/N	$\Delta_f^\theta H$/(kJ/g)	T_d/℃
EIS48[67]	C2	A18	1.75	8487	30.6	23	288	0.55	203
EIS49[67]	C3	A18	1.727	8149	26.7	35	360	0.37	220

续表

化合物	阳离子	阴离子	d_c/(g/cm³)	v_d/(m/s)	P_d/GPa	IS/J	FS/N	$\Delta_f^\theta H$/(kJ/g)	T_d/℃
EIS50[67]	C4	A18	1.73	8349	28.2	25	360	0.79	194
EIS51[67]	C2	A19	1.686	7906	23.8	35	40	0.09	220
EIS52[67]	C4	A19	1.7	8311	26.8	25	>40	0.83	194
EIS53[67]	C2	A20	1.7	8324	27.9	32	360	0.64	220
EIS54[67]	C3	A20	1.7	8583	29.8	25	288	1.29	194
EIS55[67]	C4	A20	1.65	7881	23.7	>40	360	0.43	194
EIS56[19]	C2	A22	1.77	8769	33.1	10	120	1.15	223
EIS57[19]	C3	A22	1.81	9170	36.4	7	120	1.82	170
EIS58[19]	C1	A22	1.86	9330	39.1	8	120	1.30	166
EIS59[19]	C4	A22	1.74	8456	28.4	40	360	0.93	252
EIS60[15]	C2	A23	1.76	8388	29.7	>40	360	0.36	257
EIS61[15]	C3	A23	1.80	8915	34.2	15	324	1.28	228
EIS62[15]	C1	A23	1.90	9087	39.0	>40	>360	0.66	217
EIS63[15]	C4	A23	1.75	8102	26.3	>40	>360	0.26	263
EIS64[15]	C5	A23	1.72	8268	27.2	35	>360	0.83	246

　　对于晶体堆积结构，我们采用图 6.21 所示的四种 A23（bis-1,2,4-triazole-1, 1′-diol）基离子化合物进行讨论。A23 本身是平面结构，当与阳离子形成离子化合物但不考虑阳离子在晶体中的存在时，A23 以交叉型［EIS64，图 6.21（a）］、波浪型［EIS62，图 6.21（b）］、人字型［EIS63，图 6.21（c）］和平面层状［EIS61，图 6.21（d）］形式堆积。与阴离子相比，阳离子点缀于晶体堆积之中，也可以影响阴离子的堆积。在这四种化合物中，EIS62 的晶体堆积密度最高，这要归因于 C1 拥有最强的氢键供体能力，因此形成了最强的分子间氢键并提高了堆积系数。尽管 A23 具有平面层状堆积结构，EIS61 并不像预期的那样具有最低的撞击感度，恰恰相反，EIS61 的撞击感度最高（E_{dr} = 15 J，表 6.6）。这与已知的平面层状堆积结构易于降低撞击感度有很大差异[31]，推测可能是由于 $N_2H_5^+$（C3）的存在很大程度上会阻碍层间滑移，且 $N_2H_5^+$（C3）的热稳定性较差，导致 EIS61 撞击感度升高。和预期结果一致，EIS64 比 EIS62 和 EIS63 的撞击感度更高，因为其交叉型堆积结构导致滑移难度最大。以上理解仍较为初步，在撞击感度测量和撞击诱导反应机制方面仍需进一步的研究。

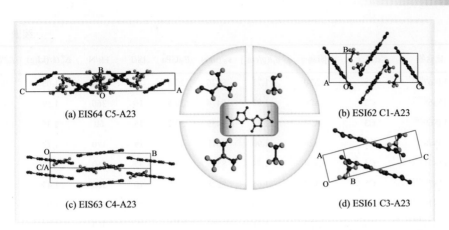

图 6.21　一些含有 A23（bis-1,2,4-triazole-1,1′-diol）的离子化合物的晶体堆积结构

6.6.3　其他含能有机离子晶体

除含三唑或四唑结构的含能离子晶体外，还有一些其他的含能有机离子晶体，这类晶体具有更高的分子多样性，特别是如图 6.4 所示的阴离子（阳离子数目要少多了）。表 6.7 列出了这些离子晶体的主要性质[68-75]，它们的阴、阳离子分别如图 6.4 和图 6.1 所示。在这些离子晶体中，有 5 种化合物的晶体堆积密度高于 1.9 g/cm³（EIS70、EIS76、EIS81、EIS83 和 EIS97），最高能达到 1.946 g/cm³（EIS83），在整个这组化合物中的占比高达 5 比 34。考虑到 $d_c = PC \cdot d_m$（晶体堆积密度 d_c，堆积系数 PC，分子密度 d_m），图 6.4 所示的大多数阴离子都含有硝基，硝基通常伴有高分子密度 d_m[76]，因而这些离子晶体高的晶体堆积密度 d_c 主要就来源于其高分子密度的贡献。高分子密度通常会导致高爆速 v_d。NH_3OH^+ 基化合物与表 6.7 中具有相同阴离子的化合物进行比较，NH_3OH^+ 基化合物的爆速值最大。然而，相邻两 NH_3OH^+ 间存在的氢转移导致 NH_3OH^+ 基化合物的热稳定性最差，热解温度最低[33]，导致这一结论的原因将在第 9 章详述。表中列出的大多数化合物 E_{dr} 都较低，表明其撞击感度较高。这主要是由于化合物中阴离子的分子稳定性低。此外，由于存在能降低生成热 $\Delta_f^\theta H$ 的硝基和含氧杂环，这组化合物中存在负 $\Delta_f^\theta H$。由于不同的反应物或产物间差异很大，负 $\Delta_f^\theta H$ 相比于正 $\Delta_f^\theta H$ 并不一定意味着放热较少，即直接评估含能化合物放热能力的指标应该是反应热（$-\Delta_r^\theta H$），而不是生成热 $\Delta_f^\theta H$。

表 6.7　一些含有其他阴离子的含能离子化合物的主要性质

化合物	阳离子	阴离子	$d_c/(\text{g/cm}^3)$	$v_d/(\text{m/s})$	P_d/GPa	IS/J	FS/N	$\Delta_f^\theta H/(\text{kJ/g})$	$T_d/℃$
EIS65[68]	C1	A30	1.85	9046	37.4	16	160	0.77	193
EIS66[68]	C4	A30	1.71	8147	25.0	26	240	0.44	269

续表

化合物	阳离子	阴离子	$d_c/(\text{g/cm}^3)$	$v_d/(\text{m/s})$	P_d/GPa	IS/J	FS/N	$\Delta_f^\theta H/(\text{kJ/g})$	$T_d/℃$
EIS67[68]	C5	A30	1.71	8426	26.6	21	160	1.05	208
EIS68[69]	C2	A26	1.83	9474	39.6	16	360	1.59	148
EIS69[69]	C3	A26	1.84	9459	39.3	15	60	2.36	192
EIS70[69]	C1	A26	1.90	9511	42.2	19	120	1.77	177
EIS71[69]	C4	A26	1.74	8585	29.2	35	360	1.34	246
EIS72[16]	C5	A27	1.65	8228	26.5	10	360	1.43	215
EIS73[16]	C2	A27	1.80	8748	33.4	10	324	1.05	230
EIS74[16]	C10	A27	1.81	8836	33.5	3	360	1.61	203
EIS75[16]	C3	A27	1.78	9058	35.4	6	120	1.98	230
EIS76[16]	C1	A27	1.93	9363	42.5	11	288	1.29	141
EIS77[16]	C4	A27	1.72	8225	27.1	40	360	1.43	280
EIS78[70]	C4	A25	1.8	8070	26.6	>40	>360	−0.26	328
EIS79[6]	C12	A29	1.79	8508	31.6	5	252	0.36	197
EIS80[6]	C10	A29	1.73	8513	29.8	2	216	1.07	204
EIS81[6]	C2	A29	1.90	8618	35.0	6	252	−0.24	223
EIS82[6]	C9	A29	1.66	8108	26.3	20	288	0.74	197
EIS83[6]	C1	A29	1.946	8935	39.4	4	108	0.10	156
EIS84[6]	C5	A29	1.70	8078	26.6	6	360	0.30	141
EIS85[71]	C2	A28	1.67	8341	26.3	15	120	1.96	144
EIS86[71]	C1	A28	1.76	8859	31.9	8	120	2.02	112
EIS87[71]	C4	A28	1.62	7911	22.5	40	360	1.53	192
EIS88[72]	C2	A31	1.718	9314	36.6	2	120		212
EIS89[72]	C1	A31	1.791	9407	40.5	2.5	120		179
EIS90[72]	C4	A31	1.698	8404	28.0	>40	360		283
EIS91[73]	C2	A33	1.78	7848	36.6	56	120		185
EIS92[73]	C3	A33	1.72	7551	40.5	36	120		269
EIS93[74]	C3	A32	1.86	9176	38.7	10	120	1.17	212
EIS94[74]	C1	A32	1.86	9195	38.5	10	80	0.77	179
EIS95[74]	C4	A32	1.72	8319	28.3	40	360	0.44	283
EIS96[75]	C2	A34	1.85	7832	23.6	10		3.14	309
EIS97[75]	C3	A34	1.91	8638	31.7	10		1.84	213
EIS98[75]	C4	A34	1.86	8001	23.5	40		2.39	333

对于一些 A27 的离子化合物，其晶体堆积也大致类似于前述化合物。A27 具有紧密的平面分子结构，其分子堆积模式也和其他含有 π 共轭分子的晶体相似。如图 6.22(a)和图 6.22(f)，沿着 A27 的分子平面方向，可以看出 A27 形成了交叉型的堆积结构，C5 和 AG$^+$(C4)分别填充在晶体里的剩余空间里；图 6.22(b)显示了与 NH$_4^+$(C2)形成离子化合物后，A27 呈紧密的平面层状堆积结构；图 6.22(c)和图 6.22(e)中晶体均为人字型的堆积；EIS75 中出现了具有浅波峰波谷的波浪型堆积结构［图 6.22(d)］。由于阳离子参与晶体堆积，结合表 6.7，此处并未发现撞击感度与 A27 本身的堆积模式的关联性。除 EIS77 外，这组化合物通常表现出高的撞击感度，即低跌落能 E_{dr}，这主要是因为 A27 含有强度弱的触发键 N—NO$_2$，分子稳定性较低。

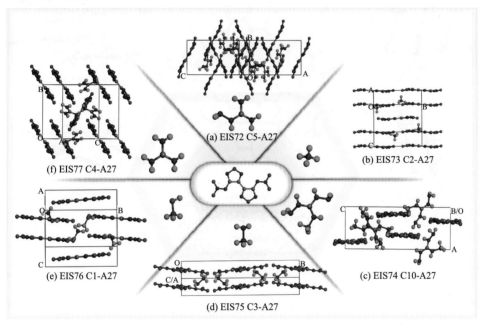

(a) EIS72 C5-A27

(b) EIS73 C2-A27

(f) EIS77 C4-A27

(e) EIS76 C1-A27

(d) EIS75 C3-A27

(c) EIS74 C10-A27

图 6.22　一些含 A27(3,3′-dinitramino-4,4′-bifurazane)的离子化合物的晶体堆积结构

接下来，我们介绍含 A29 的化合物及其晶体堆积结构，如图 6.23 所示。首先，从图中可以看出，A29 分子构型在不同的晶体中存在显著差异，在 EIS81［图 6.23(c)］中 A29 为平面结构，在 EIS83［图 6.23(e)］中近乎于平面结构，而在图 6.23 其余几种晶体中，A29 的四个硝基均偏离于其噁二唑环所在平面之外。对于 EIS81 和 EIS83，在 NH$_4^+$ 和 NH$_3$OH$^+$ 阳离子的参与下，A29 呈现出平面层状的堆积结构。尽管如此，这样的堆积并没有如预期的那样呈现出低撞击感度。结合上述多个类

含能材料的本征结构与性能

似情况，我们强调堆积模式对撞击感度的影响应该是指所有的分子或离子一起的堆积模式，而不是其中一部分结构的堆积模式。一般，对于图 6.23 中的离子晶体来说，没有易于滑移的堆积模式，反而是阴离子和阳离子的反应性对撞击感度的主导作用更强。例如，A29 是一种含有偕二硝基的阴离子，分子稳定性较低，这可能就是其离子化合物撞击感度高的部分原因。

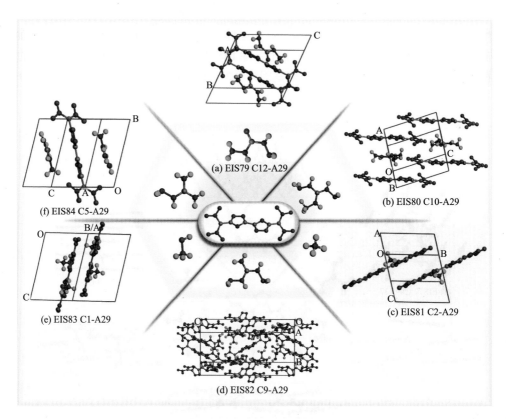

图 6.23　一些含 A29 (5,5′-dinitromethyl-3,3′-bis (1,2,4-oxadiazolate)) 的离子化合物的晶体堆积结构

 6.7　结论与展望

本章简要介绍了一些典型含能离子化合物的组成、堆积结构、分子间相互作用及其性质性能。金属离子化合物，如金属叠氮化物，其稳定性与金属原子提供电子的能力密切相关，具有高活性的金属离子的化合物预计会具有高稳定性。含能有机离子化合物的晶体堆积与含能分子晶体没有区别。由于附加了离子性，离子化合物中的分子间氢键通常比分子化合物强，导致堆积系数更高。尽管如此，

这并不意味着含能有机离子化合物的晶体堆积密度和爆轰特性一定会更高。由于活性氢原子的存在以及低的分子稳定性，含能有机离子化合物表现出更低的热稳定性。此外，含能离子化合物的爆轰特性的预测值往往偏高，这些都限制了它们的实际应用。尽管如此，其中一些含能离子化合物能作为起爆药发挥重要作用，一些也具有综合的应用性能，如 TKX-50。

参 考 文 献

[1] Liu G, Zhao J, Xue K, et al. Energetics and ionic-electronic and geometric variabilities of hydroxylammonium-based salts. Cryst. Growth Des., 2023, 23: 1821-1831.

[2] Fischer N, Klapötke T M, Piercey D G, et al. Hydroxylammonium 5-nitriminotetrazolates. Z. Anorg. Allg. Chem., 2012, 638: 302-310.

[3] Kennedy A R, Khalaf A I, Suckling C J, et al. Ethyl 5-oxo-2,5-dihydro-4-isoxazolecarb oxylatehydroxylamine salt. Acta Cryst. E, 2003, 59: o1410-o1412.

[4] Fischer N, Izsák D, Klapötke T M, et al. Nitrogen-rich 5,5′-bistetrazolates and their potential use in propellant Systems: A comprehensive study. Chem. Eur. J., 2012, 18: 4051-4062.

[5] Fischer N, Gao L, Klapötke T M, et al. Energetic salts of 5,5′-bis(tetrazole-2-oxide)in a comparison to 5,5′-bis(tetrazole-1-oxide)derivatives. Polyhedron, 2013, 51: 201-210.

[6] Klapötke T M, Mayr N, Stierstorfer J, et al. Maximum compaction of ionic organic explosives: Bis(hydroxylammonium)5,5′-dinitromethyl-3,3′-bis(1, 2, 4-oxadiazolate)and its derivatives. Chem. Eur. J., 2014, 20: 1410-1417.

[7] Fischer N, Izsák D, Klapötke T M, et al. The chemistry of 5-(tetrazol-1-Yl)-2H-tetrazole: An extensive study of structural and energetic properties. Chem. Eur. J., 2013, 19: 8948-8959.

[8] Klapötke T M, Piercey D G, Stierstorfer J. The taming of CN_7^-: The azidotetrazolate 2-oxide anion. Chem. Eur. J., 2011, 17: 13068-13077.

[9] Göbel M, Karaghiosoff K, Klapötke T M, et al. Nitrotetrazolate-2N-oxides and the strategy of N-oxide introduction. J. Am. Chem. Soc., 2010, 132: 17216-17226.

[10] Fischer D, Klapötke T M, Piercey D G, et al. Synthesis of 5-aminotetrazole-1N-oxide and its azo derivative: A key step in the development of new energetic materials. Chem. Eur. J., 2013, 19: 4602-4613.

[11] Fischer N, Klapötke T M, Stierstorfer J. Energetic nitrogen-rich salts of 1-(2-hydroxyethyl)-5-nitriminotetrazole. Eur. J. Inorg. Chem., 2011, 4471-4480.

[12] 李洪珍, 黄明, 李金山, 等. 3-硝基-1,2,4-三唑-5-酮羟胺盐的合成及其晶体结构. 合成化学, 2007, 06: 714-718.

[13] Chand D, Parrish D A, Shreeve J M. Di(1H-tetrazol-5-Yl)methanone oxime and 5,5'-(hydraz-onomethylene)bis(1H-tetrazole)and their salts: A family of highly useful new tetrazoles and energetic materials. J. Mater. Chem. A, 2013, 1: 15383-15395.

[14] Zhang J, Mitchell L A, Parrish D A, et al. Enforced layer-by-layer stacking of energetic salts towards high-performance insensitive energetic materials. J. Am. Chem. Soc., 2015, 137: 10532-10535.

[15] Dippold A A, Klapötke T M. A study of dinitro-bis-1,2,4-triazole-1,1′-diol and derivatives: Design of high performance insensitive energetic materials by the introduction of N-oxides. J. Am. Chem. Soc., 2013, 135: 9931-9940.

[16] Fischer D, Klapötke T M, Reymann M, et al. Dense energetic nitraminofurazanes. Chem. Eur. J., 2014, 20: 6401-6411.

[17] Fischer N, Fischer D, Klapötke T M, et al. Pushing the limits of energetic materials-the synthesis and characterization of dihydroxylammonium 5,5'-bistetrazole-1,1′-diolate. J. Mater. Chem., 2012, 22: 20418-20422.

[18] Bhogala B, Vishweshwar P, Nangia A. Equivalence of NH_4^+, $NH_2NH_3^+$, and $OHNH_3^+$ in directing the noncentrosymmetric diamondoid network of O—H···O hydrogen bonds in dihydrogen cyclohexane tricarboxylate. Cryst. Growth Des., 2005, 5: 1271-1281.

[19] Yin P, Shreeve J M. From N-nitro to N-nitroamino: Preparation of high-performance energetic materials by introducing nitrogen-containing Ions. Angew. Chem. Int. Ed., 2015, 54: 14513-14517.

[20] Frisch M J, Trucks G W, Schlegel H B, et al. Gaussian 09, Revision A.01. Gaussian, Wallingford, 2009.

[21] Yatsenko A V. Molecular crystals: The crystal field effect on molecular electronic structure. J. Mol. Model., 2003, 9: 207-216.

[22] Ernst M, Genoni A, Macchi P. Analysis of crystal field effects and interactions using X-Ray restrained ELMOs. J. Mol. Struct., 2020, 1209: 127975-127986.

[23] Liu G, Li H, Gou R, et al. Crystal packing of CL-20-based cocrystals. Cryst. Growth Des., 2018, 18: 7065-7078.

[24] Bu R, Li H, Zhang C. Polymorphic transition in traditional energetic materials: Influencing factors and effects on structure, property and performance. Cryst. Growth Des., 2020, 20: 3561-3576.

[25] Bu R, Xiong Y, Wei X, et al. Hydrogen bonding in CHON contained energetic crystals: A review. Cryst. Growth Des., 2019, 19: 5981-5997.

[26] 张朝阳. 含能晶体中分子间相互作用的特点及其启示. 含能材料, 2020, 28(9): 889-901.

[27] Lu T, Chen F. Multiwfn: A multifunctional wavefunction analyzer. J. Comput. Chem., 2012. 33: 580-592.

[28] Lu T, Chen F. Quantitative analysis of molecular surface based on improved marching tetrahedra igorithm. J. Mol. Graph. Model., 2012. 38: 314-323.

[29] Delley B. Modern density functional theory: A tool for chemistry. Amsterdam: Elsevier, 1995.

[30] Lu Z, Xue X, Meng L, et al. Heat-induced solid-solid phase transformation of TKX-50. J. Phys. Chem. C, 2017, 121: 8262-8271.

[31] Ma Y, Zhang A, Zhang C, et al. Crystal packing of low sensitive and high energetic explosives. Cryst. Growth Des., 2014, 14: 4703-4713.

[32] Meng L, Lu Z, Ma Y, et al. Enhanced intermolecular hydrogen bonds rooting for the highly dense packing of energetic hydroxylammonium salts. Cryst. Growth Des., 2016, 14: 7231-7239.

[33] Lu Z, Xiong Y, Xue X, et al. Unusual protonation of the hydroxylammonium cation leading to

the low thermal stability of hydroxylammonium-based salts. J. Phys. Chem. C, 2017, 121: 27874-27885.

[34] Jeffrey G A. An Introduction to Hydrogen Bonding. Oxford: Oxford University Press, 1997.

[35] 田德余, 赵凤起, 刘剑洪. 含能材料及相关物手册. 北京: 国际工业出版社, 2011.

[36] Saha P. The crystal structure of α-Lead Azide, α-Pb(N$_3$)$_2$. Indian Journal of Physics, 1965, 39: 494-497.

[37] Gray P, Waddington T. Thermochemistry and reactivity of the azides-I. Thermochemistry of the inorganic azides. Proceedings of the Royal Society of London. Series A. Mathematical and Physical Sciences, 1956, 235: 106-119.

[38] Mu Y, Zhang W, Shen R, et al. Observations on detonation growth of lead azide at microscale. Micromachines., 2022, 13, : 451.

[39] 耿俊峰, 劳允亮. CP, RDX 和 Pb(N$_3$)$_2$ 热分解及爆轰特征的对比研究. 含能材料, 1994, 2(4): 20-25.

[40] Hendricks S B, Pauling L. The crystal structures of sodium and potassium trinitrides and potassium cyanate and the nature of the trinitride group. Journal of the American Chemical Society, 1925, 47: 2904-2920.

[41] 金韶华, 松全才. 叠氮化钠及其三种混合物的热分解. 含能材料, 1999, 7(1): 23-24.

[42] Xu Y, Lin Q, Wang P, et al. Syntheses, crystal structures and properties of a series of 3D metal-inorganic frameworks containing pentazolate anion. Chem. Asian J., 2018, 13: 1669-1673.

[43] Williams A S, Cong K N, Gonzalez J M, et al. Crystal structure of silver pentazolates AgN$_5$ and AgN$_6$. Dalton Transactions, 2021, 50: 16364-16370.

[44] Guo G C, Wang Q M, Mak T C. Structure refinement and Raman spectrum of silver azide. J. Chem. Crystallogr., 1999, 29: 561-564.

[45] Evans B, Yoffe A, Gray P. Physics and chemistry of the inorganic azides. Chem. Rev., 1959, 59: 515-568.

[46] Liu L, Sheng D, Zhu Y, et al. Research on thermostable performance of silver azide. Initiators & Pyrotechnics, 2018, 3: 27-31.

[47] Agrell I. Crystal Structure of Cu(N$_3$)$_2$. Acta Chemica Scandinavica, 1967, 21: 2647-2658.

[48] Liu B, Zeng Q, Li M, et al. Measurement of detonation velocity of copper azides prepared by 'in situ' method. Initiators & Pyrotechnics, 2016, 2: 37-39.

[49] 许瑞. 碳基叠氮化铜纳米复合物的原位合成与性能研究. 北京: 北京理工大学, 2016.

[50] Wilsdorf H. Die Kristallstruktur des einwertigen Kupferazids, CuN$_3$. Acta Crystallographica, 1948, 1: 115-118.

[51] Kumar D, Kapoor I, Singh G, et al. X-Ray crystallography and thermolysis of ammonium perchlorate and protonated hexamethylenetetramine perchlorate prepared by newer methods. International Journal of Energetic Materials and Chemical Propulsion, 2010, 9: 467-478.

[52] Jain S, Gupta G, Kshirsagar D R, et al. Burning rate and other characteristics of strontium titanate(SrTiO$_3$) supplemented AP/HTPB/Al composite propellants. Defence Technology, 2018, 15: 313-318.

[53] Kamat V. CCDC 1588366: Experimental crystal structure determination. 2020.

[54] 谭柳. 添加剂对硝酸铵安全性能的影响及其规律研究. 南京: 南京理工大学, 2018.

[55] Tan L, Xia L, Wu Q, et al. Effect of urea on detonation characteristics and thermal stability of ammonium nitrate. J. Loss. Prev. Process Ind., 2015, 38: 169-175.

[56] Gilardi R, Flippen-Anderson J, George C, et al. A new class of flexible energetic salts: The crystal structures of the ammonium, lithium, potassium, and cesium salts of dinitramide. J. Am. Chem. Soc., 1997, 119: 9411-9416.

[57] Malec L M, Gryl M, Stadnicka K M. Unmasking the mechanism of structural para-to ferroelectric phase transition in $(NH_4)_2SO_4$. Inorg. Chem., 2018, 57: 4340-4351.

[58] Zhang C. Review of the establishment of nitro group charge method and its applications. J. Hazard. Mater., 2009, 161: 21-28.

[59] Yang C, Zhang C, Zheng Z, et al. Synthesis and characterization of cyclo-pentazolate salts of NH_4^+, NH_3OH^+, $N_2H_5^+$, $C(NH_2)_3^+$, and $N(CH_3)_4^+$. J. Am. Chem. Soc., 2018, 140: 16488-16494.

[60] Fischer N, Klapötke T M, Reymann M, et al. Nitrogen-rich salts of 1H, 1'H-5,5'-bitetrazole-1, 1'-diol: Energetic materials with high thermal stability. Eur. J. Inorg. Chem., 2013: 2167-2180.

[61] Joo Y H, Chung J H, Cho S G, et al. Energetic salts based on 1-methoxy-5-nitroiminotetrazole. New J. Chem., 2013, 37: 1180-1188.

[62] Fischer N, Klapötke T M, Stierstorfer J, et al. 1-Nitratoethyl-5-nitriminotetrazole derivatives-shaping future high explosives. Polyhedron., 2011, 30: 2374-2386.

[63] Fischer N, Hüll K, Klapötke T M, et al. 5,5'-Azoxytetrazolates-a new nitrogen-rich dianion and its comparison to 5,5'-azotetrazolate. Dalton Trans., 2012, 41: 11201-11211.

[64] Liang L, Huang H, Wang K, et al. Oxy-bridged bis(1H-tetrazol-5-yl) furazan and its energetic salts paired with nitrogen-rich cations: Highly thermally stable energetic materials with low sensitivity. J. Mater. Chem., 2012, 22: 21954-21964.

[65] Fischer D, Klapötke T M, Stierstorfer J. Salts of tetrazolone-synthesis and properties of insensitive energetic materials. Propell. Explos. Pyrot., 2012, 37: 156-166.

[66] Klapötke T M, Martin F A, Stierstorfer J. N-bound primary nitramines based on 1, 5-diaminotetrazole. Chem. Eur. J., 2012, 18: 1487-1501.

[67] Dippold A, Klapötke T M, Martin F A, et al. Nitraminoazoles based on ANTA-A comprehensive study of structural and energetic properties. Eur. J. Inorg. Chem., 2012, 2429-2443.

[68] Wei H, He C, Zhang J, et al. Combination of 1,2,4-oxadiazole and 1,2,5-oxadiazole moieties for the generation of high-performance energetic materials. Angew. Chem. Int. Ed., 2015, 54: 9367-9371.

[69] Zhang J, Shreeve J M. 3,3'-Dinitroamino-3,3'-azoxyfurazan and its derivatives: An assembly of diverse N-O building blocks for high-performance energetic materials. J. Am. Chem. Soc., 2014, 136: 4437-4445.

[70] Klapötke T M, Preimesser A, Stierstorfer J. Energetic derivatives of 4,4,5,5-tetranitro-2, 2-bisimidazole(TNBI). Z. Anorg. Allg. Chem., 2012, 638: 1278-1286.

[71] Yin P, He C, Shreeve J M. Fused heterocycle-based energetic salts: Alliance of pyrazole and 1,2,3-Triazole. J. Mater. Chem. A, 2016, 4: 1514-1519.

[72] Huang H, Shi Y, Liu Y, et al. High-oxygen-balance furazan anions: A good choice for high-performance energetic salts. Chem. Asian. J, 2016, 11: 1688-1696.

[73] Huang H, Zhou Z, Song J, et al. Energetic salts based on dipicrylamine and its amino derivative. Chem. Eur. J., 2011, 17: 13593-13602.

[74] Yin P, Parrish D A, Shreeve J M. Energetic multi-functionalized nitraminopyrazoles and their ionic derivatives: Ternary hydrogen-bond induced high energy density materials. J. Am. Chem. Soc., 2015, 137: 4778-4786.

[75] Huang Y, Gao H, Twamley B, et al. Highly dense nitranilates-containing nitrogen-rich cations. Chem. Eur. J., 2009, 15: 917-923.

[76] Bao F, Xiong Y, Peng R, et al. Molecular density-packing coefficient contradiction of high-density energetic compounds and strategy to achieve high packing density. Cryst. Growth Des., 2022, 22: 3252-3263.

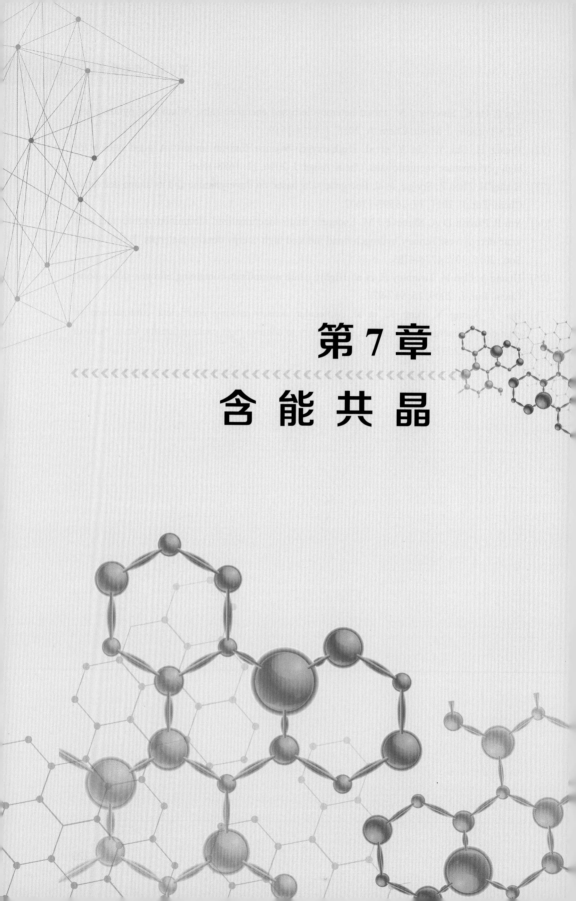

第 7 章

含 能 共 晶

7.1 引言

尽管含能材料有着超过 1200 年的悠久历史，但从能量(含能材料基本属性)提升和实际获得应用的含能化合物数量来看，含能材料的整体发展依然非常缓慢。在过去的一个世纪里，TNT、HMX 和 CL-20 分别代表了第一代、第二代和第三代含能材料，但爆速仅增加了约 30%。尽管已经有许多新的含能化合物成功合成[1-7]，但这些化合物在综合性能上很难超越 HMX，很少甚至未能投入实际应用。因此，事实上可供我们选择且适用的含能化合物少之又少，目前，已获得广泛应用的含能化合物不超过 20 个。原因可能是多方面的，如含能化合物的组成局限于 CHON 元素[8]、能量-安全性间的相互约束(能量高的化合物通常安全性较低)[9-11]、设计和合成的效率低下(预测与实际往往存在一定的差异，预测性能优良的新型含能化合物在合成上可能会存在困难)和实际应用的多方面严格要求等[12-15]。

尽管如此，创制新型化合物以推进含能材料发展的脚步却不能停止。一方面要充分利用现有分子开展研究，另一方面也需要合成综合性能优异的新型化合物，不断丰富可用含能化合物的数量，因为不少研究仍以研发兼顾能量和安全性的含能材料为主要目标[3-7]。这些兼顾能量和安全性的含能材料就是指低感高能材料(low sensitivity and high energy materials，LSHEM)，目前它们的数量较少，如FOX-7、LLM-105 和 NTO[11]。含能共晶技术有望成为研制新型含能材料或低感高能材料的新策略[16-20]。实际上，共晶技术是晶体工程的重要组成部分[21-27]，对研发新材料具有巨大的推动作用；同样，含能共晶技术对创制新型含能材料也是如此[10]。如今，基于对分子堆积模式与撞击感度间关系的深入理解，已经成功合成了许多具有低感高能材料或钝感含能材料应用潜质的含能共晶[28-31]。

含能共晶是指至少含有一种含能组分的共晶。分子或者离子都可以通过共结晶形成含能共晶；同时，根据共晶的最新定义，含能溶剂化物也应归属于含能共晶[32]。含能共晶的演化过程可以总结为如图 7.1 所示[33]。笔者认为含能共晶的始祖更可能是 1962 年确认的含能溶剂化物 HMX/DMF[34]，而非 1978 年发现的HMX/AP[35]。这是因为，一方面，此前没有意识到溶剂化物也属于共晶[32]；另一方面，迄今为止仍然缺少 HMX/AP 的单晶衍射结构测定数据。尽管如此，HMX/AP在含能共晶的演化进程中仍然留下了深刻的烙印，它让人们意识到了含能共晶的存在及其重要性。Matzger 的团队开展了许多开创性的工作后，人们对共晶的认知得到了强化。2010 年，此团队首次提出了含能材料晶体工程，并制备了一系列 π-π 堆积的 TNT 基含能共晶[16]。这些共晶与纯 TNT 相比，其晶体堆积密度(d_c)、堆积系

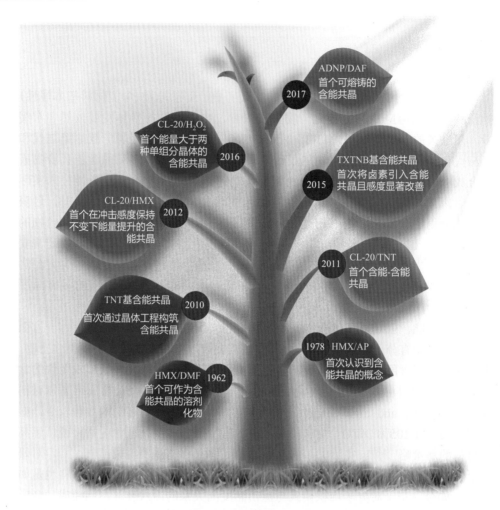

图 7.1　含能共晶的进化树[33]

数(PC)、熔点(melting point，T_m)、热解峰温(thermal decomposition temperature peak，T_p)和其他一些性质都或多或少地发生了变化。随后，一些标志性的共晶相继制备出来，包括第一个含能-含能共晶 CL-20/TNT[17]、威力大且可实际应用的 CL-20/HMX 共晶[18]、含卤键(halogen bond，XB)的一系列含能-含能共晶(DADP 与三种同系物 TCTNB、TBTNB 和 TITNB[36-38])、与两种配体相比能量更高的正交型 CL-20/H₂O₂ 共晶[39]和第一个可熔铸的含能共晶 ADNP/DAF[40]。与此同时，一些研究者们合成了其他性质适中的含能共晶，并对晶体的设计策略、形成和分解机制及其性质性能进行了广泛的理论探索[41-48]。目前，含能共晶仍处于实验研发阶段，尚没有关于投入实际应用的报道。大多数共晶的制备效率很低，因此很难用与普通含能材料相同的方法来评估共晶的一些重要性质。相比于已应用的含能材料，含能共晶的发展期还很短（自 2010 年起，共 12 年），仍需要付出巨大努力来阐明相关机制、提高制造水平。含能共晶技术作为创造新型含能材料最重要的晶体工程方法，将会受到持续关注。

本章将总结含能共晶的最新进展，以期获得对含能共晶的全面认知和理解。同时也希望，我们进行的一些总结和提出的一些问题能有助于含能共晶的进一步研究。本章将介绍含能共晶的组成、结构、性质和机理，以及未来可能面临的一些问题。考虑到 CL-20 基的共晶在含能共晶中数量最多，本章将以它们展开相关介绍。另外，由于目前共晶的概念尚不清晰，本章将首先对共晶这一学术术语进行重新定义和介绍。

7.2 共晶的定义和内涵

如今，越来越多地采用由两种或多种配体共晶的方式创制具有所需性质性能的新材料。例如，稳定性、溶解度和生物活性这几种药物重要的特性都可以通过共晶的方式进行调控。此外，共晶在其他一些领域也逐渐发展成为一种有效的技术，包括含能材料、聚合物材料和医疗材料等[25,26,49-53]。在过去的十几年里，含能共晶得到了蓬勃发展。但问题也随之而来——如何对这些共晶进行分类并很好地理解它们呢？

我们知道，结晶的产物叫做晶体；同样，共结晶的产物可命名为共晶。然而，在共晶的定义及其内涵上目前仍存在争议，这会在共晶研究时带来许多歧义、混淆和疑问。在此问题上，笔者与 Seddon 的观点[73]一致：作为科研工作者，有责任在自己的论述中尽可能地明晰某些科学术语以避免歧义，尤其是一些即将为大众所见的术语。本节中，我们将根据第 2.2 节中介绍的基本结构单元(primary constituent part，PCP)类型和 PCP 间相互作用的类型，对共晶进行重新定义，并拓展其内涵，以减少理论层面上的歧义、混淆和疑问。

7.2.1 现有定义和分类的不足

许多人都曾对共晶进行了定义，大众普遍认可的大概是 46 位制药领域的科学家们近期提出的观点——共晶是由两种或多种不同的分子和/或离子化合物通常按一种化学计量比结晶而成的单相材料，它既不是溶剂化物，也不是简单的盐[54]。而共晶的分类，最初认为只有分子共晶，但后来又证实存在分子共晶和离子共晶[55]。笔者将共晶现有定义和分类中的不足之处进行了总结[32]。

(1)共晶定义受到了过多的药学影响，包含了过多的药学意味。共晶中除了药物共晶外，含能共晶也是一个具有前景的独特例子。共晶依据其功能可分为药物共晶、含能共晶和其他共晶。含能共晶中应至少含有一种含能成分，药物共晶中应至少含有一种活性药物成分（active pharmaceutical ingredient，API）。许多研究表明，含能材料的一些关键性能，如晶体堆积密度、熔点、热解峰温、感度和爆轰性能，通过共晶都可以得到调节甚至提高，共晶在这些性能上可优于其配体的单组分晶体。例如，研究发现 TNT/1-溴萘共晶的晶体堆积密度 d_c（1.737 g/cm³）高于 TNT（1.704 g/cm³）和 1-溴萘（1.489 g/cm³）[16]。共晶相比于其中的两种配体，安全性也有可能提高，如 DADP/TITNB 共晶的撞击感度比其单组分配体 DADP 和 TITNB 低（图 7.2）[37]，这主要得益于分子间相互作用的增强及其各向异性的增强[38]。此外，通过含能共晶还可以增强爆轰性能，例如，具有分子间氢键的正交型 CL-20/H₂O₂ 共晶（图 7.3），由于其晶体堆积密度保持的同时，氧平衡（oxygen balance，OB）也得到了改善，其能量要比配体高[39]。在含能材料的研发中，通常希望能提高能量、安全性和密度，但能完全满足这些条件的含能材料很少，而上述例子中含能共晶技术在这些方面都能发挥作用。事实上，基于含能共晶配体组成、结构和性能间的关联[10]，人们认为含能共晶技术是创造新型含能材料最重要的晶体工程方法[33]。此外，含能共晶与药物共晶一样，都属于共晶的一个子类。显然，这种基于应用功能的共晶分类不可避免地缺少了科学术语的意义。

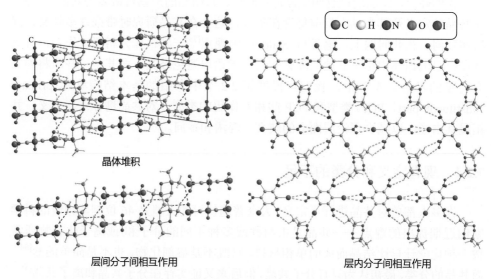

晶体堆积

层间分子间相互作用

层内分子间相互作用

图 7.2　含能共晶 DADP/TITNB 的晶体堆积和层间/层内分子间相互作用[32]

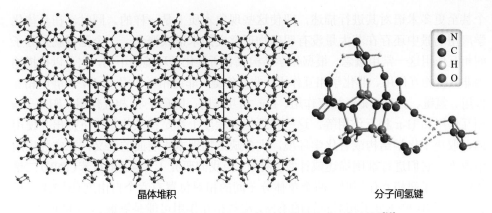

晶体堆积   分子间氢键

图 7.3 含能共晶 CL-20/H₂O₂ 的晶体堆积和分子间氢键[32]

当前，共晶在制药领域发挥着重要作用。正确定义共晶与正确的科学术语和具有监管性的内涵有一定的关联。美国食品药品监督管理局（United States Food and Drug Administration，FDA）在指导草案中提出了共晶的定义——存在于同一晶格中，通过非离子键和非共价键结合的两种或多种分子组成的晶体材料[56]。这个定义仅针对制药领域特定的配体与配体间的相互作用而确立。然而，如关于药物共晶的观点所述，随着药物离子共晶数量的增加，这一定义似乎已经过时，需要一个更广泛、更清晰的定义取而代之[57]。

总之，共晶在医药领域发展迅猛，但它不再局限于此，而是已经扩展到越来越多的领域。目前，共晶技术已成为创制新材料的常用技术。

(2) 在对共晶进行定义和分类时，弱化了晶体分类的物理本质。请记住，共晶首先是晶体。共晶拥有晶体的物理本质。对共晶进行分类时，需同样考虑晶体分类的物理本质，即本书前文所提及的 PCP 和 PCP 间相互作用。在第 2 章，我们依据 PCP 的类型将晶体分成了五类[32]，注意，不是依据 PCP 的数量。鉴于此，分子共晶应属于分子晶体，同样，离子共晶原则上应属于离子晶体。根据维基百科的定义，离子晶体是由离子通过静电吸引作用而结合在一起的晶体，因此，离子共晶中的 PCP 应全部为离子，且 PCP 之间的相互作用应仅为离子键。依据此定义怎么能将离子共晶定义为至少存在有一种配体是盐的晶体[57]？为什么不考虑其他配体的类型呢？此外，晶体目前被分为四种类型，包括分子晶体、离子晶体、原子晶体和金属晶体。同样，共晶是否也能被分为这四种类型？为什么我们不能将双组分或多组分原子晶体和金属晶体分别定义为原子共晶和金属共晶呢？而实际上这些共晶在很早就出现了，但却没有其准确的定义及内涵。

(3) 目前过多的术语本质上为现有共晶概念的子集。一些化学现象通常会有几个甚至更多术语对其进行描述，即使这些现象本质上是一样的。同时，在具体化学应用场景中还存在着大量没有明确物理意义的术语或概念。一个范例就是分子间相互作用这一常用概念，根据化学结构或者所处化学环境的不同，它可以被描述为非共价相互作用、非化学相互作用、非共价键、非键相互作用、vdW 和静电相互作用、氢键、卤键、π-π 相互作用、n-π 相互作用、阴离子-π 相互作用、阳离子-π 相互作用和 H-π 相互作用等。这些描述很大程度上都是在某些条件下提出并使用的，取决于化学结构或者化学环境，大多缺乏物理本质层面的意义，在实际应用中很难对它们进行准确描述或计算。例如，当我们研究 1,3,5-三硝基苯(TNB)二聚体中的分子间相互作用时，两个单体分子间的相对位置有六个自由度(图 7.4)。根据两个 TNB 单体分子相对位置的不同，这些相互作用可能是氢键、π-π 堆积或 n-π 堆积作用，而它们实际上都属于分子间相互作用。原则上，所有的这些分子间相互作用都是 vdW 和静电作用的加和，vdW 和静电作用的物理意义简单而明确，可以用理论方法进行较为准确的预测。

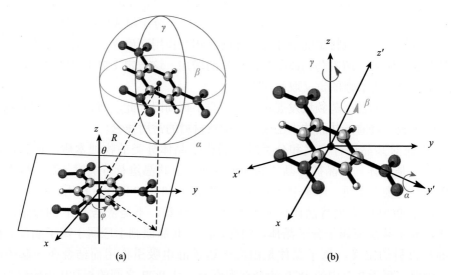

图 7.4　决定 TNB 二聚体中两个单体分子之间相对位置的六个自由度 $(R,\theta,\varphi,\alpha,\beta,\gamma)$

(a) 两个单体分子之间相对位置的球坐标系；(b) 一个单体分子相对另一个固定单体分子的三个旋转角 (α,β,γ)

另一个例子，对于双组分或多组分晶体的描述也有许多相关术语，但它们实际上都是共晶，如分子有机化合物、分子化合物、分子络合物、有机分子化合物、溶剂化物、水合物、伪多晶型、内包化合物、包合化合物、通道型化合物、配合物分子、复合盐、加成化合物、加成(附加)配合物、金属盐配合物、混合晶体、异质晶体、配合物和氢键配合物。这些术语也是针对一些特定现象在一定条件下使用。例如水合物，顾名思义，是配体分子通过与水共晶而产生，因而得名水合物。同理，溶剂化物即在对应的某种溶剂中结晶得到。然而，如果在制备过程中水不再充当溶剂，那这些化合物又该如何命名呢？这反映了在命名溶剂化物或水合物时，其制备过程占据主导作用，导致这两个术语缺乏更加清晰的物理含义。也正是由于物理含义不明确，共晶现有定义常常在内涵上交错重复，充满争议。这些争论一定程度上源于术语应用强大的历史惯性。大多数情况下，一个新的化学术语或新的定义都是在特定情况下提出和规定的。本着科学应当追根溯源的精神，我们应当向着理解和揭示客观世界的简单化和统一化的方向迈进。因此，在共晶定义的问题上，需要我们以更科学的方式对其进行重新定义和分类，以明晰其本质内涵。

7.2.2 共晶及其相关术语的发展历史

图 7.5 展示了历史上对共晶及其相关概念的提议或描述，有助于读者理解共晶相关的发展历史。共晶的一个典型例子，醌氢醌，可以追溯到 1844 年[58]。1893 年有学者进一步验证了此复合结构[59]，那时报道称醌氢醌可以作为制备共晶的候选物。1894 年，有学者提出了锁钥学说，这与共晶存在一定的相似之处，也是超分子化学中最早的一种学说[22]，至今仍在使用。之后，Fischer 首先引入了晶体工程这一术语[60]，Schmidt 将其推广[61,62]。这段时期还出现了各种术语，如分子化合物、分子复合物、溶剂合物、包含型化合物、通道型化合物和包合物。Schmidt 和 Snipes 在 1967 年首次创造了共晶一词[63]，随后得到了 Etter 的推广[64]。一些已知的术语或概念也被提出，如伪多晶型[65]、分子识别[66]、超分子化学[67]和超分子合成子[68,69]。1987 年，Lehn 因在超分子化学领域做出的杰出贡献而获得了诺贝尔化学奖。之后历经约 20 年的沉寂，在 2003～2007 年间，针对共晶这一术语再度引发了激烈的争论。如图 7.5 所示，大多数学者支持使用"共晶"这一术语[70,71]，但也有少数人反对[72]。当时，代表溶剂化物的术语"伪多晶型"这一术语也受到了激烈的争议[73-76]。近期，离子共晶这一术语被提出，它代表的是除药物领域现有术语"分子共晶"之外的另一种共晶。这应该是共晶定义上的一个进步，因为它不再单指分子共晶[57]。现在，越来越多的人开始接受双组分或多组分晶体是共晶这一认识，并提出了复合晶体[77]、混合晶体[78]、盐-共晶连续体[79]和药物共晶[80]等概念。这表明得到一个定义科学而清晰的术语所需要的时间十分漫长。

提出者	年份	描述
Zaworotko M J	2016	讨论了共晶分为分子共晶和离子共晶**的重要性**
Aitipamula S	2012	共晶体是由两种或两种以上不同的分子和/或离子化合物按一定化学计量比组成的结晶性单相材料
FDA	2011	共晶是由两种或两种以上分子在同一晶格中组成的固体晶体材料
Braga D	2010	提出离子共晶
Zaworotko M J	2007	指出分子共晶
Bond A D	2007	认为共晶是一种多组分的分子晶体
Zaworotko M J	2006	建议将术语"药物共晶"应用到活性药物成分领域
Stahly G P	2006	认为共晶代表一种连续体结构，且一端为盐，另一端为多种非离子成分组成的晶体
Childs S L	2006	提出盐-共晶连续体
Aakeröy C B	2005	**强调共晶里中性固态组分**："只包含从常温常压条件下为固体的反应物制得的共晶""共晶是一种结构均匀的晶体材料，包含两种或两种以上的组分，并以一定的化学计量比存在"
Nangia A Bernstein J Seddon K R Desiraju G R	2005 2004	伪多晶型**遭受巨大争议**
Desiraju G R	2003	共晶在科学上受到质疑
Dunitz J D	2003	共晶是指包含两种或两种以上组分的晶体，因此共晶包括分子化合物、分子复合物、水合物、溶剂化合物、包合型化合物、通道型化合物、包合物以及其他少数几类可能的多组分晶体
Herbstein F H	2003	提出术语复合晶体，它指由相同或不同类型的晶体有序凝集而成的晶体
Desiraju G R	1995	超分子合成子
Lehn J M	1995	超分子化学
Etter M C	1991	术语"共晶"得到推广
Lehn J M	1988	分子识别
Kitaigorodskii A I	1984	提出术语混合晶体
Byrn S R	1982	提出伪多晶型溶剂化合物
Schmidt J	1967	首次提出共晶的感念
Schmidt G M J	1964	相继提出"分子化合物"、"分子复合物"、"溶剂化合物"、"包含型化合物"、"通道化合物"及"包合物"等术语 实现晶体工程
Pepinsky R	1955	引入晶体工程
Emil F	1894	提出锁钥学说
Ling A R	1893	报道称醌氢醌可作为共晶的代表
Wöhler F	1844	

图 7.5　共晶及其相关术语的发展历史图

描述中的蓝色字为直接引用原始文献[32]

　　总的来说，在历史的长河中，有太多描述共晶及其衍生物的术语，这些术语或多或少具有科学价值。尽管如此，由于科学进步和发展，其中一些术语仍显得模棱两可、重复甚至过时。

7.2.3 具有更宽内涵的共晶的新定义

相对于单组分晶体来讲，共晶是双组分或多组分晶体。这一观点已被广泛认可。具体来讲，尽管共晶和单组分晶体原则上都属于晶体，但它们在组分的数量上完全不同。第 2 章提及的 PCP 和 PCP 相互作用，易将晶体的定义扩展至共晶。因此共晶一词可重新定义：共晶是由两种或多种组分按一定化学计量比组成的结晶性单相固体，其中的组分可以是原子、分子、成对的阴/阳离子，和(或)共享自由电子的金属阳离子[32]。与含能晶体根据 PCP 和 PCP 相互作用类型分类同理，含能共晶也可分为五种类型：原子共晶、分子共晶、离子共晶、金属共晶和混合型共晶，如图 7.6 所示，它们分别包含至少两种原子、两种分子、两种阴离子或两种阳离子、两种金属离子和两种配体。对于第五种类型混合型共晶，希望有一天混合共晶能替代这一词并为大众所接受，因为混合共晶在字面上更贴近大众的认知。通过重新定义，上一小节的多个术语可以统一起来，避免发生疑惑[32]。

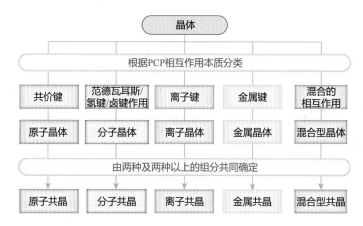

图 7.6　根据 PCP 类型及其相互作用的本质对晶体和共晶进行分类[32]

 ## 7.3　含能共晶的组成、分子间相互作用及堆积结构

含能共晶多为分子共晶，共晶中分子的组成和结构最终决定了共晶的结构和性质。图 7.7 展示了一些含能共晶中配体分子的分子结构，可以发现含能共晶的配体分子在结构上具有多样性，有平面型、链型和笼型等多种类型。由于能量密度最高、分子间相互作用的接触位点多，笼型 CL-20 在含能共晶中是最常见的分子。含有 π 键的平面分子能调整共晶的力学性能，也能作为配体分子，并形成 π-π

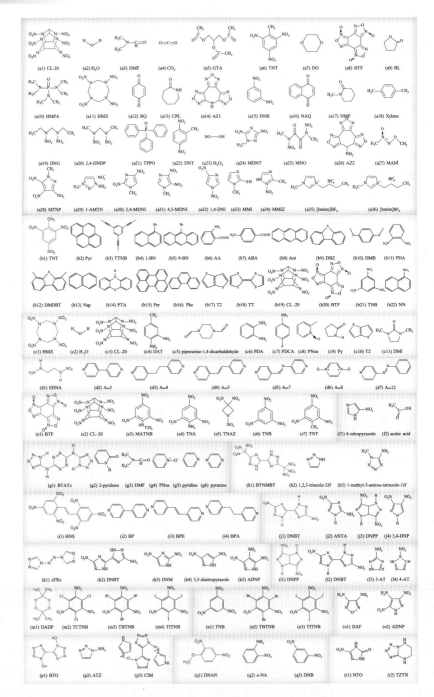

图 7.7　一些含能共晶配体分子的分子结构[81]

对图中任何一组具有相同首字母的分子进行编号中，编号为 1 的分子为主要组成分子，而编号为 2、3、4 等的分子为配体分子堆积共晶。一些无氢或含有卤素的分子有时也会存在于共晶中。在本节中,我们将从组成的角度介绍一些主要的含能共晶中的分子间相互作用和堆积结构,并将较详细地介绍具有实用价值的 CL-20 基共晶。

7.3.1 CL-20 基共晶

CL-20 是目前实际应用中能量最高的含能化合物,具有最大的晶体堆积密度、优异的氧平衡和高热释放水平(6.2 kJ/g)。然而,由于一些如高感度、易发生相变和高成本等棘手问题,CL-20 的实际应用仍然受到诸多限制[28,29]。目前,此限制已得到一些突破,基于共晶调谐材料性质性能的策略[82],多种 CL-20 基共晶相继被成功制备出来。此类共晶中的一部分在保留纯 CL-20 晶体优异爆轰性能的同时,也兼具可靠的安全性,投入实际应用的可能性大大增加。事实上,CL-20 基共晶在所有的含能共晶中数量最多,主要原因有两点:一是 CL-20 自身的能量优势,二是其硝基旋转带来的高度灵活性[83]。截至 2017 年底的统计中,共成功制备了 27 种 CL-20 基共晶[20]。

(1)分子构象与化学计量比。据理论推测,根据硝基相对于笼的延伸方向的不同,CL-20 分子的稳定构象应有 30 多个。其中经研究确认的构象有 8 个,总能量相差最大为 25.7 kJ/mol[83]。这些分子构象之间的转化主要通过硝基的扭转,所需势垒很低。因此,CL-20 分子具有很高的灵活性,有助于它作为配体分子与其他各类分子形成共晶。而在 CL-20 基共晶中,出现的所有 CL-20 的分子构象共有 5 种,对应于 β-CL-20、γ-CL-20、η-CL-20、ε-CL-20 和 ζ-CL-20 晶体中的分子构象,如图 7.8 所示。从图 7.7(a)中可以看出,CL-20 基共晶中的 35 个配体分子在形状大小上各不相同。

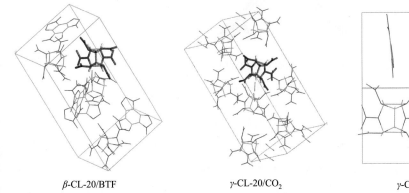

β-CL-20/BTF γ-CL-20/CO$_2$ γ-CL-20/AZ1

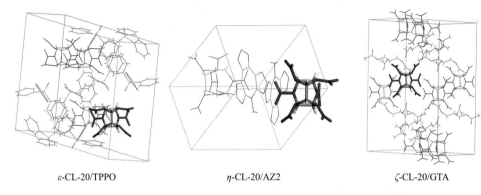

| ε-CL-20/TPPO | η-CL-20/AZ2 | ζ-CL-20/GTA |

图 7.8　一些典型的 CL-20 基共晶中 CL-20 的 5 种分子构象[20]

　　为了对分子的几何结构进行比较，我们将 CL-20 的五种构象以相同方向叠加在一起，如图 7.9 所示。从图中可以看出，各种构象的六氮杂异伍兹烷的笼结构几乎完全重叠，仅硝基相对于笼的取向有所不同。五种构象中，β、γ 和 ε 型存在于常温常压条件的晶型中，ζ 型存在于压强大于 3.3 GPa 的晶型中，而 η 型构象对应的晶型在实验中还没有发现。这表明，在单组分分子晶体中，一些分子构象只能存在于高压环境中，甚至无法作为一种晶型而存在；而在共晶中，这些构象都可以在常温常压条件下存在，表明共晶一定程度上能使分子构象更丰富。

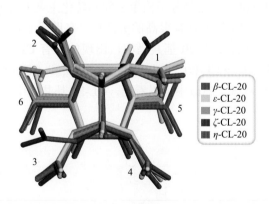

| β-CL-20 |
| ε-CL-20 |
| γ-CL-20 |
| ζ-CL-20 |
| η-CL-20 |

图 7.9　CL-20 基共晶中 CL-20 的 5 种分子构象的叠加图

六个硝基分别用黑色阿拉伯数字 1~6 进行编号[20]

　　图 7.10 列出了 CL-20 的 5 种分子构象 γ、β、ε、ζ 和 η 在 27 种 CL-20 基共晶（截至 2017 年底）中的占比[20]。首先，两种不同的 CL-20 分子构象可能存在于同一共晶中，如共晶 CL-20/HMX 中存在 β-CL-20 和 γ-CL-20 两种构象[18]，共晶 CL-20/TPPO 中存在 ε-CL-20 和 β-CL-20[84]。其次，能量上占优的分子构象通常在共晶中占比会更高。例如，β-CL-20 构象和 γ-CL-20 构象的能量更占优，因而在共

晶中占比也较大，β-CL-20 和 γ-CL-20 占比分别是 37%和 50%(图 7.10)。相反地，ε-CL-20、ζ-CL-20 和 η-CL-20 这些能量不占优的分子构象在共晶中占比就很小。ε-CL-20 是常温常压条件下最稳定的晶型，但在共晶中的构象占比仅为 2%。究其原因，在单组分晶体中，ε-CL-20 的热力学由晶格能主导，而非分子构象的能量[85]。因此，单组分晶体和共晶中分子构象的占比也可能有很大不同。此外，图 7.11 表明了最低的化学计量比 1∶1 在共晶中占比最高，其次是 1∶2(包括 0.5∶1)，而高化学计量比的共晶的占比较低。

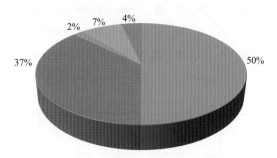

图 7.10　27 个 CL-20 基共晶中 CL-20 的 5 种分子构象的占比[20]

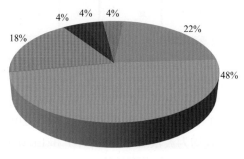

图 7.11　27 个 CL-20 基共晶中 CL-20 与组成分子的不同化学计量比的占比[20]

(2) 分子堆积模式。晶体中的分子堆积模式是含能化合物撞击感度重要的决定因素[28,30,31]；特别是，平面层状(面对面)π-π 堆积通常撞击感度较低，例如 TATB。最近，Tian 等对这一概念进行了扩展，认为如果晶体堆积具有强的层内分子间相互作用和弱的层间分子间相互作用，晶体更易于表现为低的撞击感度[31]。相对于 CL-20 单组分子晶体而言，基于改进分子堆积模式这一晶体工程策略，通过创制 CL-20 基共晶有望改善材料的撞击感度。如图 7.12 所示，CL-20 基共晶中的分子堆积模式可分为四种类型：波浪型、三明治型、通道型和笼型堆积。在波浪型［图 7.12(a)］或三明治型［图 7.12(b)］堆积中，单看同种配体分子都呈二维堆积；对于通道型堆积，其中一种配体分子为一维堆积［图 7.12（c）］；笼型堆积模式中，其中的一种分子是零维堆积的［图 7.12（d）］。堆积模式、配体分子稳定性及分子间的反应性可能会一起影响共晶的撞击感度。

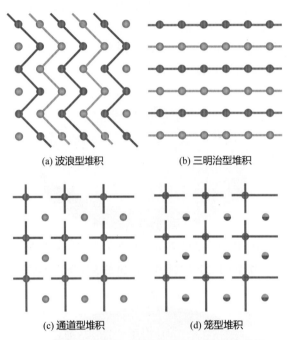

(a) 波浪型堆积　　　　　　　　(b) 三明治型堆积

(c) 通道型堆积　　　　　　　　(d) 笼型堆积

图 7.12　CL-20 基共晶的 4 种分子堆积模式[20]

　　以 CL-20 基共晶为例，图 7.13～图 7.16 分别展示了其中分子的 4 种堆积模式及具体晶体结构。图 7.13 中的 4 个共晶 CL-20/BL、CL-20/GTA、CL-20/MAM 和 CL-20/NMP/H_2O 堆积模式均为波浪型，与 FOX-7 和 LLM-105 堆积模式相类似。但这些共晶中的配体分子都不具有平面结构，因此，它们的滑移位阻会高于 TATB、FOX-7 和 LLM-105。在这 4 个共晶中，CL-20/NMP/H_2O 是唯一一个三元含能共晶[86]。在溶液中含有水时，能量上，CL-20 更易于形成水合物[87]。因此，也许可以在类似条件下制备出其他含水的三元 CL-20 基共晶。与上述波浪型堆积不同，三明治型堆积模式中同种配体分子在同一堆积分子层中是平行排列的，其堆积结构像三明治，如图 7.14 所示。CL-20 共晶中，有一些配体分子含有 π 共轭结构，如 TNT、二甲苯和 DNB，且这些 π 共轭的配体分子在晶体中似乎是按面对面 π-π 模式堆积的。尽管三明治型堆积模式与单组分晶体中的平面层状堆积非常相似，但由于其中仍然存在更大的空间位阻，共晶中的剪切滑移并非像 TATB 一样容易发生。对于通道型堆积，它在所有共晶中占比最大。在图 7.15 所示的 12 个通道型堆积的 CL-20 基共晶中，我们发现 CL-20 分子和配体分子都可以充当一维排列的通道分子。图 7.16 显示了笼状堆积的 CL-20 基共晶，其中一种分子完全被其他种类的分子所包围，即为笼状。大多数情况下，笼状堆积中不同分子的体积会存在显著差异，如 CL-20 相对于 H_2O、CO_2 和 H_2O_2 等配体小分子体积要大许多。应注意的是，尽管共晶可以改善分子堆积模式而降低撞击感度，但此认识在 CL-20 基共晶中尚未得到证实，仍待进一步研究和确认。

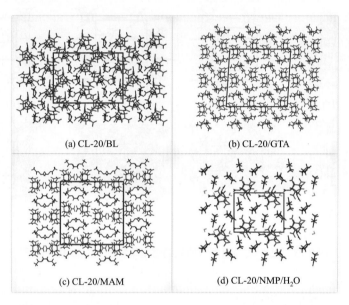

(a) CL-20/BL   (b) CL-20/GTA

(c) CL-20/MAM   (d) CL-20/NMP/H_2O

图 7.13　4 种实验已测得的呈波浪型堆积的 CL-20 基共晶[20]

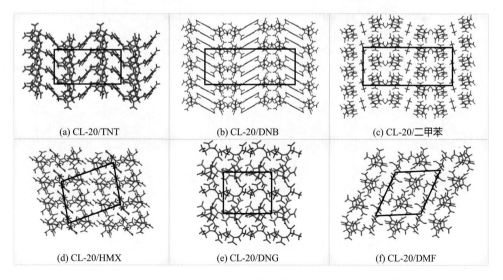

(a) CL-20/TNT   (b) CL-20/DNB   (c) CL-20/二甲苯

(d) CL-20/HMX   (e) CL-20/DNG   (f) CL-20/DMF

图 7.14　6 种实验已测得的呈三明治型堆积的 CL-20 基共晶[20]

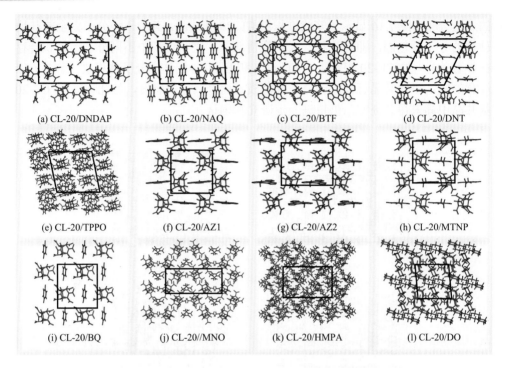

(a) CL-20/DNDAP   (b) CL-20/NAQ   (c) CL-20/BTF   (d) CL-20/DNT

(e) CL-20/TPPO   (f) CL-20/AZ1   (g) CL-20/AZ2   (h) CL-20/MTNP

(i) CL-20/BQ   (j) CL-20//MNO   (k) CL-20/HMPA   (l) CL-20/DO

图 7.15　12 个实验已测得的呈通道型堆积的 CL-20 基共晶[20]

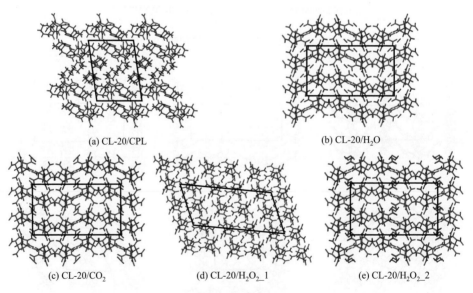

(a) CL-20/CPL   (b) CL-20/H_2O

(c) CL-20/CO_2 (d) CL-20/$H_2O_2\_1$ (e) CL-20/$H_2O_2\_2$

图 7.16　5 种实验已测得的呈笼型堆积的 CL-20 基共晶[20]

(3) 分子间相互作用。显而易见，分子间相互作用是决定晶体堆积的基础。然而，由于缺少分子间相互作用强的供体或受体，例如强氢键受体和强氢键供体，CL-20 基含能共晶中的分子间相互作用较弱[41]。同时，由于形成共晶后分子间相互作用的变化小，因此，笔者认为含能共晶形成的主要贡献来自熵效应[46]。

CL-20 基共晶中分子间相互作用部分由静电吸引作用所主导，尽管强度相对较弱。图 7.17 列出了 5 种 CL-20 多晶型中分子构象的静电势分布，其中负电性区域通常集中在 NO_2 附近，而正电性区域一般在 CH 周围。静电势分布中没有极红或极蓝色的区域，表明没有强的静电势极值点，即没有分子间相互作用强的供体或受体[41]。相比之下，共晶中许多配体分子的情况就大不相同。如图 7.7(a) 所示的 CL-20 基共晶中，大多数配体分子，如 DMF、GTA、CO_2、BL、HMPA、BQ、NAQ、BTF、NMP、CLP、MNO、TPPO 和 MAM，含有 C=O、P=O 或 N=O。这些配体分子的静电势分布如图 7.18 所示，可以看出 C=O/P=O/N=O 基团在静电势表面上具有明显的红色区域，即静电势负电区域较强，可以充当强的氢键受体。图 7.18 中的配体分子中酰基和醚氧原子附近的区域比图 7.17 中的 CL-20 的硝基附近区域明显更红，表明这些配体分子与 CL-20 分子相互作用形成氢键的能力比 CL-20 分子自身形成氢键的能力更强。但由于 CL-20 自身作为氢键供体的能力仍然较弱，所以共晶中形成的氢键仍然很弱，键长大于 2.2 Å，如图 7.19 所示。此外，一个酰基氧原子或醚氧原子可作为一个双元氢键受体，可形成 2 个氢键以加强分子间相互作用，弥补了氢键较弱的不足[45]（详细说明见第 9 章）。但根据 Jeffrey 的分类标准，这些氢键仍属于弱氢键[88]。需要强调的是，在共晶 CL-20/BTF 中［图 7.19(g)］，由于 BTF 和 CL-20 的分子间氢键是 H…N 键，而不是 H…O 键，力度很弱，所以，n-π 相互作用在分子间相互作用中占据主导地位。

−0.06 a.u. ▭ 0.06 a.u.

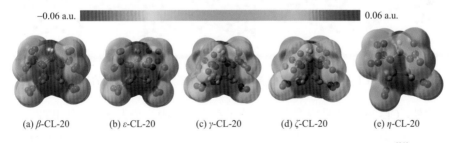

(a) β-CL-20 (b) ε-CL-20 (c) γ-CL-20 (d) ζ-CL-20 (e) η-CL-20

图 7.17　5 种 CL-20 分子在电子密度为 0.001 a.u. 表面上的静电势分布[20]

下面图中的静电势面上的电子密度也都是 0.001 a.u.

(a) DMF (b) CO_2 (c) GTA (d) DO (e) BL

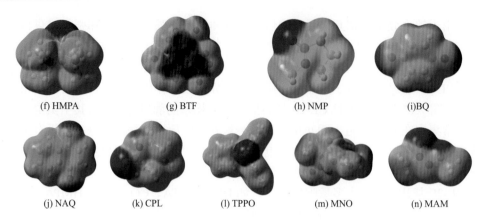

(f) HMPA (g) BTF (h) NMP (i)BQ

(j) NAQ (k) CPL (l) TPPO (m) MNO (n) MAM

图 7.18　CL-20 共晶中，含有酰基或醚氧原子的配体分子的静电势表面[20]

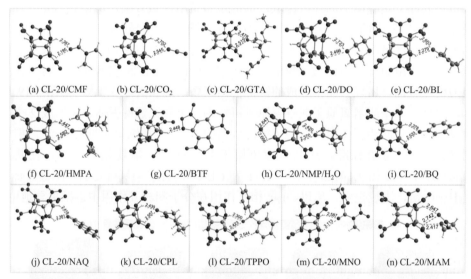

(a) CL-20/CMF (b) CL-20/CO₂ (c) CL-20/GTA (d) CL-20/DO (e) CL-20/BL

(f) CL-20/HMPA (g) CL-20/BTF (h) CL-20/NMP/H₂O (i) CL-20/BQ

(j) CL-20/NAQ (k) CL-20/CPL (l) CL-20/TPPO (m) CL-20/MNO (n) CL-20/MAM

图 7.19　共晶中 CL-20 分子与具有酰基或醚氧原子的配体分子间氢键的长度(单位：Å)[20]

　　此外，CL-20 基共晶中许多配体分子都含有至少一个大 π 键，如 BTF、DNB、TNT、AZ1、BQ、DNT、MTNP、NAQ、二甲苯和 AZ2。这些配体分子的静电势分布如图 7.20 所示。CL-20 上含有孤对电子(n 电子)的硝基位于分子外围，为 CL-20 和配体分子间形成 n-π 相互作用奠定基础。因为 n-π 相互作用是静电作用和 vdW 相互作用的总和，其强度一定程度上可以通过静电势的强度和分布来理解：负的静电势出现在 CL-20 的硝基周围(图 7.17)，而正的静电势出现在配体分子如 BTF、AZ1、AZ2、MTNP、TNT、DNB、DNT 和 BQ 的大 π 键上(图 7.20)。相反地，也存在配体分子中的大 π 键不带正电荷的情况，如二甲苯因苯环富含电子而带负电荷［图 7.20(e)］，而 NAQ 中的萘环［图 7.20(j)］几乎为中性。尽管如此，CL-20/

二甲苯和 CL-20/NAQ 中都出现了 n-π 堆积，此时分子间相互作用中由 vdW 相互作用所主导。图 7.21 中画出了 CL-20 基共晶中的 n-π 分子间相互作用，其中共晶是由 CL-20 与图 7.20 中的配体分子基于 n-π 分子间相互作用形成，用相邻分子之间的原子间距离表示 n-π 作用强度。基于 C、H、O 和 N 原子的归一化 Bondi 半径分别为 1.75 Å、1.09 Å、1.56 Å 和 1.61 Å[89]，从图 7.21 中可以判定，所有分子的原子间距离与对应两个原子的半径之和接近，即形成 n-π 分子间相互作用前后原子间距离改变很小，表明其是典型的 vdW 相互作用，而静电吸引作用非常弱。

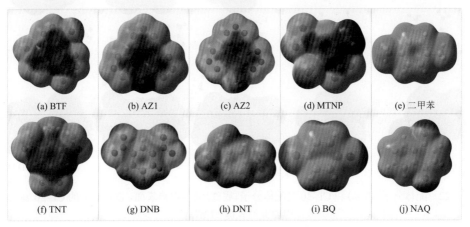

图 7.20　CL-20 基共晶中配体分子的静电势表面，每个配体分子中至少含有一个大 π 键[20]

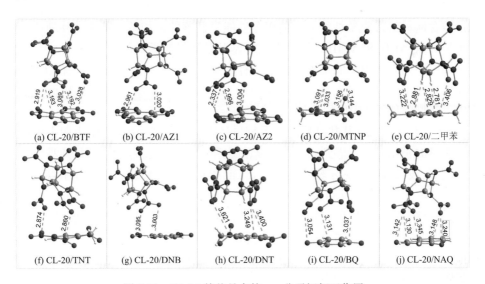

图 7.21　CL-20 基共晶中的 n-π 分子间相互作用

这里用两个相邻分子之间的原子间距离来表示，其中 n 电子来自于 CL-20 上 NO$_2$ 基团氧原子的孤对电子，π 电子来自于配体分子[20]

还有一部分配体分子既不包含酰基或醚氧原子,也不存在大 π 键,如 H_2O、H_2O_2、HMX、DNG 和 DNDAP。这些配体分子及 CL-20 形成共晶的静电势如图 7.22 所示,其中典型的分子间氢键键长也一并标出。从图中看出,配体分子的静电势表面上有明显的红色和蓝色区域,表明它们具有一定的极性,并能与 CL-20 形成弱氢键。

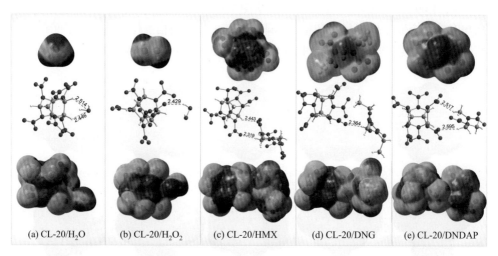

图 7.22   配体分子(顶部)和 CL-20 及配体分子(底部)的静电势表面,以及对应的 CL-20 基共晶中的典型氢键(中部)[20]

(4)堆积系数和密度。晶体堆积密度(d_c)是堆积系数(PC)和分子密度(d_m)的乘积,与含能材料最重要性能之一的爆轰性能呈显著的正相关。基于三种理论计算水平,M-I、M-II 和 M-III,所得 CL-20 基共晶的堆积系数如图 7.23 所示[20]。由图可知,不同方法得出的堆积系数都具有相似的大小趋势,对几乎所有 CL-20 基共晶而言,由 M-I 方法得出的堆积系数最大,其次是 M-III 和 M-II。因此,在下文中,我们将依据 M-III 的计算结果对堆积系数进行讨论。

图 7.24 为 CL-20 基共晶的堆积系数与晶体堆积密度的散点图,由图中可知两者呈明显的正相关。考虑到 d_c = PC·d_m,这种正相关性表明 CL-20 基共晶中的分子密度 d_m 波动较小。为了验证这一点,Liu 等计算了 CL-20、配体分子以及共晶本身的 d_m,分别表示为 $d_{\text{CL-20}}$、$d_{配体分子}$ 及 $d_{共晶}$[20],结果如图 7.25 所示。$d_{共晶}$ 在 2.43 g/cm^3 附近上下波动,最大相对误差为 14.4%,共晶中分子密度波动较小这一点得到了验证。同时,考虑到共晶中 CL-20 分子的体积较配体分子大得多,占主导地位,因此,共晶分子密度的较波动小也表明在不同共晶中 CL-20 分子的体积差异较小[45]。此外,所有分子密度最大的总是 $d_{\text{CL-20}}$,其次是 $d_{共晶}$ 和 $d_{配体分子}$。相比于堆积最紧密的 ε-CL-20,其他 CL-20 基共晶的堆积系数较低,因而晶体堆积密度也会相对较低[20]。

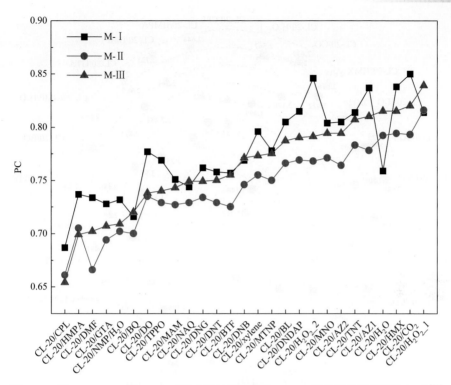

图 7.23　用 M-I、M-II 和 M-III 三种方法计算获得的 CL-20 基共晶的堆积系数(PC)[20]

对于 M-I 和 M-II 方法，分子体积(V_m)被认为是由设定的电子密度表面所围成的体积，电子密度计算水平为 B3LYP/6-311 + G(d,p)[90]，两种方法的电子密度取值分别为 0.001 a.u. 和 0.003 a.u.[91]。而 M-III 方法中，V_m 被认为是按分子中 C、H、O 和 N 原子的归一化 Bondi 半径构成的表面所围成的体积，半径分别为 1.75 Å、1.09 Å、1.56 Å 和 1.61 Å[89,92]。CL-20/H_2O_2 共晶有两种晶型，分别表示为 CL-20/H_2O_2_1 和 CL-20/H_2O_2_2

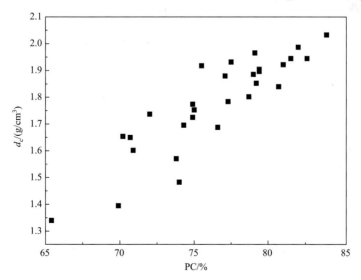

图 7.24　CL-20 基共晶的堆积系数(PC)和晶体堆积密度(d_c)之间的相关性[20]

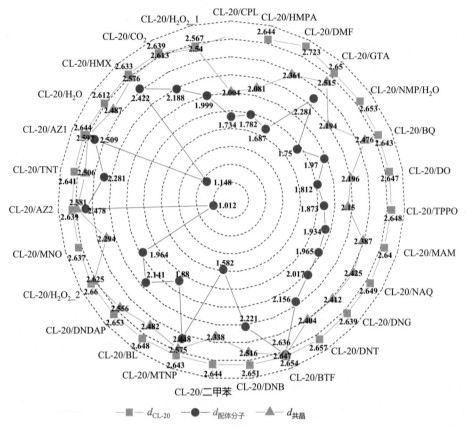

图 7.25 CL-20 基共晶中各种分子的密度(d_m)的比较图[20]

其中，d_{CL-20}、$d_{配体分子}$和 $d_{共晶}$分别代表 CL-20 分子、配体分子和共晶本身的 d_m

7.3.2 HMX 基共晶

在过去几年中，共有 10 种新型 HMX 基含能共晶被相继报道[18,93-95]。如图 7.7(c)所示的这些 HMX 基共晶中，配体分子中都具有环状或笼状的分子框架。HMX 分子在 HMX/PDCA 和 HMX/PNox 共晶中以 β 型分子构象存在，而 α-HMX 分子构象则出现在其他共晶中。与 CL-20 基含能共晶类似，HMX 基含能共晶中的氢键也具有强度弱但数量丰富的特点。图 7.26 展示了 HMX 基共晶中分子的静电势分布，可以发现在 HMX 环中心有较强的正电荷区域，而配体分子 H_2O、piperazine-1,4-dicarbaldehyde、PNox、Py 和 DMI 的静电势表面上有负电荷区域，两者形成了弱氢键。除此之外，DAT、PDA、PDCA 和 T2 这些配体分子骨架中都带有共轭环，有助于 n-π 相互作用。

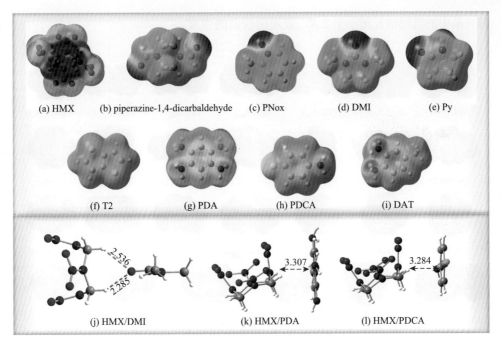

图 7.26 HMX 基含能共晶中配体分子的静电势分布及其中的分子间氢键和 n-π 相互作用
(用间距描述)

7.3.3 EDNA、BTATz、DNPP、aTRz、BTNMBT 及 BTO 基共晶

含能晶体中的分子间氢键通常都较弱，然而也有例外，如不太常见的 EDNA 分子 [图 7.27(a)]，它虽然含有带酸性的 N—H 基团，但其能作为强氢键供体，与强氢键受体的配体分子在共晶中形成了强度有所增加的氢键[42]。例如，EDNA 和脲类含能分子可分别作为氢键的供受体，而形成强的分子间氢键，其中的羰基氧原子通常作为强氢键受体。其他分子也可如此，如图 7.27 所示的 DNPP [图 7.27(b)] 与 3-AT 或 4-AT[43]、BTATz [图 7.27(c)] 与吡啶或 2-吡啶酮[96]、aTRz [图 7.27(d)] 与 DNM[97]、BTNMBT [图 7.27(e)] 与 TZ[98]以及 BTO [图 7.27(f)] 与 ATZ[99]。从图 7.27 中的静电势可知 N—H 基团是强氢键供体，O/N 原子是强氢键受体，由此即能形成强氢键，例如在 EDNA 和 $A_{co}5$ 之间能形成 N—H···N 强氢键 [图 7.27(g)]，EDNA 和 $A_{co}8$ 之间能形成 N—H···O 强氢键 [图 7.27(h)]，它们的氢键键长均小于 1.9 Å。在 BTATz 基含能共晶中会形成 N—H···N [图 7.27(j)] 和 N—H···O [图 7.27(k)] 较强氢键。类似地，DNPP 基、aTRz 基、BTNMBT 基和 BTO 基含能共晶中也有类似的较强氢键 [图 7.27(i)，(l)～(n)]。一些常见含能化合物一般以 C—H 作为弱氢键供体，相比之下，图 7.27 中这

些共晶中的氢键键长都小于 2 Å，表现出较高的强度。

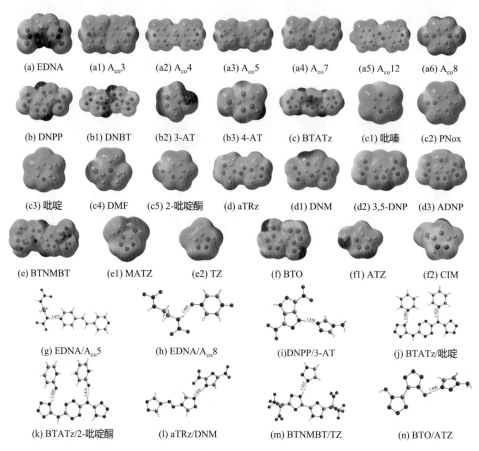

图 7.27　一些配体分子的静电势和相应含能共晶中的氢键

7.3.4　TNT、DNBT、DNAN 和 HNS 基含能共晶

图 7.7(b)展示了 21 个 TNT 基含能共晶中的配体分子[16,17,100-104]，它们都具有富电子的平面 π 共轭苯环或噻吩环结构(CL-20 除外)，这为配体分子与 TNT 中缺电子的苯环结合形成 π-π 堆积结构奠定了基础。这与静电势结果一致，TNT 和共晶中配体分子的静电势分别如图 7.20(f)和图 7.28 所示，它们环内分别带正电荷和负电荷，易形成 π-π 堆积结构。因此，π-π 堆积是 TNT 基含能共晶中一种常见的分子间相互作用。由于配体分子中的 C—H 基团和 TNT 中硝基的氧原子分别可作为弱氢键供体和弱氢键受体，共晶中也存在弱氢键。但综合来看，TNT 基含能共晶中的分子间相互作用仍是由 π-π 堆积作用主导。

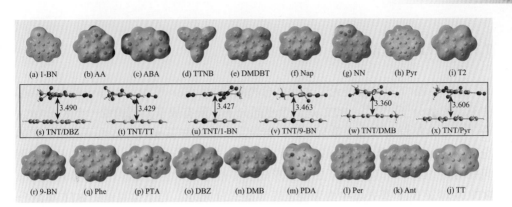

图 7.28   一些 TNT 基含能共晶中的分子间 π-π 相互作用和配体的静电势分布图[81]

与 TNT 基共晶相似，DNBT、DNAN 和 HNS 基共晶中的大多数配体分子也具有大的 π 共轭结构，以及弱氢键供体和氢键受体，如图 7.29 所示[105-107]。因此，这些共晶中同样具有 π-π、弱氢键以及 n-π 的分子间相互作用。例如，DNBT/3,4-DNP 和 DNAN/o-NA 中含有 π-π 堆积；作为氢键受体的配体分子，如 ANTA、3,4-DNP 和 DNPP，与作为氢键供体的 DNBT 间存在广泛的氢键；而在 DNBT 和 3,4-DNP 的共晶中却存在着 n-π 堆积作用。

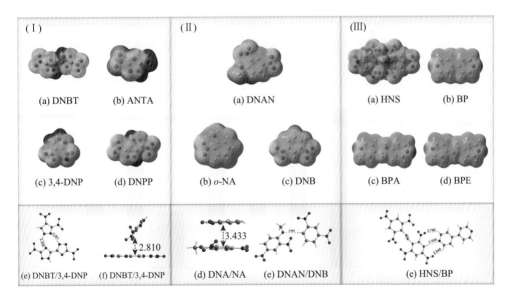

图 7.29   一些 DNBT、DNAN 和 HNS 基含能共晶中分子的静电势及其中的分子间相互作用
(氢键和 n-π 堆积)

含能材料的本征结构与性能

7.3.5 BTF 基含能共晶

BTF［图 7.7(e)］是无氢含能化合物的典型代表，它也可以在一些含能共晶中充当配体分子[104,108]。BTF 是一个平面分子，所有原子共同构成一个大 π 键，分子中心带正电荷，边缘带负电荷。因此，BTF 能与其他具有富电子基团的配体分子以 n-π 相互作用堆积，形成共晶。图 7.30 展示了一些 BTF 基含能共晶，由图可知 BTF 中苯环和配体分子的硝基形成了 T 形堆积，主要由 n-π 相互作用支撑。BTF 晶体及 BTF 基共晶中内聚能密度如图 7.31 所示，与不含氢键的 BTF 单组分

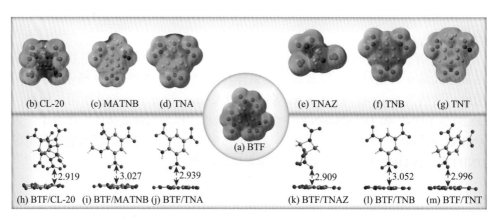

图 7.30　一些 BTF 基含能共晶的分子间 n-π 相互作用和配体分子的静电势[81]

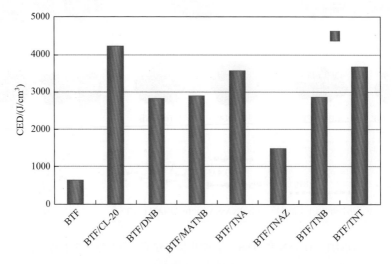

图 7.31　BTF 晶体和七种 BTF 基含能共晶的内聚能密度[47]

256

晶体相比,BTF 基含能共晶中的分子间相互作用增强,内聚能密度(coherent energy density,CED) 大大增加[47]。BTF 共晶是通过引入氢键来构建共晶的典型例子。同时,形成共晶后,分子间相互作用明显增强,考虑到需要更多的外部刺激能量来克服此相互作用,因而有望降低晶体的撞击感度[28,29]。这可能也是 BTF/TNB 和 BTF/TNT 的撞击感度显著降低的一部分原因[104]。此外,还有许多无氢含能分子,如 HNB、ONC、DNF 和 DNOF,推测起来,它们也应该跟 BTF 一样,可以与含氢的配体分子形成新型含能共晶。

7.3.6 TXTNB 基共晶

除了氢键和 π 相互作用外,卤键也是共晶中一种重要的分子间相互作用。将卤素引入共晶也是制备除剂的有效方法。一些含卤键的共晶如图 7.32 所示。DADP 是丙酮的一种过氧化物,带有富电子基团和氢原子,因此能与缺电子的芳香族化合物形成共晶,如 TCTNB、TBTNB 和 TITNB[36,37]。TNB/TBTNB 和 TNB/TITNB 共晶中也存在卤键相互作用[109]。图 7.32 中 DADP 中过氧基团带有强的负静电势,而 DADP 的甲基氢原子和 TCTNB、TBTNB 和 TITNB 的卤素原子上带有正静电势,为卤素原子 X 和 O 原子之间形成卤键奠定了基础。卤键和 π-π 堆积的分子间相互作用同样存在于 DADP/TBTNB 和 DADP/TITNB。此外,DADP/TITNB 共晶还可作为通过构造共晶来降低撞击感度的范例。具体来讲,DADP/TITNB 撞击感度的降低主要是因为形成共晶后卤键作用增强,分子堆积各向异性也同时增强[38]。图 7.33 展示了三种 DADP 基共晶的卤键键长,DADP/TITNB 中 I···O 的分子间原子间距离

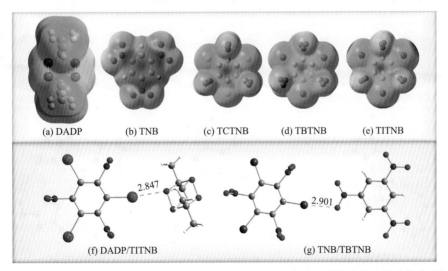

图 7.32 DADP/TXTNB 和 TNB/TXTNB(X = C, B 和 I)共晶中分子的静电势和其中的分子间卤键作用[81]

相较于 TITNB 单组分晶体有所缩短，比值 R 从 TITNB 单晶的 0.90~0.97 降低至 DADP/TITNB 共晶的 0.84~0.94，表明共晶中的卤键作用比 TITNB 单组分晶体要强得多。通过比较含不同卤素的共晶 DADP/TXTNB（X = C，B 和 I）中的卤键键长，发现 DADP/TITNB 中 I···O 卤键作用最强，其次为 DADP/TBTNB，DADP/TCTNB 最弱。

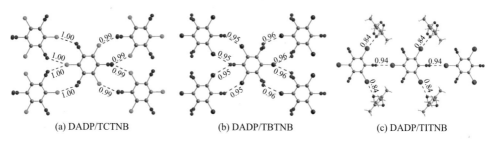

(a) DADP/TCTNB　　　　(b) DADP/TBTNB　　　　(c) DADP/TITNB

图 7.33　3 种 DADP 基共晶中的卤键键长与相关原子的范德瓦耳斯半径之和的比值(R)[73]

7.3.7　基于氮杂环分子的共晶

一些氮杂环分子也可以作为配体分子，形成共晶，如图 7.34 所示[40,110,111]。杂环上的氮原子具有高电负性，因此在连接有氢原子(含有 N—H 基团)时可以充当氢键供体，在没有连接氢原子时(不含 N—H 基团)时可充当氢键受体，这有利于形成分子间氢键，从而促进共晶的形成。以图 7.34 中的 DAF/ADNP 共晶为例，与两种单组分晶体相比，共晶中分子间氢键增强了分子间相互作用。另外，NTO/TZTN 是第一个由低感高能化合物分子组成的共晶，同样存在这种情况。

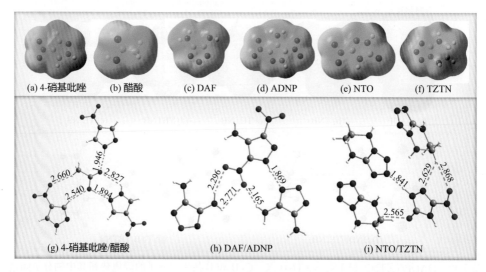

图 7.34　一些含氮杂环分子的含能共晶中配体分子的静电势和分子间氢键示意图

7.4 含能共晶形成的热力学

在本节中，我们将对含能共晶形成的主导的热力学驱动力究竟是焓或熵进行探究。该问题涉及的热力学参数包括混溶性、形成内能(晶格能的变化)、形成焓和形成吉布斯自由能。总的来说，理论预测表明，大部分含能-含能共晶的形成都是由熵主导的。在实验研制过程中，有些含能-含能共晶会制备失败，这是由于大多数共晶采用的工艺都为溶剂蒸发法，然而，这种方法对某些共晶可能不适用，从而导致了制备失败。

7.4.1 计算方法

(1)形成能(晶格能变化，ΔE)。ΔE 表示共晶形成前后晶格能的变化，根据 $\Delta E = LE_{cc} - LE_1 - LE_2$ 计算得出，其中 LE_{cc} 为共晶的晶格能，LE_1 和 LE_2 分别为两种配体单组分晶体的晶格能。Wei 等采用半经验方法 SCDS-PIXEL[112-116]来开展晶格能计算，该方法当时已广泛用于晶体中涉及分子间相互作用等能量的计算。为了验证 PIXEL 水平是否可靠，Wei 等还采用了另外 8 种方法及 CLUSTER 模型[117]计算了一些常见含能晶体的晶格能，并和实验结果进行比较[46]，如表 7.1 所示。这些计算晶格能的方法涉及分子力场 COMPASS[118]、半经验 PIXEL 方法，以及 7 种 DFT 方法，增加或没有增加色散能校正与基组迭代误差(BSSE)[90]。从结果可以看出，半经验 PIXEL 方法通常能给出最令人满意的晶格能计算结果。

表 7.1 各种理论方法计算所得晶格能和实验值的比较[47]

含能晶体	COMPASS	PIXEL	B3LYP	B3LYP (BSSE)	B3LYP-D (BSSE)	PBE-D (cluster)	PBE-D (Cell)	Wb97xd	Wb97xd (BSSE)	实验值
RDX	119.4	121.1	83.6	44.4	151.4	164.6	151.4	172.0	127.9	130.2
HMX	143.5	162.2	108.5	22.2	160.6	207.2	194.8	223.5	165.7	175.3
CL-20	184.0	136.1	130.0	29.1	190.2	192.7	181.0	227.3	147.2	168.7
FOX-7	64.7	108.0	119.9	90.2	188.3	209.2	185.6	205.9	172.9	108.7
TNT	145.9	101.0	134.4	18.2	118.3	129.5	133.8	127.7	94.3	104.6
TATB	132.2	161.9	60.7	16.8	167.4	187.3	184.8	261.8	212.5	168.1
LLM-105	116.5	147.5	62.8	26.1	151.0	166.9	167.3	173.1	131.1	—
BTF	112.3	86.6	55.8	6.3	108.0	116.1	114.2	150.8	93.2	78.1
TNB	130.7	90.3	57.7	24.4	129.2	140.6	113.9	137.9	99.4	99.6±2.1

含能晶体	COMPASS	PIXEL	B3LYP	B3LYP (BSSE)	B3LYP-D (BSSE)	PBE-D (cluster)	PBE-D (Cell)	Wb97xd	Wb97xd (BSSE)	实验值
TNA	132.0	103.6	50.8	14.0	128.5	141.7	131.2	146.8	104.6	115.9
TNAZ	103.7	86.8	45.5	13.6	100.5	114.5	118.2	115.7	78.6	78.8
MATNB	133.6	111.5	55.5	21.9	138.4	154.6	147.6	152.5	114.3	—
DNB	83.7	80.6	34.7	14.7	90.7	108.7	103.7	118.4	89.8	87.0±0.8
RMSE	9.1	5.6	16.2	29.2	10.5	14.4	10.5	16.8	8.5	—

(2) 形成焓 (ΔH) 和形成吉布斯自由能 (ΔG)。在共晶筛选中,对于一些能考虑到分子堆积细节的计算方法在目前不具实用价值,因为它们的效率通常不高。例如,真实溶剂似导体屏蔽模型 (COSMO-RS) 中就不涉及分子堆积[119-121],COSMO-RS 基于 QC 计算对 ΔH 和 ΔG 进行预测,计算包括两个步骤:第一步是优化 COSMO 几何结构,并在 BP86/TVZP[122] 水平上使用 TURBOMOLE 包[123] 计算电荷密度;第二步用 COSMOtherm 程序预测 ΔH 和 ΔG[124]。经证实,COSMO-RS 模型对溶剂选择[125,126]、pK_a 预测[127] 和离子液体筛选[128-130] 非常有用。

7.4.2 热力学参数

Wei 等的研究中[46],选取了 17 种爆速高于 TNT 的含能化合物,包括 ONC[131]、CL-20[132]、HNB[133]、HMX[134]、FOX-7[135]、TNAZ[136]、RDX[137]、NTO[138]、BTF[139]、LLM-105[138]、NQ[140]、DAAzF[141]、TNA[142]、TATB[143]、DATB[144]、TNB[145]、DNDP[146]、TNT[147] 本身也作为配体。由此,18 个配体两两配对,一共可形成 153 个含能-含能共晶,其中一些已经通过实验合成出来。由于共晶的堆积密度几乎总是居于两种配体单组分晶体的堆积密度中间[44],这些共晶的爆速理应高于 TNT。

图 7.35 列出了一些常见含能化合物的溶解度参数 δ。两种配体的混溶性可以通过两者溶解度参数的差值 (即 $\Delta\delta$) 反映,低 $\Delta\delta$ 值表明共晶可形成。$\Delta\delta$ 也已成功地应用于药物共晶的筛选[148, 149]。如图 7.35 所示,DAAzF 的 δ 最大,而 ONC 的最小,它们与 18 个含能晶体的平均 δ 存在明显的差距,因此在与其他分子配对时,$\Delta\delta$ 相对偏高。图 7.36 中列出了这 18 个含能化合物两两之间的 $\Delta\delta$。由图可知,在这 153 组含能共晶中,大多数 $\Delta\delta$ 小于 10 MPa$^{0.5}$,有 55 组化合物 $\Delta\delta$ 低于 5 MPa$^{0.5}$。表明这些含能分子结构相似性高,相互之间容易混溶。这些分子中大多都具有含 C/N 的骨架及氢键和 O…O 作用主导的分子间相互作用;另一方面,这种结构上的高度相似性表明不同分子形成共晶后,能量变化小,所以,共晶形成主要是由熵驱动的。

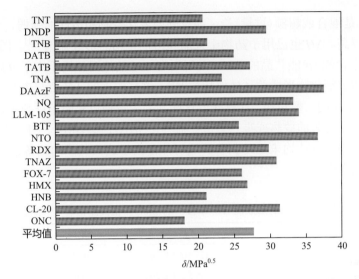

图 7.35 部分含能化合物的溶解度参数(δ，单位：$MPa^{0.5}$) [46]

	ONC	CL20	HNB	HMX	FOX-7	TNAZ	RDX	NTO	BTF	LLM-105	NQ	DAAzF	TNA	TATB	DATB	TNB	DNDP	TNT
ONC																		
CL-20	13.3																	
HNB	3.1	10.2																
HMX	8.8	4.5	5.7															
FOX-7	8.0	5.3	4.9	0.8														
TNAZ	12.8	0.5	9.7	4.0	4.8													
RDX	11.7	1.6	8.6	2.9	3.7	1.1												
NTO	18.6	5.3	15.5	9.8	10.6	5.8	6.9											
BTF	7.6	5.7	4.5	1.2	0.4	5.2	4.1	11.0										
LLM-105	15.9	2.6	12.8	7.1	7.9	3.1	4.2	2.7	7.4									
NQ	15.2	1.9	12.1	6.4	7.2	2.4	3.5	3.4	6.7	0.7								
DAAzF	19.5	6.2	16.4	10.7	11.5	6.7	7.8	0.9	11	3.6	4.3							
TNA	5.3	8.0	2.2	3.5	2.7	7.5	6.4	13.3	3.2	10.6	9.9	14.2						
TATB	9.2	4.1	6.1	0.4	1.2	3.6	2.5	9.4	0.7	6.7	6.0	10.3	3.9					
DATB	7.0	6.3	3.9	1.8	1.0	5.8	4.7	11.6	1.5	8.9	8.2	12.5	1.7	2.2				
TNB	3.3	10.0	0.2	5.5	4.7	9.5	8.4	15.3	5.2	12.6	11.9	16.2	2.6	5.9	3.7			
DNDP	11.5	1.8	8.4	2.7	3.5	1.3	0.2	7.1	3.0	4.4	3.7	8.0	6.2	2.3	4.5	8.2		
TNT	2.7	10.6	0.4	6.1	5.3	10.1	9.0	15.9	5.8	13.2	12.5	16.8	2.6	6.5	4.3	0.6	8.8	
	ONC	CL20	HNB	HMX	FOX-7	TNAZ	RDX	NTO	BTF	LLM-105	NQ	DAAzF	TNA	TATB	DATB	TNB	DNDP	TNT

图 7.36 现有或假定的含能-含能共晶中两组分间的溶解度参数的差值($\Delta\delta$，单位为 $MPa^{0.5}$)

绿色、白色和红色区块分别表示 $\Delta\delta < 5$ $MPa^{0.5}$、$5\sim10$ $MPa^{0.5}$ 和 $\geqslant 10$ $MPa^{0.5}$。蓝色区块分别代表实验已合成的含能-含能共晶[46]

共晶相比于其配体单组分晶体的内能或晶格能变化，记作形成能 ΔE。由于晶体结构理论预测上的困难[150]，表 7.2 中仅列出了 11 个实验已合成的含能-含能共晶的 ΔE。其中，6 个共晶 ΔE 为负，5 个为正，表明共晶形成不一定会释放热量。尽管 PIXEL 可能会有一些误差，但 ΔE 为正也可能是合理的，因为在焓变 ΔH 和 ΔE 相差不大的情况下（体积功较小），熵效应可能足以抵消 ΔE 的增加并使得 ΔG

为负。ΔH 是混合或超额(过量)焓，能反映两者化合物相溶性的强弱，ΔH 为负表示相溶性较高。ΔH 也已用于药物中共晶和溶剂化物的形成筛选[151]。图 7.37 中列出了 153 个含能-含能共晶的 ΔH，发现所有 ΔH 的绝对值均不大于 9 kJ/mol，与药物共晶和溶剂化物形成的 ΔH 值相仿[151]。这些较小的 ΔH 值与表 7.2 中列出的 ΔE 值几乎都在同一数量级，这意味着这些共晶无论通过实验验证与否，在其形成过程中都没有显著的放热或吸热效应。另外，DAAzF 与 HMX、CL-20 和 TNT 的共晶采用溶剂蒸发法均未成功制备。这可能是由于这些共晶的制备条件并不满足其形成的动力学条件。

表 7.2　部分含能共晶的形成能 ΔE(单位：kJ/mol)和相关晶格能[46](单位：kJ/mol)

共晶	LE_{cc}	LE_1	LE_2	ΔE
CL-20/TNT	−239.0	−135.5 (β-CL-20)	−100.0	−3.5
CL-20/BTF	−221.0	−135.5 (β-CL-20)	−86.6	1.1
CL-20/β-HMX	−381.3	−174.0 (β-CL-20)	−194.8 (β-HMX)	−12.5
BTF/MATNB	−197.0	−86.6	−109.7	−0.7
BTF/TNA	−203.6	−86.6	−113.3	−3.7
BTF/TNAZ	−155.8	−86.6	−86.4	17.2
BTF/TNB	−183.6	−86.6	−82.8	−14.2
BTF/DNB	−171.4	−86.6	−81.3	−3.5
BTF/TNT	−241.7	−114.4	−138.1	10.8
TNT/TNB	−182.4	−100.0	−82.8	0.4
DADP/TCTNB	−315.0	−106.0	−255.1	−46.1

图 7.38 列出了形成共晶前后的吉布斯自由能变化 ΔG，其中大多数为负值且绝对值较小，包括 8 个实验已制备的共晶(蓝色)。此外，一些实验测定的其他共晶 BTF/MATNB、BTF/DNB、DADP/TBTNB 和 DADP/TCTNB，它们的 ΔG 预测值也为负，分别为−1.5 kJ/mol，−1.6 kJ/mol，−1.9 kJ/mol 和−2.1 kJ/mol。这些结果表明，含能共晶的生成时只有轻微的热力学优势。大多数共晶形成过程的 ΔG 为负，ΔH 为正，根据 $\Delta G = \Delta H - T\Delta S$，其中 ΔS 是熵变，可知共晶形成过程中有着明显的熵效应。

共晶形成前后 ΔH 和 ΔG 的变化源自分子间相互作用的微小变化。此外，既然共晶中的熵效应不容忽视，那么这就需要形成共晶的两种配体化合物具有足够的相溶性。事实上，两种配体在给定溶剂中具有相似的溶解度是共晶溶剂选择的主要标准[17,18,36,102,104,108]。相似或相同的溶解度下两种配体的混溶程度最大，能确保在共晶时发挥足够的熵效应。图 7.38 中，钝感的 TATB 分子与其余 17 个含能分子结合的 $\Delta G<0$，表明能形成共晶，然而这一结论迄今为止尚未得到证实。

	ONC	CL-20	HNB	HMX	FOX-7	TNAZ	RDX	NTO	BTF	LLM-105	NQ	DAAzF	TNA	TATB	DATB	TNB	DNDP	TNT
ONC																		
CL-20	2.0																	
HNB	0.1	0.9																
HMX	4.3	0.2	2.6															
FOX-7	3.8	0.2	2.5	0.3														
TNAZ	2.1	−0.1	1.1	0.2	0.6													
RDX	3.4	−0.1	1.9	0.0	0.8	1.0												
NTO	3.1	0.4	2.3	0.0	0.1	1.0	1.4											
BTF	−1.5	−1.1	−1.7	1.1	3.1	0.1	1.2	3.0										
LLM-105	3.0	−2.1	1.2	−1.3	−0.2	−0.6	−0.3	0.4	2.1									
NQ	1.6	−1.5	0.9	−0.3	−1.1	0.0	0.9	−0.9	3.3	0.5								
DAAzF	−9.0	−8.1	−8.6	−4.2	−0.8	−3.9	−2.0	−1.0	−1.2	−1.3	0.8							
TNA	2.0	−2.0	0.3	−0.9	0.8	−0.8	−0.4	1.3	0.5	0.3	1.2	−2.8						
TATB	0.4	−5.4	−1.6	−3.1	−1.1	−2.4	−1.6	−0.2	0.6	−0.2	0.7	−2.5	−0.3					
DATB	1.5	−3.3	−0.4	−1.8	0.1	−1.4	−0.9	0.7	0.7	0.9	−2.5	0.0		−0.1				
TNB	2.0	−1.0	0.5	−0.1	1.5	−0.4	0.0	1.9	0.1	0.7	−3.2	−0.2			0.1			
DNDP	1.1	−1.4	−0.2	−0.3	0.7	−0.5	0.0			−0.5	−4.5	0.0	−1.1	−0.3	0.2			
TNT	−5.8	−7.2	−6.6	−2.8	0.2	−3.1	−1.2	0.7	−0.5		2.0	−0.9	−0.6	0.8	0.1	−1.0	−2.2	

图 7.37 现有或假定的含能–含能共晶形成的焓变(ΔH，单位为 kJ/mol)

红色、白色和绿色区块分别表示 $\Delta H \geqslant 0$ 、−4.0～0 kJ/mol 和<−4.0 kJ/mol。蓝色区块代表现有的含能–含能共晶[46]

	ONC	CL-20	HNB	HMX	FOX-7	TNAZ	RDX	NTO	BTF	LLM-105	NQ	DAAzF	TNA	TATB	DATB	TNB	DNDP	TNT
ONC																		
CL-20	−0.2																	
HNB	−1.6	−1.1																
HMX	1.4	−1.5	0.0															
FOX-7	1.5	−1.3		−1.6														
TNAZ	−0.6	−1.8	−1.3	−1.5	−1.1													
RDX	0.3	−1.8	−0.8	−1.7	−1.2	−1.7												
NTO	1.1	−1.3	0.1	−1.4	−1.7	−0.9	−1.0											
BTF	−2.7	−2.2	−2.9	−0.8	0.5	−1.6	−0.9	0.4										
LLM-105	0.2	−2.6	−1.1	−2.3	−1.7	−1.9	−1.9	−1.5	−0.5									
NQ	1.3	−1.6	0.2	−1.6	−2.0	−0.6	−0.9	−2.0	1.2	−1.1								
DAAzF	−7.2	−6.3	−7.2	−4.1	−1.8	−4.1	−3.2	−2.0	−2.8	−2.5	−0.4							
TNA	−0.8	−2.6	−1.8	−1.9	−1.0	−2.1	−1.8	−0.8	−1.4	−1.5	−0.4	−3.6						
TATB	−1.7	−3.9	−2.8	−2.8	−1.8	−2.7	−2.3	−1.5	−1.4	−1.7	−0.6	−3.1	−1.9					
DATB	−1.0	−3.1	−2.1	−2.3	−1.4	−2.3	−2.0	−1.1	−1.3	−1.6	−0.5	−3.3	−1.7	−1.8				
TNB	−0.8	−2.2	−1.6	−1.5	−0.7	−1.9	−1.6	−0.5	−1.7	−1.4	−0.1	−4.0	−1.7	−1.9	−1.7			
DNDP	−1.4	−2.3	−2.0	−1.4	−0.8	−1.9	−1.5	−0.7	−1.8	−1.4	−0.5	−4.2	−1.7	−2.0	−1.8	−1.6		
TNT	−5.1	−4.3	−5.2	−1.8	0.0	−2.7	−1.5	0.1	−1.7	−0.3	1.6	−1.6	−1.7	−1.0	−1.2	−2.1	−2.5	

图 7.38 现有或假定的含能–含能共晶形成的吉布斯自由能变化(ΔG，单位为 kJ/mol)

红色、白色和绿色区块分别表示 $\Delta G \geqslant 0$、−4.0～0 kJ/mol 和<−4.0 kJ/mol。蓝色区块代表现有的含能–含能共晶[46]

这在很大程度上是由于 TATB 在普通溶剂中的溶解度差[152]，几乎无法与其他含能分子混合均匀。Wei 等也分析了含能-含能共晶的结晶中熵增量的本质主要来自构型熵，并确认了构型熵的主要贡献来自空间构型数量的增加[153-156]。水在 300 K 下的构型熵的能量贡献(Δ_{st})为 1 kJ/mol[157]，而含能-含能共晶如 CL-20/TNT，其配体分子的尺寸和总构型量比水要大得多，因此应具有远高于 1 kJ/mol 的构型熵能量贡献[46]。

7.5 含能共晶的性质和性能

含能材料的性质和性能决定了其能否投入实际应用，如晶体堆积密度 d_c、爆速 v_d、爆压 P_d、热解温度 T_d、熔点 T_m 和感度等，其制备成本也是不可忽视的要素。

7.5.1 密度、爆速和爆压

通常，由于含能共晶通常产量低，其重要性能爆速 v_d 和爆压 P_d 的实验测量值尚未见报道，只有 EXPLO5 的理论预测结果[158]。晶体堆积密度 d_c 与 v_d 和 P_d 呈正相关，也是含能共晶极为重要的性质。在此，我们将以共晶中数量最多的 CL-20 基和 TNT 基含能共晶为例对晶体堆积密度进行讨论。ε-CL-20 是 CL-20 所有晶型中 d_c 最高的晶型，同时也是常温常压条件下最紧密的晶型。图 7.39(a) 为 CL-20 基共晶与其配体单组分晶体和 CL-20 晶体自身的 d_c 对比图。结果表明，ε-CL-20 单组分晶体仍具有最高的 d_c，共晶的 d_c 其次，其他配体的 d_c 最低。尽管如此，一些共晶，如 CL-20/HMX[18]、CL-20/H$_2$O$_2$[39]、CL-20/BTF[108]、CL-20/MNO[159]和 CL-20/MTNP[160]，其 d_c 仍大于 1.9 g/cm^3，表明这些共晶仍然具有优异的爆轰性能。TNT 基含能共晶也有类似的趋势，如图 7.39(b) 所示。其中也存在一个例外，如 TNT/1-BN[16]的 d_c 超过了两种配体单组分晶体的 d_c，由于分子密度 d_m 改变很小，因而 d_c 的改变主要源于堆积系数的增加。上述现象表明，形成共晶可以增加晶体的堆积系数，从而使晶体堆积密度增强。

由于含能材料的爆速和爆压由其组分和 d_c 所主导，因此 CL-20 各晶型及其共晶比 RDX 能量水平更高，具有更高的 v_d 和 P_d，如 CL-20/BTF[108]、CL-20/HMX[18]、CL-20/AZ1[161]、CL-20/3,5-DNP[162]、CL20/MTNP[160]、CL-20/2,4-MDNI[163]、CL-20/4,5-MDNI[164]和 CL-20/1,4-DNI[165]，如图 7.39(c)～(d) 所示。CL-20/H$_2$O$_2$ 共晶的爆速 v_d 预测值甚至高达 9600 m/s，爆压 P_d 甚至高达 47 GPa，比 ε-CL-20(9436 m/s 和 45.3 GPa)能量还高，这可能源于共晶中氧平衡得到了改善，并且晶体堆积密度也很高[39]。

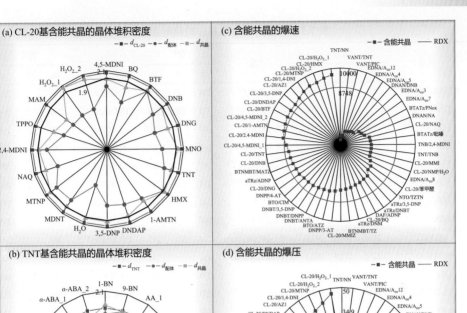

图 7.39　一些典型含能共晶的晶体堆积密度 d_c、爆速 v_d 和爆压 P_d[33]

7.5.2　热稳定性和撞击感度

在实际应用中，我们常采用热解温度 T_d 和熔点 T_m 这两个重要指标来表征含能材料的热稳定性。因此，我们分别在表 7.3 和表 7.4 中列出了一些有代表性的含能共晶的 T_d 和 T_m。如表 7.3 所示，大多数共晶与其配体单组分晶体相比，热解温度有所降低，热稳定性减弱。但也有一些含能共晶的热稳定性有所增强，T_d 增加了 10°C 以上，如 EDNA/A$_{co}$5[42]、TNT/DBZ[16] 和 BTO/ATZ[99]。热解温度的降低可能是由于共晶后分子间相互作用增强，反应性增强所致。大多数情况下，含能共晶热分解的 DSC 测试中会有两个放热峰[111,162,175]，这是因为两种配体的热稳定性不同，它们会各自独立地分解。这里所涉及的热解温度 T_d 都是指第一个放热峰的峰温。热稳定性的减弱是含能共晶实际应用中可能存在的不足。

表 7.3　一些典型含能共晶的热解温度 T_d

共晶	T_d/℃ ca	cb	cc	共晶	T_d/℃ ca	cb	cc	共晶	T_d/℃ ca	cb	cc
BTNMBT/MATZ[98]	133		107	CL-20/BQ[41]	244	442	235	TNT/PDA[16]	289		267.3
BTNMBT/TZ[98]	133		118	CL-20/3,5-DNP[162]	235	230	237	TNT/VANT[178]	240		268.3
EDNA/A_{co}7[42]	186		165	CL-20/TFAZ[167]	247		239.2	TNT/Per[16]	289		268.6
EDNA/A_{co}12[42]	186		168	CL-20/MAM[168]	244a		239.5	TNT/9-BN[16]	289		288.2
EDNA/A_{co}8[42]	186		172	CL-20/p-xylene[169]	244a		240.8	TNT/DMB[16]	289		289.5
EDNA/A_{co}3[42]	186		189	CL-20/DNG[162]	235	233	242	TNT/T_2[16]	289		291.9
EDNA/A_{co}4[42]	186		191	CL-20/MNO[159]	244	185	242	TNT/Ant[16]	289		293.5
EDNA/A_{co}5[42]	186		198	CL-20/DNB[175]	244a		242.8	TNT/1-BN[16]	289		296.4
BTO/ATZ[99]	225.2	184.6	243.3	CL-20/NAQ[41]	244	305	245	TNT/DMDBT[16]	289		299.1
CIM/BTO[166]	225.2	272.9	262.6	CL-20/benzaldehyde[176]	250		246	TNT/Nap[16]	289		304.2
DAF/ADNP[40]	245.5	178	212.2	CL-20/H_2O_2_1[39]	250		250	TNT/Phe[16]	289		307.0
CL-20/MMI[170]	243.8		164.9	CL-20/H_2O_2_2[39]	250		250	TNT/DBZ[16]	289		312.8
CL-20/1-AMTN[171]	251	271	202	CL-20/NMP/H_2O[86]	249		252	PIC/VANT[178]	300		231.6
CL-20/CO_2[172]	244a		210	CL-20/1,4-DNI[165]	252	166	253	aTrz/DNBT[97]	315.8	312.5	151.9
CL-20/MDNT[173]	242.98	268.26	214.72	CL-20/DNDAP[177]	251.5	271.2	254.1	aTrz/ADNP[97]	315.8	175.6	207.1
CL-20/DNT[174]	250.6	252.9	216.4	NTO/TZTN[111]	279	197	197.9	aTrz/DNM[97]	315.8	278.8	210.3
CL-20/4,5-MDNI (1∶3)[164]	253	284	219	TNT/TT[16]	289		202.9	aTrz/3,5-DNP[97]	315.8	388.3	212.9
CL-20/2,4-MDNI[81][163]	253	359	220	TNT/PA[16]	289		237.3	DNPP/3-AT[43]	336		282
CL-20/4,5-MDNI (1∶1)[81]	253	284	220	TNT/NN[100]	225	184	240	DNPP/4-AT[42]	336		284
CL-20/MMIZ[170]	243.8		221	TNT/α-ABA (1∶2)[16]	289		251.8	BTATz/PNox[96]	338.9		248.5
CL-20/MTNP[160]	250	251	222	TNT/α-ABA (1∶1)[16]	289		256.7	BTATz/2-pyridone[96]	338.9		284.3
CL-20/BTF[108]	244	289	235	TNT/AA(1∶2)[16]	289		258.4	BTATz/pyrazine[96]	338.9		323.2
CL-20/HMX[18]	244	279	235	TNT/AA(1∶1)[16]	289		266.2				

注：ca 和 cb 分别表示含能共晶中的两种配体，cc 则表示共晶。在表 7.4 和图 7.40 中也采用这些表述

表 7.4　一些典型含能共晶的熔点 T_m

共晶	T_m/℃ ca	cb	cc	共晶	T_m/℃ ca	cb	cc	共晶	T_m/℃ ca	cb	cc
CL-20/1-AMTN[171]	—	88	81	HMX/PDCA[93]	—	129.1	151	TNT/DBZ[16]	81.9	99	118.8
CL-20/NMP/H_2O[86]	—	−24	91	HMX/PNox[93]		48	153	TNT/AA(1∶2)[16]	81.9	99	139.9
CL-20/4,5-MDNI (1∶3)[164]	—	75	93	HMX/BTNEN[179]		94	155	TNT/Per[16]	81.9	276	151.5

续表

共晶	T_m/℃			共晶	T_m/℃			共晶	T_m/℃		
	ca	cb	cc		ca	cb	cc		ca	cb	cc
CL-20/4,5-MDNI (1:1)[163]	—	75	115	HMX/Py[93]	—	12.2	163	TNT/AA(1:1)[16]	81.9	99	151.7
CL-20/1,4-DNI[165]	—	91	115	HMX/PDA[93]	—	102.1	170	TNT/α-ABA (1:2)[16]	81.9	188.1	175.2
CL-20/DNT[174]	—	72.4	120.8	HMX/T₂[93]	—	56	179	BTF/TNT[104]	197.4	80.5	132.6
CL-20/benzaldehyde[176]	—	−26	122	TNT/DMB[16]	81.9	56.6	45.2	BTF/TNAZ[104]	197.4	100.7	164.5
CL-20/TPPO[84]	—	156	125	TNT/NN[100]	79	56	62	BTF/MATNB[104]	197.4	109.0	171.3
CL-20/BQ[42]	—	115	132	TNT/TNB[102]	80.54	122.88	62.31	BTF/TNB[104]	197.4	122.9	189.0
CL-20/TNT[17]	—	81.5	136	TNT/1-BN[16]	81.9	−1	73.3	BTF/TNA[104]	197.4	184.2	205.8
CL-20/DNB[175]	—	92	136.6	TNT/PDA[16]	81.9	101.8	73.8	EDNA/A_{co}4[42,43]	180	111	129
CL-20/DNG[162]	—	76	141	TNT/T₂[16]	81.9	56	87.7	EDNA/A_{co}12[42]	180	97.5	133
CL-20/MDNT[173]	—	95.82	165	TNT/Nap[16]	81.9	81.5	95.9	EDNA/A_{co}3[42]	180	113	146
CL-20/MNO[159]	—	125	167	TNT/Phe[16]	81.9	99.7	100.2	EDNA/A_{co}7[42]	180	108	154
CL-20/3,5-DNP[162]	—	54	170	TNT/9-BN[16]	81.9	102.9	101.0	EDNA/A_{co}8[42]	180	287	156
CL-20/NAQ[42]	—	125	176	TNT/VANT[178]	63.5	81	102.4	BTO/ATZ[99]	99.8	49.8	145.4
CL-20/2,4-MDNI[81][163]	—	145	177	TNT/PA[16]	81.9	186.4	107.2	CIM/BTO[166]	99.95	—	258.5
CL-20/DNDAP[94][177]	—	56	185.9	TNT/Ant[16]	81.9	217.1	108.5	DAF/ADNP[40]	177.4	173.2	162
CL-20/MTNP[160]	—	92	215	TNT/TT[16]	81.9	119.2	108.8	DNAN/DNB[106]	95	89.5	48
HMX/4-FA[93]	—	−1.9	128	TNT/DMDBT[16]	81.9	154.6	116.3	DNAN/o-NA[106]	95	71.5	67.5
HMX/DAT[93]	—	88.7	148	TNT/α-ABA (1:1)[16]	81.9	188.1	117.6	NTO/TZTN[111]	261.7	144.3	156.6

如表 7.4 所示，含能共晶的熔点能高于、介于或低于单组分晶体的熔点，因此含能共晶的熔点变化很难总结出规律，具有不确定性。这种不确定性与低共熔混合物不同：低共熔混合物是两种或多种物质的混合物，与其配体相比，其熔点总是较低。共晶熔点变化的不确定性，主要源自如热驱动或熵驱动形成共晶后分子间相互作用变化的复杂性，以及热反应性上的差异。但也要注意，预先测量两种组分所形成混合物的熔点是预先判定两种组分分子能否形成含能共晶的实验手段。此外，共晶的相分离主要发生在熔融后，例如 CL-20/TNT[17]。换言之，共晶在加热熔融后会发生相分离，退火后变回两种初始配体的晶体，不会变回共晶。因此，加热和退火可能会损害含能共晶的结构稳定性并影响其安全性[17]。

感度是含能材料安全性的重要指标，可根据外部刺激的类型分为多种类型。

其中，撞击感度表示含能材料应对外部撞击刺激的响应程度，受到的关注和研究相对最多。由于含能共晶量小，其撞击感度的测量通常采用样品消耗量小的撞击感度测量仪(Bundesanstalt für Materialforschung und -prüfung, BAM)。图 7.40 中比较了一些含能共晶的撞击感度(统一用跌落能 E_{dr} 表示)。共晶的撞击感度介于其配体单组分晶体之间，但也有一些例外，如 DADP/TITNB[37]、CL-20/HMX[18] 和 TNT/TNB[102]撞击感度低于其对应两种单组分晶体，而 CL-20/H$_2$O$_2$[39]、aTRz/ADNP、aTRz/DNM、aTRz/3,5-DNP[97]、BTNMBT/TZ[98]或 BTO/ATZ[99]则相反。这些情况也是合理的，因为撞击感度并不单是由组分决定的，而是由多种因素共同作用的结果。

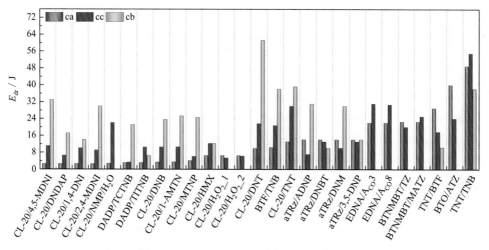

图 7.40　一些具有代表性的含能共晶的撞击感度(用跌落能 E_{dr} 表示)[33]

7.5.3　含能共晶的反应性：以 CL-20/HMX 共晶为例

在本节中，我们将以 CL-20/HMX 这一典型含能共晶为例，通过 MD 模拟加热共晶及其配体的单组分晶体的演化行为，探讨共晶前后反应性的变化并揭示其根源。据报道，CL-20/HMX 共晶比 β-HMX 单组分晶体能量水平更高，同时两者具备相似的撞击感度，这意味着形成共晶后能量增强的同时也保持安全性不下降。同时，实验上以 5℃/min 的加热速率进行 DSC 测量，测得 CL-20/HMX、ε-CL-20 和 β-HMX 的热解温度 T_d 分别为 235℃、210℃和 279℃，即共晶的热解温度介于两个配体分子中间[18]。最近，有研究通过 LAMMPS 软件[180]，采用反应分子力场 ReaxFF-lg[48,181]进行 MD 模拟，揭示了 CL-20/HMX 热稳定性的潜在机制。研究在基于实验所确定的三种含能晶体[18,132,134]的晶胞基础上进行扩胞建模，并参考近期有关 CL-20[182,183]和 HMX[184-186]分解模拟条件确定了 5 种加热条件(1200 K、1500 K、1800 K、2000 K 和 2500 K)进行了模拟。

在 1200 K、1500 K 和 2500 K 三种条件下加热 HMX 晶体、CL-20 晶体及 CL-20/HMX 共晶时,样品中反应物的量随时间的演化过程如图 7.41 所示。如图 7.41(a)(1200 K)和图 7.41(b)(1500 K)所示,在相对较低的温度下,HMX 和 CL-20 两分子在两种晶体环境中分解的差异都比较显著。HMX 分子在共晶中比在单组分晶体中分解得更快,CL-20 分子则相反。这表明与单组分晶体相比,CL-20 和 HMX 形成共晶可以减缓 CL-20 分子的热分解,同时也会加速 HMX 分子的热分解。在共晶中,由于 CL-20 分子会率先分解释放热量,会使 HMX 分子加速分解。换言之,CL-20/HMX 的共晶相比 HMX 和 CL-20 晶体,热分解的反应性会折中,这与实验测量结果一致[18]。此外,Xue 等通过动力学计算证实了在单组分晶体和共晶中 CL-20 分解的活化能(activation energy,E_a)分别为 69.0 kJ/mol 和 73.2 kJ/mol,而 HMX 分别为 135.1 kJ/mol 和 126.8 kJ/mol,也验证了上述折中效应[48]。

图 7.42 为 CL-20/HMX 共晶和单组分晶体的势能演化速率对比图,同样可以验证共晶对热分解的折中效果。图 7.42(a)表明,HMX 晶体在 1200 K 下尽管会发生少量反应,但其势能毫无变化 [图 7.41(a)];CL-20 晶体的势能下降最快;共晶 CL-20/HMX 的势能介于纯 CL-20 和 HMX 之间。在 1500 K 下也出现了类似的情况,如图 7.42(b)。但在相对较高的温度(如 2500 K)下,它们的差异不大 [图 7.42(c)]。此外,图 7.42(a)中加权的势能曲线低于共晶的势能曲线,这意味着形成共晶后放热会变慢,或者说与相同组分比例的加权物相比,共晶的热稳定性更高。

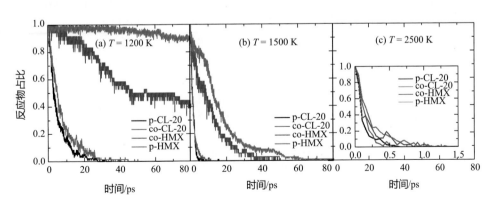

图 7.41　在 1200 K、1500 K 和 2500 K 下,共晶 CL-20/HMX 及 HMX 和 CL-20 单组分晶体的热分解过程中,反应物演化的比较

p-和 co-分别表示单组分晶体和共晶[48],图 7.43 中也采用了这些表示

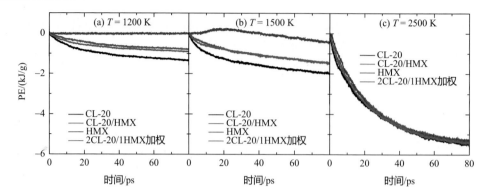

图 7.42　1200 K、1500 K 和 2500 K 恒温加热时，单位质量的 CL-20/HMX 共晶和单组分晶体的势能(potential energy，PE)演化图[48]

黑色、红色和蓝色线分别表示 CL-20 晶体、CL-20/HMX 共晶和 HMX 晶体的热分解。绿线由两个 CL-20 和一个 HMX 加权获得，其化学计量比与 CL-20/HMX 共晶相同

　　Xue 等总结了在中等温度条件下(2000 K)分别加热 CL-20、HMX 单组分晶体，以及 CL-20/HMX 共晶，体系中发生频率排名前十的初始反应[48]。如表 7.5 所列，对于 CL-20 和 HMX 单组分晶体，硝基解离都是排序最前的一步反应(A1 和 B1)，频率分别为 57 和 92。HMX 排序第二的是进一步的硝基解离(B2)，频率为 46，表明硝基解离反应在 HMX 热分解过程中占据绝对的主导地位。而在共晶中，从表 7.5 可以发现硝基离去仍然占主导地位，包括 A1、A2 和 B1，其中 CL-20 的硝基解离排序最靠前。

表 7.5　2000 K 下加热 CL-20 和 HMX 晶体以及它们的共晶，在前 10 ps 内发生频率排名前十的初始反应。有些反应标记为 A1、A2、B1 和 B2，其中 A 和 B 分别代表 CL-20 和 HMX 的硝基解离反应，1 和 2 则分别代表第 1 步和第 2 步的硝基解离

晶体	(频率)初始反应
CL-20	$(57)\ C_6H_6O_{12}N_{12} \rightarrow C_6H_6O_{10}N_{11} + NO_2\ (A1)$ $(35)\ NO_2 + NO_2 \rightarrow N_2O_4$ $(22)\ NO_2 + NO_3 \rightarrow N_2O_5$ $(21)\ C_6H_6O_{10}N_{11} \rightarrow C_6H_6O_8N_{10} + NO_2\ (A2)$ $(13)\ C_6H_6O_{12}N_{12} \rightarrow C_6H_6O_8N_{10} + NO_2 + NO_2$ $(11)\ N_2O_3 \rightarrow NO_2 + NO$ $(10)\ NO_2 + N_2O_4 \rightarrow N_3O_6$ $(9)\ NO_2H + NO_2 \rightarrow NO_3H + NO$ $(9)\ C_2H_2O_4N_4 + NO_2 \rightarrow C_2H_2O_6N_5$ $(7)\ N_3O_6 \rightarrow NO_2 + NO_2 + NO_2$
CL-20/HMX	$(51)\ C_6H_6O_{12}N_{12} \rightarrow C_6H_6O_{10}N_{11} + NO_2\ (A1)$ $(29)\ C_6H_6O_{10}N_{11} \rightarrow C_6H_6O_8N_{10} + NO_2\ (A2)$ $(24)\ C_4H_8O_8N_8 \rightarrow C_4H_8O_6N_7 + NO_2\ (B1)$ $(14)\ NO_2 + NO_2 \rightarrow NO_3NO$ $(14)\ C_6H_6O_8N_{10} \rightarrow C_6H_6O_6N_9 + NO_2$

续表

晶体	(频率)初始反应
CL-20/HMX	(8) $C_2H_2O_4N_4 + NO_2 \rightarrow C_2H_2O_6N_5$ (7) $NO_2 + NO_2 \rightarrow NO_3 + NO$ (7) $C_6H_6O_{12}N_{12} \rightarrow C_6H_6O_8N_{10} + NO_2 + NO_2$ (7) $NO_2 + N_2O \rightarrow N_3O_3$ (6) $C_4H_4O_4N_5 \rightarrow C_4H_4O_2N_4 + NO_2$
HMX	(92) $C_4H_8O_8N_8 \rightarrow C_4H_8O_6N_7 + NO_2 (B1)$ (46) $C_4H_8O_6N_7 \rightarrow C_4H_8O_4N_6 + NO_2 (B2)$ (31) $NO_2 + NO_2 \rightarrow N_2O_4$ (12) $NO_2 + NO_3 \rightarrow N_2O_5$ (12) $HO + NO_2 \rightarrow NO_3H$ (11) $C_4H_6O_2N_5 \rightarrow C_4H_6N_4 + NO_2$ (11) $NO_2H + NO_3 \rightarrow NO_3H + NO_2$ (10) $C_4H_7O_6N_7 \rightarrow C_4H_7O_4N_6 + NO_2$ (10) $C_4H_8O_5N_7 \rightarrow C_4H_8O_3N_6 + NO_2$ (10) $C_4H_8O_4N_6 + NO_2 \rightarrow C_4H_7O_4N_6 + HO_2N$

如图 7.43 所示，CL-20 和 HMX 分子的热分解反应性在两者形成共晶后具有折中效应，是因为无论是单组分晶体还是共晶，其热分解均由硝基离去反应主导，即共晶提高了 HMX(具有较高势垒)的反应性，使其分解速率升高，同时降低了 CL-20(具有较低势垒)的反应性，使其分解速率降低。这种折中的共晶

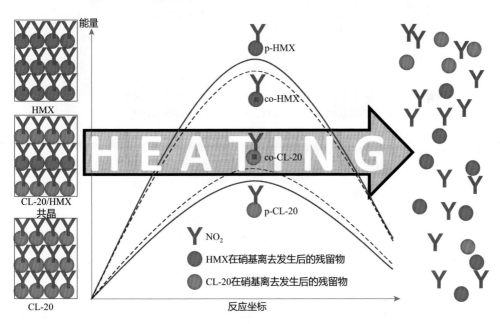

图 7.43　图中为研究的主要结论：三种晶体的初始反应都由硝基离去主导，CL-20/HMX 共晶的形成使得 CL-20 的分解势垒略微增加，同时使得 HMX 的分解势垒略微降低，CL-20/HMX 介于两者热稳定性之间[48]

CL-20/HMX 分解速率也源自其组分分子 CL-20 和 HMX 分子稳定性低，以及共晶后分子间相互作用变化小等原因[48]。

 7.6 结论与展望

本章中，我们介绍了共晶中的组分、堆积结构、分子间相互作用和主要的性质性能，以及对它们之间相互关系进行了一些探讨与理解。含能共晶技术作为一种创制新材料的可选方法，具有诸多优点，拥有光明的前景，但同时也面临着许多挑战，总结如图 7.44。

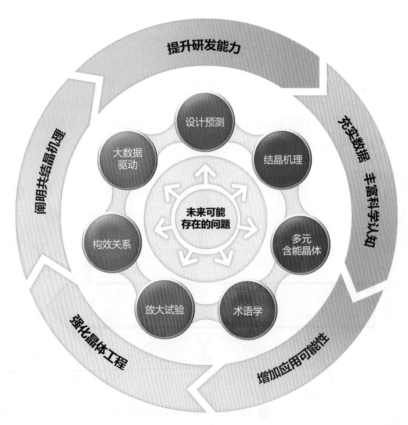

图 7.44　含能共晶存在的问题

(1)对含能共晶的晶体堆积模式的预测。在过去十年中，有机分子的晶体堆积预测，特别是对于相对刚性的分子和单组分系统，已经取得了很大进展[150,187,188]。但对于含有两种或两种以上成分的含能共晶，由于其自由度大幅度增加，预测的难度也显著增加。

(2) 含能共晶的结晶机理。目前，人们对结晶过程中的具体细节仍知之甚少。尽管含能共晶的形成在热力学和动力学上都是可行的，但其微观层面的信息仍然较少，这也是晶体领域的一个共性问题。因此，在热力学和动力学上对共晶过程的准确理论预测仍充满挑战。

(3) 多元含能共晶。高熵合金是当今材料领域的一个热点。与之相对，我们也须关注多元共晶或高熵共晶。无论实际应用如何，其研究始终具备科学价值[189,190]。事实上，迄今为止唯一一种三元含能共晶 CL-20/NMP/H$_2$O[86]就是偶然发现的。多元共晶数量如此稀少，这种现状有待于付诸更多的努力去改变。

(4) 含能共晶的生产放大。CL-20/MTNP 是含能材料快速生成一个典型例子[191]，但大多数含能共晶目前产量仍然偏低。这种情况可能源于共晶制备方法单一(溶剂蒸发)，缺乏共晶的热力学和动力学信息等微观认知。受此限制，共晶产量很小，因而很难开展其性质性能的准确评估。

(5) 含能共晶的组分、结构和性质性能间的关系。组分、结构和性质性能是设计具备所需性能的新型含能共晶的基础，因此构建它们之间的关系是非常必要的。这也是含能材料晶体工程的中心任务之一。除了组分对晶体堆积密度的影响外[44]，其他性质间的关联目前在含能共晶中仍是空白，尚不明确，限制了含能共晶的发展。

(6) 大数据驱动下的含能共晶。随着信息技术和计算机技术的进步，大数据驱动作为第四种范式正在推动各个领域快速发展。然而，由于现有含能共晶的数量有限，且已有含能共晶的性质性能仍存在很大不足，因此目前的含能共晶数据量远未达到大数据驱动的常规水准。所以，我们需要快速增加含能共晶数据量，以求在不久的将来实现大数据驱动。

(7) 共晶相关的新术语。对于含能共晶乃至所有的共晶，某些情况下现有的术语很难进行区分。例如，在共晶 CL-20/HMX 中出现了两种不同的 CL-20 分子构象[18]，这种现象该如何命名？像 CL-20 这样具有构象多样性的含能共晶，我们又该如何命名呢？对于 CL-20/H$_2$O$_2$ 或 CL-20/MDNI[39,163]，形成了两种共晶，可能会有不同的晶体堆积模式，导致不同的性质性能，形容它们时使用多晶型一词是否准确？与单组分含能晶体相比，含能共晶会在结晶学以及含能材料中遇到许多新问题，需要引起人们更多的关注。

参 考 文 献

[1] Pagoria P F, Lee G S, Mitchell A R, et al. A review of energetic materials synthesis. Thermochim. Acta, 2002, 384: 187-204.

[2] Sabatini J, Oyler K. Recent advances in the synthesis of high explosive materials. Crystals, 2016, 6: 5.

[3] Chen J, Tang J, Xiong H, et al. Combining triazole and furazan frameworks via methylene bridges for new insensitive energetic materials. Energ. Mater. Front., 2020, 1: 34-39.

[4] Zheng Y, Zhao X, Qi X, et al. Synthesis of 5-(1*H*-pyrazol-1-yl)-2*H*-tetrazole-derived energetic salts with high thermal stability and low sensitivity. Energ. Mater. Front., 2020, 1: 83-89.

[5] Yao W, Xue Y, Qian L, et al. Combination of 1,2,3-triazole and 1,2,4-triazole frameworks for new high-energy and low-sensitivity compounds. Energ. Mater. Front., 2021, 2: 131-138.

[6] Song S, Wang Y, He W, et al. Melamine N-oxide based self-assembled energetic materials with balanced energy & sensitivity and enhanced combustion behavior. Chem. Eng. J., 2020, 395: 125114.

[7] Li X, Sun Q, Lin Q, et al. [N-N=N-N]-linked fused triazoles with π-π stacking and hydrogen bonds: Towards thermally stable, insensitive, and highly energetic materials. Chem. Eng. J., 2021, 406: 126817.

[8] Bu R, Jiao F, Liu G, et al. Categorizing and understanding energetic crystals. Cryst. Growth Des., 2021, 21: 3-15.

[9] 张朝阳. 含能材料能量-安全性间矛盾及低感高能材料发展策略. 含能材料, 2018, 26(1): 2-10.

[10] Zhang C, Jiao F, Li H. Crystal engineering for creating low sensitivity and highly energetic materials. Cryst. Growth Des., 2018, 18: 5713-5726.

[11] Jiao F, Xiong Y, Li H, et al. Alleviating the energy & safety contradiction to construct new low sensitivity and highly energetic materials through crystal engineering. CrystEngComm., 2018, 20: 1757-1768.

[12] 董海山, 周芬芬. 高能炸药及相关物性能. 北京: 科学出版社, 1989.

[13] Badgujar D M, Talawar M B, Asthana S N, et al. Advances in science and technology of modern energetic materials: An overview. J. Hazard. Mater., 2008, 151: 289-305.

[14] Politzer P, Murray J S. Energetic Materials. Part 2. Detonation, Combustion. Amsterdam: Elsevier, 2003.

[15] Teipel U. Energetic Materials: Particle Processing and Characterization. Weinheim: Wiley-VCH, 2005.

[16] Landenberger K B, Matzger A J. Cocrystal engineering of a prototype energetic material: Supramolecular chemistry of 2,4,6-trinitrotoluene. Cryst. Growth Des., 2010, 10: 5341-5347.

[17] Bolton O, Matzger A J. Improved stability and smart-material functionality realized in an energetic cocrystal. Angew. Chem., Int. Ed. Engl., 2011, 50: 8960-8963.

[18] Bolton O, Simke L R, Pagoria P F, et al. High power explosive with good sensitivity: A 2:1 cocrystal of CL-20:HMX. Cryst. Growth Des., 2012, 12: 4311-4314.

[19] Zhang J, Shreeve J M. Time for pairing: Cocrystals as advanced energetic materials. CrystEngComm., 2016, 18: 6124-6133.

[20] Liu G, Li H, Gou R, et al. Packing structures of CL-20-based cocrystals. Cryst. Growth Des., 2018, 18: 7065-7078.

[21] Desiraju G R. Crystal Engineering. The Design of Organic Solids. Amsterdam: Elsevier, 1989.

[22] Desiraju G R. Crystal engineering: From molecule to crystal. J. Am. Chem. Soc., 2013, 135:

9952-9967.

[23] Thomas J. M. Diffusionless reactions and crystal engineering. Nature, 1981, 289: 633-634.

[24] Korpi A, Ma C, Liu K, et al. Self-assembly of electrostatic cocrystals from supercharged fusion peptides and protein cages. ACS Macro Lett., 2018, 7: 318-323.

[25] Honer K, Pico C, Baltrusaitis J. Reactive mechanosynthesis of urea ionic cocrystal fertilizer materials from abundant low solubility magnesium- and calcium-containing minerals. ACS Sustainable Chem. Eng., 2018, 6: 4680-4687.

[26] Ye H, Liu G, Liu S, et al. Molecular-barrier-enhanced aromatic fluorophores in cocrystals with unity quantum efficiency. Angew. Chem.,Int. Ed. Engl., 2018, 57: 1928-1932.

[27] Saha S, Desiraju G R. Acid···amide supramolecular synthon in cocrystals: From spectroscopic detection to property engineering. J. Am. Chem. Soc., 2018, 140: 6361-6373.

[28] Ma Y, Zhang A, Zhang C, et al. Crystal packing of low-sensitivity and high-energy explosives. Cryst. Growth Des., 2014, 14: 4703-4713.

[29] Ma Y, Zhang A, Xue X, et al. Crystal packing of impact-sensitive high-energy explosives. Cryst. Growth Des., 2014, 14: 6101-6114.

[30] Zhang C, Wang X, Huang H. π-stacked interactions in explosive crystals: Buffers against external mechanical stimuli. J. Am. Chem. Soc., 2008, 130: 8359-8365.

[31] Tian B, Xiong Y, Chen L, et al. Relationship between the crystal packing and impact sensitivity of energetic materials. CrystEngComm., 2018, 20: 837-848.

[32] Zhang C, Xiong Y, Jiao F, et al. Redefining the term of cocrystal and broadening its intension. Cryst. Growth Des., 2019, 19: 1471-1478.

[33] Liu G, Bu R, Huang X, et al. Energetic cocrystallization as the most significant crystal engineering way to create new energetic materials. Cryst. Growth Des., 2022, 22: 954-970.

[34] Bedard M, Myers J L, Wright G F, et al. The crystalline from of 1,3,5,7-tetranitro-1,3,5, 7-tetrazacyclooctane(HMX). Can. J. Chem.-Rev. Can. Chim., 1962, 40: 2278-2299.

[35] Levinthal M L. Propellant made with cocrystals of cyclotetramethylenetetranitramine and ammonium perchlorate: US4086110. 1978-04-25.

[36] Landenberger K B, Bolton O, Matzger A J. Two isostructural explosive cocrystals with significantly different thermodynamic stabilities. Angew. Chem., Int. Ed. Engl., 2013, 137: 6468-6471.

[37] Landenberger K B, Bolton O, Matzger A J. Energeticenergetic cocrystals of diacetone diperoxide(DADP): Dramatic and divergent sensitivity modifications via cocrystallization. J. Am. Chem. Soc., 2015, 137: 5074-5079.

[38] Meng L, Lu Z, Ma Y, et al. Enhancing intermolecular interactions and their anisotropy to build low-impact-sensitivity energetic crystals. CrystEngComm., 2017, 19: 3145-3155.

[39] Bennion J C, Chowdhury N, Kampf J W, et al. Hydrogen peroxide solvates of 2,4,6,8,10, 12-hexanitro-2,4,6,8,10,12-hexaazaisowurtzitane. Angew. Chem., Int. Ed. Engl., 2016, 55: 13118-13121.

[40] Bennion J C, Siddiqi Z R, Matzger A J. A melt castable energetic cocrystal. Chem. Commun., 2017, 53: 6065-6068.

[41] Zhang C, Yang Z, Zhou X, et al. Evident hydrogen bonded chains building CL-20-based cocrystals. Cryst. Growth Des., 2014, 14: 3923-3928.

[42] Aakeröy C B, Wijethunga T K, Desper J. Crystal engineering of energetic materials: Co-crystals of ethylenedinitramine (EDNA) with modified performance and improved chemical stability. Chem. 一Eur. J., 2015, 21: 11029-11037.

[43] Zhang J, Parrish D A, Shreeve J M. Curious cases of 3,6-dinitropyrazolo[4,3-*c*]- pyrazole-based energetic cocrystals with high nitrogen content: An alternative to salt formation. Chem. Commun., 2015, 51: 7337-7340.

[44] Zhang C, Cao Y, Li H, et al. Toward low-sensitive and high-energetic cocrystal I: Evaluation of the power and the safety of observed energetic cocrystals. CrystEngComm., 2013, 15: 4003-4014.

[45] Zhang C, Xue X, Cao Y, et al. Toward low-sensitive and high-energetic co-crystal II: Structural, electronic and energetic features of CL-20 polymorphs and the observed CL-20-based energetic-energetic co-crystals. CrystEngComm., 2014, 16: 5905-5016.

[46] Wei X, Zhang A, Ma Y, et al. Toward low-sensitive and high-energetic cocrystal III: Thermodynamics of energetic-energetic cocrystal formation. CrystEngComm., 2015, 17: 9037-9047.

[47] Wei X, Ma Y, Long X, et al. A strategy developed from the observed energetic-energetic cocrystals of BTF: Cocrystallizing and stabilizing energetic hydrogen-free molecules with hydrogenous energetic coformer molecules. CrystEngComm., 2015, 17: 7150-7159.

[48] Xue X, Ma Y, Zeng Q, et al. Initial decay mechanism of the heated CL-20/HMX co-crystal: A case of the co-crystal mediating the thermal stability of the two pure components. J. Phys. Chem. C, 2017, 121: 4899-4908.

[49] Wu J, Li Z, Zhuo M, et al. Tunable emission color and morphology of organic microcrystals by a "cocrystal" approach. Adv. Optical Mater., 2018, 6: 1701300.

[50] Wiscons R A, Goud N R, Damron J T, et al. Room-temperature ferroelectricity in an organic cocrystal. Angew. Chem., Int. Ed., 2018, 57: 9044-9047.

[51] Gunnam A, Suresh K, Nangia A. Salts and salt cocrystals of the antibacterial drug pefloxacin. Cryst. Growth Des., 2018, 18: 2824-2835.

[52] González V J, Rodríguez A M, León V, et al. Sweet graphene: Exfoliation of graphite and preparation of glucose-graphene cocrystals through mechanochemical treatments. Green Chem., 2018, 20: 3581-3592.

[53] Kennedy S R, Pulham C R. Co-crystallization of energetic materials//AakerÖy C B, Sinha A S. Co-crystals, Preparation, Characterization and Applications. Cambridge: Royal Society of Chemistry, 2018: 231-266.

[54] Aitipamula S, Banerjee R, Bansal A K, et al. Polymorphs, salts, and cocrystals: What's in a name. Cryst. Growth Des., 2012, 12: 2147-2152.

[55] Braga D, Grepioni F, Maini L, et al. From unexpected reactions to a new family of ionic co-crystals: The case of barbituric acid with alkali bromides and caesium iodide. Chem. Commun., 2010, 46: 7175-7177.

[56] Guidance for Industry: Regulatory Classification of Pharmaceutical Co-crystals. Food and Drug

Administration: Silver Spring, MD, 2011.

[57] Duggirala N K, Perry M L, Almarsson Ö, et al. Pharmaceutical cocrystals: Along the path to improved medicines. Chem. Commun., 2016, 52: 640-655.

[58] Wöhler F. Untersuchungen über das chinon. Justus Liebigs Ann. Chem., 1844, 51: 145-163.

[59] Ling A R, Baker J L. Halogen derivatives of quinone Part III. Derivatives of quinhydrone. J. Am. Chem. Soc., 1893, 63: 1314-1327.

[60] Pepinsky R. Crystal engineering: New concepts in crystallography. Phys. Rev., 1955, 100: 971.

[61] Leiserowitz L, Schmidt G M J. Molecular packing modes. Part III. Primary amides. J. Chem. Soc., 1969: 2372-2382.

[62] Schmidt G M J. Photodimerization in the solid state. Pure Appl. Chem., 1971, 27: 647-678.

[63] Schmidt J, Snipes W. Free radical formation in a gamma-irradiated pyrimidine-purine co-crystal complex. Int. J. Radiat. Biol., 1967, 13: 101-109.

[64] Etter M C. Hydrogen bonds as design elements in organic chemistry. J. Phys. Chem., 1991, 95: 4601-4610.

[65] Byrn S R. Solid-State Chemistry of Drugs. New York: Academic Press, 1982: 7-10.

[66] Lehn J M. Supramolecular chemistry—Scope and perspectives molecules, supermolecules, and molecular devices (Nobel lecture). Angew. Chem., Int. Ed., 1988, 27: 89-112.

[67] Lehn J M. Supramolecular Chemistry: Concepts and Perspectives. Weinheim: VCH, 1995.

[68] Desiraju G R. Supramolecular synthons in crystal engineering—A new organic synthesis. Angew. Chem., Int. Ed., 1995, 34: 2311-2327.

[69] Nangia A. Nomenclature in crystal engineering//Atwood J L, Steed J W. Encyclopedia of Supramolecular Chemistry. Boca Raton: CRC Press, 2004.

[70] Dunitz J D. Crystal and co-crystal: A second opinion. CrystEngComm., 2003, 5: 506-506.

[71] Zaworotko M J. Molecules to crystals, crystals to molecules ... and back again? Cryst. Growth Des., 2007, 7: 4-9.

[72] Desiraju G R. Crystal and co-crystal. CrystEngComm., 2003, 5: 466-467.

[73] Seddon K R. Pseudopolymorph: A polemic. Cryst. Growth Des., 2004, 4: 1087.

[74] Desiraju G R. Counterpoint: What's in the name? Cryst. Growth Des., 2004, 4: 1089-1090.

[75] Bernstein J. ···And another comment on pseudopolymorphism. Cryst. Growth Des., 2005, 5: 1661-1662.

[76] Nangia A. Pseudopolymorph: Retain this widely accepted term. Cryst. Growth Des., 2006, 6: 2-4.

[77] Herbstein F H. 5-Oxatricyclo[5.1.0.0(1,3)]octan-4-one, containing an enantiomorph and a racemate and not two polymorphs, is another example of a composite crystal. Acta Crystallogr., Sect. B, 2003, 59: 303-304.

[78] Kitaigorodskii A I. Mixed Crystals. New York: Springer-Verlag, 1984.

[79] Childs S L, Stahly G P, Park A. The salt-cocrystal continuum: The influence of crystal structure on ionization state. Mol. Pharma., 2007, 4: 323-338.

[80] Almarsson Ö, Zaworotko M J. Crystal engineering of the composition of pharmaceutical phases. Do pharmaceutical co-crystals represent a new path to improved medicines? Chem. Commun.,

2004, 40: 1889-1896.

[81] Liu G, Wei S, Zhang C. Review of the intermolecular interactions in energetic molecular cocrystals. Cryst. Growth Des., 2020, 20: 7065-7079.

[82] Stahly G P. Diversity in single-and multiple-component crystals. The search for and prevalence of polymorphs and cocrystals. Cryst. Growth Des., 2007, 7: 1007-1026.

[83] Kholod Y, Okovytyy S, Kuramshina G, et al. An analysis of stable forms of CL-20: A DFT study of conformational transitions, infrared and raman spectra. J. Mol. Struct., 2007, 843: 14-25.

[84] Urbelis J H, Young V G, Swift J A. Using solvent effects to guide the design of a CL-20 cocrystal. CrystEngComm., 2015, 17: 1564-1568.

[85] Liu G, Gou R, Li H, et al. Polymorphism of energetic materials: A comprehensive study of molecular conformers, crystal packing and the dominance of their energetics in governing the most stable polymorph. Cryst. Growth Des., 2018, 18: 4174-4186.

[86] Yang Z, Zeng Q, Zhou X, et al. Cocrystal explosive hydrate of a powerful explosive, HNIW, with enhanced safety. RSC Adv., 2014, 4: 65121-65126.

[87] Wei X, Xu J, Li H, et al. Comparative study of experiments and calculations on the polymorphisms of 2,4,6,8,10,12-hexanitro-2,4,6,8,10,12-hexaazaisowurtzitane(CL-20) precipitated by solvent/anti-solvent method. J. Phys. Chem. C, 2016, 120: 5042-5051.

[88] Jeffrey G A. An Introduction to Hydrogen Bonding. Oxford: Oxford University Press, 1997.

[89] Rowland R S, Taylor R. Intermolecular nonbonded contact distances in organic crystal structures: Comparison with distances expected from van der Waals radii. J. Phys. Chem., 1996, 100: 7384-7391.

[90] Frisch M J, et al. Gaussian 09, Revision B.01. Pittsburgh PA: Gaussian, Inc., 2009.

[91] He X, Wei X, Ma Y, et al. Crystal packing of cubane and its nitryl-derivatives: A case of the discrete dependence of packing densities on substituent quantities. CrystEngComm., 2017, 19: 2644-2652.

[92] Bondi A. van der Waals volumes and radii. J. Phys. Chem., 1964, 68: 441-451.

[93] Landenberger K B, Matzger A J. Cocrystals of 1,3,5,7-tetranitro-1,3,5,7-tetrazacyclooctane (HMX). Cryst. Growth Des., 2012, 12: 3603-3609.

[94] Lin H, Zhu S, Li H, et al. Synthesis, characterization, AIM and NBO analysis of HMX/DMI cocrystal explosive. J. Mol. Struct., 2013, 1048: 339-348.

[95] Main P, Cobbledick R E, Small R W H. Structure of the fourth form of 1,3,5,7-tetranitro-1,3, 5,7-tetraazacyclooctane* (γ-HMX), $2C_4H_8N_8O_8 \cdot 0.5H_2O$. Acta Cryst. C, 1985, 41: 1351-1354.

[96] Kent R V, Wiscons R A, Sharon P, et al. Cocrystal engineering of a high nitrogen energetic material. Cryst. Growth Des., 2018, 18: 219-224.

[97] Lu F, Dong Y, Fei T, et al. Noncovalent modification of 4,4′-azo-1,2,4-triazole backbone via cocrystallization with polynitroazoles. Cryst. Growth Des., 2019, 19: 7206-7216.

[98] Ma Q, Huang S, Lu H, et al. Energetic cocrystal, ionic salt, and coordination polymer of a perchlorate free high energy density oxidizer: Influence of pK_a modulation on their formation. Cryst. Growth Des., 2019, 19: 714-723.

[99] Zhang Z, Li T, Yin L, et al. A novel insensitive cocrystal explosive BTO/ATZ: Preparation and performance. RSC Adv., 2016, 6: 76075-76083.

[100] Hong D, Li Y, Zhu S, et al. Three insensitive energetic co-crystals of 1-nitronaphthalene, with 2,4,6-trinitrotoluene(TNT), 2,4,6-trinitrophenol(picric acid)and D-mannitol hexanitrate (MHN). Cent.Eur.J.Energ.Mater., 2015, 12: 47-62.

[101] Barens J C, Golnazarians W. The 1:1 complex of pyrene with 2,4,6-trinitrotoluene. Acta Cryst., 1987, 43: 549-552.

[102] Gou C, Zhang H, Wang X, et al. Study on a novel energetic cocrystal of TNT/TNB. J Mater Sci., 2013, 48: 1351-1357.

[103] Robinson J M A, Philp D, Harris K D M, et al. Weak interactions in crystal engineering-understanding the recognition properties of the nitro group. New J. Chem., 2000, 24: 799-806.

[104] Zhang H, Gou C, Wang X, et al. Five energetic cocrystals of BTF by intermolecular hydrogen bond and π-stacking interactions. Cryst. Growth Des., 2013, 13: 679-687.

[105] Bennion J C, McBain A, Son S F, et al. Design and synthesis of a series of nitrogen-rich energetic cocrystals of 5,5′-dinitro-2H,2H′-3,3′-bi-1,2,4-triazole(DNBT). Cryst. Growth Des., 2015, 15: 2545-2549.

[106] Sun S, Zhang H, Xu J, et al. Two novel melt-cast cocrystal explosives based on DNAN with significantly decreased melting point. Cryst. Growth Des., 2019, 19: 6826-6830.

[107] Liu Y, Li S, Xu J, et al. Three energetic 2,2′,4,4′,6,6′-hexanitrostilbene cocrystals regularly constructed by H-bonding, π-stacking, and van der Waals interactions. Cryst. Growth Des., 2018, 18: 1940-1943.

[108] Yang Z, Li H, Zhou X, et al. Characterization and properties of a novel energetic-energetic cocrystal explosive composed of HNIW and BTF. Cryst. Growth Des., 2012, 12: 5155-5158.

[109] Bennion J C, Vogt L, Tuckerman M E, et al. Isostructural cocrystals of 1, 3, 5-trinitrobenzene assembled by halogen bonding. Cryst. Growth Des., 2016, 16: 4688-4693.

[110] Liu Y, Chen L, Wang J, et al. The cocrystal structure of 4-nitropyrazole-acetic acid(1/1), $C_5H_7N_3O_4$. Z. Kristallogr. NCS., 2019, 234: 1221-1222.

[111] Wu J, Zhang J, Li T, et al. A novel cocrystal explosive NTO/TZTN with good comprehensive properties. RSC Adv., 2015, 5: 28354-28359.

[112] Gavezzotti A. Calculation of intermolecular interaction energies by direct numerical integration over electron densities. I. Electrostatic and polarization energies in molecular crystals. J. Phys. Chem. B, 2002, 106: 4145-4154.

[113] Gavezzotti A. Calculation of intermolecular interaction energies by direct numerical integration over electron densities. 2. An improved polarization model and the evaluation of dispersion and repulsion energies. J. Phys. Chem. B, 2003, 107: 2344-2353.

[114] Eckhardt C J, Gavezzotti A. Computer simulations and analysis of structural and energetic features of some crystalline energetic materials. J. Phys. Chem. B, 2007, 111: 3430-3437.

[115] Gavezzotti A. Efficient computer modeling of organic materials. The atom-atom, Coulomb-London-Pauli(AA-CLP)model for intermolecular electrostatic-polarization, dispersion and

repulsion energies. New J. Chem., 2011, 35: 1360-1368.

[116] Panini P, Chopra D. Experimental and theoretical characterization of short H-bonds with organic fluorine in molecular crystals. Cryst. Growth Des., 2014, 14: 3155-3168.

[117] Feng S, Li T. Predicting lattice energy of organic crystals by density functional theory with empirically corrected dispersion energy. J. Chem. Theory Comput., 2006, 2: 149-156.

[118] Sun H. COMPASS: An ab initio force-field optimized for condensed-phase applications— Overview with details on alkane and benzene compounds. J. Phys. Chem. B, 1998, 102: 7338-7364.

[119] Klamt A. Conductor-like screening model for real solvents: A new approach to the quantitative calculation of solvation phenomena. J. Phys. Chem. A, 1995, 99: 2224-2235.

[120] Klamt A, Jonas V, Bürger T, et al. Refinement and parametrization of COSMO-RS. J. Phys. Chem. A, 1998, 102: 5074-5085.

[121] Klamt A, Schüürmann G. COSMO: A new approach to dielectric screening in solvents with explicit expressions for the screening energy and its gradient. J. Chem. Soc. Perkin Trans. II, 1993: 799-805.

[122] Scäfer A, Klamt A, Sattel D, et al. COSMO Implementation in TURBOMOLE: Extension of an efficient quantum chemical code towards liquid systems. Phys. Chem. Chem. Phys., 2000, 2: 2187-2193.

[123] TURBOMOLE, a development of University of Karlsruhe and Forschungszentrum Karlsruhe GmbH, 1989—2007, TURBOMOLE GmbH, since 2007. http://www.turbomole.com.

[124] Eckert F, Klamt A. COSMOtherm, version C3.0. Release 14.01. COSMOlogic GmbH & Co. KG, Leverkusen, Germany, 2013.

[125] Klamt A. The COSMO and COSMO-RS solvation models. WIREs Comput. Mol. Sci., 2011, 1: 699-709.

[126] Klamt A, Eckert F, Horning M, et al. Prediction of aqueous solubility of drugs and pesticides with COSMO-RS. J. Comput. Chem., 2002, 23: 275-281.

[127] Eckert F, Klamt A. Accurate prediction of basicity in aqueous solution with COSMO-RS. J. Comput. Chem., 2005, 27: 11-19.

[128] Anantharaj R, Banerjee T. COSMO-RS based predictions for the desulphurization of diesel oil using ionic liquids: Effect of cation and anion combination. Fuel process. Technol., 2011, 92: 39-52.

[129] Fallanza M, González-Miquel M, Ruiz E, et al. Screening of RTILs for propane/propylene separation using COSMO-RS methodology. Chem. Eng. J., 2013, 220: 284-293.

[130] Gonzalez-Miquel M, Palomar J, Omar S, et al. CO_2/N_2 selectivity prediction in supported ionic liquid membranes (SILMs) by COSMO-RS. Ind. Eng. Chem. Res., 2011, 50: 5739-5748.

[131] Zhang M X, Eaton P E, Gilardi R. Hepta- and octanitrocubanes. Angew. Chem., Int. Ed., 2000, 39: 401-404.

[132] Nielsen A T, Chafin A P, Christian S L, et al. Synthesis of polyazapolycyclic caged polynitramines. Tetrahedron., 1998, 54: 11793-11812.

[133] Akopyan Z A, Struchkov Y T, Dashevii V G. Crystal and molecular structure of

hexanitrobenzene. Zh. Strukt. Khim., 1966, 7: 385-392.

[134] Choi C S, Boutin H P. A study of the crystal structure of β-cyclotetramethylene tetranitramine by neutron diffraction. Acta Cryst., 1970, B26: 1235-1240.

[135] Bolotina N, Kirschbaum K, Pinkerton A A. Energetic materials: α-NTO crystallizes as a four-component triclinic twin. Acta Cryst., 2005, B61: 577-584.

[136] Archibald T G, Gilardi R, Baum K, et al. Synthesis and X-ray crystal structure of 1,3,3-trinitroazetidine. J. Org. Chem., 1990, 55: 2920-2924.

[137] Choi C S, Prince E. The crystal structure of cyclotrimethylenetrinitramine. Acta Cryst., 1972, B28: 2857-2862.

[138] Gilardi R D, Butcher R J. 2,b-Diamino-3,5-dinitro-1,4-pyrazine 1-oxide. Acta Cryst., 2001, E57: o657-o658.

[139] Cady H H, Larson A C, Cromer D T. The crystal structure of benzotrifuroxan (hexanitrosobenzene). Acta Crystallogr., 1966, 20: 336-341.

[140] Choi C S. Refinement of 2-nitroguanidine by neutron powder diffraction. Acta Cryst., 1981, B37: 1955-1957.

[141] Beal R W, Incarvito C D, Rhatigan B J, et al. X-Ray crystal structures of five nitrogen-bridged bifurazan compounds. Propellants, Explos., Pyrotech., 2000, 25: 277-283.

[142] Holden J R, Dickinson C, Bock C M. Crystal structure of 2,4,6-trinitroaniline. J. Phys. Chem., 1972, 76: 3597-3602.

[143] Cady H H, Larson A C. The crystal structure of 1,3,5-triamino-2,4,6-trinitrobenzene. Acta Crystallogr., 1965, 18: 485-496.

[144] Holden J R. The structure of 1,3-diamino-2,4,6-trinitrobenzene, form I. Acta Crystallogr., 1967, 22: 545-550.

[145] Choi C S, Abel J E. The crystal structure of 1,3,5-trinitrobenzene by neutron diffraction. Acta Cryst., 1972, B28: 193-201.

[146] Kolev T, Berkei M, Hirsch C, et al. Crystal structure of 4,6-dinitroresorcinol, $C_6H_4N_2O_6$. New Cryst. Struct., 2014, 215: 483-484.

[147] Vrcelj R M, Sherwood J N, Kennedy A R, et al. Polymorphism in 2-4-6 trinitrotoluene. Cryst. Growth Des., 2003, 3: 1027-1032.

[148] Mohammad M A, Alhalaweh A, Velaga S P. Hansen solubility parameter as a tool to predict cocrystal formation. Int. J. Pharm., 2011, 407: 63-71.

[149] National Institute of Standards and Technology. NIST Chemistry WebBook. (2015-10-14). http://webbook.nist.gov/chemistry.

[150] Day G, Cooper T, Cruz-Cabeza A, et al. Significant progress in predicting the crystal structures of small organic molecules-A report on the fourth blind test. Acta Cryst. B, 2009, 65: 107-125.

[151] Abramov Y, Loschen C, Klamt A. Rational coformer or solvent selection for pharmaceutical cocrystallization or desolvation. J. Pharm. Sci., 2012, 101: 3687-3697.

[152] Selig W. Estimation of the solubility of 1,3,5-triamino-2,4,6-trinitrobenzene (TATB) in various solvents. Lawrence Livermore National Laboratory Report UCID-17412, 1977.

[153] Roma F, Ramirez-Pastor A J, Riccardo J L. Configurational entropy in k-mer adsorption.

Langmuir, 2000: 16, 9406-9409.

[154] King B M, Silver N W, Tidor B. Efficient calculation of molecular configurational entropies using an information theoretic approximation. J. Phys. Chem. B, 2012, 116: 2891-2904.

[155] Hou F, Martin J D, Dill E D, et al. Transition zone theory of crystal growth and viscosity. Chem. Mater., 2015, 27: 3526-3532.

[156] Jusuf S, Loll P J, Axelsen P H. Configurational entropy and cooperativity between ligand binding and dimerization in glycopeptide antibiotics. J. Am. Chem. Soc., 2003, 125: 3988-3994.

[157] 陈敏伯. 计算化学: 从理论化学到分子模拟. 北京: 科学出版社, 2009.

[158] Sućeska M. EXPLO 5 6.02 Program. Kroatien: Zagreb, 2014.

[159] Aliev Z G, Goncharov T K, Aldoshin S M, et al. Structure and properties of a bimolecular crystal $(2CL-20 + MNO)$. J. Struct. Chem., 2016, 57: 1613-1618.

[160] Ma Q, Jiang T, Chi Y, et al. A novel multi-nitrogen 2,4,6,8,10,12-hexanitrohexaaz aisowurtzitane-based energetic co-crystal with 1-methyl-3,4,5-trinitropyrazole as a donor: experimental and theoretical investigations of intermolecular interactions. New J. Chem., 2017, 41: 4165-4172.

[161] Aldoshin S M, Aliev Z G, Goncharov T K, et al. Crystal structure of cocrystals 2,4,6, 8,10,12-hexanitro-2,4,6,8,10,12-hexaazatetracyclo[5.5.0.05.9.03.11]dodecane with 7*H*-tris- 1,2,5-oxadiazolo (3,4-*b*: 3′,4′-*d*: 3″,4″-*f*) azepine. J. Struct. Chem., 2014, 55: 327-331.

[162] Goncharov T K, Aliev Z G, Aldoshin S M, et al. Preparation, structure, and main properties of bimolecular crystals CL-20-DNP and CL-20-DNG. Russ. Chem. Bull. Inter. Ed., 2015, 64: 366-374.

[163] Yang Z, Wang H, Ma Y, et al. Isomeric cocrystals of CL-20: A promising strategy for development of high-performance explosives. Cryst. Growth Des., 2018, 18: 6399-6403.

[164] Tan Y, Liu Y, Wang H, et al. Different stoichiometric ratios realized in energetic-energetic cocrystals based on CL-20 and 4, 5-MDNI: A smart strategy to tune performance. Cryst. Growth Des., 2020, 20: 3826-3833.

[165] Tan Y, Yang Z, Wang H, et al. High energy explosive with low sensitivity: A new energetic cocrystal based on CL-20 and 1,4-DNI. Cryst. Growth Des., 2019, 19: 4476-4482.

[166] Tao J, Jin B, Chu S, et al. Novel insensitive energetic-cocrystal-based BTO with good comprehensive properties. RSC Adv., 2018, 8: 1784-1790.

[167] Liu N, Duan B, Lu X, et al. Preparation of CL-20/TFAZ cocrystals under aqueous conditions: Balancing high performance and low sensitivity. CrystEngComm., 2019, 21: 7271-7279.

[168] Zyuzin I N, Aliev Z G, Goncharov T K, et al. Structure of a bimolecular crystal of 2,4,6,8,10,12-hexanitro-2,4,6,8,10,12-hexaazaisowurtzitane and methoxy-*NNO*-azoxymethane. J. Struct. Chem., 2017, 58: 113-118.

[169] Shen F, Lv P, Sun C, et al. The crystal structure and morphology of 2,4,6,8,10,12-hexa nitro-2,4,6,8,10,12-hexaazaisowurtzitane (CL-20) *p*-xylene solvate: A joint experimental and simulation study. Molecules., 2014, 19: 18574-18589.

[170] Liu Y, Lv P, Sun C, et al. Syntheses, crystal structures, and properties of two novel CL-20-based cocrystals. Z. Anorg. Allg. Chem., 2019, 645: 656-662.

[171] Zhang X, Chen S, Wu Y, et al. A novel cocrystal composed of CL-20 and an energetic ionic salt. Chem. Commun., 2018, 54: 13268-13270.

[172] Saint Martin S, Marre S, Guionneau P, et al. Host-guest inclusion compound from nitramine crystals exposed to condensed carbon dioxide. Chem. Eur. J., 2010, 16: 13473-13478.

[173] Anderson S R, Dubé P, Krawiec M, et al. Promising CL-20-based energetic material by cocrystallization. Propellants, Explos., Pyrotech., 2016, 41: 783-788.

[174] Liu K, Zhang G, Luan J, et al. Crystal structure, spectrum character and explosive property of a new cocrystal CL-20/DNT. J. Mol. Struct., 2016, 1110: 91-96.

[175] Wang Y, Yang Z, Li H, et al. A novel cocrystal explosive of HNIW with good comprehensive properties. Propellants, Explos., Pyrotech., 2014, 39: 590-596.

[176] Bao L, Lv P, Fei T, et al. Crystal structure and explosive performance of a new CL-20/benzaldehyde cocrystal. J. Mol. Struct., 2020, 1215: 128267.

[177] Liu N, Duan B, Lu X, et al. Preparation of CL-20/DNDAP cocrystals by a rapid and continuous spray drying method: An alternative to cocrystal formation. CrystEngComm., 2018, 20: 2060-2067.

[178] Sen N, Dursun H, Hope K, et al. Towards low-impact-sensitivity through crystal engineering: New energetic co-crystals formed between Picric acid, Trinitrotoluene and 9- Vinylanthracene. J. Mol. Struct., 2020, 1219: 128614.

[179] Zohari N, Mohammadkhani F G, Montazeri M, et al. Synthesis and characterization of a novel explosive HMX/BTNEN (2:1) cocrystal. Propellants, Explos., Pyrotech., 2020, 45: 1-6.

[180] Plimpton S J. Fast parallel algorithms for short-range molecular dynamics. J. Comput. Phys., 1995, 117: 1-19.

[181] Liu L, Liu Y, Zybin S V, et al. III ReaxFF-lg: Correction of the ReaxFF reactive force field for London dispersion, with applications to the equations of state for energetic materials. J. Phys. Chem. A, 2011, 115: 11016-11022.

[182] Sun T, Xiao J, Liu Q, et al. Comparative study on structure, energetic and mechanical properties of a ε-CL-20/HMX cocrystal and its composite with molecular dynamics simulation. J. Mater. Chem. A, 2014, 2: 13898-13904.

[183] Guo D, An Q, Zybin S V, et al. The co-crystal of TNT/CL-20 leads to decreased sensitivity toward thermal decomposition from first principles based reactive molecular dynamics. J. Mater. Chem. A, 2015, 3: 5409-5419.

[184] Zhou T, Zybin S V, Liu Y, et al. Anisotropic shock sensitivity for β-Octahydro-1,3, 5,7-tetranitro-1,3,5,7-tetrazocine energetic material under compressive-shear loading from ReaxFF-lg reactive dynamics simulations. J. Appl. Phys., 2012, 111: 124904.

[185] Wen Y, Xue X, Zhou X, et al. Twin induced sensitivity enhancement of HMX versus shock: A molecular reactive force field simulation. J. Phys. Chem. C, 2013, 117: 24368-24374.

[186] Wen Y, Zhang C, Xue X, et al. Cluster evolution during the early stages of heating explosives and its relationship to sensitivity: A comparative study of TATB, β-HMX and PETN by molecular reactive force field simulations. Phys. Chem. Chem. Phys., 2015, 17: 12013-12022.

[187] Bardwell D A, Adjiman C S, Arnautova Y A, et al. Towards crystal structure prediction of

complex organic compounds-a report on the fifth blind test. Acta Crystallogr. B, 2011, 67: 535-551.

[188] Reilly A M, Cooper R I, Adjiman C S, et al. Report on the sixth blind test of organic crystal structure prediction methods. Acta Crystallogr. B, 2016, 72: 439-459.

[189] Mir N A, Dubey R, Desiraju G R. Strategy and methodology in the synthesis of multicomponent molecular solids: The quest for higher cocrystals. Acc. Chem. Res., 2019, 52: 2210-2220.

[190] Kulla H, Michalchuk A A L, Emmerling F. Manipulating the dynamics of mechanochemical ternary cocrystal formation. Chem. Commun., 2019, 55: 9793-9796.

[191] Yang Z, Wang H, Zhang J, et al. Rapid cocrystallization by exploiting differential solubility: An efficient and scalable process toward easily fabricating energetic cocrystals. Cryst. Growth Des., 2020, 20: 2129-2134.

第 8 章

含能原子晶体、含
能金属晶体和含能
混合型晶体

8.1 引言

我们分别在第 4 章和第 6 章介绍了含能分子晶体和含能离子晶体。除这两种类型外，含能化合物还能以原子晶体、金属晶体和混合型晶体的形式存在。经由实验确定的含能原子晶体主要包括聚合氮、聚合 CO 和聚合 CO_2，以及一些由氮和金属组成的聚合体系。对于含能金属晶体，金属氢仅有部分实验结果，还未确认其晶体结构；金属氮则属于金属流体。含能混合型晶体目前也在不断发展。总的来说，这三类含能晶体的应用范围虽然非常有限，但却丰富了含能材料的本征结构和性质研究，同时也丰富了人们从事含能材料研究时的科学想象力。这些研究交叉了众多学科，包括高压物理、凝聚态物理、物理化学、结构化学、材料物理和材料化学等，为新型含能材料的创制提供了新思路。在本章中，我们将针对这三种类型的含能晶体展开介绍。

8.2 含能原子晶体

8.2.1 聚合氮

本节将介绍聚合氮结构。根据第 2 章所介绍的含能晶体分类标准，一部分聚合氮的 PCP 为原子，还有一部分属于分子或离子，因此聚合氮有些属于原子晶体，有的则属于分子晶体或离子晶体。考虑到这些属于分子或离子晶体的聚合氮具有与原子晶体聚合氮相似的特性，比如都只在高压下稳定存在、氮原子间也都通过共价键连接等，所以本节不仅讨论原子晶体的聚合氮，同样还会介绍属于分子晶体和离子晶体的聚合氮。

高压可以将原子聚集在一起，形成一种键长较短的物质状态，导致电子结构发生剧烈变化，甚至从绝缘体转变为金属。高压条件下，由于 PV 项对吉布斯自由能的贡献很大，所以压力会极大地影响化学能的转化。例如在压力约为 100 GPa时，PV 项的贡献会使得化学能增加几个 eV/原子。因此高压下比容较小的含能晶体在热力学上更为有利，这也是在高压下寻找新型含能材料的主要出发点。典型的含能原子晶体聚合氮，就是通过高压聚合分子晶体而成的，在军事领域中具有重要的潜在价值，并因此受到了全世界科学家和工程师的密切关注。同时，确定一个高压结构能否在环境条件下稳定存在具有重要意义，并成为高压科学的最终目标之一。

先前已有研究者在 0～200 GPa 的压力范围内探索了氮的压力-温度相图（图 8.1）[1-4]。在环境压力下，α-N_2 相的焓值最低。当压力低于 47 GPa 时，分子相 ε-N_2 最为稳定。1992 年，Mailhiot 等[3]首次从理论上预测了立方偏转结构氮（cubic gauche crystal structure nitrogen，cg-N）的存在，其中相邻氮原子间由单键连接。在大于等于 50 GPa 的压力下，cg-N 热稳定性高于氮分子晶体。从实验上获得的堆积结构来看[图 8.2(a)]，cg-N 中只有一种 N—N 单键，固体中的每个 N 原子都与相邻的三个 N 原子形成了共价键。最近一项研究表明[5]，cg-N 的理论能量密度可达 10.22 kJ/g，约为普通含能材料的 2 倍。2004 年，Eremets 等在 2000 K 及以上的温度和 110 GPa 及以上的压力下成功合成了 cg-N，并确定了其堆积结构[6]。如此高的温度和压力是打开非常稳定的 N≡N 三键并形成 N—N 单键所必需的。然而当压力下降到大约 42 GPa 时，cg-N 又会恢复到分子形式。这意味着 cg-N 难以成为一种实用的含能材料。

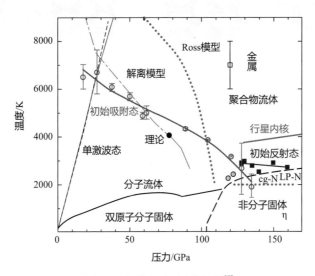

图 8.1　氮的温度-压力相图[7]

图 8.2 示出了四种已在实验上成功合成的聚合氮结构，包括 cg-N、层状聚合氮（layered polymerized nitrogen，LP-N）、六方层状聚合物氮（hexagonal layered polymeric nitrogen，HLP-N）和黑磷聚合物氮（black phosphorus polymer nitrogen，BP-N）。关于第一种聚合氮，cg-N 中所有的氮原子以共价键连接并形成一个分子，这与碳原子结合形成金刚石的情况相同。相比之下，其他三种聚合氮的结构与石墨更为类似，如图 8.2(b)~(d)所示，它们由大量的大分子所构成，所以严格地讲它们并不属于原子晶体。氮的第二种聚合形式 LP-N 合成于 2014 年[4]，在环境温度下合成 LP-N 的最低压力为 126 GPa，维持其结构的最低压力为 50 GPa（表 8.1）。第

三种聚合氮 HLP-N 则于 244 GPa 的高压下合成。第四种聚合氮 BP-N 在 30 多年前就已有理论结构预测，但直到 2020 年才由 Ji 等在 140 GPa 和 2800 K 下将其成功合成[8]。室温下 BP-N 保持稳定的最低压力为 48 GPa。除此之外，研究还发现在 125 GPa 以上、2500 K 的条件下，氮会从绝缘分子转为致密液态氮导体，即金属化[8]。上述实验表明，由于 N—N 单键在本质上较弱，所以高压合成的聚合氮在常压下的稳定性远不如金刚石。这说明高压只会推动经典物理和化学原理的发展，而不是创造一个新的化学分支，即高压从原理上不会改变物质固有的物理化学性质。完全由脆弱的 N—N 单键所组成的聚合物在环境条件下是很难稳定存在的。

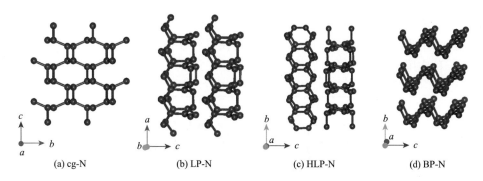

图 8.2　实验合成聚合氮的堆积结构

表 8.1　实验合成聚合氮的最小合成压力（GPa）、合成温度（K）以及最小稳定压力（GPa）

化合物	最小合成压力/GPa	合成温度/K	最小稳定压力/GPa
cg-N	110	2000	42
LP-N	126	环境温度	50
HLP-N	244	3300	66
BP-N	140	2800	48

高压下一些金属元素会与氮聚合形成含能的原子晶体结构。理论预测表明，过渡金属 Fe 在高压下将与 N_2 形成 FeN_4 和 FeN_6[9]。与预期一致，实验在 135 GPa 的高压下成功合成了 FeN_4，它呈现无限长锯齿状氮链的晶体堆积结构[10][图 8.3(a)]。在这一过渡金属和 N_2 的高压合成实验工作中，初始反应物使用的是 Fe 和 N_2，该反应不同于用 Fe 与碱金属叠氮化物反应形成 FeN_4，它需要非常高的压力来打开 N_2 的 N≡N 三键。对于 FeN_4，一方面，它与其他金属和氮形成的聚合结构相比稳定性更高，即使在室温下把压力释放到 23 GPa，该结构也依旧能保持稳定。实际上，FeN_4 也是迄今为止室温下稳定压力最低的聚合氮结构。另一方面，即使 FeN_4 氮链的能量含量很高，但由于 Fe 原子的质量大、占比高，所以整

个结构的能量密度会降低。此外，Shi 等从理论上预测得到了与 FeN_4 相似的 ZnN_4，其晶体堆积结构如图 8.3(b)所示[11]。还有其他一些过渡金属也能和氮形成高压结构，如图 8.3(c)~(d)所示的 ReN_{10} 和 WN_{10}，它们表现出了一定的规律性，这与过渡金属价带电子和 d 轨道密切相关。总的来讲，过渡金属容易提供电子给电负性较强的 N 原子，且空余的 d 轨道便于容纳氮原子上的孤对电子，这些都有助于氮形成不同形式的稳定聚合结构。在氮与碱土金属 Be 和 Mg 的聚合中也发现了类似的结构[图 8.3(e)~(f)]。预测结果显示，Be 和 N_2 会聚合形成一个无限长的聚合氮网络。其中质量更轻的 Be 原子提高了 N 原子在晶体中的质量占比，所得产物 BeN_4 的能量密度高至 6.35 kJ/g。然而此网状结构可能只能存在于高于40 GPa 的条件下。

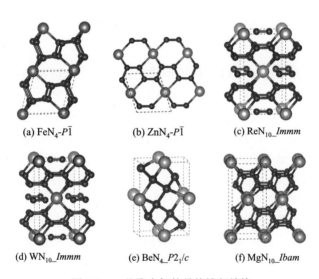

(a) FeN_4-$P\bar{1}$　　(b) ZnN_4-$P\bar{1}$　　(c) ReN_{10}_$Immm$

(d) WN_{10}_$Immm$　　(e) BeN_4_$P2_1/c$　　(f) MgN_{10}_$Ibam$

图 8.3　一些聚合氮的晶体堆积结构

聚合氮的结构与掺入的金属种类有关。在较高的压力下，氮与碱金属会形成聚合度较高的网状结构，如 Steele 等预测的 K_2N_{16}[12]。而和碱土金属或过渡金属则倾向于形成聚合度更高的无限长链或网络，这是因为碱金属和过渡金属容易提供更多的电子，氮原子在获得这些电子后，会形成比中性 N_5 环更稳定的 N_5^- 环。对于碱土金属和过渡金属，它们提供了空轨道以容纳氮原子上的孤对电子，并与之形成更多的配位键，所以整个结构的聚合度更高。对于第三主族金属 Al，它可以与 N 形成含五唑阴离子的化合物。作为活泼金属，Al 原子非常容易失去外层的三个电子。Al 与 N 原子的不同配比导致 N 原子获得了不同数量的电子，自然形成了多种形式的稳定构型。Liu 等[13]在 2017 年预测 AlN_3 的堆积结构是由锯齿状无限长的氮链组成。随后，他们预测给出了 AlN_5 的两种原子晶体结构，包括 20 GPa

的相对低压相 $P\bar{1}$ 和 60 GPa 下的高压相 $I\bar{4}2d$。如图 8.4 所示，高压相是聚合度较高的网状结构，低压相则由氮链组成。

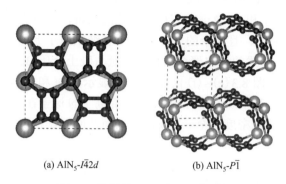

(a) AlN$_5$-$I\bar{4}2d$ (b) AlN$_5$-$P\bar{1}$

图 8.4　预测的 AlN$_5$ 高压晶体结构

  C 原子和 O 原子也可以与 N 原子形成稳定的键。为提高结构稳定性，研究人员针对高压 C—N—O 三元聚合堆积结构开展了研究。其中 Yoo 等[14]在 45 GPa 和 1700 K 下合成了聚合 CON$_2$_$P4_3$，它可保持稳定至 20 GPa。CON$_2$_$P4_3$ 是由四重配位 C、三重 N 和两重 O 原子组成的氮桥八元环的 3D 骨架结构（图 8.5）。C 和 O 原子的加入有效地提高了结构稳定性。理论计算方面，对一系列 C—N—O 体系进行了结构搜索，预测了不同比例的聚合 C—N—O 结构[14-17]。此外，也有人尝试进行 N—O—P 化合物的高压结构搜索[18]。这些除 N 外还含有其他两个元素的聚合氮势能面，比仅含有 N 元素聚合氮的势能面要复杂得多，受制于第一性原理的算力，目前的理论结构搜索工作实际上尚不能完全涵盖全域的势能面。

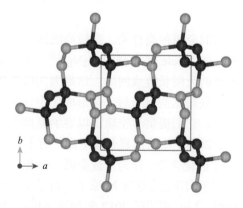

图 8.5　CON$_2$_$P4_3$ 的晶体结构[14]

尽管通常条件下稀有气体的化学反应性为惰性，但高压下它们仍可以与氮原子形成化学键。Laniel 等研究了稀有气体 Xe 与 N 的高压反应，指出 150 GPa 下它们会形成 $Xe(N_2)_2$ 化合物[19]。Li 等[20]通过结构搜索算法研究了 He 与 N 的高压聚合，并预测出了三种 HeN_4 构型，其中高压相 $I41/a$ 是一种借助稀有气体占据空间的全新聚合氮构型，称为 t-N。与之前金属和氮的高压聚合相比，稀有气体和氮在高压下形成的化合物没有强共价键，也没有电子交换，只有较弱的分子间相互作用。其中稀有气体主要起占据空间的作用，在压力释放时有机会逃逸，从而留下高能聚合氮结构。然而，目前该领域的研究仍停留在理论设计上，稀有气体如何逃逸以及逃逸后结构稳定性的变化还有待进一步明晰。

8.2.2　聚合 CO 和聚合 CO_2

除上述聚合氮外，一氧化碳作为氮气的等电子体，在高压下也会形成聚合一氧化碳(p-CO)。p-CO 是一种潜在的含能原子晶体。在过去的几十年中，人们对 p-CO 的压力诱导结构转变、结构表征、回收以及性质进行了深入的研究。早在 1984 年，Katz 等就观察到了在高于 4.6 GPa 和 80 K 的激光照射下，CO 会形成黄色的聚合产物 p-CO，在常压下 p-CO 是可以被回收的[21]。Lipp 等报道了 p-CO 的拉曼光谱和傅里叶变换红外光谱，发现此聚合网状结构中含有乙烯酯类基团[22]。为了克服在金刚石对顶砧(diamond anvil cell，DAC)实验中仅能制备出微量样品的问题，Lipp 等使用改进的巴黎爱丁堡压机合成了毫克级 p-CO，并确定了其结构。测量得到 p-CO 的能量为 1~8 kJ/g，晶体堆积密度大于 1.65 g/cm^3[23]。之后 Evans 等利用光谱数据揭示了 p-CO 在 5 GPa 和 300 K 下会分解成 CO_2 分子和内酯型聚合物固体，即 p-CO 在环境条件下是会自发释放 CO_2 气体和热量的亚稳态(图 8.6)[24]。Ceppatelli 等研究了 p-CO 产物的形成和反应性，发现 p-CO 一旦暴露在大气中，就会与水发生不可逆反应生成羧基(COO)[25]。Ryu 等研究了 CO 在高达 160 GPa 压力下逐步聚合的反应，发现随着压力的增加，CO 经历了从分子固体到高着色低密度的聚合相 I，再到半透明高密度相 II，最后到透明层状相III的转变[26]。Ryu 等还发现可以通过提高 CO 分子在转化过程中的迁移率，例如在 CO 中掺杂 H(~10%)的方法降低聚合压力[27]。已有多种手段用于表征 p-CO，包括 ^{13}C 固体核磁共振、拉曼光谱和红外光谱、核磁共振光谱和质谱等。然而因为 p-CO 在环境条件下的产物具有光敏性、强吸湿性、亚稳性和无序性，所以尚未能很好地理解其结构，以及在压力加载/卸载时发生的变化。

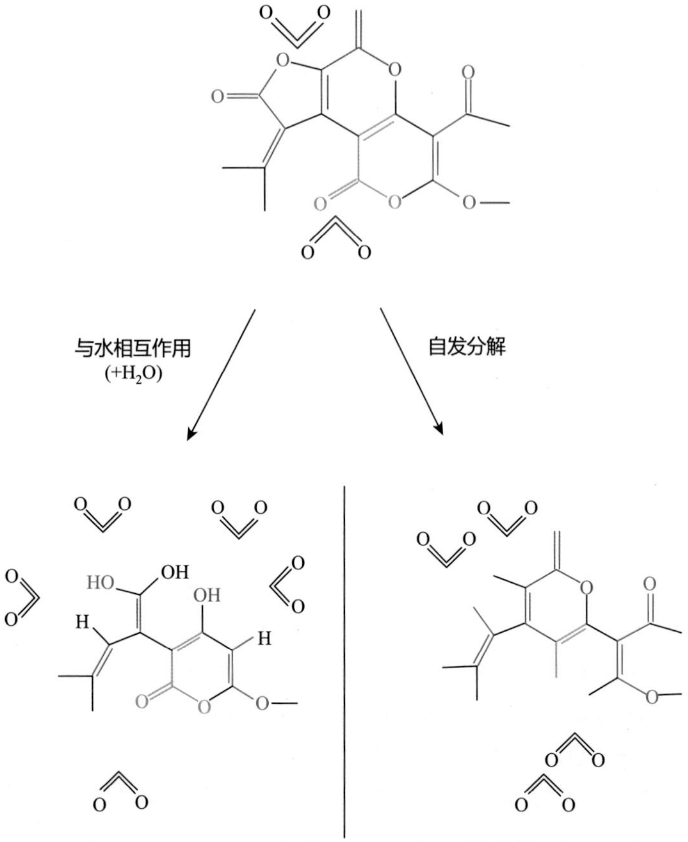

图 8.6 附着了 CO_2 的 p-CO 结构及其释放 CO_2 而导致其化学亚稳性的机理

左侧路径描述了与水的反应，右侧路径描述的是自发分解，这两条路径都是导致 p-CO 释放 CO_2[24]

聚合 CO_2 具有丰富的高压多晶型，如 CO_2-I，CO_2-II 等，在分子间相互作用、化学键和堆积结构方面具有高度的多样性。在较高的压力和温度条件下，CO_2 会从固体分子逐渐变为与 SiO_2 相似的高张力键能固体材料。当压力在 40～70 GPa 与温度在 300～2000 K 时，聚合 CO_2 呈现为层状结构的四重 CO_2-V[28,29]和六重 CO_2-VI[30]。这些新材料是由 C 和 O 原子通过共价键形成的一个整体的 3 D 网络，主要表现为四面体形式的$[CO_4]$，与硅酸盐矿物的结构很类似。由于涉及的化学键强度高，原子晶体和分子固体之间的化学键差异大，与相变相关的动力学相对较慢，所以这些原子晶体可以在很大的压力范围内，甚至是低至几个 GPa 的条件下存在。CO_2 聚合相在分解成气体分子时可以释放大量能量，因此也被认为是潜在的高能量密度材料。

在 CO_2 的高压多晶型中，CO_2-V 是第一个被发现的高张力相，它通过在 40 GPa

下激光加热 CO_2-III 所产生。事实上 0 K 下的第一性原理计算也表明，这种分子晶体相到其他相的转变会在 40 GPa 以上发生[29]。然而确定 CO_2-V 的晶体结构仍然具有挑战性，因为它可以与其他多个亚稳相共存，存在较大的晶格畸变以及高择优取向。早期的 X 射线衍射数据表明，CO_2-V 的晶体结构与菱铁矿相似（$P2_12_12_1$）[28]，如图 8.7（a）所示，CO_2-V 结构中每个碳原子与四个氧原子以四面体模式键合，这些四面体单元[CO_4]共享角上的氧原子，形成六个扭曲的多面体环，四面体顶点交替指向 ab 平面。四面体顶点通过氧原子沿 c 轴连接。这种相互连接的四面体层结构中，所有 C—O—C 键角都在 130°左右，CO_2-V 中 O 原子的键合比 SiO_2 中更紧密。

　　第一性原理的计算结果对先前实验观测到的结构提出了质疑，确定了 CO_2-V 的结构为鳞石英状，并预测 β-方石英结构最为稳定[31]。此后实验上使用纯 CO_2 样品和高稀释的 CO_2 样品（He 中 1%的 CO_2）再次确认了 V 相的晶体结构[32,33]。发现 CO_2-V 确实是略有变化的 β-方石英的结构[（$I\bar{4}2d$，图 8.7（b）]，验证了理论预测的结果正确性。相比之下，β-方石英状 CO_2 的密度远高于鳞石英状 CO_2（在 50 GPa 时约为 12%），而 β-方石英状 CO_2 的体积模量（B_0 = 135 GPa）明显小于鳞石英 CO_2（B_0 = 365 GPa）[34]。

　　CO_2 的另一个原子晶体相 VI，是在 50 GPa 以上对相 II 进行高温下恒温压缩而产生的。拉曼特征峰表明，CO_2-VI 的形成源自八面体中的六重配位碳。由于晶格无序性且可观察到的衍射线较少，所以难以测定 VI 相的晶体结构。不过通过 X 射线衍射图及其与母相 II 的相似性，可认为该结构是无序的 $P4_2/mnm$ 结构[图 8.7（c）][35]。

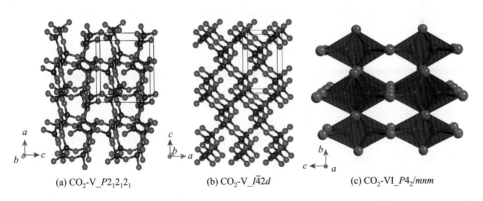

(a) CO_2-V_$P2_12_12_1$　　　　(b) CO_2-V_$I\bar{4}2d$　　　　(c) CO_2-VI_$P4_2/mnm$

图 8.7　聚合 CO_2 的多晶结构[28,34,35]

　　这些原子晶体一般只能在高压下才能保持稳定，一旦卸压就会恢复到分子固体，难以成为可以在环境条件下进行实际应用的含能材料，面临着巨大的挑战。因此为了有效利用这些潜在的含能原子晶体，需要将它们的合成压力降低，直到更接近于常压，提高其在环境条件下的长期稳定性。当然，克服这些挑战并非易事，它要求具有设计合适化学键和固体结构的能力，以控制材料的热力学稳定性（或亚稳定性），并控制其转变成其他物质的路径以确保动力学稳定性。唯一成功的先例是人造金刚石，这种金刚石通过高压高温压缩碳而合成，其结构可在环境条件下保持稳定。

 8.3 含能金属晶体

8.3.1 金属氢

金属氢是氢在高压下变成的导电体，类似于金属。有预测表明，金属氢是一种室温超导体[36]。金属氢含有巨大的能量，其威力是传统炸药的数十倍，在由固态转变成气态时能量会被释放出来。又因为其最终产物是水，所以金属氢可用作高能清洁燃料。

氢是最简单的元素，位于元素周期表中第一位，其原子由一个质子和一个电子组成。太阳系的大多数行星都是由氢构成的，按质量计，氢约占太阳系所有星球（太阳除外）总质量的90%以上，其中大约一半是以金属氢的形态存在。金属氢是太阳系中最丰富的物质，也是太阳系中最轻的金属。常温常压下，氢以气态的形式存在。但随着温度的降低，将会发生物态转变，依次成为液态氢和固态氢。然而，所有气态、液态和固态的氢都是由双原子的分子氢（H_2）组成，均是不导电的绝缘体。所谓"金属氢"是一种氢的同素异形体。对绝缘体的固态氢施加极高的压强，则有可能实现固体氢的导电，使其表现出金属特性。在极高压力下将氢转化为金属的想法由来已久。1935年物理学家Wigner和Huntington从理论上证明了金属氢存在的可能性，并预言在25 GPa高压下，由氢分子组成的固态氢将转变为金属同素异形体，即金属氢[37]。此后的实验表明，最初对压力的估计仍有不足，使氢金属化需要更高的压力。

随着超高压技术的发展，金刚石对顶砧（diamond anvil cell，DAC）已经可以产生250～300 GPa的静压。1978年DAC的压力刚能达到172 GPa，那时卡内基研究所地球物理实验室的Mao等就已经率先对固体氢进行了物理性质测试[38]。1988年他们取得了突破性进展，发现固体氢在150 GPa、77 K的条件下会发生相变，这种新相称为III相或H-A相[39]。1989年，Mao的团队将压力进一步提高至250 GPa，证明此时氢仍为分子态，并在250 GPa以上发现氢样品变黑且变得不透明，不过H_2是否发生断键仍有待确认[40]。

从图8.8的相图中，我们可以找到氢的五个相。相I是一种密排六方堆积

(hexagonal close packing，HCP)、球形对称、旋转无序且无红外活性的绝缘量子分子相。相 II 是具有有序分子角动量和特殊 HCP 结构的低温对称破缺相。III 相或 H-A 相(由 Mao 的团队[39]于 1988 年发现)是取向有序的特殊 HCP 结构。这三个相在 153 GPa、120 K 的三相点相交。若在 300 K 下进行压缩，III 相会在 230 GPa 左右转变为 IV 相。这一过程被认为是熵驱动的，可以说是氢最不寻常的阶段。虽然 IV 相的结构未知，但在拉曼光谱结合理论结构搜索的基础上，推测它是由六原子环和自由分子的交替层组成[42,43]。在 300 K 下如果进一步压缩 IV 相，它将逐渐转变为 V 相，这种转变从 275 GPa 发生到 325 GPa 以上，持续的压力区间长度为 50~60 GPa[44]。相 V 被认为是金属氢的前体。从相图可以看出，分子固态氢具有三种类型的相变：①分子取向有序相变；②150~300 GPa 能带重叠的分子金属相变；③在 300~500 GPa 下分子断键转变为原子金属氢。

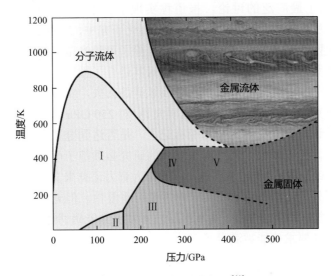

图 8.8　氢的温度-压力相图[41]

氢有两种金属相，一种是在高压作用下，仍保持分子态的分子金属氢，其分子键保持不变。它的相变压力相对较低，最初认为在 150 GPa、77 K 时会转变成分子金属相，但在后来的种种实验中，这一点尚未得到确认。因此，相变压力从原来估计的 150~250 GPa 增加到 300 GPa 以上。另一种金属相是原子金属氢，即分子断键组成原子晶体转变为原子金属相。将拉曼振子频率和声子频率作为密度的函数进行外推，得到其转变压力为 495 GPa(对应密度为 0.74 mol/cm^3)。从光吸收边、共振拉曼散射、干涉条纹测量等方法能够得到直接或间接能隙作为密度的函数变化。基于能隙闭合，确定了在 325~385 GPa(对应密度为 0.6~0.65 mol/cm^3)范围内的转变压力。McMahon 等通过从头算随机结构搜索预测了金属氢原子基态相的两种结构, 包括在 500 GPa 下稳定的 $I4_1/amd$, 以及在 1 TPa 下稳定的 $R\bar{3}m$ (图 2.16)[45]。

关于金属氢的合成, 早在 1989 年卡内基研究所地球物理实验室的一个小组就首次基于减弱的拉曼信号和样品吸收的增加, 声称在 200 GPa 下进行了氢的金属化[40]。但是通过改进的实验方法, 发现先前观察到的效应(例如样品拉曼信号的损失和样品变暗)可能是因为高压下氢的损失和钻石荧光的增加而被误认为是带隙闭合, 事实上金属氢并未合成。20 年后, Max Planck 研究所的一个团队声称他们发现了 260 GPa 的液态金属氢[46], 这一说法还是基于拉曼信号的消失和样品电阻率在 260 GPa 的突然下降所提出。然而拉曼信号和样品电阻的下降可以通过氢气的损失和样品室的坍塌来解释, 因此仍无法给出金属氢成功合成的直接证据。

在过去三十年众多号称已实现氢的金属化研究中, 哈佛大学小组最近发表的一篇论文受到了最广泛的讨论, 报道称实现了分子氢到原子氢的转变, 并在 500 GPa 的压力下获得了样品[47]。由于此金属化研究中, 500 GPa 的极高压力超过了当前标准金刚石对顶砧技术的范围, 并且除了可见光范围的照片外没有其他科学证据, 因此紧随其后就有四个评论工作对其进行了批评, 甚至引发了关于金属氢的公开辩论[48-51]。随后实验室声称金属氢样品丢失, 实验也没有再次复现, 更使得工作疑点重重。实际上目前高压氢研究界, 对 250 GPa 以上的氢(及其同位素)行为还没有共识, 比如在对相图和相标记上, 是否达到金属态以及在什么压力下存在都有分歧。无论如何, 最终对金属氢的研究必须基于可直接探测样品电子态的技术, 如电或反射率/透射率测量, 以此作为有力证据来支撑其研究结论。除这些技术的使用外, 还要确保数据的可靠性和可重复性。但无论如何, 很明显我们已经十分接近氢的固态金属态, 待到高压技术发展到能确切达到 400 GPa 以上时, 结果的可重复性要求就能被满足了。

如何稳定金属相、降低金属相转变压力是人们关心的问题, 因为稳定性不仅是获得金属氢的重要先决条件, 还是将其许多特性加以应用的重要前提。另外, 金属氢的转变压力很高、尺寸很小、距离实际应用很远, 因此需要一些降低转变压力的方法。例如注入杂质或缺陷以减小价带和导带之间的能隙, 用强光源照射以产生内部负压等, 期望通过这些方法寻找到领域的突破口, 获得实用的金属氢。

8.3.2 金属氮

向氮气施加高温高压条件可能会导致两种后果, 一种是打开 N_2 三键形成聚合氮, 另一种则形成了金属氮。当氮原子被压缩到足够近时, 相邻原子核和外部电子之间的吸引力就会增强。此时外层电子不再具有固定轨道, 而是形成了与金属类似的结构, 即金属氮。在这种结构中, 原子核与内层电子一起漂浮于共用电子的海洋之中。和金属氢一样，金属氮相变到分子相也会释放出巨大的能量。金属氮所需的相变压力与聚合氮差不多，但是金属氮需要的温度更高[52]。与聚合氮不同，金属氮的离域电子都是共享的，因此原子之间的键没有方向和极性。这可以通过光谱吸收峰来测量，具有共价/离子键的会有特征吸收峰，金属元素则没有。

最近，Jiang 等[8]通过动态激光加热压缩氮以及超快光谱检测，在温度随压力降低也降低的条件下发现了绝缘的分子氮会转变为导电的致密液氮，证实了金属化或流体金属化发生在温度为 2500 K、压强大于 125 GPa 的条件下。这项工作通过实验证明，非金属氮确实可以通过加压和加热的物理手段转化为液态金属氮，并为测试此类物质是否可以转化为金属制定了标准，为其他非金属元素的金属化研究提供了参考。然而到目前为止，还没有预测到固体氮的金属态。

 ## 8.4　含能混合型晶体

8.4.1　含能钙钛矿

AP 具有高氧含量和高生成焓，常用作复合固体推进剂中的强氧化剂。然而在生产和使用过程中，AP 很容易与空气中的水分子结合。这种因吸湿而产生的快速集聚严重影响了 AP 的性能。目前，AP 的抗吸湿处理通常有两种方法，即共晶技术改性 AP 和疏水材料包覆 AP。然而这两种方法相对复杂，原材料成本高，包覆后的界面效应也存在争议。

在晶体工程的探索中，Chen 的团队创造性地提出了构建含能钙钛矿材料的想法，即把有机燃料和氧化剂组分组装成紧密排列且高度对称的三元化合物，使得钙钛矿的结构通过分子间相互作用以 ABX$_3$ 的形式存在[53]。这类含能钙钛矿材料具有优异的性能。现已合成了如图 2.18 所示的四种含能钙钛矿材料，其中 (H$_2$dabco)[M(ClO$_4$)$_3$](DAP，dabco = 1,4-diazabicyclo[2.2.2]octane，M = Na$^+$，K$^+$，Rb$^+$和 NH$_4^+$分别对应于 DAP-1，DAP-2，DAP-3 和 DAP-4)中的 ClO$_4^-$ 为阴离子组分，H$_2$dabco^{2+}为阳离子组分。该技术简单实现了 AP 改性，原料易得，并在分子水平上有效克服了 AP 的高吸湿性问题，显著提高了热稳定性。

DAP-4 作为其中唯一的无金属含能化合物，受到了广泛关注。无金属含能材料通常具有气体产率高和燃烧或爆炸后无金属残留物的优点，因此在许多领域，特别是在炸药和推进剂组件中得到普遍应用。随后，Chen 的团队获得了五种新的无金属分子钙钛矿(H$_2$A)-[NH$_4$(ClO$_4$)$_3$](图 8.9)，DAP-O4[图 8.9(a)]中 H$_2$A 为 H$_2$dabco-O^{2+}，PAP-4[图 8.9(b)]为 H$_2$pz^{2+}，PAP-M4[图 8.9(c)]为 1-甲基哌嗪-1,4-

二镓离子（H_2mpz^{2+}，1-methyl-piperazine-1,4-diium），PAP-H4[图 8.9（d）]为高哌嗪-1,4-二镓离子（H_2hpz^{2+}，homopiperazine-1,4-diium），以及 DAP-M4[图 8.9（e）]为 1-甲基-1,4-双氮杂双环[2.2.2]辛烷-1,4-二镓离子（$H_2mdabco^{2+}$，1-methyl-1,4-diazabicyclo[2.2.2]octane-1,4-diium）[54]。上面提及的所有分子钙钛矿的初始热分解温度和爆轰参数值列于表 8.2 中。在这些分子钙钛矿中，DAP-1 具有最高的爆热 8.89 kJ/g、最高的爆速 9306 m/s 和最高的爆压 48.3 GPa。之所以没有预测 DAP-3 的爆轰参数，是因为 EXPLO5 中没有参数化 Rb。在所有对 A 位有机燃料阳离子进行细微调整后的无金属分子钙钛矿中，DAP-O4 具有高达 6.21 kJ/mol 的最高爆热、8900 m/s 的最高爆速、35.7 GPa 的最高爆压，而 PAP-4 的比冲最高（264 s），和 CL-20（265 s）相当。优异的性能、可满足不同的应用需求的高度灵活性，使得这种类型的无金属分子钙钛矿有望成为一种可应用于实际的新型含能材料，如用作炸药或推进剂等。作为潜在的高级含能材料，这些无金属分子钙钛矿值得受到更多的关注。

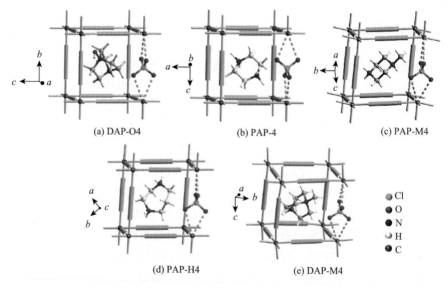

(a) DAP-O4   (b) PAP-4   (c) PAP-M4

(d) PAP-H4   (e) DAP-M4

Cl
O
N
H
C

图 8.9　五种无金属含能钙钛矿的堆积结构

为了清楚起见，X 位阴离子中只显示了一个高氯酸盐，其余 X 位阴离子用黄绿色圆柱体表示[54]

表 8.2　经典炸药 RDX 与九种含能钙钛矿材料的爆轰性能

化合物	$d_c/(g/cm^3)$	$T_d/℃$	$-\Delta_f^\theta H/(kJ/g)$	$v_d/(m/s)$	P_d/GPa
RDX	1.82	210	5.59	8634	33.3
DAP-1	2.02	344	8.89	9306	48.3

续表

化合物	$d_c/(\mathrm{g/cm^3})$	$T_d/℃$	$-\Delta_f^\theta H/(\mathrm{kJ/g})$	$v_d/(\mathrm{m/s})$	P_d/GPa
DAP-2	2.04	364	7.09	9224	44.2
DAP-3	2.16	352	—	—	—
DAP-4	1.87	358	5.87	8806	35.2
DAP-O4	1.85	352	6.21	8900	35.7
PAP-4	1.74	288	6.00	8629	32.4
PAP-M4	1.77	323	5.14	8311	30.3
PAP-H4	1.83	348	5.76	8756	34.3
DAP-M4	1.78	364	4.99	8085	28.8

在含能钙钛矿的晶体堆积结构中，作为氧化组分的高氯酸盐阴离子和作为燃料组分的还原性有机阳离子交替紧密结合在一起。因此，它们可以同时具有高能量水平和高稳定性。这种在高度对称的三元晶体结构中对低成本有机燃料组分和氧化剂组分的组合策略为具有实际应用前景含能材料的设计提供了新思路。

8.4.2　N_5^- 基混合型晶体

自从成功从芳基五唑中分离出五唑阴离子以来，基于这种阳离子置换反应已合成并得到了多种离子盐的晶体结构[55,56]。五唑阴离子的稳定条件十分严格，一般需要借助氢键或配位键来增强其分子间相互作用，提高稳定性。例如，因为水分子(包括配位水和游离水)既是氢键给体又是氢键受体，可在堆积结构中提供氢键以增强稳定性，所以 N_5^- 基混合型晶体通常是含有游离水的化合物。

如图 8.10 所示，$[\mathrm{Na(H_2O)(N_5)}]\cdot 2H_2O$、$[\mathrm{Ba(N_5)(NO_3)(H_2O)_3}]_n$、$[\mathrm{Mg(H_2O)_6}$ $\mathrm{(N_5)_2}]\cdot 4H_2O$ 和 $[\mathrm{M(H_2O)_4(N_5)_2}]\cdot 4H_2O$（M 代表 Mn、Fe、Co 和 Zn）[56-58]都属于混合型晶体，因为它们每个晶体都具有两种 PCP 类型，即分子和离子。每个混合型晶体中，游离水都填充了五唑阴离子平面中的位置空位并形成了氢键以巩固晶体。此外，这些混合型晶体都含有配位水，Mg^{2+} 有六个配位水，Ma^+ 有一个，其他则介于两者之间。仅有含 Ba^{2+} 和 Mg^{2+} 化合物中的配位水参与了氢键的形成。这些结构中环-N_5^- 的成键模式 η^1-N_5 不是最稳定的模式，但也许是因为周围有丰富的氢键，故仍有助于晶体的整体稳定性。

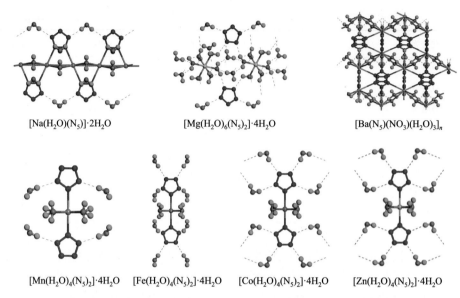

$[Na(H_2O)(N_5)]\cdot2H_2O$ $[Mg(H_2O)_6(N_5)_2]\cdot4H_2O$ $[Ba(N_5)(NO_3)(H_2O)_3]_n$

$[Mn(H_2O)_4(N_5)_2]\cdot4H_2O$ $[Fe(H_2O)_4(N_5)_2]\cdot4H_2O$ $[Co(H_2O)_4(N_5)_2]\cdot4H_2O$ $[Zn(H_2O)_4(N_5)_2]\cdot4H_2O$

图 8.10   七种（Na、Mg、Ba、Mn、Fe、Co 和 Zn）N_5^- 基混合型晶体

    大多数混合型晶体在环境条件下都是稳定的，它们热分解初始温度超过 100℃，但 Co^{2+} 化合物除外（表 8.3）。Co^{2+} 化合物的热稳定性最差，可通过其最强的 N_5^- 环张力来理解，它的最短键为 Co—N（2.122 Å）。张力 N_5^- 环更易于分解。这些化合物的能量释放主要来自五唑阴离子的断裂，然而晶体中高比例的不含能的水和阳离子会大量降低能量含量。因此，这些 N_5^- 基混合型晶体的能量水平一般、敏感性高且成本高，尚难得到实际应用。

表 8.3 N_5^- 基混合型晶体的 DSC 测量结果，加热速率为 5℃/min

分子式	密度/(g/cm^3)	$T_{d,initial}$/℃	$T_{d,peak}$/℃
$[Na(H_2O)(N_5)]\cdot2H_2O$	1.471（170 K）	111	129
$[Ba(N_5)(NO_3)(H_2O)_3]_n$	2.592（100 K）	130	132
$[Mg(H_2O)_6(N_5)_2]\cdot4H_2O$	1.437（205 K）	104	124
$[Mn(H_2O)_4(N_5)_2]\cdot4H_2O$	1.608（205 K）	104	112
$[Fe(H_2O)_4(N_5)_2]\cdot4H_2O$	1.599（205 K）	115	120
$[Co(H_2O)_4(N_5)_2]\cdot4H_2O$	1.696（170 K）	59	—
$[Zn(H_2O)_4(N_5)_2]\cdot4H_2O$	1.669（205 K）	108	112

8.4.3　其他混合型共晶

共晶是依靠氢键、π-π 堆积等几种分子间相互作用形成的。共晶在含能材料中有着广泛应用，可以提高晶体稳定性并调节氧平衡。理想情况下，零氧平衡有利于含能材料释放出最多的能量。与非离子化合物相比，含能离子化合物通常由高氮阳离子/阴离子和大量含能 C—N 和 N—N 键组成，具有丰富的氢键网络和更高的生成热、更高的稳定性、更低的感度和更低的环境毒性。因此含能离子正如中性分子一样，也适合成为共晶配体。这种具有含能分子和离子的晶体即为分子-离子混合共晶。

Zhang 等合成了一种新的由含能分子 CL-20 和含能离子化合物 1-AMTN 按 1∶1 摩尔比组成分子-离子混合型共晶(图 8.11)，还有同另一种离子化合物形成的混合型共晶[59]。经预测，其起爆性能略高于经典炸药 RDX。与 CL-20 相比，该共晶在小型冲击跌落试验测试中表现出了出乎意料的低感。在使用 DSC 测定该共晶和纯组分的热性能时，发现共晶会在 105℃时转化为液体 1-AMTN (T_m = 88℃) 和 CL-20。此外，ε-CL-20、1-AMTN 和共晶的放热峰分别为 250.9℃、270.5℃和 202.0℃，表明共晶降低了热稳定性。此共晶的预测爆速为 8863 m/s，略高于 RDX(8754 m/s)。

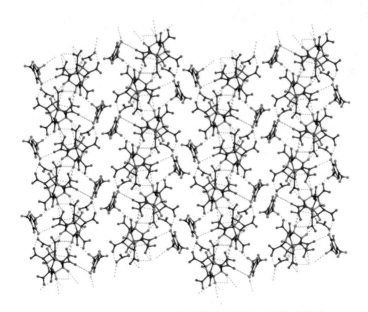

图 8.11　沿 a 轴所示的 1∶1 CL-20/1-AMTN 共晶的堆积网络，绿色虚线是 CL-20 和 1-AMTN 的分子间 C—H⋯O 间相互作用[59]

除共晶外，离子液体也是典型的含能混合共晶。离子液体的重要特点之一就是可以通过选择合适的阳离子和阴离子来精准调控其物理和化学性质。2019 年 Fedyanin 等[60]首次尝试从不同的离子液体中重结晶含能化合物 CL-20。他们出乎意料地得到了两种由 CL-20 分子和离子液体组成的溶剂化物，其中，离子液体分别为 1-丁基-3-甲基咪唑六氟磷酸盐 ([bmim][PF$_6$]) [图 8.12 (a)] 和 1-丁基-3 甲基咪唑四氟硼酸盐 ([bmim][BF$_4$]) [图 8.12 (b)]。这两种结构中 CL-20 分子构象略有不同但都较为常见，类似于 β-CL-20 和 γ-CL-20 晶型。尽管离子液体间的差异很小，但这两种溶剂化物在晶体组分中的排列方式明显不同。两种晶体中都存在由 CL-20 分子形成的链状结构，而在 CL-20···CL-20 间相互作用决定层状堆积结构方面，CL-20·[bmim][PF$_6$] 晶体远不如 CL-20·[bmim][BF$_4$]。相对于 ε-CL-20，离子液体中阴阳离子的存在显著降低了材料的熔点和密度。此外，CL-20·[bmim][BF$_4$] 的撞击感度为 18 J，与 4 J 的 ε-CL-20 相比感度显著降低。

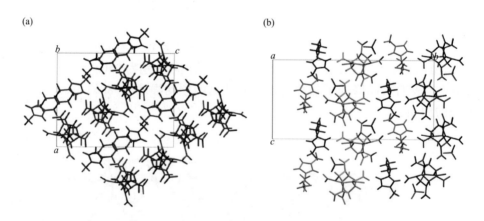

图 8.12　沿 CL-20·[bmim][PF$_6$] 晶体 b 轴观察到的结构片段 (a)。沿 CL-20·[bmim][BF$_4$] 晶体 a 轴观察到的结构片段 (b)

对称性独立的 CL-20 分子用绿色，bmim$^+$为蓝色。PF$_6^-$ (a) 和 BF$_4^-$ (b) 以红色表示[60]

　　Bellas 等[61]通过共晶成功地将高能氧化剂硝酸铵 (ADN) 与富含燃料的吡嗪-1,4-二氧化物 (PDO) 组合，获得了如图 8.13 所示的分子-离子混合型共晶 ADN-PDO。选用 ADN 作为氧化配体，是因为已有研究证明氧平衡为 26% 的 AND 在当代复合推进剂配方中有可能可以取代掉氧平衡为 34% 的 AP。共晶中 PDO 和 AND 的配比为 1∶2，其非对称单元包含 0.5 个 PDO 单元和 1 个 ADN 单元。ADN 和 PDO 单组分晶体堆积密度分别为 1.808 g/cm^3 和 1.597 g/cm^3，形成共晶后，ADN-PDO 在室温下的晶体堆积密度可达 1.778 g/cm^3。对于 ADN 和 PDO 的堆积结构，它们都含有两个由 N-氧化物中的 O 原子和 NH$_4^+$ 形成的氢键，由此提高了结构的热稳定性并解决了 ADN 亲和水力过强而易吸水的问题。ADN-PDO 在 114℃开始熔融，相对于单独的 ADN(91.4℃)，增加了约 20℃。在连续加热下，ADN-PDO 的分解始于 176℃，与 ADN(160℃)相比，增加了 16℃。值得注意的是，ADN-PDO 的爆速为 8940 m/s，爆压为 33.3 GPa，与 RDX 接近。总之，ADN-PDO 是一种有良好应用前景的含能材料，可用作炸药或铝化推进剂配方。

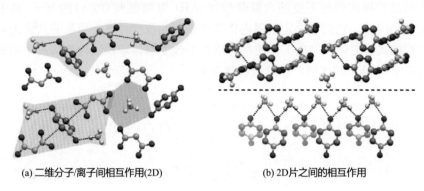

(a) 二维分子/离子间相互作用(2D)　　　(b) 2D 片之间的相互作用

图 8.13　ADN-PDO 的晶体堆积结构[61]

在上一节中介绍了含有游离水的 N_5^- 基混合型晶体的相关研究，但含有 N_5^- 环的含能共晶却很少有报道。直到 2020 年，Zhang 等[62]合成了 $NH_4N_5 \cdot 0.5H_2O_2$ [图 8.14(a)]。此含能共晶的氧平衡为–22.86%，计算爆速为 8900 m/s，爆压为 26.4 GPa，比冲竟然高达 259.97 s，远高于无水 NH_4N_5。随后，Yang 等[63]合成了 HTATOT$^+N_5^-$·TATOT (3,6,7-三氨基-7H-[1,2,4]三唑并[4,3-b][1,2,4] 三唑五唑盐·3,6,7-三氨基-7H-[1,2,4]三唑并[4,3-b][1,2,4]三唑，3,6,7-triamino-7H-[1,2,4] triazolo[4,3-b][1,2,4] triazol-2-ium pentazolate·3,6,7-triamino-7H-[1,2,4]triazolo[4,3-b][1,2,4] triazole) [图 8.14(b)]，与

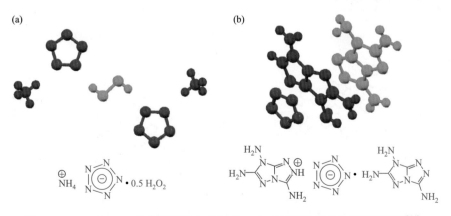

图 8.14　$NH_4N_5 \cdot 0.5H_2O_2$ (a) 和 HTATOT$^+N_5^-$·TATOT (b) 的晶体结构和化学式[64]

HTATOT$^+$ N$_5^-$ 相比，该混合型共晶具有更高的热稳定性和更好的爆轰性能。尽管如此，N$_5^-$ 基共晶还是没有比炸药之王 HMX 具有更好的综合性能。

共晶的堆积模式通常与其组分不同，这是引入新的相互作用而破坏了纯成分中原有的相互作用。此外，共晶内各组分化学计量比的变化通常伴随着晶体堆积的显著改变，从而导致材料性质也随之发生难以预测的变化。Bellas 等[65]合成了一系列堆积模式保持不变的六氟磷酸铵(AH)-吡嗪酰胺(PZA)的分子-离子混合共晶(图 8.15)，它们在一定范围内化学计量比的改变并不会引起非共价相互作用或堆积模式的变化。这项工作使得可以在不改变整体堆积结构的情况下调整混合型共晶中盐/分子的比例，以此改善氧平衡。

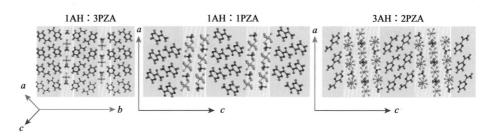

图 8.15　1AH：3PZA，1AH：1PZA 和 3AH：2PZA 的层状晶体结构[65]

近年来，富氮含能离子化合物及其共晶引起了广泛关注。Ren 等[66]首次报道了三种 H$_2$BT 共晶，其中两种是分子-离子混合晶体，如图 8.16 所示。这些化合物

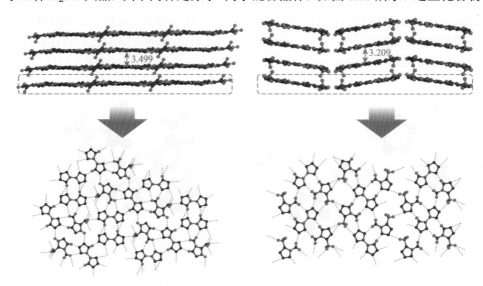

图 8.16　两种含能分子-离子混合型 H$_2$BT 共晶的堆积结构[66]

图中红色数字代表间距，单位：Å

都是层状 π-π 堆积结构,具有丰富的氢键网络,它们对撞击和摩擦刺激皆不敏感(撞击感度＞40 J, 摩擦感度＞360 N)。通过分析不同碱基的理论 pK_a 值,发现低 pK_a 的配体有利于共晶的形成。这些发现为通过 pK_a 寻找合适的配体和含能共晶的设计提供了一种实用方法。

 ## 8.5 结论与展望

我们在本章简要介绍了原子晶体聚合氮以及其他晶体类型聚合氮的本征结构和性质。高压是使得聚合氮结构稳定的必要条件。与纯聚合氮相比,添加碳、氧或金属原子都有利于降低稳定压力,不过这也会降低能量。聚合 CO_2 可以在常压下保持稳定,其能量含量接近 TNT。含能金属晶体需要更高的压力才能形成,目前还没有确定的晶格结构,它们有时可以以金属流体的形式存在。含能金属晶体目前离我们最为遥远。相比之下,含有多种组分和多种堆积方式的含能混合型晶体正在蓬勃发展。但是,对于所有这些含能晶体,依然很难摆脱普遍存在的含能材料能量与安全性或稳定性之间的矛盾。

参 考 文 献

[1] Bini R, Ulivi L, Kreutz J, et al. High-pressure phases of solid nitrogen by Raman and infrared spectroscopy. J. Chem. Phys., 2000, 112: 8522-8529.

[2] Mattson W D, Sanchez-Portal D, Chiesa S, et al. Prediction of new phases of nitrogen at high pressure from first-principles simulations. Phys. Rev. Lett., 2004, 93: 125501.

[3] Mailhiot C, Yang L H, McMahan A K. Polymeric nitrogen. Phys. Rev. B, 1992, 46: 14419-14435.

[4] Tomasino D, Kim M, Smith J, et al. Pressure-induced symmetry-lowering transition in dense nitrogen to layered polymeric nitrogen (LP-N) with colossal raman intensity. Phys. Rev. Lett., 2014, 113: 205502.

[5] Zhang J, Oganov A R, Li X, et al. Pressure-stabilized hafnium nitrides and their properties. Phys. Rev. B., 2017, 95: 020103.

[6] Eremets M I, Gavriliuk A G, Trojan I A, et al. Single-bonded cubic form of nitrogen. Nat. Mater., 2004, 3: 558-563.

[7] Jiang S, Holtgrewe N, Lobanov S S, et al. Metallization and molecular dissociation of dense fluid nitrogen. Nat. Commun., 2018, 9: 2624.

[8] Ji C, Adeleke A A, Yang L, et al. Nitrogen in black phosphorus structure. Sci. Adv., 2020, 6: eaba 9206.

[9] Wu L, Tian R, Wan B, et al. Prediction of stable iron nitrides at ambient and high pressures with progressive formation of new polynitrogen species. Chem. Mater., 2018, 30: 8476-8485.

[10] Bykov M, Bykova E, Aprilis G, et al. Fe-N system at high pressure reveals a compound

featuring polymeric nitrogen chains. Nat. Commun., 2018, 9: 2756.

[11] Shi X, Yao Z, Liu B. New high pressure phases of the Zn-N system. J. Phys. Chem. C, 2020, 124: 4044-4049.

[12] Steele B A, Oleynik I I. Novel potassium polynitrides at high pressures. J. Phys. Chem. A, 2017, 121: 8955-8961.

[13] Liu Z, Li D, Wei S, et al. Bonding properties of aluminum nitride at high pressure. Inorg. Chem., 2017, 56: 7494-7500.

[14] Yoo C S, Kim M, Lim J, et al. Copolymerization of CO and N_2 to extended CON_2 framework solid at high pressures. J. Phys. Chem. C, 2018, 122: 13054-13060.

[15] Ciezak-Jenkins J A, Steele B A, Borstad G M, et al. Structural and spectroscopic studies of nitrogen-carbon monoxide mixtures: Photochemical response and observation of a novel phase. J. Chem. Phys., 2017, 146: 184309.

[16] Steele B A, Oleynik I I. Ternary inorganic compounds containing carbon, nitrogen, and oxygen at high pressures. Inorg. Chem., 2017, 56: 13321-13328.

[17] Zhang L, Wang Y, Lv J, et al. Materials discovery at high pressures. Nat. Rev. Mater., 2017, 2: 1-16.

[18] An Q, Xiao H, Goddard W A, et al. Stability of NNO and NPO nanotube crystals. J. Phys. Chem. Lett., 2014, 5: 485-489.

[19] Laniel D, Weck G, Loubeyre P. Xe$(N_2)_2$ compound to 150 GPa: Reluctance to the formation of a xenon nitride. Phys. Rev. B, 2016, 94: 174109.

[20] Li Y, Feng X, Liu H, et al. Route to high-energy density polymeric nitrogen t-N via He-N compounds. Nat. Commun., 2018, 9: 722.

[21] Katz A I, Schiferl D, Mills R L. New phases and chemical reactions in solid carbon monoxide under pressure. J. Phys. Chem., 1984, 88: 3176-3179.

[22] Lipp M, Evans W J, Garcia-Baonza V, et al. Carbon monoxide: Spectroscopic characterization of the high-pressure polymerized phase. J. Low .Temp. Phys., 1998, 111: 247-256.

[23] Lipp M J, Evans W J, Baer B J, et al. High-energy-density extended CO solid. Nat. Mater., 2005, 4: 211-215.

[24] Evans W J, Lipp M J, Yoo C S, et al. Pressure-induced polymerization of carbon monoxide: Disproportionation and synthesis of an energetic lactonic polymer. Chem. Mater., 2006, 18: 2520-2531.

[25] Ceppatelli M, Serdyukov A, Bini R, et al. Pressure induced reactivity of solid CO by FTIR studies. J. Phys. Chem. B, 2009, 113: 6652-6660.

[26] Ryu Y J, Kim M, Lim J, et al. Dense carbon monoxide to 160 GPa: Stepwise polymerization to two-dimensional layered solid. J. Phys. Chem. C, 2016, 120: 27548-27554.

[27] Ryu Y J, Yoo C S, Kim M, et al. Hydrogen-doped polymeric carbon monoxide at high pressure. J. Phys. Chem. C, 2017, 121: 10078-10086.

[28] Yoo C S, Cynn H, Gygi F, et al. Crystal structure of carbon dioxide at high pressure: "Superhard" polymeric carbon dioxide. Phys. Rev. Lett., 1999, 83: 5527-5530.

[29] Iota V, Yoo C S, Cynn H. Quartzlike carbon dioxide: An optically nonlinear extended solid at

high pressures and temperatures. Science, 1999, 283: 1510-1513.

[30] Iota V, Yoo C S, Klepeis J H, et al. Six-fold coordinated carbon dioxide VI. Nat. Mater., 2007, 6: 34-38.

[31] Dong J, Tomfohr J K, Sankey O F, et al. Investigation of hardness in tetrahedrally bonded nonmolecular CO_2 solids by density-functional theory. Phys. Rev. B, 2000, 62: 14685-14689.

[32] Santoro M, Gorelli F A, Bini R, et al. Partially collapsed cristobalite structure in the non molecular phase V in CO_2. Proc. Natl. Acad. Sci., 2012, 109: 5176-5179.

[33] Datchi F, Mallick B, Salamat A, et al. Structure of polymeric carbon dioxide CO_2-V. Phys. Rev. Lett., 2012, 108: 125701.

[34] Yoo C S. Physical and chemical transformations of highly compressed carbon dioxide at bond energies. Phys. Chem. Chem. Phys., 2013, 15: 7949-7966.

[35] Yoo C S, Kohlmann H, Cynn H, et al. Crystal structure of pseudo-six-fold carbon dioxide phase II at high pressures and temperatures. Phys. Rev. B, 2002, 65: 104103.

[36] Babaev E, Sudbø A, Ashcroft N. A superconductor to superfluid phase transition in liquid metallic hydrogen. Nature, 2004, 431: 666-668.

[37] Wigner E, Huntington H B. On the possibility of a metallic modification of hydrogen. J. Chem. Phys., 1935, 3: 764-770.

[38] Mao H K. High-pressure physics: Sustained static generation of 1.36 to 1.72 megabars. Science, 1978, 200: 1145-1147.

[39] Hemley R J, Mao H K. Phase transition in solid molecular hydrogen at ultrahigh pressures. Phys. Rev. Lett., 1988, 61: 857-860.

[40] Hemley R J, Mao H K. Optical studies of hydrogen above 200 Gigapascals: Evidence for metallization by band overlap. Science, 1989, 244: 1462-1465.

[41] Gregoryanz E, Ji C, Dalladay-Simpson P, et al. Everything you always wanted to know about metallic hydrogen but were afraid to ask. Matter Radiat. at Extremes, 2020, 5: 038101.

[42] Howie R T, Guillaume C L, Scheler T, et al. Mixed molecular and atomic phase of dense hydrogen. Phys. Rev. Lett., 2012, 108: 125501.

[43] Pickard C J, Needs R J. Structure of phase III of solid hydrogen. Nat. Phys., 2007, 3: 473-476.

[44] Dalladay-Simpson P, Howie R T, Gregoryanz E. Evidence for a new phase of dense hydrogen above 325 gigapascals. Nature, 2016, 529: 63-67.

[45] McMahon J M, Ceperley D M. Ground-state structures of atomic metallic hydrogen. Phys. Rev. Lett., 2011, 106: 165302.

[46] Eremets M, Troyan I. Conductive dense hydrogen. Nat. Mater., 2011, 10: 927-931.

[47] Dias R P, Silvera I F. Observation of the Wigner-Huntington transition to metallic hydrogen. Science, 2017, 355: 715-718.

[48] Eremets M, Drozdov A. Comments on the claimed observation of the Wigner-Huntington transition to metallic hydrogen. 2017.

[49] Goncharov A F, Struzhkin V V. Comment on "Observation of the Wigner-Huntington transition to metallic hydrogen". Science, 2017, 357 (9736).

[50] Liu X D, Dalladay-Simpson P, Howie R T, et al. Comment on "Observation of the Wigner-

Huntington transition to metallic hydrogen". Science, 2017, 357(6353).

[51] Loubeyre P, Occelli F, Dumas P. Comment on "Observation of the Wigner-Huntington transition to metallic hydrogen". Science, 2017, 357.

[52] Chau R, Mitchell A, Minich R, et al. Metallization of fluid nitrogen and the Mott transition in highly compressed low-Z fluids. Phys. Rev. Lett., 2003, 90: 245501.

[53] Chen S, Yang Z, Wang B, et al. Molecular perovskite high-energetic materials. Sci. China Mater., 2018, 61: 1123-1128.

[54] Shang Y, Huang R, Chen S, et al. Metal-free molecular perovskite high-energetic materials. Cryst. Growth Des., 2020, 20: 1891-1897.

[55] Zhang C, Sun C, Hu B, et al. Synthesis and characterization of the pentazolate anion $cyclo$-N_5^- in $(N_5)_6(H_3O)_3(NH_4)_4Cl$. Science, 2017, 355: 374-376.

[56] Xu Y, Wang Q, Shen C, et al. A series of energetic metal pentazolate hydrates. Nature, 2017, 549: 78-81.

[57] Xu Y, Wang P, Lin Q, et al. A carbon-free inorganic-metal complex consisting of an all-nitrogen pentazole anion, a Zn(II) cation and H_2O. Dalton Trans., 2017, 46: 14088-14093.

[58] Xu Y, Lin Q, Wang P, et al. Syntheses, crystal structures and properties of a series of 3D metal-inorganic frameworks containing pentazolate anion. Chem. Asian J., 2018, 13: 1669-1673.

[59] Zhang X, Chen S, Wu Y, et al. A novel cocrystal composed of CL-20 and an energetic ionic salt. Chem. Commun., 2018, 54: 13268-13270.

[60] Fedyanin I V, Lyssenko K A, Fershtat L L, et al. Crystal solvates of energetic 2,4,6,8,10, 12-hexanitro-2,4,6,8,10,12-hexaazaisowurtzitane molecule with [bmim]-based ionic liquids. Cryst. Growth Des., 2019, 19: 3660-3669.

[61] Bellas M K, Matzger A J. Achieving balanced energetics through cocrystallization. Angew. Chem., Int. Ed., 2019, 58: 17185-17188.

[62] Luo J, Xia H, Zhang W, et al. A promising hydrogen peroxide adduct of ammonium cyclopentazolate as a green propellant component. J. Mater. Chem. A, 2020, 8: 12334-12338.

[63] Yang C, Chen L, Wu W, et al. Investigating the stabilizing forces of pentazolate salts. ACS Appl. Energy Mater., 2021, 4: 146-153.

[64] Xu Y, Li D, Wang P, et al. A low sensitivity energetic cocrystal of ammonium pentazolate. J. Energetic Mater., 2021.

[65] Bellas M K, MacKenzie L V, Matzger A J. Lamellar architecture affords salt cocrystals with tunable stoichiometry. Cryst. Growth Des., 2021, 21: 3540-3546.

[66] Ren J, Zhang W, Zhang T, et al. A simple and efficient strategy for constructing nitrogen-rich isomeric salts and cocrystal through pK_a calculation. J. Mol. Struct., 2021, 1223: 128955.

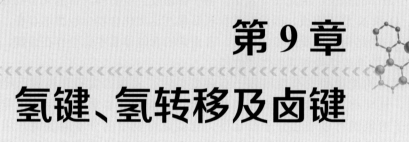

第 9 章

<<<<<<<<<<<<<<<<<<<<<<<<<<<<<<<<<<<<<<<<<<<<<<<<<<

氢键、氢转移及卤键

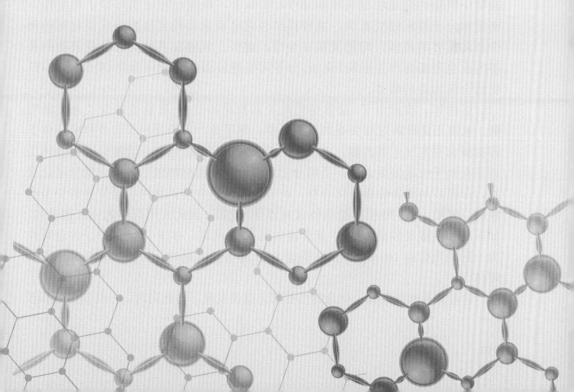

9.1 引言

在 20 世纪 30 年代,Pauling 提出氢键这一概念。作为重要的非共价相互作用类型之一,氢键在理解化合物的微观结构和相互作用方面至关重要,涉及化学、生物、物理和材料等众多学科领域[1,2]。氢键也是用来描述和理解实验现象、设计新型材料和化合物的基本原理之一[3]。得益于其高键合能力,氢原子广泛存在于有机、无机分子和离子中,这也使得氢键分布十分广泛。另一方面,氢原子也是所有元素中最小的原子,因此在含氢化合物中容易发生氢转移。含能化合物通常由 C、H、O 和 N 原子组成,因此氢键和氢转移在这类化合物中也普遍存在,且同时影响它们的结构和性质性能。同样,含卤素的含能体系中也会存在卤键,也会影响到晶体的堆积结构和其他性质性能。

含能材料的能量和安全性问题一直备受关注,大量的实验和模拟已经证明,氢键、氢转移及卤键在调节能量和安全性方面发挥着重要作用。含能分子中的分子内氢键可以增强分子稳定性,含能化合物中的分子间氢键作用的增强能提升其堆积系数,并且作为主要因素影响其分子堆积模式,进一步有助于含能化合物的低撞击感度。然而,另一方面,分子内和分子间氢键都能促进氢转移,导致分子的热稳定性降低,这些结论在 Bu 等近期对常见含能化合物中氢键的综述中也有所阐述[4]。实际上,氢键已被证实与分子稳定性、密度和分子堆积模式有关,氢转移结合这些因素后能直接影响含能材料的两个非常重要的特性,即能量和安全性。此外,氢键在其他如含能材料的制备等方面也可能会产生影响,例如,分子间氢键较弱的含能化合物(类似于 TNT)更适合作为熔铸载体。

近些年,含能分子–晶体结构间关系和晶体结构–性质性能间关系日渐明晰,氢键正是理解这些关系的重要桥梁,基于此,人们提出了含能材料晶体工程的概念并定义了其内涵,并在随后得到了发展[5]。当前,含能化合物晶体工程正在处于快速发展之中。从组分的角度看,含能材料包括传统含能分子化合物、含能共晶和含能离子化合物。在设计和构造含能晶体时,通常要首要考虑氢键。例如,CL-20 中氢键供体(CH 基团)较弱,因此采用可作为强氢键受体,如苯醌和萘醌来构建 CL-20 基含能共晶[6,7]。同理,BTF 为无氢分子并且可作为一种相当强的 HBA,因此在构建 BTF 基含能共晶时,可选择含氢分子作为配体[8]。

含能共晶和含能离子化合物当前都正蓬勃发展,与此同时,一些新思路和涉及氢键、氢转移和卤键的新结构也随之被提出。在本节中，我们将结合含能共晶、含能离子化合物与含能材料中两个无法规避的关注点——能量和安全性，总结氢键、氢转移和卤键及它们对含能材料结构和性能的影响，期望能有助于提升对含能材料的理解。

9.2　氢键

如图 9.1 所示，氢键通常表示为 X—H⋯Y，其键长和键角则分别用 D 和 θ 表示。由于 X 原子电负性相对较高，H 原子通常带正电荷并且易被另一个高电负性原子 Y 吸引。X 和 Y 通常指 F、O、N 和 Cl 这些高电负性的原子[2]。2011 年，国际纯粹与应用化学联合会(International Union of Pure and Applied Chemistry, IUPAC)重新定义了氢键，丰富了其内涵，即氢键供体不仅可以是一个原子，也可以是一个富电子区[9]。实验上研究氢键常采用核磁共振谱(NMR)和红外光谱(IR)技术，另外单晶中子衍射技术也十分重要，它可以为研究氢键提供更直观的细节信息。目前，CSD 数据库可为含能化合物中的氢键研究提供丰富全面的数据。

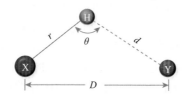

图 9.1　表示氢键(用 X—H⋯Y 表示)的几何参数

通常，d 和 D 越短，θ 越接近 180°，氢键越强

如表 9.1 所示，Jeffrey 提出氢键强度的分级标准，即强、中和弱的能量范围分别为 58.6~167.4 kJ/mol、16.7~62.8 kJ/mol 和 1.0~16.7 kJ/mol[10]。此外，Desiraju 和 Steiner 也为氢键制定了一套严格的分类标准[11]，并定义了常规和非常规氢键。这些分类标准都是研究含能化合物中氢键的基础。氢键研究通常采用 Bader 提出的量子化学分子中的原子(QCAIM)方法[12]和 Espinosa 提出的氢键解离能(E_{HB})方法[13]，以及 Hirshfeld 表面分析方法[14,15]。本节中将含能化合物中的氢键分成三种类型进行讨论：传统含能单组分分子晶体、含能共晶和含能离子晶体。这种分类是按组分差别进行的，即传统含能单组分分子晶体是由相同的中性分子组成的，含能共晶则含有两种或两种以上的组分，而含能离子晶体中的阴阳离子中至少有一种是含能的。

表 9.1　强、中和弱氢键的分类标准[10]

	强	中	弱
X—H⋯Y 相互作用	多为共价键作用	多为静电作用	静电作用
键长	D—H≈H⋯A	D—H＜H⋯A	D—H≪H⋯A
d/Å	约 1.2~1.5	约 1.5~2.2	2.2~3.2
D/Å	2.2~2.5	2.5~3.2	3.2~4.0
θ/(°)	175~180	130~180	90~150
键能/(kJ/mol)	58.6~167.4	16.7~62.8	＜16.7
H^1 化学位移/cm^{-1}	14~22	＜14	—

9.2.1　含能单组分分子晶体中的氢键

分子晶体中存在分子内氢键和分子间氢键。Ma 等对一系列常见含能化合物的分子内和分子间相互作用及分子堆积模式进行了全面研究[16,17]。为建立含能化合物的感度与氢键之间的关联性，有必要根据实验测量的撞击感度对含能化合物进行分类[18-20]。考虑到 TNT 是含能材料的标杆性化合物，可将感度比 TNT 高的定义为敏感材料；否则为低感材料；若其 E_{d}>40 J，则为钝感材料。图 9.2 展示了21 种含能化合物，包括 11 种低感或钝感含能化合物 TATB[21]、NQ[22]、DAAzF[23]、DAAF[24]、DATB[25]、DNDP[26]、NTO[27]、TNA[28]、α-FOX-7[29]、LLM-105[30]和TNB[31]，以及 10 种敏感含能化合物 ONDO[32]、PETN[33]、TNAZ[34]、RDX[35]、β-HMX[36]、BCHMX[37]、ε-CL-20[38]、BTF[39]、HNB[40]和 ONC[41]。在这 21 种含能化合物中，BTF、HNB 和 ONC 不含氢原子，因而不含氢键。经 QCAIM 分析证实，在 11 个低感或钝感含能化合物中，除 NTO 和 TNB 外，剩余 9 个分子都含有分子内氢键，而在 7 个含氢的敏感含能化合物中仅有 ONDO 含有分子内氢键，表明分子内氢键主要存在于低感或钝感含能化合物中。实际上，分子内氢键时常与大 π 键结合在一起，以增强分子稳定性，从而有利于含能化合物低感或钝感[16]。

(a) TATB	(b) LLM-105	(c) α-FOX-7	(d) DATB	(e) TNA	(f) TNB	(g) NQ
(h) DAAzF	(i) DNDP	(j) NTO	(k) DAAF	(l) BCHMX	(m) β-HMX	(n) RDX

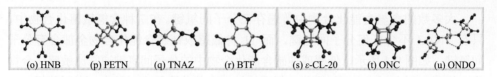

| (o) HNB | (p) PETN | (q) TNAZ | (r) BTF | (s) ε-CL-20 | (t) ONC | (u) ONDO |

图 9.2　低感或钝感含能化合物(a)~(k)和敏感含能化合物［(l)~(u)］的分子结构

C、H、O 和 N 原子及分子内氢键分别用灰色、绿色、红色、蓝色及绿色虚线表示。对于低感和钝感含能化合物，
高分子平面性和强氢键供体增强了其氢键强度

　　相比于敏感含能化合物，低感或钝感含能化合物中的分子内氢键明显更强。图 9.3 的 10 个含分子内氢键的含能化合物中，敏感含能化合物 ONDO 的平均 d 最长、平均 θ 偏离 180°最多、平均氢键解离能(E_{HB})及总氢键解离能(ΣE_{HB})最低；相较而言，钝感 TATB 和低感 DATB 化合物的平均 E_{HB}>50 kJ/mol，即氢键强度高。同时，TATB 和 DATB 的 ΣE_{HB} 在所有化合物中也是非常高的，分别为 309.0 kJ/mol 和 207.6 kJ/mol。这种强分子内氢键显著增强了两种化合物的分子稳定性，致其低感或钝感[16]。

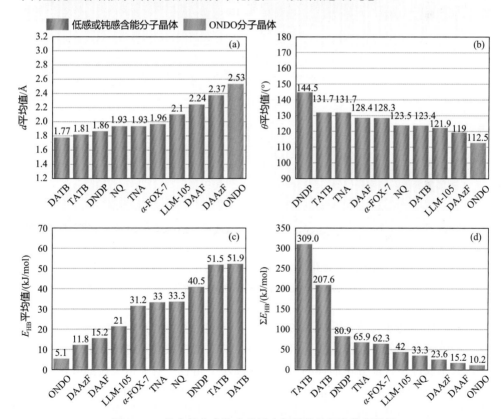

图 9.3　一些含能化合物中分子内氢键的几何参数和能量

与 ONDO 相比，低感或钝感含能化合物的分子内氢键 d 更短、θ 更接近 180°、E_{HB} 更大及 E_{HB} 总和(ΣE_{HB})更大，
即其氢键强度更高[4]

大多数的含氢含能化合物中普遍存在分子间氢键。在 7 种含氢敏感化合物中，只有 TNAZ 不含任何分子间氢键，而 11 种低感或钝感含能化合物全部含有分子间氢键。如图 9.4 所示，低感或钝感含能化合物中的分子间氢键通常比敏感化合物强。从图 9.4(c)~(d) 中可以看出，低感或钝感含能化合物 E_{HB} 较大，表明其相对于敏感含能化合物分子间氢键强度较高，这种强度源自更短的 d 和更强的氢键供体（NH 基团）[图 9.4(a)]；相较而言，6 种敏感含能化合物的氢键供体为相对较弱的 CH 基团。从氢键键角来看，这 17 个分子的 θ 差别在 40° 以内 [图 9.4(b)]，表明氢键的键角 θ 同氢键强度和感度没有相关性。

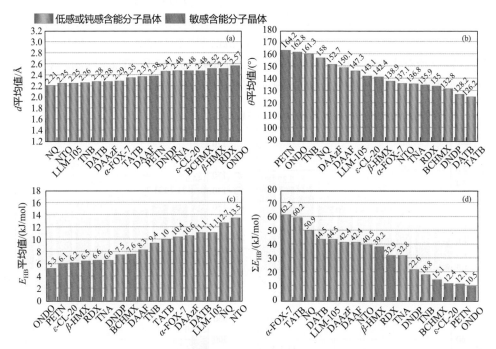

图 9.4　含能化合物中分子间氢键的几何参数和能量

对比图 9.3，低感或钝感含能化合物的分子内氢键的强度通常高于分子间氢键[4]

基于 Hirshfeld 表面分析法，图 9.5 展示了一些低感含能分子晶体[图 9.5(a)~(l)]及一些敏感含能分子晶体 [图 9.5(m)~(r)] 的二维指纹图。对比图谱形状可以发现，低感或钝感含能分子晶体的二维指纹图左下角有一对非常尖锐的峰，表明氢键的 d 更短 [图 9.4(a)]、E_{HB} 更高 [图 9.4(c)]、分子间氢键更强。总体而言，低感含能化合物的分子内和分子间氢键都更强，表明强氢键对于含能化合物安全性至关重要。此外，通过 Hirshfeld 表面分析法，图 9.6 展示了 17 种传统含氢含能化合物的分子间原子间近接触比例。对比发现，在所有的含能化合物中 O···H 和

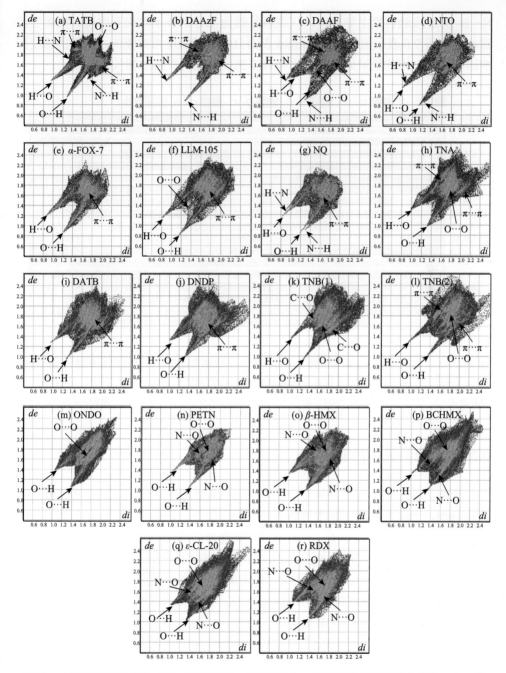

图 9.5　含能分子晶体中分子的二维指纹图，其中图(a)~(l)表示低感或钝感含能化合物，图 (m)~(r)表示敏感化合物（单位：Å）

与敏感含能化合物相比，低感或钝感含能化合物的每个指纹图谱的左下角都有两个更长更尖锐的尖峰[4]

N···H 的近接触占据主导地位，代表以氢键为主导的分子间相互作用。但需要注意的是，图 9.6 表示氢键的 Hirshfeld 表面分析法精确度相对较低，且撞击感度影响因素众多，因此氢键近接触占比和撞击感度间没有严格的相关性。

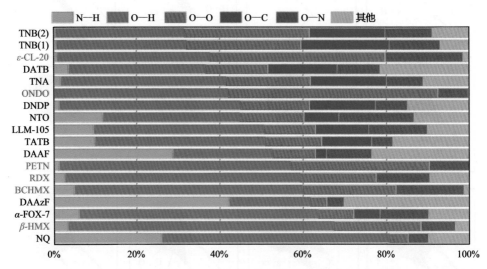

图 9.6　11 个低感或钝感含能化合物（黑色）和 6 个敏感含能化合物（红色）在晶体堆积中分子间原子间近接触所占比例的比较图

TNB 的 Z' = 2，分别用 TNB(1) 和 TNB(2) 表示。Hirshfeld 表面分析法直观但精确度较低，用之获得的表示 HB 近接触的占比与撞击感度间难以建立相关性[4]

9.2.2　含能共晶中的氢键

含能共晶有望成为创制新型含能化合物的新策略[5-7,42-66]。不同于传统新型含能化合物，含能共晶的创制主要基于现有的含能分子，其中甚至包括一些含有致命缺点而未投入使用的分子。一般来说，含能共晶的性质会介于组成此共晶的单组分晶体性质范围内，但有时也可能存在例外。相比单组分含能晶体，含能共晶可以对含能晶体的组分、结构和性质进行更多调整，因而在含能晶体工程中更具实际意义[5]。根据 Zhang 等对共晶的重新定义，大多数含能共晶属于分子共晶[67]。在本节中，我们仅关注含能分子共晶中的氢键。

首先以 7 个 BTF 基含能-含能共晶(energetic-energetic cocrystals，EECCs) 为例[52,53]，共晶及其中的氢键如图 9.7。BTF 是一种无氢含能分子，在其纯单组分晶体中不存在氢键。但是，如图 9.8(b)~(c) 所示，BTF 分子边缘的 N、O 原子带负电，可作为氢键受体，与一些可作为氢键供体的氢含能分子形成氢键，正如图 9.7 中的共晶一样。受此启发，通过形成氢键来构建 EECC 的策略随之提出，无氢含能

分子也可借此稳定化，如图 9.8（a）所示[8]。形成共晶后，分子间氢键的形成能增
强分子间相互作用，内聚能密度随之提高。从 BTF 基含能-含能共晶可以看出，
氢键强弱与配体分子的几何结构间不存在明显的选择性，这意味着还有大量潜在的
可与 BTF 形成共晶的配体分子。此外，晶格能增加和熵增也是共晶的驱动力[68]。
通过这些构建 BTF 基含能-含能共晶的例子，笔者认为其他一些不稳定分子，如
HNB、ONC、DNF 和 DNOF 等，也能基于此策略构建并合成共晶而重新焕发生机。

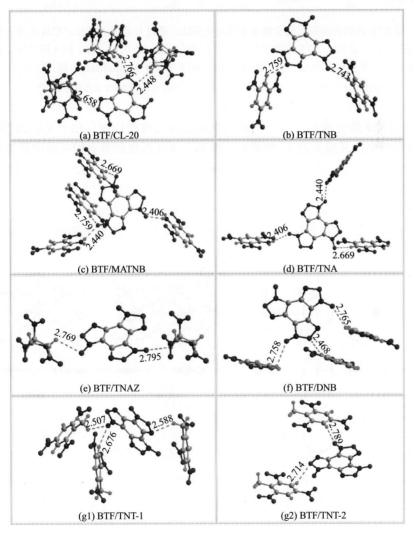

图 9.7　BTF 基含能-含能共晶中，BTF 分子与其周围配体分子间的氢键

尽管氢键键长较长，强度较弱，但由于其数量相对丰富，仍是决定晶体堆积模式的主导因素[8]

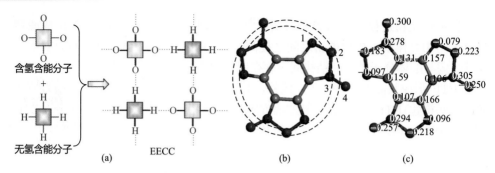

图 9.8　以 BTF 为例说明的无氢含能分子稳定化策略。通过与含氢含能分子形成共晶，形成稳定的含能-含能共晶(a)。BTF 中原子与分子质心间的距离。数字 1、2、3 和 4 用于区分我们关注的但处于不同化学环境下的 4 种原子(b)。BTF 中原子的 Mulliken 电荷(单位：e) (c)

BTF 分子外围原子中，编号为 1、2 和 4 的原子电荷为负，倾向于充当氢键受体[8]

　　在 CL-20 基含能共晶中，同样体现出氢键的重要作用。由于 CL-20 能量性能优异而安全性又亟须改进,因此 CL-20 基含能共晶在所有含能共晶中数量最多。基于合成子的概念，Zhang 等近年成功设计并合成了两种 CL-20 基含能共晶[6]。图 9.9 展示了 CL-20 分子中六氮杂异伍兹烷的笼型骨架，六个硝基分别与骨架上六个桥连 N 原子相连。笼上 3、5、9 和 11 四个位点上的氢原子似乎构成一个矩形 [图 9.9(a)]，并且 3 与 11 位点上的氢原子或 5 与 9 位点上的氢原子可以成对

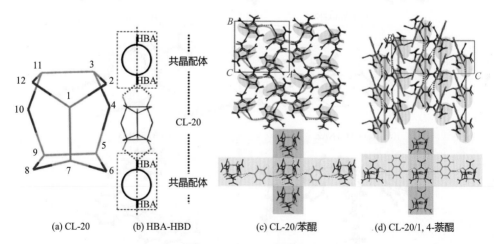

图 9.9　CL-20 分子结构及两个 CL-20 基含能共晶的堆积结构。CL-20 分子中六氮杂异伍兹烷笼型骨架上的原子编号(a)。基于氢键合成子构建的 CL-20 基含能-含能共晶设计示意图(b)。两个基于合成子思想新合成的 CL-20 基含能共晶 [(c)~(d)]

底色黄色和蓝色分别代表由 CL-20 和配体分子交替构成的链及单独由 CL-20 构成的链。因此，整个晶体可以看作是由无数氢键链构成的，其中氢键用紫色虚线表示[6]

共享一个 HBA 而形成一个 $R\frac{1}{2}(5)$ 型氢键，如图 9.9(b) 所示。因此，为构建有氢键连接的 CL-20 基含能共晶，需要选择一个分子中含有两个氢键受体的配体。在共晶中，许多长链通过分子间 C—H···Y 相互作用得以无限延伸，其中 C—H 来自于 CL-20 分子，而 Y 来自配体。CL-20 分子的两个氢键供体需要两个氢键受体匹配，因此相应的配体分子应包含两个对称的氢键受体，分布在 CL-20 两侧。苯醌 [图 9.9(c)] 和 1,4-萘醌 [图 9.9(d)] 就是这样的配体分子，对应的两种 CL-20 基含能共晶也如期成功合成[6]。

　　除上述提及的 CL-20/苯醌和 CL-20/1,4-萘醌共晶外，还有许多 CL-20 基含能共晶中也体现了氢键的驱动作用。从图 9.10 中的分子间原子间近接触分布可以看出，大多数 CL-20 基含能共晶比 ε-CL-20 晶体中的 O···H 近接触的占比更高。这些配体分子中，由酰基和醚氧原子充当氢键受体，促进共晶的形成。而没有酰基和醚氧原子的化合物都具有显著极性，也能促使其与 CL-20 共晶。总的来说，尽

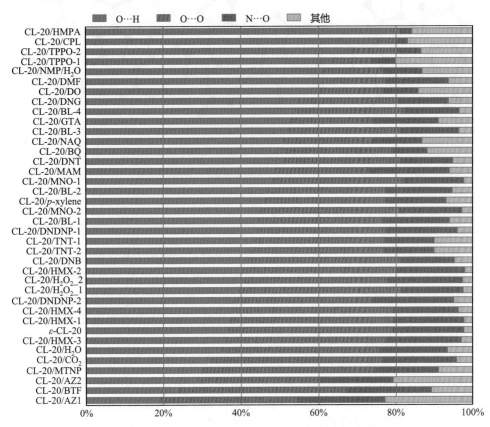

图 9.10　CL-20 共晶及纯 CL-20 晶体中的 CL-20 分子的分子间原子间的近接触占比[7]

管这些 CL-20 共晶中的分子间氢键较弱($d>2.279$ Å），但因其数量丰富，仍然主导了共晶中的分子间相互作用。

氢键合成子同样在形成 DNBT 基含能共晶中发挥了重要作用[47]。如图 9.11 所示，与上述 CL-20 基含能共晶相比，DNBT 基含能共晶氢键键长 d 大大缩短，甚至仅有 1.864 Å，氢键更强。此外，DNPP[48]、HNS[49]、NTO[50]和 TNT 基含能共晶[43]中也存在大量氢键。由于弱氢键受体（如硝基）和弱氢键供体（如 CH），每个氢键通常较弱，但由于氢键的数量丰富，其在形成共晶和稳定晶体方面仍然起着重要作用。从本质上讲，单组分含能晶体和含能分子共晶间的分子间相互作用类型和强度没有区别，因为两种晶体的基本结构单元相似，基本组分都是中性分子。

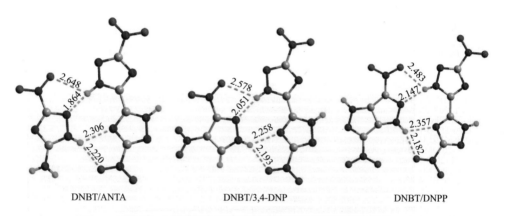

DNBT/ANTA   DNBT/3,4-DNP   DNBT/DNPP

图 9.11　基于氢键合成子构建的 DNBT 基含能共晶

从分子间氢键长度来看，这些氢键属于中等强度的氢键[4]

9.2.3　含能离子化合物中的氢键

含能离子化合物由阴阳离子组成，其中至少有一种离子是含能的。与含能分子化合物相比，含能离子化合物中存在更多 N—N 键和 C—N 键，生成热（heat of formation, HOF）更正。相比于相应的中性分子，离子化能显著提高分子稳定性、离子间相互作用和堆积密度，这些优点使其备受关注，大量高爆速低感度的含能离子化合物被相继成功合成出来[69-89]。

目前，人们主要关注于新型含能阴离子的合成，阴离子合成之后，与图 9.12 所示的现有各种阳离子反应，制备出新型含能离子化合物。这些阳离子大多作为氢键供体，例如 NH_3OH^+、NH_4^+、$N_2H_5^+$、G^+、AG^+、DAG^+ 和 TAG^+，当然也有一些阳离子也可作为氢键受体，这都为强氢键的形成奠定了基础。图 9.13 中，与典型传统含能分子化合物（如 FOX-7、LLM-105、HMX、TATB 和 CL-20）相比，含能离子化合物，尤其是 NH_3OH^+ 基化合物中分子间氢键 d 更短、E_{HB} 更高，氢键显著增强，图 6.14 中也展示了含能离子化合物中分子间氢键的 $O{\cdots}H$ 和 $N{\cdots}H$ 近距离接触比例比传统含能分子化合物更高。

$$NH_3OH^+ \quad NH_4^+ \quad N_2H_5^+$$

图 9.12　含能离子化合物中的常见阳离子

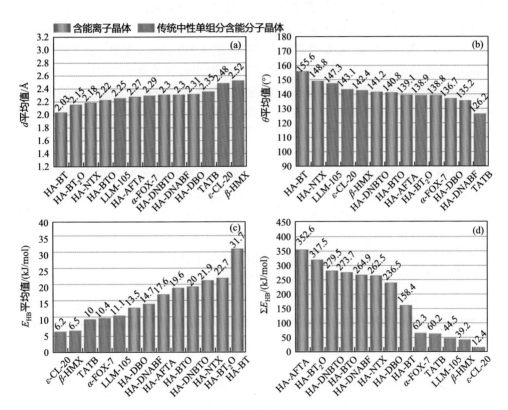

图 9.13　含能离子晶体和传统中性单组分含能分子晶体中分子间氢键的对比

与通常的含能化合物相比，NH_3OH^+ 基（HA 基）含能离子化合物中分子间氢键更强[4]

由于 NH_3OH^+ 可以同时充当强氢键受体和氢键供体，因此最强分子间氢键通常出现 NH_3OH^+ 基含能离子化合物中。这一结论可通过 NH_3OH^+ 基含能离子化合物中氢键的 d、θ 和 E_{HB} 来验证，它们的变化范围分别为 1.652~1.835 Å、168.9°~178.4° 和 39.6~70.2 kJ/mol[90]，均接近强氢键标准[10]。反观传统中性含能化合物，如低感含能化合物 TATB、LLM-105 和 FOX-7，敏感化合物 β-HMX 和 ε-CL-20，都远未达到强氢键的标准，表明其氢键都相对较弱。

 ## 9.3 氢键的影响

9.3.1 氢键对晶体堆积的影响

分子间和分子内相互作用的增强，可以使分子堆积更为紧密。例如在 TNB 中用 NH$_2$（强氢键供体）逐步替换其 H 原子（弱氢键供体）会依次形成 TNA、DATB 和 TATB，堆积系数（PC）分别从 0.72 增加到 0.74、0.78 和 0.79[91]，分子密度（d_m）增加，晶体堆积密度（d_c）随 d_m 最终增加至 TATB 的 1.937 g/cm^3，爆速（v_d）和爆压（P_d）也随 d_c 的增加而增加。更多的 NH$_2$ 取代氢原子时也改善了分子堆积模式，使其更接近层状堆积，有利于低撞击感度。这些优势都使得 TATB 在这四种含能化合物中能量最高的同时感度最低，展现出氢键在提高含能材料能量和安全上的双重优势，显著缓解了能量–安全性间的矛盾[5,92-95]。

比较阴离子相同的一组含能离子化合物时发现，NH$_3$OH$^+$ 基含能离子化合物总是拥有更高的晶体堆积密度（d_c），这主要归功于其强的分子间氢键[90]。而 $d_c = $ PC$\cdot d_m$，为探究堆积系数（PC）和分子密度（d_m）对晶体堆积密度（d_c）的影响，我们将 PC、d_m 和 d_c 三个变量分别列于表 9.2 和 9.3 中。可以发现，NH$_3$OH$^+$ 基含能离子化合物的 PC 在所有含能离子化合物中最高（表 9.2）；表 9.3 中，NH$_3$OH$^+$ 的 d_m 小于 G$^+$、AG$^+$、DAG$^+$ 和 TAG$^+$，表明 NH$_3$OH$^+$ 并不具有分子密度上的优势，因此，NH$_3$OH$^+$ 基含能离子化合物的高晶体堆积密度源于其高堆积系数而非分子密度[90]。高堆积系数源自强分子间氢键，因此，可以建立最强氢键（用最短氢键的键长表示）与 PC 间的关系，如图 9.14 所示。因此，加强分子间氢键是提高含能离子化合物的堆积系数（PC）和晶体堆积密度（d_c）的主要策略[90]。

表 9.2　部分含能离子化合物和一些常见含能分子化合物的堆积系数 PC 对比（单位：%）

炸药	NH$_3$OH$^+$	NH$_4^+$	N$_2$H$_5^+$	G$^+$	AG$^+$	DAG$^+$	TAG$^+$
BT^{2-}基	81.8	77.9	75.2	75.6	76.8	63.9	72.5
BT$_2$O^{2-}基	82.2	77.3		75.3	74.9		77.0
DBO^{2-}基	82.8	82.0			74.5	73.1	76.3
DNABF^{2}基	84.1	79.8	80.1	77.8	74.3		76.7
DNBTO^{2-}基	83.3	77.3	80.7	78.3	77.7		
BTO$^-$基	84.9	80.2	80.0	75.3	72.8		80.6

续表

炸药	NH$_3$OH$^+$	NH$_4^+$	N$_2$H$_5^+$	G$^+$	AG$^+$	DAG$^+$	TAG$^+$
AFTA$^-$基	80.3		76.6			72.4	
NTX$^-$基	79.9	75.2		74.8	74.6	74.0	72.7
TATB	79.4						
α-FOX-7	80.0						
LLM-105	78.4						
β-HMX	79.0						
ε-CL-20	77.1						

表 9.3　BT^{2-}基含能离子化合物中各种阳离子的 d_m 和化合物的 d_c

密度	NH$_3$OH$^+$	NH$_4^+$	N$_2$H$_5^+$	G$^+$	AG$^+$	DAG$^+$	TAG$^+$
d_m/(g/cm^3)	1.68	1.24	1.50	1.80	1.87	1.93	1.94
d_c/(g/cm^3)	1.742	1.590	1.531	1.586	1.568	1.520	1.535

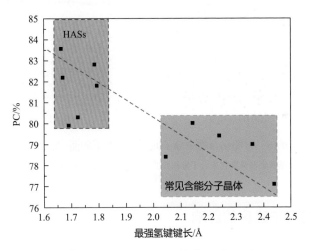

图 9.14　含能化合物堆积系数 PC 与最强氢键(键长最短的氢键)键长间的关系，以及 NH$_3$OH$^+$ 基含能离子盐(HASs)与常见含能分子晶体的对比

晶体堆积密度 d_c 由分子密度 d_m 和堆积系数 PC 共同决定，因此仅堆积系数高并不意味着晶体堆积密度就一定高[90]

　　氢键不仅能增加堆积系数，还能辅助 π-π 堆积。分子间氢键辅助下的 π-π 堆积能够有效缓冲外部机械刺激，并有助于其低感度特性。构筑这样的堆积模式是设计低感高能材料的一个重要策略[5,92-95]。这类有氢键辅助的 π-π 堆积存在于多种含能化合物的晶体结构中，例如传统含能分子化合物 TATB［图 9.15(a)］、DAAzF［图 9.15(b)］和 DAAF［图 9.15(c)］等、含能共晶 BTO/H$_2$O［图 9.15(d)］[81]

等和含能离子化合物 HA-AFTA［图 9.15（e）］等。这些晶体结构中，分子间氢键无一例外地都对层和整个晶体起到了支撑作用。

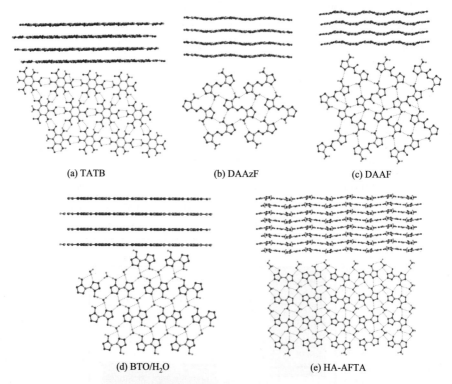

(a) TATB　　　　　(b) DAAzF　　　　　(c) DAAF

(d) BTO/H$_2$O　　　　　　　(e) HA-AFTA

图 9.15　含能化合物中分子间氢键辅助下的面-面 π-π 堆积

对于每个含能化合物，顶部和底部分别代表分子堆积模式和分子间层内氢键结构。HA-AFTA 层间距离较大，层间氢键较弱[4]

9.3.2　氢键对撞击感度的影响

分子结构和晶体堆积结构是含能化合物的两种本征结构，是影响感度(如撞击感度)的基本因素。在众多形式的感度中，撞击感度在实际应用中最受关注，这是由于撞击是最常见也最重要的外部刺激形式。人们已经发现，拥有大 π 键和强分子内氢键的分子的稳定性越高，且越是趋向于面-面 π-π 堆积的晶体结构，将越是有助于降低撞击感度[5,16,17,92-95]。

 ## 9.4　氢转移

氢原子由于体积最小，易在不同的化学物质之间发生转移，即易氢转移或质子转移。在高温、高压等极端条件下，氢转移的能垒相对较低而更容易发生。硝基化合物是最常见的含能化合物，其热分解通常始于硝基离去，当然，也可能始于不可逆分子内氢转移，即氢原子转移到附近的硝基基团上而形成HONO基团，并从化合物中解离出来。例如，HMX和RDX中硝基离去反应和不可逆分子内氢转移在初始热分解动力学上是相互竞争的[96-99]。除了分子内氢转移外，凝聚相含能化合物中也能发生分子间氢转移。例如，大量模拟[100-106]和实验[107-111]都表明，对NM进行加压或冲击时，分子间氢转移比其他反应更具优势。事实上，NM最终稳定的小分子产物NH_3和H_2O都是由氢转移产生的[112]。

另外，氢转移在一些化合物中是可逆的，如TKX-50[113]和LLM-105[114]，并能影响撞击感度。可逆氢转移虽然可作为含能化合物分解的初始步骤，但它却不是整个分解过程的决速步。可逆氢转移的发生需要从氢转移中间产物返回初始反应物所需的能垒较低。与导致HONO基团离去反应的不可逆氢转移不同，可逆氢转移不会破坏含能化合物的稳定性。由于氢原子体积最小，可逆氢转移在存储化学能的同时堆积结构也不会大幅度发生变化，这种化学缓冲效应有助于降低撞击感度[113,114]。这是一种除分子稳定性机理[115,116]和分子堆积结构机理[16,94]外的新的感度机理。在本节中，我们将全面介绍分子内和分子间氢转移。

9.4.1 分子内氢转移

最近，Xiong等[117]对图9.16中的18种硝基化合物中的分子内氢转移进行了系统研究。他们基于氢原子和所离去硝基的相对位置将分子内氢转移分为α、β和γ型(图9.17)。α型中氢原子和硝基连接在一个原子上，其过渡态(transition state，TS)结构为四元环结构；β型中氢原子和硝基间有两个原子，其TS结构为五元环结构；γ型中氢原子和硝基间存在三个原子，其TS结构为六元环结构。他们在B3 LYP/6-311++G(d,p)[117]水平上研究了反应物(R)、过渡态(TS)和中间体(INT)的几何构型及氢转移和硝基离去反应的能垒。此外，采用Q_H和Q_{NO_2}分别表示H原子和硝基上的电荷，ΔG_{HT}、$\Delta G_{HT}'$和ΔG_{NO_2}分别表示氢转移、逆向氢转移和硝基离去的能垒，R_{O-H}表示氢转移目标O原子和H原子间的距离。

NM	NA	PETN	RDX	HMX	CL-20

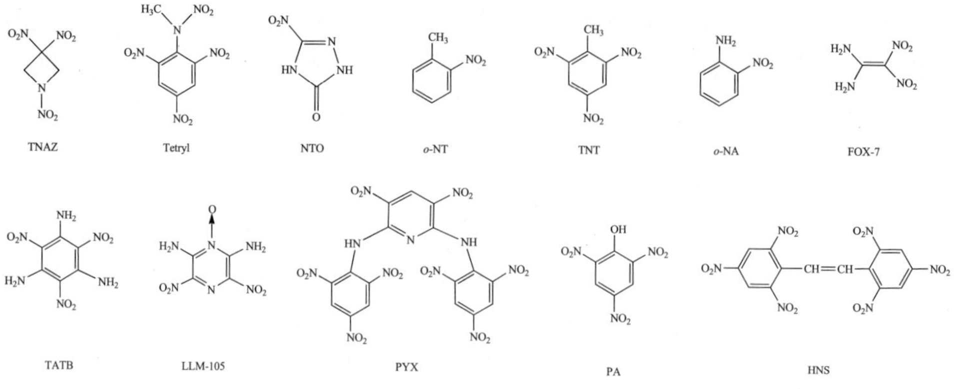

图 9.16　本节中为讨论分子内氢转移所涉及的分子结构

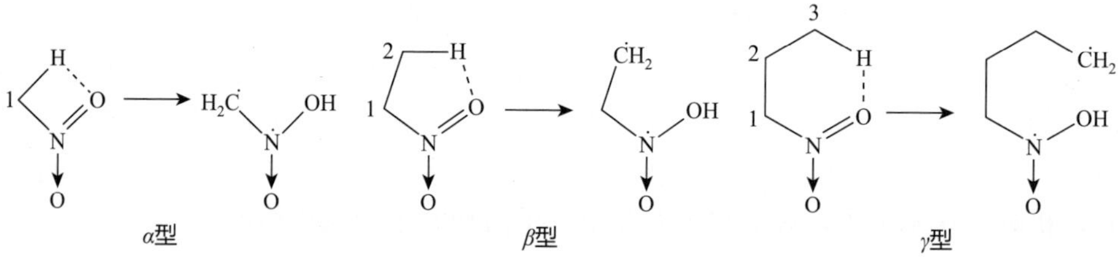

图 9.17　按转移氢原子与所离去硝基基团的相对位置进行的分子内氢转移的分类

（1）α 型。NM 和 NA 是两个最简单的硝基原型化合物，其氢转移都为 α 型。如图 9.18 所示，NM 的氢转移能垒为 265.7 kJ/mol，大于其硝基离去的能垒 186.2 kJ/mol，

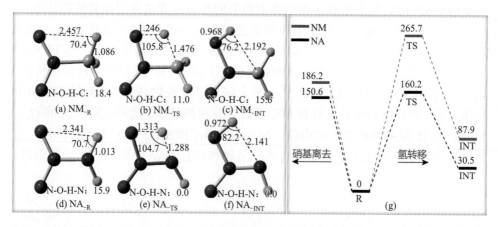

图 9.18　NM［(a)~(c)］和 NA［(d)~(f)］中与氢转移相关的分子结构，以及这两种化合物硝基离去和氢转移的势能面（单位：kJ/mol）(g)

C、H、O 和 N 原子分别用灰色、绿色、红色和蓝色表示。下标 R、TS 和 INT 分别表示反应物、氢转移的过渡态和中间体结构。键长单位为 Å，角度单位为(°)，下面图中也采用了这些表示方法。NM 和 NA 的硝基离去相对于氢转移所需能量更低，更具动力学优势[117]

即 $\Delta G_{HT} > \Delta G_{NO_2}$，这与已有的一些结果吻合[118,119]。NA 的 ΔG_{HT} 和 ΔG_{NO_2} 分别为 160.2 kJ/mol 和 150.6 kJ/mol，ΔG_{HT} 同样大于 ΔG_{NO_2}。NA 和 NM 中 R_{O-H} 分别为 2.341 Å［图 9.18(d)］和 2.457 Å［图 9.18(a)］，氢原子电荷分别为 0.39 和 0.22 e。R_{O-H} 越短，氢原子质子化程度越高，越容易发生氢转移，因此 NA 和 NM 间 ΔG_{HT} 的差值(105.5 kJ/mol)远大于 ΔG_{NO_2} 的差值(35.6 kJ/mol)。

从单分子角度来看，NA 中硝基离去相比氢转移更具动力学优势。然而，笼效应会阻碍硝基离去，因此在凝聚态 NA 中更可能发生氢转移。另外，氢转移后 NA 的酸式结构也能够稳定存在，相比于硝基离去所需能量 150.6 kJ/mol，还需额外 393.3 kJ/mol 的能量才能断裂其 N—N 键(这里是双键)而分解分子。这也是实验上能够观察到 NA 酸式结构的原因[120]。

(2) β 型。PETN 中可发生 β 型的氢转移。PETN 氢转移所需克服势垒(ΔG_{HT})为 149.0 kJ/mol，所生成 INT 的势能比反应物低 133.0 kJ/mol，表明这个反应是热力学自发的。这与 NM 和 NA 的情况相反，换句话说，PETN 氢转移放热，并且热量能支撑随后的分子分解。然而，PETN 的 ΔG_{NO_2} 仅为 79.9 kJ/mol，远低于其 ΔG_{HT}，这表明 PETN 中更易发生硝基离去反应，这与之前的分子动力学模拟中并未观察到初始步骤为氢转移的结果一致[121]。

许多硝胺分子中也能发生 β 型氢转移，例如 RDX、HMX、CL-20、TNAZ 和 Tetryl。图 9.19 和图 9.20 分别展示了这五个硝胺分子动力学最优的氢转移路径上对应的结构和势能面，并与硝基离去能垒进行对比。从图 9.20 中可以发现，五个分子的 ΔG_{NO_2} 均低于 ΔG_{HT}，能量差值分别为 54.4 kJ/mol、80.3 kJ/mol、99.2 kJ/mol、81.1 kJ/mol 和 103.3 kJ/mol，表明硝基离去相比于氢转移能更容易地发生[117]。RDX 和 HMX 的 ΔG_{NO_2} 和 ΔG_{HT} 间的差值大于参考文献[96,97,99,122]中内能间的差值，表明 N—N 键断裂具有显著的熵效应。此外，笼效应能极大抑制硝基离去，

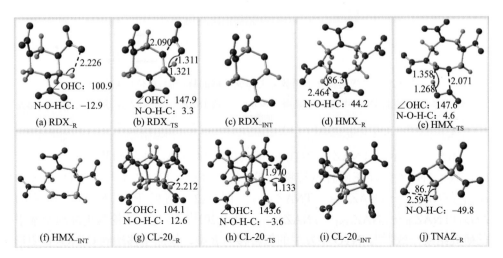

(a) RDX_R
∠OHC: 100.9
N-O-H-C: −12.9

(b) RDX_TS
2.090 1.311 1.321
∠OHC: 147.9
N-O-H-C: 3.3

(c) RDX_INT

(d) HMX_R
86.3 2.464
N-O-H-C: 44.2

(e) HMX_TS
1.358 1.268 2.071
∠OHC: 147.6
N-O-H-C: 4.6

(f) HMX_INT

(g) CL-20_R
2.212
∠OHC: 104.1
N-O-H-C: 12.6

(h) CL-20_TS
1.970 1.133
∠OHC: 143.6
N-O-H-C: −3.6

(i) CL-20_INT

(j) TNAZ_R
86.7 2.594
N-O-H-C: −49.8

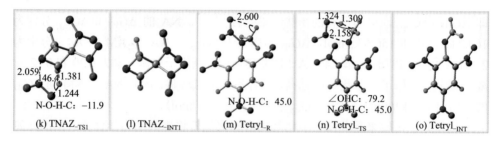

图 9.19 一些硝胺分子的 R、TS 和 INT 结构

为方便查看，在 INT 中未显示解离后的 HONO 基团[117]

所以固相中分子内氢转移更为显著[98]。CL-20 的 ΔG_{HT} 比其 ΔG_{NO_2} 高 99.2 kJ/mol，表明在 CL-20 热解的起始步骤为硝基离去且在分解中占主导地位，这与之前的研究结果一致[123-125]。

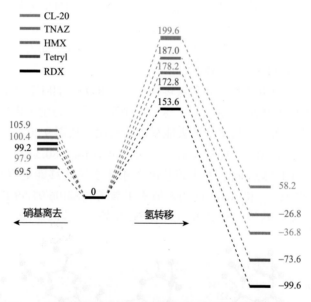

图 9.20 一些硝胺分子硝基离去和氢转移的势能面(单位：kJ/mol)

TNAZ 的氢转移能量是指 TNAZ 中氢原子移动到 N–NO₂ 基团形成 TNAZ-TS1 及 TNAZ-INT1 这一氢转移路径上涉及的能量[117]

图 9.21 展示了 TNAZ 和 NTO 可能的氢转移路径，并与硝基离去反应进行了比较。TNAZ 中存在两种氢转移方式，均为 β 型。TNAZ 中与 C–NO₂ 相关的 ΔG_{HT}(TNAZ-R — TNAZ-TS2 — TNAZ-INT2，图 9.21)略低于与 N–NO₂ 相关的 ΔG_{HT}(TNAZ-R — TNAZ-TS1 — TNAZ-INT1，图 9.20)[117]，这一结论与更高理论水平的研究结果一致[126]。NTO 中发生的氢转移为 β 型，氢原子移动到 C–NO₂ 基团形

328

成 TS1 结构所需的能量仅为 128.0 kJ/mol，这与之前的研究结果吻合[127,128]。NTO 的 Q_H 为 0.45 e，正电荷相对较高，且 TS 为平面五元环结构，因此其 ΔG_{HT} 较低 [图 9.21 (e)]。NTO 可以从反式 HONO[图 9.21 (f)]变为顺式 HONO[图 9.21 (h)]，需要克服 46.9 kJ/mol 的能垒。这些因素都导致了 NTO 的 ΔG_{HT} 大大低于 ΔG_{NO_2}（211.7 kJ/mol）。当然，HONO 基团的离去仍需额外的能量[127,129]。而逆反应回到初始的 NTO 只需克服 21.0 kJ/mol 的能垒（图 9.21）。在发生不可逆分解前，NTO 分子的氢转移产物可储存 146.4 kJ/mol 的能量，表明 NTO 应对外部刺激时有一定的化学缓冲能力。

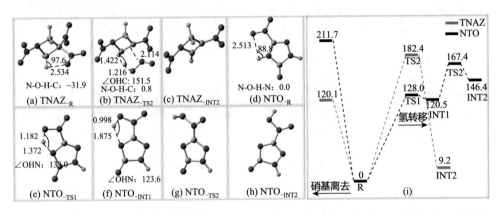

图 9.21　TNAZ［(a)～(c)］和 NTO 氢转移相关的分子结构［(d)～(h)］，及硝基离去和氢转移的势能面（单位：kJ/mol）(i)[117]

（3）γ 型。o-NA、FOX-7、TATB、LLM-105、PYX、PA、o-NT、TNT 和 HNS 都能发生 γ 型氢转移。根据图 9.22 (a) (o-NA)、(d) (FOX-7)、(g) (TATB)、(j) (LLM-105)、(m) (PYX) 和 (p) (PA) 中各分子的反应物结构，它们发生氢转移时，目标氢氧原子间都能形成分子内氢键，R_{O-H} 几乎均小于 2.0 Å，非常短，表明氢键强度高或较高，且存在近似平面的六元环结构。因此相比上述两类氢转移，γ 型氢转移更易发生。β 型氢转移（图 9.20）和 γ 型氢转移（图 9.23）势能面上的 INT 相对能量存在显著差异，即图 9.23 中所有分子的分解反应（从 R 到 INT）都是吸

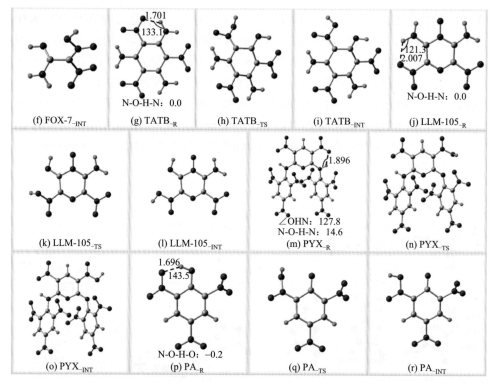

图 9.22　一些含 NH_2/NO_2 基团的含能分子发生 γ 型氢转移相关的 R、TS 和 INT 结构[117]

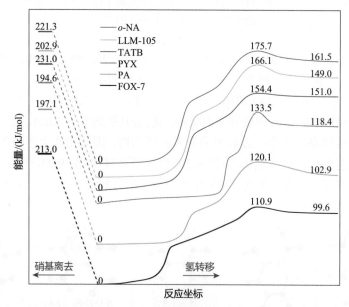

图 9.23　图 9.22 中的六种硝基化合物的硝基离去和氢转移反应的势能面(单位: kJ/mol)

所有化合物的氢转移比相应的硝基离去更具动力学优势,同时逆氢转移所需能垒较低[117]

热反应，且所有逆向氢转移的 $\Delta G_{HT}'$ 都小于 20 kJ/mol。所以，γ 型氢转移比硝基离去在动力学上更占优势，并且是可逆的。这与前文的 α 型和 β 型氢转移差别很大。

图 9.23 的内禀反应坐标(intrinsic reaction coordinate，IRC)展示了六种化合物的氢转移和硝基离去的势能面，它们的 ΔG_{HT} 始终小于 ΔG_{NO_2}，且 $\Delta G_{HT}'$ 始终低于 20.9 kJ/mol。在 H 原子从 NH$_2$(在 o-NA、FOX-7、TATB、LLM-105 和 PYX 分子中)或 OH(在 PA 中)转移到 NO$_2$ 基团的氧原子上的过程中，空间上会形成顺式 HONO，而非反式 HONO [图 9.22(c)、(f)、(i)、(l)、(o) 和(r)]。所有分子中 LLM-105 的 ΔG_{NO_2} -ΔG_{HT} 最小(36.8 kJ/mol)。此外，LLM-105 中也能发生从 NH$_2$ 到羰基氧原子上的氢转移[114]。FOX-7 分子内氢键的环张力最小，因此其 ΔG_{HT} 最小，仅为 110.9 kJ/mol，这与 CCSD(T)-F12b/aVTZ//M06-2X/6-311++G(2df,p) 水平上的计算结果一致[130]。

图 9.24 展示了三种含有 CH$_3$ 或 CH$_2$ 的分子，o-NT、TNT 和 HNS，以及它们氢转移路径上的结构，相关势能面如图 9.25。这三种分子的氢转移与上述六种硝基化合物完全不同，CH$_3$ 或 CH$_2$ 基团上的氢原子转移会先克服一个较高的势垒(TS1)到第一个稳定中间体(INT1)，再翻过一个较低的势垒(TS2)到第二个稳定中间体(INT2)。o-NA、TNT 和 HNS 的 INT1→INT2 转化过程的势垒很低，分别为 1.3 kJ/mol、5.5 kJ/mol 和 5.9 kJ/mol。因为 o-NT、TNT 和 HNS 逆氢转移回原始反应物的能垒比六种化合物相对更高，因此，o-NT、TNT 和 HNS 的 INT 比上述六种化合物更稳定，这也与近年的实验结果一致[131-135]。

目前我们共讨论了 18 种硝基化合物，涉及 20 种可能的氢转移，表 9.4 列出了这些氢转移相关的 Q_H、Q_{NO_2}、R_{O-H}、∠OHR、二面角 N—O—H—C(ϕ)、ΔG_{HT}、

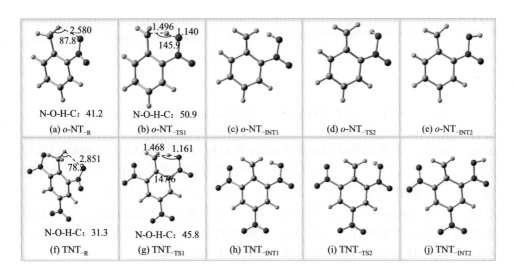

(a) o-NT$_R$　(b) o-NT$_{TS1}$　(c) o-NT$_{INT1}$　(d) o-NT$_{TS2}$　(e) o-NT$_{INT2}$

N-O-H-C: 41.2　N-O-H-C: 50.9

(f) TNT$_R$　(g) TNT$_{TS1}$　(h) TNT$_{INT1}$　(i) TNT$_{TS2}$　(j) TNT$_{INT2}$

N-O-H-C: 31.3　N-O-H-C: 45.8

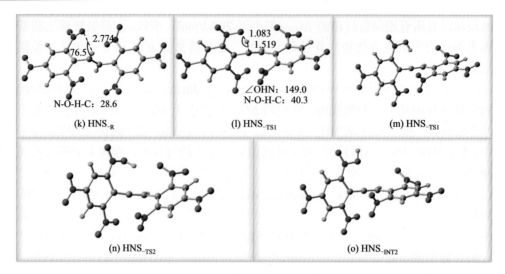

图 9.24　o-NT、TNT 和 HNS 与 γ 型氢转移相关的 R、TS 和 INT 结构[117]

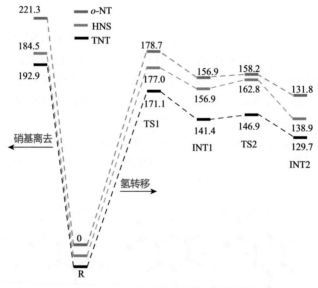

图 9.25　o-NT、TNT 和 HNS 硝基离去和氢转移的势能面（单位：kJ/mol）[117]

$\Delta G_{HT}'$、ΔQ_{NO_2}、总能量变化（ΔG_T）及 ΔG_{HT} 和 ΔQ_{NO_2} 间的差值（$\Delta G_{HT} - \Delta Q_{NO_2}$）等数据。其中，$Q_H$ 和 Q_{NO_2} 分别是目标氢原子和硝基团所带电荷数，反映其电子特性；R_{O-H}、$\angle$OHR 和 ϕ 分别是与氢转移相关的 O—H 键长、键角及二面角等几何参数；ΔG_{HT}、$\Delta G_{HT}'$和 ΔG_{NO_2} 分别是氢转移、逆向氢转移和硝基离去的吉布斯自由能变，为动力学指标；ΔG_T 表示氢转移的总能量变化，为热力学指标；$\Delta G_{HT} - \Delta G_{NO_2}$ 代表分子分解中氢转移或硝基离去的主导性。

表 9.4 相关数据汇总[117]

化合物	Q_H/e	Q_{NO_2}/e	R_{O-H}/Å	∠OHR/(°)	ϕ/(°)	ΔE_{NO_2}	ΔH_{NO_2}	ΔG_{NO_2}	ΔE_{HT}	ΔH_{HT}	ΔG_{HT}	$\Delta G_{HT}'$	ΔG_T	$\Delta G_{HT} - \Delta G_{NO_2}$
NM	0.22	−0.25	2.457	70.4	18.4	227.6	234.7	186.2	260.2	258.6	265.7	177.8	87.9	79.5
NA	0.39	−0.17	2.341	70.7	15.9	194.1	202.1	150.6	160.7	161.1	160.2	129.7	30.5	9.6
PETN	0.22	0.08	2.572	78.4	52.6	131.0	134.3	79.9	146.9	146.4	149.0	282.0	−133.1	69.0
RDX	0.28	−0.10	2.226	100.9	−12.9	155.2	159.8	99.2	154.4	155.2	153.6	253.1	−99.6	54.4
HMX	0.27	−0.14	2.464	86.3	44.2	155.6	159.8	97.9	177.4	177.8	178.2	215.1	−36.8	80.3
CL-20	0.31	−0.05	2.212	104.1	12.6	156.1	159.0	100.4	199.2	199.6	199.6	141.4	58.2	99.2
TNAZ/N-NO₂	0.25	−0.13	2.594	86.7	−49.8	161.5	166.1	105.9	185.8	186.6	187.0	213.8	−26.8	81.2
TNAZ/C-NO₂	0.25	−0.18	2.534	97.6	−31.9	172.0	175.7	119.7	179.9	180.7	182.4	173.2	9.2	62.8
Tetryl	0.23	−0.13	2.600	79.2	45.0	126.8	130.5	69.5	172.4	172.4	172.8	246.4	−73.6	103.3
NTO	0.45	−0.24	2.513	88.8	0.0	265.7	270.3	211.7	125.9	124.7	128.0	7.5	120.5	−83.7
o-NA/C-H	0.24	−0.35	2.310	98.1	−0.1	304.2	307.5	254.4	341.8	341.0	346.0	15.1	331.0	91.6
o-NA/N-H	0.43	−0.35	1.920	124.8	0.8	304.2	307.5	254.4	171.1	169.5	175.7	14.2	161.5	−78.7
FOX-7	0.44	−0.33	1.824	129.7	−5.8	269.0	274.1	213.0	113.4	113.4	110.9	7.9	102.9	−102.1
TATB	0.43	−0.40	1.701	133.1	0.0	283.3	289.1	231.0	147.7	146.9	154.4	3.3	151.0	−76.6
LLM-105	0.44	−0.28	2.007	121.3	0.0	258.6	263.2	202.9	168.2	168.6	166.1	17.2	149.0	−36.8
PYX	0.48	−0.25	1.896	127.8	14.6	254.8	258.6	194.6	138.1	138.9	133.5	15.1	118.4	−61.1
PA	0.51	−0.25	1.696	143.5	−0.2	250.2	253.6	197.1	121.8	122.2	120.1	20.5	99.6	−77.0
o-NT	0.24	−0.27	2.580	87.8	41.2	277.8	282.4	221.3	174.9	172.8	178.7	21.8	156.9	−42.7
TNT	0.25	−0.22	2.851	78.2	31.3	251.5	254.8	192.9	166.9	164.4	171.1	29.7	141.4	−21.8
HNS	0.25	−0.35	2.774	76.5	28.6	245.6	249.4	184.5	174.1	172.8	177.0	20.1	156.9	−7.5

注：能量 ΔE、ΔH 和 ΔG 均以 kJ/mol 为单位。

图 9.26 中展示了几种物理量与 ΔG_{HT} 的相关性，其中 Q_H、R_{O-H} 及 $\angle OHR$ 与 ΔG_{HT} 存在弱相关性，但未发现 ΔG_{HT} 与 Q_{NO_2} 间具有相关性。粗略地讲，Q_H 越高，R_{O-H} 越短，$\angle OHR$ 越接近 180°时，ΔG_{HT} 越低。分子结构越接近平面，待转移氢原子的酸性越强，通常 ΔG_{HT} 更小，更易发生氢转移。这也表明含能离子化合物中的氢转移比中性分子中更易发生。例如，在相对较低的温度下，TKX-50 离子盐就能发生质子转移[113,136]。$\Delta G_{HT}-\Delta G_{NO_2}$ 值的正负可以评估分子分解中的主导因素究竟是氢转移还是硝基离去。表 9.4 中 $\Delta G_{HT}-\Delta G_{NO_2}>0$ 的有 NM、NA、PETN、RDX、HMX、CL-20、TNAZ、Tetryl 和 o-NA，共 8 个分子，涉及 10 种情形，其热解动力学均由硝基离去主导。另外，PETN、RDX、HMX、TNAZ 和 Tetryl 虽然 $\Delta G_{HT}-\Delta G_{NO_2}>0$，但 $\Delta G_T<0$，表明虽然氢转移的动力学优势较小，但热力学优势较大。同时，这 5 个分子的氢转移和 HONO 解离同时发生。其他分子的 $\Delta G_T>0$，HONO 基团解离就需要更多能量。

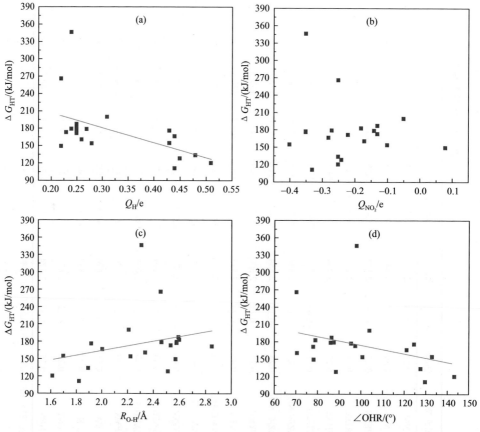

图 9.26　相关化合物的 Q_H(a)、Q_{NO_2} (b)、R_{O-H}(c) 及 $\angle OHR$ (d) 与 ΔG_{HT} 间的相关性[117]

$HE_2N_4O_4^{2-}$ 是了和 NH_3OH^+ 和 $C_2O_2N_8^{2-}$ 反应随能量降低之间稳定。如图 9 中 TKX-50 是相对稳定的共晶。 NH_3OH^+ 和 $C_2O_2N_8^{2-}$ 在 NH_2OH 和 $C_2HO_2N_8^-$ 又稳定又相对稳定, NH_2OH 和 $C_2HO_2N_8^-$ 又稳定稳定转移又得到 NH_3OH^+ 和 $C_2O_2N_8^{2-}$。

9.4.2　晶体中的氢转移

氢转移不仅可以发生在的我们前面讨论过的孤立分子中, 还可以发生在凝聚态条件下, 包括分子内和/或分子间氢转移。例如, α-H 的高活性使 NM 和四硝基甲烷比二硝基甲烷和三硝基甲烷更热稳定, 这种 α-H 原子的分子间氢转移比硝基离去更具能量优势[137]。一般情况下, 氢转移总是发生在含氢含能化合物的分解过程中。在本节中, 我们将介绍 TKX-50、LLM-105 和 FOX-7 中的氢转移相关工作, 与 HMX 对比并加以讨论。通常, 氢转移反应的轨迹先通过 MD 模拟捕获, 再通过静态 DFT 计算确定氢转移相关的能量学和动力学[113,114,129]。为了阐明 TKX-50 在先加热后退火时发生氢转移及其逆氢反应的相关情况, 将 1500 K 设置为 AIMD 模拟的最高温度, 该温度接近发火点但不会引发点火, 同时又足以引发氢转移。此模拟条件类似于 PBE-D2 水平下的加热和退火过程[113], 恰似 TKX-50 受外界机械刺激而未点火的情况。

图 9.27 展示了先加热 TKX-50 后退火的模拟过程中, 其化学碎片数量与势能的变化趋势。可以发现, 在加热和冷却过程中, TKX-50 氢转移的初始反应物 NH_3OH^+

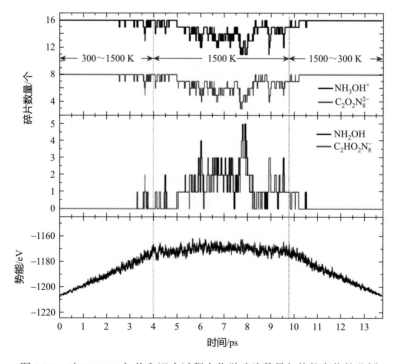

图 9.27　对 TKX-50 加热和退火过程中化学碎片数量与势能变化的分析

加热条件设置为以 300 K/ps 的速度从 300 K 匀速升温至 1500 K, 接着在 1500 K 时保温 5.8 ps 并展开正则系综(NVT)模拟, 最后以 300 K/ps 的速度退火至 300 K[113]

和 $C_2N_8O_2^{2-}$ 及产物 NH_2OH 和 $C_2N_8O_2H^-$ 的数量都强烈依赖于温度,表明了 TKX-50 氢转移的可逆性。Mulliken 电荷分析显示 NH_2OH 的净电荷可忽略不计(仅 0.05 e),表明氢转移实际上是一个去质子化或质子转移的过程[113]。因为 O、N2、N3 和 N4 原子(图 9.28)都带负电,可以与转移的质子连接。特别是 O 和 N4 原子,带有最多的负电荷[138],接受质子的频率也最高。此外,O…H 原子间距离较近也有利于氧原子接受质子。并且,在整个模拟过程中未检测到之前的实验和高温模拟中观察到的稳定的小分子产物[69,138,139],如 H_2O、N_2、N_2O 和 CO_2,这就表明 TKX-50 并未分解。1500 K 时势能无显著变化(图 9.27 的底部),同样印证这一结论,在此温度下 TKX-50 的氢转移为可逆反应(图 9.29)。

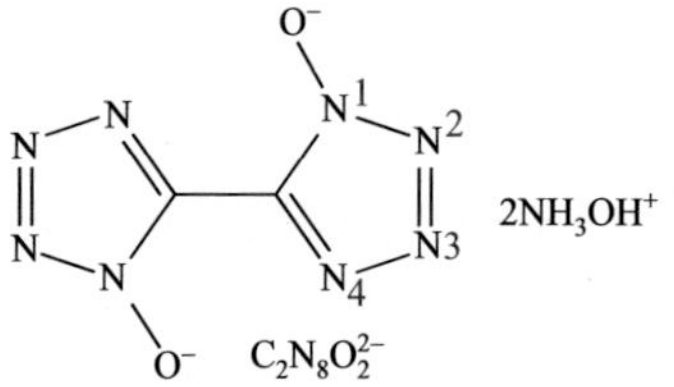

图 9.28　TKX-50 的分子结构

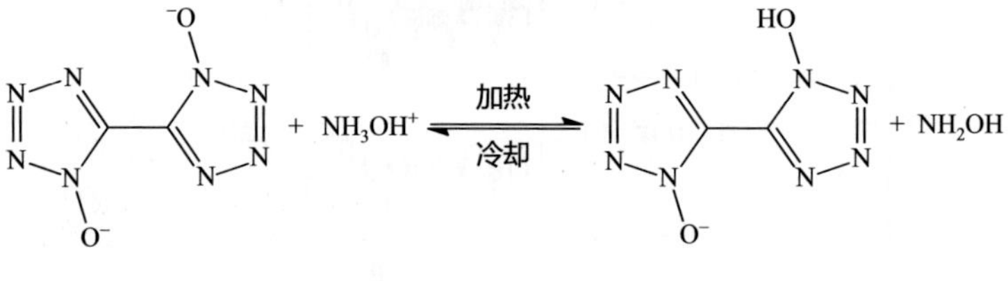

图 9.29　加热和冷却时的可逆氢转移

此外,Lu 等发现在 TKX-50 的氢转移过程中有两个过渡态(**T1** 和 **T2**)和一个局部稳定态(**S2**)(图 9.30)[113]。与原始晶胞相比,**S2** 中用绿色虚线的椭圆所圈出的 NH_3OH^+ 在氢转移时发生明显偏转,N—O 键会更平行于 TKX-50 晶体的 a 轴。从 **S1** 到 **S2** 的氢转移过程中克服了 50.0 kJ/mol 的势垒,势能增加了 23.8 kJ/mol。**S2** 实际上是 TKX-50 的热诱导产生的新相[140]。一般来说,晶体中 $C_2N_8O_2^{2-}$ 主要骨架的取向在氢转移过程中几乎没有变化,因而氢转移主要是 NH_3OH^+ 移动的结果。氢转移后,$C_2N_8O_2^{2-}$(**S1**)变为 $C_2N_8O_2H^-$(**S3**),需克服 164.8 kJ/mol 的势垒,势能增加了 162.7 kJ/mol。另一方面,逆向的氢转移势垒非常低,仅为 3.3 kJ/mol,即退火后 **S3** 到 **S1** 发生逆向氢转移极为容易。由此可见,TKX-50 中可发生可逆的分子间氢转移。最后,TKX-50 晶体中氢转移后所增加的能量(162.7 kJ/mol)高于溶液或固体化合物中氢转移的能量积累(通常低于 40 kJ/mol)[141]。

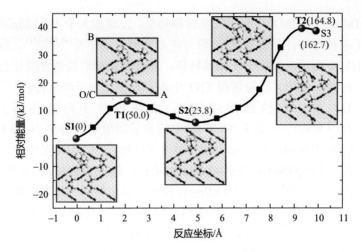

图 9.30　TKX-50 的氢转移路径

绿色椭圆圈出了氢转移前后发生旋转的 NH_3OH^+。NH_3OH^+分子取向变化($\mathbf{S1}\rightarrow\mathbf{T1}\rightarrow\mathbf{S2}$)后随即发生氢转移
($\mathbf{S2}\rightarrow\mathbf{T2}\rightarrow\mathbf{S3}$)[113]

采用与 TKX-50 相同的方法模拟 HMX 晶体中的氢转移过程,发现 HMX 晶体中没有分子间氢转移,而是分子内的氢转移[113]。如图 9.31 所示,在具体模拟时假定 HMX 存在和 TKX-50 类似的分子间氢转移,则其中一个 HMX 分子中的氢原子(H_a)首先转移到一个相邻 HMX 分子的氧原子(O_b)上,弛豫后,发现 H_a 总会回到第一个分子的氧原子 O_a 上,因此整个过程仍然是分子内氢转移。此前有报道称,δ-HMX 能量上比 α-HMX 和 β-HMX 更易在相邻分子上形成 HONO,发生分子间氢转移[142]。这个结果令人难以置信,因为该报道采用 FIREBALL 方法

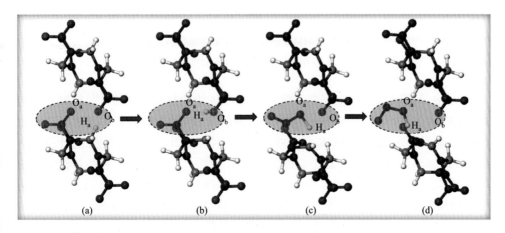

图 9.31　HMX 中的氢转移实际上属于分子内而非分子间的氢转移的示图

椭圆形阴影区域代表氢转移的区域[113]

预测了 α-HMX 和 β-HMX 中分子间氢转移势垒，发现都大于 420 kJ/mol[142]，这些能量远高于各种方法计算出的 E_a，即与许多文献结果不符[98,143-151]。当然也要注意，尽管 HMX 中没有发生分子间氢转移，但并不意味着其他含能化合物不能发生分子间氢转移。例如，在凝聚相 TNT 中很容易发生分子间氢转移[152]。

采用 D2 校正方法预测 β-HMX 晶体内分子内氢转移势垒值为 238.4 kJ/mol（图 9.32），远高于 TKX-50 中的分子间氢转移势垒 164.8 kJ/mol。这是因为 TKX-50 中的氢转移实际上是一种质子转移，但 HMX 是中性氢原子的转移，其氢转移产物 HONO 仅带有 –0.15 e 的电荷，远低于普遍的 1 e 电荷。HMX 中逆氢转移的势垒预测值为 204.9 kJ/mol，这表明其氢转移很难发生逆反应而变回初始的 HMX 分子。此外，HMX 中 HONO 活性较高，且 HONO 能够发生相互间的反应，释放热量并发生 HMX 分解。因此，HMX 中的氢转移是不可逆的。

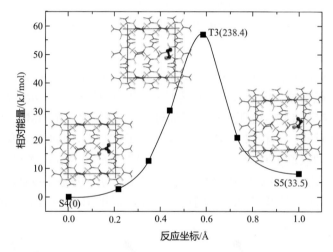

图 9.32　β-HMX 晶体中的分子内氢转移路径

为保证清晰可见，解离的 HONO 及其原始反应物用球棍模式显示[113]

Wang 等采用 MD 模拟研究了固态 LLM-105 中的热致氢转移[114]，模拟方法为 SCC-DFTB 方法，参数集为 3ob-2-1[153-155]，他们在 DFTB-MD 模拟中考虑了三种加热条件，两种恒温加热（2000 K 和 3000 K）和一种程序升温（以 90 K/ps 的升温速率从 300 K 加热到 3000 K）。这些温度的选择都参照了 LLM-105 具有高热稳定性的实验事实，因此设置较高的温度可以将模拟的时间控制在几十个 ps 的范围内，从而控制模拟计算的成本。同时，他们对 MD 模拟中捕获的反应在 B3LYP/6-311++G(d,p) 水平上进行了静态计算，获得了其热力学和动力学信息，包括能垒和反应热[114]。如图 9.33(a) 所示，程序升温过程中，LLM-105 在 15.2 ps（1668 K）下开始反应，发生了从 NH₂ 到酰基氧原子的分子内氢转移。之后，会伴随着化合物开环以及后续一系列复杂的反应，从而将 LLM-105 分解，最终形成了稳定的小分子产物 N₂、H₂O、CO 和 CO₂。LLM-105 分子内氢转移在 1668 K(15.2 ps)这一相对较低的温度下首次被捕获到，意味其氢转移所需势垒很低。与 TATB 相似，LLM-105 的完全分解则需要很长时间[156,157]。

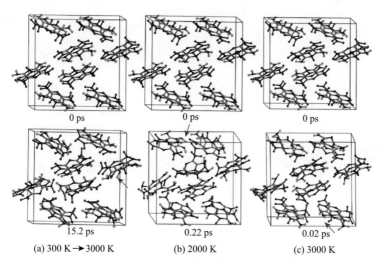

图 9.33　LLM-105 在不同升温条件下的典型快照，300 K 到 3000 K 的程序升温(a)，2000 K(b)和 3000 K 下恒温加热(c)。第二行图中的红色箭头指向初始反应。在(a)和(b)的情况下，氢转移是其初始步骤，在最高温度(c)下，初始步骤为氧从硝基中离去[114]

　　Wang 等通过对 LLM-105 反应的主要中间体和产物的数量及势能变化进行分析，详述了 300 K 至 3000 K 的程序升温下的反应[114]。他们认为，硝基离去、分子内氢转移以及环断裂几乎是同时发生。表 9.5 和图 9.34 总结了 LLM-105 分子分解的所有可能的初始步骤，编号从(1)到(4)。在 LLM-105 的加热模拟中，观察到了氢原子转移至硝基的分子内氢转移，而没有分子间氢转移，这与 TATB 的 MD加热模拟结果一致[158]。如表 9.5 所示，对于四种可能的初始步骤，(1)3 种加热条件下均有发生；(2)大多在 3000 K 时发生，2000 K 时仅发生过一次；(3)和(4)在3000 K 时各发生过一次。可以发现，反应(1)最易作为分子分解的初始步骤，其次是(2)，而(3)和(4)很难发生。(1)的氢转移优势可能来自其相比于其他反应路径的能量优势。例如，在 B3LYP/6-311++G(d,p)的计算水平上，(1)的氢转移势垒较低，仅为 158.5 kJ/mol，显著低于其他初始分解步骤硝基离去和两种氧离去(酰基氧原子和硝基中的氧原子)的势垒，分别为 246.7 kJ/mol 和 334.6 kJ/mol[114]。

图 9.34　LLM-105 初期热分解反应图示[114]

表 9.5　LLM-105 分子在各种加热条件下初始分解步骤路径（1）～（4）的频率/起始时间

加热条件	(1)	(2)	(3)	(4)
300 K→3000 K	4/15.2 ps	—	—	—
2000 K	5/0.22 ps	1/1.04 ps	—	—
3000 K	2/0.09 ps	8/0.05 ps	1/0.02 ps	1/0.13 ps

　　类似地，在 3000 K 下经常能捕捉到 FOX-7 分子的氢转移过程（图 9.35），其热分解具有明显的热力学优势（图 9.36）。然而，在 MD 程序升温的模拟条件下，氢转移并不是主导 FOX-7 分解的初始反应，甚至氢转移都不会发生，这是因为程序升温条件下 FOX-7 分子结构大幅度扭转，大大降低了氢转移的可能性[129]。

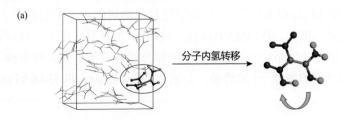

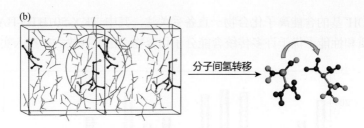

图 9.35 在 3000 K 条件下加热 FOX-7 时发生的分子内氢转移 (a) 和分子间氢转移 (b) 的快照，以红色椭圆圈中示出[129]

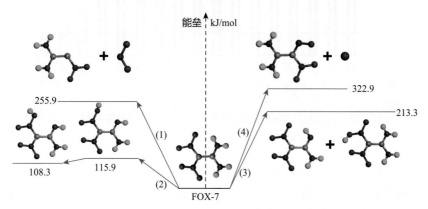

图 9.36 在 B3LYP/6-311++G(d,p) 水平上 FOX-7 四个热分解路径所需能量的比较[129]

9.5 氢转移的影响

9.5.1 氢转移对热稳定性的影响

(1) 提高热稳定性 (以 NH_3OH^+ 离子化合物与中性 NH_2OH 分子比较为例)。氢转移可以增加或降低热稳定性。

通过氢转移提高化合物热稳定性的一个典型例子就是 NH_2OH。NH_2OH 作为一种广泛应用于各个领域的重要物质[159]，自身却有一个缺点，即具有相当高的热不稳定性，纯 NH_2OH 在 33 ℃ 时就容易分解[160]。这个缺点有时可能是致命的，历史上就有两起严重事故都是由 NH_2OH 的热不稳定性引起的[161,162]。NH_2OH 易离子化形成 NH_3OH^+，并能与含能阴离子或酸离子沉积形成含能离子化合物。一方面，这些 NH_3OH^+ 基含能离子化合物通常比纯 NH_2OH 热力学上更稳定，即含能离子化合物相比于纯 NH_2OH，热解温度 T_d 显著提高 (图 9.37)。另一方面，与其他阳离子相比，NH_3OH^+ 的强分子间氢键能使含能离子化合物在引入 NH_3OH^+ 后，堆积系数和晶体堆积密度都有所提高[90]。高晶体堆积密度又能提高含能化合物的爆轰性能，因此 NH₃OH⁺基的含能离子化合物一直备受关注，其中 TKX-50（BTO-HA 离子盐）在某些性质和性能上优于许多传统含能分子化合物，已经被放大并投入实际应用。

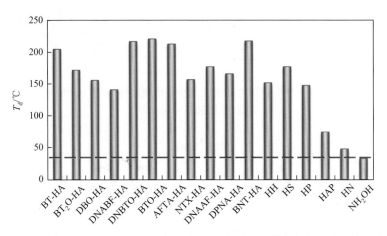

图 9.37　纯 NH₂OH 和 NH₃OH⁺（HA）基含能离子化合物热解温度（T_d）的对比

图中 NH₃OH⁺基化合物的 T_d 都高于纯 NH₂OH[163]

最近，Ma 等探究了 NH₃OH⁺基含能离子化合物与纯 NH₂OH 相比 T_d 增强的根源[163]。首先，他们对双分子反应的分解机理进行了重新评估。图 9.38 为 NH₂OH 两种二聚体及其形成方式，分别以分子间 O···H—O 和 N···H—O 及 N···H—O 和 N···H—N 氢键形成 Dimer-I 和 Dimer-II，这两个二聚体的能量分别为–25.3 kJ/mol 和–23.5 kJ/mol（相比于两个孤立 NH₂OH 分子的总能量，图 9.39）。Dimer-I 的二聚能稍大，表明 O···H—O 氢键强度略高于 N···H—N。此外，如图 9.38 所示，Dimer-I

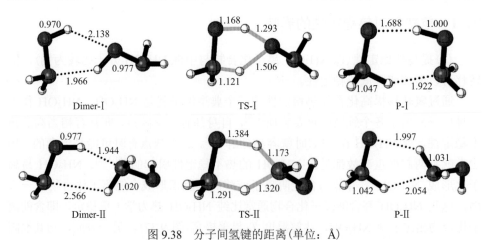

图 9.38　分子间氢键的距离（单位：Å）

图中列举了两个作为反应物的二聚体及其过渡态和氢转移相关产物。Dimer-I 具有较短的平均氢键距离和因而具有较负的二聚能[163]

比 Dimer-II 更紧凑，即 Dimer-I 的 O…H—O 距离(2.138 Å)明显短于 Dimer-II 的 N…H—N(2.566 Å)。此外，关于两个反应物二聚体的氢转移相关产物，P-I 相比于 P-II 也更紧凑。图 9.39 表明，两种二聚体的二聚能差距较小，但它们氢转移的能垒分别为 94.3 kJ/mol(Dimer-I) 和 119.4 kJ/mol(Dimer-II)，存在显著差异。对于产物 NH_3O+NH_2OH，由 Dimer-I 形成的 P-I 能量比 Dimers-II 形成的 P-II 能量低 30.5 kJ/mol。总体来说，Dimer-I 更有可能形成并进行后续分解反应。此外，NH_2OH 可以通过 NH_2—OH 键断裂和 OH 离去进行单分子分解反应，但其能垒高达 246.8 kJ/mol[163]。相比之下，图 9.39 中所示 Dimer-I 至 P-I 的双分子反应，产物为 NH_3O，能垒仅有 94.3 kJ/mol，在能量上更占优。此结果也解释了为什么在实验中观察到了 NH_2OH 的快速分解。

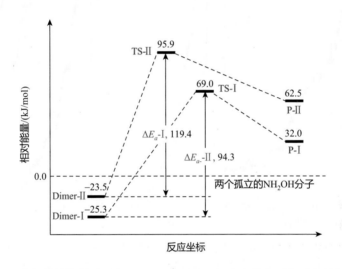

图 9.39　图 9.38 中相关结构相对于在 B3LYP/6-311++G(d,p) 理论水平上两个孤立的 NH_2OH 分子的内能和的能量。Dimer-I 相较于 Dimer-II 更易形成，二聚化能也稍大一些，并且能垒更浅 (TS-I)，更容易转变为相应的产物(P-I)。因此，从动力学上看，HA 更易沿着 Dimer-I→P-I 分解[163]

　　此外，Ma 等采用 3 种模型对凝聚相的 NH_2OH 进行了一系列 MD 模拟，以验证在热分解中双分子反应快于单分子反应[163]。这些模型的密度不同，分别为 1.40 g/cm³、0.14 g/cm³ 和 0.014 g/cm³，对应的相邻分子质心间距分别为 3.90 Å、8.45 Å 和 18.20 Å，这样的模拟设置有助于理想地确定初始反应究竟是单分子还是双分子反应。对于 NH_2OH 水溶液的模拟，他们建立了一个含有 NH_2OH 和水分子的无定形混合物(质量比为 1:1，密度为 1.11 g/cm³)的盒子，并采用 ReaxFF-MD 模拟来研究 NH_2OH 水溶液的热稳定性[163]。图 9.40 显示，密度降低了的 NH_2OH(稀疏的 NH$_2$OH）和在水溶液中稀释了的 NH$_2$OH 较正常条件下的 NH$_2$OH 热解速率降低，这意味着 NH$_2$OH 的热分解中双分子反应占主导地位。

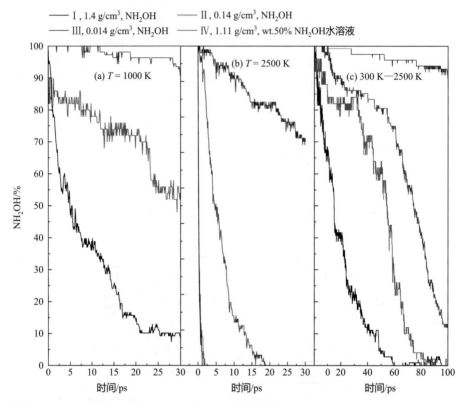

图 9.40　不同密度的 NH$_2$OH 和 NH$_2$OH 水溶液的分解演变过程。分别在 1000 K（a）和 2500 K（b）恒定温度及 300 K 至 2500 K 的程序升温（c）条件下进行的 ReaxFF-MD 模拟。模拟结果表明，越分散的 NH$_2$OH 分解速率越慢，且 NH$_2$OH 水溶液中 NH$_2$OH 被水分子隔离，分解速率也会降低[163]

　　接下来，我们将讨论 NH$_2$OH 质子化带来的影响。图 9.41 比较了 NH$_2$OH 及其质子化衍生物 NH$_3$OH$^+$ 的键解离能（BDE），发现 NH$_2$OH 在质子化后，键能有所增强。表明可通过质子化提高 NH$_2$OH 的分子稳定性。图 9.42 所示的 NBO 电荷进一步论证了分子稳定性的增强。在 NH$_2$OH 中，氮原子和氧原子都带负电，它们之间存在一定的静电斥力，而质子化后这种排斥作用会减弱，氮原子和氧原子上的负电荷分别从 –0.527 e 和 –0.594 e 降至 –0.360 e 和 –0.464 e［图 9.42（a）～（b）］。通过比较不同键的 BDE 值，NH$_2$OH 和 NH$_3$OH$^+$ 中 N—O 键 BDE 最弱，充当分子分解的触发键。因此，N—O 键的稳定性增强就意味着整个分子的稳定性得到增强。

从图 9.41 中还可以看出，NH_2OH 的 N—H 键的 BDE（340.8 kJ/mol）比 O—H 键的 BDE（300.1 kJ/mol）更大。NH_2OH 质子化后，N—H 和 O—H 键略微延伸，氢原子上的正电荷显著增加，意味着离子性增强，发生质子化的概率增大[164]。对于 NH_2O〔图 9.42（c）〕，与其质子化后形成的 NH_3O^+〔图 9.42（d）〕相比，它的 N—O 键及 N—H 键更短，意味着 NH_2O 的稳定性更高。因此，BDE 更大的 NH_3OH^+ 中 O—H 键断裂所需能量也更大。尽管 NHOH 的 N—O 键〔图 9.42（e），1.371 Å〕比其质子化物 NH_2OH^+〔图 9.42（f），1.298 Å〕更长，但 NHOH 中氧、氮原子电荷差值更大，静电吸引更强。总体来说，NHOH 质子化后分子稳定性能得到了提高。此外，NHOH 质子化变为 NH_2OH^+ 后，O—H 键和 N—H 键的键解离能分别增加了 168.3 kJ/mol 和 32.6 kJ/mol，O—H 键强度提高得更多。这也可以通过比较 NH_2OH^+ 的两种去质子化产物的分子稳定性来理解，即 O—H 键断裂产生的 NH_2O 和 N—H 键断裂产生的 NHOH。NH_2O 中的 N—O 键比 NHOH 中的 N—O 键短约 0.1 Å，意味着 O—H 键断裂比 N—H 键断裂所需的能量更多。此外，NH_2OH 的两种质子化形式，NH_3O^+〔图 9.42（d）〕和 NH_2OH^+〔图 9.42（f）〕，前者的 O—N 键

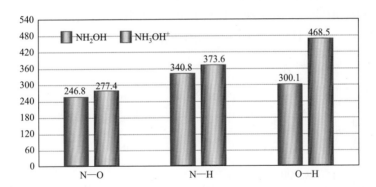

图 9.41　NH_2OH 和 NH_3OH^+ 间不同键断裂的键解离能（BDE）对比（单位：kJ/mol）

质子化后所有键的 BDE 增加。BDE 预测水平为 B3LYP/6-311++G（d,p）[163]

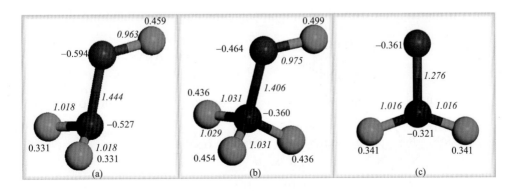

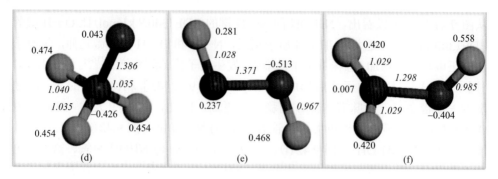

图 9.42 NH$_2$OH(a)、NH$_3$OH$^+$(b)、NH$_2$O(c)、NH$_3$O$^+$(d)、NHOH(e)和 NH$_2$OH$^+$(f)的 NBO 电荷(正体)和键长(斜体)对比[163]

稍长,两个键长差值约 0.088 Å。二者在氮原子和氧原子之间也有类似的静电吸引情况,N$^{-0.426}$—O$^{+0.043}$ 和 N$^{+0.007}$—O$^{-0.404}$ 具有相似强度的吸引作用。也就是说,NH$_3$O$^+$ 比 NH$_2$OH$^+$在能量上更不稳定。此外,NH$_2$OH$^+$中的 O—H 键和 N—H 键 BDE 分别为 468.5 kJ/mol 和 373.6 kJ/mol,O—H 键键能更强。总之,质子化后分子相比于孤立的 NH$_2$OH 分子,分子稳定性显著提高。此外,Ma 等还进行了一系列 DFT 计算(图 9.43),证实 HA 基离子化合物的热稳定性高于纯 NH$_2$OH[163]。

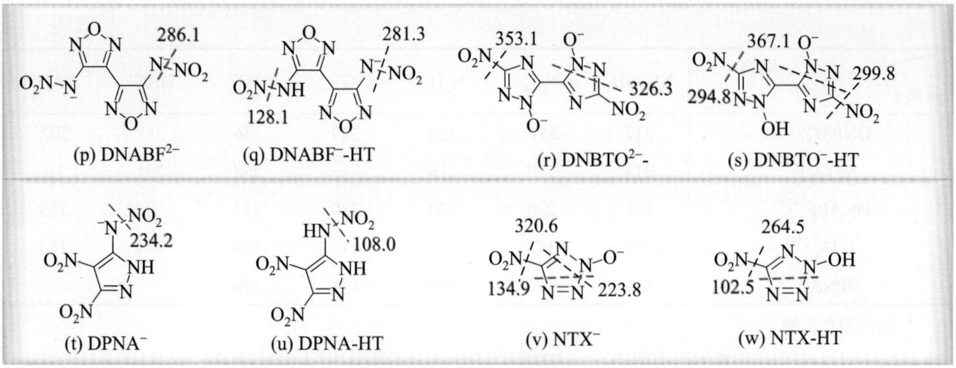

图 9.43　一些阴离子和相关氢转移后产物的分解能垒

虚线表示分解开始时可能断裂的键，而蓝色虚线和值分别表示能量最有利的分解路径和相对能垒。HT 表示氢转移产物。所有预测水平均为 B3LYP/6-311++G(d,p)[163]

(2)降低热稳定性(以 NH_3OH^+ 离子化合物与其他具有相同阴离子的化合物比较为例)。当前，含能离子化合物正在蓬勃发展，其种类和数目都在逐年大幅上升。含能离子化合物主要来源于数量众多阳离子和阴离子的组合。同时，人们认为离子化有助于提高分子稳定性、堆积密度和能量释放，这些都进一步推动了含能离子化合物的迅猛发展。

成盐(如通过质子化)是使某些不稳定物质稳定的有效方法[163]。上一节中我们提及，与纯 NH_2OH 相比，所有的 NH_3OH^+ 基含能离子化合物的热解温度 T_d 都显著提高。另外，我们也比较了这些 NH_3OH^+ 基含能离子化合物之间的热稳定性。表 9.6 列出了由一系列阴阳离子组成的一些离子化合物的热解温度 T_d，可以看出在具有相同阴离子的所有离子化合物中，除 NTX 基化合物外，阳离子为 NH_3OH^+ 的化合物 T_d 值通常都是最低的。本节将通过实验检测和 MD 模拟(详细信息参见参考文献[166])，以典型的 TKX-50 为例[81]展示含能离子化合物间热解温度差异的内在机制。氢转移对热稳定性的影响也将在本节中通过 TKX-50 及 HA-DNABF[80]、G-BTO[81]和 G-DNABF[80]的热分解机理进行例证。这四种含能离子化合物具有相同的阳离子(NH_3OH^+ 或 G^+)或阴离子(BTO^{2-} 或 $DNABF^{2-}$)，便于从组分入手进行比较。已证实，TKX-50 在 180℃左右会发生热致相变[140]，加热速率的不同会使 T_d 在 210~250℃范围内变化[81,136,165,166]。

表 9.6　部分含能离子化合物的热解温度 T_d(℃)比较

阴离子 阳离子	NH_3OH^+	NH_4^+	$N_2H_5^+$	G^+	AG^+	DAG^+	TAG^+
$BTO^{2-[81]}$	210	290	220	274	228	—	210
$BT^{2-[77]}$	205	312	234	316	251*	208*	207*
$BT_2O^{2-[78]}$	172	265	—	331	255	—	217*

续表

阴离子 \ 阳离子	NH₃OH⁺	NH₄⁺	N₂H₅⁺	G⁺	AG⁺	DAG⁺	TAG⁺
DNBTO²⁻[83]	217	257*	228	329	246	—	207*
AFTA⁻[87]	213	277	216	—	258	231	216
DNABF²⁻[80]	141	230	230	280	215	—	203
NTX⁻[88]	157	173	—	211	185	174	153
DPNA⁻[71]	166	195	180	171	200	—	—

* 结晶为水合物。

图 9.44 展示了从 23℃加热至 200℃并退火至初始温度过程中 TKX-50 的拉曼光谱的演变情况。可以看出，TKX-50 在 180℃左右出现的许多新的振动峰，这被认为是形成了新的 TKX-50 的热诱导晶相，即 meta-TKX-50[140]。在温度继续升高至 200℃的过程中，这些新的振动先增强，后持续减弱，这意味着样品在持续发生反应并减少。在 200℃保持加热 60 min 并退火至 23℃后，NH₃OH⁺峰消失，而 BTO/2H₂O（1,1′-BTO·2H₂O）和 ABTOX 依然存在，表明 NH₃OH⁺在 BTO 环断裂前

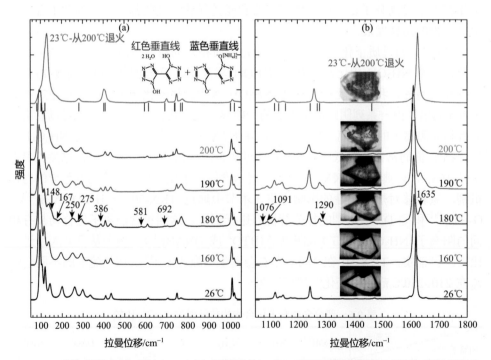

图 9.44　升温速率为 5℃/min 时，加热和退火过程中 TKX-50 的拉曼光谱和显微照片的演变情况

从图中可以看出，拉曼光谱的第一次显著变化发生在 180℃，第二次显著变化出现在 200℃。样品在 190℃开始分解[136]

就已完全分解。图 9.44 中样品外观的显微照片证实 180℃时 TKX-50 开始分解。换句话说，温度在 180℃以下时，晶体呈现出透明状并能正常存在，在 180℃时会产生一些核，190℃前不透明度会持续增加约 30 min。

关于 TKX-50 的 DSC-TGA 的热分解实验也相应开展，在实验中，温度先以 5℃/min 匀速从 23℃升高到 190℃，然后在 190℃下保温 3 h，再以相同速率升温到 400℃ ［图 9.45(a)］。该实验也验证了上述拉曼光谱的结果[136]，即 NH_3OH^+ 分解而 BTO 环未开环解离。据 TGA 曲线可知，190℃保温几分钟后样品质量开始减少，三小时内缓慢下降约 16%，210℃后迅速下降，与之前报道的 T_d 峰值一致[81,140,165]。图 9.45(b) 中 TKX-50 晶体外观的演变过程也能反映出加热中 TKX-50 晶体的演变。

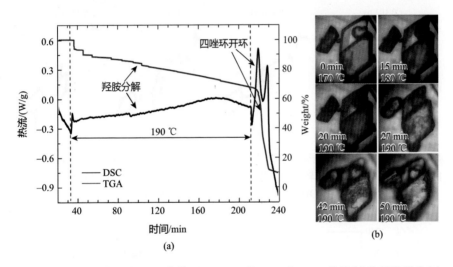

图 9.45　从 23℃升温至 400℃条件下 TKX-50 的 DSC 和 TGA 曲线(a)和显微照片(b)

在实验中，温度先以 5℃/min 的速率从 23℃升至 190℃，然后在 190℃下保温 3 h，后以相同的速率升至 400℃[136]

Lu 等的 AIMD 模拟计算也再现了 TKX-50 的热分解过程[136]。在 AIMD 模拟中 NH_3OH^+ 的质子化不同于往常。由于静电斥力，具有相同电荷的两个离子原本很难接近并发生反应。然而，NH_3OH^+ 的质子化实实在在地发生了。质子化过程有两种：质子转移在两个 NH_3OH^+ 之间 ［图 9.46(a)］ 及 NH_3OH^+ 与 $C_2HO_2N_8^-$ 之间 ［图 9.46(b)］。通过质子化形成了 H_2O^+ 和 NH_3^+，这为随后生成 ABTOX 和 BTO/$2H_2O$ 奠定基础。这是在 TKX-50 热分解机理中发现的一个全新的机制，其他 NH_3OH^+ 基含能离子化合物中可能也存在这种分解机制。

Lu 等通过研究确认了质子化在热力学和动力学上的可行性[136]，Zhao 和 Frisch 等在 M06-2X/aug-cc-pvdz 的水平上计算获得了气相反应的势能面，如图 9.47 所示[167,168]。NH$_3$OH$^+$与游离 H$^+$反应，质子化势垒仅 8.8 kJ/mol，反应最终形成 NH$_3^+$和 H$_2$O$^+$，反应放热 543.2 kJ/mol，因此在能量上具备一定的优势。因为 NH$_3$OH$^+$中氧原子和相邻的 H$^+$带有相反的电荷，它们之间存在静电吸引。此外，氧原子拥有两个孤电子对，易于与 H$^+$化学结合。此外，图 9.47 中，NH$_3$OH$^+$分子的键长和原子的 NBO 电荷同样证实了质子化的可行性[136]。

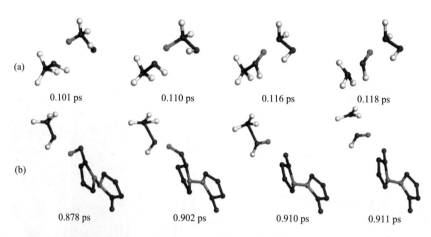

图 9.46　NH$_3$OH$^+$质子化和质子化分解产物 H$_2$O$^+$和 NH$_3^+$的快照。C、H、N 和 O 原子分别用灰色、白色、蓝色和红色表示。转移的氢原子采用绿色以区别显示。(a) 和 (b) 分别表示两种氢转移方式，即从一个 NH$_3$OH$^+$ 到另一个 NH$_3$OH$^+$ (a)，从 NH$_3$OH$^+$到 C$_2$O$_2$N$_8^{2-}$ (b)[136]

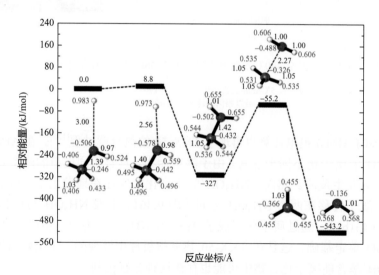

图 9.47　NH$_3$OH$^+$+H$^+$→NH$_3$OH$_2^{2+}$→NH$_3^+$+H$_2$O$^+$反应的势能面（黑色，单位为 kJ/mol）及所有分子的键长（蓝色）和原子的 NBO 电荷（红色）。NH$_3$OH$^+$质子化的势垒非常低（8.8 kJ/mol），但释能显著（543.2 kJ/mol）[136]

相比于其他阳离子组成的离子化合物，含 NH_3OH^+ 的离子化合物热稳定性最低。这可以通过 NH_3OH^+ 的质子化机制进行阐明，这与 NH_3OH^+ 基化合物中的不同分子间相互作用密切相关。以 TKX-50、HA-DNABF、G-BTO 和 G-DNABF 为例进行比较，这四种化合物分别具有相同阴离子或阳离子。由于 NH_3OH^+ 可以同时作为氢键受体和氢键供体[90,138]，因此 HA 基离子化合物中含有大量的中等强度和高强度的氢键。如图 9.48(a)（TKX-50）和图 9.48(c)（HA-DNABF）中的蓝色虚线所示，除了 NH_3OH^+ 和阴离子间的氢键之外，这些 NH_3OH^+ 之间本身也可以形成氢键，而在两种 G 基化合物 G-BTO 和 G-DNABF 中却不存在这种氢键。一般情况下，强的分子间相互作用有助于提高热稳定性，但 NH_3OH^+ 基离子化合物中强分子间氢键会促进双分子反应，反而会降低热稳定性，例如上述很容易发生的 NH_3OH^+ 的质子化过程[136]。

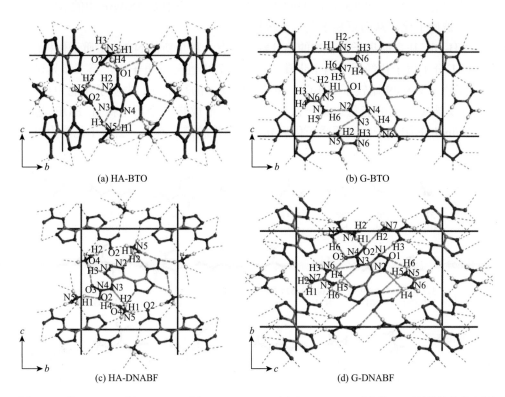

图 9.48　沿 HA-BTO(a)、G-BTO(b)、HA-DNABF(c) 和 G-DNABF(d) 的[001]面的晶体堆积图

指定阴离子周围的氢键、单个晶胞中两个阳离子间的氢键和其余的氢键分别用绿色、蓝色和黑色表示。在两种 NH_3OH^+ 基化合物［(a)和(c)］中观察到相邻阳离子间存在分子间氢键，而两种 G 基化合物［(b)和(d)］中没有观察到分子间氢键[136]

　　这四种离子化合物的中性前驱体分别为 NH_2OH、G、BTO 和 DNABF，它们

的热解温度 T_d 分别为 33℃、50℃、214℃和 80℃。相比之下，四种离子化合物中只有 TKX-50(210℃) 的 T_d 比其阴离子前驱体更低，而 HA-DNABF(141℃)、G-BTO(274℃) 和 G-DNABF(280℃) 都比它们的阴离子和阳离子前驱体的热稳定性更高，这意味着 TKX-50 的热分解机理与其他离子化合物不同。为了验证这一点，Lu 等采用 AIMD 模拟方法在 NVT 系综下对 TKX-50、G-BTO 和 G-DNABF 的热分解进行分析，模拟温度设为 2500 K，模拟时长为 15 ps。他们所得结果与预期一致，TKX-50 的热分解进程比其他两种离子化合物更快。加热 G-BTO 时，观察到质子仅会从 $CH_6N_3^+$ 转移至 $C_2O_2N_8^{2-}$，两个 $CH_6N_3^+$ 间不存在质子转移；而在 G-DNABF 中，没有发现质子从 $CH_6N_3^+$ 转移到 $C_4O_6N_8^{2-}$ 的情况。这些结果都再次论证了这两种离子化合物会比起 TKX-50 具有更高的热稳定性。然而，HA-DNABF 却比 TKX-50 热稳定性更低，这是因为在 HA-DNABF 中，两个 NH_3OH^+ 的距离仅有 1.84 Å，比 TKX-50 中的 2.36 Å 更短，因而 HA-DNABF 中的 NH_3OH^+ 更容易被质子化，从而更易于发生氢转移[136]。

  NH_3OH^+ 基含能离子化合物的热分解中具有一种全新的 NH_3OH^+ 质子化机制。NH_2OH 分子质子化经历了两个步骤，第一步为中性分子质子化，第二步为进一步质子化。图 9.49 比较了 NH_3OH^+ 和其他阳离子的稳定性、去质子化能力(提供质子)及被质子化的能量。第一次质子化后，形成带一个正电荷且 BDE 超过 300 kJ/mol 的阳离子，表明质子化后分子稳定性较高。其次，去质子化能力可用

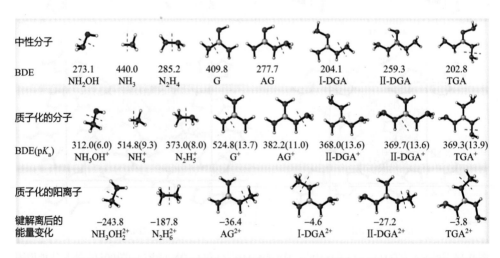

图 9.49 分子中最弱键的 BDE(键离解能，单位为 kJ/mol)、质子化后分子的 pK_a(括号内)及键解离后的能量变化[46]

对于 NH_3OH^+ 这样的阳离子，质子化需要同时考虑两方面的要求，即去质子化的能力(pK_a 小)和接受质子的能力(释放更多热量)。NH_3OH^+ 和 $N_2H_5^+$ 在这两方面的能力上高于其他阳离子[136]

pK_a 衡量，即分子的 pK_a 越小，其去质子化能力越强。NH_3OH^+ 的 pK_a 最小，提供质子的能力最强，其后依次是 $N_2H_5^+$、NH_4^+ 阳离子。二次质子化后，六个质子化阳离子均带有两个正电荷，在能量上相对都不稳定。例如，质子化阳离子 $NH_3OH_2^{2+}$ 和 $N_2H_6^{2+}$ 在形成后会分解为双自由基并释放大量的热。表明较大的热释放和较大的热力学优势都有助于二次质子化的发生。但由于 NH_4^+ 和 G^+ 的氮原子上没有孤对电子，因此不会发生二次质子化。综合而言，NH_3OH^+ 去质子化能力最强（pK_a 最负），二次质子化能力最强，释放了 243.8 kJ/mol 的最大热量，最有可能发生自行分解。这也是其在 TKX-50 热分解中先于 BTO^{2-} 分解的主要原因，也是表 9.6 中 NH_3OH^+ 基含能离子化合物热稳定性最低的根本原因。$N_2H_5^+$ 基含能离子化合物的热不稳定性仅次于 NH_3OH^+ 基离子化合物。

9.5.2 氢转移对撞击感度的影响

含能化合物的感度机制因决定于化合物自身多尺度结构和具体的刺激方式而复杂。人们普遍接受的热点理论认为，热点的尺寸大小和寿命长度对感度具有决定性作用[169,170]。而两个本征特征将有助于低感度，即高的分子稳定性和面-面 π-π 分子堆积[16,17,94,171]。此外，提高含能晶体的纯度、完美度和球形度也有助于降低感度[172]。实验研究证明，与几种常见炸药（如 TNT、β-HMX、RDX 和 ε-CL-20）相比，TKX-50 的撞击感度更低[81]。然而，从分子稳定性和分子堆积模式的角度我们很难理解 TKX-50 为什么具有较低的撞击感度。以 5 K/min 的升温速率对上述化合物进行 DSC 实验时，发现 TKX-50 的 T_d 为 494 K，远低于 TNT 的 563 K 和 β-HMX 的 552 K[81]，TKX-50 甚至比 RDX 分解得更快[165]。由此可见，TKX-50 的分子稳定性不如 TNT 和 HMX。

晶体堆积模式在决定撞击感度方面也起着重要作用。面-面 π-π 堆积结构有利于剪切滑移，避免了能量积累和热点形成，进而获得低撞击感度特性[17]。图 9.50 将 TKX-50 与两种典型含能化合物 TATB 和 HMX 的剪切特性进行了对比。TATB 是低感高能材料中最典型的代表，具有典型的面-面堆积结构和高达 50 J 的跌落能 E_{dr}。也就是说，TATB 具有非常低的滑移势垒和极高的滑移优势。与 TATB 相似，TKX-50 和 HMX 也体现出易滑移的特性。然而，我们结合分子稳定性和分子堆积结构两方面的考虑，也很难理解为什么 TKX-50 的撞击感度比 HMX 低。

事实证明，TKX-50 中存在的可逆氢转移机制才是理解 TKX-50 低撞击感度的有效途径[163]。在 TKX-50 中，可逆氢转移是否能够发生取决于温度升高或退火，即温度升高时发生氢转移，退火时氢转移产物恢复为初始反应物，升温和退火过程中都会伴随能量转移。图 9.51 阐明了该机理：当 TKX-50 上加载外部刺激并伴随温度升高时，发生氢转移，消耗了一部分能量，避免了温度升高过多及进一步

含能材料的本征结构与性能

的分子分解、热点形成和长大；进行氢转移逆反应时，会释放储存的能量。因此，外部机械刺激通过能量的储存和释放而被化学缓冲[163]。

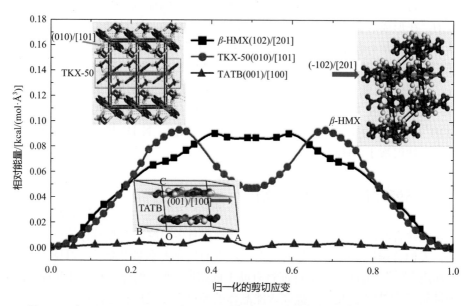

图 9.50　在 TKX-50、β-HMX 和 TATB 平衡态下滑移势能与剪切滑移张量间关系图

剪切沿 TKX-50 的 (010)/[101]、β-HMX 的 ($\bar{1}$02)/[201] 和 TATB 的 (001)/[100] 进行。滑移势能的计算以平衡体积时的能量为参照。为保证清晰起见，晶体中的滑移距离已沿滑移方向的周期性距离进行了归一化处理[138]

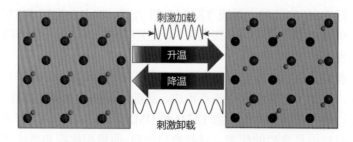

图 9.51　TKX-50 中可逆氢转移机制示意图

可逆氢转移能对外部机械刺激起到了化学缓冲作用，并有助于形成低撞击感度特性或感度降低。绿色、蓝色和紫色的球分别代表质子和两个质子受体[113]

这种可逆反应机制与先前报道的机械滑移过程完全不同[16,17,94,171]。在这种机制中，对外部刺激的缓冲是通过可逆的化学反应实现的，而不是通过滑移的机械缓冲实现的。尽管通过氢转移增加的化学能会促进分子分解，但氢转移所消耗的化学能在很大程度上能避免分子振动的增强（即温度升高）及分子分解。并且，化学能的增加是暂时的，在冷却或刺激卸载后就会被释放出来。

此外，在相对较低温度下与在高温下的氢转移存在显著差异。在低温下，氢转移可逆（例如在 TKX-50 中），几乎不会对分子本身的骨架结构产生影响。图 9.52 中展示了不同温度下测定的 TKX-50 的 XRD 图谱，以及其氢转移路径上涉及的三个稳定结构（图 9.30 中的 **S1**，**S2** 和 **S3**）。从图 9.52（a）中 PXRD 分析也能支撑这一结论：当温度从 298 K 增加到 473 K 而接近其分解温度时，晶体的堆积结构几乎不变，且发生氢转移。从图 9.52（b）中可以看到 **S1**、**S2** 和 **S3** 之间的 PXRD 模拟结果图谱几乎没有差异。这是因为氢原子的尺寸较小，在氢转移期间 C、N 和 O 原子的位置也没有变化，因此三个稳定结构的 PXRD 非常相似。这有助于材料保持稳定性，在含能化合物的实际应用中至关重要。相比之下，高温下的氢转移（如 HMX）是不可逆的，通常会引发整个分子的分解；而较低温度加热下 TKX-50 的氢转移不仅可逆，且能对外部机械刺激起到一定的化学缓冲作用。这种缓冲的原理可用于指导一些降感剂的设计。这些降感剂可以通过可逆反应，在外部机械刺激加载和卸载作用下储存和释放热量，以化学方式缓冲外部负载。这种新机制有别于其他机制，不再需要通过相变和分子构象转变（例如烯烃和聚合物[172,173]）及晶体滑移（例如石墨和 TATB[174,175]）实现能量转移。

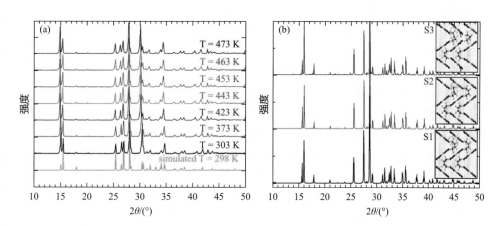

图 9.52　TKX-50 的 XRD 图谱。（a）不同温度下的实验测定结果和 298 K 下的模拟结果；（b）图 9.28 中三个稳定结构的模拟结果[113]

　　LLM-105 的加热和退火也存在这种可逆氢转移的情况。Wang 等采用了 MD 模拟方法，模拟凝聚态的 LLM-105 先加热后退火的过程[114]。他们确认了 LLM-105 第一次氢转移发生在 1668 K，考虑到这一点，他们选择在 1700 K 模拟温度下保温 5 ps，以检测氢转移过程。当 LLM-105 从 1700 K 退火到 300 K 时，LLM-105 回到初始状态，PE 也回到初始值，如图 9.53 所示。

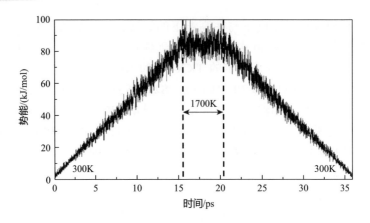

图 9.53　LLM-105 的势能演化图

LLM-105 以程序升温的方式自 300 K 加热至 1700 K，并在 1700 K 下保温 5 ps，然后退火至 300 K[114]

除了上述提及的 TKX-50 和 LLM-105 外，在含能化合物中普遍存在这一导致低撞击感度的分子内可逆氢转移机制。通常，化合物中的强分子内氢键在加热时会促进分子内氢转移。举个例子，图 9.23 中，强分子内氢键会使分子更易发生分子内氢转移，而非硝基离去，硝基离去通常会引发含硝基的含能化合物的分解。相反，在没有分子内氢键的分子中不容易发生氢转移，如 RDX、HMX、CL-20 等（图 9.20）[117]。

Xiong 等注意到，硝基化合物的撞击感度和可逆氢转移间存在一定的相关性，并总结了发生可逆氢转移的三个条件[117]：①氢转移需在动力学上最具优势。由于硝基离去通常是分子分解的初始步骤，因此在研究分子分解的初始反应时，将其与氢转移一起考虑，根据 $\Delta G_{HT} - \Delta G_{NO_2}$ 的值（ΔG_{HT} 和 ΔG_{NO_2} 之间的差值），以验证二者在分子分解的初始反应中占主导地位。在图 9.54 中，L1 下方用黑色方块表示能发生氢转移的含能硝基化合物；相反，氢转移在 NA、CL-20、TNAZ、NM、HMX、Tetryl、RDX、PENT 中很少发生，因为它们的 $\Delta G_{HT} - \Delta G_{NO_2}$ 是正值。②总能量在氢转移后需有所增加，即有热量储存，$\Delta G_T > 0$。③逆向氢转移较易发生，需要克服的势垒较低。一般来说，126 kJ/mol（约 30 kcal/mol）的分解活化能 E_a 是常温常压条件下稳定的含能化合物的最低水准，因此常用 126 kJ/mol 评估在常温常压下作为初始反应的氢转移是否可逆。根据 $\Delta G_{HT} - \Delta G_{NO_2} < 0$ 和 $\Delta G_{HT}' < 126$ kJ/mol 的标准，TATB、NTO、FOX-7、o-NA（从 N—H 转移）、LLM-105、PYX、PA、TNT、HNS、o-NT 能够发生可逆氢转移，如图 9.54 的区域 B 所示。而这些位于区域 B 的化合物都具有低撞击感度（图 9.55），表明低撞击感度与可逆氢转移之间存在一定的相关性。

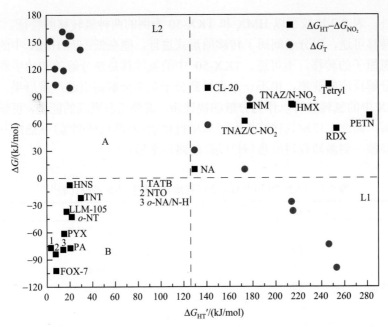

图 9.54　部分的硝基化合物 $\Delta G_{HT}{}'$ 和 $\Delta G_{HT} - \Delta G_{NO_2}$（黑色正方形）及 $\Delta G_{HT}{}'$ 和 ΔG_T（红色圆圈）之间的关系[117]

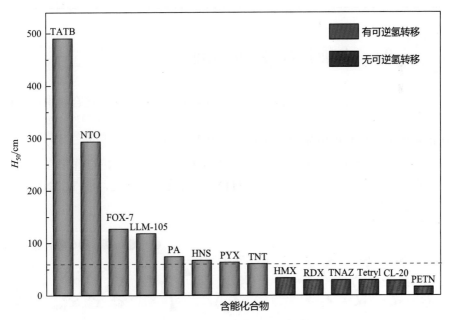

图 9.55　部分硝基化合物撞击感度和可逆氢转移间的联系[117]

此外，表 9.7 比较了以 HMX 和 TKX-50 为例的两种氢转移的特征。TKX-50 中的氢转移可逆，以分子间质子转移的形式进行，能垒低；而 HMX 中的氢转移是中性氢原子的转移，不可逆。TKX-50 中的氢转移是热分解的初始步骤，不控制整个分解反应的速率，也不一定会导致分子完全分解而引起严重后果。相较之下，HMX 中的氢转移可以作为分解的决速步，需要克服更高的能垒，可导致分子完全分解。因此，可逆氢转移机制可以用机械能(外部机械刺激)→热能→化学能储存和释放→刺激卸载后放热(对环境)的路径来描述。

表 9.7　TKX-50 和 HMX 之间初始氢转移步骤的特征比较[113]

	TKX-50	HMX
反应	质子转移	氢原子转移
反应类型	分子间	分子内
可逆性	可逆	不可逆
吸热或放热	吸热	吸热
能垒高度	低	高
初始产物的动力学稳定性	稳定	不稳定
结果	保持氢转移的中间体或进行后续反应，取决于加热温度的高低，则结果可能是安全的或者有严重后果的	自发进行后续反应，会有严重后果的

 9.6　含能化合物中的卤键

第 4.3 节简要介绍了极少出现的含能卤素化合物，在这些化合物中可能存在卤键。以三个 TNB 的卤素衍生物 TBTNB、TCTNB 和 TITNB[176-178] 为例，它们的晶体堆积结构及相互作用如图 9.56 所示。从其中的扇形图可知在三个化合物中，X⋯O 近接触均在所有的近接触类型中占比最大，这表明了 X⋯O 作用在晶体堆积中的占据主导地位。对于 TBTNB 和 TITNB，存在层间卤键，而 TCTNB 中同时存在层间和层内卤键。

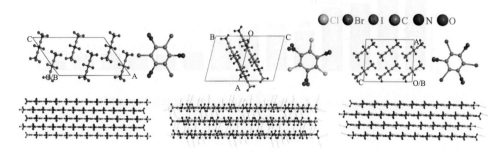

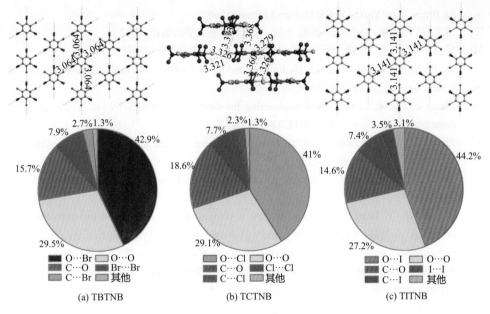

图 9.56　TXTNB(X＝B、C 和 I)三种卤素化合物的晶体堆积结构和分子间相互作用

9.7　结论与展望

本章全面介绍了传统单组分含能分子化合物和目前蓬勃发展的含能共晶及含能离子化合物中的氢键及其对晶体堆积、氢转移、撞击感度和热稳定性的影响，也对卤键及其作用做了简要介绍。对于分子内氢键，它通常和大 π 键一起存在于低感含能化合物中，有助于提高分子稳定性，分子内氢键在敏感含能化合物中很少见。而对分子间氢键来说，它在传统含能化合物中通常表现为强度弱而密度大。低感含能化合物的分子内或分子间氢键通常比敏感含能化合物更强，与此类似的情形也发生在含能分子共晶中。含能共晶可以在超分子合成子概念的指导下设计，这一概念涵盖了氢键供体、氢键受体及其相互作用，尽管氢键强度相对较弱。与传统单组分含能化合物及含能共晶大为不同的是，含能离子化合物中氢键供受体的极性更强，氢键作用也显著增强。含能离子化合物中也发现了氢键对含能化合物稳定性影响的双面效应，即强氢键通常通过可逆氢转移有利于低撞击感度，而不可逆氢转移会使化合物热稳定性变差。因此，在实际应用中应平衡考量含能化合物氢键的双面效应。

参 考 文 献

[1]　Pauling L. The Nature of the Chemical Bond and the Structure of Molecules and Crystals. 3rd

ed. Ithaca, New York: Cornell University Press, 1960.

[2] 周公度, 段连运. 结构化学基础. 5 版. 北京: 北京大学出版社, 2017.

[3] 黎占亭, 张丹维. 氢键: 分子识别与自组装. 北京: 化学工业出版社, 2017.

[4] Bu R, Xiong Y, Wei X, et al. Hydrogen bonding in CHON contained energetic crystals: A review. Cryst. Growth Des., 2019, 19: 5981-5997.

[5] Zhang C, Jiao F, Li H. Crystal engineering for creating low sensitivity and highly energetic materials. Cryst. Growth Des., 2018, 18: 5713-5726.

[6] Zhang C, Yang Z, Zhou X, et al. Evident hydrogen bonded chains building CL-20-based cocrystals. Cryst. Growth Des., 2014, 14: 3923-3928.

[7] Liu G, Li H, Gou R, et al. Packing structures of the CL-20-based cocrystals. Cryst. Growth Des., 2018, 18: 7065-7078.

[8] Wei X, Ma Y, Long X, et al. A strategy developed from the observed energetic-energetic cocrystals of BTF: Cocrystallizing and stabilizing energetic hydrogen-free molecules with hydrogenous energetic coformer molecules. CrystEngComm., 2015, 17: 7150-7159.

[9] Arunan E, Desiraju G R, Klein R A, et al. Definition of the hydrogen bond (IUPAC Recommendations 2011). Pure Appl. Chem., 2011, 83: 1637-1641.

[10] Jeffrey G A. An Introduction to Hydrogen Bonding. New York: Oxford University Press, 1997.

[11] Desiraju G R, Steiner T. The Weak Hydrogen Bond in Structural Chemistry and Biology. Oxford: Oxford University Press, 1999.

[12] Bader R F W. Atoms in Molecules: A Quantum Theory, the International Series of Monographs of Chemistry. Oxford: Oxford Clarendon Press, 1990.

[13] Espinosa E, Molins E. Retrieving interaction potentials from the topology of the electron density distribution: The case of hydrogen bonds. J. Chem. Phys., 2000, 113: 5686-5694.

[14] Spackman M A, McKinnon J J. Fingerprinting intermolecular interactions in molecular crystals. CrystEngComm., 2002, 4: 378-392.

[15] Spackman M A, Jayatilaka D. Hirshfeld surface analysis. CrystEngComm., 2009, 11: 19-32.

[16] Ma Y, Zhang A, Zhang C, et al. Crystal packing of low-sensitive and high-energetic explosives. Cryst. Growth Des., 2014, 14: 4703-4713.

[17] Ma Y, Zhang A, Xue X, et al. Crystal packing of impact-sensitive high-energetic explosives. Cryst. Growth Des., 2014, 14: 6101-6114.

[18] United Nations. Recommendations on the Transport of Dangerous Goods, Manual of Tests and Criteria. 5th ed. New York, 2009: 69-103.

[19] North Atlantic Treaty Organization. STANAG 4489—Explosives, impact sensitivity tests. Brussels, 1999.

[20] USSR State Standard Specification USSR 4545-88. Explosives, High. Sensitivity Characterization for Impact. 1988.

[21] Cady H H, Larson A C. The crystal structure of 1,3,5-triamino-2,4,6-trinitrobenzene. Acta Crystallogr., 1965, 18: 485-496.

[22] Choi C S. Refinement of 2-nitroguanidine by neutron powder diffraction. Acta Cryst., 1981, B37: 1955-1957.

[23] Beal R W, Incarvito C D, Rhatigan B J, et al. X-Ray crystal structures of five nitrogen-bridged bifurazan compounds. Propellants, Explos., Pyrotech., 2000, 25: 277-283.

[24] Gilardi R. Private Communication. 1999.

[25] Holden J R. The structure of 1,3-diamino-2,4,6-trinitrobenzene, Form Ⅰ. Acta Crystallogr., 1967, 22: 545-550.

[26] Kolev T, Berkei M, Hirsch C, et al. Crystal structure of 4,6-dinitroresorcinol, $C_6H_4N_2O_6$. New Cryst. Struct., 2000, 215: 483-484.

[27] Bolotina N, Kirschbaum K, Pinkerton A A. Energetic materials: α-NTO crystallizes as a four-component triclinic twin. Acta Cryst., 2005, B61: 577-584.

[28] Holden J R, Dickinson C, Bock C M. Crystal structure of 2,4,6-trinitroaniline. J. Phys. Chem., 1972, 76: 3597-3602.

[29] Evers J, Klapötke T M, Mayer P, et al. α-and β-FOX-7, polymorphs of a high energy density material, studied by X-ray single crystal and powder investigations in the temperature range from 200 to 423 K. Inorg. Chem., 2006, 45: 4996-5007.

[30] Gilardi R D, Butcher R J. 2,6-Diamino-3,5-dinitro-1,4-pyrazine 1-oxide. Acta Cryst., 2001, E57: o657-o658.

[31] Choi C S, Abel J E. The crystal structure of 1,3,5-trinitrobenzene by neutron diffraction. Acta Cryst., 1972, B28: 193-201.

[32] Oyumi Y, Brill T B, Rheingold A L. Thermal decomposition of energetic materials. 7. High-rate FTIR studies and the structure of 1,1,1,3,6,8,8,8-octanitro-3,6-diazaoctane. J. Phys. Chem., 1985, 89: 4824-4828.

[33] Trotter J. Bond lengths and angles in pentaerythritol tetranitrate. Acta Cryst., 1963, 16: 698-699.

[34] Archibald T G, Gilardi R, Baum K, et al. Synthesis and X-ray crystal structure of 1,3,3-trinitroazetidine. J. Org. Chem., 1990, 55: 2920-2924.

[35] Choi C S, Prince E. The crystal structure of cyclotrimethylenetrinitramine. Acta Cryst., 1972, B28: 2857-2862.

[36] Choi C S, Boutin H P. A study of the crystal structure of β-cyclotetramethylene tetranitramine by neutron diffraction. Acta Cryst., 1970, B26: 1235-1240.

[37] Gilardi R, Flippen-Anderson J L, Evans R. Cis-2,4,6,8-tetra-nitro-1H, 5H-2,4,6,8-tetra-aza-bicyclo[3.3.0]octane, the energetic compound 'bi-cyclo-HMX'. Acta Crystallogr., 2002, E58: o972-o974.

[38] Nielsen A T, Chafin A P, Christian S L, et al. Synthesis of polyazapolycyclic caged polynitramines. Tetrahedron., 1998, 54: 11793-11812.

[39] Cady H H, Larson A C, Cromer D T. The crystal structure of benzotrifuroxan (hexanitrosobenzene). Acta Crystallogr., 1966, 20: 336-341.

[40] Akopyan Z A, Struchkov Y T, Dashevii V G. Crystal and molecular structure of hexanitrobenzene. J. Struct. Chem., 1966, 7: 385-392.

[41] Zhang M X, Eaton P E, Gilardi R. Hepta- and octanitrocubanes. Angew. Chem., Int. Ed., 2000, 39: 401-404.

[42] Bolton O, Matzger A J. Improved stability and smart-material functionality realized in an energetic cocrystal. Angew. Chem., Int. Ed., 2011, 50: 8960-8963.

[43] Landenberger K B, Matzger A J. Cocrystal engineering of a prototype energetic material: Supramolecular chemistry of 2,4,6-trinitrotoluene. Cryst. Growth Des., 2010, 10: 5341-5347.

[44] Landenberger K B, Matzger A J. Cocrystals of 1,3,5,7-tetranitro-1,3,5,7-tetrazacy-clooctane (HMX). Cryst. Growth Des., 2012, 12: 3603-3609.

[45] Bolton O, Simke L R, Pagoria P F, et al. High power explosive with good sensitivity: A 2:1 cocrystal of CL-20: HMX. Cryst. Growth Des., 2012, 12: 4311-4314.

[46] Zhang C, Cao Y, Li H, et al. Toward low-sensitive and high-energetic cocrystal I: Evaluation of the power and the safety of observed energetic cocrystals. CrystEngComm., 2013, 15: 4003-4014.

[47] Bennion J C, McBain A, Son S F, et al. Design and synthesis of a series of nitrogen-rich energetic cocrystals of 5,5'-dinitro-2H,2H'-3,3'-bi-1,2,4-triazole (DNBT). Cryst. Growth Des., 2015, 15: 2545-2549.

[48] Zhang J, Parrish D A, Shreeve J M. Curious cases of 3,6-dinitropyrazolo[4,3-c]pyrazole-based energetic cocrystals with high nitrogencontent: An alternative to salt formation. ChemComm., 2015, 51: 7337-7340.

[49] Liu Y, Li S, Xu J, et al. Three energetic 2,2',4,4',6,6'-hexanitrostilbene cocrystals regularly constructed by H-bonding, π-stacking, and van der Waals interactions. Cryst. Growth Des., 2018, 18: 1940-1943.

[50] Wu J, Zhang J, Li T, et al. A novel cocrystal explosive NTO/TZTN with good comprehensive properties. RSC Adv., 2015, 5: 28354-28359.

[51] Yang Z, Li H, Zhou X, et al. Characterization and properties of a novel energetic-energetic cocrystal explosive composed of HNIW and BTF. Cryst. Growth Des., 2012, 12: 5155-5158.

[52] Zhang H, Guo C, Wang X, et al. Five energetic cocrystals of BTF by intermolecular hydrogen bond and π-stacking interactions. Cryst. Growth Des., 2013, 15: 679-687.

[53] Yang Z, Wang Y, Zhou J, et al. Preparation and performance of a BTF/DNB cocrystal explosive. Propellants, Explos., Pyrotech., 2014, 39: 9-13.

[54] Martun S S, Marre S, Guionnean P, et al. Host-guest inclusion compound from nitramine crystals exposed to condensed carbon dioxide. Chem. Eur. J., 2010, 16: 13473-13478.

[55] Wang Y, Yang Z, Li H, et al. A novel cocrystal explosive of HNIW with good comprehensive properties. Propellants, Explos., Pyrotech., 2014, 39: 590-596.

[56] Aldoshin S M, Aliev Z G, Goncharov T K, et al. Crystal structure of cocrystals 2,4,6,8,10,12-hexanitro-2,4,6,8,10,12-hexaazatetracyclo[5.5.0.0^{5,9}.0^{3,11}]dodecane with 7H-$tris$-1,2,5-oxadiazolo(3,4-b: 3',4'-d: 3'',4''-f) Azepine. J. Struct. Chem., 2014, 55: 327-331.

[57] Aldoshin S M, Aliev Z G, Goncharov T K. Crystal structure of 2,4,6,8,10,12-hexanitro-2,4,6,8,10,12-hexaazaisowurtzitane solvate with ε-caprolactam. J. Struct. Chem., 2014, 55: 709-712.

[58] Shen F, Lv P, Sun C, et al. The crystal structure and morphology of 2,4,6,8,10,12-hexanitro-2,4,6,8,10,12-hexaazaisowurtzitane (CL-20) p-xylene solvate: A joint experimental and

simulation study. Molecules, 2014, 19: 18574-18589.

[59] Urbelis J H, Young V G, Swift J A. Using solvent effects to guide the design of a CL-20 cocrystal. CrystEngComm., 2015, 17: 1564-1568.

[60] Goncharov T K, Aliev Z G, Aldoshin S M, et al. Preparation, structure, and main properties of bimolecular crystals CL-20-DNP and CL-20-DNG. Russ. Chem. Bull., In. Ed., 2015, 64: 366-374.

[61] Liu K, Zhang G, Luan J, et al. Crystal structure, spectrum character and explosive property of a new cocrystal CL-20/DNT. J. Mol. Struct., 2016, 1110: 91-96.

[62] Aliev Z G, Goncharov T K, Aldoshin S M, et al. Structure and properties of a bimolecular crystal (2CL-20 + MNO). J. Mol. Struct., 2016, 57: 1613-1618.

[63] Zyuzin I N, Aliev Z G, Goncharov T K, et al. Structure of a bimolecular crystal of 2,4,6,8,10,12-hexanitro-2,4,6,8,10,12-hexaazaisowurtzitane and methoxy-NNO-azoxymethane. J. Struct. Chem., 2017, 58: 113-118.

[64] Ma Q, Jiang T, Chi Y, et al. A novel multi-nitrogen 2,4,6,8,10,12-hexanitrohexaazaisow- urtzitane-based energetic co-crystal with 1-methyl-3,4,5-trinitropyrazole as a donor: Experimental and theoretical investigations of intermolecular interactions. New J. Chem., 2017, 41: 4165-4172.

[65] Aliev Z G, Goncharov T K, Dashko D V, et al. Polymorphism of bimolecular crystals of CL-20 with tris[1,2,5]oxadiazolo[3,4-b: 3′,4′-d: 3″,4″-f]azepine-7-amine. Russ. Chem. Bull., Int. Ed., 2017, 66: 694-701.

[66] Yang Z, Zeng Q, Zhou X, et al. Cocrystal explosive hydrate of a powerful explosive, HNIW, with enhanced safety. RSC Adv., 2014, 4: 65121-65126.

[67] Zhang C, Xiong Y, Jiao F, et al. Redefining the term of cocrystal and broadening its intension. Cryst. Growth Des., 2019, 19: 1471-1478.

[68] Wei X, Zhang A, Ma Y, et al. Toward low-sensitive and high-energetic cocrystal III: Thermodynamics of energetic-energetic cocrystal formation. CrystEngComm., 2015, 17: 9037-9047.

[69] Gao H, Shreeve J M. Azole-based energetic salts. Chem. Rev., 2011, 111: 7377-7436.

[70] Vo T T, Parrish D A, Shreeve J M. Tetranitroacetimidic acid: A high oxygen oxidizer and potential replacement for ammonium perchlorate. J. Am. Chem. Soc., 2014, 136: 11934-11937.

[71] Yin P, Parrish D A, Shreeve J M. Energetic multifunctionalized nitraminopyrazoles and their ionic derivatives: Ternary hydrogen-bond induced high energy density materials. J. Am. Chem. Soc., 2015, 137: 4778-4786.

[72] He C, Shreeve J M. Energetic materials with promising properties: Synthesis and characterization of 4,4′-bis(5-nitro-1,2,3-2H-triazole) derivatives. Angew. Chem., Int. Ed., 2015, 54: 6260-6264.

[73] Zhang J, Zhang Q, Vo T T, et al. Energetic salts with π-stacking and hydrogen-bonding interactions lead the way to future energetic materials. J. Am. Chem. Soc., 2015, 137: 1697-1704.

[74] Haiges R, Schneider S, Schroer T, et al. High-energy-density materials: Synthesis and characterization of $N_5^+[P(N_3)_6]^-$, $N_5^+[B(N_3)_4]^-$, $N_5^+[HF_2]^- \cdot n$ HF, $N_5^+[BF_4]^-$, $N_5^+[PF_6]^-$, and

N_5^+ [SO$_3$F]$^-$. Angew. Chem., Int. Ed. Engl., 2004, 43: 4919-4924.

[75] Klapötke T, Schmid P C, Schnell S, et al. Thermal stabilization of energetic materials by the aromatic nitrogen-rich 4,4′,5,5′-tetraamino-3,3′-bi-1,2,4-triazolium cation. J. Mater. Chem. A, 2015, 3: 2658-2668.

[76] Fendt T, Fischer N, Klapötke T M, et al. N-rich salts of 2-methyl-5-nitraminotetrazole: Secondary explosives with low sensitivities. Inorg. Chem., 2011, 50: 1447-1458.

[77] Fischer N, Izsák D, Klapötke T, et al. Nitrogen-rich 5,5′-bistetrazolates and their potential use in propellant systems: A comprehensive study. Chem. Eur. J., 2012, 18: 4051-4062.

[78] Fischer N, Gao L, Klapötke T, et al. Energetic salts of 5,5′-bis(tetrazole-2-oxide) in a comparison to 5,5′-bis(tetrazole-1-oxide) derivatives. Polyhedron, 2013, 51: 201-210.

[79] Klapötke T, Mayr N, Stierstorfer J, et al. Maximum compaction of ionic organic explosives: Bis(hydroxylammonium) 5,5′-dinitromethyl-3,3′-bis(1,2,4-oxadiazolate) and its derivatives. Chem. Eur. J., 2014, 20: 1410-1417.

[80] Fischer D, Klapötke T, Reymann M, et al. Dense energetic nitraminofurazanes. Chem. Eur. J., 2014, 20: 6401-6411.

[81] Fischer N, Fischer D, Klapötke T, et al. Pushing the limits of energetic materials-the synthesis and characterization of dihydroxylammonium 5,5′-bistetrazole-1,1′-diolate. J. Mater. Chem., 2012, 22: 20418-20422.

[82] Fischer N, Klapötke T, Reymann M, et al. Nitrogen-rich salts of 1H,1′H-5,5-bitetrazole-1,1′-diol: Energetic materials with high thermal stability. Eur. J. Inorg. Chem., 2013, 2013: 2167-2180.

[83] Dippold A A, Klapötke T. A study of dinitro-bis-1,2,4-triazole-1,1′-diol and derivatives: Design of high-performance insensitive energetic materials by the introduction of N-oxides. J. Am. Chem. Soc., 2013, 135: 9931-9938.

[84] Fischer D, Klapötke T, Stierstorfer J. Potassium 1,1′-dinitramino-5,5′-bistetrazolate: A primary explosive with fast detonation and high initiation power. Angew. Chem., Int. Ed., 2014, 53: 8172-8175.

[85] Yin P, Parrish D A, Shreeve J M. Bis(nitroamino-1,2,4-triazolates): N-bridging strategy toward insensitive energetic materials. Angew. Chem., Int.Ed.Engl., 2014, 53: 12889-12892.

[86] Zhang J, Shreeve J M. 3,3′-Dinitroamino-4,4′-azoxyfurazan and its derivatives: An assembly of diverse N-O building blocks for high-performance energetic materials. J. Am. Chem. Soc., 2014, 136: 4437-4445.

[87] Zhang J, Mitchell L A, Parrish D A, et al. Enforced layer-by-layer stacking of energetic salts towards high-performance insensitive energetic materials. J. Am. Chem. Soc., 2015, 137: 10532-10535.

[88] Göbel M, Karaghiosoff K, Klapötke T, et al. Nitrotetrazolate-2N-oxides and the strategy of N-oxide introduction. J. Am. Chem. Soc., 2010, 132: 17216-17226.

[89] Wang R, Xu H, Guo Y, et al. Bis[3-(5-nitroimino-1,2,4-triazolate)]-based energetic salts: Synthesis and promising properties of a new family of high-density insensitive materials. J. Am. Chem. Soc., 2010, 132: 11904-11905.

[90] Meng L, Lu Z, Ma Y, et al. Enhanced intermolecular hydrogen bonds facilitating the highly dense packing of energetic hydroxylammonium salts. Cryst. Growth Des., 2016, 16: 7231-7239.

[91] He X, Wei X, Ma Y, et al. Crystal packing of cubane and its nitryl-derivatives: A case of the discrete dependence of packing densities on substituent quantities. CrystEngComm., 2017, 19: 2644-2652.

[92] Jiao F, Xiong Y, Li H, et al. Alleviating the energy & safety contradiction to construct new low sensitivity and highly energetic materials through crystal engineering. CrystEngComm., 2018, 20: 1757-1768.

[93] 张朝阳. 含能材料能量-安全性间矛盾及低感高能材料发展策略. 含能材料, 2018, 26(1): 2-10.

[94] Zhang C, Wang X, Huang H. π-Stacked interactions in explosive crystals: Buffers against external mechanical stimuli. J. Am. Chem. Soc., 2008, 130: 8359-8365.

[95] Tian B, Xiong Y, Chen L, et al. Relationship between the crystal packing and impact sensitivity of energetic materials. CrystEngComm., 2018, 20: 837-848.

[96] Zhang S, Nguyen H N, Truong T N. Theoretical study of mechanisms, thermodynamics, and kinetics of the decomposition of gas-phase α-HMX (octahydro-1,3,5,7-tetranitro-1,3,5,7-tetrazocine). J. Phys. Chem. A, 2003, 107: 2981-2989.

[97] Sharia O, Kuklja M M. Ab initio kinetics of gas phase decomposition reactions. J. Phys. Chem. A, 2010, 114: 12656-12661.

[98] Sharia O, Kuklja M M. Modeling thermal decomposition mechanisms in gaseous and crystalline molecular materials: Application to β-HMX. J. Phys. Chem. B, 2011, 115: 12677-12686.

[99] Chakraborty D, Muller R P, Siddharth D A, et al. The mechanism for unimolecular decomposition of RDX (1,3,5-trinitro-1,3,5-triazine), an ab initio study. J. Phys. Chem. A, 2000, 104: 2261-2272.

[100] Manaa M R, Reed E J, Fried L E, et al. Early chemistry in hot and dense nitromethane: Molecular dynamics simulations. J. Chem. Phys., 2004, 120: 10146-12153.

[101] 徐京城, 赵纪军. 液态硝基甲烷热分解行为及压力效应的第一性原理研究. 物理学报, 2009, 58(6): 4144-4149.

[102] Chang J, Lian P, Wei P, et al. Thermal decomposition of the solid phase of nitromethane: Ab initio molecular dynamics simulations. Phys. Rev. Lett., 2010, 105: 188302.

[103] 张力, 陈朗. 高压下固相硝基甲烷分解的分子动力学计算. 物理学报, 2013, 62(13): 138201.

[104] Guo F, Cheng X, Zhang H. Reactive molecular dynamics simulation of solid nitromethane impact on (010) surfaces induced and nonimpact thermal decomposition. J. Phys. Chem. A, 2012, 116: 3514-3520.

[105] Reed E J, Manaa M R, Fried L E, et al. A transient semimetallic layer in detonating nitromethane. Nature Phys., 2008, 4: 72-76.

[106] Han S P, van Duin A C, Goddard W A, et al. Thermal decomposition of condensed-phase nitromethane from molecular dynamics from ReaxFF reactive dynamics. J. Phys. Chem. B, 2011, 115: 6534-6540.

[107] Shaw R, Decarli P S, Ross D S, et al. Thermal explosion times of nitromethane, perdeuteronitromethane, and six dinitroalkanes as a function of temperature at static high pressures of 1-50 kbar. Combust. Flame., 1979, 35: 237-247.

[108] Engelke R, Schiferl D, Storm C B, et al. Production of the nitromethane aci ion by static high pressure. J. Phys. Chem., 1988, 92: 6815-6819.

[109] Lima E, de Ménorval L C, Tichit D, et al. Characterization of the acid-base properties of oxide surfaces by ^{13}C CP/MAS NMR using adsorption of nitromethane. J. Phys. Chem. B, 2003, 107: 4070-4073.

[110] Winey J M, Gupta Y M. Shock-induced chemical changes in neat nitromethane: Use of time-resolved raman spectroscopy. J. Phys. Chem. B, 1997, 101: 10733-10743.

[111] Winey J M, Gupta Y M. UV-visible absorption spectroscopy to examine shock-induced decomposition in neat nitromethane. J. Phys. Chem. A, 1997, 101: 9333-9340.

[112] Xue X, Ma Y, Zeng Q, et al. Initial decay mechanism of the heated CL-20/HMX co-crystal: A case of the co-crystal mediating the thermal stability of the two pure components. J. Phys. Chem. C, 2017, 121: 4899-4908.

[113] Lu Z, Zhang C. Reversibility of the hydrogen transfer in TKX-50 and its influence on impact sensitivity: An exceptional case from common energetic materials. J. Phys. Chem. C, 2017, 121: 21252-21261.

[114] Wang J, Xiong Y, Li H, et al. Reversible hydrogen transfer as new sensitivity mechanism for energetic materials against external stimuli: A case of the insensitive 2,6-diamino-3,5-dinitrop-yrazine-1- oxide. J. Phys. Chem. C, 2018, 122: 1109-1118.

[115] Leszczynski J. Computational Chemistry: Reviews of Current Trends. River Edge, NJ: World Scientific, 1999: 271-286.

[116] Politzer P, Murray J S. Energetic Materials. Part 2. Detonation Combustion. Amsterdam: Elsevier, 2003: 25-52.

[117] Xiong Y, Ma Y, He X, et al. Reversible intramolecular hydrogen transfer: A completely new mechanism for low impact sensitivity of energetic materials. Phys. Chem. Chem. Phys., 2019, 21: 2397-2409.

[118] Khrapkovskii G M, Shamov A G, Shamov G A, et al. Mechanism of formation and monomolecular decomposition of aci-nitromethanes: A quantum-chemical study. Russ. Chem. Bull., 2001, 50: 952-957.

[119] McKee M L. Ab initio study of rearrangements on the CH_3NO_2 potential energy surface. J. Am. Chem. Soc., 1986, 108: 5784-5792.

[120] Lobanova A A, Il'yasov S G, Sakovich G V. Nitramide. Russ. Chem. Rev., 2010, 79: 819-833.

[121] Sergeev O V, Yanilkin A V. Hydrogen transfer in energetic materials from ReaxFF and DFT calculations. J. Phys. Chem. A, 2017, 121: 3019-3027.

[122] Molt R W, Watson T, Bazanté A P, et al. Gas phase RDX decomposition pathways using coupled cluster theory. Phys. Chem. Chem. Phys., 2016, 18: 26069-26077.

[123] Okovytyy S, Kholod Y, Qasim M, et al. The mechanism of unimolecular decomposition of 2,4,6,8,10,12-hexanitro-2,4,6,8,10,12-hexaazaisowurtzitane. A computational DFT study. J.

Phys. Chem. A, 2005, 109: 2964-2970.

[124] Isayev O, Gorb L, Qasim M, et al. Ab initio molecular dynamics study on the initial chemical events in nitramines: Thermal decomposition of CL-20. J. Phys. Chem. B, 2008, 112: 11005-11013.

[125] Xue X, Wen Y, Zhang C. Early decay mechanism of shocked ε-CL-20: A molecular dynamics simulation study. J. Phys. Chem. C, 2016, 120: 21169-21177.

[126] Veals J, Thompson D. Thermal decomposition of 1,3,3-trinitroazetidine (TNAZ): A density functional theory and ab initio study. J. Chem. Phys., 2014, 140: 154306.

[127] Wang Y, Chen C, Lin S. Theoretical studies of the NTO unimolecular decomposition. J. Mol. Struct., 1999, 460: 79-102.

[128] Yim W, Liu Z. Application of ab initio molecular dynamics for a priori elucidation of the mechanism in unimolecular decomposition: The case of 5-nitro-2,4-dihydro-3H-1,2,4-triazol-3-one (NTO). J. Am. Chem. Soc., 2001, 123: 2243-2250.

[129] Jiang H, Jiao Q, Zhang C. Early events when heating 1,1-diamino-2,2-dinitroethylene: Self-consistent charge density-functional tight binding molecular dynamics simulations. J. Phys. Chem. C, 2018, 122: 15125-15132.

[130] 张朝阳. 硝基化合物分子反应的实验与理论研究. 上海: 复旦大学, 2012.

[131] Kiselev V G, Gritsan N P. Unexpected primary reactions for thermolysis of 1,1-diamino-2,2-dinitroethylene (FOX-7) revealed by ab initio calculations. J. Phys. Chem. A, 2014, 118: 8002-8008.

[132] Cohen R, Zeiri Y, Wurzberg E, et al. Mechanism of thermal unimolecular decomposition of TNT (2,4,6-trinitrotoluene): A DFT study. J. Phys. Chem. A, 2007, 111: 11074-11083.

[133] Il'ichev Y V, Wirz J. Rearrangements of 2-nitrobenzyl compounds. 1. Potential energy surface of 2-nitrotoluene and its isomers explored with ab initio and density functional theory methods. J. Phys. Chem. A, 2000, 104: 7856-7870.

[134] Chen X, Liu J, Meng Z, et al. Thermal unimolecular decomposition mechanism of 2,4,6-trinitrotoluene: A first-principles DFT study. Theor. Chem. Acc., 2010, 127: 327-344.

[135] Fayet G, Joubert L, Rotureau P, et al. A theoretical study of the decomposition mechanisms in substituted o-nitrotoluenes. J. Phys. Chem. A, 2009, 113: 13621-13627.

[136] Lu Z, Xiong Y, Xue X, et al. Unusual protonation of the hydroxylammonium cation leading to the low thermal stability of hydroxylammonium-based salts. J. Phys. Chem. C, 2017, 121: 27874-27885.

[137] 楚士晋. 炸药热分析. 北京: 科学出版社, 1994.

[138] Meng L, Lu Z, Wei X, et al. Two-sided effects of strong hydrogen bonding on the stability of dihydroxylammonium 5,5'-bistetrazole-1,1'-diolate (TKX-50). CrystEngComm., 2016, 18: 2258-2267.

[139] An Q, Liu W, Goddard W A., et al. Initial steps of thermal decomposition of dihydroxylammonium 5,5'-bistetrazole-1,1'-diolate crystals from quantum mechanics. J. Phys. Chem. C, 2014, 118: 27175-27181.

[140] Lu Z P, Xue X G, Meng L Y, et al. Heat-induced solid-solid phase transformation of TKX-50. J.

Phys. Chem. C, 2017, 121: 8262-8271.

[141] Colomban P. Proton Conductors: Solids, Membranes and Gels-Materials and Devices. Cambridge, UK: Cambridge University Press, 1992.

[142] Lewis J. Energetics of intermolecular HONO formation in condensed-phase octahydro-1,3,5,7-tetranitro-1,3,5,7-tetrazocine (HMX). Chem. Phys. Lett., 2003, 371: 588-593.

[143] Behrens Jr R, Bulusu S. Thermal decomposition of energetic materials. 2. Deuterium isotope effects and isotopic scrambling in condensed-phase decomposition of octahydro-1,3,5,7-tetranitro-1,3,5,7-tetrazocine. J. Phys. Chem., 1991, 95: 5838-5845.

[144] Behrens Jr R. Thermal decomposition of energetic materials: Temporal behaviors of the rates of formation of the gaseous pyrolysis products from condensed-phase decomposition of octahydro-1,3,5,7-tetranitro-1,3,5,7-tetrazocine. J. Phys. Chem., 1990, 94: 6706-6718.

[145] Brill T B, Arisawa H, Brush P J, et al. Surface chemistry of buring explosives and propellants. J. Phys. Chem., 1995, 99: 1384-1392.

[146] Zhang S W, Truong T N. Thermal rate constants of the NO_2 fission reaction of gas phase α-HMX: A direct ab initio dynamics study. J. Phys. Chem. A, 2000, 104: 7304-7307.

[147] Zhang S W, Truong T N. Branching ratio and pressure dependent rate constants of multichannel unimolecular decomposition of Gas-phase α-HMX: An ab initio dynamics study. J. Phys. Chem. A, 2001, 105: 2427-2434.

[148] Manaa M R, Fried L E, Melius C F, et al. Decomposition of HMX at extreme conditions: A molecular dynamics simulation. J. Phys. Chem. A, 2002, 106: 9024-9029.

[149] Zhang L, Zybin S V, van Duin A C T, et al. Carbon cluster formation during thermal decomposition of octahydro-1,3,5,7-tetranitro-1,3,5,7-tetrazocine and 1,3,5-Triamino -2,4, 6-trinitrobenzene high explosives from reaxFF reactive molecular dynamics simulations. J. Phys. Chem. A, 2009, 113: 10619-10640.

[150] Sharia O, Kuklja M M. Rapid materials degradation induced by surfaces and voids: Ab initio modeling of β-octatetramethylene tetranitramine. J. Am. Chem. Soc., 2012, 134: 11815-11820.

[151] Sharia O, Kuklja M M. Surface-enhanced decomposition kinetics of molecular materials illustrated with cyclotetramethylene-tetranitramine. J. Phys. Chem. C, 2012, 116: 11077-11081.

[152] Furman D, Kosloff R, Dubnikova F, et al. Decomposition of condensed phase energetic materials: Interplay between uni- and bimolecular mechanisms. J. Am. Chem. Soc., 2014, 136: 4192-4200.

[153] Elstner M. The SCC-DFTB method and its application to biological systems. Theor. Chem. Acc., 2005, 116: 316-325.

[154] Elstner M, Porezag D, Jungnickel G, et al. Self-consistent-charge density-functional tight-binding method for simulations of complex materials properties. Phy. Rev. B, 1998, 58: 7260-7268.

[155] Foulkes W M C, Haydock R. Tight-binding models and density-functional theory. Phy. Rev. B, 1989, 39: 12520-12536.

[156] Zhang C, Wen Y, Xue X, et al. Sequential molecular dynamics simulations: A strategy for complex chemical reactions and a case study on the graphitization of cooked 1,3,5-

triamino-2,4,6-trinitrobenzene. J. Phys. Chem. C, 2016, 120: 25237-25245.

[157] Pagoria P F, Mitchell A R, Schmidt R D, et al. Synthesis, scale-up, and characterization of 2,6-diamino-3,5-dinitropyrazine-1-oxide(LLM-105). Lawrence Livermore National Laboratory, 1998.

[158] Wu Q, Chen H, Xiong G, et al. Decomposition of a 1,3,5-triamino-2,4,6-trinitrobenzene crystal at decomposition temperature coupled with different pressures: An ab initio molecular dynamics study. J. Phys. Chem. C, 2015, 119: 16500-16506.

[159] Jencks W P. Catalysis in Chemistry and Enzymology. New York: McGraw Hill, 1969.

[160] Long L A. The explosion at concept sciences: Hazards of hydroxylamine. Process Saf. Prog., 2004, 32: 114-120.

[161] Reisch M S. Chemical plant blast kills five near Allentown. Chem. Eng. News, 1999, 77: 11.

[162] Chemical explosion in Japan kills four. Chem. Eng. News, 2000, 78: 15-16.

[163] Ma Y, He X, Meng L, et al. Ionization and separation as a strategy for significantly enhancing the thermal stability of an instable system: A case for hydroxylamine-based salts relative to that pure hydroxylamine. Phys. Chem. Chem. Phys., 2017, 19: 30933-30944.

[164] Coote M L, Pross A, Radom L. Variable trends in R-X bond dissociation energies (R = Me,Et, i-Pr,t-Bu). Org. Lett., 2003, 24: 4689-4692.

[165] Sinditskii V P, Filatov S A, Kolesov V I, et al. Combustion behavior and physic-chemical properties of dihydroxylammonium 5,5'-bistetrazole-1,1'-diolate(TKX-50). Thermochim. Acta Cryst., 2015, 614: 85-92.

[166] Klapötke T M. Chemistry of High-Energy Materials. 3rd ed. Berlin: de Gruyter, 2015.

[167] Zhao Y, Truhlar D G. The M06 suite of density functionals for main group thermochemistry, thermochemical kinetics, noncovalent interactions, excited states, and transition elements: Two new functionals and systematic testing of four M06-class functionals and 12 other functionals. Theor. Chem. Acc., 2008, 120: 215-241.

[168] Frisch M J, Trucks G W, Schlegel H B, et al. Gaussian 09, Revision B.01. Pittsburgh PA: Gaussian, Inc., 2009.

[169] Bowden F P, Yoffe A D. Fast Reactions in Solids. London: Butterworth, 1958.

[170] Armstrong R W, Ammonb H L, Elban W L, et al. Investigation of hot spot characteristics in energetic crystals. Thermochim. Acta Cryst., 2002, 384: 303-313.

[171] Ma Y, Meng L, Li H, et al. Enhancing intermolecular interactions and their anisotropy to build low-impact-sensitivity energetic crystals. CrystEngComm., 2017, 19: 3145-3155.

[172] Teipel U. Energetic Materials: Particle Processing and Characterization. Weiheim: Wiley-VCH, 2005.

[173] 董海山, 周芬芬. 高能炸药及相关物性能. 北京: 科学出版社, 1989.

[174] Zhang C. Investigation of the slide of the single layer of the 1,3,5-triamino-2,4,6-trinitrobenzene crystal: Sliding potential and orientation. J. Phys. Chem. B, 2007, 111: 14295-14298.

[175] Zhang C. Computational investigation on the desensitizing mechanism of graphite in explosives versus mechanical stimuli: Compression and glide. J. Phys. Chem. B, 2007, 111: 6208-6213.

[176] Landenberger K B, Bolton O, Matzger A J. Energetic-energetic cocrystals of diacetone diperoxide(DADP): dramatic and divergent sensitivity modifications via cocrystallization. J. Am. Chem. Soc., 2015, 137: 5074-5079.

[177] Deschamps J R, Parrish D A. Stabilization of nitro-aromatics. Propellants, Explos., Pyrotech., 2015, 40: 506-513.

[178] Gerard F, Hardy A, Becuwe A. Structure of 1,3,5-trichloro-2,4,6-trinitrobenzene. Acta Cryst., 1993, 49: 1215-1218.

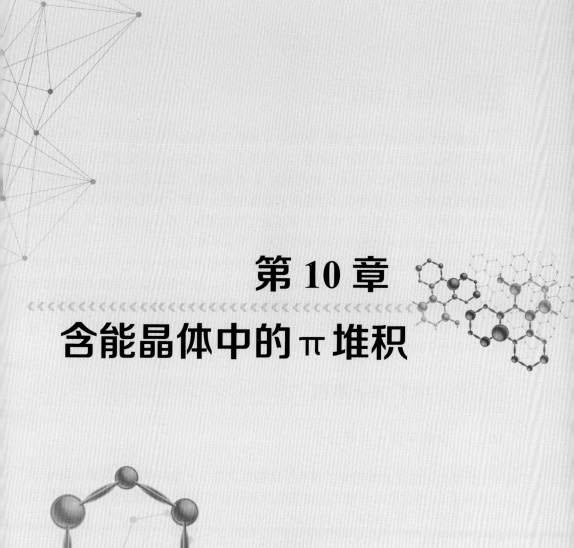

第 10 章
含能晶体中的 π 堆积

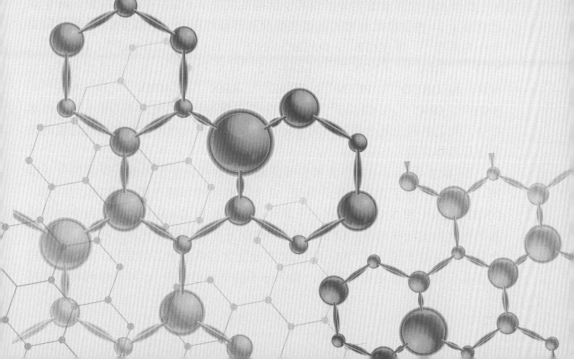

10.1　引言

含能分子中普遍存在 π 键，因此，π 堆积在含能晶体中广泛存在。在含能材料研究领域，这种 π 键可能由硝基与一些原子，或硝基与具有更多原子的稠环所形成。近期合成的 N$_5^-$ 环也是一种典型的 π 共轭结构。本章我们主要关注含有 π 结构的传统含能分子晶体以及含能离子晶体中的 π 堆积。典型的含能晶体 π 堆积共有两种类型，一种是两个相邻 π 键体系之间的堆积，即 π-π 堆积；另一种则是孤对电子和 π 键体系间的分子间相互作用，即 n-π 堆积。

与分子间氢键类似，π 堆积也是含能晶体中最重要的一种分子间相互作用类型，它在控制性质性能方面起着至关重要的作用，如平面层状堆积模式可有助于低的撞击感度，而氢键辅助的 π 堆积则有利于提高分子堆积系数，这些将在第 11 章详细介绍。本章主要关注晶体的堆积结构，并以对称性为 D_{2h} 和 D_{3h} 的分子为例，探讨分子结构与堆积模式间的关系及其内在机理。

 10.2　π-π 堆积

10.2.1　含能平面 π 共轭分子

原理上，含有 π 键的分子或离子结构是产生 π-π 堆积作用的根源。第 9 章已介绍了 21 种含能化合物的氢键性质及氢转移性质[1,2]，并以 TNT 的能量和安全性为基准[3]，将 TATB[4]、DATB[5]、NQ[6]、DAAzF[7]、DAAF[8]、DNDP[9]、NTO[10]、TNA[11]、α-FOX-7[12]、LLM-105[13] 以及 TNB[14] 归属为低感或钝感含能材料，将 ONDO[15]、PETN[16]、TNAZ[17]、RDX[18]、β-HMX[19]、BCHMX[20]、HNB[21]、ONC[22]、ε-CL-20[23] 以及 BTF[24] 归属为敏感含能材料(图 9.2)。在本章中，我们将对上述含能材料的 π-π 堆积作用及其与含能化合物性质性能的关系进行具体讨论。

图 10.1 显示了 11 个含氢的低感或钝感含能分子平面或近平面的分子结构，其中 9 个分子含有共轭环骨架，2 个含有不饱和链骨架。TATB、DATB、DNDP、TNA 和 TNB 各含有一个苯环；DAAF 和 DAAzF 则存在两个由偶氮基团桥接的五元呋咱环；LLM-105 和 NTO 分别包含吡嗪环和三唑环；对于两个链状骨架的平面分子，NQ 和 FOX-7 分别含有烯胺和乙烯结构。可以从这些低感化合物的分子结构中发现，整个分子的平面性以及 π 共轭结构对于提高

分子稳定性和降低撞击感度十分重要。一方面，含能分子的稳定性通常由分子最弱键决定，而 π 共轭可明显增强最弱键，从而提高整个分子的稳定性。同时，伴随分子稳定性的提高，π 共轭将导致分子能量水平的下降。另一方面，整个分子的高平面性的 π 共轭结构还是形成 π-π 晶体堆积结构的基础，有助于形成最容易发生层间滑移的面对面 π-π 堆积模式，从而使得分子具有更低的撞击感度。值得强调的是，分子的平面性应是针对整个分子而言，而不仅是局部的平面性。对于许多只含有一部分平面结构的分子，它们并没有表现出低感度，例如 HNB 分子，它含有平面的苯环结构和 6 个明显偏离苯环的 NO_2 基团，但其撞击感度仍然很高[21]。具体来看，尽管 HNB 是平面层状堆积的，但偏离的 NO_2 基团会使它在层间滑动中有无法克服的滑移势垒，即滑移受到禁阻，进而导致 HNB 对撞击刺激高度敏感[2]。总之，高分子稳定性和低滑移势垒有助于低撞击感度，具有高平面度的分子几乎出现在整个低感或钝感的含能分子中，而很少出现在敏感含能材料中，因此具有整体平面性的 π 共轭分子结构对于设计低感高能分子非常重要。

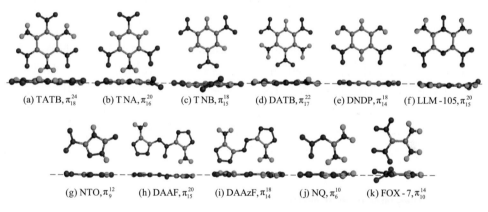

图 10.1　一些代表性含氢含能分子平面或近平面 π 共轭结构的正视图和侧视图

π 右边的上标和下标分别表示 π 电子的数量和参与 π 共轭结构并提供 π 电子原子的数量[3]

平面共轭结构覆盖整个分子的情况也可能出现在一些无氢分子中，如图 10.2 中的 BTF[24]、TASH[25] 和 TAT[26]。BTF 的取代基仅有处于 N-氧化位的氧原子，而 TASH 和 TAT 则含有叠氮基团，这些分子的骨架和取代基都含有离域的 π 电子，并在整个分子层面上形成了大的 π 共轭结构。由于这些化合物没有分子内氢键，所以其分子稳定性会低于上述含分子内氢键的化合物(如 TATB)。不过基于有机化学里共轭可增强分子稳定性的原理，借助大尺寸的共轭结构，这些无氢化合物依旧可以保持一定的稳定性。由于氢作为最轻的原子具有最小的分子密度(molecular density, d_m)，其他基团如 CH_3、CH_2 和 CH 也和氢原子类似，会降低分子密度。

因此,无氢有助于这些分子密度 d_m 的增加。然而,也正是因为这 3 个分子不含氢,无法形成分子间氢键,分子间相互作用较弱,从而晶体堆积系数 PC 相对较低,导致它们的晶体堆积密度 d_c 没有预期那样高。此外,不含氢原子也有好处,例如可以避免如发生在 TKX-50[27-30]中的引发分解并导致热稳定性差的氢转移反应。其实,含能化合物中的氢原子有双面效应,详见第 9 章。

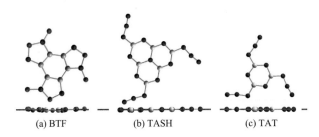

(a) BTF   (b) TASH   (c) TAT

图 10.2　一些典型无氢含能分子平面 π 共轭结构的正视图和侧视图[3]

　　总而言之,低感高能材料具有低撞击感度的原因可从本征结构的角度理解,包括分子结构和分子堆积结构。这些高度稳定的平面共轭分子不仅是构建晶体"大厦"的稳定"砖块",还是进一步形成具有较低撞击感度 π-π 堆积模式的基础。大多数低感高能分子都具有一定的能量水平并含有大 π 共轭结构。例如,低感高能分子 TATB 和 DATB 不仅有高于 TNT 的能量水平,同时还具有由苯环、NH_2 和 NO_2 构成的大 π 共轭结构。但是,大 π 共轭结构仅为构建低感高能分子的必要不充分条件。毕竟,除了分子稳定性之外,撞击感度还会受到其他因素(如分子堆积模式)的显著影响。

10.2.2　氢键辅助的 π-π 堆积

　　如上所述,平面 π 共轭结构是 π-π 堆积的根源。π-π 堆积具有六种类型,包括平面层状(面-面型,P)、阶梯型(L)、波浪型(W)、人字型(H)、交叉型(C)和混合型堆积(M),如图 10.3 所示[31]。与先前的分类[1]相比,此分类增加了两种类型。在本节中,由于 P 和 L 之间以及 H 和 C 之间有一些相似之处,所以只介绍了最初的四种类型,即 P、W、C 和 M。在这些堆积模式中,P 型 π-π 堆积最有利于低感度,是设计低感分子的常用策略。这种堆积不仅广泛存在于含有中性分子的传统单组分含能分子晶体中,也存在于含能共晶和含能离子化合物中。即使离子或分子组分的分子稳定性或热稳定性较低,平面层状堆积的晶体也可以保持较低的撞击感度。也就是说,分子堆积方式可以弥补分子稳定性或热稳定性的缺点。含能材料的热稳定性和撞击感度的趋势通常不一致,较低的撞击感度并不一定意味着较高的热稳定性。例如，FOX-7 和 LLM-105 具有相似的撞击感度，它们的 E_{dr} 分别为 30.9 J 和 28.7 J，但其热稳定性却显著不同，在 10 K/min 的加热速率下 T_d 分别为 523 K 和 615 K。一部分原因是 FOX-7 在热诱导下会发生晶型转变，即其分子堆积模式会转变为具有更低剪切滑移势垒的模式，即更易滑移的模式。而 LLM-105 就没有这种晶型的转变。这也表明了分子堆积模式是撞击感度和热稳定性不一致的主要根源之一[1]。不过，使用键解离能可以大致评估分子的稳定性，并可与 T_d 建立大致的相关性。

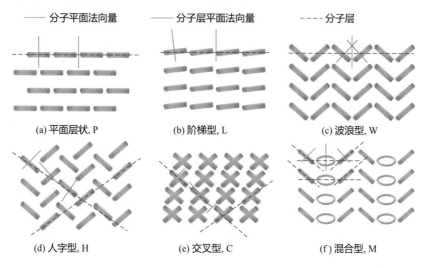

图 10.3　六种 π-π 堆积类型

堆积类型的分类标准在第 10.5.1 节有详细介绍，P、L、W、H、C 和 M 分别表示平面层状、阶梯型、波浪型、人字型、交叉型和混合型堆积。图中实线和虚线分别表示分子/分子层的法线取向和分子层取向[31]

在 P 型 π-π 堆积的含能化合物中，有氢键辅助的远多于无氢键辅助的[3]。图 9.15 显示了一些 P 型 π-π 堆积含能晶体(包括 TATB、DAAzF、DAAF、BTO/H_2O 和 NNN-G)的分子堆积结构。对于有氢键辅助的 P 型 π-π 堆积，其层内分子间相互作用通常强于层间的分子间相互作用，这与具有强层内共价作用及弱层间范德瓦耳斯相互作用的石墨一样。这主要源自 π 结构和氢键的共同作用增加了分子稳定性以及分子堆积的稳定性。对于图 9.15 中的晶体，分子间氢键都是层内的，无层间氢键，这使得晶体保持了层状堆积并使堆积更加紧密。对于层间距离，有氢键辅助 P 型 π-π 堆积晶体的层间距通常大于无氢键辅助的晶体[31]。前者具有较强的层内作用，层间距离较大，滑移势垒较小，有利于发生层间剪切滑移。所以，为提高层内分子间的结合强度或分子间相互作用的强度，通常在设计 P 型 π-π 堆积含能晶体时考虑具有强氢键供受体的强相互作用单元。而这类强相互作用单元的构建需要通过具有强电负性的 O 和 N 等原子来实现。如图 9.15 所示，O 原子和 N 原子可参与 HBD 和 HBA，相互作用形式为 $R_1(R_1 = N\ or\ O)$——$H\cdots R_2(R_2 = N\ or\ O)$。相比之下，含能分子晶体中的氢键比含能离子化合物中的氢键弱，因为后者中的氢键供受体更强[32]。

与 P 型 π-π 堆积相比，W 型 π-π 堆积更为常见，如 NTO[图 10.4(a)]、α-FOX-7 [图 10.4(b)] 和 LLM-105 [图 10.4(c)] 都是这种类型的堆积，且都是著名的低感高能分子，它们的威力与 RDX 相当，但机械感度比 RDX 低得多。含能共晶体 BNT/H_2O [图 10.4(d)] [33]和含能离子化合物 NNN-AG [图 10.4(e)] [34]也属于 W 型堆积模式。需说明，根据对共晶的重新定义[35]，BNT/H_2O 水合物也属于共晶。如图 10.4(a)，在 NTO 的 W 型堆积结构中的波峰和波谷处，相邻 NTO 分子并没有通过分子间氢键相连，说明此处的氢键是一种不连续的强层间相互作用；此时，NTO 晶体可看作是由无数的带所组成的，而分子间氢键保持了这些带的稳定性，并不是像通常情况下一样保持着分子层的稳定性。这种情况其实很少在低感晶体

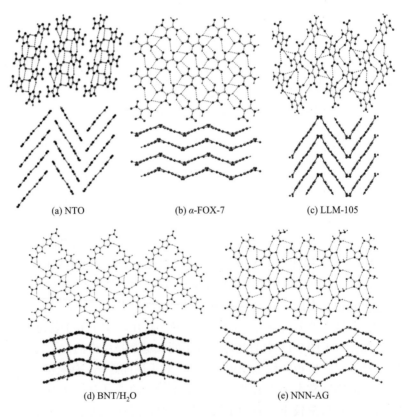

(a) NTO   (b) α-FOX-7   (c) LLM-105

(d) BNT/H_2O (e) NNN-AG

图 10.4　氢键辅助的波浪型 π-π 堆积的含能晶体

在这五种波浪型堆积中，层间氢键出现在后两种，而不是前三种[3]

中出现。与之相反，分子间氢键还可像 BNT/H₂O（由不同中性分子组成）和
NNN-AG（由阴、阳离子组成）一样扩展至整个层内。同时，这两种晶体中还存在
层间氢键 [图 10.4(d) 和图 10.4(e)]，这将增加剪切滑动的难度，并进一步提高撞
击感度。

　　与波浪型堆积相似，交叉型 π-π 堆积也常出现在含能晶体中，例如一些传统
含能化合物晶体 NQ [图 10.5(a)]、DNDP [图 10.5(b)]、DATB [图 10.5(c)] 和
TNA [图 10.5(d)]、含能共晶 BTO/ATZ [图 10.5(e)][36]和含能离子晶体 BT₂O-G
[图 10.5(f)] 等[37]。在这些晶体中，所有层在两个方向上交叉，并通过分子间氢
键支撑此结构。这种交叉堆积模式很难发生滑移，特别是界面滑移，具有很大的
空间位阻，这明显不同于平面层状和波浪型堆积。因此，交叉型 π-π 堆积几乎很
难对低感特性有所帮助，受到关注较少。然而，交叉型 π-π 堆积并不一定意味着
高感度。NQ [图 10.5(a)] 就是这样一个例子，它属于交叉型 π-π 堆积，但仍具
有与 TATB 相当的非常低的撞击感度，这可能是由剪切滑动之外的其他机制造成
的，比如第 9 章中介绍的氢转移机制。

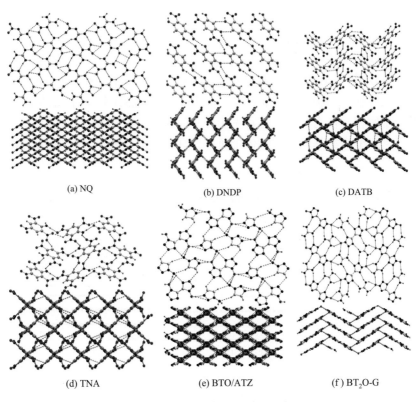

(a) NQ　　　　　　　(b) DNDP　　　　　　　(c) DATB

(d) TNA　　　　　　(e) BTO/ATZ　　　　　　(f) BT₂O-G

图 10.5　氢键辅助的交叉型 π-π 堆积的含能晶体[3]

混合型 π-π 堆积可存在于传统的含能晶体如 TNB［图 10.6（a）］[14]、含能共晶如 DNBT/H$_2$O［图 10.6（b）］[38]和含能离子晶体如 BTO-N$_2$H$_5$［图 10.6（c）］[39]这三类晶体中。混合型 π-π 堆积至少有三种分子取向，并具有稀疏的和较弱的分子间氢键，堆积形式相当复杂。与上述三种类型的堆积模式相比，混合型堆积在加载外部机械刺激时具有更大的滑动阻力，更容易发生晶体解离，撞击感度更高。

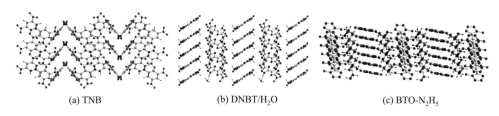

(a) TNB   (b) DNBT/H$_2$O   (c) BTO-N$_2$H$_5$

图 10.6 氢键辅助的混合型 π-π 堆积的含能晶体[3]

10.2.3 无氢键辅助的 π-π 堆积

π-π 堆积不仅出现在含氢晶体中，也会在无氢晶体中形成，因为氢原子不一定包含在 π 共轭分子中。因此，π-π 堆积并不总是依靠分子间氢键的支撑。这种情况同样出现在含能晶体中。如图 10.7 所示是一些无氢晶体的例子，包括 BTF[14]、TASH[25]和 TAT[26]。BTF 表现为无氢键辅助的混合型 π-π 堆积，而 TASH 和 TAT 表现为无氢键辅助的平面层状 π-π 堆积。其中支撑 TASH 和 TAT 层的是叠氮基团之间的分子间相互作用，而不是常见的分子间氢键。据笔者所知，对于 TASH 或 TAT 中任何一个叠氮基团，它整体带负电，几乎不能与其他叠氮基团形成非共价

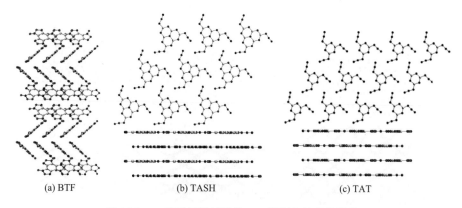

(a) BTF   (b) TASH   (c) TAT

图 10.7 一些无氢键辅助的 π-π 堆积含能晶体结构

对于 TASH 和 TAT，上方和下方分别表示为层内结构和 π-π 堆积结构，支撑 TASH 和 TAT 层的是叠氮基团之间的分子间相互作用[3]

作用来支撑堆积层结构。无氢键辅助的 π-π 堆积模式也可以覆盖其他类型，如波浪型和交叉型堆积[3]。事实上，我们对无氢键辅助的 π-π 堆积的了解十分缺乏，远不及有氢键辅助的堆积。

10.2.4　热/压力诱导下 π-π 堆积模式的变化

热或压力引起的晶型转变在含能化合物中普遍存在，这种转变会带来化合物结构的变化，并因此进一步影响其性质性能。在此，我们通过 FOX-7 的晶型转变[12]进行举例说明。FOX-7 是一种典型的具有多晶型的含能化合物，每个分子整体上可看作是一个大 π 键。最近，Bu 等通过量化计算，从热诱导的分子结构变化和分子堆积结构变化的角度，揭示了 FOX-7 低撞击感度的内在机制[40]。α-FOX-7［图 10.8(a)］是在环境条件下最稳定的晶型，在约 386 K 的加热条件

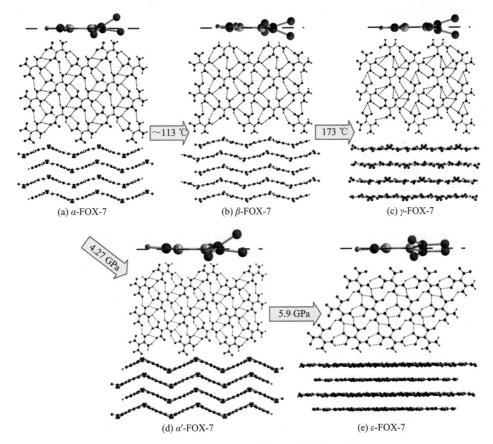

(a) α-FOX-7　　　　(b) β-FOX-7　　　　(c) γ-FOX-7

(d) α′-FOX-7　　　　(e) ε-FOX-7

图 10.8　多晶型 FOX-7 的分子结构和堆积模式

其中层内氢键由绿色虚线表示。表明分子的平面性可以通过加热或压力增强，同时也可增强分子堆积[3]

下会转变为 β-FOX-7[图 10.8(b)]，在 446 K 下转变为 γ-FOX-7[图 10.8(c)][12,41]。因为退火时，不能发生逆向晶变，即从 γ-FOX-7 转变回 β-FOX-7，所以可以在降温的条件下确定 γ-FOX-7 的晶体结构[41]。图 10.8(a)-(c)展示了热诱导下 FOX-7 的晶型转变，并伴随着堆积结构的改变以及分子平面度的增加，其中分子构象中最大扭转角 O-N-C-C 从 35.6°(α-FOX-7)减小到 25.6°(β-FOX-8)，然后减小到 20.2°(γ-FOX-9)[42]，堆积结构也随之从波浪型堆积逐渐变为平面层状堆积。此外，图 10.8(d)-(e)展示了两个高压相结构，即 4.27 GPa 的 α′-FOX-7 和 5.9 GPa 的 ε-FOX-7[43]。与常态条件下的 α-FOX-7 不同，高压相的 FOX-7 具有平面层的分子堆积模式，有助于缓冲外部机械刺激[44]。高压还会缩短层间距离，所以高压相 FOX-7 与 TATB 相比，滑移势垒更大。当冲击刺激加载时，压力很难达到使 α′-FOX-7 和 ε-FOX-7 稳定的几个 GPa，难以发生从常态下的 α-FOX-7 转变为高压相的 α′型或者 ε 型。因此，FOX-7 的低撞击感度更有可能是由热而非压力导致的分子堆积模式改变的结果。

 ## 10.3　n-π 堆积

10.3.1　n-π 堆积的内涵

作为一种基于电子结构的化学定义，n-π 堆积指的是孤对电子(n)和 π 结构(π)的堆积，n 和 π 通常分别属于两个独立的分子，可以用特定堆积的几何结构来描述[45-48]。n-π 堆积显然不同于 π-π 堆积。n-π 堆积通常是由富电子部分(n)和缺电子部分(π)组合而成，因此它在很大程度上具有静电相互作用的特点。此外，应注意不要混淆 n-π 堆积和 p-π 相互作用[49]，这两者相互作用的形式不同，分别归属于非键作用和成键作用。

n-π 堆积在含能晶体中频频出现，因为可作为 n 结构的硝基和其他具有孤对电子的含氧基团，以及 π 共轭环(如苯环)都普遍存在于含能分子中。Li 等最近对此进行了系统研究[50]。n 具有强的给电子能力，而 π 一般又携带正电荷，所以 n-π 堆积具有静电相互作用的特点。以硝基炸药的原型化合物硝基苯为例，其中心部分的苯环和外侧的 NO_2 基团可分别作为 π 部分和 n 部分，为构建 n-π 堆积奠定了基础。又以 BTF 为例[24]，如图 10.9(a)所示，具有孤对电子的呋咱的酰氧原子可作为 n 部分，中心 π 共轭苯环可作为 π 部分，形成 n-π 静电吸引作用。在图 10.9(b)中，通过静电势计算确认了 BTF 分子中的电子特性，此外还发现 BTF 的拓扑特征呈现出典型的 T 型堆积模式[图 10.9(c)]。

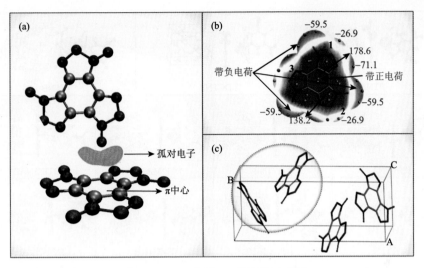

图 10.9　BTF 分子 n-π 堆积的示意图

n-π 对 (a)；n-π 相互作用的电子起源 (b)；T 型 n-π 堆积 (c)[50]

10.3.2　n-π 堆积结构

考虑到 n-π 堆积的上述特征，Li 等基于组分对 n-π 堆积的含能晶体进行了搜集筛选，并将其分为三类[50]。第一类是 NO₂···苯环堆积，包括单组分晶体 TNMNA[51]、ANBDF[52]、HNAB[53]、BTNA[54]、DCTNB[54] 和 TFTNB[55]［图 10.10(a)］，以及共晶 BTF/TNA[49]、BTF/TNB[49]，BTF/MATNB[49]、BTF/NNAZ[49]、BTF/TNT[49]、BTF/CL-20[56]、TNT/TNB[57] 和 TNT/CL-20[58]［图 10.10(b)］。在单组分晶体中，分子既充当 n 又充当 π；而在六个 BTF 基共晶中，BTF 用作 π 而配体分子作为 n；类似地，TNT 在其共晶 TNT/TNB 和 TNT/CL-20 中充当 π，配体分子充当 n。第二类是图 10.10(c) 所示的 NO₂···杂环堆积，如 LLM-105[13]、DNFP[59]、TA[60]、TNP[61]、TNM₂/BOD[62]、FDNM₂/BOD[63]、NADF[64]、DNDF[65] 和 DNAF[66]。由于取代基具有强的吸电子能力，所以这些杂环通常带有正电，这与苯环类似。图 10.10(d) 展示了第三种类型，即两个呋咱环之间的堆积，如 NTF[67]、DNAzF[7] 和 CFNF[68]。其中氮氧原子，特别是 DNAzF 的酰氧基 (N═O) 具有孤对电子，可作为 n，呋咱环则作为 π。图 10.11 及图 10.12 中，这些 n-π 含能晶体的 n 部分和 π 部分分别以绿色和红色着色，由此我们可以很容易看出，它们的拓扑结构都为 T 型。

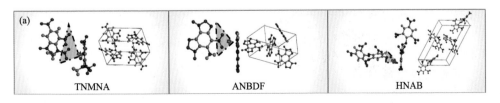

381

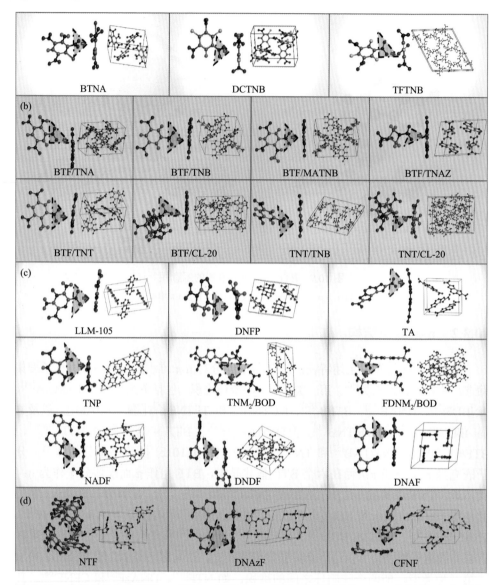

图 10.10　含能晶体中典型的 n-π 堆积，包括 NO_2···苯环［(a)和(b)］，NO_2···杂环(c)和呋咱环···呋咱环近接触(d)

在每种堆积类型中，三角形区域表示具有孤对电子(n)的原子，橙色箭头表示 n-电子指向 π-平面的方向[50]

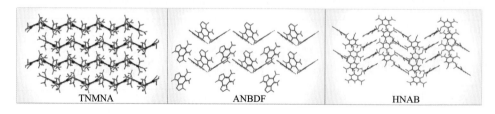

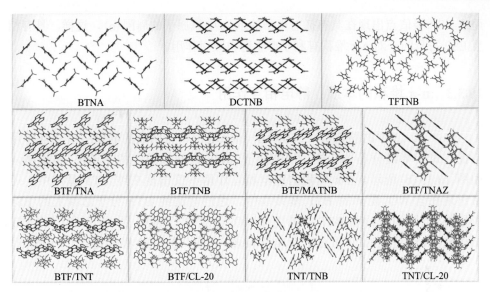

图 10.11　NO$_2$…苯环堆积的典型 n-π 堆积结构图

绿色和红色分别代表 n 和 π 的分子区域[50]

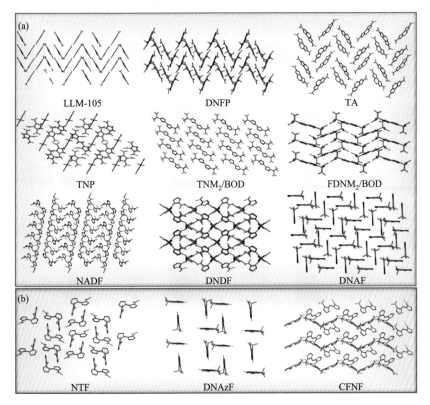

图 10.12　NO$_2$…杂环近接触(a)和呋咱环…呋咱环近接触的 n-π 堆积结构(b)[50]

而负 ESP 极值点出现在具有孤对电子的 NO$_2$ 中氧原子的周围(n)，这样，具有相反 ESP 符号的一对 n-π 堆积有利于产生静电吸引作用。

10.3.3 n-π 堆积的本质：静电相互作用

如图 10.13 中的静电势(ESP)所示，n-π 堆积具有明显的静电吸引相互作用特征。对于单组分晶体 [图 10.13(a)]，其正 ESP 极值点位于苯环(π)周围，如图 10.13(b)所示，n-π 堆积的静电相互作用不仅出现在纯 BTF 晶体中，还常出现在含 NO$_2$ 配体的 BTF 基共晶中。通过对比纯 BTF 分子边缘上的 ESP 负极值点(图 10.14)和 BTF 共晶配体 NO$_2$ 上氧原子附近[图 10.13(b)]的 ESP 负极值点，可发现 BTF 的 ESP 负电荷较弱，其最负的 ESP 极值是 −71.1 kJ/mol，

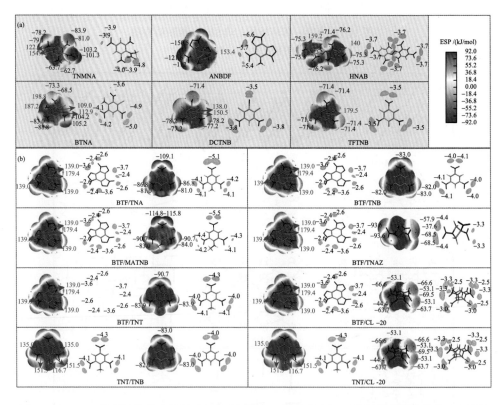

图 10.13 NO$_2$…苯环近接触在单组分晶体(a)和 BTF 基共晶(b)n-π 堆积中的静电势(ESP)以及相关极值点分布

在每个分子的 ESP 图中，左侧对应整个分子，右侧对应孤对电子[50]

而作为它共晶配体分子的最负 ESP 极值为 MATNB 的−115.8 kJ/mol、TNA 的−109.1 kJ/mol、TNAZ 的−93.6 kJ/mol、TNT 的−90.7 kJ/mol 和 TNB 的−83.0 kJ/mol，这再次表明了静电吸引作用增强对共晶形成的诱导作用。从图 10.13(b)还可看出，BTF 孤对电子产生的 ESP 较弱(从−2.4 kJ/mol 到−3.7 kJ/mol)，而它共晶配体中 NO₂ 产生的 ESP 较强(最多为−5.5 kJ/mol)。这说明在纯 BTF 形成BTF 基共晶的过程中，n-π 堆积似乎是除形成氢键外另一有助于晶格能增加的原因[69]。

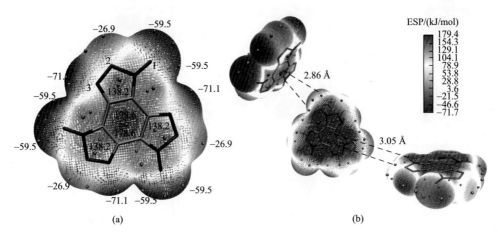

图 10.14　以 BTF 为例示意分子静电势(ESP)分布(a)和 n-π 堆积近接触的 ESP 特性(b)[50]

除上述 NO₂…苯环外，n-π 堆积还有 NO₂…杂环［图 10.15(a)］和呋咱环…呋咱环［图 10.15(b)］近接触两个类别，虽然数量较少，但也能体现出 n-π 堆积中静电相互作用的特性。类似地，正 ESP 极值点一般位于杂环中心，特别是给电子的 C 原子上，而负 ESP 极值点则位于 NO₂ 取代基或杂环上强电负性的 N 原子和 O 原子周围。需注意，这些呋咱环上的 N 和 O 原子同样也能在 n-π 堆积中提供 n电子。

分子之间的相互作用能(ΔE_{int})可以定量地反映堆积的强度及其他物理量，包括 n-π 距离 d(含有孤对电子的原子与 π 平面之间的垂直距离)和 n-π 对的个数 N。如果说 n-π 堆积可以看作是静电吸引的结果，那么 n-π 距离 d 越短，ESP 越强，n-π 对数(N)越多，ΔE_{int} 就越大。在不考虑 ESP 时，有如表 10.1 所示的一个粗略趋势，即 d 越短、N 越大，ΔE_{int} 越大。ESP 对 ΔE_{int} 的影响可以通过总库仑力(ΣF_i)与 ESP 的关系来进行描述：$F_i = \varepsilon q_1 q_2 / d^2$，其中 $\varepsilon = 1$，q_1 和 q_2 分别表示 n 和 π配体分子对应的正、负 ESP 极值[50]。图 10.16 据此绘制了 ΣF_i 与 ΔE_{int} 的关系图，进一步验证了 n-π 堆积的静电吸引性质，结果发现 ΣF_i 与 ΔE_{int} 存在较为粗糙的相关性，即总库仑力越大，相互作用越大。但 ΣF_i 只是大致上与 ΔE_{int} 相关，这种粗略性可归因于堆积中 vdW 相互作用的存在（并非仅仅只有 ΣF_i）。

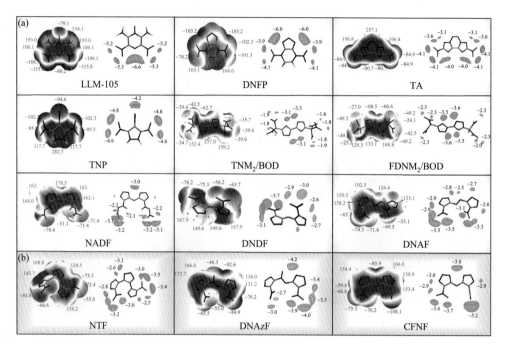

图 10.15　NO_2⋯杂环 (a) 和呋咱环⋯呋咱环 (b) 近接触 n-π 堆积中的静电势 (ESP) 以及相关极值点[50]

表 10.1　相互作用能 ΔE_{int}（kJ/mol），距离（d, inÅ）以及 n-π 堆积中的 n-π 组合数量（N）[50]

化合物	ΔE_{int}	d	N	化合物	ΔE_{int}	d	N
TNMNA	46.3	3.30	4	DNDF	16.3	3.16	2
ANBDF	34.1	2.97	2	DNAF	36.4	3.03	2
HNAB	35.3	3.13	2	NTF	32.2	3.16	2
BTNA	23.4	3.03	2	DNAzF	37.8	3.32	3
DCTNB	17.7	3.60	2	CFNF	12.7	3.31	2
TFTNB	27.0	3.00	2	BTF/TNA	26.7	2.96	2
LLM-105	17.8	3.34	2	BTF/TNB	24.5	3.01	2
DNFP	28.1	2.98	2	BTF/MATNB	31.1	2.88	2
TA	25.7	2.86	2	BTF/TNAZ	20.0	3.95	1
TNP	43.0	3.03	3	BTF/TNT	29.4	2.94	2
TNM₂/BOD	45.2	2.96	3	BTF/CL-20	38.4	2.96	2

续表

化合物	ΔE_{int}	d	N	化合物	ΔE_{int}	d	N
FDNM$_2$/BOD	36.9	3.03	2	TNT/TNB	22.8	3.06	2
NADF	46.8	3.14	3	TNT/CL-20	13.6	3.05	2
BTF	22.4	2.86	1				

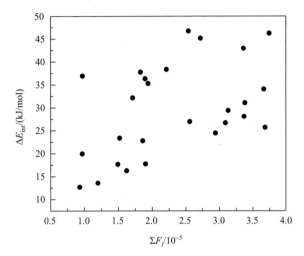

图 10.16　表 10.1 中所涉及的单组分晶体和共晶中总库仑力（ΣF_i）与相互作用能（ΔE_{int}）之间的关系[50]

10.4　n-π 堆积、π-π 堆积和分子间氢键的对比

　　通常来说，氢键和 π-π 堆积是两种比较强的分子间相互作用，与其相比，n-π 堆积则强度较弱。先前，已有针对 TATB 中氢键和 π-π 堆积作用展开研究[70-72]，最近 Li 等以 TATB 二聚体为例，系统比较了这三种类型的分子间相互作用强度[50]。实验上，其晶格堆积结构体现的是氢键作用和 π-π 相互作用，但无 n-π 相互作用。因此，在研究 n-π 相互作用时，由于 TATB 的 NO$_2$ 基团和苯环恰好分别可作为 n 部分和 π 部分，所以可人为将两个 TATB 分子排列至 n-π 的堆积结构，以进行 n-π 相互作用能的计算，并与氢键作用和 π-π 相互作用结果进行比较。三种作用的二聚体相对位置和能量结果如图 10.17 所示，比较 ΔE_{int} 可以发现 n-π 堆积相互作用的强度最弱，其 ΔE_{int} 仅为 32.6 kJ/mol，这与预期结果相同。面对面 π-π 堆积和分子间氢键具有更高的强度，ΔE_{int} 分别为 76.1 kJ/mol 和 85.2 kJ/mol。n-π 堆积强度最弱是导致 TATB 中实际并不存在这种堆积方式的一部分原因。尽管如此，T 型

n-π 堆积模式对于通过分子间相互作用的扫描以构建分子力场是十分必要的，因为它是一种分子堆积类型的代表，并且普遍存在于含能晶体中。图 10.18 所示的 LLM-105 则是另一种特殊的情况，它的晶体中同时存在上述三种相互作用形式。这也表明在含氢平面分子组成的晶体中，弱强度的 n-π 堆积模式很难单独出现。

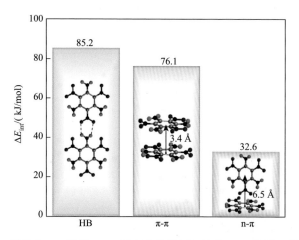

图 10.17　TATB 二聚体中 n-π 堆积、π-π 堆积和分子间氢键的 ΔE_{int} 比较。能量计算水平为 D2 校正的 PBE 方法[50]

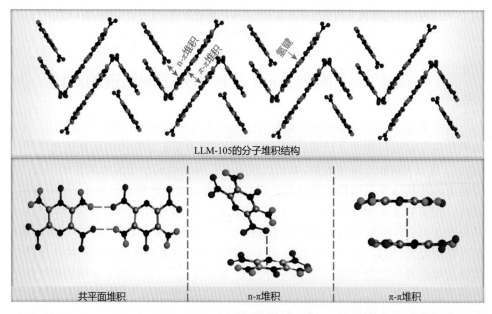

图 10.18　LLM-105 中分子间氢键作用下的共平面堆积、n-π 堆积和 π-π 堆积[50]

10.5 分子结构-堆积模式间关系: 以 D_{2h} 和 D_{3h} 分子为例

如前所述, 本征结构是揭示含能材料的组成-结构-性能间关系的起点。含能分子晶体作为应用最广泛的含能晶体, 其本征结构是指分子结构和分子堆积结构。通过分子结构来确定分子堆积结构或分子-分子间的堆积关系是晶体工程的核心之一。然而, 通过现有一些预测方法得到这种关系仍具有挑战性[73-80]。由于分子堆积模式可在很大程度上提供用于预测含能晶体撞击感度的剪切滑移信息, 因此相比于确认堆积结构所需要的长时间耗费, 获得的这种分子-分子堆积模式间关系则更为快捷实用。最近, Bu 等基于 36 种共价化合物对这种关系展开探究。这些化合物的分子都属于高对称的 D_{2h} 和 D_{3h} 分子点群, 并涵盖了图 10.3 所示的六种 π-π 堆积模式[31]。在本节中, 我们将介绍堆积模式与分子组分和结构间的关系, 以及对这种关系的理解。

10.5.1 数据采集及分子堆积模式确认

通过测定分子平面度并排序, Bu 等筛选出了 50 个的对称性为 D_{2h} 或 D_{3h} 的晶体, 结构容忍度为 0.1 Å[31], 可以发现这类高对称性的分子数量确实分布较少。这些分子中通常含有 C、H、O 和 N 原子, 有时也含有 B、S、F、Cl、Br 或 I 原子。考虑到其中一些化合物的组成、结构和堆积模式高度相似, 最终只提取出了 36 个分子, 涉及前文所提到的所有六种 π-π 堆积模式。具体堆积模式的区分可以通过图 10.3 的六种 π-π 堆积结构示意图和图 10.19 中列出的 10 个标准来进行, 主要依据晶体中分子所在平面的取向和分子层取向等条件划分。平面层状堆积(P)中所有分子平面都在一个方向上, 其法线垂直于分子层, 而混合型堆积(M)中有两个或多个分子法线方向和分子层方向。其余堆积模式的情况介于 P 和 M 之间。对于 P 和阶梯型堆积(L), 有一个与所有分子平面平行的公共平面, 而在波浪型堆积中(W)、交叉型堆积(C)和人字型堆积(H)中都有两个公共平面。对于交叉型堆积, 所有分子平面的法线有两种取向, 它们以一定角度相交形成交叉。P、W 和 L 都属于层状堆积, 其中 P 和 W 中分子堆积层的层间距一定, 而在 L 中这种情况只在某些条件下满足。M 与其他堆积显著不同, 没有明显的层状结构。PLATON[81]和一些其他通用方法[82-84]可用于区分这些堆积模式。

10.5.2 分子结构和堆积模式

首先来看 10 个堆积模式为 P 的晶体, 它们在 CSD 数据库中编码为 FITXIP[85]、

WANDUL[86]、PMELIM[87]、DAYBIO[88]、CYURAC03[89]、TATNBZ[4]、RAVSOW[90]、BARBOL[91]、CEHQEM[92]和 VUGSIZ[93]，分子结构、Hirshfeld 面及堆积结构如图 10.20。从图中可以看出，这些堆积中大多数分子层都是单原子厚度。为满足对称性要求，它们的分子骨架通常是单六元环(苯环或 N-杂芳环)，还有一些是由两个五元环和两个六元环稠合的苯环。这些分子的取代基大多为单原子(H、O、S、F 和 Cl)，有时是 NH_2、NO_2、$C(CN)_2$ 和 N_2 官能团，甚至在 FITXIP 和 VUGSIZ 中分子骨架还是裸露的。在第 3 章中我们曾指出 Hirshfeld 表面分析法可直接用于描述分子堆积模式以及分子间相互作用[94]。如图 10.20 所示，大多数分子的 Hirshfeld 表面呈现板状，板的边缘分布有红点。然而，CYURAC03 和 RAVSOW 有所不同，它们的 Hirshfeld 表面不是板状，而且整个表面上都分散了红点，这说明它们有着不同的分子间相互作用。这种差异与层间距离有关。先前有研究表明，π 电子分布越稀疏，层间相互作用越强，层间距离越小[95]。RAVSOW(2.723 Å) 和 CYURAC03(2.906 Å)的层间距离最短是因为其 π 电子密度最稀疏，事实上这两种晶体层内分子排列也最稀疏。同时，这种更短的层间距离也表明了更强的层间分子间相互作用。

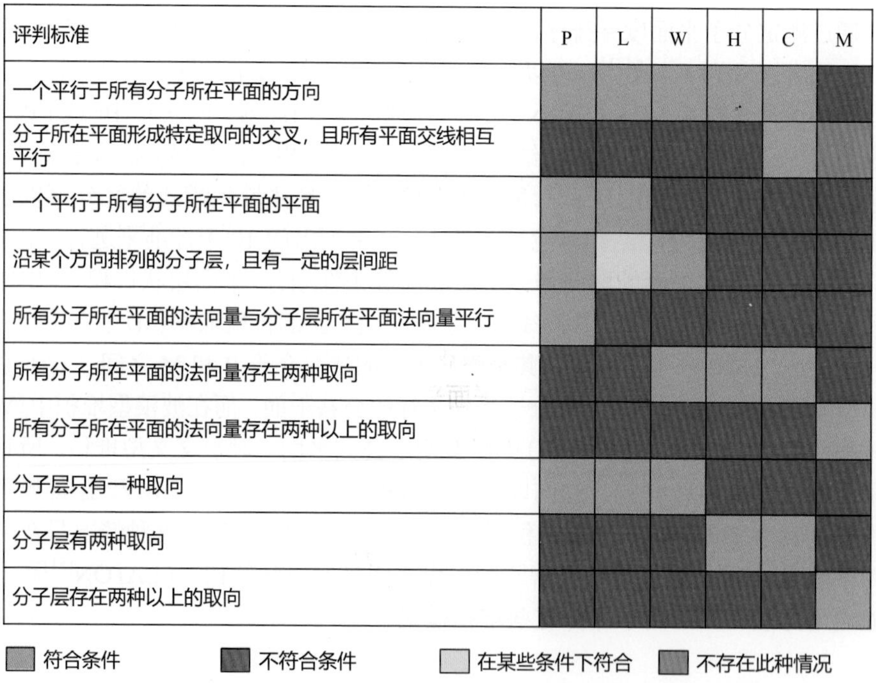

评判标准	P	L	W	H	C	M
一个平行于所有分子所在平面的方向						
分子所在平面形成特定取向的交叉，且所有平面交线相互平行						
一个平行于所有分子所在平面的平面						
沿某个方向排列的分子层，且有一定的层间距						
所有分子所在平面的法向量与分子层所在平面法向量平行						
所有分子所在平面的法向量存在两种取向						
所有分子所在平面的法向量存在两种以上的取向						
分子层只有一种取向						
分子层有两种取向						
分子层存在两种以上的取向						

■ 符合条件　　■ 不符合条件　　■ 在某些条件下符合　　■ 不存在此种情况

图 10.19　六种 π 堆积模式的几何描述[31]

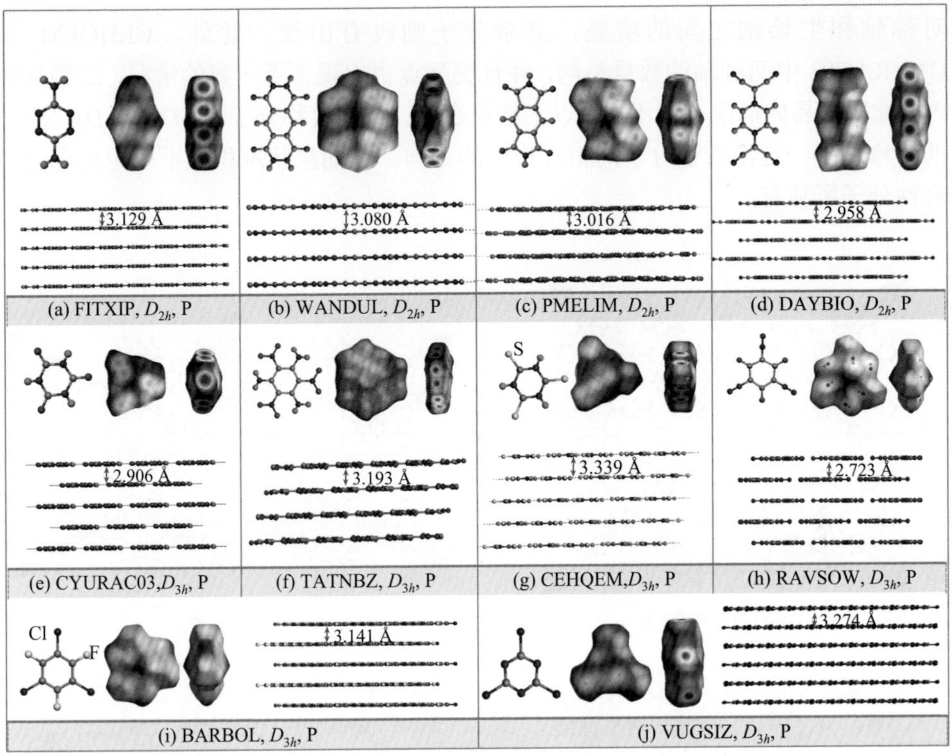

图 10.20　10 个平面层状堆积晶体的分子结构、堆积结构(数字为层间距)以及 Hirshfeld 表面[31]

各子图标注：
(a) FITXIP, D_{2h}, P　3.129 Å
(b) WANDUL, D_{2h}, P　3.080 Å
(c) PMELIM, D_{2h}, P　3.016 Å
(d) DAYBIO, D_{2h}, P　2.958 Å
(e) CYURAC03, D_{3h}, P　2.906 Å
(f) TATNBZ, D_{3h}, P　3.193 Å
(g) CEHQEM, D_{3h}, P　3.339 Å
(h) RAVSOW, D_{3h}, P　2.723 Å
(i) BARBOL, D_{3h}, P　3.141 Å
(j) VUGSIZ, D_{3h}, P　3.274 Å

在 P 堆积模式中更常存在的是 NH 基团，而在其他五种堆积模式的晶体中频繁出现的是 CH 基团。由于 NH 是比 CH 强的氢键供体，这表明其他堆积模式的分子间相互作用比 P 堆积模式弱[31]。与 P 相比，其他五种堆积模式的层间距离更短，层内分子排列更为稀疏。

10.5.3　层内分子间相互作用

尽管这 36 个分子具有几乎相同的 D_{2h} 或 D_{3h} 高对称性，但它们的堆积模式却覆盖了所有六种模式。这表明堆积模式不仅由分子拓扑结构控制，还由其他因素如分子间相互作用控制。考虑到高的分子对称性和平面堆积，随之而来的问题就是堆积层的生长是否会如螺旋位错生长理论[96]所主张的那样，生长围绕着一个假定的中心分子进行呢？原则上，分子沿着最强分子间相互作用的方向(如生长轴)扩散是热力学有利的。图 10.21 和图 10.22 分别显示了平面层状堆积中 D_{2h} 和 D_{3h} 分子的分子对称轴和层中的生长轴。对于图 10.21 中的四个 D_{2h} 分子，对称轴和生长轴之间没有重叠。而对于图 10.22 中的 D_{3h} 分子，TATNBZ 和 VUGSIZ 出现了对称轴和生长轴之间的重叠，其余分子则没有出现。此外，CEHQEM 和 CYURAC03 中两种轴的数量不同，并且交叉点也出现了不一致的情况，这和其他 P 型堆积的晶体情况有所不同。以上结果表明，高度对称分子(如 D_{2h} 或 D_{3h} 分子) 的对称轴不一定沿着强分子间相互作用的方向，平面层状堆积也不一定为高度对称性分子所独有。

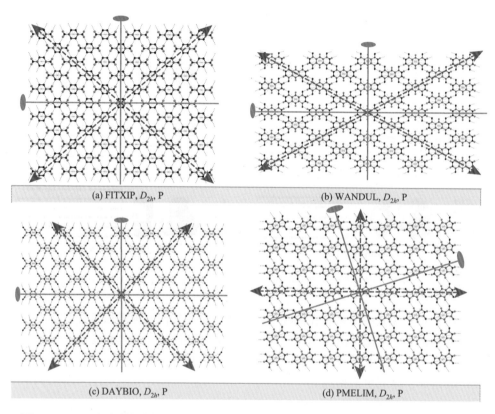

(a) FITXIP, D_{2h}, P   (b) WANDUL, D_{2h}, P

(c) DAYBIO, D_{2h}, P   (d) PMELIM, D_{2h}, P

图 10.21 D_{2h} 平面层状堆积分子的对称轴(蓝色实线)和分子层中生长轴(橙色虚线箭头)[31]

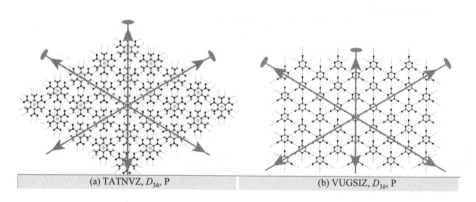

(a) TATNVZ, D_{3h}, P   (b) VUGSIZ, D_{3h}, P

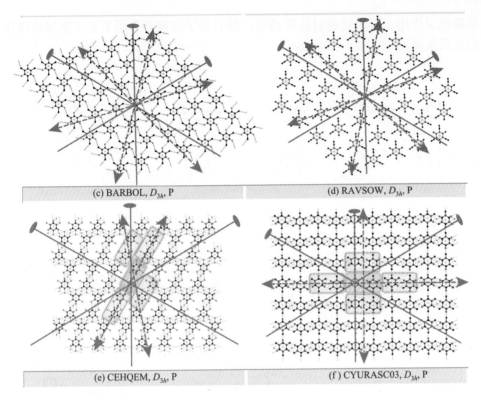

图 10.22 D_{3h} 平面层状堆积分子的对称轴(蓝色实线)和分子层中生长轴
(橙色虚线箭头)[31]

接着我们基于相互作用类型、几何结构和二聚能讨论层内分子间相互作用。首先对氢键和卤键进行说明,它们在图 10.23 中所有分子的堆积层内都起着连接分子的作用。对于氢键,它们表现为 N—H···N、N—H···O、C—H···N、C—H···O 和 C—H···S 近接触。根据 Jeffrey 标准[55]对氢键强度分级,FITXIP、WANDUL、PMELIM 和 CYURAC03 含有强氢键,因为它们同时含有强氢键供体(N—H)和强氢键受体(N 或 O 原子)。DAYBIO、TATNBZ 和 CEHQEM 中,氢键受体和氢键供体其中之一强度较弱,另一个则较强,最终形成中等强度的氢键,键长较长。CH···O(酰氧基)近接触出现在 PMELIM 中,即使酰氧基是强氢键受体,但形成的却是弱氢键。上述讨论表明,若平面层内存在氢键,则至少需要中等强度的氢键来支撑平面层的堆积。二聚能的大小在一定程度上也支持可以通过氢键键长对其强度进行分级。F···Cl 和 Cl···Cl 两种类型的近接触分别代表了 BARBOL 和 VUGSIZ 中的卤键。一般来说卤键强度较弱,具有较小的二聚能。比较特别的是 RAVSOW 既不含氢键也不含卤键,其层内分子间相互作用主要是较弱的范德瓦耳斯吸引作用。以上这些讨论都说明，强的分子间相互作用不是平面层状堆积的必要条件。

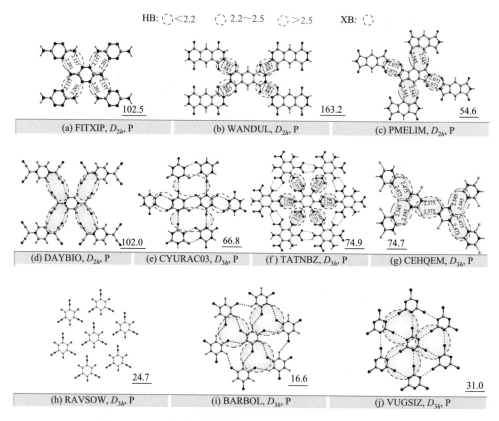

图 10.23　10 个平面层状堆积化合物的层内分子间相互作用

氢键和卤键分别用绿色和红色虚线表示（键长以 Å 为单位）。氢键强度的分类是根据氢键长度进行的，并由不同颜色的虚线椭圆表示。每个图右下角带有黑色下划线的正值是二聚能（单位：kJ/mol）[31]

　　尽管如此，平面层状堆积通常由强氢键支撑，其他类型堆积晶体中是很少出现强氢键的。以下采用四种分子结构非常相似的典型化合物，BENZEN[97]、FACGEV、CYURAC03 和 BNZQUI，来揭示氢键强度对堆积模式的影响[31]。图 10.24 显示，这些分子都各自具有一个六元环作为骨架，六个原子作为取代基分别与骨架相连。从图中所示的 Hirshfeld 表面和近接触占比，我们可以发现它们的氢键强度不同，CYURAC03 中氢键最强，其次是 BNZQUI、FACGEV 和 BENZEN。这是因为 CYURAC03 中同时存在强的氢键供体和氢键受体，BNZQUI、FACGEV 中只有部分强氢键供体或受体，而在 BENZEN 中则都没有。随着氢键强度减弱，4 个晶体依次呈现 P、L、W 和 M 的堆积模式。

合成子[98,99]的概念可用于理解不同分子间相互作用引起的堆积模式的差异。这 36 个化合物的合成子解析如图 10.25，从图中可看出大多数的合成子是氢键，只有少数几个为卤键。强氢键(N—H⋯N/O/S)合成子通常存在于 P 模式中，而弱氢键(C—H⋯N/O/F)合成子存在于其他堆积模式中。在 DAYBIO 中，尽管 C—H⋯N 相互作用属于中等氢键，但因为总共有八个这样的氢键，所以足以形成 P 堆积模式。与氢键相比，卤键合成子在这 36 个晶体中的分布要少得多。

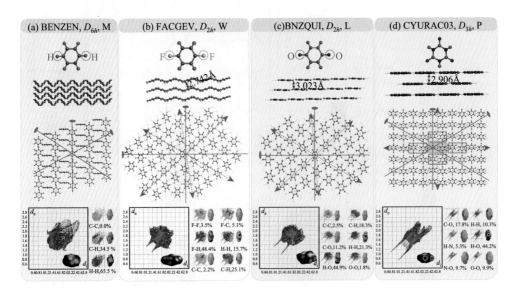

图 10.24　结构相似、成分不同的分子的堆积方式比较

从上到下：分子结构、堆积结构、对称和生长轴、二维指纹图[31]

针对 33 个含氢键的分子，它们的氢键几何形状及数量如图 10.26，氢键受体(HBA)和氢键供体(HBD)等氢键合成子的数量见表 10.2，由此可进一步探讨氢键强度与堆积模式的关系。同样，平面层状堆积中的氢键通常比其他堆积类型中的氢键强度更强，氢键键长更短，键角更接近 180°，合成子数量更多。合成子的数量会受到分子大小的影响，它更多是用于反映氢键密度，如 AROCAM 中的合成子数量最多，就是因为它的分子尺寸最大，可以囊括尽可能多的氢键供受体。此外，表 10.2 中列出的 HBD 和 HBA 的类型和数量也可以反映氢键强度与堆积模式的关联。在以 P 模式堆积的 7 个晶体中，仅有 DAYBIO 不存在强 HBD(如 NH)，但如前所述，DAYBIO 每个分子都具有 8 个中等强度的氢键足以支撑其中层的稳定性。相比之下，在其他类型的堆积中很少出现 NH 基团这样的强 HBD，更为普遍出现的是 CH 基团这样的弱 HBD。

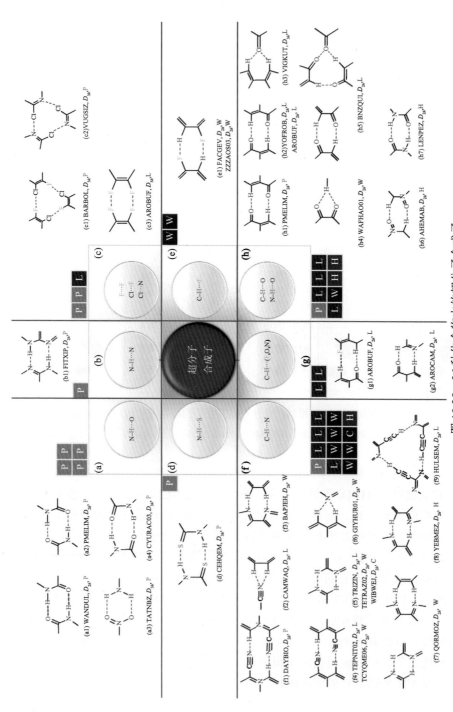

图 10.25 36 种化合物中的超分子合成子

合成子类型显示在该图的中心区域，涉及化合物的详细相互作用用显示在周围，堆积模式排列在其中[31]

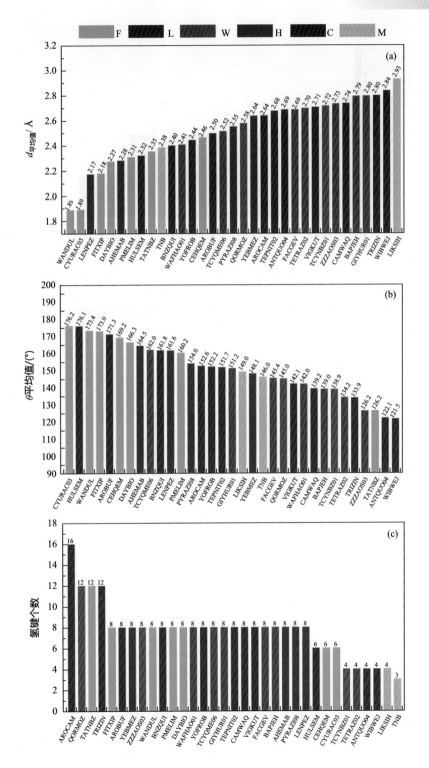

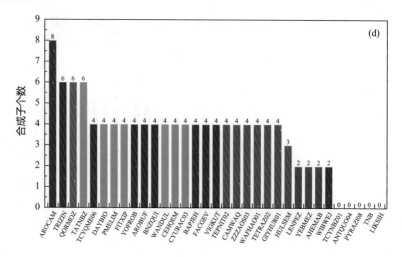

图 10.26　分子间氢键的几何结构和数量，以及相关化合物中合成子数量的比较[31]

表 10.2　33 个含氢键分子中 HBA 和 HBD 的数量对比。其中 HBD 是氢键供体，HBA 是氢键受体

化合物	HBD(NH)	HBD(CH)	HBA	化合物	HBD(NH)	HBD(CH)	HBA
FITXIP,D_{2h},P	4	0	4(N)	QORMOZ,D_{2h},W	0	6	8(N)
WANDUL,D_{2h},P	4	2	4(O)	BAPJEH,D_{2h},W	0	6	4(N)
PMELIM,D_{2h},P	2	2	4(O)	FACGEV,D_{2h},W	0	4	2(F)
DAYBIO,D_{2h},P	0	4	4(N)	GIYHUR01,D_{2h},W	0	8	2(N)
CYURAC03,D_{3h},P	3	0	3(O)	TETRAZ02,D_{2h},W	0	2	4(N)
TATNBZ,D_{3h},P	6	0	6(O)	TCYQME06,D_{2h},W	0	4	4(N)
CEHQEM,D_{3h},P	3	0	3(S)	WAFHAO01,D_{2h},W	2	0	4(O)
BNZQUI,D_{2h},L	0	4	2(O)	ZZZAOS03,D_{2h},W	0	8	2(F)
AROCAM,D_{2h},L	0	6	4(N)+2(O)	TCYNBZ01,D_{2h},W	0	2	4(N)
AROBUF,D_{2h},L	0	4	2(O) + 8F	PYRAZI08,D_{2h},H	0	4	2(N)
TEPNIT02,D_{2h},L	0	4	2(N)	AHEMAB,D_{2h},H	0	4	2(O)
YOFROB,D_{2h},L	0	10	4(O)	LENPEZ,D_{2h},H	2	8	4(0)
CAMWAQ,D_{2h},L	0	8	2(N)	YEBMEZ,D_{2h},H	0	8	4(N)
HULSEM,D_{3h},L	0	3	3(N)	ANTQUO04,D_{2h},C	0	8	2(O)
VIGKUT,D_{3h},L	0	6	3(O)	WIBWEJ,D_{2h},C	0	4	4(N)+2(S)
TRIZIN,D_{3h},L	0	3	3(N)	TNB,D_{3h},M	0	3	6(O)
				LIKSIH,D_{3h},M	3	0	0

398

10.5.4　平面层状堆积的 D_{2h} 和 D_{3h} 分子的特性

静电势(ESP)分析有助于从孤立分子的角度来揭示分子和堆积模式间的关联。图 10.27 显示了堆积模式为 P 的分子的静电势面和静电势极值。Etter 规则认为，晶体中有强氢键供受体时，通常是最强的氢键受体与最强的氢键供体形成氢键，次强的氢键受体与次强的氢键供体形成氢键，以此类推，直至所有的作用位点达到饱和[100-102]。图中含氢分子的静电势极值点(>35 kcal/mol)都分布在分子边缘，无一例外地对应于氢键受体和氢键供体的位置，有利于这些分子通过氢键加强层内分子间相互作用。这些静电势正负极值点也可以通过其化学组成进行理解。例如，NH 对应的静电势极值点通常比 CH 更正。

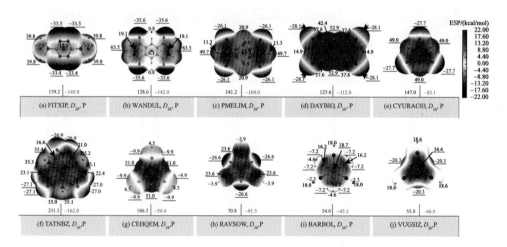

图 10.27　平面层状堆积化合物的分子静电势(ESP)图

分子边缘 ESP 极值的正(红色)负(绿色)之和列在每个图的底部[31]

其他堆积模式中的静电势极值点一般位于分子面上，如 AROBUF、TETRZ02、TCYQME06、WAFHAO01、ZZZAOS03、TCYNBZ01 和 TNB，说明静电势极值点不在分子边缘时会不利于形成平面层状堆积。但是这种适用于含氢分子的情况并不一定发生在其他分子中。也就是说静电势极值点的位置与堆积模式无关。例如在 P 模式中，非氢分子的极值点就位于分子中心(图 10.27)。因此，关于平面层状堆积需要满足位于分子边缘的静电势极值应大于 35 kcal/mol 的条件，只有在层内相互作用占主导地位时才是必要的，反之将变为不必要。

从分子堆积的角度来看，平面层状堆积模式有助于低感高能含能材料的构建，所以 Bu 等提出了一种从构建分子出发来构筑这种堆积模式的策略，如图 10.28 所示[31]。首先，分子应同时满足 π 共轭和 D_{2h} 或 D_{3h} 点群对称的要求。从所选的 36 个化合物中，可以发现六元环或含有六元环的稠环是构建这种分子骨架的优选结构。其次，选择单原子、线性或高度对称的基团作为取代基是保持整个分子高度对称的必要条件。对于含能分子而言，常选取 NH_2 和 NO_2 基团。此外，强氢键供体和强氢键受体对于构建含氢分子的平面层状堆积模式是必要的。而对于不含氢的分子，需要同时考虑层间及层内相互作用。

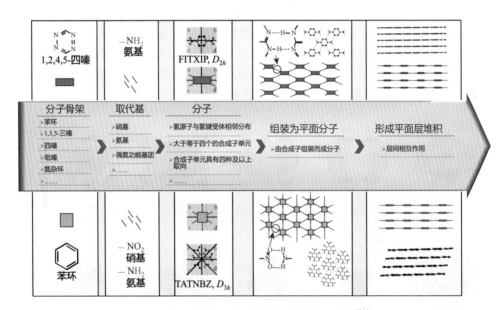

图 10.28　构筑平面层状堆积结构的示意图[31]

 ## 10.6　结论与展望

在本章中，我们以 D_{2h} 和 D_{3h} 分子为例，介绍了含能晶体中的 π 堆积结构，以及分子拓扑结构和组分与堆积模式间的关系。平面 π 键结构一般包含在含氢的低感含能分子中，而很少出现在高感分子中。平面层状 π-π 堆积(面对面 π-π 堆积)最容易发生滑移，需要较强的分子间氢键进行支撑。但情况并非总是如此，因为有时也会观察到非氢键辅助的平面层状 π-π 堆积。n-π 堆积尽管强度较弱，但出现频次较高，可作为含能晶体中氢键和 π-π 堆积的重要补充。分子结构和堆积结构之间的关系似乎很复杂，即使对于高度对称的 D_{2h} 和 D_{3h} 分子，也很难对其关系进行简单描述，因为仅分子拓扑结构和成分的差异就可能会导致完全不同的结果。因此，仍需要进行更多的尝试来提高含能分子和晶体尤其是低感高能晶体的设计水平。

参 考 文 献

[1] Ma Y, Zhang A, Xue X, et al. Crystal packing of low-sensitivity and high-energy explosives. Cryst. Growth Des., 2014, 14: 4703-4713.

[2] Ma Y, Zhang A, Xue X, et al. Crystal packing of impact sensitive high energetic explosives. Cryst. Growth Des., 2014, 14: 6101-6114.

[3] Bu R, Xiong Y, Zhang C. π-π Stacking contributing to the low or reduced impact sensitivity of energetic materials. Cryst. Growth Des., 2020, 20: 2824-2841.

[4] Cady H H, Larson A C. The crystal structure of 1,3,5-triamino-2,4,6-trinitrobenzene. Acta Crystallogr., 1965, 18: 485-496.

[5] Holden J R. The structure of 1,3-diamino-2,4,6-trinitrobenzene, Form I. Acta Crystallogr., 1967, 22: 545-550.

[6] Choi C S. Refinement of 2-nitroguanidine by neutron powder diffraction. Acta Cryst., 1981, 37: 1955-1957.

[7] Beal R W, Incarvito C D, Rhatigan B J, et al. X-Ray crystal structures of five nitrogen-bridged bifurazan compounds. Propellants, Explos., Pyrotech., 2000, 25: 277-283.

[8] Gilardi R. Private Communication., 1999.

[9] Kolev T, Berkei M, Hirsch C, et al. Crystal structure of 4,6-dinitroresorcinol, $C_6H_4N_2O_6$. New Cryst. Struct., 2000, 215: 483-484.

[10] Bolotina N, Kirschbaum K, Pinkerton A A. Energetic materials: α-NTO crystallizes as a four-component triclinic twin. Acta Cryst., 2005, 61: 577-584.

[11] Holden J R, Dickinson C, Bock C M. Crystal structure of 2,4,6-trinitroaniline. J. Phys. Chem., 1972, 76: 3597-3602.

[12] Evers J, Klapötke T M, Mayer P, et al. α-and β-FOX-7, polymorphs of a high energy density material, studied by X-ray single crystal and powder investigations in the temperature range from 200 to 423 K. Inorg. Chem., 2006, 45: 4996-5007.

[13] Gilardi R D, Butcher R J. 2,6-Diamino-3,5-dinitro-1,4-pyrazine 1-oxide. Acta Cryst. E, 2001, 57: o657-o658.

[14] Choi C S, Abel J E. The crystal structure of 1,3,5-trinitrobenzene by neutron diffraction. Acta Cryst., 1972, 28: 193-201.

[15] Oyumi Y, Brill T B, Rheingold A L. Thermal decomposition of energetic materials. 7. High-rate FTIR studies and the structure of 1,1,1,3,6,8,8,8-octanitro-3,6-diazaoctane. J. Phys. Chem., 1985, 89: 4824-4828.

[16] Trotter J. Bond lengths and angles in pentaerythritol tetranitrate. Acta Cryst., 1963, 16: 698-699.

[17] Archibald T G, Gilardi R, Baum K, et al. Synthesis and X-ray crystal structure of 1,3,3-trinitroazetidine. J. Org. Chem., 1990, 55: 2920-2924.

[18] Choi C S, Prince E. The crystal structure of cyclotrimethylene-trinitramine. Acta Cryst. B, 1972, 28: 2857-2862.

[19] Choi C S, Boutin H P. A study of the crystal structure of *β*-cyclotetramethylene tetranitramine by neutron diffraction. Acta Cryst. B, 1970, 26: 1235-1240.

[20] Gilardi R, Flippen-Anderson J L, Evans R. *Cis*-2,4,6,8-tetra-nitro-1*H*, 5*H*-2,4,6,8-tetra-aza-bicyclo [3.3.0]octane, the energetic compound 'bicyclo-HMX'. Acta Crystallogr. E, 2002, 58: o972-o974.

[21] Akopyan Z A, Struchkov Y T, Dashevii V G. Crystal and molecular structure of hexanitrobenzene. J. Struct. Chem., 1966, 7: 408-416.

[22] Zhang M X, Eaton P E, Gilardi R. Hepta- and octanitrocubanes. Angew. Chem., Int. Ed., 2000, 39: 401-404.

[23] Nielsen A T, Chafin A P, Christian S L, et al. Synthesis of polyazapolycyclic caged polynitramines. Tetrahedron, 1998, 54: 11793-11812.

[24] Cady H H, Larson A C, Cromer D T. The crystal structure of benzotrifuroxan (hexanitrosobenzene). Acta Crystallogr., 1966, 20: 336-341.

[25] Miller D R, Swenson D C, Edward G G. Synthesis and structure of 2,5,8-triazido-*s*-heptazine: An energetic and luminescent precursor to nitrogen-rich carbon nitrides. J. Am. Chem. Soc., 2004, 126: 5372-5373.

[26] Yang J, Wang G, Gong X, et al. High-pressure behavior and hirshfeld surface analysis of nitrogen-rich materials: Triazido-*s*-triazine (TAT) and triazido-*s*-heptazine (TAH). J. Mater. Sci., 2018, 53: 15977-15985.

[27] Lu Z, Xiong Y, Xue X, et al. Unusual protonation of the hydroxylammonium cation leading to the low thermal stability of hydroxylammonium-based salts. J. Phys. Chem. C, 2017, 121: 27874-27885.

[28] Lu Z, Zhang C. Reversibility of the hydrogen transfer in TKX-50 and its influence on impact sensitivity: An exceptional case from common energetic materials. J. Phys. Chem. C, 2017, 121: 21252-21261.

[29] Wang J, Xiong Y, Li H, et al. Reversible hydrogen transfer as new sensitivity mechanism for energetic materials against external stimuli: A case of the insensitive 2,6-diamino-3,5-dinitropyrazine-1-oxide. J. Phys. Chem. C, 2018, 122: 1109-1118.

[30] Jiang H, Jiao Q, Zhang C. Early events when heating 1,1-diamino-2,2-dinitroethylene: Self-consistent charge density-functional tight-binding molecular dynamics simulations. J. Phys. Chem. C, 2018, 122: 15125-15132.

[31] Bu R, Liu G, Zhong K, et al. Relationship between molecular structure and stacking mode: Characteristics of the D_{2h} and D_{3h} molecules in planar layer-stacked crystals. Cryst. Growth Des., 2021, 21: 6847-6861.

[32] Meng L, Lu Z, Ma Y, et al. Enhanced intermolecular hydrogen bonds facilitating the highly dense packing of energetic hydroxylammonium salts. Cryst. Growth Des., 2016, 16: 7231-7239.

[33] Göbel M, Karaghiosoff K, Klapötke T M, et al. Nitrotetrazolate-2*N*-oxides and the strategy of *N*-oxide introduction. J. Am. Chem. Soc., 2010, 132: 17216-17226.

[34] Wang R, Xu H, Guo Y, et al. Bis[3-(5-nitroimino-1,2,4-triazolate)]-based energetic salts: synthesis and promising properties of a new family of high-density insensitive materials. J. Am.

Chem. Soc., 2010, 132: 11904-11905.

[35] Zhang C, Xiong Y, Jiao F, et al. Redefining the term of cocrystal and broadening its intension. Cryst. Growth Des., 2019, 19: 1471-1478.

[36] Fischer N, Fischer D, Klapötke T M, et al. Pushing the limits of energetic materials—The synthesis and characterization of dihydroxylammonium 5,5′-bistetrazole-1,1′- diolate. J. Mater. Chem., 2012, 22: 20418-20422.

[37] Fischer N, Gao L, Klapötke T M, et al. Energetic salts of 5,5′-bis(tetrazole-2-oxide)in a comparison to 5,5-bis(tetrazole-1-oxide)derivatives. Polyhedron, 2013, 51: 201-210.

[38] Nikitina E V, Starova G L, Frank-Kamenetskaya O V, et al. The molecular and crystal- structure of bis-(3-nitro-1,2,4-triazolyl-5)dihydrate, $C_4H_2N_8O_4$. $2H_2O$-the relationship with thermal deformations and optical-properties. Kristallografiya, 1982, 27: 485-488.

[39] Fischer N, Klapötke T M, Stierstorfer J. Nitrogen-rich salts of $1H,1'H$-5,5′-bitetrazole-1,1′-diol: Energetic materials with high thermal stability. Eur. J. Inorg. Chem., 2013, 2013: 2167-2180.

[40] Bu R, Xie W, Zhang C. Heat-induced polymorphic transformation facilitating the low impact sensitivity of 2,2-dinitroethylene-1,1-diamine(FOX-7). J. Phys. Chem. C, 2019, 123: 16014-16022.

[41] Crawford M J, Evers J, Goebel M, et al. γ-FOX-7: Structure of a high energy density material immediately prior to decomposition. Propellants, Explos., Pyrotech., 2007, 32: 478-495.

[42] Liu G, Gou R, Li H, et al. Polymorphism of energetic materials: A comprehensive study of molecular conformers, crystal packing and the dominance of their energetics in governing the most stable polymorph. Cryst. Growth Des., 2018, 18: 4174-4186.

[43] Dreger Z A, Stash A I, Yu Z G, et al. High-pressure crystal structures of an insensitive energetic crystal: 1,1-Diamino-2,2-dinitroethene. J. Phys. Chem. C, 2016, 120: 1218-1224.

[44] Zhang C, Wang X, Huang H. π-Stacked interactions in explosive crystals: Buffers against external mechanical stimuli. J. Am. Chem. Soc., 2008, 130: 8359-8365.

[45] Quinoñero D, Garau C, Rotger C, et al. anion-π interactions: Do they exist? Angew. Chem., Int. Ed., 2002, 41: 3389-3392.

[46] Mooibroek T J, Gamez P, Reedijk J. Lone pair-π interactions: A new supramolecular bond? CrystEngComm., 2008, 10: 1501-1515.

[47] Frontera A, Gamez P, Mascal M, et al. Putting anion-π interactions into perspective. Angew. Chem., Int. Ed., 2011, 50: 9564-9583.

[48] Mooibroek T J, Gamez P. Anion-arene and lone pair-arene interactions are directional. CrystEngComm., 2012, 14: 1027-1030.

[49] Zhang H, Guo C, Wang X, et al. Five energetic cocrystals of BTF by intermolecular hydrogen bond and π-stacking interactions. Cryst Growth Des., 2013, 13: 679-684.

[50] Li S, Gou R, Zhang C. n-π Stacking in energetic crystals. Cryst. Growth Des., 2022, 22: 1991-2000.

[51] Zhukhlistova N E, Prezdo W, Bykova A S. Molecular and crystal structures of 2,4,6-trinitro-N-methyl-N-nitroaniline. Crystallogr. Rep., 2002, 47: 72-75.

[52] 李军锁, 吕连营, 欧育湘. ANBDF 的合成和稳定性研究. 含能材料, 2005, 13(2): 115-117.

[53] Mark A R, Charles F C, David R A, et al. Form Ⅲ of 2,2′,4,4′,6,6′-hexanitroazobenzene

(HNAB-Ⅲ). Acta Cryst. C, 2005, 61: o127-o130.

[54] Holden J R, Dickinson C. The crystal structure of 1,3-dichloro-2,4,6-trinitrobenzene. J. Phys. Chem., 1967, 71: 1129-1131.

[55] Jeffrey R D, Damon A P. Stabilization of nitro-aromatics. Propellants, Explos., Pyrotech., 2015, 40: 506-513.

[56] Yang Z, Li H, Zhou X, Zhang C, et al. Characterization and properties of a novel energetic-energetic cocrystal explosive composed of HNIW and BTF. Cryst. Growth Des., 2012, 12: 5155-5158.

[57] Guo C, Zhang H, Wang X, et al. Study on a novel energetic cocrystal of TNT/TNB. J Mater Sci., 2013, 48: 1351-1357.

[58] Bolton O, Matzger A J. Improved stability and smart-material functionality realized in an energetic cocrystal. Angew. Chem., Int. Ed., 2011, 50: 8960-8963.

[59] Oyumi Y, Rheingold A L, Brill T B. Thermal decomposition of energetic materlals. 16. Solld-phase structural analysis and the thermolysis of 1,4-dinltrofurazano[3,4-*b*]piperazine. J. Phys. Chem., 1986, 90: 4686-4690.

[60] Chavez D E, Bottaro J C, Petrie M, et al. Synthesis and thermal behavior of a fused, tricyclic 1,2,3,4-tetrazine ring system. Angew. Chem., Int. Ed., 2015, 54: 12973-12975.

[61] Hérvé G, Roussel C, Hervé G. Selective preparation of 3,4,5-trinitro-1H-pyrazole: A stable all-carbon-nitrated arene. Angew. Chem., Int. Ed., 2010, 49: 3177-3181.

[62] Kettner M A, Klapötke T M. 5,5′-Bis-(trinitromethyl)-3,3′-bi-(1,2,4-oxadiazole): A stable ternary CNO-compound with high density. ChemComm., 2014, 50: 2268-2270.

[63] Marcos A K, Konstantin K, Thomas M K, et al. 3,3′-Bi-(1,2,4-oxadiazoles) featuring the fluorodinitromethyl and trinitromethyl groups. Chem. Eur. J., 2014, 20: 7622-7631.

[64] Sheremetev A B, Semenov S E, Kuzmin V S, et al. Synthesis and X-ray crystal structure of bis-3,3′(nitro-NNO-azoxy)-difurazanyl ether. Chem. Eur. J,1998, 4: 1023-1026.

[65] Sheremetev A B, Kharitonova O V, Mel′Nikova T, et al. Synthesis of symmetrical difurazanyl ethers. Mendeleev Commun., 1996: 141-143.

[66] Zelenin A K, Trudell M L, Gilardi R D. Synthesis and structure of dinitroazofurazan. J. Heterocyclic Chem., 1998, 35: 151-155.

[67] Aldoshin S M, Aliev Z G, Astrat′ev A A, et al. Crystal structure of 4,4″-dinitro-[3,3′,4′,3″]-tris-[1,2,5]-oxadiazole. J. Struct. Chem., 2013, 54: 462-464.

[68] Averkiev B B, Antipin M Y, Sheremetev A B, et al. Four 3-cyanodifurazanyl ethers: Potential propellants. Acta Cryst., 2003, 59: 383-387.

[69] Wei X, Ma Y, Long X, et al. A strategy developed from the observed energetic-energetic cocrystals of BTF: Cocrystallizing and stabilizing energetic hydrogen-free molecules with hydrogenous energetic coformer molecules. CrystEngComm., 2015, 17: 7150-7159.

[70] 宋华杰, 肖鹤鸣, 董海山. TATB 二聚体分子间作用力及其气相几何构型研究[J]. 化学学报, 2007, 65(12): 1101-1109.

[71] Zhang C, Kang B, Cao X, et al. Why is the crystal shape of TATB is so similar to its molecular shape? Understanding by only its root molecule. J. Mol. Mod., 2012, 18: 2247-2256.

[72] He X, Xiong Y, Wei X, et al. High throughput scanning of dimer interactions facilitating to confirm molecular stacking mode: A case of 1,3,5-trinitrobenzene and its amino-derivatives. Phys. Chem. Chem. Phys., 2019, 21: 17868-17879.

[73] Desiraju G R. Crystal engineering: From molecule to crystal. J. Am. Chem. Soc., 2013, 135: 9952-9967.

[74] Tiekink E R Chichester: T, Vittal J, Zaworotko M. Organic Crystal Engineering: Frontiers in Crystal Engineering. Chichester: John Wiley & Sons, 2010.

[75] Lommerse J P M, Motherwell W D S, Ammon H L, et al. A test of crystal structure prediction of small organic molecules. Acta Crystallogr. B, 2000, 56: 697-714.

[76] Motherwell W D S, Ammon H L, Dunitz J D, et al. Crystal structure prediction of small organic molecules: A second blind test. Acta Crystallogr. B, 2002, 58: 647-661.

[77] Day G M, Motherwell W D S, Ammon H L, et al. A third blind test of crystal structure prediction. Acta Crystallogr. B, 2005, 61: 511-527.

[78] Day G M, Cooper T G, Cruz-Cabeza A J, et al. Significant progress in predicting the crystal structures of small organic molecules—a report on the fourth blind test. Acta Crystallogr. B, 2009, 65: 107-125.

[79] Bardwell D A, Adjiman C S, Arnautova Y A, et al. Towards crystal structure prediction of complex organic compounds—a report on the fifth blind test. Acta Crystallogr. B, 2011, 67: 535-551.

[80] Reilly A M, Cooper R I, Adjiman C S, et al. Report on the sixth blind test of organic crystal structure prediction methods. Acta Crystallogr. B, 2016, 72: 439-459.

[81] Spek A L. Structure validation in chemical crystallography. Acta Cryst., 2009, D65: 148-155.

[82] Hunter C A, Lawson K R, Perkins J, et al. Aromatic interactions. J. Chem. Soc., Perkin Trans., 2001, 2: 651-669.

[83] Adams H, Hunter C A, Lawson K R, et al. A supramolecular system for quantifying aromatic stacking interactions. Chem. Eur. J., 2001, 7: 4863-4878.

[84] Martinez C R, Iverson B L. Rethinking the term "pi-stacking". Chem. Sci., 2012, 3: 2191-2201.

[85] Krieger C, Fischer H, Neugebauer F A. 3,6-Diamino-1,2,4,5-tetrazine: An example of strong intermolecular hydrogen bonding. Acta Cryst., 1987, 43: 1320-1322.

[86] Du M, Zhang Z, Zhao X. Cocrystallization of trimesic acid and pyromellitic acid with bent dipyridines. Cryst. Growth Des., 2005, 5: 1247-1254.

[87] Bulgarovskaya I V, Novakovskaya L A, Federov Y G, et al. Crystalline structure of pyromellitic diimide. Kristallografiya, 1976, 21: 515.

[88] Matsubayashi G, Sakamoto Y, Tanaka T, et al. X-Ray Crystal structure and properties of(1,4-pyrazinio)bis(dicyanomethylide)(diazaTCNQ). J. Chem. Soc., Perkin Trans., 1985, 2: 947-950.

[89] Verschoor G C, Keulen E. Electron density distribution in cyanuric acid. I. An X-ray diffraction study at low temperature. Acta Cryst., 1971, 27: 134-145.

[90] Guo F, Cheung E Y, Harris K D M, et al. Contrasting solid-state structures of trithiocyanuric

acid and cyanuric acid. Cryst. Growth Des., 2006, 6: 846-848.

[91] Jones P G, Ahrens B, Hopfner T, et al. 2,4,6-Tris（diazo）cyclohexane-1,3,5-trione. Acta Cryst., 1997, 53: 783-786.

[92] Chaplot S L, McIntyre G J, Mierzejewski A, et al. Structure of 1,3,5-Trichloro-2,4,6-trifluorobenzene. Acta Cryst., 1981, 37: 1896-1900.

[93] Pascal R A, Ho D M. Nitrogen-chlorine donor-acceptor interactions dominate the structure of crystalline cyanuric chloride. Tetrahedron Lett., 1992, 33: 4707-4708.

[94] Zhang C, Xue X, Cao Y, et al. Intermolecular friction symbol derived from crystal information. CrystEngComm., 2013, 15: 6837-6844.

[95] Zhang C. Shape and size effects in π-π interactions: Face-to-face dimers. J. Comput. Chem., 2011, 32: 152-160.

[96] Burton W K, Cabrera N, Frank F C. The growth of crystals and the equilibrium structure of their surfaces. Philos. Trans. Royal Soc., 1951, 243: 299-358.

[97] Bacon G E, Curry N A, Wilson S A. A crystallographic study of solid benzene by neutron diffraction. Proc. Math. Phys. Eng. Sci., 1964, 279: 98-110.

[98] Lehn J M. Supramolekulare chemie—moleküle, übermoleküle und molekulare funktionseinheiten（Nobel-vortrag）. Angew. Chem., Int. Ed. Engl., 1988, 100: 91-116.

[99] Lehn J M. Supramolecular chemistry—scope and perspectives molecules, supermolecules, and molecular devices（Nobel lecture）. Angew. Chem., Int. Ed. Engl., 1988, 27: 89-112.

[100] Etter M C. Encoding and decoding hydrogen-bond patterns of organic compounds. Acc. Chem. Res., 1990, 23: 120-126.

[101] Etter M C, Adsmond D A. The use of cocrystallization as a method of studying hydrogen bond preferences of 2-aminopyrimidine. J. Chem. Soc., Chem. Commun., 1990, 589-591.

[102] Etter M C. Hydrogen bonds as design elements in organic chemistry. J. Phys. Chem., 1991, 95: 4601-4610.

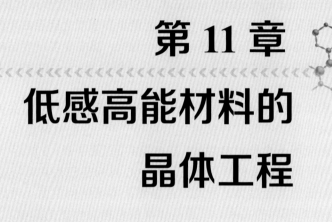

第 11 章

低感高能材料的
晶体工程

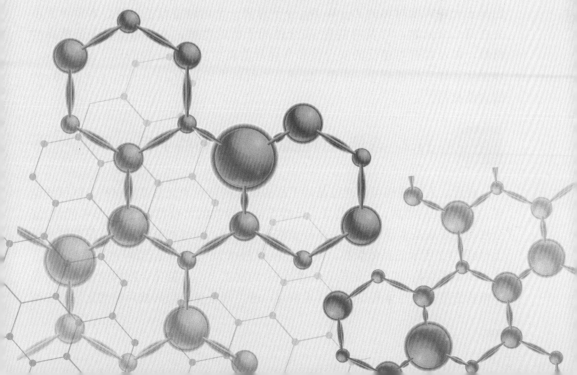

11.1　引言

含能化合物主要由中性分子组成，含有 C、H、N 和 O 元素[1,2]。能量和感度（安全性）是含能材料非常重要的两个性能，受到了最广泛的关注。迄今为止人们在描述能量上做得较好，但在预测感度和明晰感度机制方面仍充满着挑战。一般而言，含能材料的能量可以由爆速、爆压、爆热、比动能、比冲等来表示，感度则由可以引发化学反应的特定的刺激阈值来表示[3,4]。在实际应用中，低感高能材料（low sensitivity and high energy material，LSHEM）是研究和开发新型含能材料，尤其是研究和开发主炸药的主要目标。然而能量和感度之间存在矛盾，特别是在分子水平上，高能总是伴随着高感或低安全性[5]。感度受多尺度结构的影响，其中作为本征结构的分子结构和晶体堆积，是缓解能量-安全性间矛盾并创制新型 LSHEM 的出发点。

晶体工程的具体内涵主要包括对分子结构和晶体结构之间关系的认知，并基于此认知来定制具有特定性质性能的材料[6-10]。含能材料晶体工程则是将晶体工程的概念应用于含能材料领域，自含能共晶（第 7 章）发展后[11]得到了蓬勃发展。在应用层面，含能材料晶体工程的中心目标是获得具有特定性质性能的含能晶体，如低感高能晶体。因此，首先要在本征结构层面上考虑两点，一是分子结构-晶体堆积间的关系，二是晶体堆积结构对性能的影响。第 10 章中我们基于一些高度对称的 D_{2h} 和 D_{3h} 分子对第一个问题进行了说明。本章将着重关注第二个问题，以及对能量-安全性间矛盾的理解。本章希望可为低感高能材料，以及具有可接受的安全性和高能量的新型含能化合物的设计提供方案，以强化晶体工程的概念。注意，低感高能材料指的是 $H_{50} \geqslant 0.5$ m，$v_d \geqslant 8500$ m/s 的含能材料[12]。

11.2　含能材料能量-安全性间的矛盾

最近，人们强调可以通过晶体工程的概念构建新型低感高能材料，以缓解能量-安全性间的矛盾，再次凸显了低感高能化合物的可获得性[5,12]。尽管能量-安全性间的矛盾是本征的，无法在分子水平上克服，但可在分子堆积及更高的水平上（如图 1.2 所示的晶体颗粒、PBX 颗粒和 PBX 块等非本征结构）进行缓解。

在本征结构（即分子结构和晶体堆积）的层次上，含能化合物的能量水平由晶体堆积密度以及气体和热的释放量决定，感度则是与模拟加载后的演化过程密切相关，其中分子稳定性和力学性质都是表征机械感度的直接指标。在外部刺激诱导发生反应直至点火前的过程中，能量和感度分别具有更多的热力学意义和动力学意义[5,12]。能量在很大程度上仅由初态和终态决定，感度却与中间过程密切相关。根据物理化学的基本原理，能量和感度可以简单地用反应热力学和反应动力学来描述，即能量差(ΔE_1)和能垒(ΔE_2)，如图 11.1 所示。在加载足够的外部刺激后，会发生一系列的连续过程，包括能量传递、能量吸收和积累、晶格振动、分子分解和放热、热点形成和生长以及最终的燃烧、爆燃和(或)爆炸。点火前的每个过程都可以显著地影响感度，即这些过程中的任何一个环节失败都将导致点火失败。越高的点火阈值代表越低的感度。

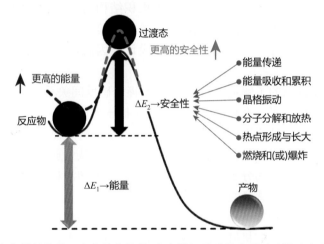

图 11.1 含能材料能量、安全性和能量-安全性间矛盾的本质以及影响安全性的因素

在分子水平上，ΔE_1 的增加会导致反应物化学键的减弱，这样分子稳定性减弱，即 ΔE_2 降低。正如前文指出，ΔE_1 和 ΔE_2 分别表征能量和感度。因此，ΔE_1 增加会导致 ΔE_2 减小，这揭示了分子水平上的能量-安全性间矛盾的本质，也称为 ΔE_1-ΔE_2 间的矛盾或热力学-动力学间的矛盾[5,12]。然而，这种矛盾并非不能解决，因为它可在较为宽泛的尺度范围内得到很大程度的缓解。这要求我们做到对化学键强度平均化并增加晶体堆积密度，以提高能量水平，改善分子堆积模式，从而获得低感高能化合物。

 11.3 含能材料的晶体堆积模式与撞击感度间的关系

分子堆积可以显著影响撞击感度，所以，我们需要清楚分子堆积结构与撞击感度间的关系。这也是含能材料晶体工程的核心问题之一。一般来说，增强分子间相互作用有利于巩固晶体堆积结构。因为若晶体的解离是从破坏分子间相互作用开始的，那么分子间相互作用的增强将增加晶体解离的难度，也可以说是分子间相互作用的增强有助于低感度。然而，这种增强原则上会降低晶体的总能量。因此，确定分子堆积结构对撞击感度的影响尤为重要，在本节中我们将针对分子堆积结构与撞击感度的关系展开介绍。

Tian 等直接描述了分子堆积结构与撞击感度间的基本关系[13]。应注意这种关系是定性的，因为撞击感度由多个因素决定，不仅是分子堆积结构，比如分子稳定性也是感度的决定因素之一。目前，用某个指标简单定量地描述分子堆积结构仍然十分困难，因而定量描述分子堆积结构与撞击感度间的关系同样面临挑战。但两者的定性关系确实存在，大量的实验也证明了这一点。更重要的是，这种关系还指导着低感高能化合物的设计。因此，它也是含能材料晶体工程的一部分。

对撞击感度机制的了解是建立分子堆积–撞击感度间关系的基础。对于受撞击的含能材料，它经历了一系列连续的过程，包括压缩剪切、产生屈服和缺陷、应变加大、温度升高、缺陷周围分子的活化和进一步分解、热点的形成和生长以及最终的燃烧、爆燃和爆轰。在这些过程中，人们普遍认为剪切滑移特性与撞击感度密切相关[14-23]。又因为分子堆积模式直接决定了剪切滑移特性，所以分子堆积模式自然成为影响撞击感度的一个重要因素。

为探讨分子堆积和撞击感度间的关系，需要确定晶体中的最优滑移面。如上所述，滑移会发生在外部机械刺激加载的时候。动力学上，分子间相互作用的强度可用来简单评估滑移的难易程度[23]。图 11.2 显示了晶体中三个可能发生滑移的

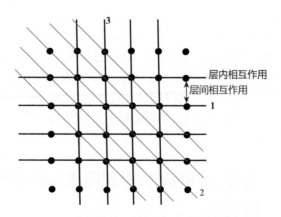

图 11.2　晶体中的层内和层间分子间相互作用

分子间相互作用的强度由线的粗细表示，线越粗表明相互作用越强[13]

层(**1**、**2** 和 **3**)。其中动力学最优的滑移层，需要通过强的层内分子间相互作用来保持，同时还应有一定的层间距离来降低滑移阻力。图中的 **1** 是最容易发生滑移的滑移层，因为它具有最强的层内分子间相互作用和最大的层间距离(或最弱的层间分子间相互作用力)。通过图 11.3 所示的一些具有 π-π 堆积的含能晶体，我们可以确认剪切滑移特性和撞击感度的关系。从面对面型到波浪型、再到交叉和混合型堆积，滑移位阻所表征的滑移难度逐步增加，滑移势垒也有所增加[23]。此外如第 3 章所述，根据 Hirshfeld 表面形状和其上的红点分布也可以简单地预测滑移特性及撞击感度。滑移特性对感度的影响机制，可以认为是一种电子与振动间交互作用的机制[24]。

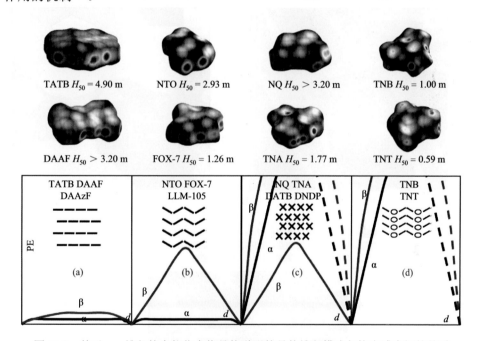

图 11.3　基于 π-π 堆积的含能化合物晶体说明的晶体堆积模式与撞击感度间的关系

上图为 Hirshfeld 表面和撞击感度(H_{50})。分子堆积特性直接由 Hirshfeld 表面形状及表面上红点的分布来反映。下图展示了堆积模式的势能(potential energy，PE)与滑动距离(d)间的关系。α(黑色曲线)和 β(红色曲线)分别表示沿前/后和左/右方向发生剪切滑移的势能变化的情况[13]

Hirshfeld 表面分析法是一种可以根据 Hirshfeld 表面特征简单预测晶体滑移特征的方法，即如果表面呈块状，红色圆点集中在块状边缘，则层间滑移将很容易进行[13]，如图 3.31(b)所示。事实上，这类情况属于平面层状堆积(面对面 π-π堆积)，而一个分子包含大 π 键是其形成平面层状堆积的必要不充分条件。例如 BTF 是平面分子，但没有块状的 Hirshfeld 表面，并且其表面上只有任意分散的红点，因此 BTF 确实也不是平面层状堆积结构[25]，这和前面的结论相印证。因此，尽管 BTF 具有相对较高的分子稳定性和热稳定性（$T_d = 558\ K$），但它对撞击非常敏感。同样的原因，另一种大 π 键分子化合物 ICM-101 也具有非常高的撞击感度[26]。

此前已有研究表明，之所以平面层状堆积的 TATB 容易发生剪切滑动，是因为其有低的滑移势垒[14]。滑移势垒是指所有滑移路径中势能增加的最大值。图 11.4 画出了 TATB 晶体沿不同晶轴方向滑移的势能面，包括静电作用和 vdW 作用，以

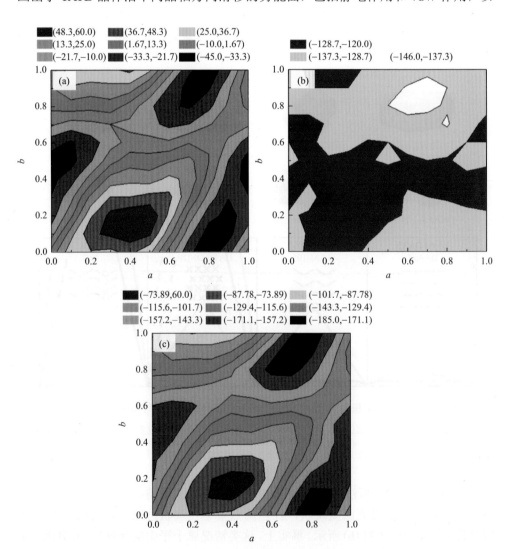

图 11.4　TATB 单胞中包含上下两个分子，其中顶部分子沿着 a-b 分数坐标，相对于所固定的底部分子的中心滑移的能量势垒等高线图：静电相互作用 (a)，vdW 相互作用 (b)，总相互作用能（kJ/mol）(c)[14]

及二者之和。从图中可以发现，滑移势垒的改变主要是由静电相互作用的变化引起的。TATB 的滑移势垒计算值为 125 kJ/mol，远低于其分子分解所需的能量（>300 kJ/mol），这意味着 TATB 沿(001)面的滑动是非常容易进行的，此时不会发生分子分解。此外，笔者也发现 π-π 相互作用的强度随着 π 电子的稠密度的增加而增强[27]。因此，设计了一种与纯组分相比具有更高润滑力的 TATB/石墨烯（TATB/G）的三明治夹层式复合物，其滑移势垒很低，如图 11.5[28]所示。所以，有望获得一系列具有可调节滑移性质的 TATB/G 复合物，用作微型装置中的单分子层炸药[28]。

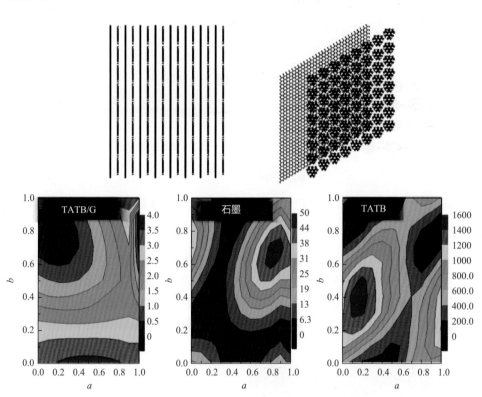

图 11.5　设计的 TATB/石墨烯（TATB/G）夹层复合物（顶部），及夹层复合物及其纯组分的滑移等高线图（底部）[28]

对于设计具有低撞击感度的化合物来说，除需要高分子稳定性外，还需要非常理想的平面层状 π-π 堆积模式（1 个原子的厚度）。然而这种堆积模式在含能晶体中似乎很少见。事实上，普通层状结构（1 个分子的厚度）相对更为普遍，因此，由含有大 π 键分子组成的平面层状堆积结构可以扩展至由常见分子堆积而成的层状结构。如图 11.6 所示，如果分子间相互作用的强度呈现高度各向异性，即具有更强的层内相互作用和更弱的层间相互作用，那么也能发生滑移[13]。这有望丰富设计低感高能化合物的思路。

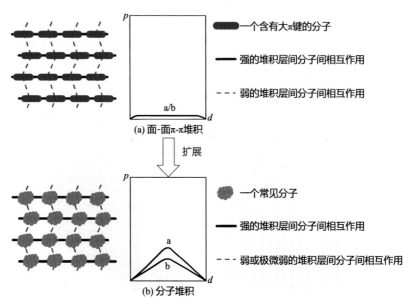

图 11.6　完美 π-π 堆积结构扩展到更一般的层堆积结构以完善晶体堆积结构–撞击感度间关系的演示图[13]

除上述分子堆积模式外，其他指标如氧平衡（OB）、键离解能（BDE）和硝基电荷（Q_{NO_2}）也与撞击感度密切相关[1,2]。由于这些指数相对较容易得到，所以通常采用它们来表示感度。我们根据 TNT 的特性落高 H_{50} 和 RDX 的爆速 v_d 定义了低感高能材料，同时可参考 d_c、OB、BDE 和 Q_{NO_2} 等指标。图 11.7 收集了一些传统含

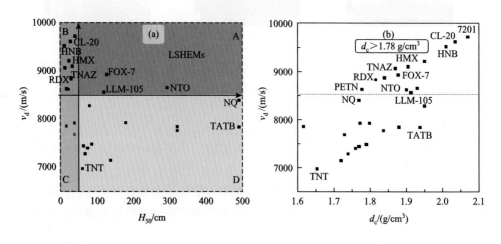

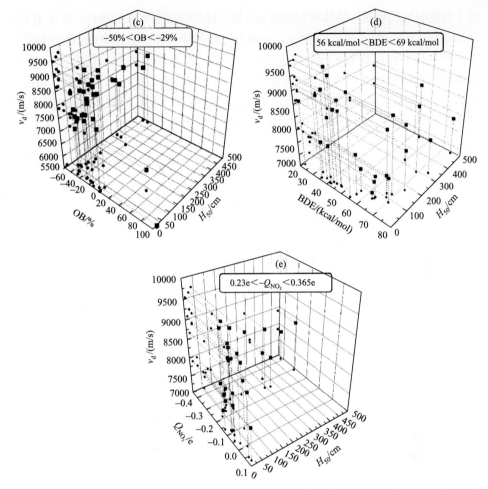

图 11.7 低感高能材料(LSHEM)的参数范围。基于爆速 v_d 和特性落高 H_{50} 对含能化合物进行分类 (a)，晶体堆积密度 d_c(b)，氧平衡(OB)(c)，键解离能 BDE(d)，以及硝基电荷 Q_{NO_2}(e)

能中性分子的数据，展示了一些指标的相关性。可以发现，低感高能材料需同时满足 $H_{50} \geqslant 0.5$ m 和 $v_d \geqslant 8500$ m/s 条件，分布数量很少，只有 FOX-7、LLM-105 和 NTO 三个含能化合物满足条件。基于几十个传统含能材料的统计数据，可将 d_c 大于 1.78 g/cm^3、OB 在$-50\%\sim-29\%$、BDE 在 56~69 kcal/mol、Q_{NO_2} 在-0.365 e~-0.23 e 的条件，视作设计低感高能材料的限制条件[29]。

 ## 11.4 高晶体堆积密度含能化合物的构筑策略

提高晶体堆积密度和改善分子堆积模式都是缓解能量和感度间矛盾的策略[30]。

对于含能材料的能量，晶体堆积密度(d_c)是一种与能量正相关的指标，高 d_c 有利于高爆速(v_d)或高爆压(P_d)[4]。同时，一种分子堆积更紧密、自由空间(自由体积)更小的含能化合物可具有更低的撞击感度。因此，提高 d_c 具有双重优势，既能增加能量，又能降低感度。由于 d_c 是分子密度(d_m)和堆积系数(PC)的乘积，增强 d_c 则需要从提高 d_m 和 PC 两方面入手。但是，d_m 和 PC 与分子组分和结构都有显著的相关性，并且它们之间也有一定的相关性[31]，所以不能通过单独提高 d_m 或 PC来提高 d_c。

首先，增加 d_c 的策略之一是提高氧平衡。氧平衡就是用来表示化学计量中 O 原子数量超过 H 和 C 原子的程度。对于 C、H、N 和 O 原子组成的含能分子，其燃烧或爆轰反应为自身的氧化还原反应，C 和 H 原子通常被看作还原剂，O 原子被看作氧化剂，N 原子起到隔离还原剂和氧化剂的作用。由于 O 原子比 C 原子和H 原子密度大，所以一般氧平衡越大，d_m 越大，利于提高 d_c。例如，富氮分子的N→O 化[32,33]和用 N 原子取代 CH[34,35]都可显著提高氧平衡和 d_m，并进一步提高d_c。事实上，CH、CH_2 和 CH_3 的存在通常会降低 d_m 和 d_c，而 NH 和 NH_2 的存在则有利于提高它们。

其次，增加 d_c 也可以从分子的几何结构上考虑。与链状分子相比，环状或笼状的分子通常具有更高的 d_c，如 β-HMX (1.904 g/cm^3)[36]和 ε-CL-20 (2.044 g/cm^3)[37]。这归因于环或笼的形成增强了原子之间的紧密程度，减小了分子体积[34,35]。此外，球形和平面分子结构分别有利于高 d_c 和高 PC[31]。因此，有研究者提出了设计d_c>1.9 g/cm^3 含能分子的策略，即通过构建具有零氧平衡的笼型骨架[38]。另一研究表明，当笼状多环化合物的氧平衡为零时，d_c 可达到 2.06 g/cm^3[39]。这些研究表明，笼状骨架的构建是实现高 d_c 的关键。

此外，可以通过增加 PC 来增强分子间相互作用，以增加 d_c。含能晶体中存在两种相对较强的分子间相互作用，包括氢键(HB)和 π-π 堆积[40,41]。因为 H 原子是形成氢键所必需的，所以在设计高 d_c 能量分子时应该认真考虑。关于 π-π 堆积，尚未证明其对 d_c 有必要的促进作用。然而，氢键辅助的 π-π 堆积是增加 d_c 的重要策略。这可以通过 TNB 的一系列胺化产物来例证。随着胺化程度的增加，对应产物 TNB、TNA、DATB 和 TATB 的 d_c 逐渐增大[42-45]，这归因于氢键和 π-π 堆积的持续增强同时增加了 d_m 和 PC[46]。同样的情况出现在含能的 NH_3OH^+离子化合物中[47,48]。

总之，可以从分子组成(调节氧平衡从而影响 d_m)、分子几何结构(调节 d_m)以及分子间相互作用(调节 PC)等方面来提高 d_c。本节将通过构建全面具体的有机中性分子晶体数据集，通过分析它们的分子密度、堆积系数和晶体堆积密度之间的关系，讨论分子组成、分子间相互作用对晶体堆积密度的影响规律，从而进一步讨论探究提升 d_c 的策略，加深对 d_c 的理解，为提升含能材料能量水平提供思路。

11.4.1　晶体结构数据收集

根据如图 11.8 所示的流程开展数据收集工作。首先根据组分过滤出剑桥晶体数据中心（CCDC）中只具有 C、H、N 和 O 原子的化合物，进一步筛选出了常温常压下晶体堆积密度 $d_c \geqslant 1.6 \ \text{g/cm}^3$ 的化合物，并去除了无序、错误、聚合和粉末的结构。对于多晶型化合物，只选择了密度最高的一种。注意，尽管 ε-HMX 是已报道的 HMX 密度最高的晶型（$d_c = 1.919 \ \text{g/cm}^3$），但因为它的晶体学信息是在 200 K 下收集的，所以没有归入到数据集中[49]。ε-CL-20 则是常温常压下能量最有利的晶型，所以收集在数据集里[50,51]。至此，收集到了 641 个由 C、H、N、O 组成且 $d_c \geqslant 1.6 \ \text{g/cm}^3$ 的单组分分子晶体结构。

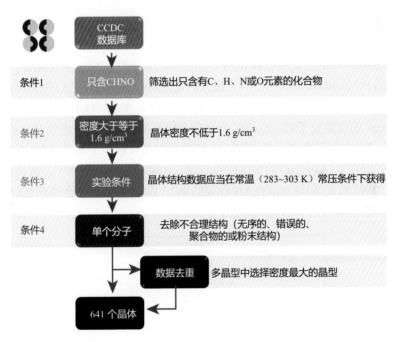

图 11.8　建立 641 个由 C、H、O、N 原子组成的 d_c 大于等于 $1.6 \ \text{g/cm}^3$ 晶体数据集的流程

11.4.2　高密度含能化合物的 d_m–PC 矛盾

首先关注 641 个化合物的 d_c–PC 关系和 d_m–PC 关系。如图 11.9 所示，虽然 d_c–PC 或 d_m–PC 间不存在明显关联，但仍然存在一些趋势，例如，随着 d_c 的增加，相应化合物的数量减少；PC 呈近似正态分布，0.70~0.77 的化合物数量最多；大

多数化合物的 d_m 在 2.15~2.45 g/cm^3。总体而言，具有高 d_m 或高 PC 的晶体数量较少，限制了 d_c 的增加。

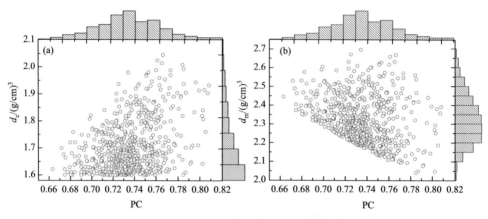

图 11.9　d_c-PC(a) 和 d_m-PC(b) 的分布散点图

　　图 11.9 同样显示出 d_c–PC 或 d_m–PC 间关系的复杂性。例如，数据集里 ALOXAN 具有最大的 PC(0.808)，而 ONC 具有最大的 d_m(2.697 g/cm^3)，它们两个的 d_c 都不是最大的那一个，而是 ε-CL-20(d_c 为 2.044 g/cm^3)。如图 11.10 所示，当只查看 d_c>1.90 g/cm^3 的含能分子时，d_m–PC 间会存在明显的负相关。考虑到 $d_c = d_m \cdot$PC，d_c 一定时，d_m–PC 会呈现负相关性。事实上，这种负相关只存在于 d_c 为 1.90~2.044 g/cm^3 的范围内，即在 0.144 g/cm^3 的窄区间内出现。如果没有这种负相关，假设化合物具有与 ONC 相同的 d_m 和与 ALOXAN 相同的 PC，则 d_c 的最大值会达到 2.179 g/cm^3，比数据集里密度最高的 ε-CL-20 高出了 0.135 g/cm^3。

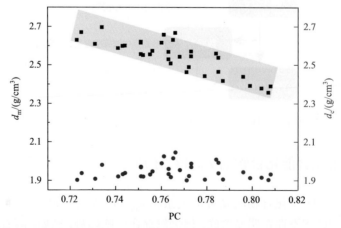

图 11.10　所选 641 个化合物在 d_c>1.9 g/cm^3 时的 d_m–PC 矛盾。d_m 随着 PC 的降低而增加。这种矛盾将 d_c 限制在 2.05 g/cm^3 以下

图 11.11 展示了 36 个晶体堆积密度 d_c>1.90 g/cm³ 高密度化合物的分子结构，包含 6 个非含能化合物以及 30 个含能化合物。其中 6 个非含能分子都含有 C＝O 基团，并含有 NH 或 OH，这是其晶体堆积密度高的根源。一方面，C＝O、NH 和 OH 基团具有相对较高的 d_m；另一方面，这些官能团是强氢键受体和/或氢键供体，有利于形成强氢键以增加 PC。这样的高 d_m 和高 PC 都有助于高 d_c。然而，由于 O 原子已经与 C 和 H 这类还原性的元素连接，缺乏作为含能分子的释能活性，所以这些化合物并不含能，即使 N 原子也包含在这些化合物中，并且这些化合物的 d_c 很高。

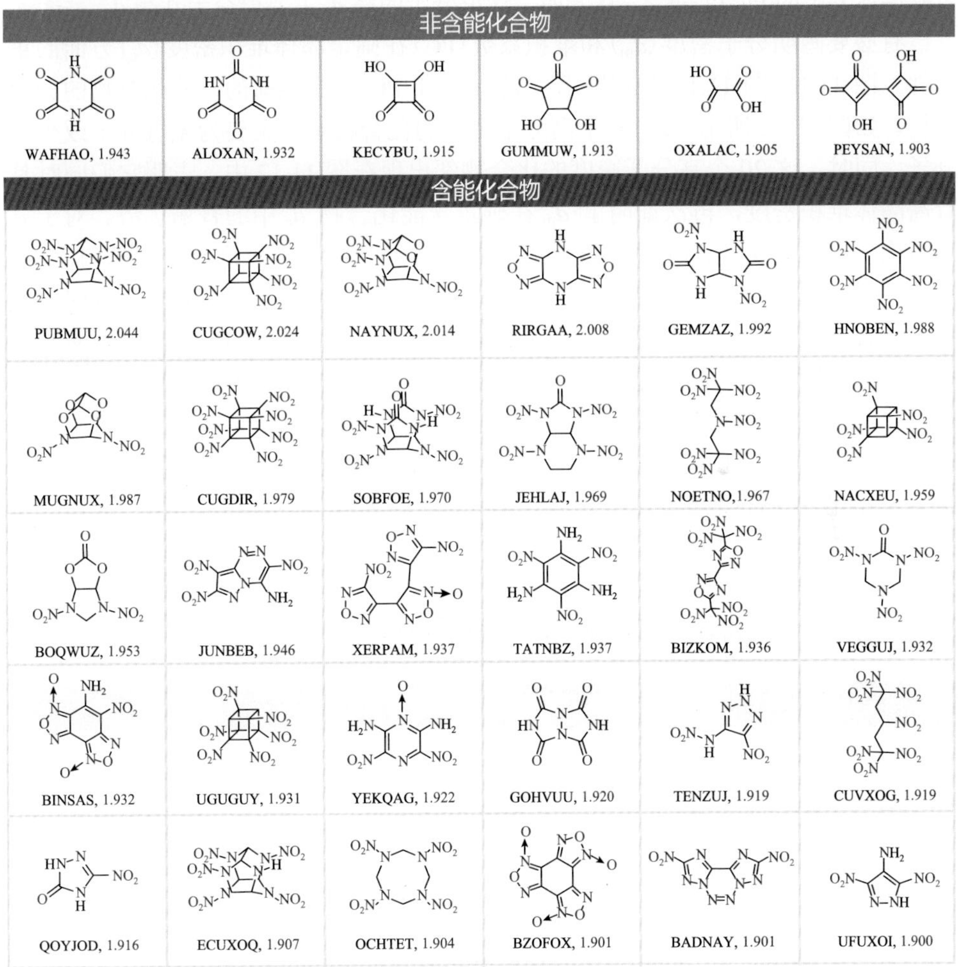

非含能化合物					
WAFHAO, 1.943	ALOXAN, 1.932	KECYBU, 1.915	GUMMUW, 1.913	OXALAC, 1.905	PEYSAN, 1.903
含能化合物					
PUBMUU, 2.044	CUGCOW, 2.024	NAYNUX, 2.014	RIRGAA, 2.008	GEMZAZ, 1.992	HNOBEN, 1.988
MUGNUX, 1.987	CUGDIR, 1.979	SOBFOE, 1.970	JEHLAJ, 1.969	NOETNO, 1.967	NACXEU, 1.959
BOQWUZ, 1.953	JUNBEB, 1.946	XERPAM, 1.937	TATNBZ, 1.937	BIZKOM, 1.936	VEGGUJ, 1.932
BINSAS, 1.932	UGUGUY, 1.931	YEKQAG, 1.922	GOHVUU, 1.920	TENZUJ, 1.919	CUVXOG, 1.919
QOYJOD, 1.916	ECUXOQ, 1.907	OCHTET, 1.904	BZOFOX, 1.901	BADNAY, 1.901	UFUXOI, 1.900

图 11.11　晶体堆积密度 d_c>1.9 g/cm³ 的前 36 个化合物的分子结构及其 d_c 值(单位：g/cm³)

由于 N、O 原子含量高，所以 30 种含能化合物通常表现出不是很负的，甚至为正值的氧平衡。此外，这些含能化合物都至少含有一个有助于增加 d_c 的 NO$_2$ 基团。NO$_2$ 基团可增加 d_c 的原因有两点：一是 NO$_2$ 基团是 N 原子和 O 原子的主要来源，具有较高的 d_m，这是最主要的；二是 NO$_2$ 基团是潜在较强的氢键受体，可以通过形成氢键增强 PC。在这 30 种含能化合物中，分子骨架为环状或笼状的分子占据绝大部分，两个硝仿化合物除外，这与之前对 11 555 个 CHNOF 化合物的分析一致[34]。因此，我们可以初步得出结论，一般情况下含能化合物的高 d_c 主要归因于其高 d_m，而 PC 对 d_c 的贡献一般，特别是在化合物中没有强氢键供体或氢键受体的情况下。Liu 等最近的一项分析显示，与球形分子相比，含有平面氢键受体和氢键供体分子的 PC 更高[31]。这表明，球形分子的高 d_c 主要得益于其高 d_m。

有必要阐明分子密度(d_m)和堆积系数(PC)在确定晶体堆积密度(d_c)方面的重要性。图 11.11~图 11.13 分别展示了 d_c、d_m 和 PC 排序靠前的一些化合物的分子结构。如图 11.12 所示，在 20 个高分子密度的化合物中，主要为无氢分子或少氢分子。同时，这 20 个高分子密度的化合物都出现在图 11.12 中，表明它们同时具有高晶体堆积密度，再次证明了 d_m 在确定含能化合物 d_c 中的普遍优势。对于分子结构，这些高 d_m 化合物的分子通常为环状、笼状或者硝仿化合物。图 11.13 中前 6 个高堆积系数的化合物都没有突出的 d_m，且都是非含能化合物，即这些化合物本身 d_m 并不高，但分子通过分子间相互作用形成了高 PC 的堆积，这表明强分子间氢键在增强 PC 并进一步增强 d_c 方面的优势。通过 Hirshfeld 表面方法分析，可进一步确定这种优势。具有较高 PC 的四种化合物，ALOXAN[52]、PEYSAN[53]、KECYBU[54]和 GUMMUW[55]，它们都是平面的，有助于增强分子间氢键从而提高PC。它们的 O···H 近接触占比分别为 41.2%、19.2%、36.9%和 37.0%，最短的氢键键长为 2.387 Å、1.692 Å、1.760 Å 和 1.672 Å，每个分子周围的氢键数量分别为 8、9、6 和 7[56]。根据 Jeffrey 的氢键分级标准[57]，ALOXAN 中的氢键是弱氢键，但它们较为稠密，因而弥补了强度弱的缺点。

高分子密度化合物				
CUGDIR, 2.697	BIZKOM, 2.671	PUBMUU, 2.671	CUGCOW, 2.668	NAYNUX, 2.659
BADNAY, 2.631	BZOFOX, 2.631	SOBFOE, 2.622	NOETNO, 2.617	HNOBEN, 2.616

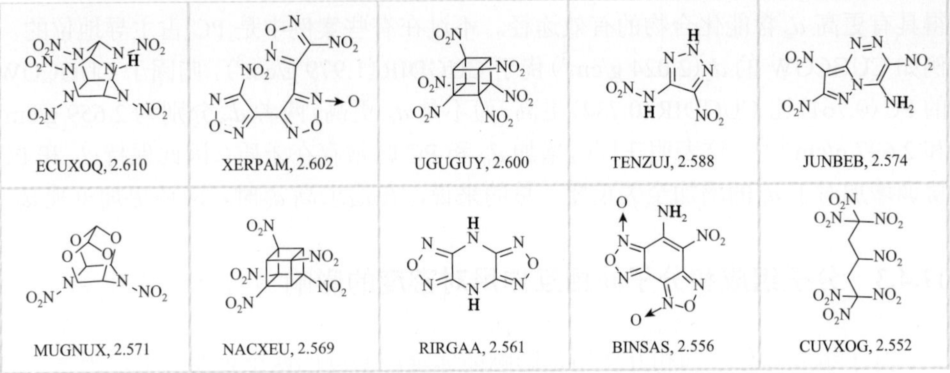

ECUXOQ, 2.610	XERPAM, 2.602	UGUGUY, 2.600	TENZUJ, 2.588	JUNBEB, 2.574
MUGNUX, 2.571	NACXEU, 2.569	RIRGAA, 2.561	BINSAS, 2.556	CUVXOG, 2.552

图 11.12　分子密度 (d_m) 较大的前 20 个化合物的分子结构及其 d_m 值（单位：g/cm³）

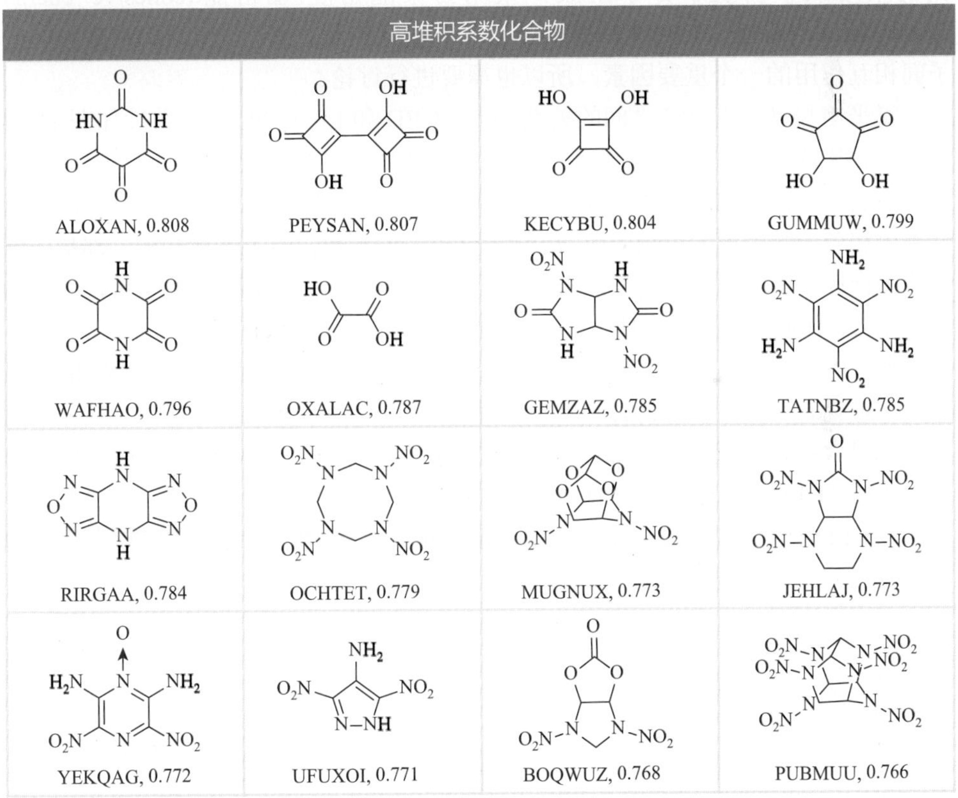

高堆积系数化合物			
ALOXAN, 0.808	PEYSAN, 0.807	KECYBU, 0.804	GUMMUW, 0.799
WAFHAO, 0.796	OXALAC, 0.787	GEMZAZ, 0.785	TATNBZ, 0.785
RIRGAA, 0.784	OCHTET, 0.779	MUGNUX, 0.773	JEHLAJ, 0.773
YEKQAG, 0.772	UFUXOI, 0.771	BOQWUZ, 0.768	PUBMUU, 0.766

图 11.13　堆积系数 (PC) 较高的前 16 个化合物的分子结构及其 PC 值

　　PC 排名前六的化合物均不含能，且密度小于 1.95 g/cm³。而 PC 排名前十的化合物，只有两个出现在 d_c 排名前十的列表中，再次验证了对于高 d_c 化合物，d_m 在确定 d_c 中占据主导地位，而不是 PC 占据主导地位。因此，追求更高的 d_m 是获

得具有更高 d_c 含能化合物的有效途径。不过在有些案例中是 PC 占主导地位的。例如 CUGCOW 的 d_c (2.024 g/cm³) 优于 CUGDIR (1.979 g/cm³)，归因于 CUGCOW 的 PC (0.761) 比 CUGDIR (0.734) 更高，而不是 d_m 更高，两者 d_m 分别为 2.659 g/cm³ 和 2.697 g/cm³[58]。这表明在同时增加 d_m 和 PC 时常存在矛盾，因此保持 d_m 和 PC 协调增加对于 d_c 的增加至关重要。总的来说，在追求高 d_c 时，应该更加重视 d_m。

11.4.3　分子组成和分子间相互作用对密度的影响

分子组成和分子间相互作用是影响晶体堆积密度的两个重要因素，因为它们分别可直接影响分子密度和堆积系数，因此需认真确认它们与密度的关系。这里我们采用氧平衡表示分子组成，采用内聚能密度/晶格能 (cohesive energy density/lattice energy，CED/LE) 来表示分子间相互作用。由于几何结构也是影响分子间相互作用的一个重要因素，所以也需要进行讨论。

氧平衡与 d_m、d_c、PC 之间的关系，以及 CED 和 LE 与 PC 的相关性如图 11.14 所示。在图 11.14 (a) 中，氧平衡随 d_c 的增大而增大，不过这一趋势并不是十分显著。当替换 d_c 为 d_m 时，如图 11.14 (b) 所示的趋势会变得更加明显。这是因为 d_c 同时受分子内和分子间因素的影响，而 d_m 仅是分子内的参数，与氧平衡一样，都是分子组成的指标。事实上，因为高氧平衡分子中的 O 含量高于 H 和 C 的含量，并且 O 原子比 C、H 原子重得多，所以，较高的氧平衡代表分子具有更大的 d_m。类似地，可以理解图 11.14 (c) 中氧平衡-CED 间的关系。更负的氧平衡表明分子中 C 和 H 原子的含量更高，提供了更高的形成分子间氢键和 π-π 堆积形成的可能性，使分子间相互作用增强，从而导致更高的 CED 和更高的 PC [图 11.14 (d)]。与 LE-PC 间的关系 [图 11.14 (f)] 相比，CED-PC 间的关系 [图 11.14 (e)] 更明显，这表明分子大小对 CED 有相当大的影响。图 11.15 分别统计了 36 种晶体堆积密度较高化合物的 CED 和 LE，发现 CED 和 LE 之间的一致性并不明显。

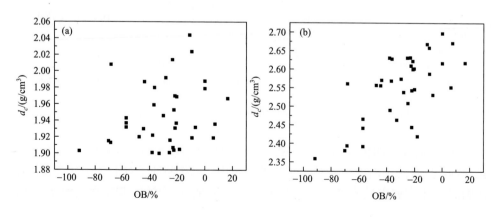

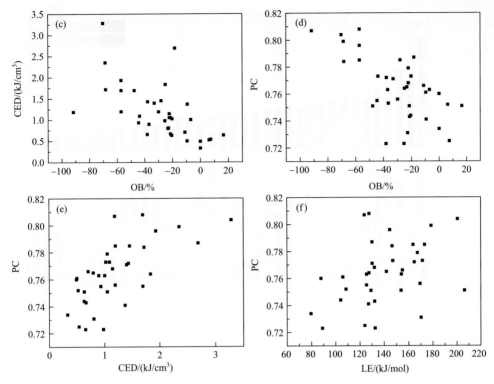

图 11.14　36 种较高 d_c 化合物的 [(a)~(d)] 分子组成（以 OB 为指标）与 d_m、d_c、PC 和 CED 间的关系，以及 [(e)~(f)] CED/LE 与 PC 间的关系[56]

　　描述分子间相互作用，还可基于采用 Hirshfeld 表面分析法得出的分子间原子间近接触分布来进行。图 11.16 统计了晶体堆积密度较高的 36 种化合物中相关分子的分子间原子间近接触的分布，并和 CED 的大小进行了对比。这些分子存在着多种与 C、H、N 和 O 原子相关的近接触，如 O···O、O···H、N···H、C···O、N···O 和 N···N 等。其中，具有大 CED 的分子一般都富含 O···H 近接触，如 KECYBU、OXALAC、GUMMUW 和 WAFHAO，它们的 CED 分别为 3.28 kJ/cm³、2.69 kJ/cm³、2.35 kJ/cm³ 和 1.93 kJ/cm³；其次是一些含 NH 或 NH₂ 的化合物，如 QOYJOD、RIRGGA 和 TATNBZ，它们的 CED 分别为 1.83 kJ/cm³、1.72 kJ/cm³ 和 1.20 kJ/cm³；而 HNOBEN 和 CUGDIR 这两种无氢化合物的 CED 较小，分别为 0.49 kJ/cm³ 和 0.33 kJ/cm³，它们主要包含 O···O 近接触。O···O 近接触始终存在于 36 种分子中，带相同负电荷的两个氧原子会导致一定的静电排斥作用而弱化分子间相互作用。从图 11.16 中可以发现一个明显的趋势，即较小的 CED 所对应的 O···O 近接触分布较大。O···O 近接触占比越高，表明分子间相互作用越弱，CED 越小。相比之下，O···H 和 N···H 近接触通常属于分子间氢键并具有吸引作用，C···O、N···O 以及 N···N 接触属于 π-π 堆积，也具有吸引作用而巩固了分子间的堆积[40]。

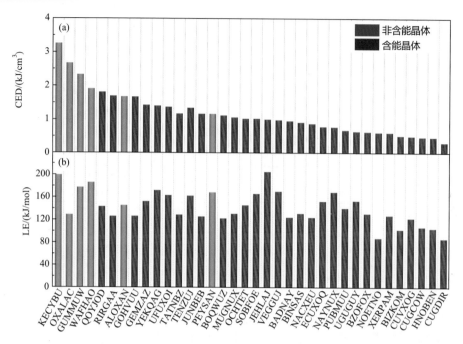

图 11.15　36 种较高 d_c 化合物的 CED（a）和 LE（b）的一致性对比[56]

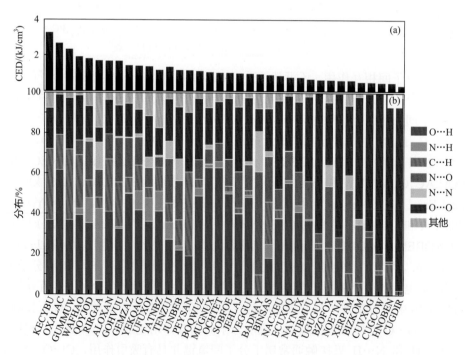

图 11.16　36 种 d_c 较高的化合物的分子间原子间近接触分布与 CED 的对比分析[56]

11.4.4 提升晶体堆积密度的策略

分子骨架加取代基是构建新型含能分子的常用方案。目前，分子骨架呈现出高度多样性，涵盖各种杂环和笼状结构。相比之下，取代基相对固定且数量不多，包括—NO_2、—$NH—NO_2$、—ONO_2、—N_3、—$C(NO_2)_3$、—NH_2、—CH_3 等。实验合成的一系列立方烷硝基衍生物为揭示取代基对化合物性能的影响以及 d_c 的提升策略提供了化合物基础[46]。该实验结果显示，从 NACXEU（1,2,3,5,7-五硝基立方烷）、UGUGY（1,3,4,5,7-六硝基立方烷）、CUGCOW（七硝基立方烷）到 CUGDIR（八硝基立方烷），随着 NO_2 取代基数目的增加，d_m 从 2.569 g/cm^3、2.6 g/cm^3、2.659 g/cm^3 增加至 2.697 g/cm^3，几乎呈线性增加的趋势，再次验证了 NO_2 在提高 d_m 中的作用。然而，它们的 d_c 分别为 1.959 g/cm^3、1.931 g/cm^3、1.979 g/cm^3 和 2.024 g/cm^3，并没有依次增强，与 d_m 的变化趋势不同。这是因为 PC 出现了不规则的波动，分别是 0.763、0.743、0.761 和 0.734。PC 的这种波动原则上与涉及 H 原子的分子间相互作用变化有关，从 H···H 到 H···O，再到 O···O 相互作用，分子间相互作用由弱变强，又变弱[46]。

从以上对立方烷及其硝基衍生物的分析中，可以提出一些提高密度和增强 PC 的策略，如图 11.17。Ar—H、CH、CH_2 和 CH_3 基团不利于高 d_m，而用重的卤素原子取代 H 原子有利于 d_m 增强，如图 11.18[41,59-61]。当取代的卤素原子越来越重时，d_c 和 d_m 都是逐渐增加的，PC 则是发生波动，CED 先减小后增大，这表明了 d_m 在确定 d_c 中有更重要的作用。关于增强 PC 的策略，一项统计分析表明，平面分子有利于更高的 PC[31]。实际上，这些平面分子具有高 PC 原因在于它们在分子间氢键的辅助下形成紧密堆积。从一系列 NH_3OH^+ 基含能离子化合物中也可以看出这种强分子间氢键对增强 PC 的作用。此前就有研究发现，在具有相同阴离子的任何一组 NH_3OH^+ 基化合物中，由于 NH_3OH^+ 的 d_m[48]并不优于 G^+、AG^+、DAG^+ 和 TAG^+ 等常见阳离子，因而这系列化合物的高 d_c 源自高 PC，而不是高 d_m。图 11.19 对比了 NH_3OH^+ 基离子盐与一些传统含能化合物的 PC，与 6 种传统

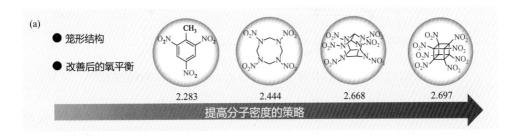

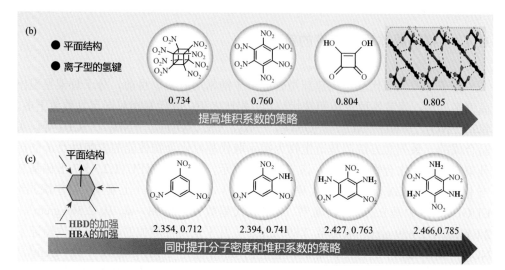

图 11.17 提升 d_m 的策略 (a)，提升 PC 的策略 (b)，同时提升 d_m 和 PC 的策略 (c) [56]

高密度化合物 TATB、HMX、LLM-105、ONC 及 BTF 相比，四种 $d_c > 1.9$ g/cm³ 的 NH₃OH⁺基化合物的 PC 要高得多。形成高 PC 的原因在于 NH₃OH⁺基化合物中相关阳离子和阴离子具有强的离子性，因而化合物中存在强氢键，致使 PC 很高。

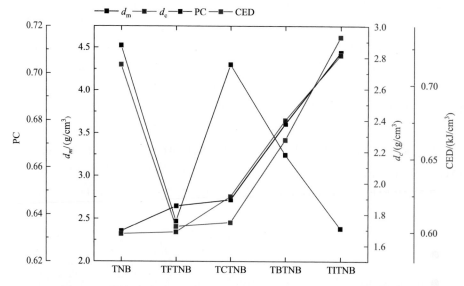

图 11.18 增加卤素对 H 原子取代时的 d_m、d_c、PC 和 CED 的变化 [56]

在实际应用中，提高 d_c 对能量水平的提高十分重要，上述通过仅提高 d_m 或仅提高 PC 来提高 d_c 的策略只是一方面，实现 d_m 和 PC 的同时提高才足以保证 d_c

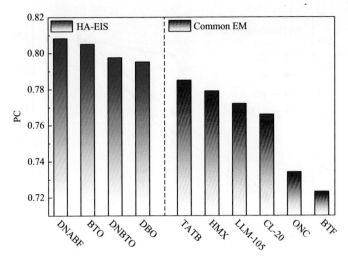

图 11.19　一些高晶体堆积密度的 NH_3OH^+ 基含能离子盐(HA-EIS)和一些传统含能化合物的堆积系数(PC)对比，对于含能离子盐，仅显示相关的阴离子缩写符号

的提高。一方面，基于提高 PC 的方法，可以在有高 d_m 的笼型结构上提高其 PC。但是由于具有高 d_m 的笼状结构几乎都不能作为强氢键受体或者强氢键供体，或含有大 π 键结构，所以无法通过增强氢键和 π-π 堆积等分子间相互作用来提高 PC，难以提高 d_c。另一方面，基于提高 d_m 的方法，可以在有高 PC 的平面结构基础上提高其 d_m。这种方法是可行的，因为 OH 和 NH_2 比 Ar—H、CH、CH_2 和 CH_3 和 H 原子更重，用 OH 和 NH_2 取代有利于提升 d_m。同时，与 Ar—H、CH、CH_2 和 CH_3 这类弱氢键供体相比，OH 和 NH_2 作为氢键供体的能力更强，甚至也可以充当氢键受体，有助于加强分子间相互作用以提高 PC 或 CED。也就是说，在平面体系里 OH 和 NH_2 的取代会有助于同时提高 d_m 和 PC，以提高 d_c。如图 11.20 所示，当

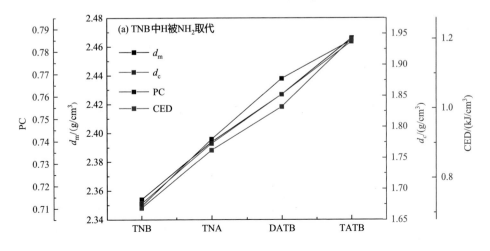

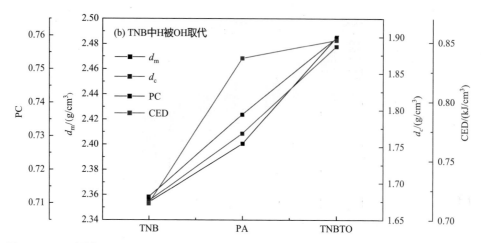

图 11.20　同时增加 d_m 和 PC（即增加 d_c）的策略。如增加 NH$_2$(a) 和 OH 基团(b)对 TNB 中 H 原子的取代数，并展示了 CED 的变化[56]

取代数增加时，NH$_2$ 或 OH 取代的效果将越来越明显，所有 d_m、PC、CED 和 d_c 都会持续提高。对于 TNB、TNA、DATB 和 TATB，先前研究表明通过增加 NH$_2$ 取代的数量，分子间氢键作用逐渐增强[15]。从 TNB、PA 和 TNBTO 的比较中可以发现，OH 取代也有相同的作用[62,63]。此外，NH$_2$ 取代的双重增强效应也可以在图 11.21[64-71] 所示的一些杂环上得到验证。

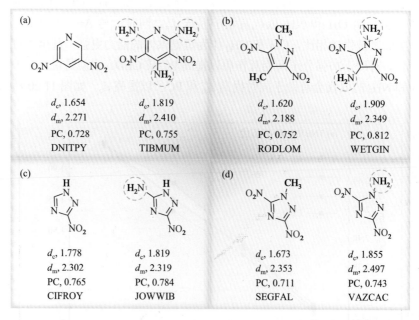

图 11.21　通过将 NH$_2$ 基团引入平面共轭分子中，d_m 和 PC 以及 d_c 都得到了增强[56]

11.5　创制低感高能材料的策略

11.5.1　创制传统低感含能材料的策略

本节我们将介绍创制低感高能材料的策略。首先，对现有的含能化合物进行分析和归纳是必要的。传统含能化合物由含 CHNO 原子的中性分子组成，不同于目前的含能共晶、含能离子化合物和一些由其他元素组成的含能分子。传统含能分子晶体由小型有机分子组成，分子间相互作用弱，晶格能低。因此，这类含能晶体的分解过程主要由其组分分子的分解过程主导，需要克服分子间相互作用的能量很小，甚至可以忽略，因此这部分能量对晶体的释能水平影响很小。其次，在热力学上，在保持产物相同的前提下，反应物中的键越弱，分解释放的能量越多；同时，又要求保持分子中最弱键或引发键具有一定稳定性，以保证分子动力学稳定性或感度满足要求。因此，对键强度的要求存在着矛盾，为平衡这种矛盾，最好的办法就是均化整个分子中的化学键。

近年研究揭示了传统含能晶体的分子稳定性和感度的关系[15,16]。如图 10.1 所示，这些低感及钝感分子都具有平面的大 π 键共轭结构、强的分子内氢键和高的 BDE。相反，这些特征很少同时出现在高感分子中。较高的分子稳定性是构建低感高能材料的基础，但这并不意味着高分子稳定性对于低感就是必要条件。事实上，较高的分子稳定性和平面层状堆积也可以形成撞击感度非常低的含能化合物，这也缓解了能量-安全性矛盾[12]。例如，DAAF 不是一种良好的耐热化合物，其 T_d 为 523 K，远低于 TATB 的 644 K，然而 DAAF 与 TATB 和 DAAzF 一样也是对撞击极为钝感的化合物，因为它们都具有相似的平面层状堆积结构［图 9.15(a)~(c)］。再例如，对于 NTO、FOX-7 和 LLM-105 这三种低感高能化合物［图 10.4(a)~(c)］，它们与 RDX 威力相当，但是有比 RDX 和 TNT 更低的撞击感度，可用作主炸药。这三个含能晶体的堆积模式是波浪型，而不是面对面型堆积。这表明，面对面型 π-π 堆积并不是低感的一个必要条件，基于波浪型 π-π 堆积构建低感化合物的方法也是可行的。同时，这种完美的 π-π 堆积结构还可延伸到更一般的层状堆积结构，如图 11.6 所示。在层状堆积结构中，层内氢键在保持层完整性方面发挥着重要作用，对于低感高能化合物的构建非常重要[14-16]。尽管含能分子晶体中没有强氢键供体或氢键受体，仅有很弱或较弱的氢键，但胜在氢键数量丰富，可弥补强度弱的缺点，足以支撑层的稳定性，如图 10.4 和图 10.5 所示。

总之，具有平均键强度、有氢键辅助的面对面型 π-π 堆积是构建低感晶体的理想方案。如图 11.22 所示，通常，具有氢键协助的面对面型 π-π 堆积结构一方面具有高分子稳定性，另一方面具有易于剪切滑移的力学特性，这都有利于低感；相反，不具有这些结构的高感化合物的分子稳定性低，且难以发生剪切滑移。

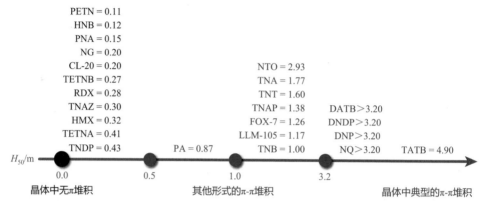

图 11.22   根据 H_{50} 对含能化合物的排序[14]

11.5.2   创制低感含能共晶或降低含能共晶感度的策略

含能共晶是指两种或多种类型分子(其中至少有一种是含能组分)的共结晶，在含能材料领域中具有最显著的晶体工程意义。如第 7 章所述，含能共结晶的产物是含能共晶。由于非含能配体原则上会稀释能量水平，所以含能–含能共晶(两种配体都是含能的二元共晶)受到了更多的关注。例如，人们已经制备了一系列基于 BTF 的含能共晶，其配体包括 CL-20、DNB、MATNB、TNA、TNAZ、TNB 和 TNT。BTF 分子不含氢，而这些共晶中配体分子都含有氢原子。相对于纯 BTF 晶体，共晶中氢原子的引入导致了氢键的形成，这些氢键主要来源于 O···H 和 N···H 的近接触，如图 9.7(a)所示。氢键的生成加强了分子间相互作用，为这些共晶感度的降低奠定了基础[72-75]。

为验证分子间相互作用在共晶中是否增强，Wei 等计算了这些含能共晶的 CED[72]。结果表明，因为共晶中的氢键相对于纯 BTF 晶体中的 O···O、C···O 和 N···O 近接触具有更高的相互作用强度，所以共晶中分子间相互作用确实有所增强，且氢键形成正是其增强的合理原因之一。如图 11.23 所示，与纯 BTF 相比，BTF 基含能共晶的 CED 大大提高。这展示了将无氢分子和含氢分子共晶在一起的热力学优势。此外，第 7 章[76]讨论了热力学驱动下 BTF 基含能共晶的形成过程，并确定该过程中具有明显熵效应。

含能共晶的一个好处是可以使许多难以应用的含能分子重新焕发生机。在含能材料的研究和开发中，已经合成了许多含能分子，但由于它们具有无法克服的缺点，如相容性差、环境适应性差或感度高等，无法投入使用。在这些被遗忘的分子中，许多是高能量的无氢分子，如 HNB、ONC、DNF 和 DNOF，它们极有希望成为潜在的含能共晶配体，可通过与含氢含能分子的共晶来大大改善相容性、环境适应性和感度问题。基于此策略可以让这些含能无氢分子"死而复生"。因此，这将是一种策略，通过选择合适的含氢含能配体来稳定含能无氢分子，并保持一定能量水平，如图 9.8 所示。

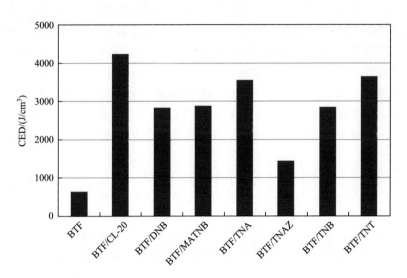

图 11.23　BTF 晶体和七种 BTF 基含能共晶的 CED[72]

合成子是超分子化学中的一个常见概念，也通常用作构建含能共晶体的策略。合成子涉及氢键、卤键和 π-π 堆积等相互作用。CL-20 稳定性低、感度高，但具有高能量水平，所以 CL-20 在构建含能共晶时常用在降低共晶感度时又保持其能量水平的配体。图 9.9 所示为合成子概念在构建 CL-20 基共晶中的具体应用。CL-20 是一个笼状分子，具有一个刚性杂异伍兹烷笼型骨架和六个连接在笼上的 NO_2，另六个 CH 基团则常在晶体堆积中用作弱氢键供体[37,73,77-79]。如图 9.9(a)所示，笼上 3、5、9 和 11 四个位点上的 C 原子几乎共面形成矩形。与四个 C 原子相连的四个 H 原子(位点 3，11 或位点 5，9 位)则组成两对，并相互靠近。例如 β-CL-20 中两个氢原子的距离为 2.27 Å。这意味着当氢键受体位于它们中间时，它们可以共享这个氢键受体，从而形成 $R\frac{1}{2}(5)$ 氢键，也称为 $R\frac{1}{2}(5)$ 氢键合成子。这种合成子延伸形成的链是通过具有相互对称双氢键受体的配体而形成的 [图 9.9(b)]。据此成功构建并制备了具有这种合成子的两种共晶，CL-20/对苯醌 [图 9.9(c)] 和 CL-20/1,4-萘醌 [见图 9.9(d)] [79]。与纯 ε-CL-20[37]相比，这两种共晶中含有不含能的配体，具有较低的感度。

含能共晶的中心目标是获得性能更好的新型含能材料。从分子堆积的层次可以揭示共晶提升性能的潜在机制，这种机制实际上就是组分的堆积结构在形成共晶前后发生了变化。例如，Ma 等分析比较了 DADP/TITNB[61]和 DADP/TCTNB 以及 DADP/TBTNB[80]三个共晶的堆积结构，并探讨了形成共晶前后分子堆积结构的变化对含能晶体感度的影响[81]。如图 11.24 所示，DADP/TITNB 为平面层状堆积模式，层内相互作用强于层间相互作用，表现出明显的各向异性。基于此，DADP/TITNB 可以和 TATB 一样在受到外界刺激时容易发生层间滑移，表现出低感特征。这便是 DADP/TITNB 共晶降感的重要机制。另外，共晶 DADP/TITNB 的撞击感度比其单组分晶体 DADP 和 TITNB 都更低，不同于一般情况下会介于两者撞击感度之间。对比之下，DADP/TCTNB 或 DADP/TBTNB 与对应的纯组分晶体相比，既没表现出强的各向异性的分子间相互作用，也没有层状堆积的结构，因而符合一般情况下共晶的规律性，即共晶感度介于两种单组分晶体感度之间。

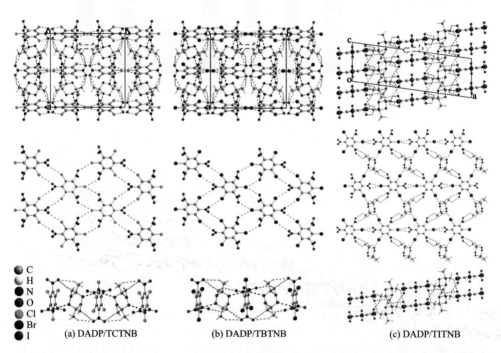

图 11.24 DADP/TXTNB（X = C、B 和 I）共晶的晶体堆积结构：从上到下分别为整个晶体的堆积结构、层内结构和层间结构。虚线表示分子间相互作用，层内和层间相互作用以蓝色和绿色区分[81]

BTO 作为 TKX-50 的中性前体[82]，可以水合形成平面层状堆积结构的 BTO·H₂O，如图 9.15(d)。BTO·H₂O 层状堆积结构中，每个堆积层仅有单原子层厚度，滑移势垒非常低，因而 BTO·H₂O 具有较低的撞击感度，其 H_{50}>126 cm（锤重 2 kg，样品 30 mg），与 BTO 分子等具有高撞击感度的中性四唑化合物具有显著差异[12]。BTO·H_2O 的平面层状分子堆积结构丰富了我们对含能晶体的认识和见解，特别是对于含有不同分子的低感高能晶体的构建。尽管形成共晶后分子间相互作用的增强或晶格能的提高会导致总能量的降低，但与纯组分相比，这对热量释放的影响是可忽略不计的。总之，基于平面层状堆积降低撞击感度的原理，将不同的分子堆积在一起也可以构建撞击感度降低的晶体。

11.5.3　创制低感含能离子化合物或降低含能离子化合物感度的策略

　　除了上述传统含能化合物和由中性分子组成的新型含能共晶外，研究含能离子化合物也可以使我们从中受到关于导致低撞击感度的组分和结构特征的一些启发。如第 6 章所述，含能离子化合物具有组合化学的特性，还具有环境友好等优点。相对于原本的中性分子，即，质子化或去质子化的前驱体，离子化可以增强热稳定性。这可以通过 NH_2OH 和 NH_3OH^+ 基离子化合物来举例说明。如图 9.37 所示，所有 NH_3OH^+ 基含能离子化合物都具有比纯 NH_2OH 更高的 T_d，这表明，离子化提升了化合物的耐热性。

　　Ma 等阐明了 NH_3OH^+ 基含能离子化合物高 T_d 的潜在机制[83]。如图 11.25 所示，固态纯 NH_2OH 分子分解的能垒最低，最易发生分解；其次是气相 NH_2OH 分子和固态 NH_3OH^+；最难发生分解的是 NH_3OH^+ 基含能离子晶体，分解的能量最高，这即为 T_d 升高的根源。基于这一发现，提出了一种将不稳定化学物质（如 NH_2OH）稳定化的策略，即将 NH_2OH 离子化并用反离子将 NH_3OH^+ 隔离开。这种离子化和隔离作用同样也是 N_5^- 环具有一定热稳定性的原因，其 T_d 可大于 100℃。N_5^- 环与

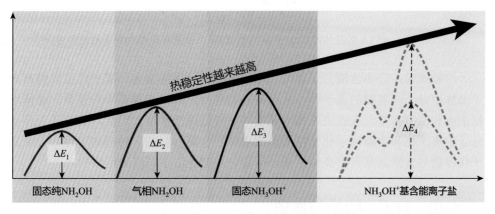

图 11.25　固态纯 NH_2OH、气相 NH_2OH、固态 NH_3OH^+ 和 NH_3OH^+ 基含能离子盐分解反应的能垒比较示意图，虚线表示各种可能的能垒[84]

HN$_5$ 相比，环上有更多的电子，N$_5^-$ 环也能被其他离子或氢键受体隔离，使其更稳定[84]。除了增加热稳定性外，离子化也增强了氢键作用，有利于提高晶体堆积密度和化合物能量水平[48]。

离子晶体中，也有一些晶体为平面层状 π-π 堆积，最容易发生剪切滑移，同样有助于低撞击感度。如图 11.26(a) 中，HA-AFTA 具有较低的感度，其 E_{dr}>50 J，接近于 TATB。尽管它的热稳定性中等（T_d = 486 K），但它具有近平面层状堆积的波浪型离子堆积结构，而且波峰和波谷都较低，这正是它撞击感度低的主要原因之一 [图 11.26(b)] [85]。这种情况也存在于其他含能离子化合物中[86,87]。

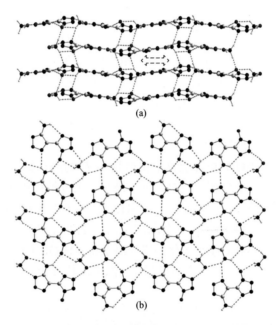

图 11.26　HA-AFTA 的晶体堆积(a)和层内氢键(b)。双箭头所指为最易滑移的方向[30]

一般来说，许多含能分子都可以通过离子化而保持稳定。离子化可以提高离子晶体中分子间氢键的离子性，从而提高其强度，有助于提高堆积系数、晶体堆积密度和能量水平，在改进堆积方式的同时降低撞击感度。因此，我们认为含能分子的离子化和含能离子化合物的形成也属于含能材料的一种晶体工程。含能离子化合物与含能共晶具有类似之处，毕竟它们都是由不同组分组成的。

11.6　结论与展望

含能材料的晶体工程已经取得了相当大的进展，包括能量与感度间矛盾机制的明晰、晶体堆积模式与撞击感度间关系的验证，以及低感高能晶体的构建策略[88-91]。晶体工程大大提高了含能材料创制的理性化水平和效率。但是仍有许多挑战和问题需要进一步研究，如分子结构和晶体结构之间的精确关系、分子间相互作用的精确描述、晶体结构的精确预测、高质量晶体制造、缺陷工程等。总体看来，含能材料的晶体工程仍在不断发展。

<h2 align="center">参 考 文 献</h2>

[1] Leszczynski J. Computational Chemistry: Reviews of Current Trends. River Edge, NJ: World Scientific, 1999: 271-286.

[2] Politzer P, Murray J S. In Energetic Materials, Part 2. Detonation Combustion. Amsterdam: Elsevier, 2003: 25-52.

[3] 董海山, 周芬芬. 高能炸药及相关物性能. 北京: 科学出版社, 1989.

[4] Fried L E, Manaa M R, Pagoria P F, et al. Design and synthesis of energetic materials. Annu. Rev. Mater. Res., 2001, 31: 291-321.

[5] 张朝阳. 含能材料能量-安全性间矛盾及低感高能材料发展策略. 含能材料, 2018, 26(1): 2-10.

[6] Desiraju G R. Crystal Engineering. The Design of Organic Solids. Amsterdam: Elsevier, 1989.

[7] Desiraju G R. Crystal engineering: From molecule to crystal. J. Am. Chem. Soc., 2013, 135: 9952-9967.

[8] Schmidt G M J. Solid State Photochemistry. New York: Verlag Chemie, 1976.

[9] Addadi L, Lahav M. Photopolymerization of chiral crystals. 1. The planning and execution of a topochemical solid-state asymmetric synthesis with quantitative asymmetric induction. J. Am. Chem. Soc., 1978, 100: 2838-2844.

[10] Thomas J M. Diffusionless reactions and crystal engineering. Nature, 1981, 289: 633-634.

[11] Bolton O, Matzger A J. Improved stability and smart-material functionality realized in an energetic cocrystal. Angew. Chem., Int. Ed., 2011, 50: 8960-8963.

[12] Jiao F, Xiong Y, Li H, et al. Alleviating the energy & safety contradiction to construct new low sensitive and high energetic materials through crystal engineering. CrystEngComm., 2018, 20: 1757-1768.

[13] Tian B, Xiong Y, Chen L, et al. Relationship between the crystal Packing and impact sensitivity of energetic materials. CrystEngComm., 2018, 20: 837-848.

[14] Zhang C, Wang X, Huang H. π-Stacked interactions in explosive crystals: Buffers against external mechanical stimuli. J. Am. Chem. Soc., 2008, 130: 8359-8365.

[15] Ma Y, Zhang A, Zhang C, et al. Crystal packing of low sensitive and high energetic explosives. Cryst. Growth Des., 2014, 14: 4703-4713.

[16] Ma Y, Zhang A, Xue X, et al. Crystal packing of impact sensitive high energetic explosives. Cryst. Growth Des., 2014, 14: 6101-6114.

[17] Dick J J. Effect of crystal orientation on shock initiation sensitivity of pentaerythritol tetranitrate explosive. Appl. Phys. Lett., 1984, 44: 859-861.

[18] Dick J J, Mulford R N, Spencer W J, et al. Shock response of pentaerythritol tetranitrate single crystals. J. Appl. Phys., 1991, 70: 3572-3587.

[19] Dick J J, Ritchie J P. Molecular mechanics modeling of shear and the crystal orientation dependence of the elastic precursor shock strength in pentaerythritol tetranitrate. J. Appl. Phys., 1994, 76: 2726-2737.

[20] Kuklja M M, Rashkeev S N, Zerilli F J. Shear-strain induced decomposition of 1,1-diamino-2,2-dinitroethylene. Appl. Phys. Lett., 2006, 89: 071904.

[21] Kuklja M M, Rashkeev S N. Shear-strain-induced chemical reactivity of layered molecular crystals. Appl. Phys. Lett., 2007, 90: 151193.

[22] Kuklja M M, Rashkeev S N. Interplay of decomposition mechanisms at shear-strain interface. J. Phys. Chem.C, 2009, 113: 17-20.

[23] Zhang C, Xue X, Cao Y, et al. Intermolecular friction symbol derived from crystal information. CrystEngComm., 2013, 15: 6837-6844.

[24] Adam A L, Michalchuk C R, Morrison C A. The big bang theory: Towards predicting impact sensitivity of energetic materials//Proc. 49th Int. Conference of ICT, Karlsruhe, v17, 2018.

[25] Cady H H, Larson A C, Cromer D T. The crystal structure of benzotrifuroxan (hexanitrosobenzene). Acta Crystallogr., 1966, 20: 336-341.

[26] Zhang W, Zhang J, Deng M, et al. A promising high-energy-density material. Nat. Commun., 2017, 8: 181.

[27] Zhang C. Shape and size effects in π-π interactions: Face-to-face dimers. J. Comput. Chem., 2011, 32: 152-160.

[28] Zhang C, Xia C, Bin X. Sandwich complex of TATB/graphene: An approach to molecular monolayers of explosives. J. Phys. Chem. C, 2010, 114: 22684-22687.

[29] Zhang C, Jiao F, Li H. Crystal engineering for creating low sensitivity and highly energetic materials. Cryst. Growth Des., 2018, 18: 5713-5726.

[30] Li G, Zhang C. Review of the molecular and crystal correlations on sensitivities of energetic materials. J. Hazard. Mater., 2020, 398: 122910.

[31] Liu Y, Cao Y, Lai W, et al. Molecular-shape-dominated crystal packing features of energetic materials. Cryst. Growth Des., 2021, 21: 1540-1547.

[32] Yin P, Zhang Q, Shreeve J M. Dancing with energetic nitrogen atoms: Versatile N-functionalization strategies for N-heterocyclic frameworks in high energy density materials. Acc. Chem. Res., 2016, 49: 4-6.

[33] Yuan J, Long X, Zhang C. Influence of N-oxide introduction on the stability of nitrogen-rich heteroaromatic rings: A quantum chemical study. J. Phys. Chem. A, 2016, 120: 9446-9457.

[34] Ammon H L, Mitchell S. A new atom/functional group volume additivity data base for the calculation of the crystal densities of C, H, N, O and F-containing compounds. Propellants, Explos., Pyrotech., 1998, 23: 260-265.

[35] Ammon H L. New atom/functional group volume additivity data bases for the calculation of the crystal densities of C-, H-, N-, O-, F-, S-, P-, Cl-, and Br-containing compounds. Struct. Chem., 2001, 12: 205-212.

[36] Choi C S, Boutin H P. A study of the crystal structure of β-cyclotetramethylene tetranitramine by neutron diffraction. Acta Cryst., 1970, 26: 1235-1240.

[37] Nielsen A T, Chafin A P, Christian S L, et al. Synthesis of polyazapolycyclic caged polynitramines. Tetrahedron., 1998, 54: 11793-11812.

[38] Wen L, Yu T, Lai W, et al. Accelerating molecular design of cage energetic materials with zero oxygen balance through large-scale database search. J. Phys. Chem. Lett., 2021, 12: 11591-11597.

[39] Yang J, Gong X, Mei H, et al. Design of zero oxygen balance energetic materials on the basis of diels-alder chemistry. J. Org. Chem., 2018, 83: 14698-14702.

[40] Bu R, Xiong Y, Zhang C. π-π Stacking contributing to the low or reduced impact sensitivity of energetic materials. Cryst. Growth Des., 2020, 20: 2824-2841.

[41] Li S, Gou R, Zhang C. n-π Stacking in energetic crystals. Cryst. Growth Des., 2022, 22: 1991-2000.

[42] Choi C S, Abel J E. The crystal structure of 1,3,5-trinitrobenzene by neutron diffraction. Acta Cryst. B, 1972, 28: 193-201.

[43] Holden J R, Dickinson C, Bock C M. Crystal structure of 2,4,6-trinitroaniline. J. Phys. Chem., 1972, 76: 3597-3602.

[44] Kohno Y, Hiyoshi R I, Yamaguchi Y, et al. Molecular dynamics studies of the structural change in 1,3-diamino-2,4,6-trinitrobenzene (DATB) in the crystalline state under high pressure. J. Phys. Chem. A, 2009, 113: 2551-2560.

[45] Cady H H, Larson A C. The crystal structure of 1,3,5-triamino-2,4,6-trinitrobenzene. Acta Cryst., 1965, 18: 485-496.

[46] He X, Wei X, Ma Y, et al. Crystal packing of cubane and its nitryl-derivatives: A case of the discrete dependence of packing densities on substituent quantities. CrystEngComm., 2017, 19: 2644-2652.

[47] Zhang J, Zhang Q, Vo T T, et al. Energetic salts with π-stacking and hydrogen-bonding interactions lead the way to future energetic materials. J. Am. Chem. Soc., 2015, 137: 1697-1704.

[48] Meng L, Lu Z, Ma Y, et al. Enhanced intermolecular hydrogen bonds facilitating the highly dense packing of energetic hydroxylammonium salts. Cryst. Growth Des., 2016, 16: 7231-7239.

[49] Korsunskii B L, Aldoshin S M, Vozchikova S A, et al. A new crystalline HMX polymorph: ε-HMX. Russ. J. Phys. Chem. B, 2010, 4: 934-941.

[50] Liu G, Gou R, Li H, et al. Polymorphism of energetic materials: A comprehensive study of molecular conformers, crystal packing and the dominance of their energetics in governing the most stable polymorph. Cryst. Growth Des., 2018, 18: 4174-4186.

[51] Torry S, Cunliffe A. Proc. Polymorphism and solubility of CL-20 in plasticisers and polymers. 31st Int. Annual Conf. ICT, Karlsruhe., 2000, 107: 1-12.

[52] Bolton W. The crystal structure of alloxan. Acta Cryst., 1964, 17: 147-152.

[53] Liebeskind L S, Yu M S, Yu R H, et al. 4,4'-Bi(cyclobutene-1,2-diones): Bisquaryls. J. Am. Chem. Soc., 1993, 115: 9048-9055.

[54] 衡林森, 彭大权, 陈益利, 等. 氧方酸制备方法的改进及其晶体结构. 四川大学学报: 自然科学版, 1995, (5): 566-570.

[55] Braga D, Maini L, Grepioni F. Crystallization from hydrochloric acid affords the solid-state structure of croconic acid (175 years after its discovery) and a novel hydrogen-bonded network. CrystEngComm., 2001, 3: 27-29.

[56] Bao F, Xiong Y, Peng R, et al. Molecular density-packing coefficient contradiction of high-density energetic compounds and strategy to achieve high packing density. Cryst. Growth Des., 2022, 22: 3252-3263.

[57] Jeffrey G A. An Introduction to Hydrogen Bonding. New York: Oxford University Press, 1997.

[58] Zhang M, Eaton P E, Gilardi R. Hepta-and octanitrocubanes. Angew. Chem., Int. Ed., 2000, 39: 401-404.

[59] Deschamps J R, Parrish D A. Stabilization of nitro-aromatics. Propellants, Explos., Pyrotech., 2015, 40: 506-513.

[60] Gerard F, Hardy A, Becuwe A. Structure of 1,3,5-trichloro-2,4,6-trinitrobenzene. Acta Cryst. C, 2014, 49: 1215-1218.

[61] Landenberger K B, Bolton O, Matzger A J. Energetic-energetic cocrystals of diacetone diperoxide (DADP): Dramatic and divergent sensitivity modifications via cocrystallization. J. Am. Chem. Soc., 2015, 137: 5074-5079.

[62] Hrouda B. Orientation and intramolecular hydrogen bonding of nitro groups in the crystal structure of picric acid, $C_6H_3N_3O_7$*. Cryst. Mater., 1980, 151: 317-323.

[63] Wolff J J, Gredel F, Irngartinger H, et al. Trinitrophloroglucinol. Acta Cryst. C, 1996, 52: 3225-3227.

[64] Destro R, Pilati T, Simonetta M. 3,5-Dinitropyridine. Acta Cryst. B, 1974, 30: 2071-2073.

[65] Hollins R A, Merwin L H, Nissan R A, et al. ChemInform abstract: Aminonitropyridines and their N-oxides. J Heterocycl. Chem., 1996, 33: 895-904.

[66] Zaitsev A A, Cherkasova T I, Dalinger I L, et al. Nitropyrazoles. Russ. Chem. Bull., 2007, 56: 2074-2084.

[67] He C, Zhang J, Parrish D A, et al. 4-Chloro-3,5-dinitropyrazole: A precursor for promising insensitive energetic compounds. J. Mater. Chem. A, 2013, 1: 2863-2868.

[68] Hemamalini M, Fun H K. 3-Nitro-1H-1,2,4-triazole. Acta Cryst. E, 2011, 67: o15.

[69] Garcia E, Lee K Y. Structure of 3-amino-5-nitro-1,2,4-triazole. Acta Cryst. C, 1992, 48: 1682-1683.

[70] Starova G L, Frank-Kamenetskaya O V, Pevzner M S. Molecular and crystal structure of 1-methyl-3,5-dinitro-1,2,4-triazole, $C_3H_3N_5O_4$. J. Struct. Chem., 1989, 29: 799-801.

[71] Zhang Y, Parrish D A, Shreeve J M. 4-Nitramino-3,5-dinitropyrazole-based energetic salts. Chem. Eur. J., 2012, 18: 987-994.

[72] Wei X, Ma Y, Long X, et al. A strategy developed from the observed energetic-energetic cocrystals of BTF: Cocrystallizing and stabilizing energetic hydrogen-free molecules with hydrogenous energetic coformer molecules. CrystEngComm., 2015, 17: 7150-7159.

[73] Yang Z, Li H, Zhou X, et al. Characterization and properties of a novel energetic-energetic

cocrystal explosive composedd of HNIW and BTF. Cryst. Growth Des., 2012, 12: 5155-5158.

[74] Zhang H, Cuo X, Wang X, et al. Five energetic cocrystals of BTF by intermolecular hydrogen bond and π-stacking interactions. Cryst. Growth Des., 2013, 15: 679-687.

[75] Yang Z, Wang Y, Zhou J, et al. Preparation and performance of a BTF/DNB cocrystal explosive. Propellants, Explos., Pyrotech., 2014, 39: 9-13.

[76] Wei X, Zhang A, Ma Y, et al. Toward low-sensitive and high-energetic cocrystal III: Thermodynamics of energetic-energetic cocrystal formation. CrystEngComm., 2015, 17: 9034-9047.

[77] Bolton O, Simke L R, Pagoria P F, et al. High power explosive with good sensitivity: A 2∶1 cocrystal of CL-20: HMX. Cryst. Growth Des., 2012, 12: 4311-4314.

[78] Millar D, Maynard-Casely H, Allan D, et al. Crystal engineering of energetic materials: Co-crystals of CL-20. CrystEngComm., 2012, 14: 3742-3749.

[79] Zhang C, Yang Z, Zhou X, et al. Evident hydrogen bonded chains building CL-20-based cocrystals. Cryst. Growth Des., 2014, 14: 3923-3928.

[80] Landenberger K B, Bolton O, Matzger A J. Two isostructural explosive cocrystals with significantly different thermodynamic stabilities. Angew. Chem., Int. Ed., 2013, 52: 6468-6471.

[81] Ma Y, Meng L, Li H, et al. Enhancing intermolecular interactions and their anisotropy to build low impact sensitivity energetic crystals. CrystEngComm., 2017, 19: 3145-3154.

[82] Fischer N, Fischer D, Klapötke T M, et al. Pushing the limits of energetic materials—The synthesis and characterization of dihydroxylammonium 5,5′-bistetrazole-1,1′-diolate. J. Mater. Chem., 2012, 22: 20418-20422.

[83] Ma Y, He X, Meng L, et al. Ionization and separation as a strategy for significantly enhancing the thermal stability of an instable system: A case for hydroxylamine-based salts relative to that pure hydroxylamine. Phys. Chem. Chem. Phys., 2017, 19: 30933-30944.

[84] Zhang C, Sun C, Hu B, et al. Synthesis and characterization of the pentazolate anion cyclo- N_5^- in $(N_5)_6 (H_3O)_3 (NH_4)_4 Cl$. Science, 2017, 355: 374-376.

[85] Zhang J, Mitchell L A, Parrish D A, et al. Enforced layer-by-layer stacking of energetic salts towards high-performance insensitive energetic materials. J. Am. Chem. Soc., 2015, 137: 10532-10535.

[86] Fischer D, Klapötke T M, Reymann M, et al. Dense energetic nitraminofurazanes. Chem. Eur. J., 2014, 20: 6401-6411.

[87] Klapötke T M, Mayr N, Stierstorfer J, et al. Maximum compaction of ionic organic explosives: Bis (hydroxylammonium) 5,5′-dinitromethyl-3,3′-bis (1,2,4-oxadiazolate) and its derivatives. Chem. Eur. J., 2014, 20: 1410-1417.

[88] Kent R V, Wiscons R A, Sharon P, et al. Cocrystal engineering of a high nitrogen energetic material. Cryst. Growth Des., 2017, 18: 219-224.

[89] Zhang J. Time for pairing: Cocrystals as advanced energetic materials. CrystEngComm., 2016, 18: 6124-6133.

[90] Bennion J C, Vogt L, Tuckerman M E, et al. Isostructural cocrystals of 1,3,5-trinitrobenzene assembled by halogen bonding. Cryst. Growth Des., 2016, 16: 4688-4693.

[91] Yin P, Shreeve J M. Nitrogen-rich azoles as high density energy materials: Reviewing the energetic footprints of heterocycles. Adv. Heterocycl. Chem., 2017, 121: 89-131.

附录1 常用符号及其中英文含义对照

符号	中英文含义
d_c	crystal packing density 晶体堆积密度
d_m	molecular density 分子密度
E_a	activation energy 活化能
E_{dr}	drop hammer energy 落锤撞击能
H_{50}	the drop height from where the hammer ignites the explosion with 50% possibility 落锤导致50%爆炸概率时对应的落锤高度
P_d	detonation pressure 爆压
T_d	thermal decomposition temperature 热解温度
T_m	melting point 熔点
T_p	thermal decomposition temperature peak 热解峰温
v_d	detonation velocity 爆速
V_m	molecular volume 爆容
BDE	bond dissociation energy 键离解能
BO	bond order 键级

CASSCF   complete active space self-consistent field
全活性空间自洽场

CBS   complete basis set
全基组

CCSD   coupled cluster single double
耦合簇方法

CED   coherent energy density
内聚能密度

DFT   density functional theory
密度泛函理论

EOS   equation of state
态方程

ESP   electrostatic potential
静电势

FF   force field
力场

G_n Gaussian-n theory
Gaussian-n 理论方法

HOD   heat of detonation
爆热

HOF   heat of formation
生成热

HOMO   the highest occupied molecular orbital
最高占据分子轨道

IR   infrared
红外

IRC   intrinsic reaction coordinate
内禀反应坐标

LE   lattice energy
晶格能

LSHEM   low sensitive and highly energetic materials
低感高能材料

LUMO   the lowest unoccupied molecular orbital
            最低空分子轨道

MAD   mean absolute deviation
            平均绝对误差

MC   Monte Carlo
            蒙特卡罗

MD   molecular dynamics
            分子动力学

MM   molecular mechanics
            分子力学

MOF   metal organic frame
            金属有机框架

NBO   natural bond orbital
            自然键轨道

NMR   nuclear magnetic resonance
            核磁共振

OB   oxygen balance
            氧平衡

PBX   polymer bonded explosive
            聚合物黏结炸药

PC   packing coefficient
            堆积系数

PE   potential energy
            势能

PES   potential energy surface
            势能面

QC   quantum chemistry
            量子化学

RMSD   root mean square deviation
            均方根误差

SHEM   sensitive and highly energetic materials
            敏感高能材料

SI	specific impulse 比冲	
vdW	van der Waals 范德瓦耳斯	
XB	halogen bond or halogen bonding 卤键	

附录 2　分子缩写与中英文全名对照

缩写	中英文全名
$A_{co}3$	4,4′-bipyridyl 4,4′-联吡啶
$A_{co}4$	1,2-bis(4-pyridyl)ethane 1,2-二(4-吡啶基)乙烷
$A_{co}5$	1,2-bis(4-pyridyl)ethylene 1,2-二(4-吡啶基)乙烯
$A_{co}7$	4,4′-azo-dipyridine 4,4′-偶氮吡啶
$A_{co}8$	pyrazine-N,N'-dioxide 吡嗪-N,N'-二氧化物
$A_{co}12$	(4-pyridyl)-N═N-(phenyl) (4-吡啶基)-N═N-(苯基)
AA	anthranilic acid 邻氨基苯甲酸
AAF	3-azido-4-aminofurazan 3-叠氮基-4-氨基呋咱
ABA	4-aminobenzoic acid 4-氨基苯甲酸
ABTOX	diammonium-1H,1′H-5,5′-bitetrazole-1,1′-diolate 1,1′-二羟基-1H,1′H-5,5′-联四唑二铵盐
ADNP	4-amino-3,5-dinitropyrazole 4-氨基-3,5-二硝基吡唑
AFTA	5-(4-amino-furazan-3-yl)-tetrazol-1-olate 1-羟基-5-(4-氨基-呋咱-3-基)四唑阴离子
AG	aminoguanidinium 氨基胍阳离子
1-AMTN	1-amino-3-methyl-1,2,3-triazolium nitrate 1-氨基-3-甲基-1,2,3-三唑硝酸盐

ANB   1-azido-2-nitrobenzene
1-叠氮基-2-硝基苯

ANBDF   7-amino-6-nitrobenzodifuroxan
7-氨基-6-硝基苯并二氧化呋咱

AND   ammonium dinitramide
二硝酰胺铵

ANF   3-amino-4-nitrofurazan
3-氨基-4-硝基呋咱

ANP   2-azido-5-nitropyrimidine
2-叠氮基-5-硝基嘧啶

Ant   anthracene
蒽

ANPZ   2,6-diamino-3,5-dinitro-1,4-pyrazine
2,6-二氨基-3,5-二硝基-1,4-吡嗪

ANTA   5-amino-3-nitro-1H-1,2,4-triazole
5-氨基-3-硝基-1H-1,2,4-三唑

ANTZ   5-azido-3-nitro-1H-1,2,4-triazole
5-叠氮基-3-硝基-1H-1,2,4-三唑

AP   ammonium perchlorate
高氯酸铵

3-AT   3-amino-1,2,4-triazole
3-氨基-1,2,4-三唑

4-AT   4-amino-1,2,4-triazole
4-氨基-1,2,4-三唑

aTRz   4,4′-azo-1,2,4-triazole
4,4′-偶氮-1,2,4-三唑

ATZ   1-amino-1,2,3-triazole
1-氨基-1,2,3-三唑

AZ1   7H-tris-1,2,5-oxadiazolo[3,4-b:3′,4′-d:3″,4″-f] azepine
7H-三-1,2,5-噁二唑并[3,4-b:3′,4′-d:3″,4″-f]吖庚因

AZ2   tris[1,2,5]oxadiazolo[3,4-b:3′,4′-d:3″,4″-f] azepine-7-amine
三[1,2,5]噁二唑并[3,4-b:3′,4′-d:3″,4″-f]吖庚因-7-胺

BCHMX cis-2,4,6,8-tetranitro-1H,5H-2,4,6,8-tetraazabicyclo (3.3.0) octane
顺-2,4,6,8-四硝基-1H,5H-2,4,6,8-四氮杂双环(3.3.0)辛烷

[bmim][BF₄] 1-butyl-3-methylimidazolium tetrafluoroborate
1-丁基-3-甲基咪唑鎓四氟硼酸盐

BFOD 5,5′-bis（fluoro（dinitro）methyl）-3,3′-bi-1,2,4-oxadiazole
5,5′-双（氟二硝基甲基）-3,3′-联-1,2,4-噁二唑

BL γ-butyrolactone
γ-丁内酯

1-BN 1-bromonaphthalene
1-溴萘

9-BN 9-bromoanthracene
9-溴蒽

BNT bis[3-（5-nitroimino-1,2,4-triazolate）]
双[3-（5-硝基亚氨基-1,2,4-三唑阴离子）]

BOTNB 3-bromo-2,4,6-trinitroaniline
3-溴-2,4,6-三硝基苯胺

BP 4,4′-bipyridyl
4,4′-联吡啶

BPA 1,2-bis（4-pyridyl）ethane
1,2-双（4-吡啶基）乙烷

BQ p-benzoquinone
对苯醌

BT 5,5′-bistetrazolate
5,5′-联四唑阴离子

BTATz 3,6-bis（1H-1,2,3,4-tetrazol-5-ylamino）-s-tetrazine
3,6-双（1H-1,2,3,4-四唑-5-氨基）-s-四嗪

BTF benzotrifuroxan
苯并三氧化呋咱

BTNA 3-bromo-2,4,6-trinitroaniline
3-溴-2,4,6-三硝基苯胺

BTNEDA bis（2,2,2-trinitroethyl-N-nitro）ethylene diamine
双（2,2,2-三硝基乙基-N-硝基）乙二胺

BTNEN N,N-bis（trinitroethyl）nitramine
N,N-双（三硝基乙基）硝胺

BTNF bis（2,2,2-trinitroethyl）formal
双（2,2,2-三硝基乙基）缩甲醛

BTNMBT   5,5'-bis(trinitromethyl)-3,3'-bi-1H-1,2,4-triazole
                 5,5'-双(三硝基甲基)-3,3'-联-1H-1,2,4-三唑

BTNNA   bis(2,2,2-trinitroethyl)-nitramine
                 双(2,2,2-三硝基乙基)硝胺

BTO   5,5'-bistetrazole-1,1'-diolate
                 1,1'-二羟基-5,5'-联四唑

BT$_2$O   5,5'-bis(tetrazole-2-oxide)
                 5,5'-联(四唑-2-氧化物)

CE   2,4,6-trinitro-N-methyl-N-nitroaniline
                 2,4,6-三硝基-N-甲基-N-硝基苯胺

CFNF   3-cyanofurazanyl-3-nitrofurazanyl ether
                 3-氰基呋咱基-3-硝基呋咱基醚

CL-20   2,4,6,8,10,12-hexanitro-2,4,6,8,10,12-hexaazaisowurtzitane
                 2,4,6,8,10,12-六硝基-2,4,6,8,10,12-六氮杂异伍兹烷

CMTTBII   3-chloro-4-methoxy-2,8,10-trinitropyrido[3',2':4,5][1,2,3]triazolo[1,2
-a]benzotriazol-6-ium-7-ide
                 3-氯-4-甲氧基-2,8,10-三硝基吡啶并[3',2':4,5][1,2,3]三唑并[1,2-a]
苯并三唑内盐

CPL   caprolactam
                 己内酰胺

CTDD   cyclohexane tetramethylene diperoxide diamine
                 环己烷四亚甲基二过氧化物二氨

CYURAC03   cyanuric acid
                 氰尿酸

DAAF $trans$-(d,d)-3,3'-diamino-4,4'-azofurazan
                 反-(d,d)-3,3'-二氨基-4,4'-偶氮呋咱

DAAzF $trans$-(p,p)-3,3'-diamino-4,4'-azofurazan
                 反-(p,p)-3,3'-二氨基-4,4'-偶氮呋咱

DADP   diacetone diperoxide
                 二过氧化二丙酮

DAF   3,4-diaminofurazan
                 3,4-二氨基呋咱

DAG   diaminoguanidinium
                 二氨基胍阳离子

DAmT	3,6-diamino-1,2,4,5-tetrazine 3,6-二氨基-1,2,4,5-四嗪
DAT	3,4-diamintoluene 3,4-二氨基甲苯
DATB	1,3-diamino-2,4,6-trinitrobenzene 1,3-二氨基-2,4,6-三硝基苯
DATNBI	4,4′,5,5′-tetranitro-1H,1′H-[2,2′-bi-imidazole]-1,1′-diamine 4,4′,5,5′-四硝基-1H,1′H-[2,2′-联咪唑]-1,1′-二胺
DATZ	3,6-diazido-1,2,4,5-tetrazine 3,6-二叠氮基-1,2,4,5-四嗪
DBO	5,5′-dinitromethyl-3,3′-bis(1,2,4-oxadiazolate) 5,5′-二硝基甲基-3,3′-联(1,2,4-噁二唑)阴离子
DBZ	dibenzothiophene 二苯并噻吩
DCMO	3,3′-[diazenediyl]bis{4-[chloro(dinitro)methyl]-1,2,5-oxadiazole} 4,4′-氯(二硝基)甲基-3,3′-偶氮-1,2,5-噁二唑
DCTNB	1,3-dichloro-2,4,6-trinitrobenzene 1,3-二氯-2,4,6-三硝基苯
DFMD	2,3-bis(dinitro(fluoro)methyl)-1,4-dioxane 2,3-双(二硝基(氟)甲基)-1,4-二氧六环
DINA	2,2′-di(nitroxyethyl)nitramine 2,2′-二(硝酰氧乙基)硝胺
DMB	1,4-dimethoxybenzene 1,4-二甲氧基苯
DMDBT	4,6-dimethyldibenzothiophene 4,6-二甲基二苯并噻吩
DMF	N,N-dimethylformamide N,N-二甲基甲酰胺
DMI	1,3-dimethyl-2-imidazolidinone 1,3-二甲基-2-咪唑啉酮
DNAAF	3,3′-dinitroamino-4,4′-azoxyfurazanate 3,3′-二硝胺基-4,4′-氧化偶氮呋咱盐
DNABF	3,3′-dinitramino-4,4′-bifurazane 3,3′-二硝胺基-4,4′-联呋咱

DNAzF　　　dinitroazoxyfurazan
　　　　　　二硝基氧化偶氮呋咱

DNAF　　　dinitroazofurazan
　　　　　　二硝基偶氮呋咱

DNAN　　　2,4-dinitroanisole
　　　　　　2,4-二硝基苯甲醚

DNB　　　　1,3-dinitrobenzene
　　　　　　1,3-二硝基苯

DNBF　　　4,6-dinitrobenzofurazan-1-oxide
　　　　　　4,6-硝基苯并呋咱-1-氧化物

DNBT　　　5,5′-dinitro-2H,2H′-3,3′-bis-1,2,4-triazole
　　　　　　5,5′-二硝基-2H,2H′-3,3′-联-1,2,4-三唑

DNBTO　　3,3′-dinitro-5,5′-bis-1,2,4-triazole-1,1-diolate
　　　　　　1,1-二羟基-3,3′-二硝基-5,5′-联-1,2,4-三唑阴离子

DNDAP　　2,4-dinitro-2,4-diazapentane
　　　　　　2,4-二硝基-2,4-二氮杂戊烷

DNDF　　　3,3′-dinitrodifurazan ether
　　　　　　3,3′-二硝基二呋咱醚

DNDP　　　4,6-dinitro-1,3-diphenol
　　　　　　4,6-二硝基-1,3-苯二酚

DNF　　　　3,4-dinitro-1,2,5-oxadiazole
　　　　　　3,4-二硝基-1,2,5-噁二唑

DNFP　　　1,4-dinitrofurazano[3,4-b]piperazine
　　　　　　1,4-二硝基呋咱并[3,4-b]哌嗪

DNG　　　　2,4-dinitro-2,4-diazaheptane
　　　　　　2,4-二硝基-2,4-二氮杂庚烷

1,4-DNI　　1,4-dinitroimidazole
　　　　　　1,4-二硝基咪唑

2,4-DNI　　2,4-dinitroimidazole
　　　　　　2,4-二硝基咪唑

DNM　　　　2,4-dinitroimidazole

　　　　　　2,4-二硝基咪唑

DNOF　　　3,4-dinitro-1,2,5-oxadiazole
　　　　　　3,4-二硝基-1,2,5-噁二唑

2,4-DNP	2,4-dinitrophenol
	2,4-二硝基苯酚
3,4-DNP	3,4-dinitro-1*H*-pyrazole
	3,4-二硝基-1*H*-吡唑
3,5-DNP	3,5-dinitro-1*H*-pyrazole
	3,5-二硝基-1*H*-吡唑
DPNA	*N*-(3,4-dinitro-1*H*-pyrazol-5-yl)nitramidate
	N-(3,4-二硝基-1*H*-吡唑-5-基)硝胺盐
DNPP	3,6-dinitropyrazolo[4,3-*c*]pyrazole
	3,6-二硝基吡唑并[4,3-*c*]吡唑
DNT	2,5-dinitrotoluene
	2,5-二硝基甲苯
DO	1,4-dioxane
	1,4-二氧六环
DTAN	*N*,3-dinitro-1*H*-1,2,4-triazol-5-amine
	N,3-二硝基-1*H*-1,2,4-三唑-5-胺
DTTBII	3,9-dichloro-2,4,8,10-tetranitropyrido[3′,2′:4,5][1,2,3]triazolo[1,2-*a*]benzotriazol-6-ium-5-ide
	3,9-二氯-2,4,8,10-四硝基吡啶并[3′,2′:4,5][1,2,3]三唑并[1,2-*a*]苯并三唑内盐
EDNA	ethylenedinitramine
	二硝基乙二胺
ETN	butane-1,2,3,4-tetrayltetranitrate
	丁烷-1,2,3,4-四硝酸酯
FA	4-fluoroaniline
	4-氟苯胺
BTF	benzotrifuroxan
	苯并三氧化呋咱
FDMDP	1-(fluoro(dinitro)methyl)-3,5-dinitro-1*H*-pyrazole
	1-(氟(二硝基)甲基)-3,5-二硝基-1*H*-吡唑
FDMNTA	*N*5-(2-fluoro-2,2-dinitroethyl)-*N*1-methyl-*N*-nitro-1*H*-tetrazol-5-amine
	*N*5-(2-氟-2,2-二硝基乙基)-*N*1-甲基-*N*-硝基-1*H*-四唑-5-胺
FDMTA	*N*-(2-fluoro-2,2-dinitroethyl)-1-methyl-1*H*-tetrazol-5-amine
	N-(2-氟-2,2-二硝基乙基)-1-甲基-1*H*-四唑-5-胺

FDNM₂-BOD   5,5′-bis(fluorodinitromethyl)-3,3′-bi(1,2,4-oxadiazoles)
5,5′-双(氟二硝甲基)-3,3′-联(1,2,4-噁二唑)

FDNMD   *N,N′*-bis(2-fluoro-2,2-dinitroethyl)-*N,N′*-dinitromethanediamine
N,N′-二(2-氟-2,2-二硝基乙基)-*N,N′*-二硝基甲烷二胺

FDNMDO   4,5-bis(fluorodinitromethyl)-1,3-dioxolan-2-one
4,5-二(氟二硝甲基)-1,3-二氧杂环戊-2-酮

FDNO   2,5-bis(fluorodinitromethyl)-1,3,4-oxadiazole
2,5-双(氟二硝甲基)-1,3,4-噁二唑

FDNT   3,6-bis(*β*-fluoro-*β,β*-dinitroethylamino)-1,2,4,5-tetrazine
3,6-双(*β*-氟-*β,β*-二硝基乙氨基)-1,2,4,5-四嗪

2-FDNT   3,6-bis(2-fluoro-2,2-dinitroethoxy)-1,2,4,5-tetrazine
3,6-双(2-氟-2,2-二硝基乙氧基)-1,2,4,5-四嗪

FFOYDO   3-(fluoro(dinitro)methyl)-4-((4-(fluoro(dinitro)methyl)-1,2,5-oxadiazol-3-yl)diazenyl)-1,2,5-oxadiazole
3-(氟(二硝基)甲基)-4-((4-(氟(二硝基)甲基)-1,2,5-噁二唑-3-基)偶氮)-1,2,5-噁二唑

FITXIP   3,6-diamino-1,2,4,5-tetrazine
3,6-二氨基-1,2,4,5-四嗪

FOX-7   2,2-dinitroethylene-1,1-diamine
2,2-二硝基乙烯-1,1-二胺

G   guanidinium
胍阳离子

GTA   glyceryl triacetate
甘油三乙酸酯

H₂BT   1*H*,1′*H*-5,5′-bitetrazole
1*H*,1′*H*-5,5′-联四唑

HA   hydroxylammonium
羟胺阳离子

HCO   1,3,3,5,7,7-hexanitro-1,5-diazacyclo-octane
1,3,3,5,7,7-六硝基-1,5-二氮杂环辛烷

HMDD   hexamethylene diperoxide diamine
六亚甲基二过氧化物二胺

HMPA   hexamethylphosphoramide
六甲基磷酰胺

HMX　　　　　1,3,5,7-tetranitro-1,3,5,7-tetrazocane
　　　　　　　1,3,5,7-四硝基-1,3,5,7-四氮杂环辛烷

HNAB　　　　　2,2′,4,4′,6,6′-hexanitro-*trans*-azobenzene
　　　　　　　2,2′,4,4′,6,6′-六硝基反式偶氮苯

HNB　　　　　hexanitrobenzene
　　　　　　　六硝基苯

HNE　　　　　hexanitroethane
　　　　　　　六硝基乙烷

HNS　　　　　hexanitrostilbene
　　　　　　　六硝基芪

ICM-101　　　　2,2′-bi(1,3,4-oxadiazole)-5,5′-dinitramide
　　　　　　　2,2′-双(1,3,4-噁二唑)-5,5′-二硝酰胺

LLM-105　　　　2,6-diamino-3,5-dinitro-1,4-pyrazine 1-oxide
　　　　　　　2,6-二氨基-3,5-二硝基-1,4-吡嗪-1-氧化物

LLM-116　　　　4-amino-3,5-dinitro-1*H*-pyrazole
　　　　　　　4-氨基-3,5-二硝基-1*H*-吡唑

LLM-208　　　　*N,N*′-bis(2-fluoro-2,2-dinitroethyl)-1,2,5-oxadiazole-3,4-diamine
　　　　　　　N,N′-双(2-氟-2,2-二硝基乙基)-1,2,5-噁二唑-3,4-二胺

MAM　　　　　methoxy-*NNO*-azoxymethane
　　　　　　　甲氧基-*NNO*-氧化偶氮甲烷

MATNB　　　　2,4,6-trinitrobenzene methylamine
　　　　　　　2,4,6-三硝基苯甲胺

MATZ　　　　　1-methyl-5-amino-tetrazole-1*H*
　　　　　　　1-甲基-5-氨基-1*H*-四唑

2,4-MDNI　　　1-methyl-2,4-dinitroimidazole
　　　　　　　1-甲基-2,4-二硝基咪唑

4,5-MDNI　　　1-methyl-4,5-dinitroimidazole
　　　　　　　1-甲基-4,5-二硝基咪唑

MDNT　　　　　1-methyl-3,5-dinitro-1,2,4-triazole
　　　　　　　1-甲基-3,5-二硝基-1,2,4-三唑

MMI　　　　　2-mercapto-1-methylimidazole
　　　　　　　2-巯基-1-甲基咪唑

MMIZ　　　　　4-methyl-5-nitroimidazole
　　　　　　　4-甲基-5-硝基咪唑

MNO　　　　　*N,N*′-dimethyl-*N,N*′-dinitrooxamide
　　　　　　　N,N′-二甲基-*N,N*′-二硝基草酰胺

MTNP　　　　1-methyl-3,4,5-trinitropyrazole
　　　　　　　1-甲基-3,4,5-三硝基吡唑

MTO　　　　　2,4,6-triamino-1,3,5-triazine-1,3,5-trioxide
　　　　　　　2,4,6-三氨基-1,3,5-三嗪-1,3,5-三氧化物

NA　　　　　　nitramide
　　　　　　　硝酰胺

NADAT　　　　6-nitroamino-2,4-diazido[1,3,5]-triazine anion
　　　　　　　6-硝胺基-2,4-二叠氮基[1,3,5]-三嗪阴离子

NADF　　　　　bis-3,3′-(nitro-*NNO*-azoxy)-difurazanyl ether
　　　　　　　双-3,3′-(硝基-*NNO*-氧化偶氮)-二呋咱基醚

Nap　　　　　　naphthalene
　　　　　　　萘

NAQ　　　　　1,4-naphthoquinone
　　　　　　　1,4-萘醌

NF　　　　　　trinitromethane
　　　　　　　三硝基甲烷

NG　　　　　　nitroglycerin
　　　　　　　硝酸甘油

NGA　　　　　nitroguanylazide
　　　　　　　硝基胍叠氮化物

NM　　　　　　nitromechane
　　　　　　　硝基甲烷

NMP　　　　　*N*-methyl-2-pyrrolidone
　　　　　　　N-甲基-2-吡咯烷酮

NN　　　　　　1-nitronaphthalene
　　　　　　　1-硝基萘

NNN　　　　　5-nitro-2*H*-tetrazol-2-ol
　　　　　　　2-羟基-5-硝基-2*H*-四唑

NQ　　　　　　2-nitroguanidine
　　　　　　　2-硝基胍

NTAZ　　　　　3-nitro-1,2,4-triazole
　　　　　　　3-硝基-1,2,4-三唑

NTF	4,4″-dinitro-[3,3′,4′,3″]-tris-[1,2,5]-oxadiazole 4,4″-二硝基-[3,3′,4′,3″]-三硝基-[1,2,5]-噁二唑
NTO	5-nitro-2,4-dihydro-3*H*-1,2,4-triazol-3-one 5-硝基-2,4-二氢-3*H*-1,2,4-三唑-3-酮
NTX	2-hydroxy-5-nitro-1*H*-tetrazol-2-ium 2-羟基-5-硝基-1*H*-四唑阴离子
ONC	octanitrocubane 八硝基立方烷
ONDO	1,1,1,3,6,8,8,8-octanitro-3,6-diazaoctane 1,1,1,3,6,8,8,8-八硝基-3,6-二氮杂辛烷
o-NT	*ortho*-nitrotoluene 邻硝基甲苯
PA	2,4,6-trinitrophenol 2,4,6-三硝基苯酚
PDA	1,2-phenylenediamine 邻苯二胺
PDCA	1,4-piperazinedicarboxaldehyde 1,4-哌嗪二甲醛
PDO	pyrazine-1,4-dioxide 吡嗪-1,4-二氧化物
Per	perylene 苝
PETN	pentaerythritol tetranitrate 季戊四醇四硝酸酯
[bmim][PF₆]	1-butyl-3-methylimidazolium hexafluorophosphate 六氟磷酸 1-丁基-3-甲基咪唑鎓盐
Phe	phenanthrene 菲
PNA	pentanitroaniline 五硝基苯胺
PNox	2-picoline-*N*-oxide 2-甲基吡啶-*N*-氧化物
PTA	Phenothiazine 吩噻嗪

Py	2-pyrrolidone
	2-吡咯烷酮
Pyr	pyrene
	芘
PYX	2,6-bis(picrylamino)-3,5-dinitropyridine
	2,6-双(苦基氨基)-3,5-二硝基吡啶
RDX	1,3,5-trinitro-1,3,5-triazinane
	1,3,5-三硝基-1,3,5-三氮杂环己烷
T_2	thieno[3,2-b]thiophene
	噻吩并[3,2-b]噻吩
TA	1,2,3,4-tetrazine
	1,2,3,4-四嗪
TAAT	4,4′,6,6′-tetra-azido-2,2′-hydrazo-1,3,5-triazine
	4,4′,6,6′-四叠氮基-2,2′-亚肼基-1,3,5-三嗪
TACOT	1,3,8,10-tetranitrobenzotriazolo(2,1a)benzotriazole
	1,3,8,10-四硝基苯并三唑并(2,1a)苯并三唑
TAG	triaminoguanidinium
	三氨基胍阳离子
TASH	2,5,8-triazido-s-heptazine
	2,5,8-三叠氮基-s-七嗪
TAT	2,4,6-triazido-1,3,5-triazine
	2,4,6-三叠氮基-1,3,5-三嗪
TATB	1,3,5-triamino-2,4,6-trinitrobenzene
	1,3,5-三氨基-2,4,6-三硝基苯
TATP	3,3,6,6,9,9-hexamethyl-1,2,4,5,7,8-hexa-oxacyclononane
	3,3,6,6,9,9-六甲基-1,2,4,5,7,8-六氧杂环壬烷
TBTNB	1,3,5-tribromo-2,4,6-trinitrobenzene
	1,3,5-三溴-2,4,6-三硝基苯
TCTNB	1,3,5-trichloro-2,4,6-trinitrobenzene
	1,3,5-三氯-2,4,6-三硝基苯
TDDD	tetramethylene diperoxide diamine dialdehyde
	四亚甲基二过氧化物二胺二甲醛
TDHT	10,11,14,15-tetraoxa-1,8-diazatricyclo(6.4.4.0^{2,7})hexadeca-2(7),3,5-triene
	10,11,14,15-四氧杂-1,8-二氮杂三环(6.4.4.0^{2,7})十六碳-2(7),3,5-三烯

TDO	1,2,3,4-tetrazine-1,3-dioxides 1,2,3,4-四嗪-1,3-二氧化物
TeNA	2,3,4,6-tetranitroaniline 2,3,4,6-四硝基苯胺
TETB	2,2,2-trinitroethyl-4,4,4-trinitrobutanoate 2,2,2-三硝基乙基-4,4,4-三硝基丁酸酯
TETNA	2,3,4,6-tetranitroaniline 2,3,4,6-四硝基苯胺
TETNB	1,2,3,5-tetranitrobenzene 1,2,3,5-四硝基苯
Tetryl	2,4,6-trinitrophenylmethylnitramine 2,4,6-三硝基苯基甲基硝胺
TFAZ	7H-trifurazano[3,4-b:3′,4′-f:3″,4″-d]azepine 7H-三呋咱并[3,4-b:3′,4′-f:3″,4″-d]吖庚因
TFTNB	1,3,5-trifluoro-2,4,6-trinitrobenzene 1,3,5-三氟-2,4,6-三硝基苯
TITNB	1,3,5-triiodo-2,4,6-trinitrobenzene 1,3,5-三碘-2,4,6-三硝基苯
TKX-50	dihydroxylammonium 5,5′-bistetrazole-1,1′-diolate 5,5′-联四唑羟胺盐
TNA	2,3,4,6-tetranitroaniline 2,3,4,6-四硝基苯胺
TNAB	1,1,1,3-tetranitro-3-azabutane 1,1,1,3-四硝基-3-氮杂丁烷
TNAP	4-amino-2,3,5-trinitrophenol 4-氨基-2,3,5-三硝基苯酚
TNAZ	1,3,3-trinitroazetidine 1,3,3-三硝基氮杂环丁烷
TNB	1,3,5-trinitrobenzene 1,3,5-三硝基苯
TNCB	2-chloro-1,3,5-trinitrobenzene 2-氯-1,3,5-三硝基苯
TNDP	2,4,6-trinitro-1,3-diphenol 2,4,6-三硝基-1,3-苯二酚

TNETB   2,2,2-trinitroethyl-4,4,4-trinitrobutyrate
2,2,2-三硝基乙基-4,4,4-三硝基丁酸酯

TNM$_2$/BOD   5,5′-bis(trinitromethyl)-3,3′-bi(1,2,4-oxadiazole)
5,5′-双(三硝基甲基)-3,3′-联(1,2,4-噁二唑)

TNMA   2,2,2-trinitro ethyl-*N*-nitromethylamine
2,2,2-三硝基乙基-*N*-硝基甲胺

TNMNA   2,4,6-trinitro-*N*-methyl-*N*-nitroaniline
2,4,6-三硝基-*N*-甲基-*N*-硝基苯胺

TNP   3,4,5-trinitro-1*H*-pyrazole
3,4,5-三硝基-1*H*-吡唑

TNT   2,4,6-trinitrotoluene
2,4,6-三硝基甲苯

TNTP   2,4,6-trinitro-1,3,5-triphenol
2,4,6-三硝基-1,3,5-苯三酚

TPPO   triphenylphosphine oxide
三苯基氧化膦

TT   tetrathiafulvalene
四硫富瓦烯

TTNB   1,3,5-triethynylbenzene
1,3,5-三乙炔苯

TTTO   1,2,3,4-tetrazino [5,6-*e*]-1,2,3,4-tetrazine-1,3,5,7-tetraoxide
1,2,3,4-四嗪并[5,6-*e*]-1,2,3,4-四嗪-1,3,5,7-四氧化物

TZ   1,2,3-triazole-2*H*
2*H*-1,2,3-三唑

TZTN   5,6,7,8-tetrahydrotetrazolo[1,5-*b*] [1,2,4]-triazine
5,6,7,8-四氢四唑并[1,5-*b*] [1,2,4]-三嗪

VANT   9-vinylanthracene
9-乙烯基蒽

Xylene   *p*-xylene
对二甲苯

附录 3 晶体编号与中英文全名对照

晶体编号	中英文全名
AHEMAB	pyrazine-*N*,*N*′-dioxide 吡嗪-*N*,*N*′-二氧化物
ANTCEN	anthracene 蒽
ANTQUO04	anthraquinone 蒽醌
AROBUF	1,2,3,4,8,9,10,11-octafluoropentacene-6,13-dione 1,2,3,4,8,9,10,11-八氟并五苯-6,13-二酮
AROCAM	pyrazino[2′,3′:6,7]naphtho[2,3-g]quinoxaline-6,13-dione 吡嗪并[2′,3′:6,7]萘并[2,3-g]喹喔啉-6,13-二酮
BAPJEH	2,2′-bipyrimidine 2,2′-联嘧啶
BARBOL	1,3,5-trichloro-2,4,6-trifluorobenzene 1,3,5-三氯-2,4,6-三氟苯
BNZQUI	*p*-benzoquinone 对苯醌
BZDIOX	dibenzo-*p*-dioxin 二苯并对二噁英
CAMWAQ	anthracene-9,10-dicarbonitrile 蒽-9,10-二甲腈
CEHQEM	trithiacyanuric acid 三硫代氰尿酸
CIHDUS	1,8:4,5-bis(diseleno)naphthalene 1,8:4,5-双(二硒基)萘
CYURAC03	cyanuric acid 氰尿酸
DAYBIO	1,4-bis(dicyanomethyl)pyrazine 1,4-双(二氰甲基)吡嗪
FACGEV	1,4-difluorobenzene 对二氟苯

FITXIP   3,6-diamino-1,2,4,5-tetrazine
       3,6-二氨基-1,2,4,5-四嗪

GIYHUR01   2,7-diazapyrene
       2,7-二氮杂芘

HULSEM   2,4,6-triethynyl-1,3,5-triazine
       2,4,6-三乙炔基-1,3,5-三嗪

KEGHEJ   cyclopent(*fg*)acenaphthylene
       环戊烯(*fg*)苊

LENPEZ   3,4:9,10-perylene-bis(dicarboximide)
       苝-3,4:9,10-双(二甲酰亚胺)

LIKSIH   borazine
       硼吖嗪

LURNOB01   1,4-diethynyl-2,3,5,6-tetrafluorobenzene
       1,4-二乙炔基-2,3,5,6-四氟苯

OFBZDO   octafluoro-dibenzo-1,4-dioxane
       八氟-二苯并-1,4-二氧六环

OFNAPH01   octafluoronaphthalene
       八氟萘

PENCEN   pentacene
       并五苯

PERLEN01   perylene
       苝

PMELIM   pyromellitic di-imide
       均苯四甲酰二亚胺

PYRAZI08   pyrazine
       吡嗪

PYRENE   pyrene
       芘

QORMOZ   3,6-bis(2'-pyrimidyl)-1,2,4,5-tetrazine
       3,6-双(2'-嘧啶基)-1,2,4,5-四嗪

RAVSOW   2,4,6-tris(diazo)cyclohexane-1,3,5-trione
       2,4,6-三(重氮)环己烷-1,3,5-三酮

TATNBZ   1,3,5-triamino-2,4,6-trinitrobenzene
       1,3,5-三氨基-2,4,6-三硝基苯

TBBENQ   tetrabromo-*p*-benzoquinone
       四溴对苯醌

TCYNBZ01　　1,2,4,5-benzenetetracarbonitrile
　　　　　　　1,2,4,5-苯四甲腈

TCYQME06　　2,2′-cyclohexa-2,5-diene-1,4-diyldimalononitrile
　　　　　　　2,2′-环己-2,5-二烯-1,4-二基丙二腈

TEPNIT02　　*p*-dicyanobenzene
　　　　　　　对二氰基苯

TETCEN01　　tetracene
　　　　　　　并四苯

TETRAZ02　　1,2,4,5-tetrazine
　　　　　　　1,2,4,5-四嗪

TFBENQ　　　tetrafluoro-*p*-benzoquinone
　　　　　　　四氟对苯醌

TNB　　　　　1,3,5-trinitrobenzene
　　　　　　　1,3,5-三硝基苯

TRIZIN　　　　*s*-triazine
　　　　　　　s-三嗪

VIGKUT　　　difuro[3,4-*e*:3′,4′-*g*][2]benzofuran
　　　　　　　二呋喃并[3,4-*e*:3′,4′-*g*][2]苯并呋喃

VUGSIZ　　　2,4,6-trichloro-1,3,5-triazine
　　　　　　　2,4,6-三氯-1,3,5-三嗪

WAFHAO01　　piperazine-2,3,5,6-tetraone
　　　　　　　哌嗪-2,3,5,6-四酮

WANDUL　　　3,8-dihydropyridazino (4,5-*g*) phthalazino-1,4,6,9-tetrone
　　　　　　　3,8-二氢哒嗪并 (4,5-*g*) 酞嗪-1,4,6,9-四酮

WIBWEJ　　　5,10-dithia-1,4,6,9-tetra-aza-5,10-dihydroanthracene
　　　　　　　5,10-二硫杂-1,4,6,9-四氮杂-5,10-二氢蒽

YEBMEZ　　　quinoxalino[2,3-*b*]quinoxaline
　　　　　　　喹喔啉并[2,3-*b*]喹喔啉

YOFROB　　　pentacene-5,7,12,14-tetraone
　　　　　　　并五苯-5,7,12,14-四酮

ZIZDOD　　　3,6-dichloro-1,2,4,5-tetrazine
　　　　　　　3,6-二氯-1,2,4,5-四嗪

ZZZAOS03　　4,4′-difluorobiphenyl
　　　　　　　4,4′-二氟联苯